北海道の私鉄車両

澤内一晃・星良助

三菱美唄鉄道7ほか 昭和40.5.1 美唄炭山 荻原二郎

北海道新聞社

定山渓鉄道ED5002（ED500形）ほか

私鉄電機の白眉ED5002や元東急の戦災復旧国電モハ2203が集う東札幌電車区。定山渓鉄道の車両は右側運転台が特徴で、ワイパー位置に注意のこと。

東札幌
木村和男

定山渓鉄道モ2101（モ2100形）

昭和30年日車東京製の17m級電動車。モ101の更新車のため、湘南形の近代的な軽量車体には不釣り合いな台車を履く。片運転台につき通常は同形式で編成を組んだ。

昭和40.5.3　東札幌
荻原二郎

定山渓鉄道キハ7003（キハ7000形）

昭和32年日立製。札幌乗入用の気動車で、湘南形の正面や二軸駆動台車など独自設計の要素が強いが、性能的には国鉄キハ22形に準拠する。

昭和44.8.26　札幌

夕張鉄道26（21形）
大正8年川崎製の60t1Dテンダ機。国鉄29672を昭和37年に譲受したもの。
鹿ノ谷
木村和男

夕張鉄道ナハニフ100（ナハニフ100形）
昭和4年日車東京製の17m級鋼製ボギー車。出自が二三等車のため窓配置が不規則。写真はノーシルノーヘッダーに更新後で、気動附随車として使用されていた姿。
昭和40.4.30　鹿ノ谷
荻原二郎

夕張鉄道鹿ノ谷機関区
車庫に憩うキハ201と302。補助灯を兼ねた独特の大型尾灯は夕張鉄道独特なもの。キハ201の窓枠は原型の木枠である。
昭和40.4.30　鹿ノ谷　荻原二郎

三菱美唄鉄道2（4110形）ほか

大正8年三菱製の65tEタンク機。国鉄4110形の同型機だが、大煙管本数など内部が異なる。続く客貨車は三軸無蓋車のトラ1形とナハフ2、オハフ8。
　　　　昭和45.8.10　美唄
　　　　　　　　　荻原俊夫

留萠鉄道キハ1103（キハ1100形）

昭和34年新潟製。機器は国鉄キハ20系に準じるが、運転台側に引く客扉や排気管位置などの特徴から、新潟鉄工所の私鉄向け湘南形気動車の発展形と言える。
　　　　昭和35.10.3　恵比島
　　　　　　　　　和久田康雄

三井芦別鉄道キハ102（キハ100形）

昭和33年新潟製。新潟鉄工所が各社に供給した湘南形気動車の一つで、夕張鉄道キハ251はほぼ同型。
　　　　昭和39.9.4　三井芦別　阿部一紀

雄別鉄道キハ104・105（キハ100形）

昭和37年新潟製。国鉄キハ21形を近代化したような設計である。側窓が異なる3両目はキハ49200形。

　　　　　　　　　田尻弘行

**羽幌炭礦鉄道
キハ1001
（キハ1000形）ほか**

客車として用いていた昭和11年日車製の元国鉄キハ42015を昭和33年に気動車に復旧。牽引するのはハフ1または2、そして富士重工製レールバスのキハ11。
　　昭和34.8.14　築別
　　　　　　　荻原二郎

**三菱大夕張鉄道 No.3
（9600形）**

昭和12年日立製の60t1Dテンダ機。国鉄9600形の同型機だが、テンダはC56形ばりの切欠き式であるのが大きな特徴であった。
　　昭和45.8.2　大夕張炭山
　　　　　　　矢崎康雄

**三菱大夕張鉄道ナハフ1
（ナハフ1形）**

昭和12年日車製の17m級鋼製客車。登場時より全室三等車だが、二連窓と三連窓が混在する不思議な窓配置である。台車は私鉄車では珍しいTR23。
　　昭和58.8.15　南大夕張
　　　　　　　服部朗宏

天塩炭礦鉄道3（9600形）

大正3年川崎製の62t1Dテンダ機。国鉄9617を昭和34年に譲受したもので、キャブ下のSカーブが特徴の一次型である。背後に続くセサ500形にも注意。

昭和40.5.2　留萠
荻原二郎

函館市電406（400形）

大正13年日車東京製の京王53を昭和17年に譲受したもの。路面電車として違和感のない姿であるが、もとはインターアーバンの車両で、室内は高床式だった。

昭和35.10.5　駒場車庫
和久田康雄

函館市電1002（1000形）

昭和30年日車東京製の東京都電7042を昭和45年に譲受。当初は番号を変えた以外、塗装を含めて都電時代の姿のままで使用された。

昭和45.8.13
荻原俊夫

札幌市電207（200形）
昭和32年札幌綜合鉄工協同組合製。320形を参考に二軸車の電装品を利用して地元メーカーが製造したものだが、前照灯位置など細部が異なる。
　　　昭和44.8.26　三越前

札幌市電601（600形）
昭和24年日車製。路面混雑に対処するため、視界拡大を狙って「札幌市電形」ばりの一枚窓に改造された。扉配置は前後のままで過渡期の姿である。
　　　昭和35.9.30　三越前
　　　　　　　　　和久田康雄

札幌市電D1037（D1030形）
昭和38年東急製の路面気動車。両開きの中扉がD1000形との大きな差異だが、他にもエンジン出力が強化されている。
　　　昭和40.5.3　札幌駅前
　　　　　　　　　荻原二郎

札幌市電雪3
ブルーム式除雪車で昭和44年に泰和車両で鋼体化。黄色と黒の警戒色は鋼体化後のもので、木造時代は背後に一部見えるような赤とベージュの塗装であった。
昭和49.5.29
矢崎康雄

旭川電気軌道8
大正15年梅鉢製の木造二軸電車。昭和24年に発生した車庫火災の罹災車で、本車は丸屋根で復旧された。
昭和35.10.4　旭川追分
和久田康雄

旭川電気軌道モハ1001（モハ1000形）
昭和30年日車東京製の18m級ボギー車。ノーシルノーヘッダーの全金属車体にウイングバネ台車を履く近代的な間接制御車。庫内用に備わるポールに注意。
昭和35.10.4　旭川四条
和久田康雄

北海道の私鉄車両　目次

- カラーグラビア …………　2
- 目次 ……………………………　9
- 地図 ……………………………　10
- 和暦西暦対照表 …………　14
- はじめに ……………………　15

- 苫小牧軽便鉄道 …………　18
- 三菱美唄鉄道 ……………　24
- 定山渓鉄道 ………………　34
- 寿都鉄道 …………………　44
- 北海道鉄道 ………………　51
- 雄別鉄道 …………………　58
- 十勝鉄道 …………………　69
- 日高拓殖鉄道 ……………　83
- 釧路臨港鉄道 ……………　86
- 河西鉄道 …………………　94
- 夕張鉄道 …………………　100
- 渡島海岸鉄道 ……………　110
- 胆振縦貫鉄道 ……………　112
- 北海道拓殖鉄道 …………　116
- 洞爺湖電気鉄道 …………　121
- 北見鉄道 …………………　123
- 留萠鉄道 …………………　125
- 三菱大夕張鉄道 …………　130
- 羽幌炭礦鉄道 ……………　137
- 天塩炭礦鉄道 ……………　144
- 早来鉄道 …………………　150

- 沙流鉄道 …………………　155
- 根室拓殖鉄道 ……………　158
- 大沼電鉄 …………………　164
- 三井芦別鉄道 ……………　168
- 雄別炭礦尺別鉄道 ………　175
- 苫小牧港開発 ……………　180
- 札幌市営地下鉄 …………　182
- 北海道ちほく高原鉄道 …　197
- 函館市電 …………………　199
- 江別町営軌道 ……………　212
- 岩内馬車鉄道 ……………　213
- 上川馬車鉄道 ……………　215
- 札幌市電 …………………　216
- 札幌軌道 …………………　234
- 登別温泉軌道 ……………　236
- 士別軌道 …………………　240
- 軽石軌道 …………………　247
- 旭川電気軌道 ……………　249
- 江当軌道 …………………　254
- 札幌温泉電気軌道 ………　258
- 旭川市街軌道 ……………　260
- 湧別軌道 …………………　264
- 余市臨港軌道 ……………　267

- あとがき …………………　271
- 著者略歴 …………………　272

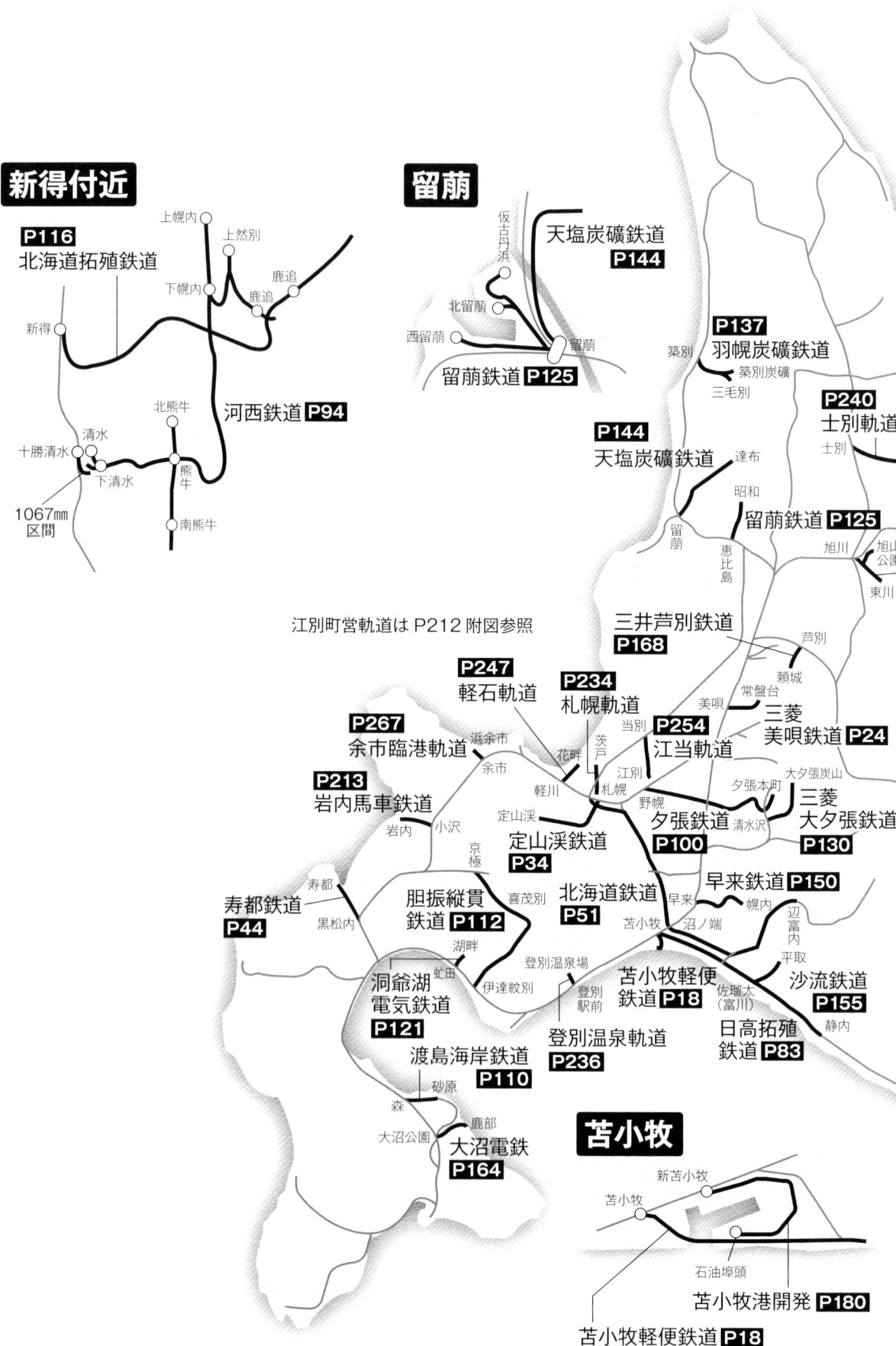

札幌

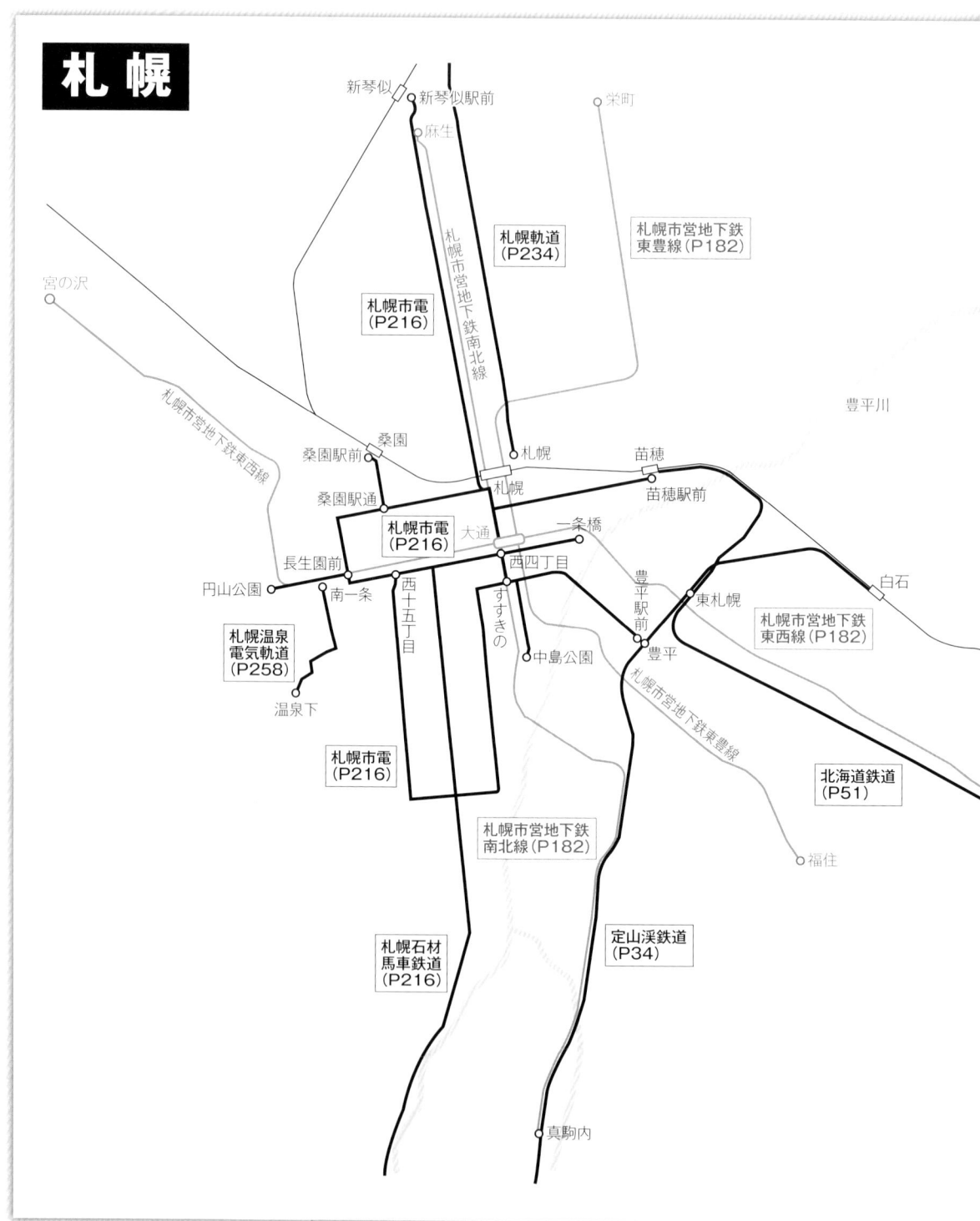

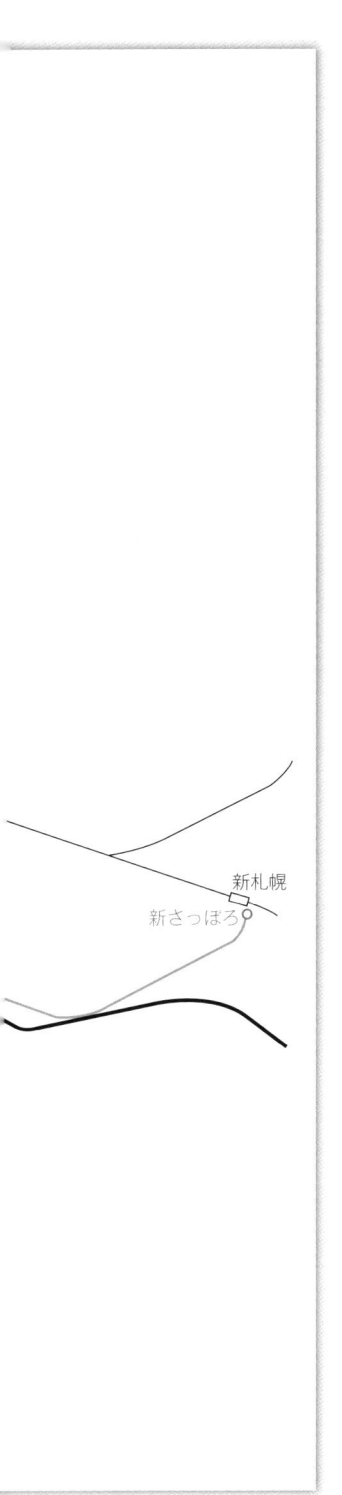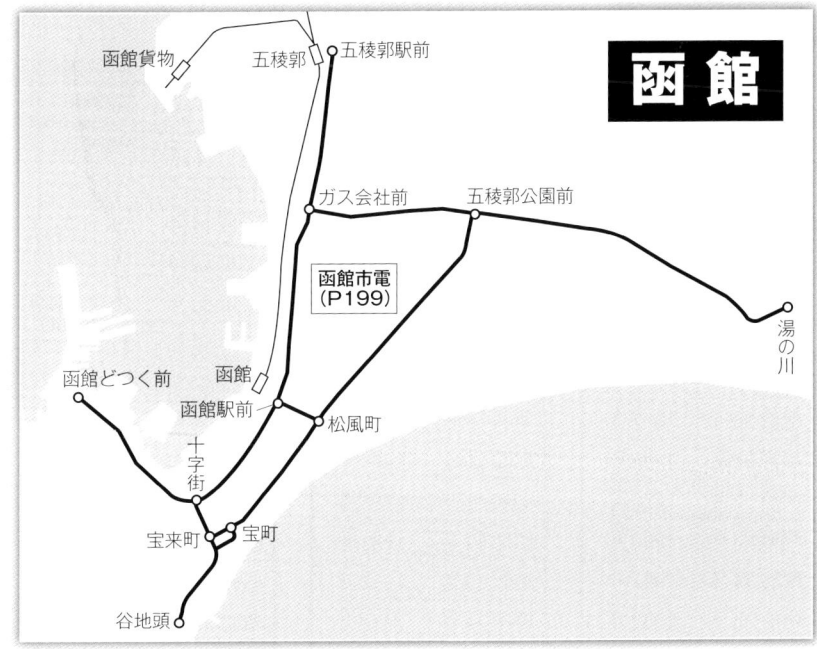

和暦・西暦対照表

和暦	西暦
明治 元年	1868年
明治 2年	1869年
明治 3年	1870年
明治 4年	1871年
明治 5年	1872年
明治 6年	1873年
明治 7年	1874年
明治 8年	1875年
明治 9年	1876年
明治10年	1877年
明治11年	1878年
明治12年	1879年
明治13年	1880年
明治14年	1881年
明治15年	1882年
明治16年	1883年
明治17年	1884年
明治18年	1885年
明治19年	1886年
明治20年	1887年
明治21年	1888年
明治22年	1889年
明治23年	1890年
明治24年	1891年
明治25年	1892年
明治26年	1893年
明治27年	1894年
明治28年	1895年
明治29年	1896年
明治30年	1897年
明治31年	1898年
明治32年	1899年
明治33年	1900年
明治34年	1901年
明治35年	1902年
明治36年	1903年
明治37年	1904年
明治38年	1905年
明治39年	1906年
明治40年	1907年
明治41年	1908年
明治42年	1909年
明治43年	1910年
明治44年	1911年
明治45年／大正元年	1912年
大正 2年	1913年
大正 3年	1914年
大正 4年	1915年
大正 5年	1916年
大正 6年	1917年
大正 7年	1918年
大正 8年	1919年
大正 9年	1920年
大正10年	1921年
大正11年	1922年
大正12年	1923年
大正13年	1924年
大正14年	1925年
大正15年／昭和元年	1926年
昭和 2年	1927年
昭和 3年	1928年
昭和 4年	1929年
昭和 5年	1930年
昭和 6年	1931年
昭和 7年	1932年
昭和 8年	1933年
昭和 9年	1934年
昭和10年	1935年
昭和11年	1936年
昭和12年	1937年
昭和13年	1938年
昭和14年	1939年
昭和15年	1940年
昭和16年	1941年
昭和17年	1942年
昭和18年	1943年
昭和19年	1944年
昭和20年	1945年
昭和21年	1946年
昭和22年	1947年
昭和23年	1948年
昭和24年	1949年
昭和25年	1950年
昭和26年	1951年
昭和27年	1952年
昭和28年	1953年
昭和29年	1954年
昭和30年	1955年
昭和31年	1956年
昭和32年	1957年
昭和33年	1958年
昭和34年	1959年
昭和35年	1960年
昭和36年	1961年
昭和37年	1962年
昭和38年	1963年
昭和39年	1964年
昭和40年	1965年
昭和41年	1966年
昭和42年	1967年
昭和43年	1968年
昭和44年	1969年
昭和45年	1970年
昭和46年	1971年
昭和47年	1972年
昭和48年	1973年
昭和49年	1974年
昭和50年	1975年
昭和51年	1976年
昭和52年	1977年
昭和53年	1978年
昭和54年	1979年
昭和55年	1980年
昭和56年	1981年
昭和57年	1982年
昭和58年	1983年
昭和59年	1984年
昭和60年	1985年
昭和61年	1986年
昭和62年	1987年
昭和63年	1988年
昭和64年／平成元年	1989年
平成 2年	1990年
平成 3年	1991年
平成 4年	1992年
平成 5年	1993年
平成 6年	1994年
平成 7年	1995年
平成 8年	1996年
平成 9年	1997年
平成10年	1998年
平成11年	1999年
平成12年	2000年
平成13年	2001年
平成14年	2002年
平成15年	2003年
平成16年	2004年
平成17年	2005年
平成18年	2006年
平成19年	2007年
平成20年	2008年
平成21年	2009年
平成22年	2010年
平成23年	2011年
平成24年	2012年
平成25年	2013年
平成26年	2014年
平成27年	2015年
平成28年	2016年
平成29年	2017年
平成30年	2018年
平成31年	2019年

はじめに

　本書は北海道における民営鉄軌道の車両車歴を可能な限り一覧として提示するものである。ただし、採録対象は明治40年国有化以降に存在した鉄軌道としたため、明治の幹線私鉄である北海道炭礦鉄道、釧路鉄道、北海道鉄道（初代）は対象とせず、北海道旅客鉄道（JR北海道）も国鉄の後身として私鉄の範疇に含めない。また、大正10年までの軌道条例時代の車両許認可は北海道庁長官が行っており、鉄道省・内務省への稟伺はほとんど行われていない。軌道法施行後も馬車軌道関係は車両が簡易なせいか認可が甘く、情報として不完全なままである。以上のように、大目標を掲げてはいるが、限界もある点については予めお詫び申し上げる。

　本書の構成は、各社毎に車両履歴をまとめた車歴表を軸に各車の概要について解説する。表の作成にあたり正確を期すため、可能な限り許認可監督文書を典拠した。典拠資料は澤内調査による「鉄道省文書」と星調査による「札幌陸運局文書」を骨子に、さらに和久田康雄氏保管の「件名録」データと各氏の御協力により採集できた各社一次資料で補っている。それでも得られないデータに限り『鉄道ピクトリアル』誌「新車年鑑」各号や各誌記事など二次資料を用いたが、これら典拠二次資料など、参考文献は各社毎の解説記事の末尾にそれぞれ記載する。なお、本作における著者間の役割分担であるが、要となる車歴表は澤内と星でデータをつき合わせた合作である。解説については文体を統一するため澤内単独で執筆した。

1. 車歴表に関する記載原則

　車歴表は以下のような原則で作成している。データは脱稿時である平成26年12月末日現在までまとめた。そのため、編集中に登場した札幌市営地下鉄9000系は掲載していない。

■ 出典および採録原則

　前述の通り、澤内調査の「鉄道省（鉄道院・運輸省）文書」、星調査の「札幌陸運局文書」の合成で、両者の穴を各社一次資料や和久田所蔵の「件名録」その他で埋めたものである。
　そのうち、「鉄道省（鉄道院・運輸省）文書」は戦前については保管状態が良いが、戦後の行政簡易化に伴い許認可権限が逐次地方出先機関に移管されたことから、戦後の情報は「札幌陸運局文書」の方に軍配があがる。そのため、両者の情報が食い違った場合、戦前は「鉄道省（鉄道院・運輸省）文書」のデータを優先し、戦後については「札幌陸運局文書」を優先して採録した。

　許認可文書が往復する際、決裁日や発送日、あるいは到着日と言った日付の違いによって、東京本局や地方出先機関、各鉄道会社それぞれが認識している認可日が1～3日程度前後する事がある。その場合、上流に位置するデータを正とする。

　原則的に一次資料より作成したが、一部に二次資料を典拠したものも存在する。それらについては信憑性の判断材料としてイタリック体にて記した。

■ 会社名

　鉄道、軌道ごとに開業順とした。鉄道に変更されたものは転換日を開業に準じて処理している。社名は表題部分に正式名称を記載したが、表中の前歴や転出先については通称（略称）で記載している。

■ 番号

　原則的に入籍時の番号を記載しているが、一部会社の国鉄払下車両にはしばらく改番せず使用した事例があり、「社番号化」項目が存在する車両は記載日をもって表記の番号に改番され、それまでは国鉄番号のまま使用していたことを表す。

　貨車については、一般読者にはなじみがないと思われること、さらに解説上の便宜から判明する限りにおいて形式を記載した。機関車や旅客車の形式については記載を避けたが、これは1形式1両が多発することと、それ以上に原資料の形式記述が資料により食い違う事例が多く、編者二人が混乱したためである。

■ 製造

　国鉄払下げ客貨車については、国鉄の台帳を調査された小松重次氏（国鉄払下客車）、矢嶋亨氏（国鉄払下貨車）のご協力のもとで国鉄におけるデータを掲載した。両氏にはこの場をお借りしてお礼申し上げる。名称については一般的に通用するものを採用する。自社工場製の場合は「自社」、国鉄工場製の場合は「○○工」と記載。外国メーカーなど長名社名には以下の通りの略記表記を用いる。

BLW …………… ボールドウィン
C&F …………… アメリカンカーアンドファクトリー
NBS …………… ノースブリティッシュ
R&R …………… ラムソンアンドレピーヤ
VZ …………… ヴァンデルチーベン

アルコ	…………	アメリカンロコモティブ
ナスミス	………	ナスミスウィルソン
プレスド	………	プレスドスチール
瓦斯電	…………	東京瓦斯電気工業
京浜電気	………	京浜電気工業
札幌車輌	………	札幌車輌工務所
札鉄工組合	……	札幌綜合鉄工協同組合
日鉄自	…………	日本鉄道自動車
北海工業	………	北海陸運工業

　空白は不明。改造車の場合、新造メーカーが判明していても改造メーカーが不明の場合は空白にしてある。

■ 出自
　空白の場合は新製車。改番や譲受で前歴がある場合、旧番号をここに記載した。
　国鉄払下車のうち、貨車については「国鉄」と「院」を使い分けている。これは貨車の場合「昭和の大改番」の影響が極めて大きく、明治44年番号で譲受の場合は「院」、昭和3年番号で譲受の場合は「国鉄」として区別したものである。この原則は解説においても同様である。
　また、北海道拓殖鉄道キハ301のように新造扱いでも種車が存在する例が一部存在するが、これらは（括弧）内に車籍が続かない種車の番号を記す。
　なお、本項目および異動先項目については必ずしも一次資料を参考にしたとは限らない。これは書類上新造であっても実は中古と言う事例が散見されるためである。

■ 手続日
　本データは各社項目見出上に特記がない場合は認可日である。ただし次項で述べる許認可種別に関係するが、一部に増加届や称号変更（要するに改番）のように、届出日を記載したものがある。これらは種別や各項目見出しより適宜判断されたい。

■ 許認可種別
　許認可種別については以下の通り。なお、各項目の法律的な意味については和久田康雄「鉄道車両の許認可制度」『鉄道ピクトリアル』No.779（2006-9）を参照していただきたい。

設	………	車両設計
増	………	車両増加届（認可）
確	………	車両確認
変	………	車両設計変更
施	………	工事施工認可
称	………	車両称号番号変更
譲	………	車両譲受（購入）使用
併	………	会社合併実施による車両引継
転	………	使用線区変更
振	………	現車振替（これは正式な許認可でない）
借	………	車両借入使用
※	………	特殊な認可項目による入籍

■ 改造関係項目
　これらは特記なき場合はすべて認可日である。改造内容については極力注記記載したが、すべての内容が把握できたわけではない。

■ 用途廃止
　廃車届だけでなく、譲渡届や、スペースに余裕のない場合、改番を伴う設計変更認可も本欄に記載した。空白は廃車年月日が不明なものであり、無届廃車を意味するものではない。なお、平成26年度末時点において現役の車両は「（在籍）」として区分している。

■ 異動先
　異動先については動態でかつ車両として使用されたもののみ記載し、保存車・廃車体については言及を避ける。外地や国外転売については異動先が判明しないものが多いので、単純に（国外）とするが、ただし樺太は内地と認識して異動先を明記する。
　異動先の番号については国鉄買収車については明記したが、私鉄間譲渡はスペースに余裕がないので割愛した。

2. 解説に関する記載事項
　本書の目的はあくまで各車の履歴を提示することにあり、限られた紙幅に要目表の掲載や詳細を述べる余裕はなく、解説については必要最小限度の箇条書きにとどめてある。それでも簡単ながらポイントは押さえておくので、さらなる興味を持たれた方は概説となる参考文献（感想文的な訪問記は除外した）を参照されたい。
　また、解説については以下の原則で記したのでご承知置き願いたい。

・蒸気機関車は臼井茂信『機関車の系譜図』交友社（1972-73）における系列分類を援用した。本文中に「臼井氏の分類によると」とあれば、同書の受け売りである。
・内燃動車は湯口徹『内燃動車発達史』ネコ・パブリッシング（2004）による見方や分類を援用した。液体式の普及は戦後のことで、変速機の記載なき場合は機械式である。
・内燃車両の出力表記は、戦前はkWが基本であるが、一部に英馬力のものがあり、これについてはHPと記載する。戦後は日本馬力で統一された

ことからPSとした。
・客車については各社のオリジナル車や私鉄間譲渡車は形態を記す。国鉄払下車は一般になじみが薄い二軸車は形態を記すが、ボギー車を原型で使用した場合はこれを省略する。国鉄形式を記すので形式図などで各自形態を参照されたい。なお、国鉄は戦後まで客車の車種記号は形式に含まれていないが、番号だけ挙げてもイメージが沸きにくいので、あえて車種記号も記載した。
・貨車は両数の問題から各車単位でなく形式単位で解説する。払下車における「国鉄」と「院」の使い分けについては前述の通りである。なお、払下車は元形式を挙げるに止めたので、詳細は国鉄貨車の形式図や各種概説を参照されたい。

また、各車の形態記載にあたり以下のテクニカルタームを用いた。

Ⅰ．旅客車に共通するが、側面窓配置略記法をあえて用いている。両開戸普及とともにすたれた感もあるので、記載原則を以下に記す。
　　D…客用扉（片開・両開の区別は無視する）
　　d…乗務員用扉
　　V…ベスチビュール（ドアなしの客用デッキ。妻仕切りあり）
　　O…オープンデッキ（ドアなしの客用デッキ。妻仕切のない吹きさらし構造のもの）
　　B…荷物室扉
　　M…郵便室扉
これらアルファベット間に窓の枚数を表す数字が記載される。

Ⅱ．客車の分類は以下の通り
・**北炭形**　北海道炭礦鉄道特有のオープンデッキの米国型小型木造客車。木造台枠で台車も小型のため、連結器扛上とともに国鉄から姿を消した。国鉄部内では雑型ボギー客車とされる。
・**国鉄中型ボギー客車**　鉄道国有化後に制定された標準仕様書に基づく客車で車体幅2,705㎜。形式は10000番台。明治43年〜大正8年に製作。
・**国鉄大型ボギー客車**　大正8年の改訂標準仕様書による客車。鋼製客車登場までの基本型客車で車体幅2,900㎜。形式は20000番台。この車以降、私鉄の建築限界と国鉄のそれとが乖離してしまい、入線にあたり特別設計許可が必要になってしまう。

Ⅲ．客車の室内構造は以下の通り
・**中央通路式**　中央部に通路が通じ室内を自由に通行可能な、今日一般的な室内構造。
・**区分式**　各室に区画されたコンパートメント式構造。一室毎に扉がある多扉車。

Ⅳ．貨車の形態については以下の通り
・**縦羽目板**　木造有蓋車で羽目板が縦方向に短冊張の車。この記載のない車は鋼製でない限り、原則すべて横羽目板。
・**○枚側**　木造無蓋車のアオリ戸の高さで、重ねてある側板の枚数。

3．車両統計（軌道のみ）
　前述の通り、軌道の車両監督文書の残存状態が悪いことから、軌道については別途、統計による両数表を掲げることで補うこととする。

道内私鉄の多くは炭礦鉄道であった。写真の留萠鉄道は動力近代化が早く、いかにも私鉄的な内燃機関車が牽引する石炭列車が特徴だった。
昭和42.8.22　幌新
和久田康雄

苫小牧軽便鉄道

苫小牧－佐瑠太（現・富川）
40.88 km
軌間：762 mm
動力：蒸気

■ 沿革

当社は大正2年10月1日の開業であるが、実際は明治41年に敷設された三井物産の専用鉄道と王子製紙苫小牧工場専用側線（あわせて通称「浜線」）の一部を地方鉄道として開放したものである。

三井物産が日高山地の林業経営にあたり、流送材を王子製紙苫小牧工場へ搬出するため建設した苫小牧－鵡川間の馬車軌道が起源で、明治43年から大正元年にかけて動力化と佐瑠太（現・富川）延伸がなされた。当時の日高地方は陸路が未発達で、専用鉄道時代から新冠御料牧場に向かう宮内省主馬寮員や郵便局員の便乗、物品輸送について便宜を図るが、これらが無視できない輸送量であったことから、一般営業に転換された。

三井物産専用鉄道は浦河までの免許を得ていたが、苫小牧軽便鉄道には引き継がれず、むしろ林産資源を求めて大正7年に沙流川上流の岩知志への延伸を計画する。ところが早来丘陵を避けて経路を変更することになった北海道鉱業鉄道と平行するため免許申請を却下されたばかりでなく、1067 mm軌間の輸送力を武器とする同社との競争に悩まされることになる。特に後述する北海道鉱業鉄道佐瑠太延伸計画は脅威そのもので、こうした両社の緊張関係は王子製紙による北海道鉄道（二代目）の経営権掌握理由の一つになったと考えられる。大正11年の改正鉄道敷設法公布の際に日高本線となる区間が追加され、当社を利用し改築することが決定したため、昭和2年8月1日に国鉄に買収された。

■ 機関車

1～5はポーター製の9tCテンダ機関車で規格型の一つ。米国の農場用機関車の典型[1]と言う。各機の出自は諸説あるが、本表では臼井茂信氏が唱える1～3が三井、4・5が王子製紙山線との説を採用することとする[2]。

他に機関車の備品扱いで車籍をもたない木造の補助水槽車1両と、王子製紙苫小牧工場の構内入換用無籍機である雨宮製12tC型テンダ機関車の6が存在した。前者は買収時に晴れて車両と査定され水運貨車の国鉄ケミ850になるが、後者は王子製紙の所有機のため買収対象から外されている。

■ 客車

御召車は専用鉄道時代の明治44年に、皇太子（後の大正天皇）の新冠行啓にあたる御乗用車として鉄道院札幌工場で製作されたもので、窓配置11D31の二軸車であった。車体は5mもないが公式側から見て扉を挟んだ左区画一端に便所があり、右区画にソファとテーブルをしつらえ御座所とされた。現車は長らく苫小牧軽便鉄道が管理していたが車籍移管を忘れていた。大正11年の摂政宮（後の昭和天皇）北海道行啓で再度必要になった際[3]、ミスに気付いてあわてて編入手続を行い、併せてボギー車に改造される。なお、この車は名称が「御召車」で、写真の通り形式称号や番号はない。ハ1～3は明治44年の皇太子行啓時に使用された供奉車を転用したもの。格上の御召車がなぜか二軸車であるのに対し、こちらは北炭形三等客車に似た全長5m弱、窓配置

4 (B1形)
明治42年ポーター製の9tCテンダ機。三井物産引継機と王子製紙山線転属機とでは前照灯の位置に微妙な差があるが、この角度からはわからない。
王子製紙苫小牧工場蔵

050の恐ろしく寸詰まりなボギー客車であった。以下の客車の室内はすべてロングシートで、うち室内装飾レベルの高いハ1は大正8年に二等車に格上げられロ1になる。ハ4・5も供奉車の転用だが、こちらは北炭形二等客車をショーティーにしたような窓配置O90、ダブルルーフのボギー車である。ハ6はハ1～3より若干大きい窓配置O70のボギー車で大正5年に増備されたもの。現在苫小牧に保存されている王子製紙山線用貴賓車は本車の同型である。ロハ7・8は二等取扱開始にあわせて製造された北炭形三等客車に似た窓配置O90のボギー車。室内はいずれもロングシートで、窓割りを無視し室内中央に

御召車
摂政宮の行啓にあわせて整備された時の写真。室内構造は下記図面参照。　「小樽新聞」大正11.7.20号

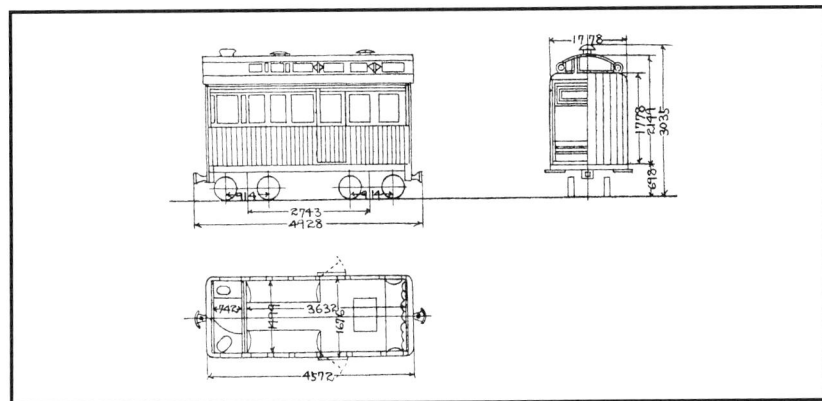

国鉄ケホ100形ケホヤ100形式図
買収前の「御召車」。右側妻面にソファとテーブルを備えた御座所があり、侍従用の供奉室とは同室となる。また左側妻面は化粧室である。
鉄道省工作局
「車両形式図客車下巻」昭和3年版
小松重次提供

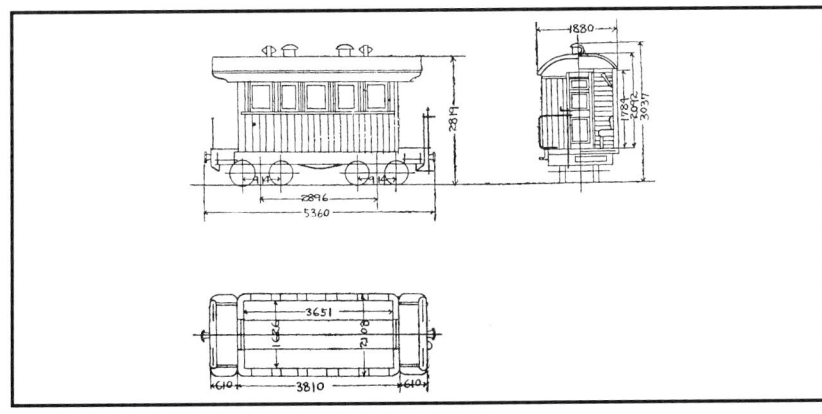

国鉄ケホ150形ケホロ150形式図
買収前のロ1。明治44年の皇太子行啓用供奉車を転用したもので、5m弱の寸詰まりな車体ながらもボギー車である。
鉄道省工作局
「車両形式図客車下巻」昭和3年版
小松重次提供

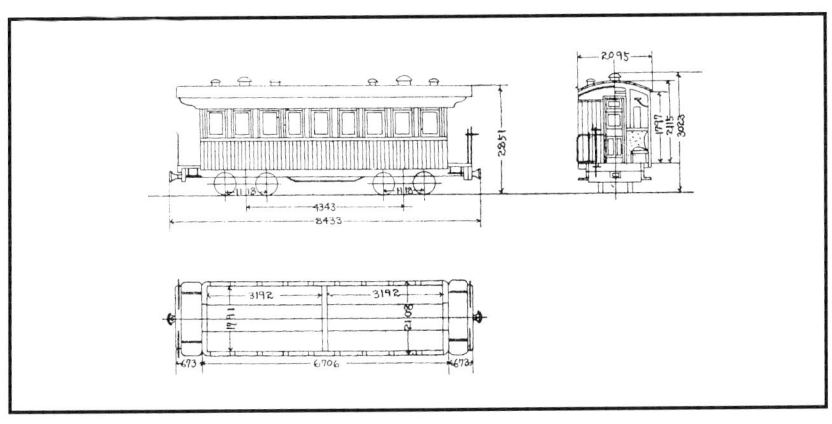

国鉄ケホ200形ケホロハ200・201形式図
買収前のロハ7・8。車内仕切位置に注意。ハ2・3（Ⅱ）は同型の並等車。
鉄道省工作局
「車両形式図客車下巻」昭和3年版
小松重次提供

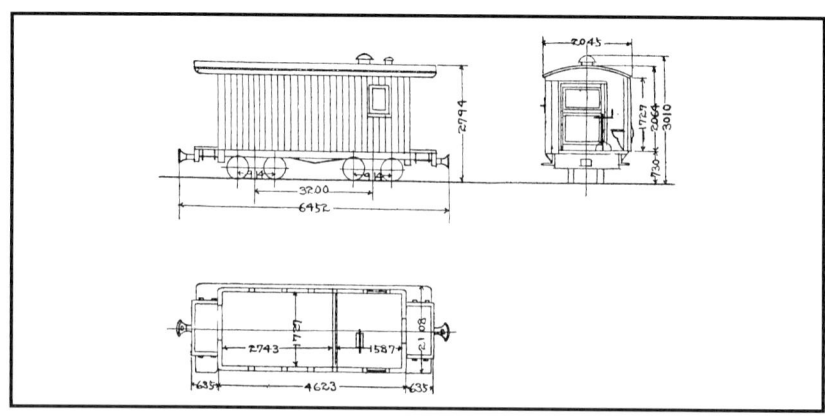

国鉄ケホ860形ケホユニ860 形式図

買収前のユカ1。郵便荷物車のうち、唯一、原型で残ったもの。
鉄道省工作局
「車両形式図客車下巻」昭和3年版
小松重次提供

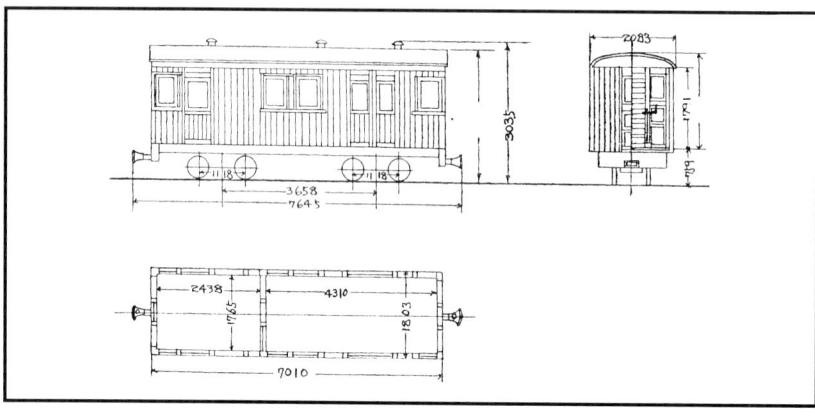

国鉄ケホ870形ケホユニ870 形式図

買収前のユカ2で昭和2年改造後の車体。ごく普通の箱型車体も苫小牧軽便では異質な存在である。
鉄道省工作局
「車両形式図客車下巻」昭和3年版
小松重次提供

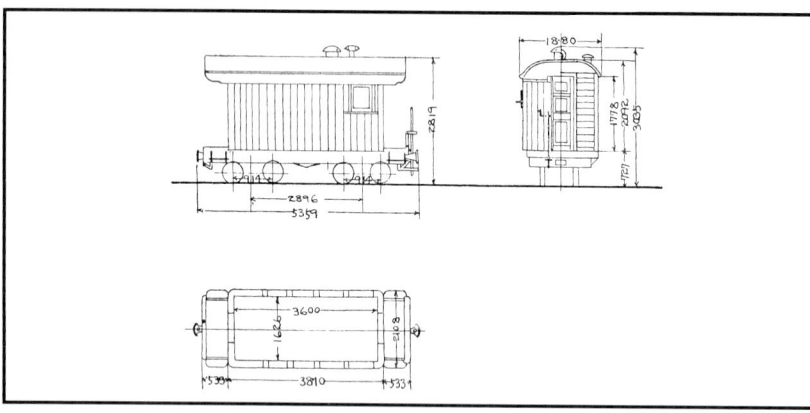

国鉄ケホ910形ケホニ910・911 形式図

買収前のカ1・2。車体寸法や形態など、ケホロ150（苫小牧軽便ロ1）との類似性に注意されたい。
鉄道省工作局
「車両形式図客車下巻」昭和3年版
小松重次提供

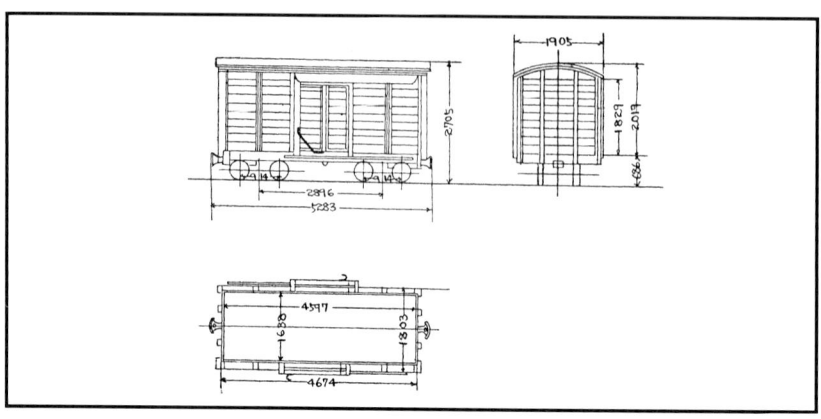

国鉄ケワ1形ケワ1～4形式図

買収前のワ1～4。制動はない。国鉄買収時にケホワ1220～1223となるが、直後の「昭和の大改番」で再改番された。
鉄道省工作局
「車両形式図客車下巻」昭和4年版
大幡哲海提供

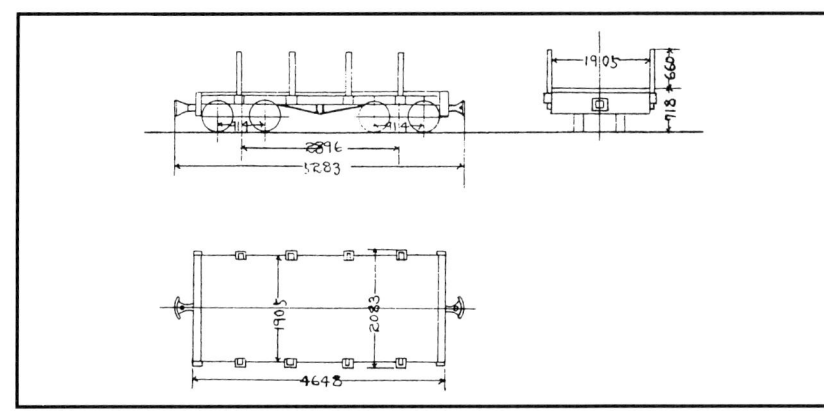

国鉄ケチ1形ケチ1〜109形式図
主力の長物車。苫小牧軽便鉄道ムボ1〜100および日高拓殖鉄道ト1〜9で、国鉄買収時にケホチ30〜138となるが、直後の「昭和の大改番」により再改番されている。
鉄道省工作局
「車両形式図客車下巻」昭和4年版
大幡哲海提供

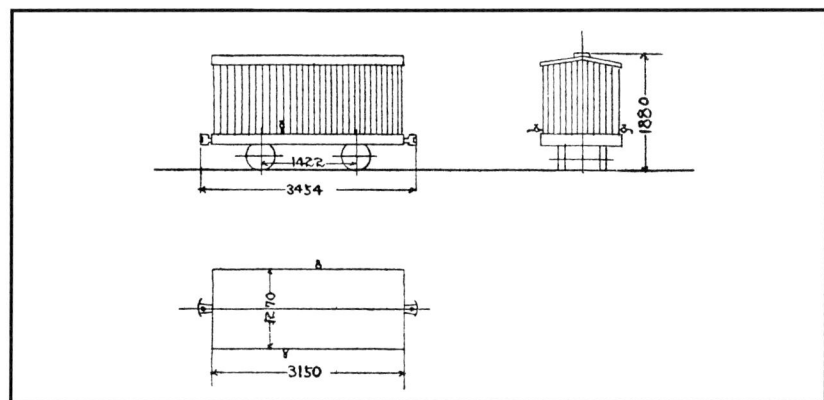

国鉄ケミ1形ケミ1形式図
買収前は備品扱の補助水槽車。車体側面に描かれた蛇口に注意。
鉄道省工作局
「車両形式図客車下巻」昭和4年版
大幡哲海提供

腰の高さの敷居を設けて等級区画されているのが特徴である。ハ2(Ⅱ)・3(Ⅱ)・9・10は窓配置O9Oのボギー車で、ロハ7・8の室内仕切を撤去した以外は同型。ユカ1・2は鉄道昇格時に材木車の台枠以下を用いて造られた窓配置O1O、北炭形類似の郵便荷物車。室内は2:1の比で区画され、窓のある方が車掌室兼荷物室だが、ユカ2は大正6年に窓配置O11Oの大型車体に乗せ換えられ、さらに昭和2年に逓信省の要求で1B2M1の切妻車体に再改造されている。ユカ3は大正6年改造時のユカ2をコピーした車。コンパートメント状の護送郵便室を備える。カ1・2はハ1〜3をそのまま有蓋緩急車にしたような窓配置O1Oの荷物車だが、製造年と入籍年に6年の開きがある。理由については不明だが、ハ2(Ⅰ)・3(Ⅰ)の改造車である可能性が高い。

■ 貨車

ワ1〜4は鉄道昇格時に製造した6t積ボギー有蓋車。ムボ1〜100は8本の側柱を持つ6t積ボギー長物車で、うちムボ1〜53は専用鉄道からの引継車。さらに最初の13両は手ブレーキを有する。それぞれ当初称号がワボ、トボであったが、時期は不明ながら大正末期に改称されている。

■ 参考文献

臼井茂信「国鉄狭軌軽便線11」『鉄道ファン』No.274(1984-2)

苫小牧軽便鉄道→(国鉄日高線)
機関車

番号	製造・改造		出自	手続日改番日	種別	竣功届	国鉄編入	異動先
1	明39	ポーター	三井物産	大2.8.7	設		昭2.8.1	国鉄ケ500
2	明39	ポーター	三井物産	大2.8.7	設		昭2.8.1	国鉄ケ501
3	明39	ポーター	三井物産	大2.8.7	設		昭2.8.1	国鉄ケ502
4	明42	ポーター	王子製紙	大2.8.7	設		昭2.8.1	国鉄ケ503
5	明42	ポーター	王子製紙	大2.8.7	設		昭2.8.1	国鉄ケ504

1) 臼井茂信編著『日本蒸気機関車形式図集成2』(1969)誠文堂新光社 p519
2) 臼井茂信「国鉄狭軌軽便線11」『鉄道ファン』No.274 (1984-2) p85〜87
3) 星山一男『お召列車百年』(1973)鉄道図書刊行会 p53.59。なお、大正11年については「車両その他もどんな運転を行ったのかはっきりしない」とあるが、わざわざボギー化するなど整備したあたり、御乗用車に本車を用いたことは疑いない。

客車

番号	製造・改造		出自	手続日 改番日	種別	竣功届	設計変更	設計変更	電灯化	国鉄編入・ 用途廃止	異動先
御召車	明44.2	札幌工	三井物産	大11.7.5	※		大11.7.14#			昭2.8.1	国鉄ケホトク100
ロ1	(→前掲)		ハ1	大8.6.3	変				昭2.2.12	昭2.8.1	国鉄ケフホロ150
ハ1	明44.7	岩見沢工	三井物産	大2.8.7	設					大8.6.3	ロ1
ハ2(I)	明44.7	岩見沢工	三井物産	大2.8.7	設					大11.7.11	
ハ2(II)	大11	自社		大11.7.11	増				昭2.2.12	昭2.8.1	国鉄ケフホハ430
ハ3(I)	明44.7	岩見沢工	三井物産	大2.8.7	設					大11.7.11	
ハ3(II)	大11	自社		大11.7.11	増				昭2.2.12	昭2.8.1	国鉄ケフホハ431
ハ4	明44.7	岩見沢工	三井物産	大2.8.7	設				昭2.2.12	昭2.8.1	国鉄ケフホハ440
ハ5	明44.7	岩見沢工	三井物産	大2.8.7	設				昭2.2.12	昭2.8.1	国鉄ケフホハ441
ハ6	大5	自社		大5.12.5	設				昭2.2.12	昭2.8.1	国鉄ケフハホ460
ロハ7	大6	自社		大7.1.31	設		大11.3.3*		昭2.2.12	昭2.8.1	国鉄ケフホロハ200
ロハ8	大6	自社		大7.1.31	設		大11.3.3*		昭2.2.12	昭2.8.1	国鉄ケフホロハ201
ハ9	大8	自社		大8.6.14	設				昭2.2.12	昭2.8.1	国鉄ケフホハ432
ハ10	大8	自社		大8.6.14	設				昭2.2.12	昭2.8.1	国鉄ケフホハ433
ユカ1	大2.6	自社改	三井物産無蓋車	大2.8.7	設				昭2.2.12	昭2.8.1	国鉄ケホユニ860
ユカ2	大2.6	自社改	三井物産無蓋車	大2.8.7	設		大6.9.25b	昭2.4.27b	昭2.2.12	昭2.8.1	国鉄ケホユニ870
ユカ3	大6	自社		大6.9.25	増					昭2.8.1	国鉄ケホユニ873
カ1	大5	自社		大11.7.18	設					昭2.8.1	国鉄ケホニ910
カ2	大5	自社		大11.7.18	設					昭2.8.1	国鉄ケホニ911

*…内部寸法変更、#…四輪車をボギー化、b…大型化
※…御召車の入籍種別は、開業時ミスで入籍させられなかったものを「車両表訂正届」を提出することで籍を得たもの

貨車

番号	製造・改造		出自	手続日 改番日	種別	竣功届	改称 時期不明	設計変更	国鉄編入	異動先
ワボ1	大2.6	自社		大2.8.7	設		ワ1		昭2.8.1	国鉄ケホワ1220
ワボ2	大2.6	自社		大2.8.7	設		ワ2		昭2.8.1	国鉄ケホワ1221
ワボ3	大9.2	自社		大11.6.28	増		ワ3		昭2.8.1	国鉄ケホワ1222
ワボ4	大9.2	自社		大11.6.28	増		ワ4		昭2.8.1	国鉄ケホワ1223
トボ1	明41.11	天野	三井物産	大2.8.7	設		ムボ1		昭2.8.1	国鉄ケホチ30
トボ2	明41.11	天野	三井物産	大2.8.7	設		ムボ2		昭2.8.1	国鉄ケホチ31
トボ3	明41.11	天野	三井物産	大2.8.7	設		ムボ3		昭2.8.1	国鉄ケホチ32
トボ4	明41.11	天野	三井物産	大2.8.7	設		ムボ4		昭2.8.1	国鉄ケホチ33
トボ5	明41.11	天野	三井物産	大2.8.7	設		ムボ5		昭2.8.1	国鉄ケホチ34
トボ6	明41.11	天野	三井物産	大2.8.7	設		ムボ6		昭2.8.1	国鉄ケホチ35
トボ7	明41.11	天野	三井物産	大2.8.7	設		ムボ7		昭2.8.1	国鉄ケホチ36
トボ8	明41.11	天野	三井物産	大2.8.7	設		ムボ8		昭2.8.1	国鉄ケホチ37
トボ9	明41.11	天野	三井物産	大2.8.7	設		ムボ9		昭2.8.1	国鉄ケホチ38
トボ10	明41.11	天野	三井物産	大2.8.7	設		ムボ10		昭2.8.1	国鉄ケホチ39
トボ11	明41.11	天野	三井物産	大2.8.7	設		ムボ11		昭2.8.1	国鉄ケホチ40
トボ12	明41.11	天野	三井物産	大2.8.7	設		ムボ12		昭2.8.1	国鉄ケホチ41
トボ13	明41.11	天野	三井物産	大2.8.7	設		ムボ13		昭2.8.1	国鉄ケホチ42
トボ14	明41.11	天野	三井物産	大2.8.7	設		ムボ14		昭2.8.1	国鉄ケホチ43
トボ15	明41.11	天野	三井物産	大2.8.7	設		ムボ15		昭2.8.1	国鉄ケホチ44
トボ16	明41.11	天野	三井物産	大2.8.7	設		ムボ16		昭2.8.1	国鉄ケホチ45
トボ17	明41.11	天野	三井物産	大2.8.7	設		ムボ17		昭2.8.1	国鉄ケホチ46
トボ18	明41.11	天野	三井物産	大2.8.7	設		ムボ18		昭2.8.1	国鉄ケホチ47
トボ19	明41.11	天野	三井物産	大2.8.7	設		ムボ19		昭2.8.1	国鉄ケホチ48
トボ20	明41.11	天野	三井物産	大2.8.7	設		ムボ20		昭2.8.1	国鉄ケホチ49
トボ21	明41.11	天野	三井物産	大2.8.7	設		ムボ21		昭2.8.1	国鉄ケホチ50
トボ22	明41.11	天野	三井物産	大2.8.7	設		ムボ22		昭2.8.1	国鉄ケホチ51
トボ23	明41.11	天野	三井物産	大2.8.7	設		ムボ23		昭2.8.1	国鉄ケホチ52
トボ24	明41.11	天野	三井物産	大2.8.7	設		ムボ24		昭2.8.1	国鉄ケホチ53
トボ25	明41.11	天野	三井物産	大2.8.7	設		ムボ25		昭2.8.1	国鉄ケホチ54
トボ26	明41.11	天野	三井物産	大2.8.7	設		ムボ26		昭2.8.1	国鉄ケホチ55
トボ27	明41.11	天野	三井物産	大2.8.7	設		ムボ27		昭2.8.1	国鉄ケホチ56
トボ28	明41.11	天野	三井物産	大2.8.7	設		ムボ28		昭2.8.1	国鉄ケホチ57
トボ29	明41.11	天野	三井物産	大2.8.7	設		ムボ29		昭2.8.1	国鉄ケホチ58
トボ30	明41.11	天野	三井物産	大2.8.7	設		ムボ30		昭2.8.1	国鉄ケホチ59
トボ31	明41.11	天野	三井物産	大2.8.7	設		ムボ31	昭2.4.4*	昭2.8.1	国鉄ケホチ60
トボ32	明41.11	天野	三井物産	大2.8.7	設		ムボ32	昭2.4.4*	昭2.8.1	国鉄ケホチ61
トボ33	明41.11	天野	三井物産	大2.8.7	設		ムボ33	昭2.4.4*	昭2.8.1	国鉄ケホチ62
トボ34	明41.11	天野	三井物産	大2.8.7	設		ムボ34	昭2.4.4*	昭2.8.1	国鉄ケホチ63
トボ35	明41.11	天野	三井物産	大2.8.7	設		ムボ35	昭2.4.4*	昭2.8.1	国鉄ケホチ64
トボ36	明41.11	天野	三井物産	大2.8.7	設		ムボ36	昭2.4.4*	昭2.8.1	国鉄ケホチ65
トボ37	明41.11	天野	三井物産	大2.8.7	設		ムボ37	昭2.4.4*	昭2.8.1	国鉄ケホチ66

番号	製造・改造		出自	手続日 改番日	種別	竣功届	改称 時期不明	設計変更		国鉄編入	異動先
トボ38	明41.11	天野	三井物産	大 2. 8. 7	設		ムボ38	昭 2. 4. 4*		昭 2. 8. 1	国鉄ケホチ67
トボ39	明41.11	天野	三井物産	大 2. 8. 7	設		ムボ39	昭 2. 4. 4*		昭 2. 8. 1	国鉄ケホチ68
トボ40	明41.11	天野	三井物産	大 2. 8. 7	設		ムボ40	昭 2. 4. 4*		昭 2. 8. 1	国鉄ケホチ69
トボ41	明41.11	天野	三井物産	大 2. 8. 7	設		ムボ41			昭 2. 8. 1	国鉄ケホチ70
トボ42	明41.11	天野	三井物産	大 2. 8. 7	設		ムボ42			昭 2. 8. 1	国鉄ケホチ71
トボ43	明41.11	天野	三井物産	大 2. 8. 7	設		ムボ43			昭 2. 8. 1	国鉄ケホチ72
トボ44	明41.11	天野	三井物産	大 2. 8. 7	設		ムボ44			昭 2. 8. 1	国鉄ケホチ73
トボ45	明41.11	天野	三井物産	大 2. 8. 7	設		ムボ45			昭 2. 8. 1	国鉄ケホチ74
トボ46	明41.11	天野	三井物産	大 2. 8. 7	設		ムボ46			昭 2. 8. 1	国鉄ケホチ75
トボ47	明41.11	天野	三井物産	大 2. 8. 7	設		ムボ47			昭 2. 8. 1	国鉄ケホチ76
トボ48	明41.11	天野	三井物産	大 2. 8. 7	設		ムボ48			昭 2. 8. 1	国鉄ケホチ77
トボ49	明41.11	天野	三井物産	大 2. 8. 7	設		ムボ49			昭 2. 8. 1	国鉄ケホチ78
トボ50	明41.11	天野	三井物産	大 2. 8. 7	設		ムボ50			昭 2. 8. 1	国鉄ケホチ79
トボ51	明41.11	天野	三井物産	大 2. 8. 7	設		ムボ51			昭 2. 8. 1	国鉄ケホチ80
トボ52	明41.11	天野	三井物産	大 2. 8. 7	設		ムボ52			昭 2. 8. 1	国鉄ケホチ81
トボ53	明41.11	天野	三井物産	大 2. 8. 7	設		ムボ53			昭 2. 8. 1	国鉄ケホチ82
トボ54	大 2.6	自社		大 2. 8. 7	設		ムボ54			昭 2. 8. 1	国鉄ケホチ83
トボ55	大 2.6	自社		大 2. 8. 7	設		ムボ55			昭 2. 8. 1	国鉄ケホチ84
トボ56	大 2.6	自社		大 2. 8. 7	設		ムボ56			昭 2. 8. 1	国鉄ケホチ85
トボ57	大 2.6	自社		大 2. 8. 7	設		ムボ57			昭 2. 8. 1	国鉄ケホチ86
トボ58	大 2.6	自社		大 2. 8. 7	設		ムボ58			昭 2. 8. 1	国鉄ケホチ87
トボ59	大 2.6	自社		大 3. 6. 8	増		ムボ59			昭 2. 8. 1	国鉄ケホチ88
トボ60	大 2.6	自社		大 3. 6. 8	増		ムボ60			昭 2. 8. 1	国鉄ケホチ89
トボ61	大 2.6	自社		大 3. 6. 8	増		ムボ61			昭 2. 8. 1	国鉄ケホチ90
トボ62	大 2.6	自社		大 3. 6. 8	増		ムボ62			昭 2. 8. 1	国鉄ケホチ91
トボ63	大 2.6	自社		大 3. 6. 8	増		ムボ63			昭 2. 8. 1	国鉄ケホチ92
トボ64	大 2.6	自社		大 3. 6. 8	増		ムボ64			昭 2. 8. 1	国鉄ケホチ93
トボ65	大 2.6	自社		大 3. 6. 8	増		ムボ65			昭 2. 8. 1	国鉄ケホチ94
トボ66	大 2.6	自社		大 3. 6. 8	増		ムボ66			昭 2. 8. 1	国鉄ケホチ95
トボ67	大 2.6	自社		大 3. 6. 8	増		ムボ67			昭 2. 8. 1	国鉄ケホチ96
トボ68	大 2.6	自社		大 3. 6. 8	増		ムボ68			昭 2. 8. 1	国鉄ケホチ97
トボ69	大 5.12	自社		大 5.12.30	増		ムボ69			昭 2. 8. 1	国鉄ケホチ98
トボ70	大 5.12	自社		大 5.12.30	増		ムボ70			昭 2. 8. 1	国鉄ケホチ99
トボ71	大 5.12	自社		大 5.12.30	増		ムボ71			昭 2. 8. 1	国鉄ケホチ100
トボ72	大 5.12	自社		大 5.12.30	増		ムボ72			昭 2. 8. 1	国鉄ケホチ101
トボ73	大 5.12	自社		大 5.12.30	増		ムボ73			昭 2. 8. 1	国鉄ケホチ102
トボ74	大 5.12	自社		大 5.12.30	増		ムボ74			昭 2. 8. 1	国鉄ケホチ103
トボ75	大 5.12	自社		大 5.12.30	増		ムボ75			昭 2. 8. 1	国鉄ケホチ104
トボ76	大 5.12	自社		大 5.12.30	増		ムボ76			昭 2. 8. 1	国鉄ケホチ105
トボ77	大 5.12	自社		大 5.12.30	増		ムボ77			昭 2. 8. 1	国鉄ケホチ106
トボ78	大 5.12	自社		大 5.12.30	増		ムボ78			昭 2. 8. 1	国鉄ケホチ107
トボ79	大 8.7	自社		大 8.			ムボ79			昭 2. 8. 1	国鉄ケホチ108
トボ80	大 8.7	自社		大 8.			ムボ80			昭 2. 8. 1	国鉄ケホチ109
トボ81	大 8.7	自社		大 8.			ムボ81			昭 2. 8. 1	国鉄ケホチ110
トボ82	大 8.7	自社		大 8.			ムボ82			昭 2. 8. 1	国鉄ケホチ111
トボ83	大 8.7	自社		大 8.			ムボ83			昭 2. 8. 1	国鉄ケホチ112
トボ84	大 8.7	自社		大 8.			ムボ84			昭 2. 8. 1	国鉄ケホチ113
トボ85	大 8.7	自社		大 8.			ムボ85			昭 2. 8. 1	国鉄ケホチ114
トボ86	大 8.7	自社		大 8.			ムボ86			昭 2. 8. 1	国鉄ケホチ115
トボ87	大 8.7	自社		大 8.			ムボ87			昭 2. 8. 1	国鉄ケホチ116
トボ88	大 8.7	自社		大 8.			ムボ88			昭 2. 8. 1	国鉄ケホチ117
ムボ89	大15.11	自社		大15.10.30	設	昭元.12.27				昭 2. 8. 1	国鉄ケホチ118
ムボ90	大15.11	自社		大15.10.30	設	昭元.12.27				昭 2. 8. 1	国鉄ケホチ119
ムボ91	大15.11	自社		大15.10.30	設	昭元.12.27				昭 2. 8. 1	国鉄ケホチ120
ムボ92	大15.11	自社		大15.10.30	設	昭元.12.27				昭 2. 8. 1	国鉄ケホチ121
ムボ93	大15.11	自社		大15.10.30	設	昭元.12.27				昭 2. 8. 1	国鉄ケホチ122
ムボ94	大15.11	自社		大15.10.30	設	昭元.12.27				昭 2. 8. 1	国鉄ケホチ123
ムボ95	大15.11	自社		大15.10.30	設	昭元.12.27				昭 2. 8. 1	国鉄ケホチ124
ムボ96	大15.11	自社		大15.10.30	設	昭元.12.27				昭 2. 8. 1	国鉄ケホチ125
ムボ97	大15.11	自社		大15.10.30	設	昭元.12.27				昭 2. 8. 1	国鉄ケホチ126
ムボ98	大15.11	自社		大15.10.30	設	昭元.12.27				昭 2. 8. 1	国鉄ケホチ127
ムボ99	大15.11	自社		大15.10.30	設	昭元.12.27				昭 2. 8. 1	国鉄ケホチ128
ムボ100	大15.11	自社		大15.10.30	設	昭元.12.27				昭 2. 8. 1	国鉄ケホチ129

*…側梁強化
〔備考〕明治41年製のトボ1～53に関しては三井物産、王子製紙からの引継車。個別の対照は不明

石狩石炭→飯田延太郎→
美唄鉄道→三菱鉱業
【通称：三菱美唄鉄道】

美唄－常盤台
10.6km
軌間：1067mm
動力：蒸気・内燃

■ 沿革

　浅野総一郎主導で設立された石狩石炭は、美唄に鉱区を得て明治39年8月に美唄－沼貝（後の美唄炭山）間の専用鉄道敷設免許を得るが、土工を完了したところで鉱区を巡って係争となったため、工事が中断となり免許を失効する。その後、沿線炭礦主が同区間の専用鉄道敷設を申請したこともあり、鉄道だけは石狩石炭の手で敷設することとなり、地方鉄道として大正3年11月5日に開業、翌年8月飯田延太郎に売却する。

　飯田は東京市麹町区で開業していた弁護士で、神国生命保険の取締役でもあるが、その一方で三菱財閥総帥の岩崎久弥が会社売買の保証人になっており、今風に言うとM&A案件に過ぎなかった可能性が高い。実際、1ヶ月で三菱に買収されるが、その際、鉄道と炭礦が分離され美唄鉄道として独立、大正13年12月15日には三菱鉱業の専用鉄道であった美唄炭山－常盤台間も譲受した。戦後の昭和25年4月25日に三菱鉱業に吸収され炭礦直営の鉄道となるが、閉山にともない昭和47年6月1日に廃止となる。

　なお、事業所としては別鉄道であるが、三菱大夕張鉄道とは運輸行政の取扱上、同一企業の別線扱となっていた。そのため、廃線に伴う車両の処分は自動廃車とはならず、最後まで残された車両は廃線後に別途廃車届が提出されているのが法制上、大きな特徴と言える。

■ 機関車

　1は炭水車以外「小コン」こと国鉄9040形とほぼ同型の37t1Dテンダ機だが、購入時より空気ブレーキ付であった点に進取性が認められる。銘板には大正7年3月製とあるが製造番号と乖離があり、ニカラグア国鉄2号機であったものをオーバーホールのうえ発送されたものとの調査結果が存在する[4]。2～4は国鉄4110形後期形のコピー機だが、国鉄機の実用最高気圧12kg/cm²に対し13kg/cm²と缶圧が高く、大煙管も1本多いなど微妙な違いがあることから出力的に優位に立つ。なお、先に登場した2・3に対し4は水タンクが若干大きく、また新造時より空気ブレーキがついていた。入線以来主力機として使用され、本機の実績から国鉄より4122・4137・4142・4144の払下げも受けることとなる。5～7は国鉄9600形。5は新造機だが、樺太の帝国燃料興業内幌鉄道との間で機関車製造枠をめぐる交換処理があり、身代わりとして7011が樺太に渡った。6・7は払下機で、特に7はランボードにSカーブを持つ一次型。入線時に車体を切り詰めた記録があるが詳細は不明。本来9600形は炭礦鉄道で重宝された機関車だが、4110形を賞用した当社では補助的な存在に終始した[5]。3080は国鉄3080形の払下機。7010・7011は開業にあたり国鉄7010形の払下をう

4144（4110形）
大正6年川崎製の65tEタンク機。昭和26年に国鉄から譲受したもので、形態は美唄オリジナルの2～4とほぼ同じ。
　昭和38.8.28　東明
　　　　　　　大庭幸雄

6 (9600形)
大正11年川崎製の60t1Dテンダ機。国鉄69603を昭和18年に譲受したもので、9600形としては標準的なもの。
昭和42.8.25 美唄
和久田康雄

けたもの。大型機の増備に伴い昭和2年9月1日より三菱鉱業の私有機となり、美唄鉄道車籍のまま三菱芦別専用鉄道へ転じたものの、同専用鉄道が昭和9年に一旦廃止となったため入換機として美唄に戻る。9201・9217・9233・9237は「大コン」こと国鉄9200形の払下げだが9201と9237は三菱大夕張鉄道開業準備のための便宜置籍であった。

■ **内燃動車**

キハ101～103は国鉄キハ05形の払下車。オリジナルは機械式気動車だが、DMF13（140PS/1500rpm）とTC-2変速機に換装されたことから実質的には国鉄キハ04形と変らない。書類上は入籍後の改造になっているが、実際は改造を済ませて入線している。

■ **客車**

ハ1～4→ハ11～14は国鉄フハ3430形の払下車で窓配置O22222Oの二軸客車。うちハ11と14は電源母車とされ、床下に大型の車軸発電機を搭載した。ハ12は三菱芦別専用鉄道へ譲渡されるが、最晩年に当社が運転管理していた三菱茶志内炭礦専用線に転属したため再入籍する。ハ5・6→ハ15・16はハ11～14を模して大正9年に加藤車両で製造した増備車。ただしオリジナルがダブルルーフであるのに対し本車は丸屋根。ハ2は三菱大夕張から来た窓配置O5Oの鋼製二軸客車。三菱茶志内炭礦専用線で使用するための便宜置籍で元を正せば当社フハ3391である。ハ17～20は国鉄ハ2353形の払下車。原型は窓配置1D9D1で特異な座席配置の二軸客車であったが、入線間もなくデッキを設

キハ101（キハ100形）
昭和40年に国鉄キハ0511を譲受し液体式に改造。正面窓が1段になったのが目立つ。
昭和42.8.15 美唄
星良助

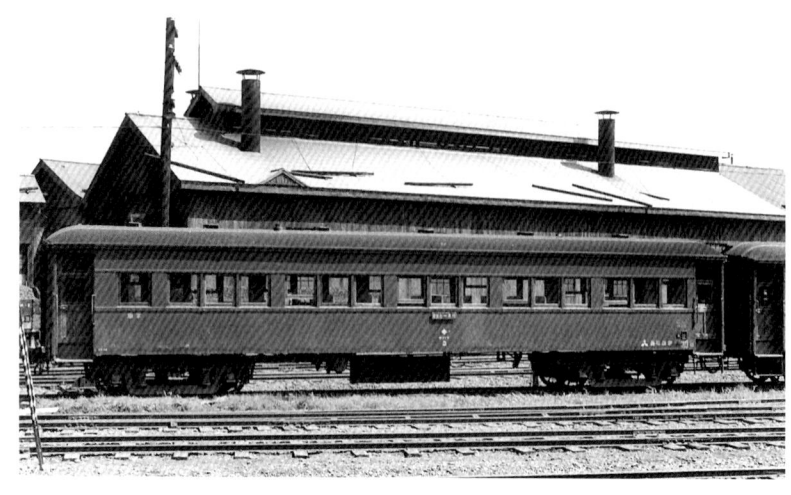

ナハフ3（ナハフ1形）
昭和10年日車製の17m級鋼製客車。国鉄オハ31形を丸屋根化したように見えるが、形鋼通し台枠で、車幅や全高も地方鉄道車両定規にあわせて一回り小さい。
昭和42.8.25　美唄
和久田康雄

置し窓配置O8O、室内も通常のクロスシートに改造される。フハ3391・3392は国鉄フハ3384形の払下車で窓配置O222220。三菱大夕張鉄道開業準備のための便宜置籍であった。ホハ1〜3→ナハフ1〜3は国鉄オハ31を丸屋根にしたような窓配置D13333Dの鋼製ボギー客車。窓配置からも判るように当初より緩急車であったことから後年ナハフに改称されるが、その時期については不明。ナハ4・5はナハフ1〜3を木造にしたようなボギー客車だが出自については諸説あり、現車の台枠にも大正7年汽車東京の銘板がついていたとされる[6]。スハフ6は国鉄スハニ19110形の払下車。払下時に荷物室を閉鎖したため窓配置はD122221112222D。昭和29年に三軸ボギーはそのままに窓配置1B10D1の鋼製荷物合造客車スハニ6に改造される。オハフ7は国鉄オハフ8850形の払下車。本来は三軸ボギー車で、書類上は昭和27年に美唄鉄道がTR11に換装したことになっているが、国鉄と取り交わした物品売買契約書には「二軸ボギー客車」とあり、実際は台車を換装して入線したらしい。昭和33年に国鉄オハフ62

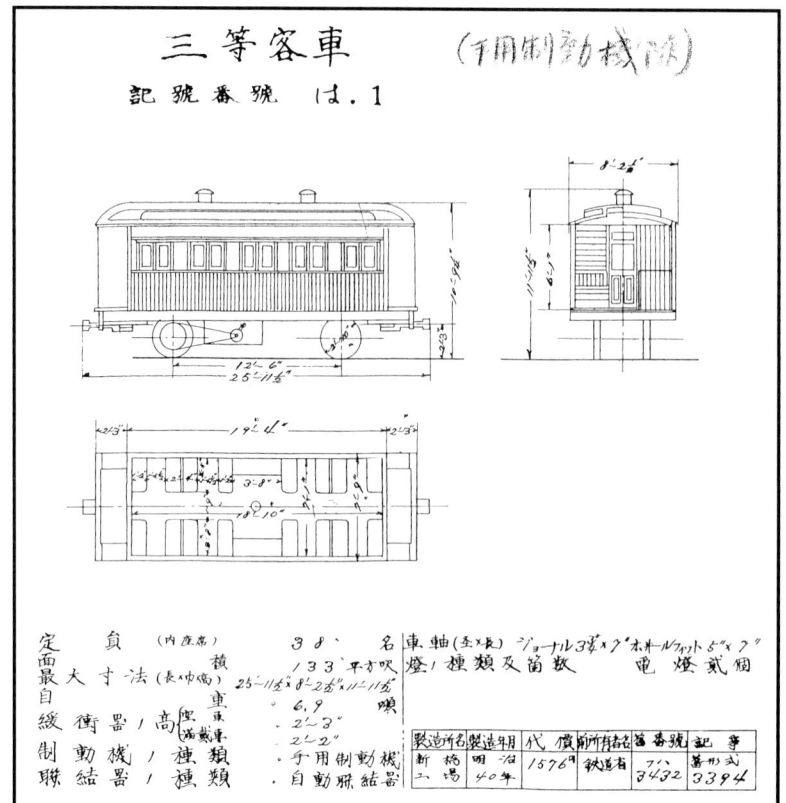

は1竣功図
図面は大正11年の電灯化改造時のもので、床下のヴィッカースSB式A形車軸発電機に注意。

所蔵：国立公文書館

ナハ4（ナハ1形）

昭和26年三真工業製の17m級客車。一見するとナハフ1～3と同型に見えなくもないが、木造車である。
　昭和32.8.20　美唄
　　湯口徹

オハフ7（オハフ1形）

明治39年新橋工場製の国鉄オハフ8856を昭和26年に譲受。元は鉄道作業局の寝台車を格下げた20m級の三軸ボギー荷物車だが、戦時中に通勤客車にしたもの。入線にあたり台車を換装。
　昭和32.8.19　美唄
　　湯口徹

オハフ7（オハフ1形）

昭和33年に協和工業で鋼体化された姿。国鉄オハフ62形類似の20m車となったが、便所がなく、トラス棒が残る。
　昭和42.8.25　美唄
　　和久田康雄

スハニ6（スハニ1形）
昭和29年に協和工業で鋼体化された姿。手前側に荷物室があるが、別途、逆側車端部に車掌室も存在する。昭和42年に三菱大夕張鉄道へ譲渡。
昭和38.8.28　常盤台
大庭幸雄

形を模した窓配置1D12Dの鋼製客車に改造される。**オハ8**は国鉄オハ8500形の払下車。本来三軸ボギー客車だがオハフ7同様、物品売買契約書には「二軸ボギー客車」とあり、台車をTR11に換装して入線している。昭和38年にオハフ7と同型に鋼体化され緩急車オハフ8となる。**オハフ9**は国鉄オロハ30形の払下車。**ナハ10**は国鉄ナハフ14100形の払下車。昭和29年に木造のまま窓配置D10Dの切妻丸屋根車体に改造。**オハフ11**は国鉄オル27700形を旅客車に復元の上で購入したもので窓配置D12222221D。**ニ4344**は国鉄ニ4344形の払下車で窓配置1B1dの貨車然とした客車。三菱大夕張鉄道開業準備のための便宜置籍であった。

■ 貨車

ワ1形は国鉄ワ1形の払下車。**ワ2形とワ3形**はワブ1形を有蓋車にしたもの。それぞれ種車の車体長が異なり、8m級のワ2形は10t積だが、ワブ1を改造したワ3形は6m級のため8t積。僚車ワブ2は有蓋緩急車として全うしたが、大正末期に電源母車として床下に車軸発電機を搭載した時期がある。**ワム1形**は国鉄トム16000形を購入して車体を仕立てた15t積有蓋車で、国鉄ワム3500形とほぼ同型。**ワブ200形**は院コワフ2525形の払下車で北炭形の小型ボギー車。ワブ203は昭和2年9月1日より三菱鉱業の私有車として美唄鉄道車籍のまま三菱芦別専用鉄道へ転じ、彼地で廃車となる。**ト1（初代）形**は院コト4238形払下車（ト3はコワフ2525形の改造）で、やはり北炭の小型ボギー車。大正14年に妻面を三枚側に嵩上げのうえ側柱を立て、二枚側の木材車兼用車となる。一応戦後まで在籍したが、末期は老朽化が著しく休車状態であったとされる。**ト100形**は10t積の二枚側二軸車。やはり大正14年に三枚側化のうえ側柱を立て木材車兼用車となる。**ト18709形**は院ト18709形の払下車だが、三菱大夕張鉄道開業準備のための便宜置籍。**トム1形**は国鉄トム1形の払下車。トム4～6は買収貨車で車歴は若いが空気ブレーキがない。昭和35年に一部が四枚側総アオリ戸式の13t積車ト3形に更新される。**トム5000形**は国鉄トム5000形の払下車。**トム13500形**は相鉄買収車である国鉄トム13500形の払下車。**トム16000形**は国鉄トム16000形と同型車だが番台区分があり、0番台は昭和3年の新造車、10番台は戦後の国鉄払下車。ともに四枚側総アオリ戸式の

オハフ9（オハフ2形）
昭和3年汽車東京製の国鉄オロハ301を昭和27年に譲受。右手2連窓部が旧二等室、中央の独立窓は元の便所。
昭和36.11.5　美唄　星良助

オハフ11（オハフ3形）
昭和2年川崎製の国鉄オル27701を昭和34年に譲受。配給車を客用に復旧したもので、出自がナロ20755につき2連窓が特徴。
昭和38.8.28　茶志内　大庭幸雄

ワ6（ワ2形）
昭和29年にワブ4を改造した10t積有蓋車。国鉄ワフ3300形並の大柄な車体と、3,810mmの長い軸距が種車の名残である。
昭和36.11.5　美唄　星良助

ト10（ト3形）
13t積無蓋車で国鉄トム2219譲受車であるトム5を昭和35年に更新。元は買収貨車で大正14年汽車製の宇部鉄道トム53を出自とする。
昭和42.8.25　美唄　和久田康雄

13t積車に更新されるが、出自にあわせ**ト1形（二代目）**と**ト2形**に形式が分かれた。**トム18000形**は国鉄トム50000形と同型の15t積四枚側総アオリ戸式の無蓋車。**トキ900形**は三軸車である国鉄トキ900形の戦災車を譲受したもの。入線直後に減積が行われ四枚側総アオリ戸式の17t積車**トラ1形**となる。**セ1形**は12t積の側開式石炭車で、側開式としては珍しい二軸車。**セキ1形**は国鉄セキ1形の払下車だが、うちセキ9〜13は三菱芦別専用鉄道を経由して入線した。**セキ1000形**は国鉄セキ1000形の払下車。**キ100形**は国鉄キ100形と同型の除雪車で国鉄苗穂工場製の新造車。いわゆる初期型に区分されるもので、最後まで延鋤形プラウを維持している。

他に件名録には昭和27年8月28日にト1002、1003の廃車届の提出記録がある。番号体系からすれば誤植と思われるも、参考までに記載しておく。

■ **参考文献**
小熊米雄「美唄鉄道」『鉄道ピクトリアル』No.146（1963-6）
大西清友「三菱鉱業美唄鉄道」『鉄道ピクトリアル』No.259（1971-12増）
湯口徹『北線路（上）』エリエイ出版部（1988）
いのうえこーいち『美唄鉄道』エリエイ出版部（2000）

トム18006（トム18000形）
昭和19年木南車両製の15t積無蓋車。国鉄トム50000形の同型車である。
昭和42.8.25　常盤台　和久田康雄

トラ5（トラ1形）
昭和20年日立製の三軸無蓋車である国鉄トキ5643を昭和26年に譲受し、四枚側の17t積無蓋車に改造したもの。
昭和38.8.28　常盤台　大庭幸雄

4) 臼井茂信『機関車の系譜図1』（1972）交友社 p139-141。製造番号30453だが、これは明治40年の番号である。
5) 6号機の増備にあたり申請書に添付された昭和17年末の機関車配置予定表によると、貨物列車に4110形3両、9600形1両は予備。混合列車に9600形1両。美唄炭山駅入換及び小運転機に9200形1両、常盤台駅入換に1、盤ノ沢駅入換に7010、洗鑵用予備機に9200形1両をそれぞれ充当する旨の記載がある。
6) 小熊米雄「美唄鉄道」『鉄道ピクトリアル』No.146（1963-6）p53。羽後交通払下げの戦災客車の台枠を利用したものとある。羽後交通には昭和24年8月8日契約で戦災車であるホハ12143・12221・12277・ホハフ2806・ナハフ2864の台枠が払い下げられ、うちナハフ2864の台枠が同社キハ1製作時に活用されている。もし羽後交通の台枠流用が事実とすれば、上記のうちホハ12000形の台枠が利用されたのであろう。
なお、湯口徹氏は『戦後生まれの私鉄機械式気動車（上）』（2006）ネコ・パブリッシング p17-18にて、一旦長物車として使用したものを改造したとするが、長物車製造申請が出されたのが昭和22年1月15日で、昭和23年8月26日に書類返付されるなど台枠払下時期とのずれがあり、実際に製造されたのかを含めて、戦災客車改造長物車が美唄ナハ4・5とつながるか、さらに一考を要すると思われる。

セ2（セ1形）
大正15年日車製の12t積二軸石炭車。側開式の二軸石炭車は珍しい存在だった。
昭和38.8.28　常盤台　大庭幸雄

セキ12（セキ1形）
30t積ボギー石炭車。大正2年汽車製の三菱芦別専用鉄道セキ4を昭和39年に譲受したものだが、出自は国鉄セキ206である。
昭和42.8.25　盤の沢　和久田康雄

キ101（キ100形）
昭和4年国鉄苗穂工場製のラッセル式除雪車。国鉄キ100形初期型と同型で、私鉄籍が幸いし、国鉄では失われた延鋤型プラウを最後まで保った。
昭和42.8.25　美唄　和久田康雄

石狩石炭→飯田延太郎→美唄鉄道→三菱鉱業【通称：三菱美唄鉄道】
【各車種共通認可項目】自連扛上…大14.5.12認可、客車電灯化…大11.6.20認可

機関車

番号	製造・改造	出自	手続日改番日	種別	竣功届	社番号化*	私有機化	設計変更	用途廃止	異動先
1	大7.3	BLW	(ニカラグアか?)	大8.8.27	設			昭2.8.9b	昭24.9.5	雄別鉄道
2	大8.4	三菱		大8.6.25	設	大8.8.5			昭47.7.12	
3	大8.4	三菱		大8.6.25	設	大8.8.5			昭40.10.20	北炭平和専用鉄道
4	大15.2	三菱		大15.3.3	設	大15.4.17			昭47.7.12	
5	昭16.2	川崎		昭15.9.11	設	昭16.3.11			昭44.5.5	三菱大夕張鉄道
6	大11	川崎	国鉄69603	昭18.2.23	譲	昭18.3.3	昭20.6.1		昭47.7.12	
7	大3.1	川崎	国鉄9616	昭33.7.21	設	昭33.8.11	昭33.5.21#		昭33.9.6$	昭46.5.26	三菱大夕張鉄道
3080	明40	ナスミス	国鉄3080	大5.9.28	増				昭7.4.9	
4122	大3	川崎	国鉄4122	昭24.4.20	譲	昭24.6.30			昭46.10.25	
4137	大3	川崎	国鉄4137	昭24.4.20	譲	昭24.6.30			昭44.4.1	
4142	大6	川崎	国鉄4142	昭26.1.10	譲	昭26.1.25			昭41.1.31	北炭平和専用鉄道
4144	大6	川崎	国鉄4144	昭26.1.10	譲	昭26.1.25			昭42.9.30	
7010	明6	キットソン	国鉄7010	大3.11.4	譲		昭2.9.1		昭27.10.22	
7011	明6	キットソン	国鉄7011	大3.11.4	譲		昭2.9.1		昭19.11.10	帝国燃料内幌鉄道
9201	明38.8	BLW	国鉄9201			昭3.12.19			昭4.5.15	三菱大夕張鉄道
9217	明38.9	BLW	国鉄9217	昭2.10.12	譲	昭2.12.30			昭38.6.4	
9233	明38.11	BLW	国鉄9233	昭2.10.12	譲	昭2.12.30			昭24.10.3	釧路埠頭倉庫
9237	明38.11	BLW	国鉄9237	昭3.8.24	譲	昭3.12.19			昭4.5.15	三菱大夕張鉄道

*…竣功時は国鉄番号のまま　#…認可前だが原資料記載のまま　b…空気制動改造　$…寸法切詰

内燃動車

番号	製造・改造	出自	手続日改番日	種別	竣功届	設計変更・改番日	用途廃止	異動先
キハ101	昭10.11	小倉工	国鉄キハ0511	昭40.10.28	設	昭40.11.12	昭40.11.29*	昭46.2.28	

番号	製造・改造	出自	手続日 改番日	種別	竣功届	設計変更・改番日		用途廃止	異動先
キハ102	昭10.3	新潟	国鉄キハ0514	昭40.10.28	設	昭40.11.12	昭40.11.29*		昭45.11.27	
キハ103	昭9.2	川崎	国鉄キハ0520	昭40.10.28	設	昭40.11.12	昭40.11.29*		昭45.11.27	

*…液体式に改造・総括制御化

客車

注）…竣功時は国鉄番号のまま

番号	製造・改造	出自	手続日 改番日	種別	竣功届	社番号化(注)	設計変更	改番を伴う改造認可	用途廃止	異動先
は1	明40	新橋工	国鉄フハ3432	大 3.11. 4	譲	大 5. 3. 5	大11. 6.20*	昭 3. 9.26		→ハ11
は2	明40	新橋工	国鉄フハ3430	大 4. 3.20	変	大 5. 3. 5		昭 3. 9.26		→ハ12
は3	明40	新橋工	国鉄フハ3431	大 4. 3.20	変	大 5. 3. 5		昭 3. 9.26		→ハ13
は4	明40	新橋工	国鉄フハ3433	大 3.11. 4	譲	大 5. 3. 5	大14. 5.13*	昭 3. 9.26		→ハ14
は5	大9.3	加藤		大 9. 4. 7	設	大 9. 9.18		昭 3. 9.26		→ハ15
は6	大9.3	加藤		大 9. 4. 7	設	大 9. 9.18		昭 3. 9.26		→ハ16
ハ2	昭26	井出組改	三菱大夕張ハ2	昭37. 3. 6	※				昭38. 3. 1	
ハ11	(→前掲)		は1	昭 3. 9.26	称				昭24.10. 3	三菱芦別専用鉄道
ハ12（I）	(→前掲)		は2	昭 3. 9.26	称				昭24.10. 3	三菱芦別専用鉄道
ハ12（II）	明40	新橋工	三菱芦別ハ12	昭37. 6.19	設	昭37. 7.19			昭38. 3. 1	
ハ13	(→前掲)		は3	昭 3. 9.26	称				昭24.11.26	雄別尺別鉄道
ハ14	(→前掲)		は4	昭 3. 9.26	称				昭38. 3. 1	
ハ15	(→前掲)		は5	昭 3. 9.26	称				昭26. 5.26	三菱芦別専用鉄道
ハ16	(→前掲)		は6	昭 3. 9.26	称				昭26. 5.26	三菱芦別専用鉄道
ハ17	明26.12	平岡	国鉄ハ2361	昭 2.10.12	譲	昭 2.12.30	昭 3. 9.26	昭 3.10.11$	昭24.11.26	雄別尺別鉄道
ハ18	明26.12	平岡	国鉄ハ2363	昭 2.10.12	譲	昭 2.12.30	昭 3. 9.26	昭 3.10.11$	昭27. 8.28	三菱芦別専用鉄道
ハ19	明26.12	平岡	国鉄ハ2364	昭 2.10.12	譲	昭 2.12.30	昭 3. 9.26	昭 3.10.11$	昭25.12.29	油谷鉱業
ハ20	明26.12	平岡	国鉄ハ2375	昭 2.10.12	譲	昭 2.12.30	昭 3. 9.26	昭 3.10.11$	昭25.12.29	油谷鉱業
フハ3391	明40.8	新橋工	国鉄フハ3391	昭 3. 8.24	譲	昭 4. 5. 9			昭 4. 6. 7	三菱大夕張鉄道
フハ3392	明40.8	新橋工	国鉄フハ3392	昭 3. 8.24	譲	昭 4. 5. 9			昭 4. 6. 7	三菱大夕張鉄道
ホハ1	昭10	日車東京		昭10. 6. 6	設	昭10. 7.17				→ナハフ1
ホハ2	昭10	日車東京		昭10. 6. 6	設	昭10. 7.17				→ナハフ2
ホハ3	昭10	日車東京		昭10. 6. 6	設	昭10. 7.17				→ナハフ3
ナハフ1	(→前掲)		ホハ1		称				昭47. 7.12	
ナハフ2	(→前掲)		ホハ2		称				昭46. 5. 6	
ナハフ3	(→前掲)		ホハ3		称				昭45. 6. 1	
ナハ4	昭26	三真工業		昭26. 8.23	設	昭26.12. 1		昭28.12.16#	昭39. 1.27	
ナハ5	昭26	三真工業		昭26. 8.23	設	昭26.12. 1		昭28.12.16#	昭39.12.15	
スハフ6	明45.3	大宮工	国鉄スハニ19114	昭26. 1.24	譲	昭26. 2.12	昭26. 4.18	昭26. 4. 2♭	昭29.10.19	→スハニ6
スハニ6	昭29	協和工業改	スハフ6	昭29.10.19	変	昭29.12.19			昭42. 3.28	三菱大夕張鉄道
オハフ7	明39	新橋工	国鉄オハフ8856	昭26. 8. 6	設	昭27. 1.19	昭27. 2.19	昭27. 2.29	昭33.12.12	昭45. 2.28
オハフ8	明42.11	新橋工	国鉄オハ8519	昭26. 8. 6	設	昭27. 1.19	昭27. 3.20	昭27. 2.29	昭38. 3.14	→オハフ8
オハフ8	昭38	泰和改	オハ8	昭38. 3.14	変	昭38. 4.15			昭47. 7.12	
オハフ9	昭3.5	汽車東京	国鉄オロハ301	昭27. 6.24	設	昭27. 7.31	昭27. 9. 3	昭27. 9. 3	昭42. 6.15	
ナハ10	大2.7	川崎	国鉄ナハフ14200	昭28. 7.15	設	昭28. 7.欠	昭29. 4. 2	昭29. 4. 2	昭41. 3.31	
オハフ11	明35	川崎	国鉄オル27701	昭34. 1.19	設	昭34. 2.11			昭41. 3.31	
二4344	明39	神戸工	国鉄二4344	昭 3. 8.24	譲	昭 4. 5. 9			昭 4. 5.13	三菱大夕張鉄道

※…使用区間変更届，*…車軸発電機設置，#…横椅子（クロスシート）化，♭…長椅子（ロングシート）化，$…オープンデッキ化
〔各改造の詳細〕スハフ6…鋼体化，荷物合造車化
　　　　　　　　オハフ7…昭27.2.29認可で二軸ボギー化（ただし名目のみ），昭33.12.12認可で鋼体化（協和工）
　　　　　　　　オハ8時点…二軸ボギー化（ただし名目のみ），オハフ8への改造時…鋼体化（泰和車両）
　　　　　　　　オハフ9…二等室撤去
　　　　　　　　ナハ10…便所撤去，鋼体化（運輸工業）

貨車

注）竣功時は国鉄番号のまま

番号	製造・改造	出自	手続日 改番日	種別	竣功届	社番号化(注)	大改番 昭3.9.26	設計変更・改番	用途廃止	異動先
【ワ1形】										
ワ1	明30.2	三田		昭24. 4.26	譲	昭24. 6.30			昭38. 6.14	
ワ2	明39	山陽鉄道	国鉄ワ8313	昭24. 4.26	譲	昭24. 6.30			昭39.12.15	
ワ3	明23.2	神戸工	国鉄ワ7084	昭24. 4.26	譲	昭24. 6.30			昭37. 5.21	
ワ4	明38	日車	国鉄ワ9109	昭24. 4.26	譲	昭24. 6.30			昭45.11. 9	
【ワ2形】										
ワ5			ワブ3	昭29. 8.30	変	昭29. 9. 9			昭42. 6.15	
ワ6			ワブ4	昭29. 8.30	変	昭29. 9. 9			昭40. 2.13	
ワ7			ワブ5	昭29. 8.30	変	昭29. 9. 9			昭41. 3.31	
【ワ3形】										
ワ8			ワブ1	昭29. 8.30	変	昭29. 9. 9			昭38. 3. 7	
【ワム1形】										
ワム1			トム16046	昭29. 3.31	変	昭29. 7.17			昭45.11. 9	

31

番号	製造・改造		出自	手続日改番日	種別	竣功届	社番号化(注)	大改番 昭3.9.26	設計変更・改番	用途廃止	異動先
ワム2			トム17654	昭29.3.31	変	昭29.7.17				昭44.8.21	
【わふ1形→ワブ1形】											
わふ1	(→前掲)		わふ4(Ⅰ)	大14.4.30	称			ワブ1	昭29.8.30		→ワ8
わふ2	(→前掲)		わふ5(Ⅰ)	大14.4.30	称			ワブ2		昭36.3.19	
わふ4(Ⅰ)	大8.6	札幌工作		大8.11.11	増	大8.12.10			大14.4.30		→わふ1
わふ5(Ⅰ)*	大8.6	札幌工作		大8.11.11	増	大8.12.10			大14.4.30		→わふ2
【わふ3形→ワブ1形】											
わふ3				昭2.12.5	設	昭2.12.30		ワブ3	昭29.8.30		→ワ5
わふ4(Ⅱ)				昭2.12.5	設	昭2.12.30		ワブ4	昭29.8.30		→ワ6
わふ5(Ⅱ)				昭2.12.5	設	昭2.12.30		ワブ5	昭29.8.30		→ワ7
【コワフ2525形→ワブ200形】											
コワフ2575	明34	手宮工	院コワフ2575	大4.3.20	変				大6.9.21		→と3
コワフ2576	明39.11	手宮工	院コワフ2576	大4.3.20	変			ワブ201	大6.9.21#	昭16.5.31	
コワフ2580	明34	旭川工	院コワフ2580	大3.11.4	譲			ワブ202	大6.9.21#	昭16.5.31	
コワフ2581	明34	旭川工	院コワフ2581	大3.11.4	譲			ワブ203※	大6.9.21#	昭9.4.12	
【コト4238形→と1形→ことち1形→ト1形(初代)】											
と1	明22	手宮工	院コト4298	大4.3.20	変		大6.9.12		大14.4.30		→ことち1
と2	明24	手宮工	院コト4552	大4.3.20	変		大6.9.12		大14.4.30		→ことち2
と3			コワフ2575	大6.9.21	変				大14.4.30		→ことち3
ことち1	(→前掲)		と1	大14.4.30	称			ト1(Ⅰ)	大14.5.12b	昭23.3.10	
ことち2	(→前掲)		と2	大14.4.30	称			ト2(Ⅰ)	大14.5.12b	昭25.8.欠	
ことち3	(→前掲)		と3	大14.4.30	称			ト3(Ⅰ)	大14.5.12b	昭25.8.欠	
【ト1形(2代)】											
ト1(Ⅱ)			トム16001	昭32.11.7	変	昭32.11.13				昭46.2.6	
ト2(Ⅱ)			トム16002	昭32.11.7	変	昭32.11.13				昭46.2.6	
ト3(Ⅱ)			トム16003	昭32.11.7	変	昭33.1.20				昭46.2.6	
ト4			トム16004	昭32.11.7	変	昭33.1.20				昭45.11.23	
ト5			トム16005	昭32.11.7	変	昭33.1.20				昭45.11.23	
【ト2形】											
ト6			トム16011	昭33.6.18	変	昭34.5.21				昭45.11.23	
ト7			トム16012	昭33.6.18	変	昭34.5.21				昭43.11.16	
ト8			トム16013	昭33.6.18	変	昭34.5.21				昭45.11.23	
【ト3形】											
ト9			トム4	昭35.5.31	変	昭37.1.17				昭45.3.17	
ト10			トム5	昭35.5.31	変	昭37.1.17				昭45.3.17	
ト11			トム6	昭35.5.31	変	昭37.1.17				昭45.3.17	
【ことち4形→とち1形→ト100形】											
ことち4	大8.6	札幌工作		大8.11.11	増				大14.4.30		→とち1
ことち5	大8.6	札幌工作		大8.11.11	増				大14.4.30		→とち2
ことち6	大8.6	札幌工作		大8.11.11	増				大14.4.30		→とち3
とち1	(→前掲)		ことち4	大14.4.30	称			ト101	大14.5.12b	昭26.5.31	
とち2	(→前掲)		ことち5	大14.4.30	称			ト102	大14.5.12b	昭27.8.28	
とち3	(→前掲)		ことち6	大14.4.30	称			ト103	大14.5.12b	昭27.8.28	
【ト18709形】											
ト18709	明27.7	山陽鉄道	院ト18709	昭3.8.24	譲	昭3.12.19				昭4.5.15	三菱大夕張鉄道
ト18710	明27.7	山陽鉄道	院ト18710	昭3.8.24	譲	昭3.12.19				昭4.5.15	三菱大夕張鉄道
【トム1形】											
トム1	大4.1	汽車	国鉄トム346	昭24.4.26	譲	昭24.6.30				昭26.5.31	
トム2	大5.2	川崎	国鉄トム1044	昭24.4.26	譲	昭24.6.30				昭37.5.21	
トム3	大3.12	汽車東京	国鉄トム290	昭24.4.26	譲	昭24.6.30				昭29.9.2	
トム4	大13.10	日車	国鉄トム2184	昭24.4.26	譲	昭24.6.30			昭35.5.31		→ト9
トム5	大14.7	汽車	国鉄トム2219	昭24.4.26	譲	昭24.6.30			昭35.5.31		→ト10
トム6	大14.10	日車東京	国鉄トム2275	昭24.4.26	譲	昭24.6.30			昭35.5.31		→ト11
【トム5000形】											
トム5001	大6.10	日車	国鉄トム5591	昭24.4.26	譲	昭24.6.30				昭25.8.欠	
トム5002	大8.10	天野	国鉄トム8049	昭24.4.26	譲	昭24.6.30					
トム5003	大9.8	日車	国鉄トム8321	昭24.4.26	譲	昭24.6.30				昭27.5.30	
トム5004	大8.11	日車	国鉄トム7623	昭24.4.26	譲	昭24.6.30					
トム5005	大9.9	日車東京	国鉄トム8462	昭24.4.26	譲	昭24.6.30				昭27.5.30	
トム5006	大8.12	汽車東京	国鉄トム7851	昭24.4.26	譲	昭24.6.30					
トム5007	大6.9	日車	国鉄トム5529	昭24.4.26	譲	昭24.6.30				昭26.5.31	
トム5008	大7		国鉄トム6377	昭24.4.26	譲	昭24.6.30				昭27.5.30	
【トム13500形】											
トム13501	大15.6	汽車東京	国鉄トム13557	昭24.4.26	譲	昭24.6.30				昭27.3.14	日曹天塩専用鉄道
【トム16000形】											
トム16001				昭3.10.9	設	昭3.12.4			昭32.11.7		→ト1(Ⅱ)
トム16002				昭3.10.9	設	昭3.12.4			昭32.11.7		→ト2(Ⅱ)
トム16003				昭3.10.9	設	昭3.12.4			昭32.11.7		→ト3(Ⅱ)

番号	製造・改造		出自	手続日 改番日	種別	竣功届	社番号化(注)	大改番 昭3.9.26	設計変更・改番	用途廃止	異動先
トム16004				昭3.10.9	設	昭3.12.4				昭32.11.7	→ト4
トム16005				昭3.10.9	設	昭3.12.4				昭32.11.7	→ト5
トム16011	大14.3	日車	国鉄トム16284	昭29.3.25	設	昭29.7.14	昭29.7.20			昭33.6.18	→ト6
トム16012	大15.11	日車東京	国鉄トム17505	昭29.3.25	設	昭29.7.14	昭29.7.20			昭33.6.18	→ト7
トム16013	大14.10	日車東京	国鉄トム16471	昭29.3.25	設	昭29.7.14	昭29.7.20			昭33.6.18	→ト8
トム16046	大13.10	日車東京	国鉄トム16046	昭28.7.15	設	昭29.3.5				昭29.3.31	→ワム1
トム17654	大15.11	日車	国鉄トム17654	昭28.7.15	設	昭29.3.5				昭29.3.31	→ワム2
【トム18000形】											
トム18006	昭19.8	木南		昭19.12.4	設	昭19.12.30				昭47.7.12	
トム18007	昭19.8	木南		昭19.12.4	設	昭19.12.30				昭47.7.12	
トム18008	昭19.8	木南		昭19.12.4	設	昭19.12.30				昭47.7.12	
トム18009	昭19.8	木南		昭19.12.4	設	昭19.12.30				昭47.7.12	三菱大夕張鉄道
トム18010	昭19.8	木南		昭19.12.4	設	昭19.12.30				昭47.7.12	
【トラ1形】											
トラ1			トキ1	昭26.5.28	変	昭26.6.10				昭47.7.12	
トラ2			トキ2	昭26.5.28	変	昭26.6.10				昭47.7.12	
トラ3			トキ3	昭26.5.28	変	昭26.6.10				昭47.7.12	
トラ4			トキ4	昭26.5.28	変	昭26.6.10				昭46.2.6	
トラ5			トキ5	昭26.5.28	変	昭26.6.10				昭47.7.12	
トラ6			トキ6	昭26.5.28	変	昭26.6.10				昭47.7.12	
トラ7			トキ7	昭26.5.28	変	昭26.6.10				昭47.7.12	
トラ8			トキ8	昭26.5.28	変	昭26.6.10				昭47.7.12	
トラ9			トキ9	昭26.5.28	変	昭26.6.10				昭47.7.12	
【トキ900形】											
トキ1			国鉄トキ9917	昭26.4.3	設	昭26.4.25			昭26.5.28		→トラ1
トキ2	昭19.1	日車東京	国鉄トキ3575	昭26.4.3	設	昭26.4.25			昭26.5.28		→トラ2
トキ3	昭19.3	新潟	国鉄トキ4702	昭26.4.3	設	昭26.4.25			昭26.5.28		→トラ3
トキ4	昭19.7	汽車東京	国鉄トキ3200	昭26.4.3	設	昭26.4.25			昭26.5.28		→トラ4
トキ5	昭20.6	日立	国鉄トキ5643	昭26.4.3	設	昭26.4.25			昭26.5.28		→トラ5
トキ6	昭18.11	日車東京	国鉄トキ3486	昭26.4.3	設	昭26.4.25			昭26.5.28		→トラ6
トキ7	昭19.9	日車	国鉄トキ6964	昭26.4.3	設	昭26.4.25			昭26.5.28		→トラ7
トキ8	昭20.1	釧路工	国鉄トキ6883	昭26.4.3	設	昭26.4.25			昭26.5.28		→トラ8
トキ9	昭20.1	日車東京	国鉄トキ4351	昭26.4.3	設	昭26.4.25			昭26.5.28		→トラ9
【チキ1形】											
チキ1	大4.2	川崎	国鉄チキ178	昭29.3.25	設	昭29.7.14	昭29.7.20			昭46.3.10	
チキ2	大3.7	鷹取工	国鉄チキ79	昭29.3.25	設	昭29.7.14	昭29.7.20			昭44.8.21	
【フテセ1形→セ1形】											
フテセ1	大15.3	日車		大14.12.4	設	大15.4.17		セ1	昭35.3.5§	昭45.3.17	
フテセ2	大15.3	日車		大14.12.4	設	大15.4.17		セ2	昭35.3.5§	昭45.3.17	
フテセ3	大15.3	日車		大14.12.4	設	大15.4.17		セ3		昭27.8.28	三菱芦別専用鉄道
フテセ4	大15.3	日車		大14.12.4	設	大15.4.17		セ4		昭27.8.28	三菱芦別専用鉄道
フテセ5	大15.3	日車		大14.12.4	設	大15.4.17		セ5		昭27.8.28	三菱芦別専用鉄道
フテセ6	大15.3	日車		大14.12.4	設	大15.4.17		セ6		昭27.8.28	三菱芦別専用鉄道
【セキ1形】											
セキ1	明45.4	汽車	国鉄セキ38	昭32.6.19	設	昭32.7.12	昭32.7.13			昭45.11.9	
セキ2	明45.6	汽車	国鉄セキ98	昭32.6.19	設	昭32.7.12	昭32.7.13			昭47.7.12	
セキ3	大2.12	汽車	国鉄セキ281	昭32.6.19	設	昭32.7.12	昭32.7.13			昭47.7.12	
セキ4	大3.2	川崎	国鉄セキ363	昭32.6.19	設	昭32.7.12	昭32.7.13			昭47.7.12	
セキ5	大4.5	汽車	国鉄セキ404	昭32.6.19	設	昭32.7.12	昭32.7.13			昭47.7.12	
セキ6	明45.3	汽車	国鉄セキ19	昭34.1.8	設	昭34.2.7	昭34.2.11			昭47.7.12	
セキ7	明45.4	汽車	国鉄セキ63	昭34.1.8	設	昭34.2.7	昭34.2.11			昭46.5.6	
セキ8	大2.4	汽車	国鉄セキ151	昭34.1.8	設	昭34.2.7	昭34.2.11			昭47.7.12	
セキ9	明45.3	汽車	三菱芦別セキ1	昭39.6.15	譲	昭39.7.23				昭47.7.12	
セキ10	明45.5	汽車	三菱芦別セキ2	昭39.6.15	譲	昭39.7.23				昭47.7.12	
セキ11	大2.4	汽車	三菱芦別セキ3	昭39.6.15	譲	昭39.7.23				昭47.7.12	
セキ12	大2.6	汽車	三菱芦別セキ4	昭39.6.15	譲	昭39.7.23				昭47.7.12	
セキ13	大4.5	汽車	三菱芦別セキ5	昭39.6.15	譲	昭39.7.23				昭47.7.12	
【セキ1000形】											
セキ1001	昭10.5	日車	国鉄セキ1277	昭26.4.3	設	昭26.4.25				昭47.7.12	
セキ1002	昭12.8	日車	国鉄セキ1498	昭26.4.3	設	昭26.4.25				昭47.7.12	
セキ1003	昭15.4	汽車東京	国鉄セキ1843	昭26.4.3	設	昭26.4.25				昭47.7.12	
セキ1004	昭15.8	汽車東京	国鉄セキ1934	昭26.4.3	設	昭26.4.25				昭47.7.12	
【キ100形】											
キ101	昭4.11	苗穂工		昭4.12.24	設	昭4.12.26				昭47.7.12	

*…大11.7.10認可で車軸発電機設置、大14.5.13認可で撤去（は4に移設）、#…ピンリンク連結器→自連化、
♭…材木車兼用化、§…空気制動装置設置、※…昭2.9.1認可で私有車化

定山渓鉄道

| 白石－定山渓
| 29.9km
| 軌間：1067mm
| 動力：蒸気・電気・内燃

■ 沿革

　豊平川上流の定山渓温泉は、明治時代は訪問客が少なく本格的な開発は行われていなかった。ところが、御料林伐採や久原鉱業による豊羽鉱山買収など、奥地開発計画を察知した札幌商業会議所会頭の松田学ら札幌の商工業者が歩調をあわせて温泉開発を計画、大正2年7月18日に苗穂－定山渓間の免許を得た。この免許は石切山まで豊平川左岸堤防上に敷設するものであったが、治水工事との兼ね合いで着工できない状況が続いたため、白石起点の右岸ルートに変更し大正7年10月17日に開業するが、線形としては不利になり、後年に禍根をもたらした。

　北海道鉄道（二代目）札幌線の開通に前後して王子製紙系の北海水力電気の資本が入る。昭和4年10月25日に電化され北海道唯一の高速電車となり、昭和6年7月25日には北海道鉄道を一駅だけ電化し苗穂までの直通運転も開始する。さらに昭和14年4月17日に豊羽鉱山専用鉄道が建設され、産業鉄道の顔を併せ持つようになるが、支線化した東札幌－白石間は昭和20年3月1日に非電化のまま不要不急線として廃止となった。

　戦後は王子製紙から離れ、昭和32年に東急傘下となる。沿線の宅地開発や行楽客増加で旅客輸送に力を入れ、気動車による奇策を用いて札幌乗入れを果した昭和30年代前半に全盛期を迎えたが、しかしターミナルの豊平は札幌の場末で、豊平川右岸を大回りする線形は運行時間短縮や増発に限界があった。並行道路の整備で一般旅客がバスに転移した上、昭和38年に豊羽鉱山の鉱石輸送がトラック輸送に切り替えられたことで大口収入を失い、経営上深刻な打撃を受ける。昭和41年に北海道警察から立体交差ができなければ廃止するよう勧告をうけ、翌年には札幌市から地下鉄南北線建設にともなう用地買収の申し入れを受けた。以上により鉄道事業は頭打ちと判断し、地下鉄の将来的な藤ノ沢延伸を条件に札幌市の要請を受け入れ、昭和44年11月1日に廃止となる。

　ところで定山渓鉄道の車両は右側運転台であったことが特徴の一つだが、このことは電車や気動車の再就職にマイナスに働くことにつながっている。なお、当社は蒸汽動車以外の全車種を同時期に所有した稀有な鉄道でもあった。

DD4501（DD450形）
昭和33年日立製の45t機。黎明期のディーゼル機関車らしい丸みの強い車体を持つ。運転台は前後配置である。
　　　　　　昭和35.4.13　東札幌　堀越和正（川崎哲也蔵）

ED5001（ED500形）
昭和32年三菱製の50t機。国鉄EF58形に範を取った近代的な外見と、私鉄機としてはハイスペックな装備を備えた電気機関車である。
　　　　　　　　　　昭和32.4.7　豊平　星良助

モ201（モ200形）
昭和8年日本東京製の15m級電動車。モ101～104とはほぼ同型だが、台車が異なる。
　　　　　　　　　　　　昭和37.8.25　豊平　荻原二郎

モ301（モ300形）
大正10年汽車東京製の国鉄モハ1038を昭和13年に譲受。本来は木造三扉車であるが、入線時に車体や屋根を改造。
　　　　　　　　昭和35.4.13　東札幌　堀越和正（川崎哲也蔵）

■ 機関車

　1112・1113は国鉄1100形の払下機。タンク機は冬季運用に難があり、テンダ機の増備とともに予備的な存在となる。7220・7223・7224は国鉄7200形の払下機。8104・8105・8108・8115は国鉄8100形の払下機。9041は豊羽鉱山鉱石輸送にともない「小コン」こと国鉄9040形の払下を受けたもの。C121は国鉄C12形と同型の新造機。ED5001・5002は貨物列車の電化にともない三菱で製作された電気機関車で、国鉄EF58形好みの湘南形スタイルに枕バネ式の台車、電空併用ブレーキなど内外共に充実した内容を誇る私鉄電機の白眉である。制御器は電磁空気単位スイッチ式。モーターはMB-226-BFVR（200kW/750V）×4と私鉄用としては強力機の部類に入る。DD4501は鋳鋼製台車と丸みを帯びた形態の日立製45t凸形ディーゼル機関車。DMF31S（370PS/1300rpm）×2と新潟DF138-MS変速機を使用する液体式機関車で鋳鋼製のウイングバネ台車を履く。試作的要素が強い機関車で、本格的な本線用として高速重荷重用を意識して設計された[7]。日本鉱業の私有機で主に豊羽鉱山－藤ノ沢間の鉱石列車に使用された。

■ 電車

　電車は三菱電機が電化を請け負った関係上、同社の影響から電磁空気単位スイッチ式のHL制御を基本とする。また一部にクロスシート車が存在するが、特記なき場合はHL制御＋ロングシートである。

　モ101～104は昭和4年の電化時に新潟で製作された窓配置2D13D2の鋼製ボギー電動車。モーターは三菱MB64-C（59kW/750V）×4。台車は新潟製のボールドウィン形台車を履く。モ201は日車製の増備車で台車が日車D-16である以外モ100形と同一。モ301は国鉄モハ1形の払下車。入線にあたり中央扉閉鎖、鋼板貼り付けに丸屋根化と大幅に手が加えられて窓配置1D12521D2の両運転台車となるが、どこか原型が偲べる車であった。モーターはGE-101（85kW/750V）×4、制御器は電磁式M型。台車はTR14を履く。クハ501は大阪電気軌道吉野線より購入した木造省電に似た窓配置1D232D232D1の制御車。昭和12年に耐寒工事が施工され、昭和30年に荷物室を設置しクハニ501となるが、最後まで鋼体化されることなく末期は休車状態であった。サハ601・602は後述するが元は北海道鉄道買収の流線型気動車。しばらく附

クハニ501（クハニ500形）
大正13年川崎製の大阪電気軌道吉野線ホハ13を昭和8年に購入。窓配置は異なるが、モ301の原型に近い木造制御車。
　　　　　　　　　　　　昭和31.9.22　東札幌　久保敏

クハ602（クハ600形）
北海道鉄道買収車である国鉄キハ40362を昭和25年に購入したもの。昭和30年に片運転台の制御車に改造。
　　　　　　　　昭和35.4.13　東札幌　堀越和正（川崎哲也蔵）

モ801（モ800形）
昭和24年日車東京製の17m級電動車。窓配置が若干異なるが関東型三扉車の影響を受けた運輸省規格B2形電車。
　　　　　　　　　　　　　　昭和31.11.11　東札幌　星良助

クハ1011（クハ1010形）
昭和25年日車東京製の17m級制御車。モ800形をベースに2扉化したものだが台車が異なる。モ1001は同型の電動車。
　　　　　　　　昭和35.4.13　東札幌　堀越和正（川崎哲也蔵）

随車として使用されたが、昭和30年にモ100形の車体更新で余った制御器を利用して制御車化され**クハ601・602**となる。台車は気動車由来の菱枠台車である。**モ801・802**は運輸省規格B2型[8]の三扉車。窓配置はd2D4D4D2d。モーターは三菱MB148-AF（110kW/750V）×4。台車は日車D-2-18。**モ1001**はモ800形をベースに二扉クロスシート化した車で窓配置はd2D10D2d。モーターは同一だが、台車は棒台枠ウイングバネの日車W-2-18になった。**クハ1011**は同型の制御車。**モロ1101**はモ1001をベースに窓配置dD13Ddの転換クロスシート車にしたもの。当時の並ロに匹敵する装備であったため二等車にするよう行政指導が入るが、昭和29年に格下げられた。**クロ1111**はその制御車。**モハ1201**は高張力鋼板を多用した湘南形の軽量車体を持ち、ウイングばねの日車NA-5形台車を履く窓配置d2D10D2dの両運転台車。ただし旧性能車の範疇に入るツリカケ駆動でモーターは三菱MB148-AFR（110kW/750V）×4。ロングシートに戻り、以後クロスシート電車の投入はない。**クハ1211**はその制御車。**モ2101～2104**はモ100形の足回りを流用して製造された湘南形の片運転台車。窓配置d2D5D3

でやはり高張力鋼板を多用した軽量車体を持つ。原則同形式の固定編成で使用された。**モハ2201～2203**は東急デハ3600形を両運化した譲受車。窓配置d1D4D4D1dの戦災復旧国電で、増設運転台は片隅式のため非公式側に乗務員扉はない。モーターはMT9-A（111kW/750V）×4。制御器は電動カム軸式の日立MMC-H-200Tのため当初は単独運用とされた[9]。台車はDT10。**モ2301・2302**はモ201・301の足回りを流用して製作された両運転台車。東急7000系の影響下、コルゲート付高張力鋼で製作された窓配置d2D5D2dの軽量車だが、側窓はすべて嵌め殺しとなっており、冷房のない時代だけに換気に問題を生じがちであったとされる[10]。

■ **内燃動車**
　キハ40360・40362は国鉄払下の「びわこ形」の流線型気動車で、北海道鉄道キハ550・552の買収車。窓配置は2D12D2で室内はロングシート。昭和25年に真駒内に駐屯した進駐軍との連絡用に使用されていたと言うが[11]、購入した時点ですでにエンジンはなく、間もなく附随車サハ601・602に改造される。**キハ7001～7003**は北海道鉄道時代

モロ1101（モロ1100形）
昭和27年日車東京製の17m級電動車。モ1001をベースとする2扉転換クロスシート車。クロ1111は同型の制御車。
　　　　　　　　　　　　　昭和37.9.2　東札幌　阿部一紀

クロ1111車内
国鉄の並ロ相当の設備のため、二等車にするよう行政指導が入る。昭和29年の格下げ後も称号「ロ」はそのままだった。
　　　　　　　昭和35.8.10　東札幌　堀越和正（川崎哲也蔵）

36

に電化して行っていた千歳線苗穂乗入が国鉄の事情で中止された代わりに、国鉄列車併結による札幌乗入が認められたことで製造された気動車。正面が湘南形である以外は国鉄キハ22形準拠で窓配置dD10Dd、室内はクロスシート。エンジンはDMH17C（180PS/1500rpm）、変速機がTC-2であることは共通だが、台車が二軸駆動のKD108Dになっている。**キハ7501**はキハ7000形の増備車だが、簡易荷物車として使用するため側扉が中央に寄せられ窓配置がd2D6D2dになった。室内はオールクロスシートだが、運転台側区画の座席は必要に応じて撤去することが可能だった。

■ **客車**

フロ3384・3385→ロ10・11は国鉄ハ3384形の払下車で窓配置O10O。今日の常識とは逆に二等車化にあたりロングシート化されている。**フコロ5670→コロ1**は国鉄フコロ5665形の払下車でいわゆる北炭形ボギー客車。夕張鉄道コトク1は兄弟で室内にはゆったりした座席が鍵形に並ぶ。台枠構造上自動連結器扛上がやりにくく、連結器が低位のまま払下げられたため控車が用意されたが、昭和4年に台車心皿に90mmのスペーサーを咬ませ、車体全体を持ち上げることで連結器位置を合わせている。当初は貴賓車として使用し平時はカバーをかけて格納されていたが[12]、末期はロングシートとなり豊

モハ1201
（モハ1200形）

昭和29年日車東京製の17m級電動車。湘南形デザインの正面や高張力鋼板の軽量車体、ウイングバネ台車など、各所が近代化されたが、通風器は伝統のお椀型である。
昭和41.11.2 東札幌
伊藤昭

クハ1211
（クハ1210形）

昭和29年日車東京製。モハ1201に対応する制御車。パンタ台や室内のモーター点検蓋を備えており、将来の電装を考慮した設計になっていた。
昭和44.10.18 東札幌
平井宏司

モハ2201（モハ2200形）
昭和25年新日国工業製の戦災復旧国電である東急デハ3609を昭和33年に譲受。写真は増設運転台側で乗務員扉がない点に注意。
昭和33.9.2　豊平　伊藤威信

キハ7501（キハ7500形）
昭和33年日立製。キハ7000形の増備車で、簡易荷物車として使用するため側扉が中央に寄せられている。
昭和33.9.2　定山渓　伊藤威信

羽鉱山の通勤用客車になった。フロハ931→ロハ40は国鉄フロハ930形の払下車で窓配置O11O。フハ3386～3390・3426→ハ20～25は国鉄ハ3384・3394形の払下車だがロ10・11とは窓配置が異なりO22222O。フハ3386と3387は連結器高さの異なるフコロ5670の控車として片側連結器が上下可動に改造されていた。フハ2372・2374→ハ30・31は国鉄ハ2353形の払下車で窓配置3D5D3。手ブレーキの設置は入線後。特異な座席配置の中央通路式客車であった。ニフ50はロハ40を改造した荷物車。デッキは残るが荷扉は外吊の両開戸で外板も横張に改造されたため、見た目の印象は貨車に近い。ニフ60はハ25を改造した荷物車。こちらは外板が縦張のまま通常型の荷扉を設置したため、見た目の印象は客車的。

■ 貨車

ワ100形→ワ400形・ワ500形は共に国鉄ワ1形の払下車。形式区分の理由は不明だが、前者が基本7t車軸であるのに対し、後者は基本10t車軸であったことが理由の一つに考えられる。ワ15428形→ワブ1形とワフ4665形→ワブ10形は共に国鉄払下の8t積有蓋緩急車。種車や出自の違いで形式区分されたが、昭和14年に行われた更新で同一形態になる。コワフ2500形は院コワフ2500形の払下車で北炭形の小型ボギー車。ト1形は道内私鉄に多くが払下げられた院フト7600形の払下車で9t積三枚側。手ブレーキを持つ。ト100形（初代）は余剰の二

モ2301（モ2300形）
モ201を昭和39年に東急車両で更新したもの。東急7000系の影響を受けたコルゲート付軽量車体と固定式の側窓が特徴。
昭和44.10.18　東札幌　平井宏司

38

コロ1（コロ1形）
明治25年手宮工場製の木造ボギー二等車。典型的な北炭形客車で、戦前は貴賓車として使用された。小ぶりな台車に対してアンバランスな車体高は昭和4年に嵩上げした結果である。
　　　　昭和31.9.22　豊平
　　　　　　　　　　久保敏

軸客車改造の無蓋車。当初9t積を予定していたが、台枠を強化し10t積三枚側無蓋車として登場。これらの設計変更もあり登場はト200形よりも遅れた。**ト200形（初代）**[13]は樺太の南樺鉄道より購入した10t積三枚側無蓋車。資料的制約から前歴は不明確な部分が多いが、札幌陸運局文書に「山陽鉄道から8070」との記載がある。これが国鉄から南樺鉄道に払い下げられた形式である可能性があるが、性急な判断は避けたい。戦後ト100形とト200形は車軸負担力の大小で**ト100形（二代目）・ト200形（二代目）・ト300形**に再編成され、改造編入や譲受などでそれぞれ数を増やす。**チ50形**はト200形（初代）改造の8t積二軸長物車。**チサ1形**は唯一の新造貨車で国鉄チサ100形を近代化した20t積三軸長物車。**セ1形・セ50形**および**セフ1形・セフ20形**はいずれも国鉄払下の九州形底開式石炭車。昭和19年に提出した無蓋車払下申請書が功を奏して戦時中に購入したものだが、荷役設備が適合せず、ほとんど活用されずに終わる。形式が4形式に分かれるが、セ1形とセフ1形は小倉鉄道からの再買収車が改番されずに払下げられたもので、もとは両者同一である。**タ1形**は冬季C12に連結した10t積補助水槽車でセ51に蓋をしたもの。**キ1形**は国鉄キ1形の払下車。ユキ1と2で入籍順序が逆になっているが、昭和24年2月3日にユキ1を受領したあと進駐軍輸送に忙殺され、認可申請を失念した結果である。後年ユキ2は流線型プラウで鋼体化されたが、認可や施工場所の記録がない。

■ **参考文献**

小熊米雄「定山渓鉄道」『鉄道ピクトリアル』No.27,28（1953-10,11）

小熊米雄「定山渓鉄道回顧」『鉄道ファン』No.101,102（1969-11,12）

小熊米雄「定山渓鉄道」『鉄道ピクトリアル』No.232（1969-12増）

湯口徹『北線路（上）』エリエイ出版部（1988）

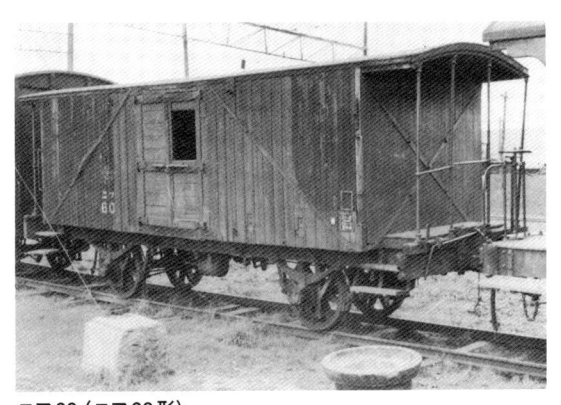

ニフ60（ニフ60形）
明治40年新橋工場製のハ25を改造した荷物車。貨車に近い仕上がりのニフ50に対し、本車は客車の面影を残す。
　　　　昭和32.5.5　豊平　星良助

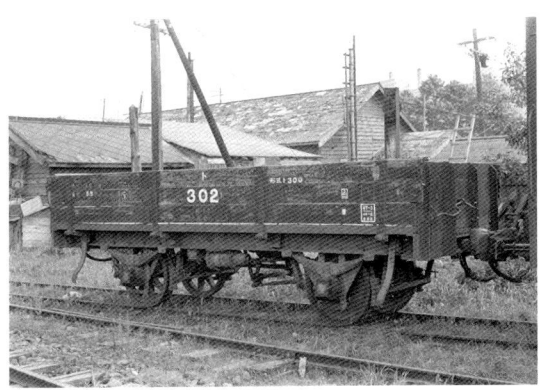

ト302（ト300形）
大正15年大井工場改造の10t積二軸無蓋車。昭和15年に樺太の南樺鉄道から購入したト214を昭和25年に改番。
　　　　昭和44.8.21　豊平　堀井純一

チサ1（チサ1形）
昭和3年日車東京製の20t積三軸長物車。国鉄チサ100形の近代化版で、台枠構造が異なる。
昭和44.8.21　豊平　堀井純一

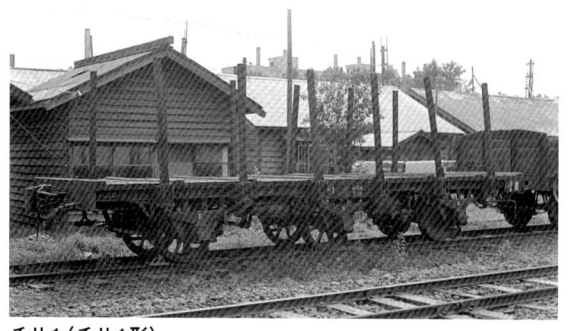

タ1（タ1形）
昭和23年にセ51を改造した10t積補助水槽車。冬季に使用する車で、台枠端梁下部のホースと軸間のスノープラウに注意。
昭和32.5.5　豊平　星良助

定山渓鉄道
【各車種共通認可項目】自連扛上…大13.12.6認可、客車電灯化…大14.2.7届、空気制動管設置…（機関車）大14.2.13認可（客車・ワフ1）大14.2.17認可

機関車

番号	製造・改造	出自	手続日改番日	種別	竣功届	用途廃止	異動先
1112	明21　ナスミス	国鉄1112	大7.3.29	譲		昭21.10.25	北炭美流渡専用鉄道
1113	明21　ナスミス	国鉄1113	大7.3.29	譲		大9.11.29	富士製紙
7220	明29.12　BLW	国鉄7220	大12.7.11	譲		昭25.12.11	
7223	明24.7　BLW	国鉄7223	大10.2.3	増		昭28.8.25	寿都鉄道
7224	明29.12　BLW	国鉄7224	大8.8.27	譲		昭28.8.25	寿都鉄道
8104	明30.9　BLW	国鉄8104	昭26.12.24	設	昭27.1.28	昭32.12.1	藤田炭鉱宗谷
8105	明30.9　BLW	国鉄8105	昭24.8.4	譲		昭32.12.23	寿都鉄道
8108	明30.9　BLW	国鉄8108	昭24.8.4	譲		昭34.6.20	寿都鉄道
8115	明30.9　BLW	国鉄8115	昭24.8.4	譲		昭34.6.20	
9041	明26.11　BLW	国鉄9041	昭17.7.24	譲	昭17.7.29	昭25.7.3	
C121	昭17.5　日車		昭16.8.21	設	昭17.10.10	昭40.5.18	
ED5001	昭32.4　三菱		昭32.3.4	設	昭32.4.12	昭44.11.1	長野電鉄
ED5002	昭32.4　三菱		昭32.3.4	設	昭32.4.12	昭44.11.1	長野電鉄
DD4501	昭32.3　日立		昭32.3.20	設	昭32.4.12	昭39.5.13	北海道拓殖鉄道

電車

番号	製造・改造	出自	手続日改番日	種別	竣功届	設計変更	設計変更	設計変更	用途廃止・改造改番	異動先
モロ1101	昭27.4　日車東京		昭27.5.20	設	昭27.6.1	*昭29.3.24S*			昭44.11.1	
クロ1111	昭27.4　日車東京		昭27.5.20	設	昭27.6.1	*昭29.3.24S*			昭44.11.1	
モ101	昭4.10　新潟		昭4.10.1	設	昭4.10.10	昭5.10.3*			昭30.9.27	→モ2101
モ102	昭4.10　新潟		昭4.10.1	設	昭4.10.10	昭5.10.3*			昭31.1.18	→モ2103
モ103	昭4.10　新潟		昭4.10.1	設	昭4.10.10	昭5.10.3*			昭31.1.18	→モ2104
モ104	昭4.10　新潟		昭4.10.1	設	昭4.10.10	昭5.10.3*			昭30.9.27	→モ2102
モ201	昭8.6　日車東京		昭8.6.5		昭8.6.5				昭39.10.13	→モ2301
モ301	大10　汽車東京	国鉄モハ1038	昭13.12.9	譲	昭13.12.26				昭39.10.13	→モ2302
モ801	昭24.8　日車東京		昭25.3.20	設	昭25.4.7				昭44.11.1	
モ802	昭24.8　日車東京		昭25.3.20	設	昭25.4.7				昭44.11.1	
モ1001	昭25.11　日車東京		昭26.11.27	設	昭27.1.10				昭44.11.1	

7) 浜原一・竹田俊彦・杉本光昭「定山渓鉄道株式会社納740HP液圧式ディーゼル機関車」『日立評論 車両特集号』別冊20（1957.11増）p39-46
8) モ801・802については三木理史「運輸省規格型電車物語－各論編〔5〕」『鉄道ピクトリアル』No.575（1993-5）p68-69も参照のこと
9) 小熊米雄「定山渓鉄道」『鉄道ピクトリアル』No.232（1969-12増）p18。後に制御器を改造しHL車と混用が可能になる。
10) 前掲（9）p18。具体的にいうと吐き気をもよおす乗客が続出し、反吐処理用のビニール袋を常備するほどだったという。
11) 前掲（9）p13,20
12) ゆえに昭和4年に国鉄客貨車検査規程11条「稀ニ使用スル特殊車両別扱ノ規程」準拠による検査期間延長を申請しているが、私鉄には適用できぬと却下されている。ちなみに申請書添付の昭和3年使用実績によると、5～10月に「名士或ハ特別ノ申込」により20回のべ324哩運転（換算10往復）したに過ぎない。
13) 昭和19年4月21日に提出された「無蓋貨車払下申請書」によると当時在籍の無蓋車34両は破損著しく、8両は車輪すらない状態である旨を訴えている。ところで、文中ト217～220に相当する車両がト251～254と称して登場するが、札幌陸運局文書ではト217～220の存在が記録に残されており、一時的な改番があったのか、それとも単なる誤記かは判断しかねる。
ちなみに、この時払下を申請していたのは北海道鉄道（二代目）買収車の不貫通車10両とあり、具体的にはト3000～3040、3800形10両（ト3600・3700は羽幌炭礦鉄道と宮崎交通へ払下）を指すものと考えられるが、得られたのは九州形の石炭車10両であった。

番号	製造・改造	出自	手続日 改番日	種別	竣功届	設計変更	設計変更	設計変更	用途廃止・改造改番	異動先
クハ1011	昭25.11	日車東京	昭26.11.27	設	昭27. 1.10				昭44.11. 1	
モハ1201	昭29.4	日車東京	昭29. 6.25	設	昭29. 7.23				昭44.11. 1	十和田観光電鉄
クハ1211	昭29.4	日車東京	昭29. 6.25	設	昭29. 7.23				昭44.11. 1	十和田観光電鉄
モ2101	昭30	日車東京改	モ101	昭30. 9.27	変	昭30.10. 1				昭44.11. 1	
モ2102	昭30	日車東京改	モ104	昭30. 9.27	変	昭30.10. 1				昭44.11. 1	
モ2103	昭31	日車東京改	モ102	昭31. 1.18	増	昭31. 5.25				昭44.11. 1	
モ2104	昭31	日車東京改	モ103	昭31. 1.18	増	昭31. 5.25				昭44.11. 1	
モハ2201	(→前掲)		デハ3609	昭33. 7.25	称					昭44.11. 1	
モハ2202	(→前掲)		デハ3610	昭33. 7.25	称					昭44.11. 1	
モハ2203	(→前掲)		デハ3611	昭33. 7.25	称					昭44.11. 1	
モ2301	昭39	東急改	モ201	昭39.10.13	変	昭39.10.29				昭44.11. 1	
モ2302	昭39	東急改	モ301	昭39.10.13	変	昭39.10.29				昭44.11. 1	
デハ3609	昭25	新日国工業	東急デハ3609	昭33. 5.28	設	昭33. 6. 4	昭33. 7. 4#			昭33. 7.25	→モハ2201
デハ3610	昭25	新日国工業	東急デハ3610	昭33. 5.28	設	昭33. 6. 4	昭33. 7. 4#			昭33. 7.25	→モハ2202
デハ3611	昭25	汽車東京	東急デハ3611	昭33. 5.28	設	昭33. 6. 4	昭33. 7. 4#			昭33. 7.25	→モハ2203
クハ501	大13.3	川崎	大軌吉野ホハ13	昭 8. 9.19	設	昭 8.10.10	昭 9. 5.17♭	昭12. 1.14§	昭17. 7.31♪	昭30.12.27	→クハニ501
クハニ501	昭30.10	自社改	クハ501	昭30.12.27	変					昭44.11. 1	
クハ601	昭30.5	自社改	サハ601	昭30. 5. 7	変	昭30. 5.17				昭44.11. 1	
クハ602	昭30.5	自社改	サハ602	昭30. 5. 7	変	昭30. 5.17				昭44.11. 1	
サハ601			キハ40360	昭25.10.18	変	昭25.11. 4				昭30. 5. 7	→クハ601
サハ602			キハ40362	昭25.10.18	変	昭25.11. 4				昭30. 5. 7	→クハ602

*…台車をクラスプ化, #…両運化, ♭…空気制動をSTE→ACM化, §…二重窓、電気警笛化、電暖設置, $…二等廃止・モノクラス化, ♪…窓保護棒撤去

内燃動車

番号	製造・改造	出自	手続日 改番日	種別	竣功届	ATS設置	設計変更	用途廃止	異動先
キハ40360	昭11.7	日車東京	国鉄キハ40360	昭25. 7.28	譲	昭25. 8.25		昭25.10.18	→サハ601
キハ40362	昭12.12	日車東京	国鉄キハ40362	昭25. 7.28	譲	昭25. 8.25		昭25.10.18	→サハ602
キハ7001	昭32.7	日立		昭32. 7. 8	設	昭32. 7.25	昭39.10.15	昭44.11. 1	
キハ7002	昭32.7	日立		昭32. 7. 8	設	昭32. 7.25	昭39.10.15	昭44.11. 1	
キハ7003	昭32.7	日立		昭32. 7. 8	設	昭32. 7.25	昭39.10.15	昭44.11. 1	
キハ7501	昭33.4	日立		昭33. 3.26	設	昭33. 4.25	昭39.10.15	昭44.11. 1	

客　車

番号	製造・改造	出自	手続日 改番日	種別	竣功届	社番号化 昭3.10.8	設計変更	設計変更	用途廃止	異動先
フロ3384	(→前掲)		フハ3384	大 7. 9.16	変	ロ10			昭25. 7.28	
フロ3385	(→前掲)		フハ3385	大 7. 9.16	変	ロ11			昭25. 7.28	豊羽鉱山
フコロ5670	明25.9	手宮	国鉄フコロ5670	大15. 3.17	譲	コロ1	昭 4. 5.18*	昭 5.10.21♭	昭37. 8.15	
フロハ931	明36.6	東京車輌	国鉄フロハ931	昭 2. 9. 1	譲	昭 2.12.30	ロハ40		昭13.12. 3	→ニフ50
ハ2372	明26.12	平岡	国鉄ハ2372	大12.10.26	譲			大14. 1.20		→フハ2372
ハ2374	明26.12	平岡	国鉄ハ2374	大12.10.26	譲			大14. 1.20		→フハ2374
フハ2372	(→前掲)		ハ2372	大14. 1.20	変	ハ30			昭25.10.18	→ト103（Ⅰ）
フハ2374	(→前掲)		ハ2374	大14. 1.20	変	ハ31			昭13.10.18	→ト104（Ⅰ）
フハ3384	明31.3	月島仮工場	国鉄フハ3384	大 7. 3.29	譲			大 7. 9.16		→フロ3384
フハ3385	明31.3	月島仮工場	国鉄フハ3385	大 7. 3.29	譲			大 7. 9.16		→フロ3385
フハ3386	明40.8	新橋工	国鉄フハ3386	大 7. 3.29	譲	ハ23	大15. 3.17#	昭13.10.18		→ト101（Ⅰ）
フハ3387	明40.8	新橋工	国鉄フハ3387	大 7. 3.29	譲	ハ24	大15. 3.17#	昭13.10.18		→ト102（Ⅰ）
フハ3388	明40.8	新橋工	国鉄フハ3388	大 9. 2.13	譲	ハ20			昭 5. 4. 4	北見鉄道
フハ3389	明40.8	新橋工	国鉄フハ3389	大 9. 2.13	譲	ハ21			昭 5. 4. 4	北見鉄道
フハ3390	明40.8	新橋工	国鉄フハ3390	大 9. 2.13	譲	ハ22			昭 5. 4. 4	北見鉄道
フハ3426	明40	新橋工	国鉄フハ3426	昭 2. 9. 1	譲	昭 2.12.30	ハ25		昭13.12. 3	→ニフ60
ニフ50	昭18	自社改	ロハ40	昭13.12. 3	変	昭17.12.29			昭43. 9.27	
ニフ60	昭18	自社改	ハ25	昭13.12. 3	変	昭17.12.29			昭33.12.15	→（ト226）

*…自連扛上, #…片側連結器を上下可動式に変更, ♭…網棚設置

貨　車

番号	製造・改造	出自	手続日 改番日	種別	竣功届	改番届 昭3.10.8	改番届 昭25.11.10	設計変更	用途廃止	異動先
【ワ100形→ワ400形】										
ワ101	明23.4	神戸工	国鉄ワ7068	昭24. 5. 2	譲	昭25. 3. 7	ワ401		昭37. 8.15	
ワ102	明39.3	日車	国鉄ワ4011	昭24. 5. 2	譲	昭25. 3. 7	ワ402		昭44.11. 1	
ワ103	明32.12	神戸工	国鉄ワ4849	昭24. 5. 2	譲	昭25. 3. 7	ワ403		昭33.12. 5	→（ト224）
ワ404	明38.6	飯田町工	国鉄ワ5719	昭28. 9. 1	設	昭28.10.10			昭33.12. 5	→（ト225）
ワ405	明28.4	盛岡工	国鉄ワ1693	昭28. 9. 1	設	昭28.10.10			昭43. 9.27	
ワ406	明30.3	日車	国鉄ワ2362	昭28. 9. 1	設	昭28.10.10			昭44.11. 1	
【ワ500形】										
ワ501	昭30.5	三田	国鉄ワ322	昭34. 9. 1	設	昭34.10.10			昭44.11. 1	

番号	製造・改造	出自	手続日 改番日	種別	竣功届	改番届 昭3.10.8	改番届 昭25.11.10	設計変更	用途廃止	異動先
【ワ15428形】										
ワ15431	明36　旭川工	院ワ15431	大10. 6. 8	譲	大10. 6. 8			大10. 9. 2		→ワフ1
【ワフ1形】										
ワフ1		ワ15431	大10. 9. 2	変	大10. 9. 3	ワフ1		昭14. 6.26*	昭37. 8.15	
【ワフ4665形→ワフ10形】										
ワフ4665	明31　旭川工	院ワフ4665	大13. 7.24	譲	大13. 8. 4	ワフ10			昭37. 8.15	
ワフ4666	明31　旭川工	院ワフ4666	大13. 7.24	譲	大13. 8. 4	ワフ11			昭43. 9.27	
【コワフ2500形】										
コワフ2501	明36　岩見沢工	院コワフ2501	大 7. 3.29	譲					大11. 8.10	
コワフ2502	明36　岩見沢工	院コワフ2519	大 7. 3.29	譲					大13.12. 1	
コワフ2503	明36　岩見沢工	院コワフ2523	大 7. 3.29	譲					大13.12. 1	
【フト7600形→ト1形】										
フト7606	明39-40　ブレスド	院フト7606	大 7. 3.29	譲		ト1（Ⅰ）			昭24. 3. 7	
フト7607	明39-40　ブレスド	院フト7628	大 7. 3.29	譲		ト2（Ⅰ）		昭24. 3. 7		→ト1（Ⅱ）
フト7608	明39-40　ブレスド	院フト7634	大 7. 3.29	譲		ト3（Ⅰ）			昭24. 3. 7	
フト7609	明39-40　ブレスド	院フト7647	大 7. 3.29	譲		ト4（Ⅰ）		昭24. 3. 7		→ト2（Ⅱ）
フト7610#	明39-40　ブレスド	院フト7648	大 7. 3.29	譲		ト5（Ⅰ）		昭24. 3. 7		→ト3（Ⅱ）
フト7611	明39-40　ブレスド	院フト7655	大 7. 3.29	譲		ト6（Ⅰ）			昭24. 3. 7	
フト7612	明39-40　ブレスド	院フト7658	大 7. 3.29	譲		ト7		昭24. 3. 7		→ト4（Ⅱ）
フト7613	明39-40　ブレスド	院フト7665 ♭	大 7. 3.29	譲		ト8		昭24. 3. 7		→ト5（Ⅱ）
フト7614	明39-40　ブレスド	院フト7668 ♭	大 7. 3.29	譲		ト9			昭24. 3. 7	
フト7615#	明39-40　ブレスド	院フト7741 ♭	大 7. 3.29	譲		ト10		昭24. 3. 7		→ト6（Ⅱ）
ト1（Ⅱ）	（→前掲）	ト2（Ⅰ）	昭24. 3. 7	称				昭31. 7. 7		→ト217（Ⅱ）
ト2（Ⅱ）	（→前掲）	ト4（Ⅰ）	昭24. 3. 7	称				昭31. 7. 7		→ト218（Ⅱ）
ト3（Ⅱ）	（→前掲）	ト5（Ⅰ）	昭24. 3. 7	称				昭31. 6.27		→ト306
ト4（Ⅱ）	（→前掲）	ト7	昭24. 3. 7	称				昭31. 6.27		→ト307
ト5（Ⅱ）	（→前掲）	ト8	昭24. 3. 7	称				昭31. 6.27		→ト308
ト6（Ⅱ）	（→前掲）	ト10	昭24. 3. 7	称					昭27. 3.15	
【ト100形（初代）】										
ト101（Ⅰ）	昭17.4　苗穂工改	ハ23	昭13.10.18	変	昭17. 8.24		ト201（Ⅱ）	昭17. 8.11♪		
ト102（Ⅰ）	昭17.4　苗穂工改	ハ24	昭13.10.18	変	昭17. 8.24		ト202（Ⅱ）	昭17. 8.11♪		
ト103（Ⅰ）	昭17.4　苗穂工改	ハ30	昭13.10.18	変	昭17. 8.24		ト203（Ⅱ）	昭17. 8.11♪		
ト104（Ⅰ）	昭17.4　苗穂工改	ハ31	昭13.10.18	変	昭17. 8.24		ト204（Ⅱ）	昭17. 8.11♪		
【ト100形（2代）】										
ト101（Ⅱ）	（→前掲）	ト201（Ⅰ）	昭25.11.10	称					昭37. 8.15	
ト102（Ⅱ）	（→前掲）	ト202（Ⅰ）	昭25.11.10	称					昭37. 8.15	
ト103（Ⅱ）	（→前掲）	ト208（Ⅰ）	昭25.11.10	称					昭37. 8.15	
ト104（Ⅱ）	（→前掲）	ト209（Ⅰ）	昭25.11.10	称					昭37. 8.15	
ト105	（→前掲）	ト216（Ⅰ）	昭25.11.10	称					昭37. 8.15	
【ト200形（初代）】※										
ト201（Ⅰ）	大15.9　大井工改	南樺鉄道ナチ16	昭14.10.11	譲	昭14.11. 1		ト101（Ⅱ）			
ト202（Ⅰ）	大15.9　大井工改	南樺鉄道ナチ19	昭14.10.11	譲	昭14.11. 1		ト102（Ⅱ）			
ト203（Ⅰ）	大15.9　大井工改	南樺鉄道	昭14.10.11	譲	昭14.11. 1			昭25. 9.22		→チ51
ト204（Ⅰ）	大15.9　大井工改	南樺鉄道	昭14.10.11	譲	昭14.11. 1			昭25. 9.22		→チ52
ト205（Ⅰ）	大15.9　大井工改	南樺鉄道	昭14.10.11	譲	昭14.11. 1			昭25. 9.22		→チ53
ト206（Ⅰ）	大15.9　大井工改	南樺鉄道	昭14.10.11	譲	昭14.11. 1			昭25. 9.22		→チ54
ト207（Ⅰ）	大15.9　大井工改	南樺鉄道	昭14.10.11	譲	昭14.11. 1			昭25. 9.22		→チ55
ト208（Ⅰ）	大15.9　大井工改	南樺鉄道ナチ25	昭14.10.11	譲	昭14.11. 1		ト103（Ⅱ）			
ト209（Ⅰ）	大15.9　大井工改	南樺鉄道ナチ33	昭14.10.11	譲	昭14.11. 1		ト104（Ⅱ）			
ト210（Ⅰ）	大15.9　大井工改	南樺鉄道ナチ48	昭14.10.11	譲	昭14.11. 1		ト205（Ⅱ）			
ト211（Ⅰ）	大15.9　大井工改	南樺鉄道リ64	昭15. 7. 4	増	昭15. 7.16		ト206（Ⅱ）			
ト212（Ⅰ）	大15.9　大井工改	南樺鉄道	昭15. 7. 4	増	昭15. 7.16			昭25. 9.22		→チ56
ト213（Ⅰ）	大15.9　大井工改	南樺鉄道	昭15. 7. 4	増	昭15. 7.16		ト301			
ト214（Ⅰ）	大15.9　大井工改	南樺鉄道	昭15. 7. 4	増	昭15. 7.16		ト302			
ト215（Ⅰ）	大15.9　大井工改	南樺鉄道	昭15. 7. 4	増	昭15. 7.16			昭25. 9.22		→チ57
ト216（Ⅰ）	大15.9　大井工改	南樺鉄道リ16	昭15. 7. 4	増	昭15. 7.16		ト105			
ト217（Ⅰ）§	大15.9　大井工改	南樺鉄道リ14	昭15. 7. 4	増	昭15. 7.16		ト207（Ⅱ）			
ト218（Ⅰ）§	大15.9　大井工改	南樺鉄道	昭15. 7. 4	増	昭15. 7.16			昭25. 9.22		→チ58
ト219（Ⅰ）§	大15.9　大井工改	南樺鉄道	昭15. 7. 4	増	昭15. 7.16			昭25. 9.22		→チ59
ト220（Ⅰ）§	大15.9　大井工改	南樺鉄道	昭15. 7. 4	増	昭15. 7.16			昭25. 9.22		→チ60
【ト200形（2代）】										
ト201（Ⅱ）	（→前掲）	ト101（Ⅰ）	昭25.11.10	称					昭39. 3.23	
ト202（Ⅱ）	（→前掲）	ト102（Ⅰ）	昭25.11.10	称					昭39. 3.23	
ト203（Ⅱ）	（→前掲）	ト103（Ⅰ）	昭25.11.10	称					昭39. 3.23	
ト204（Ⅱ）	（→前掲）	ト104（Ⅰ）	昭25.11.10	称					昭39. 3.23	
ト205（Ⅱ）	（→前掲）	ト210（Ⅰ）	昭25.11.10	称					昭39. 3.23	
ト206（Ⅱ）	（→前掲）	ト211（Ⅰ）	昭25.11.10	称					昭39. 3.23	
ト207（Ⅱ）	（→前掲）	ト217（Ⅰ）	昭25.11.10	称					昭39. 3.23	

番号	製造・改造		出自	手続日 改番日	種別	竣功届	改番届 昭3.10.8	改番届 昭25.11.10	設計変更	用途廃止	異動先
ト208（Ⅱ）	明39.10	大宮工	国鉄ト8194	昭26. 4.18	設	昭26. 5.28				昭39. 3.23	
ト209（Ⅱ）	明38.5	大宮工	国鉄ト7063	昭26. 4.18	設	昭26. 5.28				昭39. 3.23	
ト210（Ⅱ）	明35.7	神戸工	国鉄ト1498	昭26. 4.18	設	昭26. 5.28				昭39. 3.23	
ト211（Ⅱ）	明38	神戸工	国鉄ト1735	昭26. 4.18	設	昭26. 5.28				昭39. 3.23	
ト212（Ⅱ）	明30	大宮工	国鉄ト5116	昭26. 4.18	設	昭26. 5.28				昭39. 3.23	
ト213（Ⅱ）	明39.7	大宮工	国鉄ト8070	昭26. 4.18	設	昭26. 5.28				昭38. 2.28	
ト214（Ⅱ）	明34.5	大宮工	国鉄ト5030	昭26. 4.18	設	昭26. 5.28				昭39. 3.23	
ト215（Ⅱ）	昭31.5	自社		昭31. 2.22	増	昭31. 5.25				昭44.11. 1	
ト216（Ⅱ）	昭31.5	自社		昭31. 2.22	増	昭31. 5.25				昭44.11. 1	
ト217（Ⅱ）	昭31.5	自社改	ト1（Ⅱ）	昭31. 7. 7	変	昭31. 7.20				昭44.11. 1	
ト218（Ⅱ）	昭31.5	自社改	ト2（Ⅱ）	昭31. 7. 7	変	昭31. 7.20				昭44.11. 1	
ト219（Ⅱ）	明30	新橋工	国鉄ト3813	昭28. 9. 1	設	昭28.10.10				昭44.11. 1	
ト220（Ⅱ）	明41.5	天野	茅沼炭化ト4052	昭31. 3. 1	設	昭31. 3.15				昭44.11. 1	
ト221	明41.2	札幌工作	茅沼炭化ト4062	昭31. 3. 1	設	昭31. 3.15				昭44.11. 1	
ト222	明38	神戸工	茅沼炭化ト1773	昭31. 3. 1	設	昭31. 3.15				昭44.11. 1	
ト223	明40.6	四日市工	茅沼炭化ト4716	昭31. 3. 1	設	昭31. 3.15				昭44.11. 1	
ト224	昭34.1	自社改	（ワ403）	昭34. 1.17	増	昭34. 2.10				昭44.11. 1	
ト225	昭34.1	自社改	（ワ404）	昭34. 1.17	増	昭34. 2.10				昭44.11. 1	
ト226	昭34.1	自社改	（ニフ60）	昭34. 1.17	増	昭34. 2.10				昭44.11. 1	
【ト300形】											
ト301	（→前掲）		ト213（Ⅰ）	昭25.11.10	称					昭38. 2.28	
ト302	（→前掲）		ト214（Ⅰ）	昭25.11.10	称					昭44.11. 1	
ト303	大12.12	汽車東京	国鉄ト10119	昭26. 4.18	設	昭26. 5.28				昭44.11. 1	
ト304	大2.2	大宮工	国鉄ト15503	昭26. 4.18	設	昭26. 5.28				昭44.11. 1	
ト305	明38.12	メトロポリタン	国鉄ト16523	昭26. 4.18	設	昭26. 5.28				昭44.11. 1	
ト306	昭31.5	自社改	ト3（Ⅱ）	昭31. 7. 7	変	昭31. 7.20				昭44.11. 1	
ト307	昭31.5	自社改	ト4（Ⅱ）	昭31. 7. 7	変	昭31. 7.20				昭44.11. 1	
ト308	昭31.5	自社改	ト5（Ⅱ）	昭31. 7. 7	変	昭31. 7.20				昭44.11. 1	
ト309	昭4.2	日車	国鉄ト4833	昭28. 9. 1	設	昭28.10.10				昭44.11. 1	
【チ50形】											
チ51	昭25	自社改	ト203（Ⅰ）	昭25. 9.22	変	昭25. 9.29				昭37. 8.15	
チ52	昭25	自社改	ト204（Ⅰ）	昭25. 9.22	変	昭25. 9.29				昭37. 8.15	
チ53	昭25	自社改	ト205（Ⅰ）	昭25. 9.22	変	昭25. 9.29				昭37. 8.15	
チ54	昭25	自社改	ト206（Ⅰ）	昭25. 9.22	変	昭25. 9.29				昭37. 8.15	
チ55	昭25	自社改	ト207（Ⅰ）	昭25. 9.22	変	昭25. 9.29				昭37. 8.15	
チ56	昭25	自社改	ト212（Ⅰ）	昭25. 9.22	変	昭25. 9.29				昭39. 3.23	
チ57	昭25	自社改	ト215（Ⅰ）	昭25. 9.22	変	昭25. 9.29				昭39. 3.23	
チ58	昭25	自社改	ト218（Ⅰ）	昭25. 9.22	変	昭25. 9.29				昭39. 3.23	
チ59	昭25	自社改	ト219（Ⅰ）	昭25. 9.22	変	昭25. 9.29				昭39. 3.23	
チ60	昭25	自社改	ト220（Ⅰ）	昭25. 9.22	変	昭25. 9.29				昭39. 3.23	
【チサ1形】											
チサ1	昭3	日車東京		昭 3. 8.21	設	昭 3.10. 5				昭44.11. 1	
チサ2	昭3	日車東京		昭 3. 8.21	設	昭 3.10. 5				昭44.11. 1	
チサ3	昭3	日車東京		昭 3. 8.21	設	昭 3.10. 5				昭44.11. 1	
チサ4	昭3	日車東京		昭 3. 8.21	設	昭 3.10. 5				昭44.11. 1	
【セ1形】											
セ1	明31	鉄道車輛	国鉄セ12	昭20. 2.19	譲					昭27.12. 5	
セ2	明32	鉄道車輛	国鉄セ2	昭20. 2.19	譲					昭27.12. 5	
【セ50形】											
セ51	明29	筑豊鉄道	国鉄セ67	昭20. 2.19	譲				昭23. 2.14		→タ1
セ52	明29.12	筑豊鉄道	国鉄セ254	昭20. 2.19	譲					昭27.12. 5	
セ53	明29.12	筑豊鉄道	国鉄セ260	昭20. 2.19	譲					昭27.12. 5	
セ54	明29.12	筑豊鉄道	国鉄セ273	昭20. 2.19	譲					昭27.12. 5	
セ55	明26	R&R	国鉄セ314	昭20. 2.19	譲				昭28. 2. 4	昭39. 3.23	
【セフ1形】											
セフ1	明26	R&R	国鉄セフ1	昭20. 2.19	譲					昭21. 5.	
セフ2	明26	R&R	国鉄セフ3	昭20. 2.19	譲					昭21. 5.	
【セフ20形】											
セフ21	明26	R&R	国鉄セフ103	昭20. 2.19	譲					昭27.12. 5	
【タ1形】											
タ1	昭23鉄道互助会改		セ51	昭23. 2.14	変	昭23. 3.11				昭37. 8.15	
【キ1形】											
ユキ1	大13.1	大宮工	国鉄キ67	昭28. 9.19	設	昭28.10.20				昭43. 9.27	
ユキ2	大4.12	苗穂工	国鉄キ25	昭27. 9.26	設	昭27.11. 5				昭44.11. 1	

※…南樺鉄道の旧番号は竣功図にはナチ20～49のうちとある，*…ワブ10，11と同一車体に更新，#…大10.10.24認可で荷重7→9tに増積，
♭…国鉄定鉄番号対照は認可資料に拠るが，竣功図ではフト7613～7615←フト7650，7665，7663とある，§…ト251～254とする文書もあり
♪…ト101～104（Ⅰ）としての正式な改番および荷重9→10tに増積

寿都鉄道

黒松内－寿都
16.5km
軌間：1067mm
動力：蒸気・内燃

■ 沿革

　往時の寿都は取扱金額で留萌、稚内と肩を並べる中堅港であったが、港湾設備が未整備で、黒松内からの陸路も悪路につき冬季は交通が途絶しがちなため、安定的な交通機関が求められていた。特に春の鰊漁期は黒松内との陸路出入りが一日3,000人に及ぶうえ、寿都に銅鉱山もあることから、明治44年以来、たびたび国鉄線建設の請願を行い、貴衆両院で採択もされていた。しかし、国鉄線建設には至らず、当時、政治運動家だった畑金吉が松前銀行頭取の吉田三郎右衛門ら道内資本家を動かし、国鉄買収を目標とする先行線として大正9年10月24日に開業させたものである。

　戦前は鰊と沿線銅鉱山からの順調な出荷に支えられたが、主産業の漁業は徐々に衰退し、寿都鉱山も昭和37年に閉山となる。地場産業を失ったことで過疎化が進み経営が立ち行かなくなるが、昭和39年に国鉄岩内線延伸区間が着工線に格上げとなったことから買収を期待して一日旅客半往復（片道は貨物のみ）という究極の本数で鉄道を維持した。しかし、昭和43年8月に水害による路盤流失で休止に追い込まれ、昭和47年5月11日に正式に廃止されている。

　車両解説の前にいくつか考慮点を挙げておく。まず、同社の車両は頻繁に現車振替を行っているので、現車と書類上生きている車が異なる事例が散見される。車歴表はあくまでも書類上の公式履歴をまとめたものであり、現車の動きとは必ずしも対応するもの

8108（8100形）
明治30年ボールドウィン製の38t1Cテンダ機。名義上は昭和33年に定山渓鉄道から譲受したものだが、写真は茅沼炭化礦業8119と現車振替後。後ろはDC512。
昭和40.11.3　寿都　伊藤昭

9046（9040形）
ボールドウィン製の39t1Dテンダ機。写真は雄別炭礦鉄道9045と現車振替後で、第二砂箱が温存されている点に注意。
昭和32.4.14　寿都　星良助

DB501（DB501形）
昭和27年汽車製の20t機。ジャック軸付ロッド駆動で、変速方式は機械式。初期のマスプロ機で各地に仲間が存在する。
昭和32.4.14　寿都　星良助

キハ1（キハ1形）
昭和28年にカテツ交通の新造名義で購入した気動車で、昭和7年汽車製の成田鉄道ヂ301が出自。後位の窓配置が変則的だが、これは荷物室を潰した跡。
黒松内　小熊米雄
（星良助蔵）

ではない。ただし当社に関しては振替が余りにも多いため、書類上の記録だけでは本質を見誤ることから、参考文献をもとに振替状況も書き加えた。これら振替は非公式なものなので、表中のaとbを連続させたものが公式記録と言うことになる。

　また、中の川駅以遠の軌道負担力は10t（のち11tに改訂）と、戦後の1067mm軌間の地方私鉄ではワーストクラスの劣悪さから、入線車両は多かれ少なかれ制約を受けている。これら各車に及ぼした影響については本文で述べることにする。

■ 機関車
　5552は国鉄5500形の払下機。小熊米雄氏によると三菱金属寿都鉱山増産に伴う貨物列車増発用とされているが[14]、申請書には牽引力不足から1・2を予備機にするために購入する旨が記載されている。また、戦後は除雪機として使用されたとも言う[15]。7170・7171→1・2は国鉄7170形の払下機。国鉄7200形のプロトタイプにあたるストレートボイラの機関車。長く主力として使われたが、5552の購入後は老朽化から第一線を退いた。7205・7223・7224は定山渓鉄道より購入した元国鉄7200形。8105・8108は定山渓鉄道より購入した元国鉄8100形。線路規格の関係でキャブを部分的に木造化して入線した。昭和38年に老朽化に伴い茅沼炭化礦業8111・8119と現車振替を行うが、振替機は軌道負担力改訂後の入線のため鉄製キャブのまま使用できた。9046は「小コン」こと国鉄9040形の払下機。1・2の老朽化で借入国鉄機にてかろうじて運転を確保していたことから購入したものだが、線路規格に合わせるため第二砂箱を撤去した。昭和28年に雄別炭礦鉄道9045と現車振替を行うが、振替機の第二砂箱は存置されており、封鎖して使用した可能性が高い。なお、9046と同時に9047の譲受認可を得ているが、竣功届等が一切提出されておらず、現車は入線しなかったものと思われる。DB501は汽車製の20tL形ディーゼル機関車[16]で当時のマスプロ機。ジャック軸付のロッド駆動で背の高いボンネットを持つ機械式。エンジンはDMH17（150PS/1500rpm）を使用する。同型機は加越能鉄道や岡山臨港鉄道、大分交通、秩父鉄道にも在籍した。DC512は汽車製の25tL形ディーゼル機関車。ロッド式だがジャック軸がなくなり、DMH17B（160PS/1500rpm）と振興TC2形変速機を搭載する液体式機関車となっ

ハ2（ハ1形）
開業にあたり明治37年新橋工場製の国鉄ロ439を譲受。車内はロングシートで社紋部の独立窓に便所がある。
昭和32.4.14　寿都　星良助

ハ6（ハ6形）
明治36年汽車製の国鉄ハ2398を昭和15年に譲受。独特の屋根の形は出自である参宮鉄道の流儀である。
昭和32.4.14　寿都　星良助

オハ8518（オハ8500形）
明治42年新橋工場製の国鉄オハ8518を昭和27年に譲受。鉄道作業局の一等客車を出自とするが、戦時中に通勤客車に改造されており、中央部の扉を埋めた跡に名残がある。
昭和38.6.16
寿都
星良助

た。やはりマスプロ機で、私鉄向けでは北陸鉄道DC301・302が同型機。

■ 内燃動車

キハ1は昭和27年カテツ製の窓配置11D8D1の気動車だが、これはあくまで名義上で、実際は東武鉄道ジ301[17]を更新の上で購入したもの。出自をたどると昭和7年汽車製の成田鉄道（二代目）ヂ301に行き着く。エンジンは相模SD-80（80PS/1300rpm）で機械式。

■ 客車

客車について述べる前に前提条件を挙げておく。大正14年1月23日認可で当時在籍していたロ1・2・ハ3・4に手ブレーキを設置し、それぞれフロハ1・フロ2・フハ3・4に改称されたことになっているが、昭和8年4月12日に調製された竣功図には接頭記号「フ」は記載されていない。「昭和の大改番」にあわせ、昭和3年8月29日にフト1形から接頭記号が姿を消しており、客車もその頃に「フ」が外されたものと考える。このように一時的な処置であったこともあり、煩雑になるので一連の改造・改称を記載しないこととするが、そのような事実があることを前提に読み進めていただきたい。

ロ1・2は国鉄ロ400形の払下車で窓配置1D12121D1の中央通路式。大正11年にロ2に中央仕切戸が設置され、大正13年3月5日届で二三等合造車に改称されるが[18]、大正14年に手ブレーキ設置に伴う改称時に全室二等車に復帰する。代わりにロ1が二三等合造車ロハ1に改造されるが、その際、扉の位置が中央に変更となり窓配置32D23となる。共に戦時中ハ1・2に格下げられた。ハ3・4は国鉄ハ2353形の払下車。元は窓配置2D4D2と原型のまま使用されたが、昭和5年に片扉を埋めた上で中央通路式に改造される。また、ハ3は末期に無届でユニ1（初代）に改造して使用されていた。ハ5は国鉄フハ3314形の払下車で竣功図によると窓配置1D10D1（非公式側は11D61）の中央通路式。ハ6は国鉄ハ2353形の払下車で窓配置D21212121の中央通路式。昭和32年に北九州鉄道キハ5形を出自とする窓配置1D8D1の鋼製片ボギー車である東武鉄道キサ21と現車振替が行われた。現車振替後にハ21を名乗っていた写真が散見されるが、最末期は書類にあわせハ6に書き直されている。オハ8518は国鉄オハ8500形の払下車で三軸ボギー車。ニ1は国鉄ニ4301形の払下車。

ハ21（ハ6形）
ハ6は昭和32年に東武キサ21と現車振替。当初は種車の旧番を引きずりハ21と表記されたが、のちハ6に書き直した。
昭和32.4.14　寿都　星良助

ワ10（ワ10形）
本来ワフ2と同型だが、昭和32年に相鉄キハ101と現車振替。当初はユニ1と表記されたが、のち正規車号に書き直す。
昭和39.8.3　寿都　柏木茂

ワ22（ワ1形）
大正2年製の新宮鉄道買収車、国鉄ワ22を昭和18年に譲受。荷重は9t。写真の逆サイドに郵便室がある。
昭和37.6.3　寿都　星良助

ワム251（ワム250形）
大正6年汽車製の国鉄ワム1764を昭和26年に譲受した15t積有蓋車。元は買収貨車で小倉鉄道ワム414が出自。
昭和37.6.3　寿都　星良助

■ 貨車

　ワ1形は院ワ6848形の払下車。元は荷重8tだったが、大正15年に自動連結器扛上とあわせて10t積に増積される。ワ4は車掌室がないものの手ブレーキ付のため大正11～15年の間はワフ3を名乗っていた。貨車台帳によると昭和19年に国鉄五稜郭工機部で車体や台枠の改造および連結器交換が行われており、この際にワ4も車側ブレーキに変更されたものと思われる。またワ22も同一形式だが、戦時中に新宮鉄道買収車を購入したもので荷重は9t。海側の車端部に郵便室と扉があった。**ワ10形**は有蓋緩急車ワフ1の改造車で荷重9t。実態はワユとでも言うべき代物で形態は有蓋緩急車のままだった。大正15年に自動連結器扛上にあわせて室内見付が変更となり、従来の車掌室がそのまま郵便室となったことで有蓋車に類別された。昭和32年に相鉄キハ101を窓配置1BMに改造した車と振替えて鋼体化されるが、その際、ユニ1（二代目）に書き換えられたため広く客車と思い込まれ[19]、最末期に書類にあわせてワ10に書き直されたときにはかえって訪問者を戸惑わせた。**ワ200形**は国鉄ワ1形の払下車で連絡直通車として使用された。線路規格の関係か全車空気ブレーキなしで払下げられたが、昭和36年の直

■表1　貨車台帳による戦時中の改造記録

車号	改造日	施行	改造箇所
ワ1	昭19. 8.15	札鉄五稜郭工機部	台枠・車体・連結器
ワ2	昭19. 9. 1	札鉄五稜郭工機部	台枠・車体・連結器
ワブ2	昭19.10. 6	札鉄五稜郭工機部	台枠・車体
ト2	昭18. 5.10	札鉄五稜郭工機部	台枠・車体・制動機・連結器
ト3	昭18.11.28	札鉄五稜郭工機部	台枠・車体・制動機・連結器
ト4	昭18.11.28	札鉄五稜郭工機部	台枠・車体・制動機・連結器
ト5	昭18.11.28	札鉄五稜郭工機部	台枠・車体・制動機・連結器

注）台帳記載の記録が認可日なのか、それとも単に工事落成日を記載したものか不明なのでデータベース採録は避け、別表として掲載した。

通車の空制設置義務化により、ワ201以外は設置に至る。**ワム250形**は国鉄ワム1形の払下車。中の川駅以遠では運用制限を受けた。**ワフ1形→ワブ2形**は院ワフ2780形の払下車だが、前述の通り有蓋車からの編入車も存在する。ワフ1・2は大正12年に室内を区画しそれぞれ代用郵便車と荷物車に改造され、さらに大正15年の自動連結器扛上時に室内見付が変更される。ワフ2はこの際、フニ1に改称する予定で申請しているが、「フニハ貨物緩急車ト看做ス」と省の照会が来たため有蓋緩急車（ワフ）のまま残された。貨車台帳によると昭和19年に国鉄五稜郭工機部で車体や台枠が改造された記載があ

ワフ2（ワフ2形）
開業時に明治40年プレスドスチール製の国鉄ワフ2811を譲受。代用荷物車の経緯からか、貨車としては珍しい内引戸である。　昭和37.6.3　寿都　星良助

トム1（トム1形）
昭和19年立山製の15t積無蓋車。国鉄トム50000形の同型車で、昭和38年に茅沼炭化礦業より譲受。
昭和38.6.16　寿都　星良助

47

キ32（キ1形）
大正元年札幌工場製のラッセル式除雪車で、昭和26年に国鉄キ32を譲受したもの。前頭部は国鉄時代に流線型に改造されている。
昭和38.10.2 寿都
平井宏司

り、前後で比較すると軸距の拡大や7t→8tへの増積が確認できる。有蓋緩急車としては珍しい内引戸なのは、こうした経緯が関係すると思われる。**ワフ4形→ワブ4形**は院ワフ4665形の払下車。有蓋車の連結器扛上が大正15年まで遅れたため、当初、片側連結器を低位に変更し控車として使われた。**ト1形**は院フト7600形の払下車で当初9t積三枚側の手ブレーキであったが、昭和18年に国鉄五稜郭工機部で10t積の車側ブレーキに改造されている。また、戦後にト8・9は大正9年に9t積長物車チ1形に改造されていたものを無蓋車化して編入し、他に戦時中に購入した国鉄ト1形1両を本形式に編入した。**ト100形**は国鉄ト1形の払下車で10t積三枚側。**トム1形**は茅沼炭化礦業より購入した15t積四枚側の無蓋車で国鉄トム50000形とは同型。なお福井鉄道トム11～13は兄弟車にあたる。**トム150形**は相鉄買収車である国鉄トム13500形の払下車。なおトム151の旧番号は誤植と考えられるが、あえて原典通りに記載した。トム両形式は中の川駅以遠で運用制限を受けており、トム1形は11tの積載制限が適用されていた記録がある。**チラ1形**は国鉄チラ1形払下車で18t積の小型ボギー車。**キ1形**は国鉄キ1形の払下車。他に十勝鉄道よりロータリーヘッドを購入し廃有蓋車に取り付けて試用したことがあるが、車籍が入らなかったため省略した。

■ **参考文献**

小熊米雄・星良助「寿都鉄道」『鉄道ピクトリアル』No.199（1967-7増）

黒岩保美編『寿都鉄道』エリエイ出版部（1984）

湯口徹『北線路（上）』エリエイ出版部（1988）

---

[14] 小熊米雄・星良助「寿都鉄道」『鉄道ピクトリアル』No.199（1967-7増）p 13
[15] 前掲（14）
[16] 渡辺肇『日本製機関車製造銘板・番号集成』私家版（1982）p 35によると、メーカーは公称22 t機としている上に番号までDC511となっている。これは渡辺氏の誤植でなく、汽車会社の台帳がそのように記載している旨が『鉄道ピクトリアル』No.139（1962-12）p 32にも記載されている。
[17] 本車の東武時代の番号は一般にキサ11とされているが、昭和25年3月25日に提出された廃車届はジ301として届出られている。同様にキサ3・4になったことが確認されている成田ガ104・105も旧番のまま同日付で廃車となっており、よって成田鉄道（二代目）の気動車は書類の上では東武で改番されなかったことになる。
[18] にも関わらず正式に二三等車に変更されることはなく、仕切戸もそのまま残されていたのを昭和29年8月9日に訪問された青木栄一氏が実見されている。当時のハ2の状態は青木栄一『昭和29年夏・北海道私鉄めぐり（上）』RMライブラリーNo.58（2004-5）p 13～14を参照のこと。ちなみに透視法で台枠を覗いたところ旧番のロ2やロ439が見えたとあるが、フロ2が読めたとは書かれていない。その点から考えると大正14年1月23日認可の改称が現車に及んだかは疑わしい。
[19] 現に前掲（14）では客車として扱われている。なお、同書では振替元がワ22とあるのは誤植。

トム152（トム150形）
15t積無蓋車で昭和26年に国鉄トム13500形を譲受。元は買収貨車で大正15年汽車東京製の相鉄トム103が出自。
昭和37.6.3　寿都　星良助

チラ15（チラ1形）
明治43年旭川工場製の18t積ボギー長物車で、昭和18年に国鉄チラ15を譲受したもの。
昭和37.6.3　寿都　星良助

寿都鉄道
【各車種共通認可項目】自連扛上…（機関車・客車）大13.12.19認可、（フト・チ）大14.9.4認可、客車電灯化…大13.3.25届

機関車

番号	製造・改造	出自	手続日 改番日	種別	竣功届	社番号化 大11.10.6	振替時期 （非公式）	用途廃止	異動先
5552	明20　ピーコック	国鉄5552	昭14. 3.17	譲	昭14. 3.22			昭26. 3.16	
7170	明20.12　BLW	国鉄7170	大 9.10.23	設		1		昭26. 2. 5	
7171	明20.12　BLW	国鉄7171	大 9.10.23	設		2		昭26. 2. 5	
7205	明24.7　BLW	国鉄7205	昭27. 6.24	設	昭27. 7. 5			昭33.12.10	
7223	明24.7　BLW	定山渓7223	昭26. 1.24	譲	昭26. 2.19			昭28. 9. 2	日曹天塩専用鉄道
7224	明29.12　BLW	定山渓7224	昭26. 1.24	譲	昭26. 2.19			昭27. 5.28	
8105a*	明30.9　BLW	定山渓8105	昭33.12. 3	設	昭33.12.16		（昭38.6.）		→8105bに振替
8105b*	明30.9　BLW	茅沼炭化8111	（昭38.6.）	振				（休止時在籍）	
8108a*	明30.9　BLW	定山渓8108	昭33.12. 3	設	昭33.12.16		（昭38.6.）		→8108bに振替
8108b*	明30.9　BLW	茅沼炭化8119	（昭38.6.）	振				（休止時在籍）	
9046a*	明31.1　BLW	国鉄9046	昭24. 4.26	譲	昭25. 4.21		（昭28.10.）		→9046bに振替
9046b*	明29.12　BLW	雄別9045	（昭28.10.）	振				昭33.12.10	
9047	明31.1　BLW	国鉄9047	昭24. 4.26	譲				昭41. 8.11	丸彦渡辺建設釧路
DB501	昭27　汽車		昭28. 2. 9	設	昭28. 3.11			（休止時在籍）	
DC512	昭30　汽車		昭31. 1.20	設	昭31. 3.23			（休止時在籍）	

*…aとbの関係は初代と2代の関係ではなく現車振替にあたる

内燃動車

番号	製造・改造	出自	手続日 改番日	種別	竣功届	用途廃止	異動先
キハ1	昭27.11　カテツ	東武ジ301	昭28.12.24	設	昭29. 1.20	（休止時在籍）	

客車

番号	製造・改造	出自	手続日 改番日	種別	竣功届	社番号化	設計変更	設計変更	用途廃止	異動先
ロ1	明36　新橋工	国鉄ロ435	大 9.10.22	譲		大11.10. 6	大14. 1.23			→ロハ1
ロ2	明37　新橋工	国鉄ロ439	大 9.10.22	譲		大11.10. 6	大11.10. 6#	大13. 3. 5♭		→ハ2
ロハ1		ロ1	大14. 1.23	変						→ハ1
ハ1	（→前掲）	ロハ1		称					昭31.10.26	
ハ2	（→前掲）	ロ2		称					昭31.10.26	
ハ3	明26.12　平岡	国鉄ハ2356	大 9.10.22	譲		大11.10. 6	昭 5.12. 9§		昭31.10.26♪	
ハ4	明26.12　平岡	国鉄ハ2357	大 9.10.22	譲		大11.10. 6	昭 5.12. 9§		昭31.10.26	
ハ5	明31.12　新潟	国鉄フハ3319	大 5. 6.19	譲	昭 5. 6.30				昭31.10.26	
ハ6a*	明36.1　汽車	国鉄ハ2398	昭15.10.29	譲	昭15.11. 4		（昭32.3.）			→ハ6bに振替
ハ6b（ハ21）*	昭5.7　汽車東京	東武キサ21	（昭32.3.）	振					（休止時在籍）	
オハ8518	明42.11　新橋工	国鉄オハ8518	昭27.11.21	設	昭27.11.21				昭42.11.18	
ニ1	明39.6　大宮工	国鉄ニ4306	昭11. 5. 9	譲	昭11. 7.14				昭31.10.26	

*…aとbの関係は初代と2代の関係ではなく現車振替にあたる。また一時ハ21を名乗る、#…室内仕切設置
♭…車種記号そのままで二三等車化、§…貫通化、ロングシート化、♪…廃車時、現車は無認可でユニ1（I）に改造されていた
注）他にロ1、2、ハ3、4は大14.1.23認可で手制動設置。一時的にそれぞれフロハ1、フロ2、フハ3、4に改称されている

49

貨車

番号	製造・改造	出自	手続日改番日	種別	竣功届	社番号化	設計変更	設計変更・改番	用途廃止	異動先
【ワ6848型→ワ1形】										
ワ1	明38-39 ブレスド	院ワ7342	大 9.10.23	設	大 9.11.10	大11.10. 6	大15. 8. 7#		昭40.10. 6	
ワ2	明38-39 ブレスド	院ワ7398	大 9.10.23	設	大 9.11.10	大11.10. 6	大15. 8. 7#		昭40.10. 6	
ワ3	明38-39 ブレスド	院ワ7125	大 9.10.23	設	大 9.11.10	大11.10. 6	大15. 8. 7#		昭40.10. 6	
ワ4		ブレスド ワフ3	大15. 8. 7	変	昭 2. 4.22				昭40.10. 6	
ワ22	大 2.3 新宮鉄道	国鉄（新宮）ワ22	昭18. 9.27	譲	昭18.10. 6				昭40.10. 6	
ワ7352	明38-39 ブレスド	院ワ7352	大 9.10.23	設	大 9.11.10			大11.10. 6		→ワフ3
【ワ10形】										
ワ10 a*		ワフ1	大15. 8. 7	変	昭 2. 4.22		（昭32. 3. ）			→ワ10 b（ユニ1）に振替
ワ10 b（ユニ1）*	昭7.4 日車	相鉄キハ101	（昭32. 3. ）	振					昭41.10.22	
【ワ200形】										
ワ201	明38 汽車	国鉄ワ2911	昭26. 9.10	設	昭26.12. 4				昭41.10.22	
ワ202	明39.1 日車	国鉄ワ3678	昭26. 9.10	設	昭26.12. 4		昭36.12. 8 b		（休止時在籍）	
ワ203	明39.2 日車	国鉄ワ3909	昭26. 9.10	設	昭26.12. 4		昭36.12. 8 b		（休止時在籍）	
ワ204	明38.12 日車	国鉄ワ3968	昭26. 9.10	設	昭26.12. 4		昭36.12. 8 b		（休止時在籍）	
【ワム250形】										
ワム251	大6 汽車	国鉄ワム1764	昭26. 9.10	設	昭26.12. 4				昭41.10.22	
【ワフ2780型→ワフ1形→ワフ2形】※										
ワフ1	明40 ブレスド	院ワフ2784	大 9.10.23	設	大 9.11.10	大11.10. 6	大12. 6.12§	大15. 8. 7∫		→ワ10
ワフ2	明40 ブレスド	院ワフ2811	大 9.10.23	設	大 9.11.10	大11.10. 6	大12. 6.12§	大15. 8. 7∫	昭41.10.22	
ワフ3		ワ7352	大11.10. 6	称				大15. 8. 7#		→ワ4
【ワフ4形→ワブ4形】※										
ワフ4	明31-35 旭川工 $	院ワフ4667	大13. 8.25	設	大13. 9.25		昭 5.11.29		昭31.10.26	
ワフ5	明31-35 旭川工 $	院ワフ4668	大13. 8.25	設	大13. 9.25		昭 5.11.29		昭31.10.26	
【フト7600形→フト1形→ト1形】※										
フト1	明39-40 ブレスド	院フト7912	大 9.10.23	設	大 9.11.10	大11.10. 6			昭40.10. 6	
フト2	明42 神戸工	院フト7742	大 9.10.23	設	大 9.11.10	大11.10. 6			昭40.10. 6	
フト3	明39-40 ブレスド	院フト7916	大 9.10.23	設	大 9.11.10	大11.10. 6			昭40.10. 6	
フト4	明39-40 ブレスド	院フト7792	大 9.10.23	設	大 9.11.10	大11.10. 6			昭40.10. 6	
フト5	明39-40 ブレスド	院フト7816	大 9.10.23	設	大 9.11.10	大11.10. 6			昭40.10. 6	
フト6	明39-40 ブレスド	院フト7899	大 9.10.23	設	大 9.11.10	大11.10. 6			昭40.10. 6	
フト7	明39-40 ブレスド	院フト7797	大 9.10.23	設	大 9.11.10	大11.10. 6			昭38.11. 8	
ト8		チ1	昭25. 3.27	変	昭25. 4.15				昭31.10.26	
ト9		チ2	昭25. 3.27	変	昭25. 4.15				昭31.10.26	
ト1054	明38.11 神戸工	国鉄ト1054	昭18. 9.27	譲	昭18.10. 6					
フト7826	明39-40 ブレスド	院フト7826	大 9.10.23	設	大 9.11.10			大11.10. 6		→チ1
フト7900	明39-40 ブレスド	院フト7900	大 9.10.23	設	大 9.11.10			大11.10. 6		→チ2
【ト100形】										
ト101	明34.8 神戸工	国鉄ト560	昭26. 9.10	設	昭26.12. 4				（休止時在籍）	
ト102	明31.5 大宮工	国鉄ト6342	昭26. 9.10	設	昭26.12. 4				昭38. 7. 8	
ト103	明30 山陽鉄道	国鉄ト8405	昭26. 9.10	設	昭26.12. 4				昭38. 7. 8	
ト104	大 2.11 日車	国鉄ト15561	昭26. 9.10	設	昭26.12. 4				昭38. 7. 8	
【トム1形】										
トム1	昭19.8 立山	茅沼炭化トム1	昭38. 4.24	設	昭38. 7. 2				（休止時在籍）	
トム2	昭19.8 立山	茅沼炭化トム2	昭38. 4.24	設	昭38. 7. 2				（休止時在籍）	
トム3	昭19.8 立山	茅沼炭化トム3	昭38. 4.24	設	昭38. 7. 2				（休止時在籍）	
トム4	昭19.8 立山	茅沼炭化トム4	昭38. 4.24	設	昭38. 7. 2				（休止時在籍）	
トム5	昭19.8 立山	茅沼炭化トム5	昭38. 4.24	設	昭38. 7. 2				（休止時在籍）	
トム6	昭19.8 立山	茅沼炭化トム6	昭38. 4.24	設	昭38. 7. 2				（休止時在籍）	
トム7	昭19.8 立山	茅沼炭化トム7	昭38. 4.24	設	昭38. 7. 2				（休止時在籍）	
トム8	昭19.8 立山	茅沼炭化トム8	昭38. 4.24	設	昭38. 7. 2				（休止時在籍）	
トム9	昭19.8 立山	茅沼炭化トム9	昭38. 4.24	設	昭38. 7. 2				（休止時在籍）	
トム10	昭19.8 立山	茅沼炭化トム10	昭38. 4.24	設	昭38. 7. 2				（休止時在籍）	
【トム150形】										
トム151	大15.4 汽車東京	国鉄トム13152	昭26. 9.10	設	昭26.12. 4				昭38. 7. 8	
トム152	大15.4 汽車東京	国鉄トム13547	昭26. 9.10	設	昭26.12. 4				昭38. 7. 8	
【チ1形】										
チ1		フト7826	大11.10. 6	称					昭25. 3.27	→ト8
チ2		フト7900	大11.10. 6	称					昭25. 3.27	→ト9
【チラ1形】										
チラ15	明43 旭川工	国鉄チラ15	昭18. 9.27	譲	昭18.10. 6				昭39. 6.11	
【キ1形】										
キ32	大元.11 札幌工	国鉄キ32	昭26. 9.10	設	昭26.11.欠				（休止時在籍）	

※…昭 3. 8.29にワフ2、4、5→ワブ2、4、5、フト1〜7→ト1〜7に改称　$…北海道鉄道部月島か日車の可能性もあり
*…aとbの関係は初代と2代の関係ではなく現車振替にあたる。また一時客車籍となるユニ1（II）を名乗るが、書類上は貨車籍のまま変化なし
#…自連扛上および増積、b…空気制動設置、§…室内に郵便・荷物室を区画、∫…自連扛上および室内区画変更

北海道鉱業鉄道→
北海道鉄道（二代目）

沼ノ端－辺富内（金山線）66.0km
沼ノ端－苗穂（札幌線）62.6km
軌間：1067mm
動力：蒸気・（電気）・内燃

■ 沿革

　旧名の北海道鉱業鉄道が示すように、穂別や占冠の石炭、辺富内のクロム、厚真の石油といった日高山系の鉱山開発を目的に、室蘭の港湾荷役業者である栖崎平太郎など海運関係者が企画した鉄道であった。当初は室蘭本線の早来を起点に根室本線の金山まで建設される予定であったが、測量の結果、早来丘陵経由は鉱山鉄道として現実的でないとの結論に至り、起点を沼ノ端に変更する。大正11年7月24日の生鼈開業を皮切りに順次延伸されるが、沿線の鉱業資源は採算ベースに乗らないことが判明したため辺富内以遠の建設を断念、大正13年3月3日には社名から「鉱業」の名も外された。

　一方、当時の苫小牧に港はなく、当初目論見通り金山線沿線が鉱業地帯となった暁には産出物資を室蘭か小樽へ搬出する必要があった。そこで小樽方面へのバイパスとして大正15年に札幌線を開業させると同時に、培養線として千歳－追分や上鵡川－佐瑠太の免許を得るが、特に後者は苫小牧軽便鉄道をさしおいて日高拓殖鉄道と接続を図る計画で、なりふり構わぬ集荷策に道庁から免許交付をしないよう副申書が添えられる一幕もあった。

　だが、免許区間の半分近くが未開業で終わった上に、「五私鉄疑獄事件」[20]で買収運動にかかわる贈賄が暴露されるなど、その経営実態は散々であった。最終的に王子製紙が株式買収を進めて傘下とし[21]、木材搬出のウェイトが高い鉄道になる。また、運輸収入の伸び悩みを打開するため、昭和6年に苗穂－東札幌間1駅のみ電化して定山渓鉄道の片乗り入れを開始、さらに昭和10年12月よりガソリンカーを投入するなど、札幌線の梃入れを図り都市間鉄道の性格が強まった。やがて千歳に航空基地が建設されたことで軍事上の位置づけも高まり、改正鉄道敷設法にかかることを根拠に昭和18年8月1日に買収に至る。今日、札幌線の後身であるJR千歳線は全線複線化と交流電化がなされ特急が行き交う大幹線に成長し、元が私鉄であったことを感じ取るのは非常に難しい。

■ 蒸気機関車

　1はボールドウィン製の38t1C1タンク機でカタログ形式は10-24.1/4-D。臼井茂信氏の分類では富士身延系とされるもので小湊鉄道1・2は同型機。2はボールドウィン製の20t1C1タンク機でカタログ形式10-18.1/4-D。臼井氏が北海道系と分類する機関車で、煙室脇までかかる長い水タンクが特徴。1と共に開業時に用意されたもの。3・4はボールドウィン製の30tCタンク機でカタログ形式6-20-D。臼井氏の分類によると総武系。上部が傾斜した水タンクが特徴。見かけに反して2よりも強力であり、金山線の主力機であった[22]。5・6は札幌線開業にあたって購入されたコッペル製の42t1C1タンク機。臼井茂信氏の分類によると「1C1・2400ミリ」とされる大型機で、雄別鉄道103・104・夕張鉄道1・2は同型機。

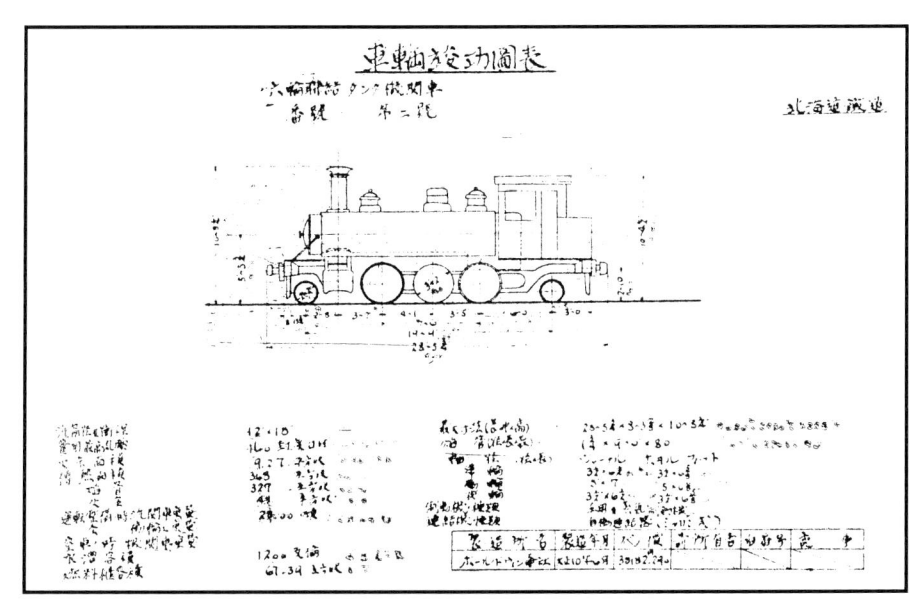

2号機竣功図
大正10年ボールドウィン製の1C1タンク機。図面では第2動輪がフランジレスに見える。買収前に譲渡。
所蔵：和久田康雄

7～9はボールドウィン製の40t1Cテンダ機でカタログ形式8-28-D。我国で最後に輸入されたボールドウィン機で、高い火床位置にストレートボイラ、ワルシャート弁装置の採用など各所が近代化されている[23]。やはり札幌線開業にあわせた購入で、同線の主力機であった。

他に小熊米雄氏によりポーター製の14tCタンク機の存在が指摘されているが[24]、建設用で車籍はない。

■ 内燃動車[25]

キハ501・502は昭和10年に日車東京で製作された「びわこ」形流線型の小型気動車。窓配置は2D8D2で室内はセミクロスシート。他例が少ないウォーケッシャ6-SRK（62kW/1400rpm）と一段窓が特徴だが、当初の設計は湯口徹氏が「このままで実現しなくてよかった」[26]と言うほど鈍重だった。元は排気暖房しかなかったが、北海道では能力不足と判りバロン式ガソリン暖炉を設置するなどテストベッドの役割を果たす。定員の割にガソリン消費量が多いのが欠点で、キハ550形の増備で予備車化した。
キハ550～555は昭和11～15年にかけ日車東京で製作された「びわこ」形流線型の大型気動車。エンジンはウォーケッシャ6-RB77.6kW/1300rpm）。窓配置2D12D2で室内はセミクロスシート。車体両端に自転車しか載せられそうにない折畳荷台を持つ。当初一段窓で設計されたが[27]、二段窓化されるなど見栄えが大きく変更されて登場している。車体サイズから見れば戦前、北海道随一の内燃動車だった[28]。以上の内燃動車はすべて札幌線専用。

■ 客車

ロ796・797→ロ1・2は国鉄ロ796形の払下車で窓配置O10Oの中央通路式。室内はロングシートで窓4区画分のところに仕切があり二室に分かれる構造であった。フロハ926・927は国鉄フロハ924形の払下車で窓配置1D2D4D2D1の区分式。ハ2039・2044→ハ1・2は国鉄ハ2024形の払下車で窓配置1D2D2D2D2D1の区分式。ハ2192→ハ10は国鉄ハ2185形の払下車で窓配置1D2D5D2D1。ハ2460・2462→フハ1・2は国鉄ハ2445形の払下車で窓配置O13O。ハ2542→ハ20は国鉄ハ2539形の払下車で窓配置O11O。うちハ10・20・フハ1・2は昭和6年に日車東京でハ15～18に更新される。車体はD333Dの中央通路式クロスシート車で、国鉄の木造客車を丸屋根にしてそのまま押し縮めたような形態であった。これら二軸客車は主に金山線で使用されている。ホロハ1～3は国鉄中型ボギー客車と同型の二三等合造車。窓配置はやや特殊でD22211331D。二等室はロングシートで三等室はクロスシート。室内中央に便所があるが国鉄車と異なり化粧室がなく、二等客が便所を使用する際は一旦、三等室に入る必要があった。フホハ1～4は同じく国鉄中型ボギー客車と同型の三等緩急車。ホロハ・フホハ共に新造時は一枚窓で、

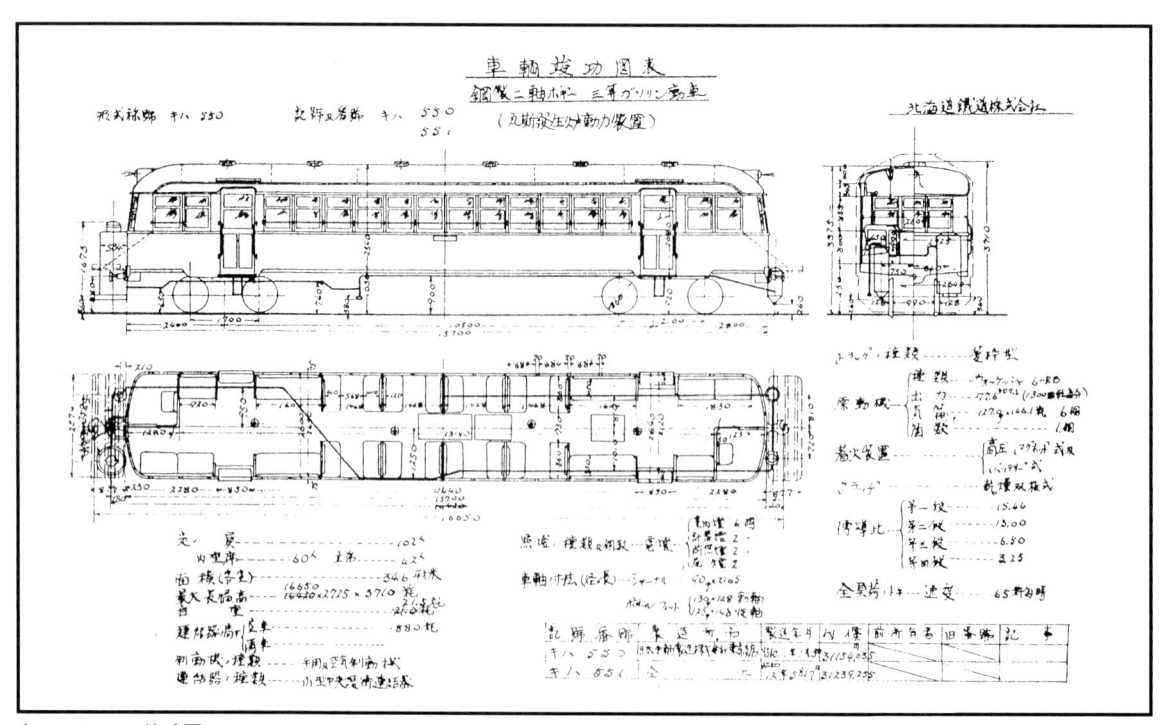

キハ550・551竣功図
図面は昭和17年の代燃化認可時の竣功図で、右側運転台と外付の瓦斯発生炉に注意。
所蔵：久保敏

国鉄ハ1166（国鉄1005形）
買収前のハ16。昭和6年に日車東京で更新されたもので、国鉄の木造ボギー客車を二軸にしたような外観である。
昭和31頃　苗穂工場　小熊米雄（星良助蔵）

国鉄ワフ24002（国鉄ワフ24000形）
買収前のワフ2002。昭和3年汽車東京製の鋼製有蓋緩急車で8t積として使用。妻窓の閉鎖は国鉄時代の処理と思われる。
昭和40頃　鈴木靖人

防寒のため昭和6年に二重窓に改造されている。

■ 貨車

　ワ1000形は開業にあたり院ワ6848形の払下を受けたもので8t積。うち4両は有蓋緩急車ワフ50形に一時期改造されている。台枠構造上連結器扛上が困難で、最終的にはナックルを工夫することで解決するが、軸距が3mもない小型車で車両需給上、重要な車でなかったせいかワ1000と1004の改造は昭和10年まで先送りされた。**ワム1形**は国鉄ワム1形と同型の15t積有蓋車。**ワブ50形**は国鉄ワム3500形を有蓋緩急車にしたような13t積車。当初はワフ1形を名乗っており、前述のワフ50形とは別物である。昭和3年に制動力強化のため死重に玉石2.1tを積載したため11t積に減積された。**ワフ2000形**は国鉄ワム20000形を有蓋緩急車にしたような10t積鋼製車。やはり昭和3年に死重として玉石1.9tを積載し荷重8tとなる。またワフ2001～2003は二軸客車の電灯化にあたり蓄電池を設置し、電源車としても使用されている。**ト3000形**は院ト9012形の払下車で8t積三枚側。**ト3010形**は院ト9115形の払下車で9t積四枚側。**ト3020形**は院ト9205形の払下車で8t積三枚側。**ト3030形**は院ト9234形の払下車で8t積四枚側。**ト3040形**は院ト9312形の払下車で9t積三枚側。**ト3500形**は院フト8733形の払下車で7t積四枚側。**ト3600形**は院ト9183形の払下車で9t積三枚側。**ト3700形**は院フト9288形の払下車で9t積三枚側。**ト3800形**は院ト9312形の払下車で9t積三枚側。これらのうちト3500～3800形は手ブレーキ装備。ト3020,3030形も国鉄時代は手ブレーキ装備であったが、車側ブレーキに変更して払下げを受けた[29]。**トム100形**は15t積四枚側。**トム150形**

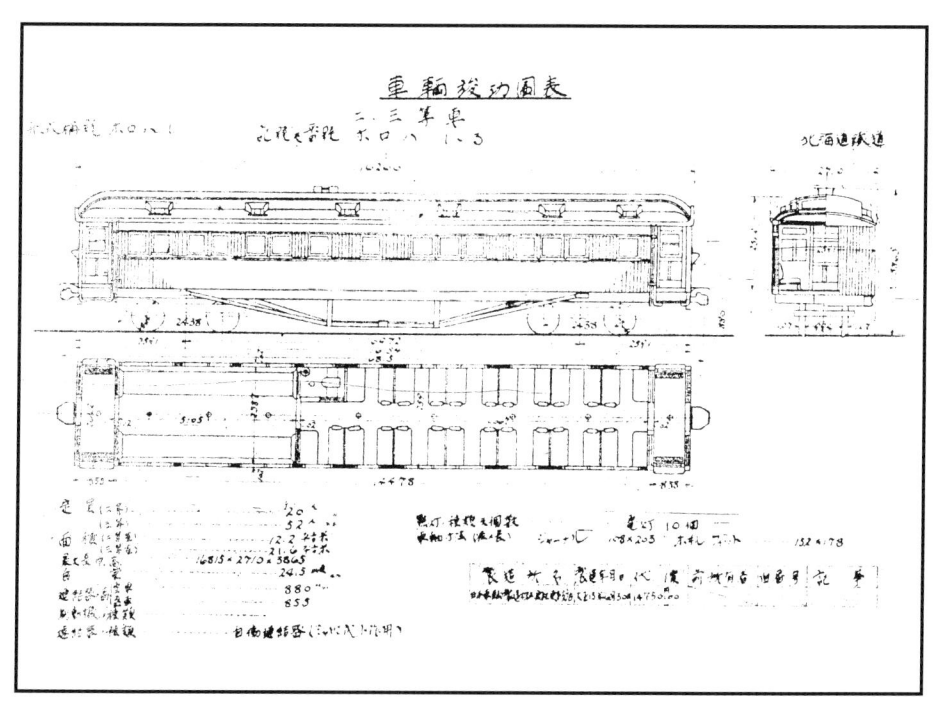

ホロハ1～3竣功図
国鉄中型ボギー車に準じた設計。特に便所まわりの室内構造に注意。
所蔵：和久田康雄

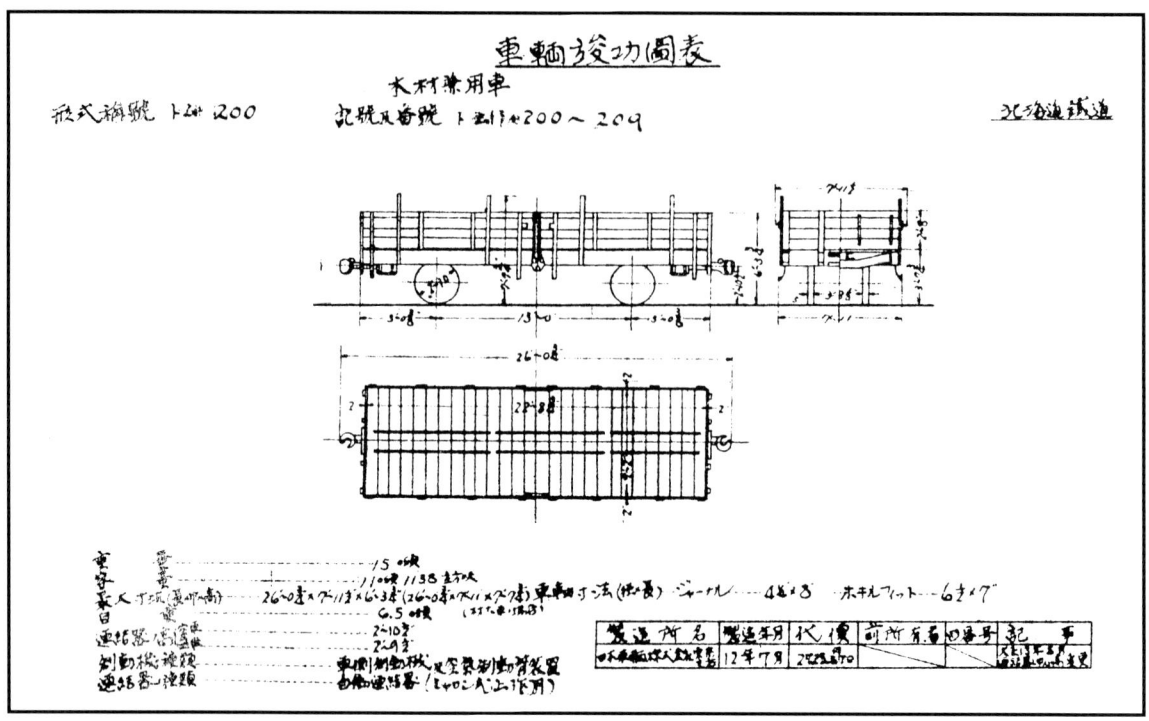

トム200〜209竣功図
車体側面に4組の側柱を建てた15t積材木車兼用無蓋車。
所蔵：和久田康雄

は国鉄トム1形と同型の15t積五枚側観音開式。トム200形はトム100形を材木車兼用として側柱8本を追加したもの。トム250形はトム100形の手ブレーキ装備車。トム300形はトム150形の手ブレーキ装備車。チム350形は側柱12本を持つ15t積二軸材木車。輸送材の主力であった12尺物の積載効率に難があり、昭和7年に日車東京で床面長の延長改造が行われるが、その内容は車体長ばかりか軸距まで延びる大掛かりなもので、言わばトム級からトラ級の車体に乗せ換えたと言っても過言でない程のものだった。

以上の貨車は空気ブレーキ設置が要求されるようになる大正15年11月以前に製造されたものが殆どで、ワフ2000形以外、車齢の割に空気ブレーキを持たない。

■ 参考文献
小熊米雄「北海道鉄道とその車両」『レイル』No.4（1978-7）

20) 昭和4年に民政党の浜口雄幸内閣が暴露したとされる前政権の疑獄事件。立憲政友会の田中義一内閣の鉄道大臣である小川平吉が、北海道鉄道（二代目）や博多湾鉄道汽船の買収、伊勢電気鉄道などの免許に便宜を図るよう贈収賄を受けたとされるもので、小川のほか、京阪電鉄社長の太田光凞や伊勢電鉄社長の熊沢一衛らが逮捕された。
21) 『日本国有鉄道百年史』11巻（1973-3）p880に経営分析があり、それによると大正15年後期に買取開始、昭和4年に過半数に到達し、今風に言えば連結子会社になった。
22) 小熊米雄「北海道鉄道とその車両」『レイル』No.4（1978-7）p12
23) 臼井茂信『国鉄蒸気機関車小史』鉄道図書刊行会（1956）p102。こうした特徴から本機を国有後に7200形に編入したのは明らかな設定と言え、臼井氏によれば性能面から考えれば本来7950形の近辺で新形式を起こすべき性格の機関車とされている。
24) 前掲（22）p10-11
25) これら内燃動車については湯口徹『内燃動車発達史・上巻』ネコ・パブリッシング（2004）p20-22も参照のこと
26) 湯口徹「日車幻の気動車図面(2)」『鉄道史料』No.84（1996-11）p34にプロトタイプ図面が掲載されているが、さしずめて言えば、妙に幕板が広く重苦しいデザインだった常総鉄道キホハ61（のちの関東鉄道キハ305）を両端扉にして流線型にしたような設計である。
27) 前掲（26）p35。車体長12.7mのキハ501・502を単純に15.5mにストレッチしたような設計。一段窓は多分に耐寒性を考慮したものと筆者は考えるが、図面が起こされた直後に北海道鉄道側の希望でシートピッチ拡大のうえ二段窓に変更されたとの由で、結果として車体も15.7mに伸びた。
28) 前掲（25）には戦前北日本最大の内燃動車とされているが、北日本最大はあくまでも車体長約17.6mの樺太庁鉄道キハニ2101〜2104である。樺太は内地編入を見越し北海道に準じた統治が行われ、鉄道も国鉄規格で建設。昭和18年4月に正式に内地となっていることから、植民地ではなく内地準拠で考える必要がある。
29) 大正11年9月8日の設計変更認可はこの旨を後付の理屈で認可したもの。

北海道鉱業鉄道→北海道鉄道→（国鉄千歳・富内線）

【各車種共通認可項目】自連㧧上（除ワ1000，ワフ50〜54）…大13.9.4認可、二軸客車油灯→アセチレン灯化、客車全車ストーブ設置…昭2.10.29届、二軸客車電灯化、ワフ2001〜2003蓄電池設置…昭3.7.19届

機関車

番号	製造・改造	出自	手続日 改番日	種別	竣功届				国鉄編入・用途廃止	異動先
1	大10　BLW		大11.6.9	設	大11.6.30				昭18.8.1	国鉄3025
2	大10　BLW		大11.6.9	設	大11.6.30				昭15.3.25	専売局磐田工場
3	大11　BLW		大12.1.9	設	大12.2.10				昭18.8.1	国鉄1310
4	大11　BLW		大12.1.9	設	大12.2.10				昭18.8.1	国鉄1311
5	大14.3　コッペル		大14.10.2	設	大14.12.28				昭18.8.1	国鉄3045
6	大14.3　コッペル		大14.10.2	設	大14.12.28				昭18.8.1	国鉄3046
7	大15　BLW		大15.6.8	設	大15.6.30				昭18.8.1	国鉄7225
8	大15　BLW		大15.6.8	設	大15.6.30				昭18.8.1	国鉄7226
9	大15　BLW		大15.6.8	設	大15.6.30				昭18.8.1	国鉄7227

内燃動車

番号	製造・改造	出自	手続日 改番日	種別	竣功届	暖炉設置	水温計設置	代燃化認可	国鉄編入	異動先
キハ501	昭10.10　日車東京		昭10.10.4	設	昭10.10.10	昭11.1.31	昭12.12.31		昭18.8.1	国鉄キハ40351
キハ502	昭10.10　日車東京		昭10.10.4	設	昭10.10.10	昭11.1.31	昭12.12.31		昭18.8.1	国鉄キハ40352
キハ550	昭11.7　日車東京		昭11.7.13	設	昭11.7.16			昭17.8.13	昭18.8.1	国鉄キハ40360
キハ551	昭12.5　日車東京		昭12.3.30	増	昭12.6.1			昭17.8.13	昭18.8.1	国鉄キハ40361
キハ552	昭12.12　日車東京		昭12.10.25	増	昭12.12.24				昭18.8.1	国鉄キハ40362
キハ553	昭13.6　日車東京		昭12.10.25	増	昭13.6.21				昭18.8.1	国鉄キハ40363
キハ554	昭15.9　日車東京		昭14.6.13	増	昭15.9.19				昭18.8.1	国鉄キハ40364
キハ555	昭15.9　日車東京		昭14.6.13	増	昭15.9.19				昭18.8.1	国鉄キハ40365

客車

番号	製造・改造	出自	手続日 改番日	種別	竣功届	社番号化 昭2.12.9	改番届 昭6.12.26	設計変更	国鉄編入・用途廃止	異動先
ロ796	明22?　VZ	国鉄ロ796	大11.7.5	譲	大11.7.6	ロ1			昭18.8.1	国鉄ロ1
ロ797	明22　VZ	国鉄ロ797	大11.7.5	譲	大11.7.6	ロ2			昭18.6.18	
フロハ926	明22　神戸工	国鉄フロハ926	大13.11.26	譲		フロハ1			昭17.3.13	日曹天塩専用鉄道
フロハ927	明22　神戸工	国鉄フロハ927	大13.11.26	譲		フロハ2			昭17.3.13	日曹天塩専用鉄道
ハ2039	明15.2　神戸工	国鉄ハ2039	大13.11.26	譲		ハ1			昭17.3.13	日曹天塩専用鉄道
ハ2044	明15.3　神戸工	国鉄ハ2044	大13.11.26	譲		ハ2			昭17.3.13	日曹天塩専用鉄道
ハ2192		国鉄ハ2192	大11.7.5	譲	大11.7.6	ハ10	ハ17	昭6.11.2*	昭18.8.1	国鉄ハ1167
フハ2460		国鉄ハ2460	大11.7.5	譲	大11.7.6	フハ1	ハ15	昭6.11.2*	昭18.8.1	国鉄ハ1165
フハ2462		国鉄ハ2462	大11.7.5	譲	大11.7.6	フハ2	ハ16	昭6.11.2*	昭18.8.1	国鉄ハ1166
ハ2545		国鉄ハ2545	大11.7.5	譲	大11.7.6	ハ20	ハ18	昭6.11.2*	昭18.8.1	国鉄ハ1168
ホロハ1	大15.6　日車東京		大15.6.3	設	大15.6.30			昭6.2.18#	昭18.8.1	国鉄ナロハ11346
ホロハ2	大15.6　日車東京		大15.6.3	設	大15.6.30			昭6.2.18#	昭18.8.1	国鉄ナロハ11347
ホロハ3	大15.6　日車東京		大15.6.3	設	大15.6.30			昭6.2.18#	昭18.8.1	国鉄ナロハ11348
フホハ1	大15.6　日車東京		大15.6.3	設	大15.6.30			昭6.2.18#	昭18.8.1	国鉄ナハ12361
フホハ2	大15.6　日車東京		大15.6.3	設	大15.6.30			昭6.2.18#	昭18.8.1	国鉄ナハ12362
フホハ3	大15.6　日車東京		大15.6.3	設	大15.6.30			昭6.2.18#	昭18.8.1	国鉄ナハ12363
フホハ4	大15.6　日車東京		大15.6.3	設	大15.6.30			昭6.2.18#	昭18.8.1	国鉄ナハ12364

*…車体新造（昭和6.11日車東京）、#…二重窓化

貨車

番号	製造・改造	出自	手続日 改番日	種別	竣功届	社番号化 昭2.12.9	改番届 昭3.10.5	設計変更・改番	国鉄編入・用途廃止	異動先
【ワ6848形→ワ1000形】										
ワ7088	明38　ブレスド	院ワ7088	大11.7.5	譲	大11.7.14			大13.3.8		→ワフ7088
ワ7090	明38　ブレスド	院ワ7090	大11.7.5	譲	大11.7.14	ワ1000		昭3.8.2*	昭18.8.1	国鉄ワ16000
ワ7093	明38　ブレスド	院ワ7093	大11.7.5	譲	大11.7.14			大13.3.8		→ワフ7093
ワ7374	明38　ブレスド	院ワ7374	大11.7.5	譲	大11.7.14			大13.3.8		→ワフ7374
ワ1001		ワフ50	昭3.8.2	変	昭4.9.3				昭18.8.1	国鉄ワ16001
ワ1002		ワフ51	昭3.8.2	変	昭4.9.3				昭18.8.1	国鉄ワ16002
ワ1003		ワフ52	昭3.8.2	変	昭4.9.3				昭18.8.1	国鉄ワ16003
ワ1004		ワフ53	昭3.8.2	変	昭10.4.2				昭18.8.1	国鉄ワ16004
【ワム1形】										
ワム1	大11.10　日車東京		大11.11.11	設	大11.11.21				昭18.8.1	国鉄ワム1742
ワム2	大11.10　日車東京		大11.11.11	設	大11.11.21				昭18.8.1	国鉄ワム1743
ワム3	大11.10　日車東京		大11.11.11	設	大11.11.21				昭18.8.1	国鉄ワム1744
ワム4	大11.10　日車東京		大11.11.11	設	大11.11.21				昭18.8.1	国鉄ワム1745

番号	製造・改造	出自	手続日 改番日	種別	竣功届	社番号化 昭2.12.9	改番届 昭3.10.5	設計変更・ 改番	国鉄編入・ 用途廃止	異動先
ワム5	大11.10 日車東京		大11.11.11	設	大11.11.21				昭18.8.1	国鉄ワム1746
ワム6	大15.6 日車東京		大15.6.3	設	大15.6.30				昭18.8.1	国鉄ワム1747
ワム7	大15.6 日車東京		大15.6.3	設	大15.6.30				昭18.8.1	国鉄ワム1748
ワム8	大15.6 日車東京		大15.6.3	設	大15.6.30				昭18.8.1	国鉄ワム1749
ワム9	大15.6 日車東京		大15.6.3	設	大15.6.30				昭18.8.1	国鉄ワム1750
【ワフ6848形→ワフ50形】										
ワフ7084	明38 ブレスド	院ワ7084	大11.7.5	譲	大11.7.14	ワフ50		昭3.8.2*		→ワ1001
ワフ7088		ワ7088	大13.3.8	増		ワフ53		昭3.8.2*		→ワ1004
ワフ7093		ワ7093	大13.3.8	増		ワフ51		昭3.8.2*		→ワ1002
ワフ7374		ワ7374	大13.3.8	増		ワフ52		昭3.8.2*		→ワ1003
【フワム1形→ワフ1形→ワブ50形】										
フワム1	大15.6 日車東京		大15.6.3	設	大15.6.30			大15.10.7		→ワフ1
フワム2	大15.6 日車東京		大15.6.3	設	大15.6.30			大15.10.7		→ワフ2
フワム3	大15.6 日車東京		大15.6.3	設	大15.6.30			大15.10.7		→ワフ3
フワム4	大15.6 日車東京		大15.6.3	設	大15.6.30			大15.10.7		→ワフ4
フワム5	大15.6 日車東京		大15.6.3	設	大15.6.30			大15.10.7		→ワフ5
ワフ1	(→前掲)	フワム1	大15.10.7	称		ワブ50		昭3.9.21#	昭18.8.1	国鉄ワム15256
ワフ2	(→前掲)	フワム2	大15.10.7	称		ワブ51		昭3.9.21#	昭18.8.1	国鉄ワム15257
ワフ3	(→前掲)	フワム3	大15.10.7	称		ワブ52		昭3.9.21#	昭18.8.1	国鉄ワム15258
ワフ4	(→前掲)	フワム4	大15.10.7	称		ワブ53		昭3.9.21#	昭18.8.1	国鉄ワム15259
ワフ5	(→前掲)	フワム5	大15.10.7	称		ワブ54		昭3.9.21#	昭18.8.1	国鉄ワム15260
ワフ6	大15.12 日車東京		大15.11.29	設	昭元.12.31		ワブ55	昭3.9.21#	昭18.8.1	国鉄ワム15261
ワフ7	大15.12 日車東京		大15.11.29	設	昭元.12.31		ワブ56	昭3.9.21#	昭18.8.1	国鉄ワム15262
【ワフ2000形】										
ワフ2000	昭3.3 汽車東京		昭3.5.21	設	昭3.6.16			昭3.8.22#	昭18.8.1	国鉄ワフ24000
ワフ2001	昭3.3 汽車東京		昭3.5.21	設	昭3.6.16			昭3.8.22#	昭18.8.1	国鉄ワフ24001
ワフ2002	昭3.3 汽車東京		昭3.5.21	設	昭3.6.16			昭3.8.22#	昭18.8.1	国鉄ワフ24002
ワフ2003	昭3.3 汽車東京		昭3.5.21	設	昭3.6.16			昭3.8.22#	昭18.8.1	国鉄ワフ24003
ワフ2004	昭3.3 汽車東京		昭3.5.21	設	昭3.6.16			昭3.8.22#	昭18.8.1	国鉄ワフ24004
【ト9012形→ト1010形→ト3000形】										
ト9032	明25.4 新橋工	院ト9032	大11.7.5	譲	大11.7.6	ト1010	ト3000		昭18.8.1	国鉄ト3000
【ト9115形→ト1020形→ト3010形】										
ト9167	明23.3 神戸工	院ト9167	大11.7.5	譲	大11.7.6	ト1020	ト3010		昭18.8.1	国鉄ト3010
ト9170	明23.3 神戸工	院ト9170	大11.7.5	譲	大11.7.6	ト1021	ト3011		昭18.8.1	国鉄ト3011
【ト9205形→ト1030形→ト3020形】										
ト9216	明18 新橋工	院ト9216	大11.7.5	譲	大11.7.14	ト1030	ト3020	大11.9.8b	昭18.8.1	国鉄ト3020
ト9225	明18 新橋工	院ト9225	大11.7.5	譲	大11.7.14	ト1031	ト3021	大11.9.8b	昭18.8.1	国鉄ト3021
【ト9234形→ト1040形→ト3030形】										
ト9248	明24.8 オールドベリー	院ト9248	大11.7.5	譲	大11.7.14	ト1040	ト3030	大11.9.8b	昭18.8.1	国鉄ト3030
【ト9312形→ト1050形→ト3040形】										
ト9355	明19.10 新橋工	院ト9355	大11.7.5	譲	大11.7.6	ト1050	ト3040		昭18.8.23	王子製紙
ト9356	明19.10 新橋工	院ト9356	大11.7.5	譲	大11.7.6	ト1051	ト3041		昭18.8.1	国鉄ト3041
ト9357	明19.10 新橋工	院ト9357	大11.7.5	譲	大11.7.6	ト1052	ト3042		昭18.8.1	国鉄ト3042
ト9359	明19.10 新橋工	院ト9359	大11.7.5	譲	大11.7.6	ト1053	ト3043		昭18.8.1	国鉄ト3043
【フト8733形→フト100形→ト3500形】										
フト8771	明25 VZ	院ト8771	大11.7.5	譲	大11.7.14	フト100	ト3500		昭18.8.23	王子製紙
【フト9183形→フト110形→ト3600形】										
フト9203	明19.10 新橋工	院ト9203	大11.7.5	譲	大11.7.6	フト110	ト3600		昭18.8.1	国鉄ト3600
【フト9288形→フト120形→ト3700形】										
フト9288	明33 天野	院ト9288	大11.7.5	譲	大11.7.6	フト120	ト3700		昭18.8.1	国鉄ト3700
【フト9312形→フト130形→ト3800形】										
フト9334	明19.10 新橋工	院ト9334	大11.7.5	譲	大11.7.6	フト130	ト3800		昭18.8.1	国鉄ト3800
【ト15形→トム100形】										
ト15	大10.8 雨宮		大11.6.9	設	大11.6.30		トム100		昭18.8.1	国鉄ト14712
ト16	大10.8 雨宮		大11.6.9	設	大11.6.30		トム101		昭18.8.1	国鉄ト14713
ト17	大10.8 雨宮		大11.6.9	設	大11.6.30		トム102		昭18.8.1	国鉄ト14714
ト18	大10.8 雨宮		大11.6.9	設	大11.6.30		トム103		昭18.8.1	国鉄ト14715
ト19	大10.8 雨宮		大11.6.9	設	大11.6.30		トム104		昭18.8.1	国鉄ト14716
ト20	大10.8 雨宮		大11.6.9	設	大11.6.30		トム105		昭18.8.1	国鉄ト14717
ト21	大10.8 雨宮		大11.6.9	設	大11.6.30		トム106		昭18.8.1	国鉄ト14718
ト22	大10.8 雨宮		大11.11.11	設	大11.11.21		トム107		昭18.8.1	国鉄ト14719
ト23	大10.8 雨宮		大11.11.11	設	大11.11.21		トム108		昭18.8.1	国鉄ト14720
ト24	大10.8 雨宮		大11.11.11	設	大11.11.21		トム109		昭18.8.1	国鉄ト14721
ト25	大10.8 雨宮		大11.11.11	設	大11.11.21		トム110		昭18.8.1	国鉄ト14722
ト26	大10.8 雨宮		大11.11.11	設	大11.11.21		トム111		昭18.8.1	国鉄ト14723
【ト27形→トム150形】										
ト27	大12.7 日車東京		大12.7.26	設	大12.8.15		トム150		昭18.8.1	国鉄トム2262
ト28	大12.7 日車東京		大12.7.26	設	大12.8.15		トム151		昭18.8.1	国鉄トム2263

番号	製造・改造		出自	手続日 改番日	種別	竣功届	社番号化 昭2.12.9	改番届 昭3.10.5	設計変更・改番	国鉄編入・用途廃止	異動先
ト29	大12.7	日車東京		大12.7.26	設	大12.8.15		トム152		昭18.8.1	国鉄トム2264
ト30	大12.7	日車東京		大12.7.26	設	大12.8.15		トム153		昭18.8.1	国鉄トム2265
ト31	大12.7	日車東京		大12.7.26	設	大12.8.15		トム154		昭18.8.1	国鉄トム2266
ト32	大12.7	日車東京		大12.7.26	設	大12.8.15		トム155		昭18.8.1	国鉄トム2267
ト33	大12.7	日車東京		大12.7.26	設	大12.8.15		トム156		昭18.8.1	国鉄トム2268
ト34	大12.7	日車東京		大12.7.26	設	大12.8.15		トム157		昭18.8.1	国鉄トム2269
ト35	大12.7	日車東京		大12.7.26	設	大12.8.15		トム158		昭18.8.1	国鉄トム2270
ト36	大12.7	日車東京		大12.7.26	設	大12.8.15		トム159		昭18.8.1	国鉄トム2271
ト37	大14.10	日車東京		大14.9.11	設	大14.10.10		トム160		昭18.8.1	国鉄トム2272
ト38	大14.10	日車東京		大14.9.11	設	大14.10.10		トム161		昭18.8.1	国鉄トム2273
ト39	大14.10	日車東京		大14.9.11	設	大14.10.10		トム162		昭18.8.1	国鉄トム2274
ト40	大14.10	日車東京		大14.9.11	設	大14.10.10		トム163		昭18.8.1	国鉄トム2275
ト41	大14.10	日車東京		大14.9.11	設	大14.10.10		トム164		昭18.8.1	国鉄トム2276
ト42	大14.10	日車東京		大14.9.11	設	大14.10.10		トム165		昭18.8.1	国鉄トム2277
ト43	大14.10	日車東京		大14.9.11	設	大14.10.10		トム166		昭18.8.1	国鉄トム2278
ト44	大14.10	日車東京		大14.9.11	設	大14.10.10		トム167		昭18.8.1	国鉄トム2279
ト45	大14.10	日車東京		大14.9.11	設	大14.10.10		トム168		昭18.8.1	国鉄トム2280
ト46	大14.10	日車東京		大14.9.11	設	大14.10.10		トム169		昭18.8.1	国鉄トム2281
ト47	大14.10	雨宮		大14.9.11	設	大14.10.10		トム170		昭9.1.15	
ト48	大14.10	雨宮		大14.9.11	設	大14.10.10		トム171		昭18.8.1	国鉄トム2282
ト49	大14.10	雨宮		大14.9.11	設	大14.10.10		トム172		昭18.8.1	国鉄トム2283
ト50	大14.10	雨宮		大14.9.11	設	大14.10.10		トム173		昭18.8.1	国鉄トム2284
ト51	大14.10	雨宮		大14.9.11	設	大14.10.10		トム174		昭18.8.1	国鉄トム2285
ト52	大14.10	雨宮		大14.9.11	設	大14.10.10		トム175		昭18.8.1	国鉄トム2286
ト53	大14.10	雨宮		大14.9.11	設	大14.10.10		トム176		昭18.8.1	国鉄トム2287
ト54	大14.10	雨宮		大14.9.11	設	大14.10.10		トム177		昭18.8.1	国鉄トム2288
ト55	大14.10	雨宮		大14.9.11	設	大14.10.10		トム178		昭18.8.1	国鉄トム2289
ト56	大14.10	雨宮		大14.9.11	設	大14.10.10		トム179		昭18.8.1	国鉄トム2290
ト57	大15.6	雨宮		大15.6.3	設	大15.6.30		トム180		昭18.8.1	国鉄トム2291
ト58	大15.6	雨宮		大15.6.3	設	大15.6.30		トム181		昭18.8.1	国鉄トム2292
【フト1形→トム250形】											
フト1	大10.11	雨宮		大11.6.9	設	大11.6.30		トム250		昭18.8.1	国鉄ト14734
フト2	大10.11	雨宮		大11.6.9	設	大11.6.30		トム251		昭18.8.1	国鉄ト14735
フト3	大10.11	雨宮		大11.6.9	設	大11.6.30		トム252		昭18.8.1	国鉄ト14736
【フト4形→トム300形】											
フト4	大14.10	日車東京		大14.9.11	設	大14.10.10		トム300		昭18.8.1	国鉄トム2293
フト5	大14.10	日車東京		大14.9.11	設	大14.10.10		トム301		昭18.8.1	国鉄トム2294
フト6	大14.10	日車東京		大14.9.11	設	大14.10.10		トム302		昭18.8.1	国鉄トム2295
フト7	大14.10	日車東京		大14.9.11	設	大14.10.10		トム303		昭18.8.1	国鉄トム2296
フト8	大14.10	日車東京		大14.9.11	設	大14.10.10		トム304		昭18.8.1	国鉄トム2297
【トチ11形→トム200形】											
トチ11	大12.7	日車東京		大12.7.26	設	大12.8.15		トム200		昭18.8.1	国鉄ト14724
トチ12	大12.7	日車東京		大12.7.26	設	大12.8.15		トム201		昭18.8.1	国鉄ト14725
トチ13	大12.7	日車東京		大12.7.26	設	大12.8.15		トム202		昭18.8.1	国鉄ト14726
トチ14	大12.7	日車東京		大12.7.26	設	大12.8.15		トム203		昭18.8.1	国鉄ト14727
トチ15	大12.7	日車東京		大12.7.26	設	大12.8.15		トム204		昭18.8.1	国鉄ト14728
トチ16	大12.7	日車東京		大12.7.26	設	大12.8.15		トム205		昭18.8.1	国鉄ト14729
トチ17	大12.7	日車東京		大12.7.26	設	大12.8.15		トム206		昭18.8.1	国鉄ト14730
トチ18	大12.7	日車東京		大12.7.26	設	大12.8.15		トム207		昭18.8.1	国鉄ト14731
トチ19	大12.7	日車東京		大12.7.26	設	大12.8.15		トム208		昭18.8.1	国鉄ト14732
トチ20	大12.7	日車東京		大12.7.26	設	大12.8.15		トム209		昭18.8.1	国鉄ト14733
【チ1形→チム350形】											
チ1	大11.10	日車東京		大11.11.11	設	大11.11.21		チム350	昭7.10.13§	昭18.8.1	国鉄チム1
チ2	大11.10	日車東京		大11.11.11	設	大11.11.21		チム351	昭7.10.13§	昭18.8.1	国鉄チム2
チ3	大11.10	日車東京		大11.11.11	設	大11.11.21		チム352	昭7.10.13§	昭18.8.1	国鉄チム3
チ4	大11.10	日車東京		大11.11.11	設	大11.11.21		チム353	昭7.10.13§	昭18.8.1	国鉄チム4
チ5	大11.10	日車東京		大11.11.11	設	大11.11.21		チム354	昭7.10.13§	昭18.8.1	国鉄チム5
チ6	大11.10	日車東京		大11.11.11	設	大11.11.21		チム355	昭7.10.13§	昭18.8.1	国鉄チム6
チ7	大11.10	日車東京		大11.11.11	設	大11.11.21		チム356	昭7.10.13§	昭18.8.1	国鉄チム7
チ8	大11.10	日車東京		大11.11.11	設	大11.11.21		チム357	昭7.10.13§	昭18.8.1	国鉄チム8
チ9	大11.10	日車東京		大11.11.11	設	大11.11.21		チム358	昭7.10.13§	昭18.8.1	国鉄チム9
チ10	大11.10	日車東京		大11.11.11	設	大11.11.21		チム359	昭7.10.13§	昭18.8.1	国鉄チム10
チ11	大15.6	東洋		大15.6.3	設	大15.6.30		チム360	昭7.10.13§	昭18.8.1	国鉄チム11
チ12	大15.6	東洋		大15.6.3	設	大15.6.30		チム361	昭7.10.13§	昭18.8.1	国鉄チム12
チ13	大15.6	東洋		大15.6.3	設	大15.6.30		チム362	昭7.10.13§	昭18.8.1	国鉄チム13
チ14	大15.6	東洋		大15.6.3	設	大15.6.30		チム363	昭7.10.13§	昭18.8.1	国鉄チム14
チ15	大15.6	東洋		大15.6.3	設	大15.6.30		チム364	昭7.10.13§	昭18.8.1	国鉄チム15

*…自連扛上、車掌室撤去、#…死重積載、ρ…手制動→車側制動、§…床面長延長工事（昭和7日車東京改）

北海炭礦鉄道→雄別炭礦鉄道→
雄別鉄道→雄別炭礦→釧路開発埠頭

釧路－雄別炭山・鶴野－新富士（雄別線・鶴野線）48.5km・西港－新富士－北埠頭（埠頭線）3.8km
軌間：1067mm
動力：蒸気・内燃

■ 沿革

舌辛川上流の雄別炭礦は大正5年に大陸浪人として知られる内田良平が派遣した調査隊により発見され、その後の調査で推定埋蔵量5,500万tの大炭田であることが明らかとなる。だが、釧路湿原を横断する必要があるなど立地条件が極めて悪く、本格的な開発には輸送手段の整備が必須だった。そこで、城戸炭礦取締役の芝義太郎を迎えて開発に着手するにあたり、付帯設備として大正12年1月17日に開業したのが北海炭礦鉄道である。地理的には大楽毛接続の方が近いが、海陸連絡機能を重視して釧路まで建設したため、炭礦鉄道としてはかなりの長距離路線になる。たまたまこのルートは改正鉄道敷設法の釧路－美幌間鉄道に該当するため、建設にあたり鉄道省の協力が得られ、大正13年には舌辛（後の阿寒）－北見相生の免許も得るが、着工に至らず大正15年に失効した。

しかし、資本が脆弱な中小炭礦による過大投資であったため経営危機に陥り、三菱鉱業の資本が入り大正13年に雄別炭礦鉄道として再出発する。昭和24年に十條製紙釧路工場の構内側線を利用し新富士に抜ける通称鳥取側線を建設し、戦時中に埠頭を建設した釧路埠頭倉庫専用鉄道に接続、海陸連絡を強化したうえ昭和26年9月11日にこれを買収して埠頭線とする。釧路市の都市計画や新富士駅構内の平面交差解消のため鳥取側線の撤去を求められたことから昭和43年1月21日に鶴野線を開業し、国鉄に影響されない一貫輸送体制を完成させた。

昭和34年に国の石炭政策のからみで鉄道部門が独立したが、昭和44年の茂尻砿の爆発事故で炭礦の経営が傾いた。閉山が確定的になると退職者が続出し運行に支障が生じたため昭和45年2月12日に再合併、同月27日の閉山により4月16日に廃止となる。ただし埠頭線は臨海鉄道としての公共性から釧路開発埠頭に譲渡され、釧路西港築港にともなう石油基地建設で昭和50年12月1日に西港線が開業したが、その頃から貨物の鉄道離れで輸送量が減少、昭和59年2月1日に雄別鉄道から引き継いだ北埠頭線が、そして平成11年9月10日に西港線も廃止となる。

以上のような継承会社の存在のためか、雄別鉄道は廃止に伴う自動廃車が適用されず、昭和45年8月13日になって一括除籍の手続が取られている。

■ 機関車

11・12はコッペル製の16tC型機で、臼井茂信氏の分類によると「C・1800ミリ」とされるもの。入換および雄別炭山の奥にあった大祥内坑口側線専用機であったが、積車4～5両程度しか牽引できない非力な機関車[30]のため、機関車数に余裕が生じると尺別に転じた。103・104・106は本線用とされたコッペル製の40t1C1タンク機。臼井氏の分類によると「1C1・2400ミリ」とされ北海道鉄道（二代目）5・6、夕張鉄道1・2とは同型機。増備機である106は運転整備重量が若干軽く、また小窓があるなどキャブの造りが異なる。いずれも戦前の主力機。205は貨物輸送の急増で出来合い品を緊急購入した30tC型機。臼井氏の分類によると「C・2800ミリ」とされる強力機で、十勝鉄道2は同型機。炭庫容量が少ないものの出力は103・104・106と同等[31]。現場の

106（100形）
大正15年コッペル製の40t1C1タンク機。103・104の増備機だが、キャブの小窓など細かい造りが異なる。
昭和35.8.13 雄別炭山 堀越和正（川崎哲也蔵）

1001（C56形）
昭和16年三菱製の38t1Cテンダ機。国鉄C56形の同型機である。
昭和34.6.21 阿寒 星良助

205（200形）
大正14年コッペル製の30tCタンク機。第3動輪を主動輪とするのはコッペルの流儀。
昭和35.8.13
雄別炭山
堀越和正
（川崎哲也蔵）

8722（8700形）
大正2年汽車製の51t 2Cテンダ機。ノースブリティッシュのコピー機である国鉄8722を北海道拓殖鉄道経由で昭和32年に購入した。除煙板は雄別で後天的に設置したもの。
昭和39.9.17
釧路
宇野昭

9046（9040形）
美唄鉄道1を昭和25年に譲受したもの。書類上は大正7年ボールドウィン製の37t1Dテンダ機だが、実車は明治40年製のニカラグア国鉄2号機を再生したもの。
昭和35.8.13
雄別炭山
堀越和正
（川崎哲也蔵）

C111（C11形）
昭和22年日車製の1C1タンク機。本機は江若鉄道が製作した国鉄C11形同型機。自重68tで標準より若干重い。
　　　　　　　　　　　昭和34.6.21　雄別炭山　星良助

YD1301（YD13形）
昭和41年日車製の56t機。国鉄DD13形同型機だが台車と減速比が異なる。釧路開発埠頭に引き継がれKD1301となる。
　　　　　　　　　　　昭和42.8.21　雄別埠頭　和久田康雄

評価は一貫して高く[32]、当初は本線、7200形導入後は入換用として廃止まで賞用される。234は国鉄2700形の払下機。1001は国鉄C56形と同型機。私鉄が発注した唯一のC56形として知られるが、テンダ機とは言えC11形と比較すれば相対的に非力で末期は通勤小運転専用となる。1409は釧路埠頭倉庫の合併によって編入された機関車で、渡島海岸鉄道経由で入った国鉄1400形。7212・7221・7222は浦幌の常室炭礦へ鉄道敷設中だった大和鉱業から、鉱区および鉄道敷設権とともに引き継いだ機関車で、元国鉄7200形。雄別鉄道では非力とされ、もっぱら補機や予備機にされがちだったと言う[33]。8721・8722は国鉄8700形の払下機で、うち8722は北海道拓殖鉄道を経由して入線。後天的に除煙板を設置し、8721は廃止までC11形に伍して使用された雄別鉄道の名物機関車である。9045は「小コン」こと国鉄9040形の払下機。9046は美唄鉄道1を購入したもの。「小コン」共々ボールドウィン製のカタログ形式10-26-Eとされる1Dテンダ機で、9045との違いはテンダがボギーである程度。9224・9233は釧路埠頭倉庫の合併により引き継いだ機関車で、いわゆる「大コン」こと元国鉄9200形。終始埠頭線で

使用された。C111・3・8・65・127は国鉄C11形だが、国鉄籍を有したのはうち3両のみで江若鉄道より購入したC111は標準より自重が若干重い変形機だった。戦後の主力機でC111は釧路開発埠頭にも継承された。C1256は相模鉄道から茨城交通を経て購入された元国鉄C12形。C12形としては珍しく除煙板を持つ。もっぱら鳥取側線で使用された[34]。YD1301は国鉄DD13形タイプの56tディーゼル機関車で埠頭線専用機。日車製DD13形類型機の特徴である軸ばね式台車を履き、牽引力を重視し減速比が4.72と国鉄機より大きい[35]。釧路開発埠頭に継承されKD1301となり、昭和54年に防爆形に改造された。KD1303は北炭より購入した日立製56tディーゼル機関車で元の夕張鉄道DD1001。国鉄DD13形と同型だがやや角ばったデザイン。浜釧路の入換業務請負を狙って購入されたものだが、結局使用されることなく終わる[36]。KD5002はC111の置換用に購入された自重50tのセミセンターキャブ凸形1エンジン機で日車のマスプロ機。搭載機器はDMH31SB機関（500PS/1500rpm）にDS1.2/1.35液体変速機で、単純に言えばKD1301を半分に割ったようなものである。

キハ49200Y2（キハ49200形）
昭和32年新潟製。国鉄キハ21形類似車だが、便所がなく台車も菱枠型であるなど細部が異なる。写真は青と黄褐色の旧塗装時代。
　　　　　　　　　　　昭和34.6.21　雄別炭山　星良助

キハ105（キハ100形）
昭和37年新潟製。キハ49200Y1～3の改良版で、便所の設置や側窓の1段窓化、台車の変更など仕様変更が行われた。
　　　　　　　　　　　昭和39.9.17　釧路　宇野昭

コハ2（コハ2形）
昭和26年に国鉄キハ40351を譲受し客車化したもの。出自は昭和10年日車東京製の北海道鉄道キハ501。
昭和42.6.9
雄別炭山
伊藤昭

■ 内燃動車

　キハ49200Y1～Y3は国鉄キハ21同型車で室内はセミクロスシート。エンジンはDMH17B（180PS/1500rpm）で変速機は新潟DF115。ただし便所はなく、台車は菱枠形のTR29で空気ブレーキも機械式気動車準拠のGP形と技術的に過渡期の要素を持つ。**キハ104・105**はキハ101～103の改良版で、エンジンをDMH17C（180PS/1500rpm）にして1段窓化のうえ台車をDT22に変更したもの。窓配置d11D151D11で津軽鉄道キハ24000形は同型だが、本車は便所があり運転室背後もクロスシートである。**キハ106**はキハ104・105を片運転台化したもの。乗務員室に相当する部分は車掌室と郵便室積載スペースとされ大型の業務用扉を持つ。ただし非運転台側妻面の写真が発見されておらず、詳細構造は謎が多い。

■ 客車

　客車は基本的にクロスシートであるが、炭礦周辺で運転された通勤用客車と特記したものはロングシートである。

　ロ772は国鉄ロ771形の払下車で窓配置O333O（Oは格下後にV）。室内はロングシート。二等廃止に伴い改番され**ハ6**となるが、その後も特別車として使用された[37]。**フロ840**は国鉄フロ840形の払下車で窓配置O10O。二等廃止に伴い**フハ7**となった後、昭和15年に更新が行われ**ハ1～3**を模した窓配置V10Vの二重屋根車体に改造される。**ハ1～3**は窓配置V44Vの二軸車で、大正期に各社に供給された規格形の一つ。昭和32年に車体更新が行われ、窓配置22D22、切妻屋根の通勤用客車になる。**ハ4**は国鉄ハ2353形の払下車。元は窓配置1D9D1の原型のまま使用されたが、側開戸が嫌われ大正14年にハ1～3に準じた窓配置V11Vの二重屋根車体に更新されている。**フハ5**は国鉄フハ3096形の払下車。原型は不明だが[38]、昭和3年に窓配置V55Vの二重屋根車体に更新されている。**コハ1**は芸備鉄道の買収客車を国鉄より払下を受けたもの。入線にあたって省型客車を丸屋根にして押し縮めたような窓配置V1333Vの車体に更新されたが、昭和34年に通勤用客車に転用するため窓配置1D5D1

ナハ12（ナハ12形）
昭和26年に北海道鉄道キハ552の買収車である国鉄キハ40362を譲受し客車化。本車は気動附随車として使用。
昭和41.7.11　雄別炭山　阿久津浩

ナハ15（ナハ11形）
国鉄スハニ19115を譲受し昭和30年に国鉄オハ62形同型に鋼体化。台枠以下を流用したため三軸ボギー車となる。施工は運輸工業。
昭和41.7.11　雄別炭山　阿久津浩

61

ナハ11（ナハ11形）
大正15年日車東京製の国鉄ナハ23670を昭和25年に譲受。昭和34年に木造切妻車体に更新。気動附随車として使用され、写真奥の区画に車掌室や荷物室、個室を備える。
昭和42.6.9 雄別炭山 伊藤昭

の切妻車体に再改造された。室内は一貫してロングシート。**コハ2**は国鉄キハ40351の払下車で元北海道鉄道（二代目）キハ501。**ナハ11**は国鉄ナハ22000形の払下車。気動附随車となり、昭和34年に窓配置3B72Dの切妻形の車体に更新される。**ナハ12・13**は国鉄キハ40361・40364の払下車で元北海道鉄道（二代目）キハ551・554。当初本車を気動車化する計画も存在したが、ナハ12が気動附随車化されるにとどまった。ナハ13は尺別へ貸し出されたまま廃止を迎える。**ナハ14**は国鉄ホハフ2630形の払下車。昭和29年に国鉄オハ62形を15mに圧縮したような窓配置D10Dの車体に鋼体化されるが、魚腹台枠と日鉄型台車を流用したため特徴ある下回りを残した。最晩年は尺別へ貸し出され、返却されることなく廃車となる。**ハニ19115→ナハ15**は国鉄スハニ19110形の払下車で三軸ボギー車。昭和30年に国鉄オハ62形同型の窓配置D13Dの車体に鋼体化。**ナハ16・18・19**は国鉄ナユニ16450形、ナエ17100形およびナル17600形を三等客車に復元のうえ購入したもの。うちナハ18と19は昭和34年に通勤用客車に改造され、窓配置1D9D1の切妻丸屋根の車体となる。**ナハ17**は国鉄ナユニ15550形の荷物室を撤去のうえ購入したものだが、昭和34年に気動附随車として窓配置12D9Dの切妻丸屋根の車体に更新された。

■ **貨車**

ワ11形は国鉄ワ1形の払下車。**ワ1形**も国鉄ワ1形の払下車だが十条製紙の私有車。**ワム50000形**は国鉄ワム50000形の払下車で十条製紙の私有車。これら私有車は埠頭線で使用された[39]。**ワブ3形**はト200形に車体を仕立てた6t積有蓋緩急車。**ワムブ1形**は15t積の有蓋緩急車だが、ワムブ1・2は開業時に新製された木造車であるのに対し、ワムブ6～8はチム8～10を種車に国鉄ワム23000形準拠の鋼製車体を載せたもの。ワムブ7は釧路開発埠頭に継承された。**ト200形**は院フト7600形の払下車で10t積三枚側。手ブレーキを持つ。**トム1形**は

ナハ14（ナハ11形）
昭和27年に国鉄ホハフ2631を譲受したもの。昭和29年に魚腹台枠や日鉄形台車を流用し、国鉄オハ62形を15m級にしたような姿に鋼体化される。施工は運輸工業。
昭和42.8.21 雄別炭山 和久田康雄

ナハ18（ナハ11形）
明治45年大宮工場製の国鉄ナエ17174を昭和32年に通勤客車として譲受したもの。
　　　　　　　　　昭和34.6.21　雄別炭山　星良助

ナハ19（ナハ11形）
昭和33年に国鉄ナル17647を通勤客車として譲受。昭和34年に釧路製作所で木造切妻車体に更新。
　　　　　　　　　昭和42.6.9　雄別炭山　伊藤昭

15t積四枚側の無蓋車だが材木車兼用として側柱8本を追加したもの。昭和16年に石炭増積のため五枚側に嵩上げされ、側柱も撤去され通常の無蓋車となる。**トム11形**は国鉄トム5000形と同型の15t積五枚側観音開式無蓋車。**トム25形**はトム11形の手ブレーキ装備車。昭和36年の空気ブレーキ設置の際、手ブレーキを車側ブレーキに変更したため、事実上トム11形との区別はなくなる。また、トム46は昭和32年のハ1〜3の更新時に通勤用客車が足りなくなったことから代用客車として使用されたこともある。**トム51形**は国鉄トム1形の払下車。**トム81形**は東横電鉄トム80形。これも国鉄トム5000形と同型の五枚側観音開式無蓋車だが、当初は車側ブレーキと手ブレーキを併用した。**トム5000形**は国鉄トム5000形の払下車で十条製紙の私有車。**トキ1形**は国鉄トキ900形の払下車で三軸車。**チム1形**は側柱8本を持つ二軸の15t積材木車。ただし戦後は長物車籍のまま五枚側無蓋車として使用。**チサ1形**はトム51形およびトキ1形を改造した20t積三軸長物車。**セキ1形**は30t積石炭車で、セキ1〜10は国鉄セキ1000形と同型の新造車。セキ11以降は国鉄セキ1形の払下車だが、セキ57〜59は釧路臨港鉄道を経由して入線している。**セキ60形**は国鉄セキ600形の払下車。**キ1形**は国鉄キ1形の払下車。当初は木造のまま使用したが、昭和34年に鋼体化した際に形式だけキ100形となる。前頭部は直線型。他に昭和29年に運輸工業でチサ1形の改造工事を行った際、同所に放置されていた国鉄チキ1形と思わしき25t積長物車をチキ1として引き取るが[40]、最後まで籍を入れることはなかった。

■ 参考文献

小熊米雄「雄別鉄道」『鉄道ピクトリアル』No.128（1962-3増）

大西清友「釧路開発埠頭」『鉄道ピクトリアル』No259（1971-12増）

大谷正春『雄別炭礦鉄道50年の軌跡』（1984）ケーエス興産

湯口徹『北線路（下）』エリエイ出版部（1988）

今井理・河野哲也「北海道の専用鉄道、専用線」『鉄道ピクトリアル』No.541（1991-3増）

---

30) 大谷正春『雄別炭礦鉄道50年の軌跡』（1984）ケーエス興産 p178
31) 臼井茂信『機関車の系譜図2』（1973）交友社 p250,252。同書によると205号機のグループC・2800ミリが出力225/250PSに対し、103号機のグループ1C1・2400ミリは出力250PSとほぼ同等。1C1・2400ミリのメリットは缶容量と安定性にあるとしている。
32) 前掲（30）p 69,71
33) 前掲（30）p 71,73
34) 前掲（30）p 194
35) 国鉄DD13の減速比は3.143
36) 服部朗宏「私鉄・専用線のDD13 Part1」『鉄道ピクトリアル』No.797（2007-12）p 50
37) 前掲（30）p 243
38) ただしこの時期の「鉄道公報」にフハ3103の廃車告示はない。成田鉄道（初代）や中越鉄道の買収二軸客車を改番したもののすぐ廃車されたようで、本車はこれらの払下である可能性が高い。ちなみにこの両社の客車は従来、研究が進んでおらず、あまりよく分かっていない。
39) 前掲（30）p 306
40) 小熊米雄「雄別鉄道」『鉄道ピクトリアル』No.128（1962-3増）p 19

ワムブ1（ワムブ1形）
15t積の有蓋緩急車。写真のワムブ1は開業時に投入されたもので、大正12年日車東京製の木造車。
昭和42.8.21　雄別炭山　和久田康雄

トム82（トム81形）
大正15年日車製の15t積観音開式無蓋車。昭和15年に東京横浜電鉄から譲受したものだが、トム11、25形と大差ない。
昭和42.8.21　雄別炭山　和久田康雄

セキ16（セキ1形）
30t積ボギー石炭車。セキ1形は新造車と払下車があるが、本車は明治45年汽車製の国鉄セキ73を譲受したもの。
昭和42.8.21　雄別炭山　和久田康雄

キ1（キ100形）
昭和29年に国鉄キ30を譲受したラッセル式除雪車。昭和34年に釧路製作所で鋼体化。前頭部は直線形である。
昭和41.7.11　雄別炭山　阿久津浩

北海炭礦鉄道→雄別炭礦鉄道→雄別鉄道→雄別炭礦→釧路開発埠頭

【各車種共通認可項目】自連扛上…（フト7600形）大正15.1.18届（それ以外）大14.3.9届、
　　　　　　　客車室内灯変更…（ハ1～3電灯→油灯）大13.9.19届（油灯→アセチレン灯）昭2.11.16
　　　　　　　届（アセチレン灯→電灯）昭14.6.30届

機関車

番号	製造・改造		出自	手続日改番日	種別	竣功届	改番昭45.4.16	設計変更	用途廃止	異動先
11	大12.7	コッペル		大11.12.27	設	大11.12.10			昭25.12.15	雄別尺別鉄道
12	大12.7	コッペル		大11.12.27	設	大11.12.10			*昭19.11.*	日本アルミ黒崎
103	大13.7	コッペル		大11.12.27	設	大12.1.10			昭33.5.31	雄別炭礦茂尻
104	大13.7	コッペル		大11.12.27	設	大12.1.10			昭33.8.5	日本甜菜製糖磯分内
106	大15.6	コッペル		大15.3.13	設	大15.6.12			昭37.8.31	
205	大14.2	コッペル		大14.1.21	設	大14.2.21			昭45.8.13	
234	明38	BLW	国鉄2719	昭26.5.7	設	昭26.5.30			昭28.2.8	三井鉱山美唄
1001	昭16.2	三菱		昭15.1.11	設	昭16.3.11			昭45.8.13	
1409	明29	クラウス	釧路埠頭1409	昭26.9.11	併				昭29.3.25	
7212	明29.8	BLW	大和鉱業7212	昭13.9.22	譲	昭13.10.5			昭25.12.15	雄別尺別鉄道
7221	明30.12	BLW	大和鉱業7221	昭13.9.22	譲	昭13.10.5			昭27.7.1	運輸工業
7222	明30.12	BLW	大和鉱業7222	昭13.9.22	譲	昭13.10.5			昭25.10.20	
8721	大2	汽車	国鉄8721	昭27.9.26	設	昭28.1.11			昭45.8.13	
8722	大2	汽車	北海道拓殖8722	昭32.10.28	設	昭33.2.7			昭41.8.23	
9045	明29.12	BLW	国鉄9045*	昭15.3.29	譲	昭15.9.27			昭28.5.26	寿都鉄道
9046	大7.3	BLW	三菱美唄1	昭25.3.15	譲	昭25.4.10			昭40.7.5	
9224	明38.9	BLW	釧路埠頭9224	昭26.9.11	併				昭37.11.7	
9233	明38.11	BLW	釧路埠頭9233	昭26.9.11	併				昭33.5.31	
C111	昭22.4	日車	江若鉄道C111	昭33.7.28	設	昭33.8.30			昭50.9.23	釧路開発埠頭引継
C113	昭7.8	汽車	国鉄C113	昭40.6.15	設	昭40.7.14			昭45.8.13	
C118	昭16.6	日立	松尾鉱業C118	昭27.5.14	設	昭27.7.1			昭45.8.13	
C1165	昭10.3	川崎	国鉄C1165	昭36.12.12	設	昭37.1.5			昭45.8.13	
C11127	昭13.1	日車	国鉄C11127	昭38.1.17	設	昭38.3.4			昭45.8.13	

番号	製造・改造	出自	手続日 改番日	種別	竣功届	改番 昭45.4.16	設計変更	用途廃止	異動先
C1256	昭9.2 汽車	茨城交通C1256	昭26.12.24	設	昭27.1.26			昭32.12.10	雄別尺別鉄道
YD1301	昭41.6 日車		昭41.10.26	設	昭41.12.7	KD1301	昭54.12.21#	平11.9.30	太平洋石炭販売輸送
KD1303	昭44.4 日立	北炭清水沢DD1001	昭56.		昭56.3.30			平6.3.31	
KD5002	昭49.11 日車		昭50.5.7	設				平11.9.30	

*…「元美唄鉄道ニテ払下タルモノ」と件名録にあり、#…防爆形に改造

内燃動車

番号	製造・改造	出自	手続日 改番日	種別	竣功届	暖房		用途廃止	異動先
キハ40351	昭10.10 日車東京	国鉄キハ40351	昭26.5.22	設	昭27.2.1			昭27.2.15	→コハ2
キハ40361	昭12.5 日車東京	国鉄キハ40361	昭26.5.1	設	昭26.			昭27.1.23	→ナハ12
キハ40364	昭15.9 日車東京	国鉄キハ40364	昭26.5.1	設	昭26.			昭27.1.23	→ナハ13
キハ49200Y1	昭32.6 新潟		昭32.7.8	設	昭32.7.11	昭40.11.10		昭45.8.13	関東鉄道
キハ49200Y2	昭32.6 新潟		昭32.7.8	設	昭32.7.11	昭40.11.10		昭45.8.13	関東鉄道
キハ49200Y3	昭32.6 新潟		昭32.7.8	設	昭32.7.11	昭40.11.10		昭45.8.13	関東鉄道
キハ104	昭37.1 新潟		昭37.2.28	設	昭37.4.20			昭45.8.13	関東鉄道
キハ105	昭37.11 新潟		昭37.11.26	増	昭37.12.11			昭45.8.13	関東鉄道
キハ106	昭44.7 新潟		昭44.3.18	増	昭44.7.7			昭45.8.13	関東鉄道

客車

番号	製造・改造	出自	手続日 改番日	種別	竣功届	社番号化 普通客車化	車体改造	設計変更	用途廃止 など	異動先
ロ772	明5 新橋工	国鉄ロ772	大12.10.26	譲					昭3.10.19	→ハ6
フロ840	明30 月島仮	国鉄フロ840	大12.12.26	譲					昭3.10.19	→フハ7
ハ1	大11.12 日車東京		大11.11.18	設	大11.12.8		昭32.7.12*	大13.12.5$	昭32.10.15	雄別尺別鉄道
ハ2	大11.12 日車東京		大11.11.18	設	大11.12.8		昭32.7.12*	大13.12.5$	昭32.10.15	雄別尺別鉄道
ハ3	大11.12 日車東京		大11.11.18	設	大11.12.8		昭32.7.12*	大13.12.5$	昭32.10.15	雄別尺別鉄道
ハ4	明26.12 平岡	国鉄ハ2358	大12.12.26	譲		大15.12.14	大14.11.6♭		昭32.10.15	雄別尺別鉄道
フハ5	明30.9 神戸工	国鉄フハ3103	大12.12.26	譲		昭3.7.24	昭3.4.12♭		昭32.10.15	雄別尺別鉄道
ハ6	(→前掲)	ロ772	昭3.10.18	称					昭33.9.30	
フハ7	(→前掲)	フロ840	昭3.10.18	称		昭15.2.21♭			昭32.10.15	雄別尺別鉄道
コハ1	大3 汽車	国鉄(芸備)コロ1	昭16.7.9	譲	昭16.12.20	昭34.8.27*	昭38.6.14¥		昭41.9.15	
コハ2		キハ40351	昭27.2.15	設	昭27.3.1		昭38.6.14¥		昭45.8.13	
ナハ12	大15.6 日車東京	国鉄ナハ23670	昭25.12.26	譲	昭26.2.10	昭34.8.27*			昭45.8.13	
		キハ40361	昭27.1.23	設	昭27.2.1				昭45.8.13	
ナハ13		キハ40364	昭27.1.23	設	昭27.2.1			昭41.12.22♪	昭45.8.13	
ナハ14	明36 大宮工	国鉄ホハフ2631	昭27.9.27	設	昭28.7.25		昭29.5.20#		昭45.8.13	
ナハ15	昭30 運輸工業改	ハニ19115	昭30.5.12	変	昭30.6.15				昭45.8.13	
ナハ16	明44.7 小倉工	国鉄ナユニ16465	昭31.5.1	設	昭31.5.25	昭31.8.27			昭37.4.7	
ナハ17	大3.4 札幌工	国鉄ナハニ15726	昭31.5.1	設	昭31.5.25	昭31.5.25	昭34.8.27*	昭41.11.28?	昭45.8.13	
ナハ18	明45.6 大宮工	国鉄ナエ17174	昭32.11.22	設		昭33.6.10	昭34.8.27*		昭45.8.13	
ナハ19	大7.7 大宮工	国鉄ナエ17647	昭33.6.24	設		昭33.6.24	昭34.8.27*		昭45.8.13	
ハニ19115	明45.3 汽車	国鉄スハニ19115	昭29.2.25	設	昭29.8.12			昭30.5.12#		→ナハ15

*…切妻化、窓・扉配置変更 #…鋼体化(社番号化を兼ねる) $…貫通路設置 ♭…二重屋根ベスビチュール車体に更新
¥…空気制動設置 ♪…ロングシート化 ?…改造内容不明

貨車

番号	製造・改造	出自	手続日 改番日	種別	竣功届	改番届 大15.1.18	改番届 昭3.9.28	設計変更・改番日	用途廃止	異動先
【ワ11形】										
ワ11	明32.11 神戸工	国鉄ワ4835	昭24.4.11	譲	昭24.10.1				昭45.8.13	
ワ12	明27.9 神戸工	国鉄ワ4604	昭24.4.11	譲	昭24.10.1				昭45.8.13	
ワ13	明32.11 神戸工	国鉄ワ4833	昭24.4.11	譲	昭24.10.1				昭45.8.13	
【ワ1形】※十条製紙私有車										
ワ101	(→前掲)	ワ998	昭36.5.24	称					昭38.1.28	
ワ102	(→前掲)	ワ1945	昭36.5.24	称					昭38.1.28	
ワ103	(→前掲)	ワ2912	昭36.5.24	称					昭38.1.28	
ワ998	明36.9 大宮工	国鉄ワ998	昭32.10.19	設	昭32.11.22			昭36.5.24		→ワ101
ワ1945	明35.8 盛岡工	国鉄ワ1945	昭32.10.19	設	昭32.11.22			昭36.5.24		→ワ102
ワ2912	明38 汽車	国鉄ワ2912	昭32.10.19	設	昭32.11.22			昭36.5.24		→ワ103
【ワム50000形】※十条製紙私有車										
ワム104	(→前掲)	ワム51188	昭36.5.24	称					昭45.8.13	
ワム51188	昭16.5 汽車東京	国鉄ワム51188	昭32.10.19	設	昭32.11.22			昭36.5.24		→ワム104
【ワフ3形→ワブ3形】										
ワブ3*	大15.4 自社改	フト7618	大14.11.19	変	大15.4.15		ワブ3		昭40.7.5	
ワブ4	大15.4 自社改	フト7700	大14.11.19	変	大15.4.15		ワブ4		昭35.7.28	
ワブ5	大13.10 自社改	ト223	昭13.10.8	増					昭45.8.13	
【ワフム1形→ワムブ1形】										

番号	製造・改造	出自	手続日 改番日	種別	竣功届	改番届 大15.1.18	改番届 昭3.9.28	設計変更・改番日	用途廃止	異動先
ワムフ1	大12.1	日車東京		大11.11.18	設	大11.12.8		ワムブ1		昭45.8.13	
ワムフ2	大12.1	日車東京		大11.11.18	設	大11.12.8		ワムブ2		昭45.8.13	
ワムブ6	昭29.9	釧路東栄改	チム10	昭29.8.30	変	昭29.9.22				昭45.8.13	
ワムブ7	昭30.8	釧路東栄改	チム9	昭30.5.28	変	昭30.8.25				昭52.	釧路開発埠頭引継
ワムブ8	昭31.8	旭川同志社改	チム8	昭31.8.31	変	昭31.10.31				昭45.8.13	
【フト7600形→ト200形】											
フト7600	明39-40	ブレスド	院フト7600	大12.10.26	譲		フト201	ト201（Ⅰ）		昭25.12.15	雄別尺別鉄道
フト7603	明39-40	ブレスド	院フト7603	大14.4.16	譲		フト220	ト220		昭27.8.1	
フト7604	明39-40	ブレスド	院フト7604	大14.4.16	譲		フト213	ト213	昭27.8.1		→ト205（Ⅱ）
フト7605	明39-40	ブレスド	院フト7605	大14.4.16	譲		フト209	ト209	昭27.8.1		→ト203（Ⅱ）
フト7607	明39-40	ブレスド	院フト7607	大12.10.26	譲		フト206	ト206		昭25.12.15	雄別尺別鉄道
フト7611	明39-40	ブレスド	院フト7611	大14.4.16	譲		フト212	ト212		昭25.12.15	雄別尺別鉄道
フト7613	明39-40	ブレスド	院フト7613	大12.10.26	譲		フト217	ト217		昭25.12.15	雄別尺別鉄道
フト7614	明39-40	ブレスド	院フト7614	大12.10.26	譲		フト210	ト210		昭25.12.15	雄別尺別鉄道
フト7618	明39-40	ブレスド	院フト7618	大12.10.26	譲				大14.11.19		→ワフ3
フト7621	明39-40	ブレスド	院フト7621	大12.10.26	譲		フト223	ト223	昭13.10.8		→ワブ5
フト7623	明39-40	ブレスド	院フト7623	大12.10.26	譲		フト205	ト205（Ⅰ）	昭27.8.1		→ト202（Ⅱ）
フト7627	明39-40	ブレスド	院フト7627	大14.4.16	譲		フト208	ト208		昭25.12.15	雄別尺別鉄道
フト7641	明39-40	ブレスド	院フト7641	大14.4.16	譲		フト203	ト203（Ⅰ）	昭27.8.1		→ト201（Ⅱ）
フト7642	明39-40	ブレスド	院フト7642	大12.10.26	譲		フト211	ト211	昭27.8.1		→ト204（Ⅱ）
フト7696	明39-40	ブレスド	院フト7696	大14.4.16	譲		フト222	ト222		昭25.12.15	雄別尺別鉄道
フト7697	明39-40	ブレスド	院フト7697	大12.10.26	譲		フト204	ト204（Ⅰ）		昭25.12.15	雄別尺別鉄道
フト7699	明39-40	ブレスド	院フト7699	大12.10.26	譲		フト214	ト214		昭25.12.15	雄別尺別鉄道
フト7700	明39-40	ブレスド	院フト7700	大14.4.16	譲				大14.11.19		→ワフ4
フト7701	明39-40	ブレスド	院フト7701	大14.4.16	譲		フト207	ト207		昭25.12.15	雄別尺別鉄道
フト7726	明39-40	ブレスド	院フト7726	大14.4.16	譲		フト202	ト202（Ⅰ）		昭25.12.15	雄別尺別鉄道
フト7840	明39-40	ブレスド	院フト7840	大12.10.26	譲		フト219	ト219		昭25.12.15	雄別尺別鉄道
フト7841	明39-40	ブレスド	院フト7841	大12.10.26	譲		フト218	ト218		昭25.12.15	雄別尺別鉄道
フト7853	明39-40	ブレスド	院フト7853	大12.10.26	譲		フト216	ト216		昭27.8.1	
フト7901	明39-40	ブレスド	院フト7901	大12.10.26	譲		フト215	ト215		昭25.12.15	雄別尺別鉄道
フト7921	明39-40	ブレスド	院フト7921	大12.10.26	譲		フト221	ト221		昭25.12.15	雄別尺別鉄道
ト201（Ⅱ）	(→前掲)		ト203（Ⅰ）	昭27.8.1	称					昭37.8.31	
ト202（Ⅱ）	(→前掲)		ト205（Ⅰ）	昭27.8.1	称					昭37.8.31	
ト203（Ⅱ）	(→前掲)		ト209	昭27.8.1	称					昭37.8.31	
ト204（Ⅱ）	(→前掲)		ト211	昭27.8.1	称					昭29.9.30	
ト205（Ⅱ）	(→前掲)		ト213	昭27.8.1	称					昭29.9.30	
【フトチ1形→トム1形】											
フトチ1*	大13.6	日車東京		大13.3.6	設	大13.6.21		トム1	昭16.6.25#	昭45.8.13	
フトチ2*	大13.6	日車東京		大13.3.6	設	大13.6.21		トム2	昭16.6.25#	昭41.12.5	
フトチ3*	大13.6	日車東京		大13.3.6	設	大13.6.21		トム3	昭16.6.25#	昭41.12.5	
フトチ4*	大13.6	日車東京		大13.3.6	設	大13.6.21		トム4	昭16.6.25#	昭41.12.5	
【ト11形→トム11形】											
ト11*	大11.8	日車東京		大11.6.27	設	大11.8.1		トム11		昭45.8.13	
ト12*	大11.8	日車東京		大11.6.27	設	大11.8.1		トム12		昭42.12.14	
ト13*	大11.8	日車東京		大11.6.27	設	大11.8.1		トム13		昭42.12.14	
ト14*	大11.8	日車東京		大11.6.27	設	大11.8.1		トム14		昭45.8.13	
ト15*	大11.8	日車東京		大11.6.27	設	大11.8.1		トム15		昭45.8.13	
ト16*	大11.8	日車東京		大11.6.27	設	大11.8.1		トム16		昭45.8.13	
ト17*	大11.8	日車東京		大11.6.27	設	大11.8.1		トム17		昭41.4.5	
ト18*	大11.8	日車東京		大11.6.27	設	大11.8.1		トム18		昭42.12.14	
ト19*	大11.8	日車東京		大11.6.27	設	大11.8.1		トム19		昭45.8.13	
ト20*	大11.8	日車東京		大11.6.27	設	大11.8.1		トム20		昭45.8.13	
ト21*	大11.8	日車東京		大11.6.27	設	大11.8.1		トム21		昭45.8.13	
ト22*	大11.8	日車東京		大11.6.27	設	大11.8.1		トム22		昭45.8.13	
ト23*	大11.8	日車東京		大11.6.27	設	大11.8.1		トム23		昭45.8.13	
ト24*	大11.8	日車東京		大11.6.27	設	大11.8.1		トム24		昭42.12.14	
ト31*	大12.12	日車東京		大12.6.21	増			トム31		昭45.8.13	
ト32*	大12.12	日車東京		大12.6.21	増			トム32		昭42.4.17	
ト33*	大12.12	日車東京		大12.6.21	増			トム33		昭42.12.14	
ト34*	大12.12	日車東京		大12.6.21	増			トム34		昭45.8.13	
ト35*	大12.12	日車東京		大12.6.21	増			トム35		昭45.8.13	
ト36*	大12.12	日車東京		大12.6.21	増			トム36		昭45.8.13	
ト37*	大12.12	日車東京		大12.6.21	増			トム37		昭45.8.13	
ト38*	大12.12	日車東京		大12.6.21	増			トム38		昭45.8.13	
ト39*	大12.12	日車東京		大12.6.21	増			トム39		昭45.8.13	
ト40*	大12.12	日車東京		大12.6.21	増			トム40		昭45.8.13	
ト41*	大12.12	日車東京		大12.6.21	増			トム41		昭45.8.13	
ト42*	大12.12	日車東京		大12.6.21	増			トム42		昭45.8.13	

番号	製造・改造		出自	手続日 改番日	種別	竣功届	改番届 大15.1.18	改番届 昭3.9.28	設計変更・ 改番日	用途廃止	異動先
トム43*	大12.12	日車東京		大12.6.21	増			トム43		昭42.12.14	
トム44*	大12.12	日車東京		大12.6.21	増			トム44		昭42.4.17	
【フト25形→トム25形】											
フト25*	大11.8	日車東京		大11.6.27	設	大11.8.1		トム25		昭45.8.13	
フト26*	大11.8	日車東京		大11.6.27	設	大11.8.1		トム26		昭45.8.13	
フト27*	大11.8	日車東京		大11.6.27	設	大11.8.1		トム27		昭45.8.13	
フト28*	大11.8	日車東京		大11.6.27	設	大11.8.1		トム28		昭45.8.13	
フト29*	大11.8	日車東京		大11.6.27	設	大11.8.1		トム29		昭45.8.13	
フト30*	大11.8	日車東京		大11.6.27	設	大11.8.1		トム30		昭42.12.14	
フト45*	大12.12	日車東京		大12.6.21	増			トム45		昭45.8.13	
フト46*	大12.12	日車東京		大12.6.21	増			トム46		昭45.8.13	
フト47*	大12.12	日車東京		大12.6.21	増			トム47		昭45.8.13	
フト48*	大12.12	日車東京		大12.6.21	増			トム48		昭45.8.13	
フト49*	大12.12	日車東京		大12.6.21	増			トム49		昭45.8.13	
フト50*	大12.12	日車東京		大12.6.21	増			トム50		昭45.8.13	
【トム51形】											
トム51	大6.7	汽車東京	国鉄トム1907	昭28.7.15	設	昭28.10.7			昭29.8.17		→チサ3
トム52	大6.7	汽車東京	国鉄トム1915	昭28.7.15	設	昭28.10.7			昭29.8.17		→チサ4
トム53	大6.7	汽車東京	国鉄トム1952	昭28.7.15	設	昭28.10.7			昭29.8.17		→チサ5
【トム81形】											
トム81*	大15.5	日車	東横電鉄トム81	昭15.1.18	譲	昭15.9.27				昭45.8.13	
トム82*	大15.5	日車	東横電鉄トム82	昭15.1.18	譲	昭15.9.27				昭45.8.13	
トム83*	大15.5	日車	東横電鉄トム83	昭15.1.18	譲	昭15.9.27				昭45.8.13	
トム84(Ⅰ)	大15.7	東洋	東横電鉄トム96	昭15.1.18	譲	昭15.9.27				昭25.12.15	雄別尺別鉄道
トム84(Ⅱ)*	(→前掲)		トム92	昭27.8.1	称					昭45.8.13	
トム85*	大15.5	日車	東横電鉄トム85	昭15.1.18	譲	昭15.9.27				昭45.8.13	
トム86(Ⅰ)	大15.7	東洋	東横電鉄トム97	昭15.1.18	譲	昭15.9.27				昭25.12.15	雄別尺別鉄道
トム86(Ⅱ)*	(→前掲)		トム93	昭27.8.1	称					昭42.12.14	
トム87(Ⅰ)	大15.5	日車	東横電鉄トム87	昭15.1.18	譲	昭15.9.27				昭25.12.15	雄別尺別鉄道
トム87(Ⅱ)*	(→前掲)		トム94	昭27.8.1	称					昭45.8.13	
トム88(Ⅰ)	大15.7	東洋	東横電鉄トム99	昭15.1.18	譲	昭15.9.27				昭25.12.15	雄別尺別鉄道
トム88(Ⅱ)*	(→前掲)		トム95	昭27.8.1	称					昭45.8.13	
トム89*	大15.5	日車	東横電鉄トム89	昭15.1.18	譲	昭15.9.27				昭45.8.13	
トム90*	大15.5	日車	東横電鉄トム90	昭15.1.18	譲	昭15.9.27				昭45.8.13	
トム91	大15.7	東洋	東横電鉄トム91	昭15.1.18	譲	昭15.9.27				昭25.12.15	雄別尺別鉄道
トム92	大15.7	東洋	東横電鉄トム92	昭15.1.18	譲	昭15.9.27				昭27.8.1	→トム84(Ⅱ)
トム93	大15.7	東洋	東横電鉄トム93	昭15.1.18	譲	昭15.9.27				昭27.8.1	→トム86(Ⅱ)
トム94	大15.7	東洋	東横電鉄トム100	昭15.1.18	譲	昭15.9.27				昭27.8.1	→トム87(Ⅱ)
トム95	大15.7	東洋	東横電鉄トム95	昭15.1.18	譲	昭15.9.27				昭27.8.1	→トム88(Ⅱ)
【トム5000形】※十条製紙私有車											
トム105	(→前掲)		トム8913	昭36.5.24	称					昭45.8.13	
トム8913	大13.2	汽車東京	国鉄トム8913	昭32.10.19	設	昭32.11.22			昭36.5.24		→トム105
【トキ1形】											
トキ1	昭18.12	日車	国鉄トキ1107	昭28.7.15	設	昭28.10.7			昭29.3.31		→チサ1
トキ2	昭19.7	日車	国鉄トキ1753	昭28.7.15	設	昭28.10.7			昭29.3.31		→チサ2
【チ1形→チム1形】											
チ1*	大13.6	日車東京		大13.3.6	設	大13.6.21		チム1		昭45.8.13	
チ2*	大13.6	日車東京		大13.3.6	設	大13.6.21		チム2		昭45.8.13	
チ3*	大13.6	日車東京		大13.3.6	設	大13.6.21		チム3		昭45.8.13	
チ4*	大13.6	日車東京		大13.3.6	設	大13.6.21		チム4		昭45.8.13	
チ5*	大13.6	日車東京		大13.3.6	設	大13.6.21		チム5		昭45.8.13	
チ6*	大13.6	日車東京		大13.3.6	設	大13.6.21		チム6		昭45.8.13	
チ7*	大13.6	日車東京		大13.3.6	設	大13.6.21		チム7		昭45.8.13	
チ8	大13.6	日車東京		大13.3.6	設	大13.6.21		チム8		昭31.8.31	→ワムブ8
チ9	大13.6	日車東京		大13.3.6	設	大13.6.21		チム9		昭30.5.23	→ワムブ7
チ10	大13.6	日車東京		大13.3.6	設	大13.6.21		チム10		昭29.8.30	→ワムブ6
【チサ1形】											
チサ1	昭29.7	運輸工業改	トキ1	昭29.3.31	変	昭29.7.17				昭45.8.13	
チサ2	昭29.7	運輸工業改	トキ2	昭29.3.31	変	昭29.7.17				昭45.8.13	
チサ3	昭29.9	運輸工業改	トム51	昭29.8.17	変	昭29.9.5				昭45.8.13	
チサ4	昭29.9	運輸工業改	トム52	昭29.8.17	変	昭29.9.5				昭45.8.13	
チサ5	昭29.9	運輸工業改	トム53	昭29.8.17	変	昭29.9.5				昭45.8.13	
【セキ1形】											
セキ1	昭15.12	汽車東京		昭15.1.11	設	昭16.2.17				昭45.8.13	
セキ2	昭15.12	汽車東京		昭15.1.11	設	昭16.2.17				昭45.8.13	
セキ3	昭15.12	汽車東京		昭15.1.11	設	昭16.2.17				昭45.8.13	
セキ4	昭15.12	汽車東京		昭15.1.11	設	昭16.2.17				昭45.8.13	
セキ5	昭15.12	汽車東京		昭15.1.11	設	昭16.2.17				昭45.8.13	

番号	製造・改造	出自	手続日 改番日	種別	竣功届	改番届 大15.1.18	改番届 昭3.9.28	設計変更・改番日	用途廃止	異動先
セキ6	昭15.12 汽車東京		昭15.1.11	設	昭16.2.17				昭45.8.13	
セキ7	昭15.12 汽車東京		昭15.1.11	設	昭16.2.17				昭45.8.13	
セキ8	昭15.12 汽車東京		昭15.1.11	設	昭16.2.17				昭45.8.13	
セキ9	昭15.12 汽車東京		昭15.1.11	設	昭16.2.17				昭45.8.13	
セキ10	昭15.12 汽車東京		昭15.1.11	設	昭16.2.17				昭45.8.13	
セキ11	明45.4 汽車	国鉄セキ50	昭25.12.26	譲	昭26.2.25				昭45.8.13	
セキ12	明45.4 汽車	国鉄セキ66	昭25.12.26	譲	昭26.2.25				昭45.8.13	
セキ13	大2.4 汽車	国鉄セキ128	昭25.12.26	譲	昭26.2.25				昭45.8.13	
セキ14	大2.7 汽車	国鉄セキ258	昭25.12.26	譲	昭26.2.25				昭45.8.13	
セキ15	大2.12 汽車	国鉄セキ284	昭25.12.26	譲	昭26.2.25				昭45.8.13	
セキ16	明45.4 汽車	国鉄セキ73	昭27.5.6	譲	昭27.7.1				昭45.8.13	
セキ17	明45.6 汽車	国鉄セキ96	昭27.5.6	譲	昭27.7.1				昭45.8.13	
セキ18	明45.6 汽車	国鉄セキ105	昭27.5.6	譲	昭27.7.1				昭45.8.13	
セキ19	明45.6 汽車	国鉄セキ110	昭27.5.6	譲	昭27.7.1				昭45.8.13	
セキ20	大4.5 汽車	国鉄セキ403	昭27.5.6	譲	昭27.7.1				昭45.8.13	
セキ21	明45.4 汽車	国鉄セキ67	昭28.4.7	譲	昭28.5.14				昭45.8.13	
セキ22	明45.6 汽車	国鉄セキ95	昭28.4.7	譲	昭28.5.14				昭45.8.13	
セキ23	大4.6 汽車	国鉄セキ449	昭28.4.7	譲	昭28.5.14				昭45.8.13	
セキ24	明45.3 汽車	国鉄セキ23	昭29.4.22	譲	昭29.5.2				昭45.8.13	
セキ25	大2.4 汽車	国鉄セキ167	昭29.4.22	譲	昭29.5.2				昭45.8.13	
セキ26	大4.5 汽車	国鉄セキ396	昭29.4.22	譲	昭29.5.2				昭45.8.13	
セキ27	大4.5 汽車	国鉄セキ417	昭29.4.22	譲	昭29.5.2				昭45.8.13	
セキ28	大4.6 汽車	国鉄セキ437	昭29.4.22	譲	昭29.5.2				昭45.8.13	
セキ29	明45.4 汽車	国鉄セキ64	昭34.12.22	譲	昭35.3.11				昭45.8.13	
セキ30	大3.2 川崎	国鉄セキ367	昭34.12.22	譲	昭35.3.11				昭45.8.13	
セキ31	大2.12 川崎	国鉄セキ339	昭34.12.22	譲	昭35.3.11				昭45.8.13	
セキ32	大2.12 汽車	国鉄セキ322	昭34.12.22	譲	昭35.3.11				昭45.8.13	
セキ33	大2.6 汽車	国鉄セキ214	昭34.12.22	譲	昭35.3.11				昭45.8.13	
セキ34	明45.5 汽車	国鉄セキ84	昭38.4.24	譲	昭38.7.15				昭45.8.13	
セキ35	大2.7 汽車	国鉄セキ240	昭38.4.24	譲	昭38.7.15				昭45.8.13	
セキ36	大4.5 汽車	国鉄セキ389	昭38.4.24	譲	昭38.7.15				昭45.8.13	
セキ37	大4.5 汽車	国鉄セキ383	昭38.4.24	譲	昭38.7.15				昭45.8.13	
セキ38	明45.4 汽車	国鉄セキ59	昭38.4.24	譲	昭38.7.15				昭45.8.13	
セキ39	明45.4 汽車	国鉄セキ32	昭39.3.19	譲	昭39.6.12				昭45.8.13	
セキ40	大2.4 汽車	国鉄セキ178	昭39.3.19	譲	昭39.6.12				昭45.8.13	
セキ41	大2.4 汽車	国鉄セキ190	昭39.3.19	譲	昭39.6.12				昭45.8.13	
セキ42	大2.12 汽車	国鉄セキ292	昭39.3.19	譲	昭39.6.12				昭45.8.13	
セキ43	明45.6 汽車	国鉄セキ115	昭39.3.19	譲	昭39.6.12				昭45.8.13	
セキ44	明45.4 汽車	国鉄セキ29	昭40.8.9	譲	昭40.9.7				昭45.8.13	
セキ45	明45.4 汽車	国鉄セキ45	昭40.8.9	譲	昭40.9.7				昭45.8.13	
セキ46	明45.4 汽車	国鉄セキ51	昭40.8.9	譲	昭40.9.7				昭45.8.13	
セキ47	明45.4 汽車	国鉄セキ65	昭40.8.9	譲	昭40.9.7				昭45.8.13	
セキ48	大2.4 汽車	国鉄セキ137	昭40.8.9	譲	昭40.9.7				昭45.8.13	
セキ49	大2.4 汽車	国鉄セキ194	昭40.8.9	譲	昭40.9.7				昭45.8.13	
セキ50	大2.7 汽車	国鉄セキ232	昭40.8.9	譲	昭40.9.7				昭45.8.13	
セキ51	大2.12 汽車	国鉄セキ265	昭40.8.9	譲	昭40.9.7				昭45.8.13	
セキ52	大2.12 汽車	国鉄セキ288	昭40.8.9	譲	昭40.9.7				昭45.8.13	
セキ53	大3.1 川崎	国鉄セキ347	昭40.8.9	譲	昭40.9.7				昭45.8.13	
セキ54	大2.4 汽車	国鉄セキ161	昭40.2.14	譲	昭41.4.28				昭45.8.13	
セキ55	大2.6 汽車	国鉄セキ212	昭40.2.14	譲	昭41.4.28				昭45.8.13	
セキ56	大2.7 汽車	国鉄セキ246	昭40.2.14	譲	昭41.4.28				昭45.8.13	
セキ57	大4.5 汽車	釧路臨港セキ19	昭42.5.1	譲	昭42.5.27				昭45.8.13	
セキ58	大4.5 汽車	釧路臨港セキ22	昭42.5.1	譲	昭42.5.27				昭45.8.13	
セキ59	大2.7 汽車	釧路臨港セキ29	昭42.5.1	譲	昭42.5.27				昭45.8.13	
【セキ60形】										
セキ60	大14.1 日車	国鉄セキ646	昭42.11.30	設	昭42.12.29				昭45.8.13	
セキ61	大14.2 川崎	国鉄セキ653	昭42.11.30	設	昭42.12.29				昭45.8.13	
セキ62	大14.2 川崎	国鉄セキ662	昭42.11.30	設	昭42.12.29				昭45.8.13	
セキ63	大14.2 川崎	国鉄セキ667	昭42.11.30	設	昭42.12.29				昭45.8.13	
セキ64	大14.1 日車	国鉄セキ640	昭42.11.30	設	昭42.12.29				昭45.8.13	
セキ65	大15.3 川崎	国鉄セキ759	昭42.11.30	設	昭42.12.29				昭45.8.13	
セキ66	大15.3 川崎	国鉄セキ763	昭42.11.30	設	昭42.12.29				昭45.8.13	
セキ67	大15.3 川崎	国鉄セキ794	昭42.11.30	設	昭42.12.29				昭45.8.13	
セキ68	昭2.3 川崎	国鉄セキ865	昭42.11.30	設	昭42.12.29				昭45.8.13	
セキ69	昭2.3 藤永田	国鉄セキ891	昭42.11.30	設	昭42.12.29				昭45.8.13	
【キ1形→キ100形】										
キ1	大1.11 札幌工	国鉄キ30	昭29.2.25	設	昭29.8.12			昭34.8.15♭	昭45.8.13	

＊…空制設置（昭36.6.20認可。ただしワブ3とチム1～7は昭38.1.11認可）、#…側板嵩上げ、♭…鋼体化（→キ100形に形式変更。釧路製作所改）

十勝鉄道（帯広部線）

帯広大通－戸蔦（太平）・藤－八千代・常盤－上美生 65.07km
軌間：762/1067mm
動力：蒸気・内燃

■ 沿革

　我国における甜菜製糖は明治初期に失敗が続いてしばらく顧みられなかったが、第一次世界大戦にともなう糖価暴騰を機に起業化され実用段階に至る。大正8年に設立された北海道製糖は帯広郊外に工場を建設するが、搬出入用の専用鉄道の他、甜菜集荷用に762mm軌間の農業軌道を十勝平野南部に張り巡らせた。

　ところで、この時期の十勝平野南部はすでに豆類を中心とする粗放的な農業が発達しており、また戸蔦川上流部からの木材輸送もあって専用軌道の一般利用が求められていた。折りしも北海道拓殖鉄道補助法が公布されたことから、北糖は軌道の一般開放を決定、鉄道部門を十勝鉄道として分社化し大正13年2月8日に改めて開業する。その際、帯広中心部に762mm線を乗り入れさせるため1067mm線に762mm線を併設し、営業用としては我国唯一の四線軌条線が出現する。

　開業後もたびたび需要にあわせて末端区間の改廃が行われるが、特に芽室の経済圏にある美生線の経営条件が厳しく、自動車との競争に敗れて昭和15年5月6日に廃止された。親会社の再編に伴い昭和21年1月30日に河西鉄道を合併し、88.3kmを擁する国内最大の軽便鉄道となるもつかの間、昭和26年7月1日に清水部線（旧河西鉄道）が全廃、帯広部線もモータリゼーションの発達に伴い昭和34年11月15日までに一般営業線である762mm線を廃止する。結局は当初の姿である日本甜菜製糖帯広工場の搬出入を中心とする1067mm軌間の貨物専業鉄道として営業を続けたものの、帯広駅南地区の区画整理や工場移転で昭和52年3月1日に廃止となる。こうし

て自前の線路と車籍を有する車両を失ったが、その後も平成24年5月までJR帯広貨物駅に接続する芽室側線の運転管理を請け負い、鉄道業を続けていたことは広く知られている。

　ところで、十勝鉄道は762mm線と1067mm線が混在するため、本稿ではこれらを区分して解説することとする。また、清水部線は合併後についても河西鉄道の稿で取り扱うため、ここで述べるのはすべて帯広部線の車に限定する。

■ 1067mm線・機関車

　1はランケンハイマー製と称する12tB形機。奇妙に突き出た前部連結器などその形態は正に「怪機」。前所有者が日本車両であることは判っているが、その素性は全く不明である。現車にカタカナで書かれた胡散臭い銘板があるが、近藤一郎氏によればランケンハイマーは汽笛メーカーにすぎず、実車は米国ワシントン州内で使用されていたポーター製のトラムロコを日車で再生したものと推定されている[41]。当初より小型に過ぎ冬季需要期は国鉄機を借り入れた程で、予備の予備として扱われていた。**2**はコッペル製の30tC形機。臼井氏の分類によると「C・2800ミリ」とされる強力機で雄別鉄道205とは同型。DL導入までの主力機だった。**2653**は国鉄2500形の払下機。**DB1**は15tB形のL形ディーゼル機関車。加藤製だが同社の特徴である貨車移動機然としたものでなく、DMF13エンジン（120PS/1500rpm）とTC2形変速機を持つロッド式の液体式機関車。現車の製造は昭和33年だが、手続上の理由で書類上は昭和41年製として扱われている。**DD11**は35t凸形ディーゼル機関車で、DMH17C（180PS/1500rpm）とTC2形変速機をそれぞれ2台持つロッド式の液体式機関車。日立のマスプロ機で同型機は各地の専用線に納入されている。主力として使用され、廃止後は工場移転先の芽室へ移動した。

■ 1067mm線・貨車

　ワ21400形は芸備鉄道買収車である国鉄ワ21400形の払下車。13t積の木造有蓋車であるが昭和36年に鋼体化。**ワブ11形**は自社製の8t積有蓋緩急車。小口扱貨物を国鉄帯広駅とやりとりする目的で投入されたものだが、短い軸距に規程外の小輪径車輪[42]のため、最高運転速度17km/hと極めて厳しい使用条件が課されていた。昭和33年11月に無届でロタ1のロータリーヘッドを取り付け除雪車となるが、762mm線の廃止まで現車標記がロタ1とされ

左は新帯広にあった1067mmと762mmのデュアルゲージ分岐部。右は762mm線の川西駅構内。末期の終着駅である。
昭和32.7.7　星良助

1
1067mm線用の12tBタンク機。ランケンハイマー製とされる奇妙な機関車だが、実際はポーター製の再生機との説が有力。写真は日本甜菜製糖磯分内工場移籍後。

磯分内
小熊米雄（星良助蔵）

ており、2両が1両に集約される状態と化していた[43]。
ト1形は国鉄ト1形の払下車。500番台は十勝鉄道の所有だが、1000番台は日本甜菜製糖が購入した出資車。後者は国鉄番号のままの資料も存在しており、現車が社番号に改番されたかは不明。

他に1067㎜線では昭和4年に扱荷重15tの米国ブラウンホイスト製ロコクレーンを購入し、夏は新帯広、冬は工場前と場所を変えて使用する関係上、回送運転のため設計申請を行ったが、機械扱で構わないと指導があり入籍せずに終わっている。仮に車籍を得ていたら本車は私鉄唯一の操重車になる所だっただけに趣味的には惜しまれる。

■ 762㎜線・機関車
3～5は日車製の12tC形機。臼井氏の分類によれば「グループC・12～15.5t」とされるもので日車の軽便用最初の自主設計機。国鉄ケ280形となった大隈鉄道4・5は同型機。当初は手ブレーキだけだが、昭和3年に蒸気ブレーキが追加される。6はコッペル製の12tC形機。臼井氏の分類では「C・1600ミリ」とされる。7は清水部線より転属した元河西鉄道3。コッペル製の12tC形機で臼井氏の分類ではこれも「C・1600ミリ」とされるが、コールバンカーの存在など6とはやや形態が異なる。10は自社製の6tB形ガソリン機関車。トラクター用の米国ホルト（現・キャタピラー）製竪形4サイクルエンジン（33.57kW/650rpm）を使用する手作り機で、当初はトラムロコのような奇妙な箱型機だったが、竣功直後にL形機に改造されている。主に美生線の経営合理化を狙ったものだが、認可申請が昭和8年7月21日で竣功届は昭和12年6月19日と、完成まで4年かかり、製作期間の長さは異例と言える。

2
1067mm線用の30tCタンク機で大正12年コッペル製の規格型。雄別鉄道205は同型機。

昭和32.7.7　工場前　星良助

4
762mm線用の12tCタンク機。大正9年日車製。逆サイドに給水用エゼクターがあり、ボイラ下部に揚水管が確認できる。

昭和32.7.7　工場前　星良助

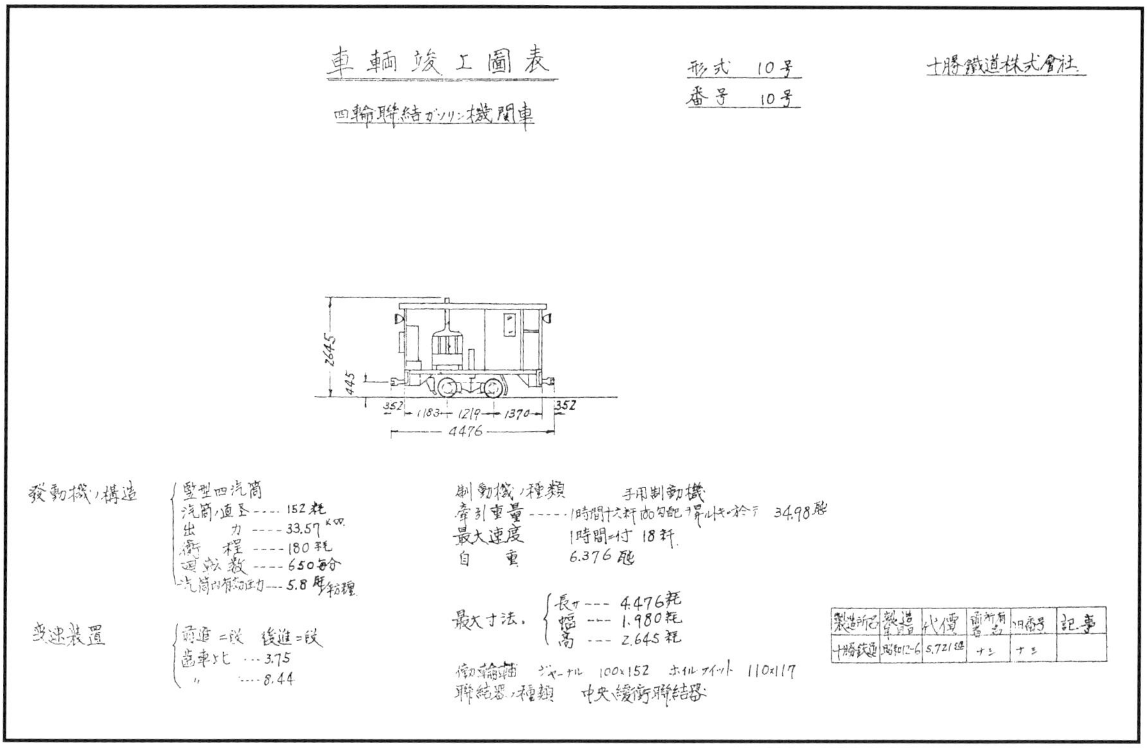

10号機竣工図
762mm線用のガソリン機関車。図面は原型。ストーブ状のものがエンジンで、当初はむき出しであった。
所蔵：澤内一晃

DC1は日立製の12tL形ディーゼル機関車。戦後のディーゼル機関車の中でもとりわけ初期のもので、2サイクルエンジンの民生（現・UDトラックス）KD-4（91PS/1200rpm）を搭載するジャック軸式ロッド駆動の機械式機関車。ブレーキも空気ブレーキの代わりに日立特許速動式手ブレーキを搭載したが、法改正により昭和31年に空気ブレーキを追設する。DC2は改良増備機でエンジンは鉄道用のDMF13（120PS/1500rpm）、空気ブレーキ装備となり、デザインも角に丸みをつけるなど洗練されたものになる。

他に昭和15年に立山製の15tC型機1両の増加認可を得、7号機とする竣功図まで作成されるなど入籍一歩手前まで至るが、美生線の廃止で機関車に余裕が生じて実施設計認可申請を行わずに終わった。該車は北見鉄道の代わりに建設された日本甜菜製糖小清水専用鉄道へ美生線のレールと共に送られた。

■ **762mm線・内燃動車**
キハ1は公式には松井製[44]だが、湯口徹氏によると斉藤工業所で製作されたとされる[45]木造

DC1（DMR12C30形）
762mm線用の12t機。昭和26年日立製。道内私鉄初のディーゼル機関車である。
昭和32.7.7　工場前　星良助

キハ1（キハ1形）
昭和10年製の木造車。原型は写真側にデッキがあり、瓦斯発生炉を積んだ単端式気動車。戦後に大改造された。
昭和32.7.7　藤　星良助

71

コハ11（コハ1形）
昭和16年に自社で放下車（ホッパ車）を改造したもの。客扉は内開き戸につき、窓側にノブがある。
昭和32.7.7　藤　星良助

コハ22（コハ21形）
大正14年楠木製作所製の二軸客車。河西鉄道の引継車で清水部線廃止により転入した。写真は未更新車。
昭和32.7.7　藤　星良助

の内燃動車。新製時より木炭瓦斯発生炉を持つ代燃車で、窓配置1D3の単端式だった。戦後は代燃炉を撤去し窓配置11D3に車体を延長、さらに軸距を延長して両運化、エンジンもフォードV8（34.8kW/1800rpm）からいすゞT40（95PS/2400rpm）に換装しディーゼル化されたが、空気ブレーキは設置スペースを捻出できず取り付けを断念する。**キハ2**は清水部線より転属した元河西鉄道カハ1。日車製の鋼製車で窓配置14D1。転入後、エンジンをいすゞT40（95PS/2400rpm）に換装しディーゼル化の上、空気ブレーキも設置した。

■ **762mm線・客車**
　コハ1〜6は開業時に用意された窓配置D5の二軸客車。うちコハ1・2は北海道製糖引継車で、コハ5・6は戦後の一時期清水部線に移籍した。**コハ7・8**は昭和3年に貨車から改造された増備車。当初の窓配置はD111で別形式であったが、室内が暗いと苦情が多く、窓を増設してコハ1形に編入された。**コハ9・10**は昭和2年の改造車。当初から窓配置D5で窓上に明かり窓もあった。**コハ11〜14**は昭和16年の改造車でコハ1〜6と同型。**コハ21〜24**は

清水部線より転属した元河西鉄道ハ1〜4。窓配置はO6O。転属後、一部は窓配置O5Oの二段窓に更新された。**コハ25**はコハ21〜24更新車を模して自社で新造したもので窓配置O5Oの二段窓。**コホハ21・22**は中国鉄道シハ1・2を購入したもので窓配置O44Oのボギー車。**コホハ31・32**は谷地軌道ボキ1・2を購入したもので窓配置V35Vのボギー車。**コホハ41〜44**は南筑軌道13〜16を購入したもので窓配置D11Dのボギー車。昭和28〜32年にかけ鋼体化され窓配置V9V、二段窓の車体に更新される。その際、木造車と鋼製車が共存することから、形式をそれぞれコホハ40形と41形に変更することで区別された。以上の客車と内燃動車はすべてロングシート。

■ **762mm線・貨車**
　ワ1形は4.5t積の二軸有蓋車。**ワ蓋1形**は清水部線より転属した元河西鉄道ワ1〜3で5t積。**ワフ1形**はワ1形の緩急車版で4.5t積。新造車と改造車があるがどちらも形態に変わりはない。車掌の乗務改善のため、昭和13年に軸バネにコイルバネを追加する。**ワフ緩1形**は清水部線より転属した元河西鉄

コホハ21（コホハ21形）
明治44年雨宮製の中国鉄道稲荷山線シハ1を昭和11年に譲受。原型は窓上にRのついた一段窓だが、二段窓に更新済。
昭和32.7.7　帯広大通　星良助

コホハ31（コホハ31形）
大正4年雨宮製の谷地軌道ボキ1を昭和12年に譲受。谷地時代は二三等車で、奥側の窓三枚分の区画が二等室だった。
昭和32.7.7　藤　星良助

コホハ41（コホハ41形）
昭和18年に譲受した大正13年藤田鉄工所製の南筑軌道13。元は木造車であるが、昭和29年に泰和車両で鋼体化。
昭和32.8.20　帯広大通　湯口徹

ワフ7（ワフ緩1形）
大正14年梅鉢製の5t積有蓋緩急車。河西鉄道ワブ1を引き継いだもので、清水部線廃止により転入した。
昭和32.7.7　藤　星良助

道ワブ1～3で5t積。**ト11形**は4.5t積の二枚側二軸無蓋車。**ト1形→トフ1形**はト11形の手ブレーキ装備車。運用上の区別のため昭和16年にトフ1形に改称される。**チ1形**は4.5t積二軸長物車で回転枕木付。**チム1形**は4.5t積二軸長物車で側柱8本を持つ。本形式とト11形は清水部線廃止の保管転換車両の受け皿となるが、その書類上の処理が混乱しており詳細不明。**セ1形**は4.5t積二軸放下車。要するに甜菜専用の木造無蓋ホッパ車。北海道製糖から引き継いだものだが、雪が詰まって思うように荷役が出来なかったため、早い時点で他形式への転用が進められた。昭和13年に残っていた40両の山形床板を撤去、重心下げのため側板一枚を撤去し四枚側に変更する。その結果、断面がふくらんだ車体と上に上がるアオリ戸以外はただの無蓋車と変わらないものになる。**カ1形**は4.5t積二軸家畜車。檻状の車体を持つ四枚側の無蓋車で、アオリ戸は桟橋となる構造。**キ1形**は二軸のラッセル式除雪車で放下車ケ186の改造車。**キ2形**も二軸のラッセル式除雪車でこちらは新造車。共に国鉄流儀で言うと延鋤形の前頭部を持つ。両車で車体長が異なるが、新造車の方が改造車よりも小型である。**ロタ1形**は自社製のロータリー式除雪車。動力としてホルト製竪形4サイクルエンジン（75HP/550rpm）を搭載し回転翼回転数は87rpmと130rpmの二段に切替可能。ただし任意方向に投雪出来ないため、2両の投雪口の向きを左右逆にすることで対応した。2両とも廃止まで在籍しているが、前述の通りロタ1は昭和33年11月に無届でワブ11と合成され1067mm用に改軌。ちなみに本車は我国軽便鉄道史上唯一の三軸貨車でもある。

■ **参考文献**
星良助「十勝鉄道」『鉄道ピクトリアル』No.85（1958-8）
後藤宏志「十勝鉄道」『鉄道ピクトリアル』No.259（1971-12増）
加田芳栄『十勝の國私鉄覚え書』（1984）近畿硬券部会
湯口徹『北線路（下）』エリエイ出版部（1988）
澤内一晃「十勝鉄道帯広部線車両史」『RAILFAN別冊・車両研究』No.7（1996-3増）
澤内一晃「十勝鉄道帯広部線車両史・拾遺」『RAILFAN』No.543（1998-3）
湯口徹「戦前地方鉄道／軌道の内燃機関車（Ⅱ）」『鉄道史料』No.134（2012.10）

ト43（ト11形）
大正12年自社製の4.5t積無蓋車。本車は開業時に用意された新造車である。
昭和32.7.7　藤　星良助

ロタ1（ロタ1形）
昭和4年自社製の三軸のロータリー式除雪車。本車の投雪口は進行方向右側固定で、後ろのロタ2は逆を向く。
昭和32.8.20　工場前　湯口徹

（北海道製糖専用鉄道）→十勝鉄道帯広部線

1067mm軌間用機関車

番号	製造・改造	出自	手続日 改番日	種別	竣功届			用途廃止	異動先
1	ランケンハイマー	日本車輌	大11.5.10	施				昭26.9.1	日本甜菜製糖磯分内
2	大12 コッペル		大14.3.26	設	大14.6.25			昭41.5.21	
2653	明38 BLW	国鉄2653	昭27.1.18	設	昭27.2.4			昭33.4.10	日本甜菜製糖美幌
DB1	昭33.12 加藤	日本石油精製	昭41.1.20	設	昭41.2.25			昭52.3.1	
DD11	昭33.4 日立		昭33.3.10	設	昭33.4.15			昭52.3.1	十勝鉄道芽室側線

1067mm軌間用貨車

番号	製造・改造	出自	手続日 改番日	種別	竣功届	鋼体化		用途廃止	異動先
【ワ21400形】									
ワ51	大12.7 日車	国鉄ワ21436	昭24.4.2	譲	昭24.5.7	昭36.6.21		昭45.3.7	
【ワブ11形】									
ワブ11	昭5.12 自社		昭6.5.8	設	昭6.5.16			昭39.5.13	
【ト1形】									
ト501	明38.12 メトロポリタン	国鉄ト16545	昭24.4.2	譲	昭24.5.7			昭30.6.1	
ト502	明37.11 神戸工	国鉄ト895	昭24.4.2	譲	昭24.5.7			昭30.6.1	
ト503	大2.12 日車	国鉄ト15993	昭24.4.2	譲	昭24.5.7			昭30.6.1	日本通運帯広
ト1001	明44.10 汽車東京	国鉄ト15005	昭24.11.8	譲	昭24.5.25			昭30.6.1	
ト1002	大2.10 日車	国鉄ト15900	昭24.11.8	譲	昭24.5.25			昭30.6.1	
ト1003	明44.12 汽車東京	国鉄ト15571	昭24.11.8	譲	昭24.5.25			昭30.6.1	

762mm軌間用機関車

番号	製造・改造	出自	手続日 改番日	種別	竣功届	設計変更		用途廃止	異動先
3	大9.7 日車	北海道製糖	大12.12.26	設		昭3.3.15*		昭32.10.31	
4	大9.7 日車	北海道製糖	大12.12.26	設		昭3.3.15*		昭34.11.15	
5	大9.7 日車	北海道製糖	大12.12.26	設		昭3.3.15*		昭32.10.31	
6	大12 コッペル		大13.9.30	設	大13.10.10			昭30.10.20	
7	大9 コッペル	河西鉄道3	昭22.					昭27.2.15	
10	昭12.6 自社		昭10.7.3	設	昭12.6.19	昭12.9.1#		昭18.6.16	日本甜菜製糖小清水
DC1	昭26.10 日立		昭27.3.14	設	昭27.4.5	昭31.11.4♭		昭34.11.15	
DC2	昭28.9 日立		昭28.12.21	設	昭29.1.10			昭34.11.15	頸城鉄道

*…蒸気制動、給水用エゼクター設置　#…運転室拡張、エンジンルームカバー設置（L型機に改造）　♭…空気制動設置

762mm軌間用内燃動車

番号	製造・改造	出自	手続日 改番日	種別	竣功届	車体延長 認可	エンジン 換装認可	空気制動 設置認可	用途廃止	異動先
キハ1	昭10.3 松井（斎藤）		昭10.1.21	設	昭10.3.20	昭26.9.14	昭31.4.29		昭34.11.15	
キハ2	昭8.9 日車東京	河西鉄道カハ1	昭25.4.15	転			昭29.11.6	昭31.11.4	昭34.11.15	

762mm軌間用客車

番号	製造・改造	出自	手続日 改番日	種別	竣功届	車体改造	設計変更	用途廃止	異動先
コハ1	大9 自社	北海道製糖	大12.12.26	設			昭13.12.14#	昭23.6.30	日本甜菜製糖小清水
コハ2	大9 自社	北海道製糖	大12.12.26	設			昭13.12.14#	昭23.6.30	日本甜菜製糖小清水
コハ3	大12.11 自社		大12.12.26	設			昭13.12.14#	昭32.10.31	
コハ4	大12.11 自社		大12.12.26	設			昭13.12.14#	昭32.10.31	
コハ5（Ⅰ）	大12.11 自社		大12.12.26	設			昭13.12.14#	昭22.8.5	十勝鉄道清水部線
コハ5（Ⅱ）	大12.11 自社	十勝清水部コハ5	昭26.	転				昭27.3.31	
コハ6（Ⅰ）	大12.11 自社		大12.12.26	設			昭13.12.14#	昭22.8.5	十勝鉄道清水部線
コハ6（Ⅱ）	大12.11 自社	十勝清水部コハ6	昭26.	転					
コハ7	昭3.2 自社改	ケ183	昭3.3.15	変	昭3.12.1	昭13.11.24*	昭13.12.14#	昭32.10.31	
コハ8	昭3.2 自社改	ケ182	昭3.3.15	変	昭3.12.1	昭13.11.24*		昭32.10.31	
コハ9	昭2.9 自社改	ケ184	昭2.8.31	変	昭2.9.12		昭13.12.14#	昭32.10.31	
コハ10	昭2.9 自社改	ケ185	昭2.8.31	変	昭2.9.12		昭13.12.14#	昭32.10.31	
コハ11	昭16.11 自社改	セ37	昭16.9.11	変	昭16.12.5			昭32.10.31	
コハ12	昭16.11 自社改	セ38	昭16.9.11	変	昭16.12.5			昭32.10.31	

41) 近藤一郎『新編H.K.ポーターの機関車』(2011) 機関車史研究会 p51-53
42) 本車の車輪径は706mmだが、1067mm軌間の場合最低でも762mmが必要とされる。小輪径車輪だと分岐器通過時に脱線の恐れが高まるのがその理由。
43) ロタ1と附番された写真が加田芳栄『十勝の國私鉄覚え書』(1984) 近畿硬券部会 p9にある。
44) なお、星が現車に浅野物産の銘板がついていたのを確認している。詳細は星良助「十勝鉄道」『鉄道ピクトリアル』No.85 (1958-8) p37参照。
45) 湯口徹『内燃動車発達史・上巻』ネコ・パブリッシング (2004) p26。事実、本車の申請代理人として齋藤與蔵なる人物の名が現れる。

番号	製造・改造	出自	手続日改番日	種別	竣功届	車体改造	設計変更	用途廃止	異動先
コハ13	昭16.11 自社改	セ39	昭16.9.11	変	昭16.12.5			昭32.10.31	
コハ14	昭16.11 自社改	セ40	昭16.9.11	変	昭16.12.5			昭17.6.18	→ワブ7
コハ21	大14 楠木	河西鉄道ハ1	昭26.6.20	転				昭34.11.15	
コハ22	大14 楠木	河西鉄道ハ2	昭26.6.20	転				昭34.11.15	
コハ23	大14 楠木	河西鉄道ハ3	昭26.6.20	転				昭34.11.15	
コハ24	大15 楠木	河西鉄道ハ4	昭26.6.20	転				昭34.11.15	
コハ25	昭30 自社		昭30.11.1	設				昭34.11.15	
コホハ21	明44.4 雨宮	中国鉄道シハ1	昭11.5.23	設	昭11.6.26			昭34.11.15	
コホハ22	明44.4 雨宮	中国鉄道シハ2	昭11.5.23	設	昭11.6.26			昭34.11.15	
コホハ31	大4 雨宮	谷地軌道ボキ1	昭12.9.2	設	昭12.9.7			昭34.11.15	
コホハ32	大4 雨宮	谷地軌道ボキ2	昭12.9.2	設	昭12.9.7			昭34.11.15	
コホハ41	大13 藤田鉄工所	南筑軌道13	昭18.9.23	設		昭29.12.8 b		昭34.11.15	
コホハ42	大13 藤田鉄工所	南筑軌道14	昭18.9.23	設		昭28.11.6 b		昭34.11.15	
コホハ43	大13 藤田鉄工所	南筑軌道15	昭18.9.23	設		昭30.10.17 b		昭34.11.15	
コホハ44	大13 藤田鉄工所	南筑軌道16	昭18.9.23	設		昭32.8.30 b		昭34.11.15	歌登町営軌道

＊…窓増設　#…軸受にコイルばね追加　b…鋼体化（泰和車輌）

762mm軌間用貨車

番号	製造・改造	出自	手続日改番日	種別	竣功届	改番届 昭3.9.28	設計変更	設計変更・改番日	用途廃止	異動先
【ワ1形】										
コユ1	大12.11 自社		大12.12.26	設		ワ1(I)		昭10.9.9		→ワブ5
コユ2	大12.11 自社		大12.12.26	設		ワ2(I)		昭10.9.9		→ワブ6
コユ3	大12.11 自社		大12.12.26	設		ワ3(I)		昭5.2.13		→ワブ4
【ワ蓋1形】										
ワ1(II)	大14.1 梅鉢	河西鉄道ワ1	昭26.6.20	転					昭32.10.31	
ワ2(II)	大14.1 梅鉢	河西鉄道ワ2	昭26.6.20	転					昭30.10.20	
ワ3(II)	大14.1 梅鉢	河西鉄道ワ3	昭26.6.20	転					昭30.10.20	
【ワフ1形】										
コカ1	大12.11 自社		大12.12.26	設		ワブ1	昭13.12.14＊		昭34.11.15	
コカ2	大12.11 自社		大12.12.26	設		ワブ2	昭13.12.14＊		昭34.11.15	
コカ3	大12.11 自社		大12.12.26	設		ワブ3	昭13.12.14＊		昭34.11.15	
ワブ4	昭5.1 自社改	ワ3(I)	昭5.2.13	変			昭13.12.14＊		昭32.10.31	
ワブ5	昭9.12 自社改	ワ1(I)	昭10.9.9	変	昭10.9.20		昭13.12.14＊		昭32.10.31	
ワブ6(I)	昭9.12 自社改	ワ2(I)	昭10.9.9	変	昭10.9.20		昭13.12.14＊		昭23.6.30	日甜小清水鉄道
ワブ6(II)	昭16.11 自社改	ワブ7(I)	昭28.7.31	称					昭32.10.31	
ワブ7(I)	昭16.11 自社改	コハ14	昭17.6.18	変				昭28.7.31		→ワブ6(II)
【ワフ緩1形】										
ワフ7(II)	大14.1 梅鉢	河西鉄道ワブ1	昭26.6.20	転					昭32.10.31	
ワフ8	大14.1 梅鉢	河西鉄道ワブ2	昭26.6.20	転					昭32.10.31	
ワフ9	大14.1 梅鉢	河西鉄道ワブ3	昭26.6.20	転					昭32.10.31	
【ト11形】										
ト1(II)	昭28.3 自社改	河西鉄道ムフ1	昭28.3.31						昭34.11.15	
ト2(II)	昭28.3 自社改	河西鉄道ムフ2	昭28.3.31						昭34.11.15	
ト3(II)	昭28.3 自社改	河西鉄道ムフ3	昭28.3.31						昭34.11.15	
ト4(II)	昭28.3 自社改	河西鉄道ムフ4	昭28.3.31						昭34.11.15	
ト5(II)	昭28.3 自社改	河西鉄道ムフ5	昭28.3.31						昭34.11.15	
ト6(II)	昭28.3 自社改	河西鉄道ム1	昭28.3.31						昭34.11.15	
ト7(II)	昭28.3 自社改	河西鉄道ム2	昭28.3.31						昭34.11.15	
ト8(II)	昭28.3 自社改	河西鉄道ム3	昭28.3.31						昭34.11.15	
ト9(II)	昭28.3 自社改	河西鉄道ム4	昭28.3.31						昭34.11.15	
ト10(II)	昭28.3 自社改	河西鉄道ム5	昭28.3.31						昭34.11.15	
ケフ11	大12.11 自社		大12.12.26	設		ト11			昭34.11.15	
ケフ12	大12.11 自社		大12.12.26	設		ト12			昭34.11.15	
ケフ13	大12.11 自社		大12.12.26	設		ト13(I)			昭23.6.30	日甜小清水鉄道
ト13(II)	(→前掲)	ト100	昭28.7.12	称					昭34.11.15	
ケフ14	大12.11 自社		大12.12.26	設		ト14			昭34.11.15	
ケフ15	大12.11 自社		大12.12.26	設		ト15			昭34.11.15	
ケフ16	大12.11 自社		大12.12.26	設		ト16			昭34.11.15	
ケフ17	大12.11 自社		大12.12.26	設		ト17			昭34.11.15	
ケフ18	大12.11 自社		大12.12.26	設		ト18			昭34.11.15	
ケフ19	大12.11 自社		大12.12.26	設		ト19			昭34.11.15	
ケフ20	大12.11 自社		大12.12.26	設		ト20			昭34.11.15	
ケフ21	大12.11 自社		大12.12.26	設		ト21(I)			昭23.6.30	日甜小清水鉄道
ト21(II)	(→前掲)	ト101	昭28.7.12	称					昭34.11.15	
ケフ22	大12.11 自社		大12.12.26	設		ト22			昭34.11.15	
ケフ23	大12.11 自社		大12.12.26	設		ト23			昭34.11.15	
ケフ24	大12.11 自社		大12.12.26	設		ト24			昭34.11.15	

番号	製造・改造	出自	手続日改番日	種別	竣功届	改番届 昭3.9.28	設計変更	設計変更・改番日	用途廃止	異動先
ケフ25	大12.11 自社		大12.12.26	設		ト25			昭34.11.15	
ケフ26	大12.11 自社		大12.12.26	設		ト26			昭34.11.15	
ケフ27	大12.11 自社		大12.12.26	設		ト27			昭34.11.15	
ケフ28	大12.11 自社		大12.12.26	設		ト28			昭34.11.15	
ケフ29	大12.11 自社		大12.12.26	設		ト29			昭34.11.15	
ケフ30	大12.11 自社		大12.12.26	設		ト30			昭34.11.15	
ケフ31	大12.11 自社		大12.12.26	設		ト31			昭34.11.15	
ケフ32	大12.11 自社		大12.12.26	設		ト32			昭34.11.15	
ケフ33	大12.11 自社		大12.12.26	設		ト33			昭34.11.15	
ケフ34	大12.11 自社		大12.12.26	設		ト34			昭34.11.15	
ケフ35	大12.11 自社		大12.12.26	設		ト35			昭34.11.15	
ケフ36	大12.11 自社		大12.12.26	設		ト36			昭34.11.15	
ケフ37	大12.11 自社		大12.12.26	設		ト37			昭34.11.15	
ケフ38	大12.11 自社		大12.12.26	設		ト38			昭34.11.15	
ケフ39	大12.11 自社		大12.12.26	設		ト39			昭34.11.15	
ケフ40	大12.11 自社		大12.12.26	設		ト40			昭34.11.15	
ケフ41	大12.11 自社		大12.12.26	設		ト41			昭34.11.15	
ケフ42	大12.11 自社		大12.12.26	設		ト42			昭34.11.15	
ケフ43	大12.11 自社		大12.12.26	設		ト43			昭34.11.15	
ケフ44	大12.11 自社		大12.12.26	設		ト44			昭34.11.15	
ケフ45	大12.11 自社		大12.12.26	設		ト45			昭34.11.15	
ケフ46	大12.11 自社		大12.12.26	設		ト46			昭34.11.15	
ケフ47	大12.11 自社		大12.12.26	設		ト47			昭34.11.15	
ケフ48	大12.11 自社		大12.12.26	設		ト48			昭34.11.15	
ト49	昭3 自社改	ケ118	昭 2.12.20	変					昭34.11.15	
ト50	昭3 自社改	ケ119	昭 2.12.20	変					昭34.11.15	
ト51	昭3 自社改	ケ120	昭 2.12.20	変					昭32.10.31	
ト52	昭3 自社改	ケ121	昭 2.12.20	変					昭32.10.31	
ト53	昭3 自社改	ケ122	昭 2.12.20	変					昭32.10.31	
ト54	昭3 自社改	ケ123	昭 2.12.20	変					昭32.10.31	
ト55	昭3 自社改	ケ124	昭 2.12.20	変					昭32.10.31	
ト56	昭3 自社改	ケ125	昭 2.12.20	変					昭32.10.31	
ト57	昭3 自社改	ケ126	昭 2.12.20	変					昭32.10.31	
ト58	昭3 自社改	ケ127	昭 2.12.20	変					昭32.10.31	
ト59	昭3 自社改	ケ128	昭 2.12.20	変					昭32.10.31	
ト60	昭3 自社改	ケ129	昭 2.12.20	変					昭32.10.31	
ト61（Ⅰ）	昭8.1 自社改	セ85	昭 8. 1.13	変					昭23. 6.30	日甜小清水鉄道
ト61（Ⅱ）	（→前掲)	ト102	昭28. 7.12	称					昭32.10.31	
ト62	昭8.1 自社改	セ86	昭 8. 1.13	増					昭32.10.31	
ト63	昭8.1 自社改	セ87	昭 8. 1.13	増					昭32.10.31	
ト64	昭8.1 自社改	セ88	昭 8. 1.13	増					昭32.10.31	
ト65	昭8.1 自社改	セ89	昭 8. 1.13	増					昭32.10.31	
ト66	昭8.1 自社改	セ90	昭 8. 1.13	増					昭32.10.31	
ト67	昭8.1 自社改	セ91	昭 8. 1.13	増					昭32.10.31	
ト68	昭8.1 自社改	セ92	昭 8. 1.13	増					昭32.10.31	
ト69	昭8.1 自社改	セ93	昭 8. 1.13	増					昭32.10.31	
ト70（Ⅰ）	昭8.1 自社改	セ94	昭 8. 1.13	増					昭23. 6.30	日甜小清水鉄道
ト70（Ⅱ）	（→前掲)	ト103	昭28. 7.12	称					昭32.10.31	
ト71（Ⅰ）	昭8.1 自社改	セ95	昭 8. 1.13	増					昭23. 6.30	日甜小清水鉄道
ト71（Ⅱ）	（→前掲)	ト104	昭28. 7.12	称					昭32.10.31	
ト72（Ⅰ）	昭8.1 自社改	セ96	昭 8. 1.13	増					昭23. 6.30	日甜小清水鉄道
ト72（Ⅱ）	（→前掲)	ト105	昭28. 7.12	称					昭32.10.31	
ト73（Ⅰ）	昭8.1 自社改	セ97	昭 8. 1.13	増					昭23. 6.30	日甜小清水鉄道
ト73（Ⅱ）	（→前掲)	ト106	昭28. 7.12	称					昭32.10.31	
ト74（Ⅰ）	昭8.1 自社改	セ98	昭 8. 1.13	増					昭23. 6.30	日甜小清水鉄道
ト74（Ⅱ）	（→前掲)	ト107	昭28. 7.12	称					昭32.10.31	
ト75（Ⅰ）	昭8.1 自社改	セ99	昭 8. 1.13	増					昭23. 6.30	日甜小清水鉄道
ト75（Ⅱ）	（→前掲)	ト108	昭28. 7.12	称					昭32.10.31	
ト76（Ⅰ）	昭8.1 自社改	セ100	昭 8. 1.13	増					昭23. 6.30	日甜小清水鉄道
ト76（Ⅱ）	（→前掲)	ト109	昭28. 7.12	称					昭32.10.31	
ト77（Ⅰ）	昭8.1 自社改	セ101	昭 8. 1.13	増					昭23. 6.30	日甜小清水鉄道
ト77（Ⅱ）	（→前掲)	ト110	昭28. 7.12	称					昭32.10.31	
ト78（Ⅰ）	昭8.1 自社改	セ102	昭 8. 1.13	増					昭23. 6.30	日甜小清水鉄道
ト78（Ⅱ）	（→前掲)	ト111	昭28. 7.12	称					昭32.10.31	
ト79（Ⅰ）	昭8.1 自社改	セ103	昭 8. 1.13	増					昭23. 6.30	日甜小清水鉄道
ト79（Ⅱ）	（→前掲)	ト112	昭28. 7.12	称					昭32.10.31	
ト80（Ⅰ）	昭8.1 自社改	セ104	昭 8. 1.13	増					昭23. 6.30	日甜小清水鉄道
ト80（Ⅱ）									昭32.10.31	

番号	製造・改造	出自	手続日 改番日	種別	竣功届	改番届 昭3.9.28	設計変更	設計変更・ 改番日	用途廃止	異動先
ト81（Ⅰ）	昭8.1　自社改	セ105	昭 8. 1.13	増					昭23. 6.30	日甜小清水鉄道
ト81（Ⅱ）									昭32.10.31	
ト82（Ⅰ）	昭8.1　自社改	セ106	昭 8. 1.13	増					昭23. 6.30	日甜小清水鉄道
ト82（Ⅱ）									昭32.10.31	
ト83（Ⅰ）	昭8.1　自社改	セ107	昭 8. 1.13	増					昭23. 6.30	日甜小清水鉄道
ト83（Ⅱ）									昭32.10.31	
ト84（Ⅰ）	昭8.1　自社改	セ108	昭 8. 1.13	増					昭23. 6.30	日甜小清水鉄道
ト84（Ⅱ）									昭32.10.31	
ト85（Ⅰ）	昭8.1　自社改	セ109	昭 8. 1.13	増					昭23. 6.30	日甜小清水鉄道
ト85（Ⅱ）									昭32.10.31	
ト86（Ⅰ）	昭8.1　自社改	セ110	昭 8. 1.13	増					昭23. 6.30	日甜小清水鉄道
ト86（Ⅱ）									昭32.10.31	
ト87（Ⅰ）	昭8.1　自社改	セ111	昭 8. 1.13	増					昭23. 6.30	日甜小清水鉄道
ト87（Ⅱ）									昭32.10.31	
ト88（Ⅰ）	昭8.1　自社改	セ112	昭 8. 1.13	増					昭23. 6.30	日甜小清水鉄道
ト88（Ⅱ）									昭32.10.31	
ト89（Ⅰ）	昭8.1　自社改	セ113	昭 8. 1.13	増					昭23. 6.30	日甜小清水鉄道
ト89（Ⅱ）									昭32.10.31	
ト90	昭8.1　自社改	セ114	昭 8. 1.13	増					昭32.10.31	
ト91（Ⅰ）	昭8.1　自社改	セ115	昭 8. 1.13	増					昭23. 6.30	日甜小清水鉄道
ト91（Ⅱ）									昭32.10.31	
ト92	昭8.1　自社改	セ116	昭 8. 1.13	増					昭32.10.31	
ト93	昭8.1　自社改	セ117	昭 8. 1.13	増					昭32.10.31	
ト94（Ⅰ）	昭12.12　自社改	セ41	昭13. 1.21	増					昭23. 6.30	日甜小清水鉄道
ト94（Ⅱ）									昭32.10.31	
ト95（Ⅰ）	昭12.12　自社改	セ42	昭13. 1.21	増					昭23. 6.30	日甜小清水鉄道
ト95（Ⅱ）									昭32.10.31	
ト96	昭12.12　自社改	セ43	昭13. 1.21	増					昭32.10.31	
ト97	昭12.12　自社改	セ44	昭13. 1.21	増					昭32.10.31	
ト98	昭12.12　自社改	セ45	昭13. 1.21	増					昭32.10.31	
ト99	昭12.12　自社改	セ46	昭13. 1.21	増					昭32.10.31	
ト100	昭23.3　自社改	セ36	昭23. 2. 3	変	昭23. 5.20			昭28. 7.12		→ト13（Ⅱ）
ト101	昭23.3　自社改	セ35	昭23. 2. 3	変	昭23. 5.20			昭28. 7.12		→ト21（Ⅱ）
ト102	昭23.3　自社改	セ34	昭23. 2. 3	変	昭23. 5.20			昭28. 7.12		→ト61（Ⅱ）
ト103	昭23.3　自社改	セ33	昭23. 2. 3	変	昭23. 5.20			昭28. 7.12		→ト70（Ⅱ）
ト104	昭23.3　自社改	セ32	昭23. 2. 3	変	昭23. 5.20			昭28. 7.12		→ト71（Ⅱ）
ト105	昭23.3　自社改	セ31	昭23. 2. 3	変	昭23. 5.20			昭28. 7.12		→ト72（Ⅱ）
ト106	昭23.3　自社改	セ30	昭23. 2. 3	変	昭23. 5.20			昭28. 7.12		→ト73（Ⅱ）
ト107	昭23.3　自社改	セ29	昭23. 2. 3	変	昭23. 5.20			昭28. 7.12		→ト74（Ⅱ）
ト108	昭23.3　自社改	セ28	昭23. 2. 3	変	昭23. 5.20			昭28. 7.12		→ト75（Ⅱ）
ト109	昭23.3　自社改	セ27	昭23. 2. 3	変	昭23. 5.20			昭28. 7.12		→ト76（Ⅱ）
ト110	昭23.4　自社改	セ3	昭23. 2. 3	変	昭23. 5.20			昭28. 7.12		→ト77（Ⅱ）
ト111	昭23.5　自社改	セ2	昭23. 2. 3	変	昭23. 5.20			昭28. 7.12		→ト78（Ⅱ）
ト112	昭23.5　自社改	セ1	昭23. 2. 3	変	昭23. 5.20			昭28. 7.12		→ト79（Ⅱ）
ト113									昭23. 6.30	日甜小清水鉄道
ト114									昭23. 6.30	日甜小清水鉄道
【トフ1形】										
ケカ1	大12.11　自社		大12.12.26	設		ト1（Ⅰ）		昭16.10. 7		→トフ1
ケカ2	大12.11　自社		大12.12.26	設		ト2（Ⅰ）		昭16.10. 7		→トフ2
ケカ3	大12.11　自社		大12.12.26	設		ト3（Ⅰ）		昭16.10. 7		→トフ3
ケカ4	大12.11　自社		大12.12.26	設		ト4（Ⅰ）		昭16.10. 7		→トフ4
ケカ5	大12.11　自社		大12.12.26	設		ト5（Ⅰ）		昭16.10. 7		→トフ5
ケカ6	大12.11　自社		大12.12.26	設		ト6（Ⅰ）		昭16.10. 7		→トフ6
ケカ7	大12.11　自社		大12.12.26	設		ト7（Ⅰ）		昭16.10. 7		→トフ7
ケカ8	大12.11　自社		大12.12.26	設		ト8（Ⅰ）		昭16.10. 7		→トフ8
ケカ9	大12.11　自社		大12.12.26	設		ト9（Ⅰ）		昭16.10. 7		→トフ9
ケカ10	大12.11　自社		大12.12.26	設		ト10（Ⅰ）		昭16.10. 7		→トフ10
トフ1	（→前掲）	ト1（Ⅰ）	昭16.10. 7	称					昭32.10.31	
トフ2	（→前掲）	ト2（Ⅰ）	昭16.10. 7	称					昭32.10.31	
トフ3	（→前掲）	ト3（Ⅰ）	昭16.10. 7	称					昭32.10.31	
トフ4	（→前掲）	ト4（Ⅰ）	昭16.10. 7	称					昭32.10.31	
トフ5	（→前掲）	ト5（Ⅰ）	昭16.10. 7	称					昭32.10.31	
トフ6	（→前掲）	ト6（Ⅰ）	昭16.10. 7	称					昭32.10.31	
トフ7	（→前掲）	ト7（Ⅰ）	昭16.10. 7	称					昭32.10.31	
トフ8	（→前掲）	ト8（Ⅰ）	昭16.10. 7	称					昭32.10.31	
トフ9	（→前掲）	ト9（Ⅰ）	昭16.10. 7	称					昭23. 6.30	日甜小清水鉄道
トフ10	（→前掲）	ト10（Ⅰ）	昭16.10. 7	称					昭23. 6.30	日甜小清水鉄道
【チ1形】										

番号	製造・改造		出自	手続日 改番日	種別	竣功届	改番届 昭3.9.28	設計変更	設計変更・ 改番日	用途廃止	異動先
チ1	昭3.12	自社改	ケ130	昭 3. 3.15	変	昭 3.12. 1				昭32.10.31	
チ2	昭3.12	自社改	ケ131	昭 3. 3.15	変	昭 3.12. 1				昭32.10.31	
チ3	昭3.12	自社改	ケ132	昭 3. 3.15	変	昭 3.12. 1				昭32.10.31	
チ4	昭3.12	自社改	ケ133	昭 3. 3.15	変	昭 3.12. 1				昭32.10.31	
チ5	昭3.12	自社改	ケ134	昭 3. 3.15	変	昭 3.12. 1				昭32.10.31	
チ6	昭3.12	自社改	ケ135	昭 3. 3.15	変	昭 3.12. 1				昭32.10.31	
チ7	昭3.12	自社改	ケ136	昭 3. 3.15	変	昭 3.12. 1				昭32.10.31	
チ8	昭3.12	自社改	ケ137	昭 3. 3.15	変	昭 3.12. 1				昭32.10.31	
チ9	昭3.12	自社改	ケ138	昭 3. 3.15	変	昭 3.12. 1				昭32.10.31	
チ10	昭3.12	自社改	ケ139	昭 3. 3.15	変	昭 3.12. 1				昭32.10.31	
チ11	昭3.12	自社改	ケ140	昭 3. 3.15	変	昭 3.12. 1				昭32.10.31	
チ12	昭3.12	自社改	ケ141	昭 3. 3.15	変	昭 3.12. 1				昭32.10.31	
【チム1形】											
チム1	昭3.12	自社改	ケ142	昭 3. 3.15	変	昭 3.12. 1				昭34.11.15	
チム2	昭3.12	自社改	ケ143	昭 3. 3.15	変	昭 3.12. 1				昭34.11.15	
チム3	昭3.12	自社改	ケ144	昭 3. 3.15	変	昭 3.12. 1				昭34.11.15	
チム4	昭3.12	自社改	ケ145	昭 3. 3.15	変	昭 3.12. 1				昭34.11.15	
チム5	昭3.12	自社改	ケ146	昭 3. 3.15	変	昭 3.12. 1				昭34.11.15	
チム6	昭3.12	自社改	ケ147	昭 3. 3.15	変	昭 3.12. 1				昭32.10.31	
チム7	昭3.12	自社改	ケ148	昭 3. 3.15	変	昭 3.12. 1				昭32.10.31	
チム8	昭3.12	自社改	ケ149	昭 3. 3.15	変	昭 3.12. 1				昭32.10.31	
チム9	昭3.12	自社改	ケ150	昭 3. 3.15	変	昭 3.12. 1				昭32.10.31	
チム10	昭3.12	自社改	ケ151	昭 3. 3.15	変	昭 3.12. 1				昭32.10.31	
チム11	昭3.12	自社改	ケ152	昭 3. 3.15	変	昭 3.12. 1				昭32.10.31	
チム12	昭3.12	自社改	ケ153	昭 3. 3.15	変	昭 3.12. 1				昭32.10.31	
チム13	昭3.12	自社改	ケ154	昭 3. 3.15	変	昭 3.12. 1				昭32.10.31	
チム14	昭3.12	自社改	ケ155	昭 3. 3.15	変	昭 3.12. 1				昭32.10.31	
チム15	昭3.12	自社改	ケ156	昭 3. 3.15	変	昭 3.12. 1				昭32.10.31	
チム16	昭3.12	自社改	ケ157	昭 3. 3.15	変	昭 3.12. 1				昭32.10.31	
チム17	昭3.12	自社改	ケ158	昭 3. 3.15	変	昭 3.12. 1				昭32.10.31	
チム18	昭3.12	自社改	ケ159	昭 3. 3.15	変	昭 3.12. 1				昭32.10.31	
チム19	昭3.12	自社改	ケ160	昭 3. 3.15	変	昭 3.12. 1				昭32.10.31	
チム20	昭3.12	自社改	ケ161	昭 3. 3.15	変	昭 3.12. 1				昭32.10.31	
チム21	昭3.12	自社改	ケ162	昭 3. 3.15	変	昭 3.12. 1				昭32.10.31	
チム22	昭3.12	自社改	ケ163	昭 3. 3.15	変	昭 3.12. 1				昭32.10.31	
チム23	昭3.12	自社改	ケ164	昭 3. 3.15	変	昭 3.12. 1				昭32.10.31	
チム24	昭3.12	自社改	ケ165	昭 3. 3.15	変	昭 3.12. 1				昭32.10.31	
チム25	昭3.12	自社改	ケ166	昭 3. 3.15	変	昭 3.12. 1				昭32.10.31	
チム26	昭3.12	自社改	ケ167	昭 3. 3.15	変	昭 3.12. 1				昭32.10.31	
チム27	昭3.12	自社改	ケ168	昭 3. 3.15	変	昭 3.12. 1				昭32.10.31	
チム28	昭3.12	自社改	ケ169	昭 3. 3.15	変	昭 3.12. 1				昭32.10.31	
チム29	昭3.12	自社改	ケ170	昭 3. 3.15	変	昭 3.12. 1				昭32.10.31	
チム30	昭3.12	自社改	ケ171	昭 3. 3.15	変	昭 3.12. 1				昭32.10.31	
チム31	昭3.12	自社改	ケ172	昭 3. 3.15	変	昭 3.12. 1				昭32.10.31	
チム32	昭3.12	自社改	ケ173	昭 3. 3.15	変	昭 3.12. 1				昭32.10.31	
チム33	昭3.12	自社改	ケ174	昭 3. 3.15	変	昭 3.12. 1				昭32.10.31	
チム34	昭3.12	自社改	ケ175	昭 3. 3.15	変	昭 3.12. 1				昭32.10.31	
チム35	昭3.12	自社改	ケ176	昭 3. 3.15	変	昭 3.12. 1				昭32.10.31	
チム36	昭3.12	自社改	ケ177	昭 3. 3.15	変	昭 3.12. 1				昭32.10.31	
チム37	昭3.12	自社改	ケ178	昭 3. 3.15	変	昭 3.12. 1				昭32.10.31	
チム38	昭3.12	自社改	ケ179	昭 3. 3.15	変	昭 3.12. 1				昭32.10.31	
チム39	昭3.12	自社改	ケ180	昭 3. 3.15	変	昭 3.12. 1				昭32.10.31	
チム40	昭3.12	自社改	ケ181	昭 3. 3.15	変	昭 3.12. 1				昭32.10.31	
チム41	昭12.12	自社改	セ48	昭13. 1.21	増					昭32.10.31	
チム42	昭12.12	自社改	セ49	昭13. 1.21	増					昭32.10.31	
チム43	昭12.12	自社改	セ50	昭13. 1.21	増					昭32.10.31	
チム44	昭12.12	自社改	セ51	昭13. 1.21	増					昭32.10.31	
チム45	昭12.12	自社改	セ52	昭13. 1.21	増					昭32.10.31	
チム46	昭12.12	自社改	セ53	昭13. 1.21	増					昭32.10.31	
チム47	昭12.12	自社改	セ54	昭13. 1.21	増					昭32.10.31	
チム48	昭12.12	自社改	セ55	昭13. 1.21	増					昭32.10.31	
チム49	昭12.12	自社改	セ56	昭13. 1.21	増					昭32.10.31	
チム50	昭12.12	自社改	セ57	昭13. 1.21	増					昭32.10.31	
チム51	昭12.12	自社改	セ58	昭13. 1.21	増					昭32.10.31	
チム52	昭12.12	自社改	セ59	昭13. 1.21	増					昭32.10.31	
チム53	昭12.12	自社改	セ60	昭13. 1.21	増					昭32.10.31	
チム54	昭12.12	自社改	セ61	昭13. 1.21	増					昭32.10.31	
チム55	昭12.12	自社改	セ62	昭13. 1.21	増					昭32.10.31	

番号	製造・改造	出自	手続日 改番日	種別	竣功届	改番届 昭3.9.28	設計変更	設計変更・改番日	用途廃止	異動先
チム56	昭12.12 自社改	セ63	昭13. 1.21	増					昭32.10.31	
チム57	昭12.12 自社改	セ64	昭13. 1.21	増					昭32.10.31	
チム58	昭12.12 自社改	セ65	昭13. 1.21	増					昭32.10.31	
チム59	昭12.12 自社改	セ66	昭13. 1.21	増					昭32.10.31	
チム60	昭12.12 自社改	セ67	昭13. 1.21	増					昭32.10.31	
チム61	昭12.12 自社改	セ68	昭13. 1.21	増					昭32.10.31	
チム62	昭12.12 自社改	セ69	昭13. 1.21	増					昭32.10.31	
チム63	昭12.12 自社改	セ70	昭13. 1.21	増					昭32.10.31	
チム64	昭12.12 自社改	セ71	昭13. 1.21	増					昭32.10.31	
チム65	昭12.12 自社改	セ72	昭13. 1.21	増					昭32.10.31	
チム66	昭12.12 自社改	セ73	昭13. 1.21	増					昭32.10.31	
チム67	昭12.12 自社改	セ74	昭13. 1.21	増					昭32.10.31	
チム68	昭12.12 自社改	セ75	昭13. 1.21	増					昭32.10.31	
チム69	昭12.12 自社改	セ76	昭13. 1.21	増					昭32.10.31	
チム70	昭12.12 自社改	セ77	昭13. 1.21	増					昭32.10.31	
チム71	昭12.12 自社改	セ78	昭13. 1.21	増					昭32.10.31	
チム72	昭12.12 自社改	セ79	昭13. 1.21	増					昭32.10.31	
チム73	昭12.12 自社改	セ80	昭13. 1.21	増					昭32.10.31	
チム74	昭12.12 自社改	セ81	昭13. 1.21	増					昭32.10.31	
チム75	昭12.12 自社改	セ82	昭13. 1.21	増					昭32.10.31	
チム76	昭12.12 自社改	セ83	昭13. 1.21	増					昭32.10.31	
チム77（Ⅰ）	昭12.12 自社改	セ84	昭13. 1.21	増				昭13. 7. 2		→カ2
チム77（Ⅱ）	昭23.4 自社改	セ26	昭23. 2. 3	変	昭23. 5.20				昭32.10.31	
チム78	昭23.4 自社改	セ25	昭23. 2. 3	変	昭23. 5.20				昭32.10.31	
チム79	昭23.4 自社改	セ24	昭23. 2. 3	変	昭23. 5.20				昭32.10.31	
チム80	昭23.4 自社改	セ23	昭23. 2. 3	変	昭23. 5.20				昭32.10.31	
チム81	昭23.4 自社改	セ22	昭23. 2. 3	変	昭23. 5.20				昭32.10.31	
チム82	昭23.4 自社改	セ21	昭23. 2. 3	変	昭23. 5.20				昭32.10.31	
チム83	昭23.4 自社改	セ20	昭23. 2. 3	変	昭23. 5.20				昭32.10.31	
チム84	昭23.4 自社改	セ19	昭23. 2. 3	変	昭23. 5.20				昭32.10.31	
チム85	昭23.4 自社改	セ18	昭23. 2. 3	変	昭23. 5.20				昭32.10.31	
チム86	昭23.4 自社改	セ17	昭23. 2. 3	変	昭23. 5.20				昭32.10.31	
チム87	昭23.4 自社改	セ16	昭23. 2. 3	変	昭23. 5.20				昭32.10.31	
チム88	昭23.5 自社改	セ15	昭23. 2. 3	変	昭23. 5.20				昭32.10.31	
チム89									昭32.10.31	
チム90									昭32.10.31	
チム91									昭32.10.31	
チム92									昭32.10.31	
チム93									昭32.10.31	
チム94									昭32.10.31	
チム95									昭32.10.31	
チム96									昭32.10.31	
チム97									昭32.10.31	
チム98									昭32.10.31	
チム99									昭32.10.31	
チム100									昭32.10.31	
チム101									昭32.10.31	
チム102									昭32.10.31	
チム103									昭32.10.31	
チム104									昭32.10.31	
チム105									昭32.10.31	
チム106									昭32.10.31	
チム107									昭32.10.31	
チム108									昭32.10.31	
チム109									昭32.10.31	
チム110									昭32.10.31	
チム111									昭32.10.31	
チム112									昭27. 9.30	
チム113									昭27. 9.30	
チム114									昭27. 9.30	
チム115									昭27. 9.30	
チム116									昭27. 9.30	
チム117									昭27. 9.30	
チム118									昭27. 9.30	
チム119									昭27. 9.30	
チム120									昭27. 9.30	
チム121									昭27. 9.30	
チム122									昭27. 9.30	

番号	製造・改造	出自	手続日 改番日	種別	竣功届	改番届 昭3.9.28	設計変更	設計変更・改番日	用途廃止	異動先
チム123									昭27.9.30	
チム124									昭27.9.30	
チム125									昭27.9.30	
チム126									昭27.9.30	
チム127									昭27.9.30	
【セ1形】										
ケ1	大9.8	服部	北海道製糖	大12.12.26	設		セ1	昭13.4.8#	昭23.2.3		→ト112
ケ2	大9.8	服部	北海道製糖	大12.12.26	設		セ2	昭13.4.8#	昭23.2.3		→ト111
ケ3	大9.8	服部	北海道製糖	大12.12.26	設		セ3	昭13.4.8#	昭23.2.3		→ト110
ケ4	大9.8	服部	北海道製糖	大12.12.26	設		セ4	昭13.4.8#		昭23.6.30	日甜小清水鉄道
ケ5	大9.8	服部	北海道製糖	大12.12.26	設		セ5	昭13.4.8#		昭23.6.30	日甜小清水鉄道
ケ6	大9.8	服部	北海道製糖	大12.12.26	設		セ6	昭13.4.8#		昭23.6.30	日甜小清水鉄道
ケ7	大9.8	服部	北海道製糖	大12.12.26	設		セ7	昭13.4.8#		昭23.6.30	日甜小清水鉄道
ケ8	大9.8	服部	北海道製糖	大12.12.26	設		セ8	昭13.4.8#		昭23.6.30	日甜小清水鉄道
ケ9	大9.8	服部	北海道製糖	大12.12.26	設		セ9	昭13.4.8#		昭23.6.30	日甜小清水鉄道
ケ10	大9.8	服部	北海道製糖	大12.12.26	設		セ10	昭13.4.8#		昭23.6.30	日甜小清水鉄道
ケ11	大9.8	服部	北海道製糖	大12.12.26	設		セ11	昭13.4.8#		昭23.6.30	日甜小清水鉄道
ケ12	大9.8	服部	北海道製糖	大12.12.26	設		セ12	昭13.4.8#		昭23.6.30	日甜小清水鉄道
ケ13	大9.8	服部	北海道製糖	大12.12.26	設		セ13	昭13.4.8#		昭23.6.30	日甜小清水鉄道
ケ14	大9.8	服部	北海道製糖	大12.12.26	設		セ14	昭13.4.8#		昭23.6.30	日甜小清水鉄道
ケ15	大9.8	服部	北海道製糖	大12.12.26	設		セ15	昭13.4.8#	昭23.2.3		→チム88
ケ16	大9.8	服部	北海道製糖	大12.12.26	設		セ16	昭13.4.8#	昭23.2.3		→チム87
ケ17	大9.8	服部	北海道製糖	大12.12.26	設		セ17	昭13.4.8#	昭23.2.3		→チム86
ケ18	大9.8	服部	北海道製糖	大12.12.26	設		セ18	昭13.4.8#	昭23.2.3		→チム85
ケ19	大9.8	服部	北海道製糖	大12.12.26	設		セ19	昭13.4.8#	昭23.2.3		→チム84
ケ20	大9.8	服部	北海道製糖	大12.12.26	設		セ20	昭13.4.8#	昭23.2.3		→チム83
ケ21	大9.8	服部	北海道製糖	大12.12.26	設		セ21	昭13.4.8#	昭23.2.3		→チム82
ケ22	大9.8	服部	北海道製糖	大12.12.26	設		セ22	昭13.4.8#	昭23.2.3		→チム81
ケ23	大9.8	服部	北海道製糖	大12.12.26	設		セ23	昭13.4.8#	昭23.2.3		→チム80
ケ24	大9.8	服部	北海道製糖	大12.12.26	設		セ24	昭13.4.8#	昭23.2.3		→チム79
ケ25	大9.8	服部	北海道製糖	大12.12.26	設		セ25	昭13.4.8#	昭23.2.3		→チム78
ケ26	大9.8	服部	北海道製糖	大12.12.26	設		セ26	昭13.4.8#	昭23.2.3		→チム77(Ⅱ)
ケ27	大9.8	服部	北海道製糖	大12.12.26	設		セ27	昭13.4.8#	昭23.2.3		→ト109
ケ28	大9.8	服部	北海道製糖	大12.12.26	設		セ28	昭13.4.8#	昭23.2.3		→ト108
ケ29	大9.8	服部	北海道製糖	大12.12.26	設		セ29	昭13.4.8#	昭23.2.3		→ト107
ケ30	大9.8	服部	北海道製糖	大12.12.26	設		セ30	昭13.4.8#	昭23.2.3		→ト106
ケ31	大9.8	服部	北海道製糖	大12.12.26	設		セ31	昭13.4.8#	昭23.2.3		→ト105
ケ32	大9.8	服部	北海道製糖	大12.12.26	設		セ32	昭13.4.8#	昭23.2.3		→ト104
ケ33	大9.8	服部	北海道製糖	大12.12.26	設		セ33	昭13.4.8#	昭23.2.3		→ト103
ケ34	大9.8	服部	北海道製糖	大12.12.26	設		セ34	昭13.4.8#	昭23.2.3		→ト102
ケ35	大9.8	服部	北海道製糖	大12.12.26	設		セ35	昭13.4.8#	昭23.2.3		→ト101
ケ36	大9.8	服部	北海道製糖	大12.12.26	設		セ36	昭13.4.8#	昭23.2.3		→ト100
ケ37	大9.8	服部	北海道製糖	大12.12.26	設		セ37	昭13.4.8#	昭16.9.11		→コハ11
ケ38	大9.8	服部	北海道製糖	大12.12.26	設		セ38	昭13.4.8#	昭16.9.11		→コハ12
ケ39	大9.8	服部	北海道製糖	大12.12.26	設		セ39	昭13.4.8#	昭16.9.11		→コハ13
ケ40	大9.8	服部	北海道製糖	大12.12.26	設		セ40	昭13.4.8#	昭16.9.11		→コハ14
ケ41	大9.8	服部	北海道製糖	大12.12.26	設		セ41		昭13.1.21		→ト94(Ⅰ)
ケ42	大9.8	服部	北海道製糖	大12.12.26	設		セ42		昭13.1.21		→ト95(Ⅰ)
ケ43	大9.8	服部	北海道製糖	大12.12.26	設		セ43		昭13.1.21		→ト96
ケ44	大9.8	服部	北海道製糖	大12.12.26	設		セ44		昭13.1.21		→ト97
ケ45	大9.8	服部	北海道製糖	大12.12.26	設		セ45		昭13.1.21		→ト98
ケ46	大9.8	服部	北海道製糖	大12.12.26	設		セ46		昭13.1.21		→ト99
ケ47	大9.8	服部	北海道製糖	大12.12.26	設		セ47		昭13.3.24		→カ1
ケ48	大9.8	服部	北海道製糖	大12.12.26	設		セ48		昭13.1.21		→チム41
ケ49	大9.8	服部	北海道製糖	大12.12.26	設		セ49		昭13.1.21		→チム42
ケ50	大9.8	服部	北海道製糖	大12.12.26	設		セ50		昭13.1.21		→チム43
ケ51	大9.8	服部	北海道製糖	大12.12.26	設		セ51		昭13.1.21		→チム44
ケ52	大9.8	服部	北海道製糖	大12.12.26	設		セ52		昭13.1.21		→チム45
ケ53	大9.8	服部	北海道製糖	大12.12.26	設		セ53		昭13.1.21		→チム46
ケ54	大9.8	服部	北海道製糖	大12.12.26	設		セ54		昭13.1.21		→チム47
ケ55	大9.8	服部	北海道製糖	大12.12.26	設		セ55		昭13.1.21		→チム48
ケ56	大9.8	服部	北海道製糖	大12.12.26	設		セ56		昭13.1.21		→チム49
ケ57	大9.8	服部	北海道製糖	大12.12.26	設		セ57		昭13.1.21		→チム50
ケ58	大9.8	服部	北海道製糖	大12.12.26	設		セ58		昭13.1.21		→チム51
ケ59	大9.8	服部	北海道製糖	大12.12.26	設		セ59		昭13.1.21		→チム52
ケ60	大9.8	服部	北海道製糖	大12.12.26	設		セ60		昭13.1.21		→チム53
ケ61	大9.8	服部	北海道製糖	大12.12.26	設		セ61		昭13.1.21		→チム54
ケ62	大9.8	服部	北海道製糖	大12.12.26	設		セ62		昭13.1.21		→チム55

番号	製造・改造	出自	手続日 改番日	種別	竣功届	改番届 昭3.9.28	設計変更	設計変更・改番日	用途廃止	異動先
ケ63	大9.8	服部	北海道製糖	大12.12.26	設		セ63		昭13. 1.21		→チム56
ケ64	大9.8	服部	北海道製糖	大12.12.26	設		セ64		昭13. 1.21		→チム57
ケ65	大9.8	服部	北海道製糖	大12.12.26	設		セ65		昭13. 1.21		→チム58
ケ66	大9.8	服部	北海道製糖	大12.12.26	設		セ66		昭13. 1.21		→チム59
ケ67	大9.8	服部	北海道製糖	大12.12.26	設		セ67		昭13. 1.21		→チム60
ケ68	大9.8	服部	北海道製糖	大12.12.26	設		セ68		昭13. 1.21		→チム61
ケ69	大9.8	服部	北海道製糖	大12.12.26	設		セ69		昭13. 1.21		→チム62
ケ70	大9.8	服部	北海道製糖	大12.12.26	設		セ70		昭13. 1.21		→チム63
ケ71	大9.8	服部	北海道製糖	大12.12.26	設		セ71		昭13. 1.21		→チム64
ケ72	大9.8	服部	北海道製糖	大12.12.26	設		セ72		昭13. 1.21		→チム65
ケ73	大9.8	服部	北海道製糖	大12.12.26	設		セ73		昭13. 1.21		→チム66
ケ74	大9.8	服部	北海道製糖	大12.12.26	設		セ74		昭13. 1.21		→チム67
ケ75	大9.8	服部	北海道製糖	大12.12.26	設		セ75		昭13. 1.21		→チム68
ケ76	大9.8	服部	北海道製糖	大12.12.26	設		セ76		昭13. 1.21		→チム69
ケ77	大9.8	服部	北海道製糖	大12.12.26	設		セ77		昭13. 1.21		→チム70
ケ78	大9.8	服部	北海道製糖	大12.12.26	設		セ78		昭13. 1.21		→チム71
ケ79	大9.8	服部	北海道製糖	大13. 7.20	増		セ79		昭13. 1.21		→チム72
ケ80	大9.8	服部	北海道製糖	大13. 7.20	増		セ80		昭13. 1.21		→チム73
ケ81	大9.8	服部	北海道製糖	大13. 7.20	増		セ81		昭13. 1.21		→チム74
ケ82	大9.8	服部	北海道製糖	大13. 7.20	増		セ82		昭13. 1.21		→チム75
ケ83	大9.8	服部	北海道製糖	大13. 7.20	増		セ83		昭13. 1.21		→チム76
ケ84	大9.8	服部	北海道製糖	大13. 7.20	増		セ84		昭13. 1.21		→チム77（Ⅰ）
ケ85	大9.8	服部	北海道製糖	大13. 7.20	増		セ85		昭8. 1.13		→ト61（Ⅰ）
ケ86	大9.8	服部	北海道製糖	大13. 7.20	増		セ86		昭8. 1.13		→ト62
ケ87	大9.8	服部	北海道製糖	大13. 7.20	増		セ87		昭8. 1.13		→ト63
ケ88	大9.8	服部	北海道製糖	大13. 7.20	増		セ88		昭8. 1.13		→ト64
ケ89	大9.8	服部	北海道製糖	大13. 7.20	増		セ89		昭8. 1.13		→ト65
ケ90	大9.8	服部	北海道製糖	大13. 7.20	増		セ90		昭8. 1.13		→ト66
ケ91	大9.8	服部	北海道製糖	大13. 7.20	増		セ91		昭8. 1.13		→ト67
ケ92	大9.8	服部	北海道製糖	大13. 7.20	増		セ92		昭8. 1.13		→ト68
ケ93	大9.8	服部	北海道製糖	大13. 7.20	増		セ93		昭8. 1.13		→ト69
ケ94	大9.8	服部	北海道製糖	大13. 7.20	増		セ94		昭8. 1.13		→ト70（Ⅰ）
ケ95	大9.8	服部	北海道製糖	大13. 7.20	増		セ95		昭8. 1.13		→ト71（Ⅰ）
ケ96	大9.8	服部	北海道製糖	大13. 7.20	増		セ96		昭8. 1.13		→ト72（Ⅰ）
ケ97	大9.8	服部	北海道製糖	大13. 7.20	増		セ97		昭8. 1.13		→ト73（Ⅰ）
ケ98	大9.8	服部	北海道製糖	大13. 7.20	増		セ98		昭8. 1.13		→ト74（Ⅰ）
ケ99	大9.8	服部	北海道製糖	大13. 7.20	増		セ99		昭8. 1.13		→ト75（Ⅰ）
ケ100	大9.8	服部	北海道製糖	大13. 7.20	増		セ100		昭8. 1.13		→ト76（Ⅰ）
ケ101	大9.8	服部	北海道製糖	大13. 7.20	増		セ101		昭8. 1.13		→ト77（Ⅰ）
ケ102	大9.8	服部	北海道製糖	大13. 7.20	増		セ102		昭8. 1.13		→ト78（Ⅰ）
ケ103	大9.8	服部	北海道製糖	大13. 7.20	増		セ103		昭8. 1.13		→ト79（Ⅰ）
ケ104	大9.8	服部	北海道製糖	大13. 7.20	増		セ104		昭8. 1.13		→ト80（Ⅰ）
ケ105	大9.8	服部	北海道製糖	大13. 7.20	増		セ105		昭8. 1.13		→ト81（Ⅰ）
ケ106	大9.8	服部	北海道製糖	大13. 7.20	増		セ106		昭8. 1.13		→ト82（Ⅰ）
ケ107	大9.8	服部	北海道製糖	大13. 7.20	増		セ107		昭8. 1.13		→ト83（Ⅰ）
ケ108	大9.8	服部	北海道製糖	大13. 7.20	増		セ108		昭8. 1.13		→ト84（Ⅰ）
ケ109	大9.8	服部	北海道製糖	大13. 7.20	増		セ109		昭8. 1.13		→ト85（Ⅰ）
ケ110	大9.8	服部	北海道製糖	大13. 7.20	増		セ110		昭8. 1.13		→ト86（Ⅰ）
ケ111	大9.8	服部	北海道製糖	大13. 7.20	増		セ111		昭8. 1.13		→ト87（Ⅰ）
ケ112	大9.8	服部	北海道製糖	大13. 7.20	増		セ112		昭8. 1.13		→ト88（Ⅰ）
ケ113	大9.8	服部	北海道製糖	大13. 7.20	増		セ113		昭8. 1.13		→ト89（Ⅰ）
ケ114	大9.8	服部	北海道製糖	大13. 7.20	増		セ114		昭8. 1.13		→ト90
ケ115	大9.8	服部	北海道製糖	大13. 7.20	増		セ115		昭8. 1.13		→ト91（Ⅰ）
ケ116	大9.8	服部	北海道製糖	大13. 7.20	増		セ116		昭8. 1.13		→ト92
ケ117	大9.8	服部	北海道製糖	大13. 7.20	増		セ117		昭8. 1.13		→ト93
ケ118	大9.8	服部	北海道製糖	大13. 7.20	増				昭2.12.20		→ト49
ケ119	大9.8	服部	北海道製糖	大13. 7.20	増				昭2.12.20		→ト50
ケ120	大9.8	服部	北海道製糖	大13. 7.20	増				昭2.12.20		→ト51
ケ121	大9.8	服部	北海道製糖	大13. 7.20	増				昭2.12.20		→ト52
ケ122	大9.8	服部	北海道製糖	大13. 7.20	増				昭2.12.20		→ト53
ケ123	大9.8	服部	北海道製糖	大13. 7.20	増				昭2.12.20		→ト54
ケ124	大9.8	服部	北海道製糖	大13. 7.20	増				昭2.12.20		→ト55
ケ125	大9.8	服部	北海道製糖	大13. 7.20	増				昭2.12.20		→ト56
ケ126	大9.8	服部	北海道製糖	大13. 7.20	増				昭2.12.20		→ト57
ケ127	大9.8	服部	北海道製糖	大13. 7.20	増				昭2.12.20		→ト58
ケ128	大9.8	服部	北海道製糖	大13. 7.20	増				昭2.12.20		→ト59
ケ129	大9.8	服部	北海道製糖	大13. 7.20	増				昭2.12.20		→ト60
ケ130	大9.8	服部	北海道製糖	大13. 7.20	増				昭3. 3.15		→チ1

番号	製造・改造		出自	手続日 改番日	種別	竣功届	改番届 昭3.9.28	設計変更	設計変更・ 改番日	用途廃止	異動先
ケ131	大 9.8	服部	北海道製糖	大13. 7.20	増				昭 3. 3.15		→チ 2
ケ132	大 9.8	服部	北海道製糖	大13. 7.20	増				昭 3. 3.15		→チ 3
ケ133	大 9.8	服部	北海道製糖	大13. 7.20	増				昭 3. 3.15		→チ 4
ケ134	大 9.8	服部	北海道製糖	大13. 7.20	増				昭 3. 3.15		→チ 5
ケ135	大 9.8	服部	北海道製糖	大13. 7.20	増				昭 3. 3.15		→チ 6
ケ136	大 9.8	服部	北海道製糖	大13. 7.20	増				昭 3. 3.15		→チ 7
ケ137	大 9.8	服部	北海道製糖	大13. 7.20	増				昭 3. 3.15		→チ 8
ケ138	大 9.8	服部	北海道製糖	大13. 7.20	増				昭 3. 3.15		→チ 9
ケ139	大 9.8	服部	北海道製糖	大13. 7.20	増				昭 3. 3.15		→チ 10
ケ140	大 9.8	服部	北海道製糖	大13. 7.20	増				昭 3. 3.15		→チ 11
ケ141	大 9.8	服部	北海道製糖	大13. 7.20	増				昭 3. 3.15		→チ 12
ケ142	大 9.8	服部	北海道製糖	大13. 7.20	増				昭 3. 3.15		→チム 1
ケ143	大 9.8	服部	北海道製糖	大13. 7.20	増				昭 3. 3.15		→チム 2
ケ144	大 9.8	服部	北海道製糖	大13. 7.20	増				昭 3. 3.15		→チム 3
ケ145	大 9.8	服部	北海道製糖	大13. 7.20	増				昭 3. 3.15		→チム 4
ケ146	大 9.8	服部	北海道製糖	大13. 7.20	増				昭 3. 3.15		→チム 5
ケ147	大 9.8	服部	北海道製糖	大13. 7.20	増				昭 3. 3.15		→チム 6
ケ148	大 9.8	服部	北海道製糖	大13. 7.20	増				昭 3. 3.15		→チム 7
ケ149	大 9.8	服部	北海道製糖	大13. 7.20	増				昭 3. 3.15		→チム 8
ケ150	大 9.8	服部	北海道製糖	大13. 7.20	増				昭 3. 3.15		→チム 9
ケ151	大 9.8	服部	北海道製糖	大13. 7.20	増				昭 3. 3.15		→チム 10
ケ152	大 9.8	服部	北海道製糖	大13. 7.20	増				昭 3. 3.15		→チム 11
ケ153	大 9.8	服部	北海道製糖	大13. 7.20	増				昭 3. 3.15		→チム 12
ケ154	大 9.8	服部	北海道製糖	大13. 7.20	増				昭 3. 3.15		→チム 13
ケ155	大 9.8	服部	北海道製糖	大13. 7.20	増				昭 3. 3.15		→チム 14
ケ156	大 9.8	服部	北海道製糖	大13. 7.20	増				昭 3. 3.15		→チム 15
ケ157	大 9.8	服部	北海道製糖	大13. 7.20	増				昭 3. 3.15		→チム 16
ケ158	大 9.8	服部	北海道製糖	大13. 7.20	増				昭 3. 3.15		→チム 17
ケ159	大 9.8	服部	北海道製糖	大13. 7.20	増				昭 3. 3.15		→チム 18
ケ160	大 9.8	服部	北海道製糖	大13. 7.20	増				昭 3. 3.15		→チム 19
ケ161	大 9.8	服部	北海道製糖	大13. 7.20	増				昭 3. 3.15		→チム 20
ケ162	大 9.8	服部	北海道製糖	大13. 7.20	増				昭 3. 3.15		→チム 21
ケ163	大 9.8	服部	北海道製糖	大13. 7.20	増				昭 3. 3.15		→チム 22
ケ164	大 9.8	服部	北海道製糖	大13. 7.20	増				昭 3. 3.15		→チム 23
ケ165	大 9.8	服部	北海道製糖	大13. 7.20	増				昭 3. 3.15		→チム 24
ケ166	大 9.8	服部	北海道製糖	大13. 7.20	増				昭 3. 3.15		→チム 25
ケ167	大 9.8	服部	北海道製糖	大13. 7.20	増				昭 3. 3.15		→チム 26
ケ168	大 9.8	服部	北海道製糖	大13. 7.20	増				昭 3. 3.15		→チム 27
ケ169	大 9.8	服部	北海道製糖	大13. 7.20	増				昭 3. 3.15		→チム 28
ケ170	大 9.8	服部	北海道製糖	大13. 7.20	増				昭 3. 3.15		→チム 29
ケ171	大 9.8	服部	北海道製糖	大13. 7.20	増				昭 3. 3.15		→チム 30
ケ172	大 9.8	服部	北海道製糖	大13. 7.20	増				昭 3. 3.15		→チム 31
ケ173	大 9.8	服部	北海道製糖	大13. 7.20	増				昭 3. 3.15		→チム 32
ケ174	大 9.8	服部	北海道製糖	大13. 7.20	増				昭 3. 3.15		→チム 33
ケ175	大 9.8	服部	北海道製糖	大13. 7.20	増				昭 3. 3.15		→チム 34
ケ176	大 9.8	服部	北海道製糖	大13. 7.20	増				昭 3. 3.15		→チム 35
ケ177	大 9.8	服部	北海道製糖	大13. 7.20	増				昭 3. 3.15		→チム 36
ケ178	大 9.8	服部	北海道製糖	大13. 7.20	増				昭 3. 3.15		→チム 37
ケ179	大 9.8	服部	北海道製糖	大13. 7.20	増				昭 3. 3.15		→チム 38
ケ180	大 9.8	服部	北海道製糖	大13. 7.20	増				昭 3. 3.15		→チム 39
ケ181	大 9.8	服部	北海道製糖	大13. 7.20	増				昭 3. 3.15		→チム 40
ケ182	大 9.8	服部	北海道製糖	大13. 7.20	増				昭 3. 3.15		→ハ 8
ケ183	大 9.8	服部	北海道製糖	大13. 7.20	増				昭 3. 3.15		→ハ 7
ケ184	大 9.8	服部	北海道製糖	大13. 7.20	増				昭 2. 8.31		→ハ 9
ケ185	大 9.8	服部	北海道製糖	大13. 7.20	増				昭 2. 8.31		→ハ 10
ケ186	大 9.8	服部	北海道製糖	大13. 7.20	増				昭 2. 8.31		→ユキ 1
【カ1形】											
カ 1	昭13.4	自社改	セ47	昭13. 3.24	変	昭13. 4. 2				昭32.10.31	
カ 2	昭13.7	自社改	チム77	昭13. 7. 2	増					昭32.10.31	
【キ1形】											
ユキ 1	昭2.9	自社改	ケ186	昭 2. 8.31	変	昭 2. 9.12	キ1			昭27. 3.31	
【キ2形】											
ユキ 2	昭2.9	自社		昭 2. 8.31	変	昭 2. 9.12	キ2			昭27. 3.31	
【ロタ1形】											
ロタ1(Ⅰ)	昭4.6	自社		昭 4. 6. 7	設	昭 4. 6.10				昭21.10. 1	十勝鉄道清水部線
ロタ1(Ⅱ)	昭4.6	自社	十勝清水部ロタ1	昭26. 6.20	転					昭34.11.15	
ロタ2	昭4.6	自社		昭 4. 6. 7	設	昭 4. 6.10				昭34.11.15	

*…軸受にコイルばね追加　　＃…底部山形板および外枠板一枚撤去

日高拓殖鉄道

佐瑠太（現・富川）－静内
37.56km
軌間：762mm
動力：蒸気

■ 沿革

苫小牧軽便鉄道の前身、三井物産専用鉄道は明治43年の動力化の際、浦河までの免許を得ていたが、所定の期限までに手続きを取らなかったことから佐瑠太以遠を失効する。しかし、当時の日高地方の交通状況は劣悪で、物資輸送はもっぱら海路に頼む状況にあった。特に浦河は支庁所在地であることから、第一次北海道拓殖計画実施にあたり、大正10年に浦河港築港工事に着手する。これにあわせて鉄道建設を図り、日高地方の林産や鉱業開発を図る目的で、道会議員の堀頼吉ら浦河の有力者が板谷商船取締役の板谷順助を担ぎ出して設立したのが当社である。建設にあたって王子製紙や宮内省が援助を行い、苫小牧軽便鉄道と相互直通運転を行う都合上、762mm軌間で建設される。しかし、沿線はフル規格鉄道を求めて反発し、共倒れを危惧した道庁の反対をよそに北海道鉱業鉄道が上鵡川－沙流太間の免許を得る騒ぎとなっている[46]。ただし、当社にしても免許時に将来的な買収や1067mm軌間改軌対応での建設を求められており、その点において一定の配慮がされていた。

大正13年9月6日の厚賀開業時より苫小牧軽便鉄道とは一体的な運営がなされ、実質、同社の延長線のような扱いであった。そのため、静内まで開業した昭和2年8月1日に苫小牧軽便鉄道とともに買収されている。

■ 機関車

1～3は小樽の橋本鉄工所製の9tCテンダ機関車で同社が製造した最初の機関車。細部寸法に至るまで苫小牧軽便鉄道1～5をコピーしたもので、違いはシリンダー直径が若干異なる点と、蒸気ドー

日高拓殖鉄道→（国鉄日高線）
機関車

番号	製造・改造	出自	手続日改番日	種別	竣功届	冬季排雪器設置		国鉄編入	異動先
1	大13 橋本鉄工所		大13.7.16	設	大13.8.25	大14.10.16		昭2.8.1	国鉄ケ510
2	大13 橋本鉄工所		大13.7.16	設	大13.8.25	大14.10.16		昭2.8.1	国鉄ケ511
3	大15 橋本鉄工所		大15.7.8	増				昭2.8.1	国鉄ケ512

客車

番号	製造・改造	出自	手続日改番日	種別	竣功届	設計変更		国鉄編入	異動先
ロハ1	大13	苫小牧軽便	大13.7.16	設	大13.8.25			昭2.8.1	国鉄ケフホロハ210
ハ2	大13	苫小牧軽便	大13.7.16	設	大13.8.25			昭2.8.1	国鉄ケフホハ450
ハ3	大13	苫小牧軽便	大13.7.16	設	大13.8.25			昭2.8.1	国鉄ケフホハ451
ロハ4	大13	苫小牧軽便	大15.11.25	増				昭2.8.1	国鉄ケフホロハ211
ハ5	昭2	苫小牧軽便	昭2.4.14	設	昭2.5.15			昭2.8.1	国鉄ケフホハ442
ハ6	昭2	苫小牧軽便	昭2.4.14	設	昭2.5.15			昭2.8.1	国鉄ケフホハ443
ユカ1	大13	苫小牧軽便	大13.7.16	設	大13.8.25	昭2.2.21*		昭2.8.1	国鉄ケホユニ871
ユカ2	大13	苫小牧軽便	大13.7.16	設	大13.8.25	昭2.2.21*		昭2.8.1	国鉄ケホユニ872

*…内部寸法変更

貨車

番号	製造・改造	出自	手続日改番日	種別	竣功届	設計変更		国鉄編入	異動先
ワム1	大13	苫小牧軽便	大13.7.16	設	大13.8.25			昭2.8.1	国鉄ケホワ1240
ワム2	大13	苫小牧軽便	大13.7.16	設	大13.8.25			昭2.8.1	国鉄ケホワ1241
ワフ1	大15.3	苫小牧軽便	大15.1.22	設	大15.3.19			昭2.8.1	国鉄ケホワフ1160
ワフ2	大15.3	苫小牧軽便	大15.1.22	設	大15.3.19			昭2.8.1	国鉄ケホワフ1161
ト1	大15.9	苫小牧軽便	大15.8.26	設	大15.9.29			昭2.8.1	国鉄ケホチ130
ト2	大15.9	苫小牧軽便	大15.8.26	設	大15.9.29			昭2.8.1	国鉄ケホチ131
ト3	大15.9	苫小牧軽便	大15.8.26	設	大15.9.29			昭2.8.1	国鉄ケホチ132
ト4	大15.9	苫小牧軽便	大15.8.26	設	大15.9.29			昭2.8.1	国鉄ケホチ133
ト5	大15.9	苫小牧軽便	大15.8.26	設	大15.9.29			昭2.8.1	国鉄ケホチ134
ト6	大15.9	苫小牧軽便	大15.8.26	設	大15.9.29			昭2.8.1	国鉄ケホチ135
ト7	大15.9	苫小牧軽便	大15.8.26	設	大15.9.29			昭2.8.1	国鉄ケホチ136
ト8	大15.9	苫小牧軽便	大15.8.26	設	大15.9.29			昭2.8.1	国鉄ケホチ137
ト9	大15.9	苫小牧軽便	大15.8.26	設	大15.9.29			昭2.8.1	国鉄ケホチ138
ト10	大15.9	苫小牧軽便	大15.8.26	設	大15.9.29	昭2.2.21*		昭2.8.1	国鉄ケホト570

*…長物車に側板取付

ム位置が火室上から罐中央に移動した事くらいでしかない。

■ 客車

ロハ1・4は窓配置O43O、北炭形二等客車を押し縮めたようなスタイルのダブルルーフのボギー車。図示のように車体中央部に便所があり、それが三等室においてデッドスペースと化す構造のため、客室は二等室の方が広い。両室共ロングシートで床のリノリウムおよびシート背刷りの有無で格付けがなされている。ハ2・3は窓配置O17O、北炭形二等客車ショーティーのボギー車で一端に便所を持つ。ハ5・6はハ2・3から便所を撤去した構造で窓配置O9O。結果的に苫小牧軽便ハ4・5は同型で、買収後は同一形式にまとめられたため国鉄では明治44年製として扱われているが、実車は昭和2年製である。ユカ1・2は窓配置O11Oの郵便荷物車。苫小牧軽便ユカ3は同型だが台車がやや大きく、また床下トラス棒がなく本車の方がBC間距離も短い。室内も護送郵便室や車掌執務机の位置関係が鏡面対照になっている。昭和2年の静内延長時に郵便掛員が乗務することになり室内容積を変更したことになっているが、国鉄の形式図は原型のままである。認可申請書類に残された要目から判断すると旧車体を破棄し苫小牧軽便ユカ2と同様のカマボコ車体[47]に乗せ換えたとしか考えられないが、結局現車の改造は竣功しなかったか、それとも国鉄の形式図調製ミスかは判断し難い一面がある。

■ 貨車

ワム1・2は7t積ボギー有蓋車。「ム」の記号が気になるが、国鉄における接尾記号「ム」は当初、馬

■表2 ユカ1,2の内部寸法変化

時期 \ 要目内容	自重 t	郵便 t	荷物 t	最大寸法 長×幅×高mm	郵便室寸法 長×幅×高mm	緩急室寸法 長×幅×高mm
大正13年製造時	4.5	1.5	—	7645×2083×3035	3023×1334×2286	2451×1803×2286
昭和2年改造時	4.5	5.0	1.2	7645×2083×3035	4310×1803×2286	2438×1765×2286
苫小牧ユカ2最終形態	4.5	1.5	1.2	7645×2083×3035	4310×1803×2286	2438×1765×2286

出典:「鉄道省文書・苫小牧軽便鉄道、日高拓殖鉄道」より計算

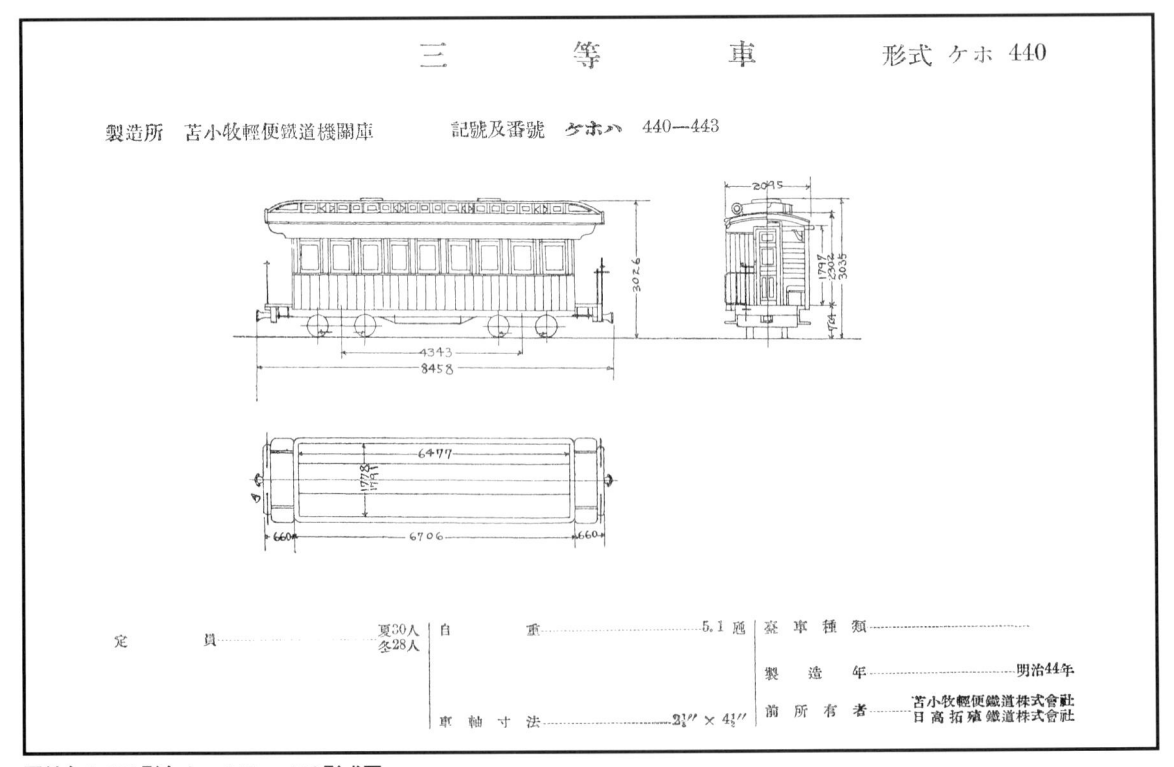

国鉄ケホ440形ケホハ440〜443形式図
買収前のハ5・6。苫小牧軽便鉄道ハ4・5と同型車の関係で明治44年製とされている点に注意。
鉄道省工作局「車両形式図客車下巻」昭和3年版 小松重次提供

匹輸送兼用を意味する記号であり、軽便用としては大柄の車体に日高という立地から考えると、恐らく馬の輸送を念頭に置いた貨車と思われる。大柄な車体は**ワフ1・2**も同様で、これも7m台の大型車体を持つ6t積有蓋緩急車である。**ト1～9**は8本の側柱を持つ6t積ボギー長物車で苫小牧軽便ムボ1～100は同型。**ト10**はもとはト1～9と同型の長物車であるが、静内開業時に機関車用石炭運搬のため「普通の」無蓋車が必要となり、6t積四枚側ボギー無蓋車に改造された。

■ 参考文献
臼井茂信「国鉄狭軌軽便線12」『鉄道ファン』No.275 (1984-3)

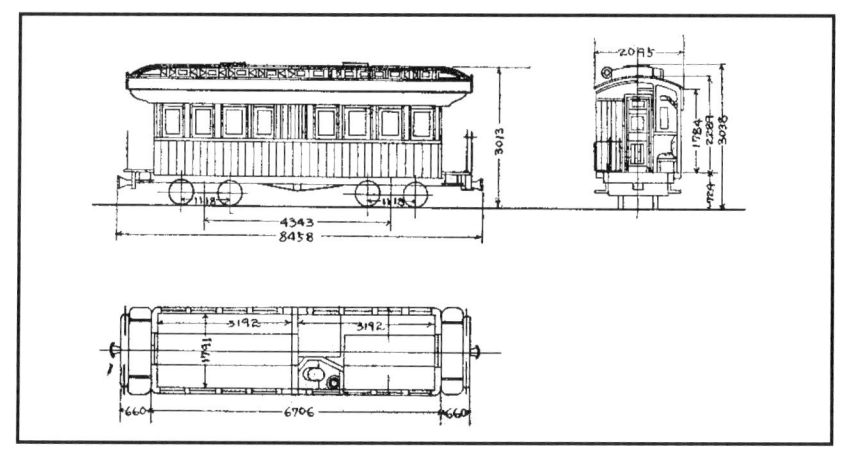

国鉄ケホ210形ケホロハ210・211形式図

買収前のロハ1・4。便所のある側が三等室。
鉄道省工作局
「車両形式図客車下巻」昭和3年版
小松重次提供

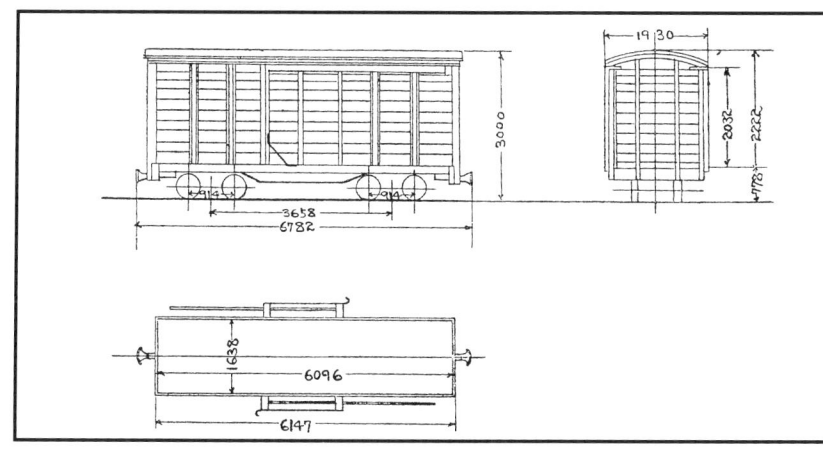

国鉄ケワ100形ケワ100・101形式図

買収前のワム1・2。馬匹輸送には充分な車体長であることが理解できよう。国鉄買収時にケホワ1240・1241となるが、直後の「昭和の大改番」で再改番。
鉄道省工作局
「車両形式図客車下巻」昭和4年版
大幡哲海提供

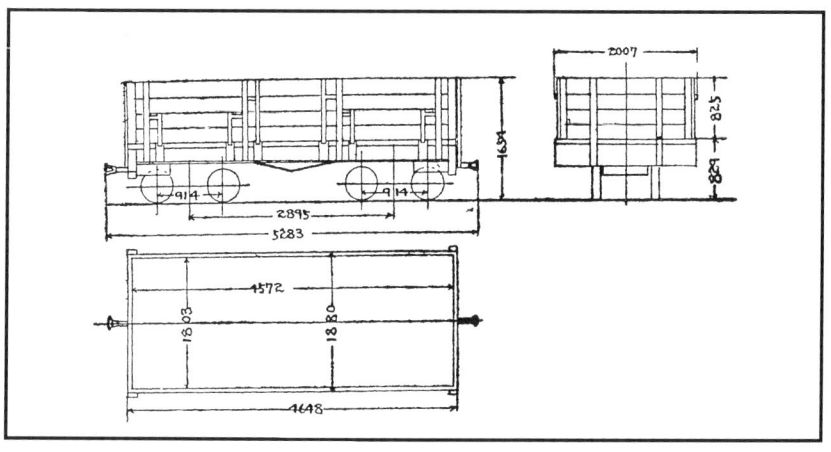

国鉄ケト100形ケト100形式図

買収前のト10。国鉄買収時にケホト570となるが、直後の「昭和の大改番」により再改番された。
鉄道省工作局
「車両形式図客車下巻」昭和4年版
大幡哲海提供

---

[46] 『日本国有鉄道百年史』11巻 (1973-3) p 879
[47] 形態については20頁に形式図を掲げたので参照のこと。

釧路臨港鉄道→
太平洋石炭販売輸送

城山－東釧路－入船町
11.86 km
軌間：1067㎜
動力：蒸気・内燃

■ 沿革

釧路は釧路川河口が港湾に適していたことから開拓使より交通の要所とされ、十勝、北見を背景とする道東の最重要港湾に成長するが、さらなる発展が見込まれることから明治42年より釧路川治水とあわせて国費による本格的な築港工事が始まった。これに伴い海陸連絡のための臨港鉄道が計画されたが、同時に釧路には炭礦都市としての側面があり、軌を一にして太平洋炭礦の輸送問題が浮上した。前身である春採炭礦は明治期の発見で、以後、休山を繰り返しながら稼動したが、大正6年に木村組に買収されてから本格的な開発が始まり、さらに大正9年に三井鉱山の資本が入り太平洋炭礦に改称された。大正12年時点においては年産25万tの石炭を運炭軌道により釧路川から搬出したが、その輸送力には自ずから限界があり抜本的な改善が必要とされていた。

特に太平洋炭礦の輸送問題解決は急ぐ必要があったことから、三井鉱山が臨港鉄道敷設計画に便乗することになり、かくして炭礦鉄道の性格をあわせ持つ臨港鉄道が誕生する。大正14年2月11日に春採－知人間が開業し、順次延長を重ねて釧路川左岸地区をほぼ一周する路線が出来上がる。その間、春採の炭住地区と釧路市内の連絡のため旅客輸送の要望があり大正15年よりこれを開始するが、自動車の発達とともに需要が低迷し、昭和38年10月限りで貨物専業に戻る。昭和54年に親会社に吸収された頃から一般貨物が減少、昭和61年の国鉄東釧路駅の貨物扱廃止で連絡輸送が絶たれ開業時の姿に戻ってしまう。幸いにして平成26年度末時点では健在だが、すでに臨港鉄道の要素を失っている現在、その命運は我国最後の坑内掘炭礦である釧路コールマインの消長にかかる。なお、当社は過去、現在を問わず特徴的な車両が非常に多いことでも知られている。

■ 機関車

1～3は国鉄3390形の払下機。実は雄別炭礦鉄道も開業にあたってこの3両を狙っていたが、結果的には当社が購入した。3は老朽化のため早くに廃車されたが、戦前は本機が太平洋炭礦のピストン輸送に専用されていた。5～8は47t1C2タンク機。日車が特に当社のために開発した独特な機関車である。換算出力も584PSとちょうど国鉄C11とC12の中間程度だが[48]飽和式。昭和30年認可で傾斜型の側水槽を順次継ぎ足した。10・11は国鉄2120形の払下機。10の払下時に軸重の都合上1mほど側水槽長を切り詰める認可を得たが、積載量で調整することになったようで実際は施工されていない。春採の構内入換機として使用[49]。D101は国鉄DD13初期型をモデルにロッド式にしたような54t凸形ディーゼル機関車。当初は正面に通風

5（2-6-4形）
昭和4年日車製の47tタンク機。釧路臨港鉄道独自設計機で、私鉄機では異例な1C2の軸配置を採用。水タンクの斜めに切り落とされた部分は昭和30年に付け足したもの。
昭和32.8.30　春採
湯口徹

D101（B-B形）
昭和33年日車製の54t機。登場時は正面ルーバーを持つ1灯式前照灯で、国鉄DD13初期型と似た雰囲気の車だった。
　　　　　　　　　　　　　　　平成2.5. 春採　大幡哲海

D201（B-B形）
昭和37年日車製の50t機。機器だけでなく、ボンネット造形や側扉のあるキャブなど、外見も他機と異なる。
　　　　　　　　　　　　　　　昭和49.9.24　春採　白石良裕

ルーバーを持つ1灯式前灯で、エンジンもDMF31S（400PS/1300rpm）×2であったが、昭和40年代に密閉式2灯前灯化[50]、エンジンも昭和47年7月にDMF31SB（500PS/1500rpm）×2に換装している[51]。液体変速機は一貫してDS1.2/1.35である。
　D201は50t凸形ディーゼル機関車。一見すると国鉄DD13形タイプで他機と大差がないように見えるが、エンジンはDMH17SB（300PS/1600rpm）×2、液体変速機もTCW2.5と機器構成が根本的に異なる。台車はロッド式。昭和41年にD501に流用するため1エンジン化されたが、昭和43年に2エンジンに復元された。D301は45tセミセンターキャブ凸形ディーゼル機関車。DMF31SB（500PS/1500rpm）とDS1.2/1.35液体変速機の組み合わせの1エンジン機である。台車はロッド式。D401は55t凸形ディーゼル機関車で、国鉄DD13標準型に相当するが、台車は相変わらずロッド式。D301の2エンジン版である。D501は軸配置Bの25tL形ディーゼル機関車。機器はD201を1エンジン化のうえ製作された。小型機ながら運炭列車に専用されたが、出力の関係か比較的早期に転売されている。DE601は日車がGEのライセンス下で試作した55tエンドキャブの電気式ディーゼル機関車で、U10B形と称するGEの国際標準機。エンジンは水冷12気筒のキャタピラーD-398B（1050PS/1300rpm）×1でGE製GT-601ei形発電機（710kW/800V）に接続、その発生電力でGE-761A5（280kW/800V）形モーター4個を駆動する。なお、当社では高速性能は要求されないため最高速度40km/hでノッチオフ制限がかかる。世界的に見れば珍しくもない機関車だが国内では唯一の存在として名高く、かつ国鉄DF50形引退後、JR貨物がDF200形を開発するまでの間は電気式内燃車両の孤塁を守る存在でもあった。D701はD401の増備にあたる55tの凸形機で機器の組み合わせは同一。国鉄DD13形の同型機だが、選炭機をくぐることを前提にボンネット上の冷却ファンを持たないのが大きな特徴。台車は液体式6機目にしてようやくロッド式を脱した。D801は釧路開発埠頭KD1301を購入したもので元雄別鉄道YD1301。

■ 内燃動車
　キハ1は日車製の窓配置1ḎD1の二軸のレールカー。北海道拓殖鉄道キハ101・102は同型だが、機関はフォードB（26.9kW/1500rpm）に強化されてい

D301（B-B形）
昭和39年日車製の45t機。ボンネット上のカバーは選炭機をくぐる際、落下する石炭から冷却ファンを保護するもの。
　　　　　　　　　　　　　　　昭和63.5.　春採　大幡哲海

D701（B-B形）
昭和53年日車製の55t機。選炭機をくぐる前提で設計されたため、ボンネット上の冷却ファンを持たない。
　　　　　　　　　　　　　　　平成18.4.13　春採　澤内一晃

DE601（U10B形）
昭和45年日車製の55t機。GEのライセンスで製作された電気式機関車で、日本離れしたエンドキャブ機である。
昭和63.5. 春採
大幡哲海

る。キハ101は渡島海岸鉄道キハ101の譲受車。キハ102は国鉄キハ40363の払下車で元北海道鉄道キハ553。気動車として入籍したものの実質客車であったため、まもなく実態にあわせナハ1に改称されるも昭和28年に気動車として復活、**キハ1001**となる。大型のため売れ行きが良かった北海道鉄道買収気動車であるが、戦後気動車として復活できたのは本車だけである。復旧時にDMF13（120PS/1500rpm）とTC-2変速機を装備する液体式気動車となるが総括制御は出来ない。また、原設計は右側運転台であるが、ちょうど関東鉄道龍ヶ崎線の気動車と同様にどちらの運転台もホーム側に来るよう一位側は右側に設置され、しかも妻面にも座席が増設されていたのが特徴である。以上の内燃動車はすべてロングシート。

■ **客車**
コハ1（初代）・2は国鉄コハ7925・7945形の払下車で北炭形の小型ボギー客車。室内はクロスシート。北炭形客車の例に漏れず連結器高さが低位のまま払い下げられているため、当初はタワー式自動連結器を持つ貨車のナックルにむりやり引っ掛け運転したが、安全性に問題があり、連結器胴受をアングルで補強し強引に連結器を扛上した。また、払下当初は便所付であったが、短距離運転につき必要性に乏しかったため昭和7年に便器を撤去。部屋は掃除用具置き場に転用された。コハ1（二代目）はキハ1、**コハ101**はキハ101の機関を撤去したもの。ともに客車化にあたって死重としてレール1tを設置し、コハ101には空気ブレーキや妻面座席も増設している。ナハ1は前述の機関なしで払下をうけたキハ102を改称したもので、のち手ブレーキを取り付け**ナハフ1**となるが、昭和28年に気動車に復帰する。これら気動車改造車の室内はいずれもロングシート。

キハ1001（キハ1000形）
昭和26年に譲受した国鉄キハ40363を昭和28年に運輸工業で気動車に復旧した。客扱上、運転台がホーム側にある点に注意。
昭和32.8.30　春採　湯口徹

コハ1（コハ1形）、コハ101（コハ100形）
左は昭和7年日車東京製のキハ1を客車化したコハ1。右は渡島海岸鉄道キハ101を前身とするコハ101。
昭和32.8.30　春採　湯口徹

セラ242（セラ200形）
18t積木造三軸石炭車。原設計は日車だが、写真の昭和17年製の最終ロットのみ汽車東京製。保線用に転用されたため車体上部は撤去されている。
昭和42.8.21　春採
和久田康雄

■ **貨車**

　ワ1形は院ワ15428形および国鉄ワ1形の払下車。荷重は前者が8t積に対し後者は10t積。**ワブ1形**は院ワフ4665形や国鉄ワフ1形の払下車。荷重は前者が8t積に対し後者は6t積。ワ1形の改造車もある。**ト1形**は道内他社にも多くが払い下げられた院フト7600形で10t積三枚側。妻面は山形妻で手ブレーキを持つ。**ト10形**は院フト7970形の払下車で10t積三枚側。妻面は平妻で手ブレーキを持つ。**トム1形**は国鉄トム1形（1両はトム5000形）の払下車。**トム60000形**（トム6〜8）は国鉄トム60000形と同型の新造車で、製造時より二段リンク式。**トム16000形**（トム9〜13）は国鉄トム16000形の払下車。**トラ1形**はセラ200形を改造した19t積七枚側の三軸無蓋車。会社資料によると売炭専用車とあり、線内への小口石炭輸送用として使用された。**トラ50形**は日露戦時に満州に大量投入された戦略用ボギー無蓋車の生き残りで18t積五枚側。当初の石炭輸送用車で、セラ200形投入後も大塊、二等炭類は本車の担当であった。**トラ100形**はトラ50形に側柱を立て材木車兼用としたもの。しかし、木材輸送がほとんどなく石炭運搬に不便なため大正15年にトラ50形と同型に改造されたが、形式は分けられたままだった。**セラ200形**は釧路臨港鉄道独特の18t積木造三軸石炭車。本車は当初は洗炭輸送担当。原則的に線内石炭列車に専用されるため担バネ吊りはシュー式と三軸車としては簡易な作りで、かつ空気ブレーキも持たない。日車の設計だが、汽車東京が製作した最終ロットのみ自重がやや重く、またこのグループのみ国鉄直通車となっていた。セキの投入に伴い順次側板上部三枚を外し砂利散布用車に格下げられた。**セキ1形**は国鉄セキ1形の払下車。いわゆるシャトルトレイン方式は本形式から始まったもので、側扉自動開閉機構を導入したことから床下に大型の空気溜を持つ。**セキ3000形**は国鉄セキ3000形の払下車。**セキ60000形**は特注の60t積石炭車。連接式貨車

ワフ3・1（ワブ1形）
手前のワフ3は国鉄ワフ85の譲受車で6t積の縦羽目車体、奥のワフ1は国鉄ワブ4669を譲受したもので8t積の横羽目車体である。
昭和41.7.　春採　阿久津浩

トラ5（トラ1形）
昭和37年にセラ210を改造した19t積三軸無蓋車。七枚側だが開閉は下三枚分のアオリ戸のみ。
昭和45.8.25　臨港　堀井純一

89

セキ5（セキ1形）
明治45年汽車製の30t積ボギー石炭車で、国鉄セキ293を昭和33年に譲受。側扉開閉用として設置された空気溜に注意。
　　　　　　　　　　　　　　昭和41.7.　春採　阿久津浩

セキ6026+6025（セキ6000形）
昭和41年日車製の60t積連接式石炭車。連結器上のシートで覆われている部分に電気連結器がある。
　　　　　　　　　　　　　平成18.4.13　春採　澤内一晃

として有名な存在だが、その他にも密着自連や電気連結器の採用、凍結防止の塩ビの内張など技術的特徴が多い。当初は軌道負担力不足で56t積として使用されたが、軌道強化を終えた昭和42年に60t積に引き上げ。連結部に張り出した塵除けも昭和42年に設置。昭和45年に改番を行い**セキ6000形**に改称されている。

■ 参考文献

小熊米雄「釧路臨港鉄道」『鉄道ピクトリアル』私鉄車両めぐり別冊（1960-12増）
千葉譲「釧路臨港鉄道」『鉄道ピクトリアル』No259（1971-12増）
太平洋石炭販売輸送『臨鉄60年の軌跡』(1984)同社
湯口徹『北線路（下）』エリエイ出版部（1988）
今井理・河野哲也「北海道の専用鉄道、専用線」『鉄道ピクトリアル』No541（1991-3増）

釧路臨港鉄道→太平洋石炭販売輸送
機関車

番号	製造・改造	出自	手続日改番日	種別	竣功届	社番号化 大14.7.30	設計変更	列車無線設置認可	用途廃止	異動先
3391	明34.1　BLW	国鉄3391	大13.9.24	譲	大14.7.3	1			昭26.7.11	
3392	明34.1　BLW	国鉄3392	大13.9.24	譲	大14.7.3	2			昭25.4.11	
3	明26.9　BLW	国鉄3390	大14.12.25	譲	大15.3.23				昭11.8.10	
5	昭4.9　日車		昭4.9.30	設	昭4.10.3		昭30.11.14*		昭40.2.18	
6	昭12.8　日車		昭12.8.9	増			昭30.11.14*		昭40.2.18	
7	昭16.9　日車		昭14.8.16	増	昭16.9.20		昭30.11.14*		昭39.2.20	
8	昭18.3　日車		昭18.11.10	増			昭30.11.14*		昭40.2.18	
10	明38　NBS	国鉄2356	昭26.6.19	設	昭26.8.1		昭26.7.25#		昭39.2.20	
11	明38　NBS	国鉄2381	昭26.12.24	設	昭27.1.28				昭39.2.20	
D101	昭33.12　日車		昭33.11.18	設	昭33.12.1			昭44.10.28	平11.11.30	
D201	昭37.10　日車		昭37.9.18	設	昭37.10.9		昭41.12.22b	昭44.10.28	昭61.12.31	
D301	昭39.11　日車		昭39.11.14	設	昭39.12.4		昭41.12.22b	昭44.10.28	平15.11.30	
D401	昭39.11　日車		昭39.11.14	設	昭39.12.4			昭44.10.28	（在籍）	
D501	昭41.5　日車		昭41.10.13	設			昭41.12.22b	昭44.10.28	昭54.2.20	日本通運勇足
DE601	昭45.9　日車		昭45.9.10	設	昭45.10.7				（在籍）	
D701	昭53.4　日車		昭53.4.3	設	昭53.4.15				（在籍）	
D801	昭41.6　日車	釧路埠頭KD1301	平12.3.15	確					（在籍）	

*…水槽拡大、#…水槽縮小、b…並型密着連結器化（D201は1機関化併施。昭43.7.9届で2機関に復元）

内燃動車

番号	製造・改造	出自	手続日改番日	種別	竣功届	改番を伴う設計変更	用途廃止	異動先
キハ1	昭7.4　日車東京		昭10.9.6	設	昭10.9.15		昭27.10.30	→コハ1
キハ101	昭11　日車東京	渡島海岸キハ101	昭20.12.19	譲			昭27.10.30	→コハ101

48) 出力で表すとC11は610PS、C12は505PS。
49) 小熊米雄「釧路臨港鉄道」『鉄道ピクトリアル』私鉄車両めぐり別冊（1960-12増）p12
50) 具体的な時期については不明。車体長など要目の変化がないため認可事項でなく、竣功図は廃車時まで1灯式のまま修正されないなど、会社側にも記録が残されていない。機関換装と同時という仮説を立てようにも、『鉄道ピクトリアル』No259（1971-12増）p98の写真から昭和46年6月時点ですでに改造済であることが明らかなため、説自体も成立しない。
51) 会社台帳に本件の控えがなく、換装認可年月日については不明。

番号	製造・改造	出自	手続日改番日	種別	竣功届			改番を伴う設計変更	用途廃止	異動先
キハ102	昭13.6 日車東京	国鉄キハ40363	昭26. 5. 7	設	昭26. 5.23			昭26. 8.25		→ナハ1
キハ1001	昭28.7 運輸工業改	ナハフ1	昭28.11.10	変	昭28.11.27				昭39. 7.24	南部鉄道

客車

番号	製造・改造	出自	手続日改番日	種別	竣功届	改番届 昭4.10.23	設計変更	設計変更・改番日	用途廃止	異動先
フコハ1	(→前掲)	フコハ7939	大15. 1.12	称		コハ1(Ⅰ)	昭 4. 7.20*	昭 7. 7.14#	昭25. 4.11	
フコハ2	(→前掲)	フコハ7955	大15. 1.12	称		コハ2	昭 5. 2.25*	昭 7. 7.14#	昭25.10. 5	
フコハ7939		手宮工	国鉄フコハ7939	大14.11. 7	譲			大15. 1.12		→フコハ1
フコハ7955		手宮工	国鉄フコハ7955	大14.11. 7	譲			大15. 1.12		→フコハ2
コハ1(Ⅱ)			キハ1	昭27.10.30	変	昭27.11.22			昭39. 2.20	
コハ101			キハ101	昭27.10.30	変	昭27.11.22		昭31. 7.26♭	昭32. 9.26§	昭39. 2.20
ナハ1			キハ102	昭26. 8.25	変	昭26. 9. 1			昭27. 2.26	→ナハフ1
ナハフ1			ナハ1	昭27. 2.26	変	昭27. 3.14			昭28.11.10	→キハ1001

*…自連扛上、#…便所撤去、油灯→アセチレン灯化、♭…空気制動装置設置、§…座席増設

貨車

番号	製造・改造	出自	手続日改番日	種別	竣功届	改番届 大14.7.30	改番届 昭3.11.19	設計変更・改番日	用途廃止	異動先
【ワ15428形→ワ1形】										
ワ15521	明36-37 天野*	院ワ15521	大13. 9.24	譲	大14. 7. 3	ワ1			昭40. 2.18	
ワ15525	明36-37 天野*	院ワ15525	大13. 9.24	譲	大14. 7. 3	ワ2		昭31. 3.31		→ワフ2(Ⅱ)
ワ3	明38.12 日車	国鉄ワ3566	昭12.12. 4	譲	昭16.10.15				昭40. 2.18	
ワ4	明36.9 神戸工	国鉄ワ2173	昭24. 4. 2	譲	昭25. 5. 6				昭41. 9.26	
ワ5	明39.2 日車	国鉄ワ3932	昭24. 4. 2	譲	昭25. 5. 6				昭40. 2.18	
ワ6	明33.11 神戸工	国鉄ワ5151	昭24. 4. 2	譲	昭25. 5. 6				昭42. 3.30	
ワ7	明38.12 日車	国鉄ワ8075	昭24. 4. 2	譲	昭25. 5. 6				昭41. 9.26	
ワ8	明36.6 神戸工	国鉄ワ2077	昭24. 4. 2	譲	昭25. 5. 6				昭42. 3.30	
【ワフ4665形→ワフ1形→ワブ1形】										
ワフ4669	明31-35 月島仮*	院ワフ4669	大13. 9.24	譲	大14. 7. 3	ワフ1	ワブ1		昭41. 9.26	
ワフ4670	明31-35 月島仮*	院ワフ4670	大13. 9.24	譲	大14. 7. 3	ワフ2(Ⅰ)	ワブ2		昭25. 4.11	
ワフ2(Ⅱ)			ワ2	昭31. 2. 4	変	昭31. 4.25				昭40. 2.18
ワブ3	大1.12 汽車	国鉄ワフ85	昭12.12. 4	譲	昭16.10.15				昭41. 9.26	
【フト7600形→フト1形→ト1形】										
フト7635	明39-40 ブレスド	院フト7635	大13. 9.24	譲	大14. 7. 3	フト1	ト1		昭40. 2.18	
フト7650	明39-40 ブレスド	院フト7650	大13. 9.24	譲	大14. 7. 3	フト2	ト2		昭25. 4. 1	
フト7654	明39-40 ブレスド	院フト7654	大13. 9.24	譲	大14. 7. 3	フト3	ト3		昭25. 4. 1	
フト7777	明39-40 ブレスド	院フト7777	大13. 9.24	譲	大14. 7. 3	フト4	ト4		昭25. 4. 1	
【フト7970形→フト10形→ト10形】										
フト7971	明32.3 旭川工	院フト7971	大13. 9.24	譲	大14. 7. 3	フト11	ト11		昭26. 7.11	
フト7972	明32.3 旭川工	院フト7972	大13. 9.24	譲	大14. 7. 3	フト12	ト12		昭26. 7.11	
【トム1形】										
トム1	大4.3 天野	国鉄トム189	昭28. 6.23	設	昭28. 8. 1				昭40. 2.18	
トム2	昭15.3 汽車東京	国鉄トム12017	昭28. 6.23	設	昭28. 8. 1				昭40. 2.18	
トム3	大5.11 川崎	国鉄トム1633	昭28. 6.23	設	昭28. 8. 1				昭40. 2.18	
トム4	大4.9 汽車	国鉄トム693	昭28. 6.23	設	昭28. 8. 1				昭40. 2.18	
トム5	大6.7 汽車	国鉄トム1915	昭28. 6.23	設	昭28. 8. 1				昭40. 2.18	
【トム60000形】										
トム6	昭32.4 日車東京		昭32. 3.20	設					平 3. 7. 8	
トム7	昭32.4 日車東京		昭32. 3.20	設					平 3. 7. 8	
トム8	昭32.4 日車東京		昭32. 3.20	設					平 3. 7. 8	
【トム16000形】										
トム9	大14.2 川崎	国鉄トム16365	昭32.10.22	設	昭32.12. 6				昭43.10. 9	
トム10	昭2.3 汽車東京	国鉄トム17482	昭32.10.22	設	昭32.12. 6				昭43.10. 9	
トム11	大15.11 日車	国鉄トム17659	昭32.10.22	設	昭32.12. 6				昭43.10. 9	
トム12	大15.8 日車	国鉄トム17259	昭32.10.22	設	昭32.12. 6				昭43.10. 9	
トム13	昭2.3 新潟	国鉄トム17732	昭32.10.22	設	昭32.12. 6				昭43.10. 9	
【トラ1形】										
トラ1	昭37.1 自社改	セラ216	昭36.12. 8	変	昭37. 1.20				昭51.11.19	
トラ2	昭37.7 自社改	セラ217	昭36.12. 8	変	昭38. 9. 6				昭51.11.19	
トラ3	昭37.7 自社改	セラ219	昭36.12. 8	変	昭38. 9. 6				昭51.11.19	
トラ4	昭37.8 自社改	セラ224	昭36.12. 8	変	昭38. 9. 6				昭51.11.19	
トラ5	昭37.8 自社改	セラ210	昭36.12. 8	変	昭38. 9. 6				昭51.11.19	
トラ6	昭38.8 自社改	セラ211	昭36.12. 8	変	昭38. 9. 6				昭51.11.19	
トラ7	昭38.8 自社改	セラ221	昭36.12. 8	変	昭38. 9. 6				昭51.11.19	
【ホト6050形→トラ50形】										

番号	製造・改造	出自	手続日 改番日	種別	竣功届	改番届 大14.7.30	改番届 昭3.11.19	設計変更・改番日	用途廃止	異動先
ホト6156	明38-41　C&F	院ホト6156	大14. 5. 5	譲	大14.10. 4	ホト55	トラ55		昭35. 7.20	
ホト6170	明38-41　C&F	院ホト6170	大13.12.23	譲	大14. 7.10	ホト51	トラ51		昭37. 4. 5	
ホト6191	明38-41　C&F	院ホト6191	大13.12.23	譲	大14. 7.10	ホト52	トラ52		昭35. 7.20	
ホト6198	明38-41　C&F	院ホト6198	大14. 5. 5	譲	大14.10. 4	ホト56	トラ56		昭35. 7.20	
ホト6205	明38-41　C&F	院ホト6205	大14. 5. 5	譲	大14.10. 4	ホト57	トラ57		昭37. 4. 5	
ホト6217	明38-41　C&F	院ホト6217	大14. 5. 5	譲	大14.10. 4	ホト58	トラ58		昭37. 4. 5	
ホト6218	明38-41　C&F	院ホト6218	大14. 5. 5	譲	大14.10. 4	ホト59	トラ59		昭37. 4. 5	
ホト6219	明38-41　C&F	院ホト6219	大14. 5. 5	譲	大14.10. 4	ホト60	トラ60		昭36. 3.15	
ホト6221	明38-41　C&F	院ホト6221	大14. 5. 5	譲	大14.10. 4	ホト61	トラ61		昭35. 7.20	
ホト6234	明38-41　C&F	院ホト6234	大14. 5. 5	譲	大14.10. 4	ホト62	トラ62		昭36. 3.15	
ホト6249	明38-41　C&F	院ホト6249	大14. 5. 5	譲	大14.10. 4	ホト63	トラ63		昭37. 4. 5	
ホト6256	明38-41　C&F	院ホト6256	大13.12.23	譲	大14. 7.10	ホト53	トラ53		昭35. 7.20	
ホト6319	明38-41　C&F	院ホト6319	大13.12.23	譲	大14. 7.10	ホト54	トラ54		昭36. 3.15	
ホト6394	明38-41　C&F	院ホト6394	大14. 5. 5	譲	大14.10. 4	ホト64	トラ64		昭35. 7.20	
【ホトチ20000形→ホト100形→トラ100形】										
ホト101	(→前掲)	ホトチ101	大15. 3.27	変			トラ101		昭36. 3.15	
ホト102	(→前掲)	ホトチ102	大15. 3.27	変			トラ102		昭36. 3.15	
ホトチ20025	明38　ミッドルタウン	院ホトチ20025	大13.12.23	譲	大14. 7.10	ホトチ101		大15. 3.27		→ホト101
ホトチ20088	明38　ミッドルタウン	院ホトチ20088	大13.12.23	譲	大14. 7.10	ホトチ102		大15. 3.27		→ホト102
【ホセ200形→セラ200形】										
ホセ200	大15.11　日車東京		大15. 9.29	設	昭 2. 1. 7		セラ200		昭39. 2.20	
ホセ201	昭2.6　日車東京		昭 2. 6.17	増	昭 2. 6.28		セラ201		昭39. 2.20	
ホセ202	昭2.6　日車東京		昭 2. 6.17	増	昭 2. 6.28		セラ202		昭39. 2.20	
ホセ203	昭2.6　日車東京		昭 2. 6.17	増	昭 2. 6.28		セラ203		昭39. 2.20	
ホセ204	昭2.9　日車東京		昭 2.10.17	増	昭 2.10.20		セラ204		昭40. 2.18	
ホセ205	昭2.9　日車東京		昭 2.10.17	増	昭 2.10.20		セラ205		昭39. 2.20	
ホセ206	昭2.9　日車東京		昭 2.12.19	増	昭 3. 1.11		セラ206		昭39. 2.20	
ホセ207	昭2.9　日車東京		昭 2.12.19	増	昭 3. 1.11		セラ207		昭39. 2.20	
ホセ208	昭2.9　日車東京		昭 2.12.19	増	昭 3. 1.11		セラ208		昭39. 2.20	
ホセ209	昭2.9　日車東京		昭 2.12.19	増	昭 3. 1.11		セラ209		昭39. 2.20	
セラ210	昭8.9　日車東京		昭 8. 9.30	増				昭36.12. 8		→トラ5
セラ211	昭8.9　日車東京		昭 8. 9.30	増				昭36.12. 8		→トラ6
セラ212	昭8.9　日車東京		昭 8. 9.30	増					昭40. 2.18	
セラ213	昭12.9　日車東京		昭12. 9.28	増					昭40. 2.18	
セラ214	昭12.9　日車東京		昭12. 9.28	増					昭40. 2.18	
セラ215	昭12.9　日車東京		昭12. 9.28	増					昭40. 2.18	
セラ216	昭12.9　日車東京		昭12. 9.28	増				昭36.12. 8		→トラ1
セラ217	昭12.9　日車東京		昭12. 9.28	増				昭36.12. 8		→トラ2
セラ218	昭12.9　日車東京		昭12. 9.28	増					昭40. 2.18	
セラ219	昭12.9　日車東京		昭12. 9.28	増				昭36.12. 8		→トラ3
セラ220	昭12.9　日車東京		昭12. 9.28	増					昭40. 2.18	
セラ221	昭12.9　日車東京		昭12. 9.28	増				昭36.12. 8		→トラ7
セラ222	昭12.9　日車東京		昭12. 9.28	増					昭40. 2.18	
セラ223	昭14.7　日車東京		昭14. 8.12	増	昭15. 6.25				昭40. 2.18	
セラ224	昭14.7　日車東京		昭14. 8.12	増	昭15. 6.25			昭36.12. 8		→トラ4
セラ225	昭14.7　日車東京		昭14. 8.12	増	昭15. 6.25				昭40. 2.18	
セラ226	昭14.7　日車東京		昭14. 8.12	増	昭15. 6.25				昭40. 2.18	
セラ227	昭14.7　日車東京		昭14. 8.12	増	昭15. 6.25				昭40. 2.18	
セラ228	昭14.7　日車東京		昭14. 8.12	増	昭15. 6.25				昭40. 2.18	
セラ229	昭14.7　日車東京		昭14. 8.12	増	昭15. 6.25				昭40. 2.18	
セラ230	昭14.7　日車東京		昭14. 8.12	増	昭15. 6.25				昭40. 2.18	
セラ231	昭14.7　日車東京		昭14. 8.12	増	昭15. 6.25				昭40. 2.18	
セラ232	昭14.7　日車東京		昭14. 8.12	増	昭15. 6.25				昭40. 2.18	
セラ233	昭17.5　汽車東京		昭15.12.26	増	昭17. 7.22				昭40. 2.18	
セラ234	昭17.5　汽車東京		昭15.12.26	増	昭17. 7.22				昭40. 2.18	
セラ235	昭17.5　汽車東京		昭15.12.26	増	昭17. 7.22				昭40. 2.18	
セラ236	昭17.5　汽車東京		昭15.12.26	増	昭17. 7.22				昭40. 2.18	
セラ237	昭17.5　汽車東京		昭15.12.26	増	昭17. 7.22				昭40. 2.18	
セラ238	昭17.5　汽車東京		昭15.12.26	増	昭17. 7.22				昭40. 2.18	
セラ239	昭17.5　汽車東京		昭15.12.26	増	昭17. 7.22				昭56. 4.30	
セラ240	昭17.5　汽車東京		昭15.12.26	増	昭17. 7.22				昭56. 4.30	
セラ241	昭17.5　汽車東京		昭15.12.26	増	昭17. 7.22				昭56. 4.30	
セラ242	昭17.5　汽車東京		昭15.12.26	増	昭17. 7.22				昭56. 4.30	
【セキ1形】										
セキ1	大2.4　汽車	国鉄セキ132	昭33.10.22	設	昭33.11.15				昭53.12.20	
セキ2	大2.4　汽車	国鉄セキ185	昭33.10.22	設	昭33.11.15				昭53.12.20	
セキ3	大2.5　汽車	国鉄セキ198	昭33.10.22	設	昭33.11.15				昭53.12.20	
セキ4	大2.12　汽車	国鉄セキ266	昭33.10.22	設	昭33.11.15				昭53.12.20	

番号	製造・改造		出自	手続日 改番日	種別	竣功届	改番届 大14.7.30	改番届 昭3.11.19	設計変更・ 改番日	用途廃止	異動先
セキ5	大2.12	汽車	国鉄セキ293	昭33.10.22	設	昭33.11.15				昭53.12.20	
セキ6	大2.11	川崎	国鉄セキ328	昭33.10.22	設	昭33.11.15				昭53.12.20	
セキ7	大2.11	川崎	国鉄セキ331	昭33.10.22	設	昭33.11.15				昭51.11.19	
セキ8	大2.11	川崎	国鉄セキ337	昭33.10.22	設	昭33.11.15				昭51.11.19	
セキ9	大3.2	川崎	国鉄セキ374	昭33.10.22	設	昭33.11.15				昭51.11.19	
セキ10	大4.7	汽車	国鉄セキ473	昭33.10.22	設	昭33.11.15				昭51.11.19	
セキ11	明45.3	汽車	国鉄セキ14	昭35.12.19	設	昭36.3.31				昭51.11.19	
セキ12	明45.4	汽車	国鉄セキ57	昭35.12.19	設	昭36.3.31				昭51.11.19	
セキ13	大2.4	汽車	国鉄セキ155	昭35.12.19	設	昭36.3.31				昭42.3.30	
セキ14	大2.4	汽車	国鉄セキ169	昭35.12.19	設	昭36.3.31				昭42.3.30	
セキ15	大2.4	汽車	国鉄セキ196	昭35.12.19	設	昭36.3.31				昭42.3.30	
セキ16	大2.7	汽車	国鉄セキ248	昭35.12.19	設	昭36.3.31				昭42.3.30	
セキ17	大2.12	汽車	国鉄セキ272	昭35.12.19	設	昭36.3.31				昭42.3.30	
セキ18	大2.12	汽車	国鉄セキ275	昭35.12.19	設	昭36.3.31				昭42.3.30	
セキ19	大4.5	汽車	国鉄セキ391	昭35.12.19	設	昭36.3.31				昭41.12.6	雄別鉄道
セキ20	大4.6	汽車	国鉄セキ430	昭35.12.19	設	昭36.3.31				昭41.12.6	
セキ21	大4.6	汽車	国鉄セキ436	昭35.12.19	設	昭36.3.31				昭41.12.6	
セキ22	大4.5	汽車	国鉄セキ414	昭38.4.24	設	昭38.6.5				昭41.12.6	雄別鉄道
セキ23	大4.6	汽車	国鉄セキ434	昭38.4.24	設	昭38.6.5				昭41.12.6	
セキ24	明45.5	汽車	国鉄セキ88	昭39.6.15	設	昭39.7.15				昭41.12.6	
セキ25	大5.6	汽車	国鉄セキ485	昭39.6.15	設	昭39.7.15				昭41.12.6	
セキ26	大2.4	汽車	国鉄セキ191	昭40.4.6	設	昭40.5.10				昭41.12.6	
セキ27	大2.12	汽車	国鉄セキ290	昭40.4.6	設	昭40.5.10				昭41.12.6	
セキ28	明45.5	汽車	国鉄セキ87	昭40.4.6	設	昭40.5.10				昭41.12.6	
セキ29	大2.7	汽車	国鉄セキ245	昭40.4.6	設	昭40.5.10				昭41.12.6	雄別鉄道
セキ30	明45.6	汽車	国鉄セキ93	昭40.4.6	設	昭40.5.10				昭41.12.6	
【セキ3000形】											
セキ3001	昭27.12	新三菱	国鉄セキ3309	昭54.3.12	設					平11.11.30	
セキ3002	昭32.8	汽車	国鉄セキ3660	昭54.3.12	設					平11.11.30	
セキ3003	昭32.12	汽車東京	国鉄セキ3866	昭54.3.12	設					平15.11.30	
セキ3004	昭32.12	新三菱	国鉄セキ4101	昭54.3.12	設					平11.11.30	
セキ3005	昭36.11	汽車	国鉄セキ5062	昭54.3.12	設					平11.11.30	
セキ3006	昭37.1	汽車	国鉄セキ5206	昭54.3.12	設					平11.11.30	
セキ3007	昭26.9	汽車東京	国鉄セキ3108	昭55.11.28	増					平11.11.30	
セキ3008	昭26.10	汽車東京	国鉄セキ3129	昭55.11.28	増					平11.11.30	
セキ3009	昭27.11	汽車	国鉄セキ3240	昭55.11.28	増					平15.11.30	
セキ3010	昭28.5	新三菱	国鉄セキ3478	昭55.11.28	増					平15.11.30	
セキ3011	昭35年度	汽車	国鉄セキ4662	昭55.11.28	増					平15.11.30	
【セキ60000形→セキ6000形（昭45.3.18改番）】							設計変更	設計変更	昭45改番届		
セキ6011	昭41.11	日車		昭41.11.21	設	昭41.12.1	昭42.4.6#	昭42.7.1♭		(在籍)	
セキ6012	昭41.11	日車		昭41.11.21	設	昭41.12.1	昭42.4.6#	昭42.7.1♭		(在籍)	
セキ6021	昭41.11	日車		昭41.11.21	設	昭41.12.1	昭42.4.6#	昭42.7.1♭		(在籍)	
セキ6022	昭41.11	日車		昭41.11.21	設	昭41.12.1	昭42.4.6#	昭42.7.1♭		(在籍)	
セキ6031(Ⅰ)	昭41.11	日車		昭41.11.21	設	昭41.12.1	昭42.4.6#	昭42.7.1♭	セキ6013	(在籍)	
セキ6032(Ⅰ)	昭41.11	日車		昭41.11.21	設	昭41.12.1	昭42.4.6#	昭42.7.1♭	セキ6014	(在籍)	
セキ6041	昭41.11	日車		昭41.11.21	設	昭41.12.1	昭42.4.6#	昭42.7.1♭	セキ6015	(在籍)	
セキ6042	昭41.11	日車		昭41.11.21	設	昭41.12.1	昭42.4.6#	昭42.7.1♭	セキ6016	(在籍)	
セキ6051	昭41.11	日車		昭41.11.21	設	昭41.12.1	昭42.4.6#	昭42.7.1♭	セキ6017	(在籍)	
セキ6052	昭41.11	日車		昭41.11.21	設	昭41.12.1	昭42.4.6#	昭42.7.1♭	セキ6018	(在籍)	
セキ6061	昭41.11	日車		昭41.11.21	設	昭41.12.1	昭42.4.6#	昭42.7.1♭	セキ6019	(在籍)	
セキ6062	昭41.11	日車		昭41.11.21	設	昭41.12.1	昭42.4.6#	昭42.7.1♭	セキ6020	(在籍)	
セキ6071	昭41.11	日車		昭41.11.21	設	昭41.12.1	昭42.4.6#	昭42.7.1♭	セキ6023	(在籍)	
セキ6072	昭41.11	日車		昭41.11.21	設	昭41.12.1	昭42.4.6#	昭42.7.1♭	セキ6024	(在籍)	
セキ6081	昭41.11	日車		昭41.11.21	設	昭41.12.1	昭42.4.6#	昭42.7.1♭	セキ6025	(在籍)	
セキ6082	昭41.11	日車		昭41.11.21	設	昭41.12.1	昭42.4.6#	昭42.7.1♭	セキ6026	(在籍)	
セキ6091	昭44.5	日車		昭44.5.	増				セキ6027	(在籍)	
セキ6092	昭44.5	日車		昭44.5.	増				セキ6028	(在籍)	
セキ6029	昭47.10	日車		昭47.10.8	増					(在籍)	
セキ6030	昭47.10	日車		昭47.10.8	増					(在籍)	
セキ6031(Ⅱ)	昭47.10	日車		昭47.10.8	増					(在籍)	
セキ6032(Ⅱ)	昭47.10	日車		昭47.10.8	増					(在籍)	
セキ6033	昭55.8	日車		昭55.12.1	増					(在籍)	
セキ6034	昭55.8	日車		昭55.12.1	増					(在籍)	
セキ6035	昭55.8	日車		昭55.12.1	増					(在籍)	
セキ6036	昭55.8	日車		昭55.12.1	増					(在籍)	
セキ6037	昭62.4	日車		昭62.3.7	増					(在籍)	
セキ6038	昭62.4	日車		昭62.3.7	増					(在籍)	

*…旭川工か日車の可能性もあり、#…荷重変更、♭…ホッパ端部に塵除け設置

河西鉄道→十勝鉄道（清水部線）

清水ー鹿追・下幌内ー上幌内・北熊牛ー南熊牛
40.0km
軌間：762（1067）mm
動力：蒸気・内燃

■ 沿革

北海道製糖と同時期に台湾製糖も甜菜製糖進出を企て、日本甜菜製糖（現存会社とは別。のち明治製糖に買収）を設立、十勝清水に工場を建設し集荷用の農業用軌道を大正11年2月に開業させる。その後、終点の鹿追が木材集散地であることに目をつけた東武鉄道の原邦造ら東京の資本家が、北海道拓殖鉄道補助法の補助金に後押しされる格好で専用軌道の鉄道転換を計画、明治製糖と折半出資で設立した河西鉄道が軌道を買収する形で大正14年5月30日に一般営業を開始した。

さらに明治製糖の省社連絡線の運行管理を受託することとなり、昭和3年1月30日に1067mm軌間線を編入する。ただし、もとが工場の引込線のため距離にすると0.9kmしかなく、貨物の大半は明治製糖の出荷貨物で省社連絡の一般貨物運賃は無償、さらに運行は随時で法的な位置付けは下清水駅の構外側線であったが、機関車は鉄道省の監督下に置かれて車籍を有する特異な位置づけにあった。

もともと人口希薄地帯なうえに北海道拓殖鉄道と競合関係にあったことから戦時中に不要不急路線に指定されてもおかしくなかったが、沿線で鉄鉱石の産出が見込まれ撤去を免れる。親会社統合に伴い昭和21年1月30日に十勝鉄道に吸収され同社清水部線となるが、日本甜菜製糖は清水工場を製糖工場としなかったため直後に存廃問題が浮上する。昭和24年8月29日に熊牛以遠の旅客営業を廃止、昭和26年1月16日に下幌内以遠、同年7月1日に残る全線が廃止された。

なお、十勝鉄道合併後も帯広部線との接続がない独立した存在であったため、本稿では清水部線時代についても一貫して記載することとする。

■ 機関車

機関車は戦時中に新造された5以外のすべてが明治製糖からの引継機。1～3はコッペル製の12tC形機。臼井氏の分類では「C・1600ミリ」とされるもので十勝鉄道6は同型機と言えるが、動輪径とシリンダ径の違いから本機の方が若干強力である[52]。外見も本機にはコールバンカーがあるなど両機はカスタマイズの好例。本線の主力であったが、ただし最後まで蒸気ブレーキはつけられなかった。十勝鉄道併合後1が4に改番されているが、その時期は不明。4→10は雨宮製の8tB形機。臼井氏の分類では「旧系列B8t」とされるボトムタンク機関車。支線である熊牛南北線で使用とされるが[53]、本機のみ昭和2年に蒸気ブレーキを設置。十勝鉄道併合後、1が4に改番されたことで玉突き的に10に改番。5は立山製の規格型15tC形機。戦時中の鉄鉱石輸送に備えて購入されたもので、戦後は帯広部線より転入したロタ1の推進専用機に指定されていたと言う[54]。A1→12は昭和3年に明治製糖清水工場の1067

河西鉄道は北海道拓殖鉄道と競合関係にあり、立体交差が2か所ある。写真は鹿追近郊の貨物側線を行く姿で、ちょうど交差する瞬間を捉えたもの。
ビート資料館蔵

mm軌間側線を受託管理したことで編入された1067mm用のコッペル製15tC形機。臼井氏の分類では「C・1800ミリ非均等型」とされる異端機で、同型機は加越鉄道1・2のみ。十勝鉄道併合後、12に改番されている。

■ 内燃動車

カハ1は本数が極端に少ない支線用車として製造された[55] 日車製の鋼製レールカーで、窓配置は14D1。エンジンはフォードB（26.9kW/1500rpm）で、軌間こそ異なるが釧路臨港鉄道キハ1は変速機を除けば全くの同型[56]。要は当時のマスプロ車である。旅客営業縮小を受け昭和25年4月に帯広部線へ転属している。

■ 客車

ハ1～4は窓配置O6Oの二軸客車。ハ4は大正15年の増備車だがハ1～3と変わるところはない。コハ5・6は十勝鉄道併合後に帯広部線から転入した窓配置D5の二軸客車。客車はいずれも清水部線廃止後に帯広部線に転じるが、ハ1～4は電灯を使用していたことから全線廃止まで温存された。

■ 貨車

蓋1形は5t積二軸有蓋車。緩1形は5t積二軸有蓋緩急車。台1形は「ト」を名乗るが側柱4本を持ち、四輪台車と称した5t積二軸長物車。明治製糖からの引継車。ム1～5・ムフ1～5（形式不明）は5t積二軸二枚側無蓋車で手ブレーキの有無以外は同一。入籍にからくりがあり、当初放下車（甜菜用木造ホッパ車）59両と無蓋緩急車55両として認可されたものの、無蓋緩急車は開業時に手ブレーキ付放下車の名義にすりかわって10両が竣功する。ところが、これらは通常形の無蓋車であり、明治製糖より引継いだ本来の放下車は以下の事情で大正15年に別途設計認可を取った上での編入を余儀なくされた。

実は当初、放下車は地方鉄道車両定規にあわせて拡幅車体を廃止し、五枚側を六枚側にすることで5t積を確保する計画であった。しかし、積卸に不便であることから結局、拡幅車体のまま認可を取り直

下清水付近を行くビート列車。機関車は1～3のいずれかで大正9年コッペル製。1両目と5～9両目が放下車である。
ビート資料館蔵

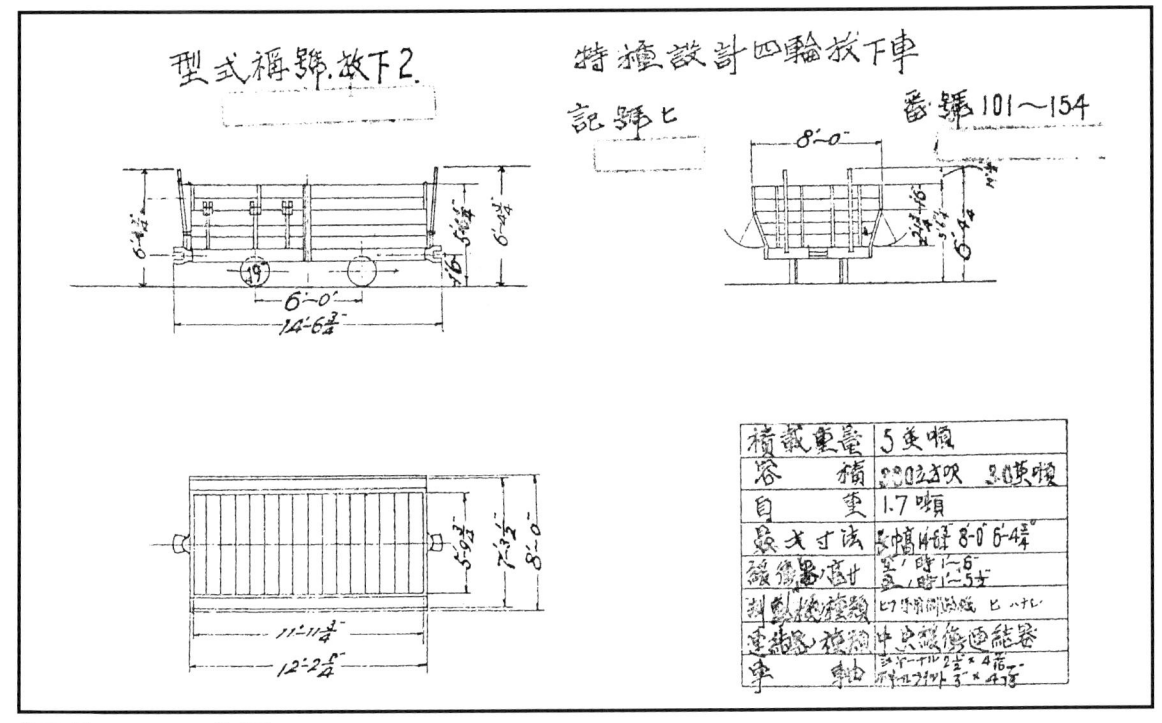

放下2形ヒ101～154竣功図
甜菜用木造ホッパ車。図には描かれていないが床面は山形床。
所蔵：星良助

す。それが5t積二軸放下車である放下1形と放下2形で、放下1形は手ブレーキがある。なお廃線後に突如、清水部線には存在しなかったはずのヒ155～166の廃車届が提出されているが詳細は不明。ロタ1は帯広部線より転じたロータリー式除雪車で三軸車。詳細は十勝鉄道の項を参照のこと。他に会社資料によると昭和22年にユキ2の移籍も計画されたようだが、実現せずに終わっている。

ところで、車両の帯広部線転用については諸説あり、一次資料間でも食い違いが生じている。許認可上は機関車以外、廃止時に一旦在籍全車が帯広部線に移ったようだが、それ以前にも移動があったり、あるいは廃車届の出る前に三井芦別炭礦へ放下車の売却が確認されるなどの混乱があり、これらを表3に列記しておく。本文車歴表にある転用年月日はあくまでも説の一つ程度に見た方が良いのかも知れない。

■ 参考文献

加田芳栄『十勝の國私鉄覚え書』(1984) 近畿硬券部会

■表3 各種資料における清水部線車両処分状況

車種	帯広部線車両資料	清水部線廃止決算書	昭和26年6月20日認可
機関車	3 昭和22年帯広移管	2,4,5農協売却、10三井売却	
客車		ハ1両,コハ1両 帯広移管	4両帯広へ移管
有蓋緩急車		ワ3両,ワフ2両 帯広移管	6両帯広へ移管
無蓋車	ト1-10「旧清水部線廃止による保管車両を以て充足」	55両 帯広移管	49両帯広へ移管
無蓋緩急車		ヒ39両 帯広移管、ヒ15両 三井売却	55両帯広へ移管
長物車	15両 昭和21年9月1日「保転」(車両現在表)	ト46両 帯広移管	46両帯広へ移管
排雪車		ロタ1両 帯広移管	

出典(順に):十勝鉄道本社所蔵資料、ビート資料館所蔵「清水部線廃止決算書」、十勝鉄道営業報告書

(日本甜菜製糖〔初代〕専用鉄道→明治製糖専用鉄道)→河西鉄道→十勝鉄道清水部線

機関車

番号	製造・改造	出自	手続日 改番日	種別	竣功届	改番 不明・戦後	蒸気制動設置	帯広転属	用途廃止	異動先
1	大9	コッペル	明治製糖	大14.3.31	設	大14.5.21	4			昭26.7.1	北海道土地改良農協
2	大9	コッペル	明治製糖	大14.3.31	設	大14.5.21				昭26.7.1	北海道土地改良農協
3	大9	コッペル	明治製糖	大14.3.31	設	昭2.6.16			昭22.		十勝鉄道帯広部
4	大9	雨宮	明治製糖	大14.3.31	設	大14.5.21	10	昭2.7.30		昭26.7.1	三井芦別鉱業所
5	昭18.7	立山		昭18.7.21	設	昭18.7.22				昭26.7.1	北海道土地改良農協
A1*	大9	コッペル	明治製糖	昭3.1.30	併	昭3.2.28	12			昭27.4.1	日本甜菜製糖清水

*…1067mm軌間用機関車。竣功届日は貨物線使用開始日

内燃動車

番号	製造・改造	出自	手続日 改番日	種別	竣功届	帯広転属	用途廃止	異動先
カハ1	昭8	日車東京	昭8.8.28	設	昭8.9.20	昭25.4.15		十勝鉄道帯広部

客車

番号	製造・改造	出自	手続日 改番日	種別	竣功届	蓄電池 容量変更	帯広転属	用途廃止	異動先
ハ1	大14	楠木		大14.3.31	設	大14.5.21	大14.7.8	昭26.6.20	十勝鉄道帯広部
ハ2	大14	楠木		大14.3.31	設	大14.5.21	大14.7.8	昭26.6.20	十勝鉄道帯広部
ハ3	大14	楠木		大14.3.31	設	大14.5.21	大14.7.8	昭26.6.20	十勝鉄道帯広部
ハ4	大15	楠木		大15.8.16	増	昭2.10.29		昭26.6.20	十勝鉄道帯広部
コハ5	大12	十勝鉄道	十勝帯広部コハ5	昭22.8.5	転			昭26.	十勝鉄道帯広部
フハ6	大12	十勝鉄道	十勝帯広部コハ6	昭22.8.5	転			昭26.	十勝鉄道帯広部

貨車

番号	製造・改造	出自	手続日 改番日	種別	竣功届	帯広転属	用途廃止	異動先
【蓋1形】								
ワ1	大14.1	梅鉢		大14.3.31	設	大14.5.21	昭26.6.20		十勝鉄道帯広部

---

52) 本機の動輪径は700mmでシリンダ径は250mm×350mm、換算出力90PSであるのに対し、十勝6は動輪径650mm、シリンダ径230mm×325mmで換算出力は70PSである。
53) 加田芳栄『十勝の國私鉄覚え書』近畿硬券部会(1984) p55
54) 前掲(52)
55) 湯口徹『内燃動車発達史・上巻』ネコ・パブリッシング(2004) p27
56) 本車がフォードAAであるのに対し、釧路臨港鉄道キハ1はフォードBB。ちなみに北海道拓殖鉄道キハ101・102も車体だけ見れば同型だが、こちらはエンジンが異なるため性能が異なる。

番号	製造・改造	出自	手続日 改番日	種別	竣功届			帯広転属	用途廃止	異動先
ワ2	大14.1 梅鉢		大14.3.31	設	大14.5.21			昭26.6.20		十勝鉄道帯広部
ワ3	大14.1 梅鉢		大14.3.31	設	大14.5.21			昭26.6.20		十勝鉄道帯広部
【緩1形】										
ワブ1	大14.1 梅鉢		大14.3.31	設	大14.5.21			昭26.6.20		十勝鉄道帯広部
ワブ2	大14.1 梅鉢		大14.3.31	設	大14.5.21			昭26.6.20		十勝鉄道帯広部
ワブ3	大14.1 梅鉢		大14.3.31	設	大14.5.21			昭26.6.20		十勝鉄道帯広部
【形式不明・無蓋車】										
ム1			大14.3.31	設	大14.5.21			昭26.6.20		十勝鉄道帯広部
ム2			大14.3.31	設	大14.5.21			昭26.6.20		十勝鉄道帯広部
ム3			大14.3.31	設	大14.5.21			昭26.6.20		十勝鉄道帯広部
ム4			大14.3.31	設	大14.5.21			昭26.6.20		十勝鉄道帯広部
ム5			大14.3.31	設	大14.5.21			昭26.6.20		十勝鉄道帯広部
ムフ1			大14.5.21	設	大14.5.21			昭26.6.20		十勝鉄道帯広部
ムフ2			大14.5.21	設	大14.5.21			昭26.6.20		十勝鉄道帯広部
ムフ3			大14.5.21	設	大14.5.21			昭26.6.20		十勝鉄道帯広部
ムフ4			大14.5.21	設	大14.5.21			昭26.6.20		十勝鉄道帯広部
ムフ5			大14.5.21	設	大14.5.21			昭26.6.20		十勝鉄道帯広部
【台1形】										
ト1	大10.9 服部	明治製糖	大14.3.31	設	大14.5.21			昭26.6.20		
ト2	大10.9 服部	明治製糖	大14.3.31	設	大14.5.21			昭26.6.20		
ト3	大10.9 服部	明治製糖	大14.3.31	設	大14.5.21			昭26.6.20		
ト4	大10.9 服部	明治製糖	大14.3.31	設	大14.5.21			昭26.6.20		
ト5	大10.9 服部	明治製糖	大14.3.31	設	大14.5.21			昭26.6.20		
ト6	大10.9 服部	明治製糖	大14.3.31	設	大14.5.21			昭26.6.20		
ト7	大10.9 服部	明治製糖	大14.3.31	設	大14.5.21			昭26.6.20		
ト8	大10.9 服部	明治製糖	大14.3.31	設	大14.5.21			昭26.6.20		
ト9	大10.9 服部	明治製糖	大14.3.31	設	大14.5.21			昭26.6.20		
ト10	大10.9 服部	明治製糖	大14.3.31	設	大14.5.21			昭26.6.20		
ト11	大10.9 服部	明治製糖	大14.3.31	設	大14.5.21			昭26.6.20		
ト12	大10.9 服部	明治製糖	大14.3.31	設	大14.5.21			昭26.6.20		
ト13	大10.9 服部	明治製糖	大14.3.31	設	大14.5.21			昭26.6.20		
ト14	大10.9 服部	明治製糖	大14.3.31	設	大14.5.21			昭26.6.20		
ト15	大10.9 服部	明治製糖	大14.3.31	設	大14.5.21			昭26.6.20		
ト16	大10.9 服部	明治製糖	大14.3.31	設	大14.5.21			昭26.6.20		
ト17	大10.9 服部	明治製糖	大14.3.31	設	大14.5.21			昭26.6.20		
ト18	大10.9 服部	明治製糖	大14.3.31	設	大14.5.21			昭26.6.20		
ト19	大10.9 服部	明治製糖	大14.3.31	設	大14.5.21			昭26.6.20		
ト20	大10.9 服部	明治製糖	大14.3.31	設	大14.5.21			昭26.6.20		
ト21	大10.9 服部	明治製糖	大14.3.31	設	大14.5.21			昭26.6.20		
ト22	大10.9 服部	明治製糖	大14.3.31	設	大14.5.21			昭26.6.20		
ト23	大10.9 服部	明治製糖	大14.3.31	設	大14.5.21			昭26.6.20		
ト24	大10.9 服部	明治製糖	大14.3.31	設	大14.5.21			昭26.6.20		
ト25	大10.9 服部	明治製糖	大14.3.31	設	大14.5.21			昭26.6.20		
ト26	大10.9 服部	明治製糖	大14.3.31	設	大14.5.21			昭26.6.20		
ト27	大10.9 服部	明治製糖	大14.3.31	設	大14.5.21			昭26.6.20		
ト28	大10.9 服部	明治製糖	大14.3.31	設	大14.5.21			昭26.6.20		
ト29	大10.9 服部	明治製糖	大14.3.31	設	大14.5.21			昭26.6.20		
ト30	大10.9 服部	明治製糖	大14.3.31	設	大14.5.21			昭26.6.20		
ト31	大10.9 服部	明治製糖	大14.3.31	設	大14.5.21			昭26.6.20		
ト32	大10.9 服部	明治製糖	大14.3.31	設	大14.5.21			昭26.6.20		
ト33	大10.9 服部	明治製糖	大14.3.31	設	大14.5.21			昭26.6.20		
ト34	大10.9 服部	明治製糖	大14.3.31	設	大14.5.21			昭26.6.20		
ト35	大10.9 服部	明治製糖	大14.3.31	設	大14.5.21			昭26.6.20		
ト36	大10.9 服部	明治製糖	大14.3.31	設	大14.5.21			昭26.6.20		
ト37	大10.9 服部	明治製糖	大14.3.31	設	大14.5.21			昭26.6.20		
ト38	大10.9 服部	明治製糖	大14.3.31	設	大14.5.21			昭26.6.20		
ト39	大10.9 服部	明治製糖	大14.3.31	設	大14.5.21			昭26.6.20		
ト40	大10.9 服部	明治製糖	大14.3.31	設	大14.5.21			昭26.6.20		
ト41	大10.9 服部	明治製糖	大14.3.31	設	大14.5.21			昭26.6.20		
ト42	大10.9 服部	明治製糖	大14.3.31	設	大14.5.21			昭26.6.20		
ト43	大10.9 服部	明治製糖	大14.3.31	設	大14.5.21			昭26.6.20		
ト44	大10.9 服部	明治製糖	大14.3.31	設	大14.5.21			昭26.6.20		
ト45	大10.9 服部	明治製糖	大14.3.31	設	大14.5.21			昭26.6.20		
ト46	大10.9 服部	明治製糖	大14.3.31	設	大14.5.21			昭26.6.20		
ト47	大10.9 服部	明治製糖	大14.3.31	設	大14.5.21					
ト48	大10.9 服部	明治製糖	大14.3.31	設	大14.5.21					
ト49	大10.9 服部	明治製糖	大14.3.31	設	大14.5.21					
ト50	大10.9 服部	明治製糖	大14.3.31	設	大14.5.21					

番号	製造・改造	出自	手続日 改番日	種別	竣功届	帯広転属	用途廃止	異動先
ト51	大10.9 服部	明治製糖	大14. 3.31	設	大14. 5.21			
ト52	大10.9 服部	明治製糖	大14. 3.31	設	大14. 5.21			昭21.9.1帯広へ?
ト53	大10.9 服部	明治製糖	大14. 3.31	設	大14. 5.21			昭21.9.1帯広へ?
ト54	大10.9 服部	明治製糖	大14. 3.31	設	大14. 5.21			昭21.9.1帯広へ?
ト55	大10.9 服部	明治製糖	大14. 3.31	設	大14. 5.21			昭21.9.1帯広へ?
ト56	大10.9 服部	明治製糖	大14. 3.31	設	大14. 5.21			昭21.9.1帯広へ?
ト57	大10.9 服部	明治製糖	大14. 3.31	設	大14. 5.21			昭21.9.1帯広へ?
ト58	大10.9 服部	明治製糖	大14. 3.31	設	大14. 5.21			昭21.9.1帯広へ?
ト59	大10.9 服部	明治製糖	大14. 3.31	設	大14. 5.21			昭21.9.1帯広へ?
ト60	大10.9 服部	明治製糖	大14. 3.31	設	大14. 5.21			昭21.9.1帯広へ?
ト61	大10.9 服部	明治製糖	大14. 3.31	設	大14. 5.21			昭21.9.1帯広へ?
ト62	大10.9 服部	明治製糖	大14. 3.31	設	大14. 5.21			昭21.9.1帯広へ?
ト63	大10.9 服部	明治製糖	大14. 3.31	設	大14. 5.21			昭21.9.1帯広へ?
ト64	大10.9 服部	明治製糖	大14. 3.31	設	大14. 5.21			昭21.9.1帯広へ?
ト65	大10.9 服部	明治製糖	大14. 3.31	設	大14. 5.21			昭21.9.1帯広へ?
ト66	大10.9 服部	明治製糖	大14. 3.31	設	大14. 5.21			昭21.9.1帯広へ?
【放下2形】								
ヒ101	大10.9 楠木	明治製糖	大15. 2.24	変	昭 2.10.29	昭26. 6.20	昭27. 9.30	
ヒ102	大10.9 楠木	明治製糖	大15. 2.24	変	昭 2.10.29	昭26. 6.20	昭27. 9.30	
ヒ103	大10.9 楠木	明治製糖	大15. 2.24	変	昭 2.10.29	昭26. 6.20	昭27. 9.30	
ヒ104	大10.9 楠木	明治製糖	大15. 2.24	変	昭 2.10.29	昭26. 6.20	昭27. 9.30	
ヒ105	大10.9 楠木	明治製糖	大15. 2.24	変	昭 2.10.29	昭26. 6.20	昭27. 9.30	
ヒ106	大10.9 楠木	明治製糖	大15. 2.24	変	昭 2.10.29	昭26. 6.20	昭27. 9.30	
ヒ107	大10.9 楠木	明治製糖	大15. 2.24	変	昭 2.10.29	昭26. 6.20	昭27. 9.30	
ヒ108	大10.9 楠木	明治製糖	大15. 2.24	変	昭 2.10.29	昭26. 6.20	昭27. 9.30	
ヒ109	大10.9 楠木	明治製糖	大15. 2.24	変	昭 2.10.29	昭26. 6.20	昭27. 9.30	
ヒ110	大10.9 楠木	明治製糖	大15. 2.24	変	昭 2.10.29	昭26. 6.20	昭27. 9.30	
ヒ111	大10.9 楠木	明治製糖	大15. 2.24	変	昭 2.10.29	昭26. 6.20	昭27. 9.30	
ヒ112	大10.9 楠木	明治製糖	大15. 2.24	変	昭 2.10.29	昭26. 6.20	昭27. 9.30	
ヒ113	大10.9 楠木	明治製糖	大15. 2.24	変	昭 2.10.29	昭26. 6.20	昭27. 9.30	
ヒ114	大10.9 楠木	明治製糖	大15. 2.24	変	昭 2.10.29	昭26. 6.20	昭27. 9.30	
ヒ115	大10.9 楠木	明治製糖	大15. 2.24	変	昭 2.10.29	昭26. 6.20	昭27. 9.30	
ヒ116	大10.9 楠木	明治製糖	大15. 2.24	変	昭 2.10.29	昭26. 6.20	昭27. 9.30	
ヒ117	大10.9 楠木	明治製糖	大15. 2.24	変	昭 2.10.29	昭26. 6.20	昭27. 9.30	
ヒ118	大10.9 楠木	明治製糖	大15. 2.24	変	昭 2.10.29	昭26. 6.20	昭27. 9.30	
ヒ119	大10.9 楠木	明治製糖	大15. 2.24	変	昭 2.10.29	昭26. 6.20	昭27. 9.30	
ヒ120	大10.9 楠木	明治製糖	大15. 2.24	変	昭 2.10.29	昭26. 6.20	昭27. 9.30	
ヒ121	大10.9 楠木	明治製糖	大15. 2.24	変	昭 2.10.29	昭26. 6.20	昭27. 9.30	
ヒ122	大10.9 楠木	明治製糖	大15. 2.24	変	昭 2.10.29	昭26. 6.20	昭27. 9.30	
ヒ123	大10.9 楠木	明治製糖	大15. 2.24	変	昭 2.10.29	昭26. 6.20	昭27. 9.30	
ヒ124	大10.9 楠木	明治製糖	大15. 2.24	変	昭 2.10.29	昭26. 6.20	昭27. 9.30	
ヒ125	大10.9 楠木	明治製糖	大15. 2.24	変	昭 2.10.29	昭26. 6.20	昭27. 9.30	
ヒ126	大10.9 楠木	明治製糖	大15. 2.24	変	昭 2.10.29	昭26. 6.20	昭27. 9.30	
ヒ127	大10.9 楠木	明治製糖	大15. 2.24	変	昭 2.10.29	昭26. 6.20	昭27. 9.30	
ヒ128	大10.9 楠木	明治製糖	大15. 2.24	変	昭 2.10.29	昭26. 6.20	昭27. 9.30	
ヒ129	大10.9 楠木	明治製糖	大15. 2.24	変	昭 2.10.29	昭26. 6.20	昭27. 9.30	
ヒ130	大10.9 楠木	明治製糖	大15. 2.24	変	昭 2.10.29	昭26. 6.20	昭27. 9.30	
ヒ131	大10.9 楠木	明治製糖	大15. 2.24	変	昭 2.10.29	昭26. 6.20	昭27. 9.30	
ヒ132	大10.9 楠木	明治製糖	大15. 2.24	変	昭 2.10.29	昭26. 6.20	昭27. 9.30	
ヒ133	大10.9 楠木	明治製糖	大15. 2.24	変	昭 2.10.29	昭26. 6.20	昭27. 9.30	
ヒ134	大10.9 楠木	明治製糖	大15. 2.24	変	昭 2.10.29	昭26. 6.20	昭27. 9.30	
ヒ135	大10.9 楠木	明治製糖	大15. 2.24	変	昭 2.10.29	昭26. 6.20	昭27. 9.30	
ヒ136	大10.9 楠木	明治製糖	大15. 2.24	変	昭 2.10.29	昭26. 6.20	昭27. 9.30	
ヒ137	大10.9 楠木	明治製糖	大15. 2.24	変	昭 2.10.29	昭26. 6.20	昭27. 9.30	
ヒ138	大10.9 楠木	明治製糖	大15. 2.24	変	昭 2.10.29	昭26. 6.20	昭27. 9.30	
ヒ139	大10.9 楠木	明治製糖	大15. 2.24	変	昭 2.10.29	昭26. 6.20	昭27. 9.30	
ヒ140	大10.9 楠木	明治製糖	大15. 2.24	変	昭 2.10.29	昭26. 6.20	昭27. 9.30	
ヒ141	大10.9 楠木	明治製糖	大15. 2.24	変	昭 2.10.29	昭26. 6.20	昭27. 9.30	
ヒ142	大10.9 楠木	明治製糖	大15. 2.24	変	昭 2.10.29	昭26. 6.20	昭27. 9.30	
ヒ143	大10.9 楠木	明治製糖	大15. 2.24	変	昭 2.10.29	昭26. 6.20	昭27. 9.30	
ヒ144	大10.9 楠木	明治製糖	大15. 2.24	変	昭 2.10.29	昭26. 6.20	昭27. 9.30	
ヒ145	大10.9 楠木	明治製糖	大15. 2.24	変	昭 2.10.29		昭27. 9.30	
ヒ146	大10.9 楠木	明治製糖	大15. 2.24	変	昭 2.10.29		昭27. 9.30	
ヒ147	大10.9 楠木	明治製糖	大15. 2.24	変	昭 2.10.29		昭27. 9.30	
ヒ148	大10.9 楠木	明治製糖	大15. 2.24	変	昭 2.10.29		昭27. 9.30	
ヒ149	大10.9 楠木	明治製糖	大15. 2.24	変	昭 2.10.29		昭27. 9.30	
ヒ150	大10.9 楠木	明治製糖	大15. 2.24	変	昭 2.10.29		昭27. 9.30	
ヒ151	大10.9 楠木	明治製糖	大15. 2.24	変	昭 2.10.29		昭27. 9.30	

番号	製造・改造	出自	手続日 改番日	種別	竣功届			帯広転属	用途廃止	異動先
ヒ152	大10.9　楠木	明治製糖	大15. 2.24	変	昭 2.10.29				昭27. 9.30	
ヒ153	大10.9　楠木	明治製糖	大15. 2.24	変	昭 2.10.29				昭27. 9.30	
ヒ154	大10.9　楠木	明治製糖	大15. 2.24	変	昭 2.10.29				昭27. 9.30	
ヒ155									昭27. 9.30	
ヒ156									昭27. 9.30	
ヒ157									昭27. 9.30	
ヒ158									昭27. 9.30	
ヒ159									昭27. 9.30	
ヒ160									昭27. 9.30	
ヒ161									昭27. 9.30	
ヒ162									昭27. 9.30	
ヒ163									昭27. 9.30	
ヒ164									昭27. 9.30	
ヒ165									昭27. 9.30	
ヒ166									昭27. 9.30	
【放下1形】										
ヒフ201	大10.9　楠木	明治製糖	大15. 2.24	変	昭 2.10.29			昭26. 6.20	昭27. 9.30	
ヒフ202	大10.9　楠木	明治製糖	大15. 2.24	変	昭 2.10.29			昭26. 6.20	昭27. 9.30	
ヒフ203	大10.9　楠木	明治製糖	大15. 2.24	変	昭 2.10.29			昭26. 6.20	昭27. 9.30	
ヒフ204	大10.9　楠木	明治製糖	大15. 2.24	変	昭 2.10.29			昭26. 6.20	昭27. 9.30	
ヒフ205	大10.9　楠木	明治製糖	大15. 2.24	変	昭 2.10.29			昭26. 6.20	昭27. 9.30	
ヒフ206	大10.9　楠木	明治製糖	大15. 2.24	変	昭 2.10.29			昭26. 6.20	昭27. 9.30	
ヒフ207	大10.9　楠木	明治製糖	大15. 2.24	変	昭 2.10.29			昭26. 6.20	昭27. 9.30	
ヒフ208	大10.9　楠木	明治製糖	大15. 2.24	変	昭 2.10.29			昭26. 6.20	昭27. 9.30	
ヒフ209	大10.9　楠木	明治製糖	大15. 2.24	変	昭 2.10.29			昭26. 6.20	昭27. 9.30	
ヒフ210	大10.9　楠木	明治製糖	大15. 2.24	変	昭 2.10.29			昭26. 6.20	昭27. 9.30	
ヒフ211	大10.9　楠木	明治製糖	大15. 2.24	変	昭 2.10.29			昭26. 6.20	昭27. 9.30	
ヒフ212	大10.9　楠木	明治製糖	大15. 2.24	変	昭 2.10.29			昭26. 6.20	昭27. 9.30	
ヒフ213	大10.9　楠木	明治製糖	大15. 2.24	変	昭 2.10.29			昭26. 6.20	昭27. 9.30	
ヒフ214	大10.9　楠木	明治製糖	大15. 2.24	変	昭 2.10.29			昭26. 6.20	昭27. 9.30	
ヒフ215	大10.9　楠木	明治製糖	大15. 2.24	変	昭 2.10.29			昭26. 6.20	昭27. 9.30	
ヒフ216	大10.9　楠木	明治製糖	大15. 2.24	変	昭 2.10.29			昭26. 6.20	昭27. 9.30	
ヒフ217	大10.9　楠木	明治製糖	大15. 2.24	変	昭 2.10.29			昭26. 6.20	昭27. 9.30	
ヒフ218	大10.9　楠木	明治製糖	大15. 2.24	変	昭 2.10.29			昭26. 6.20	昭27. 9.30	
ヒフ219	大10.9　楠木	明治製糖	大15. 2.24	変	昭 2.10.29			昭26. 6.20	昭27. 9.30	
ヒフ220	大10.9　楠木	明治製糖	大15. 2.24	変	昭 2.10.29			昭26. 6.20	昭27. 9.30	
ヒフ221	大10.9　楠木	明治製糖	大15. 2.24	変	昭 2.10.29			昭26. 6.20	昭27. 9.30	
ヒフ222	大10.9　楠木	明治製糖	大15. 2.24	変	昭 2.10.29			昭26. 6.20	昭27. 9.30	
ヒフ223	大10.9　楠木	明治製糖	大15. 2.24	変	昭 2.10.29			昭26. 6.20	昭27. 9.30	
ヒフ224	大10.9　楠木	明治製糖	大15. 2.24	変	昭 2.10.29			昭26. 6.20	昭27. 9.30	
ヒフ225	大10.9　楠木	明治製糖	大15. 2.24	変	昭 2.10.29			昭26. 6.20	昭27. 9.30	
ヒフ226	大10.9　楠木	明治製糖	大15. 2.24	変	昭 2.10.29			昭26. 6.20	昭27. 9.30	
ヒフ227	大10.9　楠木	明治製糖	大15. 2.24	変	昭 2.10.29			昭26. 6.20	昭27. 9.30	
ヒフ228	大10.9　楠木	明治製糖	大15. 2.24	変	昭 2.10.29			昭26. 6.20	昭27. 9.30	
ヒフ229	大10.9　楠木	明治製糖	大15. 2.24	変	昭 2.10.29			昭26. 6.20	昭27. 9.30	
ヒフ230	大10.9　楠木	明治製糖	大15. 2.24	変	昭 2.10.29			昭26. 6.20	昭27. 9.30	
ヒフ231	大10.9　楠木	明治製糖	大15. 2.24	変	昭 2.10.29			昭26. 6.20	昭27. 9.30	
ヒフ232	大10.9　楠木	明治製糖	大15. 2.24	変	昭 2.10.29			昭26. 6.20	昭27. 9.30	
ヒフ233	大10.9　楠木	明治製糖	大15. 2.24	変	昭 2.10.29			昭26. 6.20	昭27. 9.30	
ヒフ234	大10.9　楠木	明治製糖	大15. 2.24	変	昭 2.10.29			昭26. 6.20	昭27. 9.30	
ヒフ235	大10.9　楠木	明治製糖	大15. 2.24	変	昭 2.10.29			昭26. 6.20	昭27. 9.30	
ヒフ236	大10.9　楠木	明治製糖	大15. 2.24	変	昭 2.10.29			昭26. 6.20	昭27. 9.30	
ヒフ237	大10.9　楠木	明治製糖	大15. 2.24	変	昭 2.10.29			昭26. 6.20	昭27. 9.30	
ヒフ238	大10.9　楠木	明治製糖	大15. 2.24	変	昭 2.10.29			昭26. 6.20	昭27. 9.30	
ヒフ239	大10.9　楠木	明治製糖	大15. 2.24	変	昭 2.10.29			昭26. 6.20	昭27. 9.30	
ヒフ240	大10.9　楠木	明治製糖	大15. 2.24	変	昭 2.10.29			昭26. 6.20	昭27. 9.30	
ヒフ241	大10.9　楠木	明治製糖	大15. 2.24	変	昭 2.10.29			昭26. 6.20	昭27. 9.30	
ヒフ242	大10.9　楠木	明治製糖	大15. 2.24	変	昭 2.10.29			昭26. 6.20	昭27. 9.30	
ヒフ243	大10.9　楠木	明治製糖	大15. 2.24	変	昭 2.10.29			昭26. 6.20	昭27. 9.30	
ヒフ244	大10.9　楠木	明治製糖	大15. 2.24	変	昭 2.10.29			昭26. 6.20	昭27. 9.30	
ヒフ245	大10.9　楠木	明治製糖	大15. 2.24	変	昭 2.10.29			昭26. 6.20	昭27. 9.30	
ヒフ246	大10.9　楠木	明治製糖	大15. 2.24	変	昭 2.10.29			昭26. 6.20	昭27. 9.30	
ヒフ247	大10.9　楠木	明治製糖	大15. 2.24	変	昭 2.10.29			昭26. 6.20	昭27. 9.30	
ヒフ248	大10.9　楠木	明治製糖	大15. 2.24	変	昭 2.10.29			昭26. 6.20	昭27. 9.30	
ヒフ249	大10.9　楠木	明治製糖	大15. 2.24	変	昭 2.10.29			昭26. 6.20	昭27. 9.30	
ヒフ250	大10.9　楠木	明治製糖	大15. 2.24	変	昭 2.10.29			昭26. 6.20	昭27. 9.30	
【ロタ1形】										
ロタ1	昭4.6　十勝鉄道		昭21.10. 1	転				昭26.		十勝鉄道清水部線

夕張鉄道→
北海道炭礦汽船

> 野幌－夕張本町
> 53.29km
> 軌間：1067mm
> 動力：蒸気・内燃

■ 沿革

北炭が北海道炭礦鉄道と称した時代、夕張線の建設をめぐって二股峠越えのルートも検討されていたが、工事困難を理由に現在の石勝支線である夕張川沿いのルートで建設された。その後、炭礦開山が続き、大正中期になると夕張線の輸送力に限界が見えだすが、その際、国鉄から槍玉に挙げられたのが灰充填採掘法という採掘システムを採用していた北炭の火山灰輸送であった。

これに用いる火山灰は夕張線の川端から搬出していたが、自社輸送に切り替えるべく子会社として夕張鉄道を設立し、かつて断念した二股峠越えルートを建設、大正15年10月14日に新夕張－栗山間を開業させる。予定した継立－川端間の火山灰用の支線は継立周辺でも豊富に採れたため起業廃止になるが、西進して函館本線に接続し小樽方面の出荷に対するバイパス機能を担わせ、あわせて長沼界隈の開拓を図る構想が浮上し栗山－江別間の免許を得たものの、江別附近が泥炭地で地盤が悪いことから野幌接続に変更の上、昭和5年11月3日に開業する。他にも鹿ノ谷構内の輻輳により北炭平和砿専用側線を吸収し清水沢へ延長する免許を戦時中に得ているが、着工に至らず昭和31年に失効している。

ところで、当社は国鉄と3ヶ所で接続する線形であるため通過連絡貨物や函館本線不通時の迂回乗入運転などの逸話が多いが、同時に夕張へのバイパス線として旅客需要も多かった。そのため戦後は相次ぐ気動車の導入など旅客輸送に力を注ぎ、国鉄の向こうを張って急行を運転開始した昭和36年頃が全盛期となる。だが札幌に直通できなかったため旅客がバスに逸走し、昭和46年11月15日に栗山－夕張本町間の旅客営業が廃止（鹿ノ谷－夕張本町間は路線自体廃止）された。貨物も沿線炭礦の相次ぐ閉山で鉄道の存立基盤が揺らぎ、昭和49年4月1日に旅客営業を休止して鉄道線を北炭に譲渡する。しかし、最後の沿線炭砿だった平和砿の閉山で翌年4月1日に廃止となる。

■ 機関車

1・2は臼井茂信氏の分類によると「1C1・2400ミリ」とされるコッペル製の42t1C1タンク機。北海道鉄道（二代目）5・6、雄別鉄道103・104・106は同型機。空気ブレーキは後天的な設置である。6は国鉄2500形の払下機。払下時点で空気ブレーキ付。7は国鉄1070形の払下機で主に旅客機として使用。9は筑波鉄道9を購入したもので、臼井氏が「筑波形」と呼ぶ汽車会社標準設計の44t1C1タンク機。当初は蒸気ブレーキしかなく入換に運用が限定されたため昭和17年に空気ブレーキを設置するが、直後に天塩鉄道へ転出した。11～14は俗に9600形の足回りと8620形の缶を組み合わせたと言われる過熱式の50t1Dテンダ機。実際は両形式の中間値を取っ

14（11形）
私鉄には珍しい自主設計テンダ機で昭和2年日立製。自重50tで過熱式。当初、空気溜はランボード下にあった。
昭和38.8.27
鹿ノ谷
大庭幸雄

2（1形）
大正14年コッペル製の41t1C1タンク機。雄別鉄道106は同型機。煙突とシリンダ位置がずれている点に注意。
昭和35.6.19　鹿ノ谷　星良助

DD1002（DD1000形）
昭和44年日立製の55t機。国鉄DD13形の出力強化版と言えるもので、大型のラジエターと角ばった正面が特徴。
昭和46.5.　野幌　湯口徹

た日立の自主設計機だが、9600形の設計ミスである左先行型まで同様であるなどコピーされた部分も多い[57]。当初空気溜がランボード下にあったが、動輪点検に不便なため昭和9年にランボード上に移設される。さらに11は昭和29年に試験的に重油併燃化がなされドーム間に角型タンクが設置されたが試用に止まる。**21～28**は国鉄9600形。21は新造機で22以降が払下。全機除煙板付。うち23はランボードのSカーブが特徴の一次型で28は門デフだった。**DD1001・1002**は国鉄DD13形と同型の55t凸形ディーゼル機関車でエンジンは過給機で出力強化されたDMF31SB（600PS/1500rpm）×2、液体変速機はDB138の組み合わせ。ボンネットの形態がやや角ばった簡略設計で羽幌炭礦鉄道DD1301は同型機。昭和44年にボンネット上にツララ切を設置している。

　他に、大正15年7月に国鉄7652の払下を申請しているが、11～13の投入で間に合い購入中止になっている。

■ 蒸気動車・内燃動車
　キハニ1は汽車製の工藤式蒸気動車で国鉄キハニ6450形の払下車。勾配区間での蒸気昇騰が悪くて使いこなせなかった[58]。**キハ201・202**は国鉄キハ07形亜流の機械式気動車。エンジンは新潟LH8X（150PS/1500rpm）だが要するにDMH17である。正面窓がオリジナルよりも大きな4枚窓で張上げ屋根であったのが外見上の特徴。元は三扉のセミクロスシート車であったが、入線後、中央扉を撤去し窓配置D123111321Dの二扉転換クロスシート化[59]、バス窓化、機械式のまま流体継手を装備するなど改造を相次いで受ける。**キハ251**は窓配置12D7D2dの湘南形気動車で、比較的類型車の多い新潟形とも言えるもの。新潟DMH17B（150PS/1500rpm）と新潟DF115変速機を装備する液体式気動車で室内はセミクロスシート。北海道初の液体式気動車でもあり、千歳線でも試運転が行われるなど[60]、その登場は国鉄にも影響を与えた。昭和33年に扉間転換クロスシートに改造される。**キハ252～254**はキハ251を扉間転換クロスシート化したもので12D282D2dと細かい窓割りを持つ。機器はキハ251と同一だがエンジン出力は160PSに強化されている。のちキハ252と253は片運転台化（簡易運転台はある）。動台車はキハ252が運転台側、253は

キハ202（キハ200形）
昭和27年新潟製。原型は3扉車で、正面四枚窓を除けば国鉄キハ07形のコピーであった。
昭和34.9.6　北長沼　星良助

キハ201（キハ200形）
キハ200形の最終形態。2扉転換クロスシート化やHゴム化によって近代的な雰囲気に更新されている。
昭和44.7.14　鹿ノ谷　木村和男

101

キハ251（キハ250形）
昭和28年新潟製。登場時は通常のセミクロスシートのため、夕張の湘南形気動車では唯一、側窓が通常の広窓である。
　　　　　　　　　　　　昭和42.6.1　鹿ノ谷　伊藤昭

キハ301（キハ300形）
昭和33年新潟製の片運転台車。ただし連結面に入換用簡易運転台を持つ。室内は転換クロスシートでピッチにあわせた小窓が並ぶ。
　　　　　　　　　　　　昭和42.6.1　鹿ノ谷　伊藤昭

妻側のため、結果、キハ251～254はすべて1形式1両となった。**キハ301・302**はキハ252～254の片運転台（簡易運転台はある）車で窓配置12D282D4（公式側）。扉間転換クロスシートで、極論すれば片運化後のキハ253と同一設計。以上の気動車は接客設備の改造がめまぐるしいため、細かい改造については表4を別記参照されたい。また、エンジンも認可とは別にDMH17C（180PS/1500rpm）に更新され、キハ301・302以外は昭和37年に車軸をテーパーローラーからスフェリカルローラーに変更している。**ナハニフ100・150～153**は客車籍だが制御引通とウェバースト式の独立暖房を持ち、実質的にはキサハとされるべき存在。詳細は客車の項で述べる。ナハニフ153のみ転換クロスシートに改造された。

■ 客車

コロ6→コトク1は国鉄フコロ5665形の払下車でいわゆる北炭形小型ボギー客車。定山渓鉄道コロ1の兄弟で室内はゆったりした配置の鍵形座席。二等扱廃止後は貴賓車となる。**コロハ1・2→コハ1・2**はそれぞれ国鉄フコロハ5760・フコロハ5980形の払下車で、これも北炭形小型ボギー客車。これら北

■ 表4　夕張鉄道気動車・気動附随客車接客設備改善認可一覧

車番＼内容	座席一部畳敷化	座席復旧	転換クロスシート化	ウェバースト暖房設置	暖房強化	運転台脇座席撤去
キハ201			昭35.3.24	昭35.3.24	昭41.2.7＊	昭44.12.8
キハ202			昭35.3.24	昭35.3.24	昭39.1.7＊	昭44.12.8
キハ251	昭32.7.16	昭33.2.8	昭33.2.8	昭35.5.12	昭39.7.29#	
キハ252	昭32.7.16	昭33.2.8			昭38.7.4	
キハ253		昭35.2.23			昭38.11.8#	
キハ254	昭32.7.16	昭33.2.8			昭38.8.9#	
キハ301					昭39.11.9#	
キハ302					昭39.11.9#	
ナハニフ100				昭33.11.15		
ナハニフ150				昭32.2.15		
ナハニフ151				昭35.12.23		
ナハニフ152				昭33.3.4		
ナハニフ153			昭39.2.13	昭33.3.4		

＊…ウェバースト暖房強化、上段窓Hゴム化（キハ202は昭和41.2.7認可で後施）
#…温水暖房化・蛍光灯化
出典：札幌陸運局文書

炭形客車は大正15年に連結器扛上が行われているが、方法が明記されておらず不明。昭和6年にはコロ6以外は木製台枠を鋼木合造台枠に改造し、あわせて連結器のシャロン下作用への交換や出入口の改修、雨樋取り付けなどの更新が行われている。**ハ20～23**は神中鉄道ハ20～23を購入したもので窓配置O333Oの二軸客車。**ハ60**は神中鉄道フハ51を購入したもので、ハ20～23の手ブレーキ装備車。これら二軸客車は夕張附近の通勤列車に使用された[61]。**コハ10・11**は国鉄フコハ7970形の払下車で北炭形小型ボギー客車。**コハ12**は国鉄フコハ7959

ナハ50（ナハ50形）
大正15年梅鉢製の17m級木造ボギー車。国鉄ナハ12500形の類似車で、当初は緩急車だった。
　　　　　　　　　　　　昭和38.8.27　鹿ノ谷　大庭幸雄

ナハニ150（ナハニ150形）
昭和12年日東東京製の18m級鋼製ボギー車。気動附随車化後の姿で、写真奥の窓4個分が荷物室になった。
　　　　　　　　　　　　昭和33.7.19　栗山　筏井満喜夫

ワ50（ワ50形）
大正15年日車東京製。国鉄ワム3500形の小型版と言える10t積有蓋車。
昭和41.7.14　鹿ノ谷　阿久津浩

ワフ5（ワフ1形）
大正15年日車東京製の8t積有蓋緩急車。縦羽目車体と妻面の貫通扉が特徴。床下の箱は蓄電池。
昭和42.6.1　鹿ノ谷　伊藤昭

形の払下車でコハ10・11以上に小型。以上3両の入線後の改造経緯はコハ1・2を参照のこと。**ホハフ10**は国鉄ホハフ2630形の払下車。主に夕張附近の通勤列車に使用[62]。**ナハ（フ）50・51**は国鉄中型ボギー客車ナハ12500形と同型の木造ボギー車。車端部に便所がある。**ナハ52・53**は国鉄大型ボギー客車ナハ24000形およびナハフ23800形の払下車。ナハ52は昭和35年に丸屋根に改造されている。**ナロハ100→ナハ100**は国鉄オロハ30形を丸屋根にしたような窓配置D2211333Dの鋼製ボギー客車。二等室はロングシートで、区画部附近の三等室内に便所がある。二等取扱廃止で一旦全室三等車となるが、昭和31年に旧二等室部分の座席を撤去し荷物室に改造、**ナハニ100**となる。昭和33年に気動車用の制御引通と車掌室を設置し実質キサハに改造。**ナハ150～153→ナハニ150・152・153**は国鉄スハ32形を18m級にしたような窓配置D22D（公式側）の鋼製ボギー客車だが台車はTR11。非公式側車端部に便所を有する。昭和31年以降、窓4区画分が荷物室に改造され、ついで気動車用の制御引通と車掌室を設置し実質キサハとなる。

■ 貨車
　ワ50形は国鉄ワム3500形をダウンサイジングしたような10t積有蓋車。当時私鉄向けに盛んに製作された標準的なものの一つであるが、国鉄では類型車の新造はない。**ワ100形**は阪和電鉄買収車である国鉄ワ21600形の払下車で10t積の鋼製車。**ワ400形**は芸備鉄道買収車である国鉄ワ21400形の払下車で13t積。**ワフ1形**はワ50形と共に製造された8t積有蓋緩急車。ワ50形改造のワフ6・7を除き車体は縦張であった。**ト1形**は12t積五枚側観音開式無蓋車。当初手ブレーキを装備していたが、空気ブレーキの設置で勾配区間でも安全が確保できることから昭和8～9年にかけ車側ブレーキに変更。**ト101形**はト1形の制動機を車側ブレーキのみとしたもの。昭和3年と33～34年に空気ブレーキの設置によりト1形に編入された。**チ1形**はト101形を12t積長物車としたもの。側柱8本を持ち必要に応じて回転枕木も設置可能。**セラ→セサ500形**は北炭の私有石炭車で側開式ボギー車。石炭より比重の高い火山灰23t積として設計されたため18t積と、国鉄の石炭車と比較するとかなり小型。火山灰輸送の廃止に伴い昭和8～9年に木板で車体を嵩上げし、23t積に

ト6（ト1形）
大正14年日車東京製の12t積無蓋車。容積から見ると本来10tレベルの小型車で、このクラスで観音開式は珍しい。
昭和41.7.14　鹿ノ谷　阿久津浩

キ1（キ1形）
大正15年苗穂工場製の除雪車を昭和25年に鋼体化。第二翼を持ち、ラッセル式とジョルダン式の機能を兼ね備える。
昭和49.9.23　鹿ノ谷　白石良裕

103

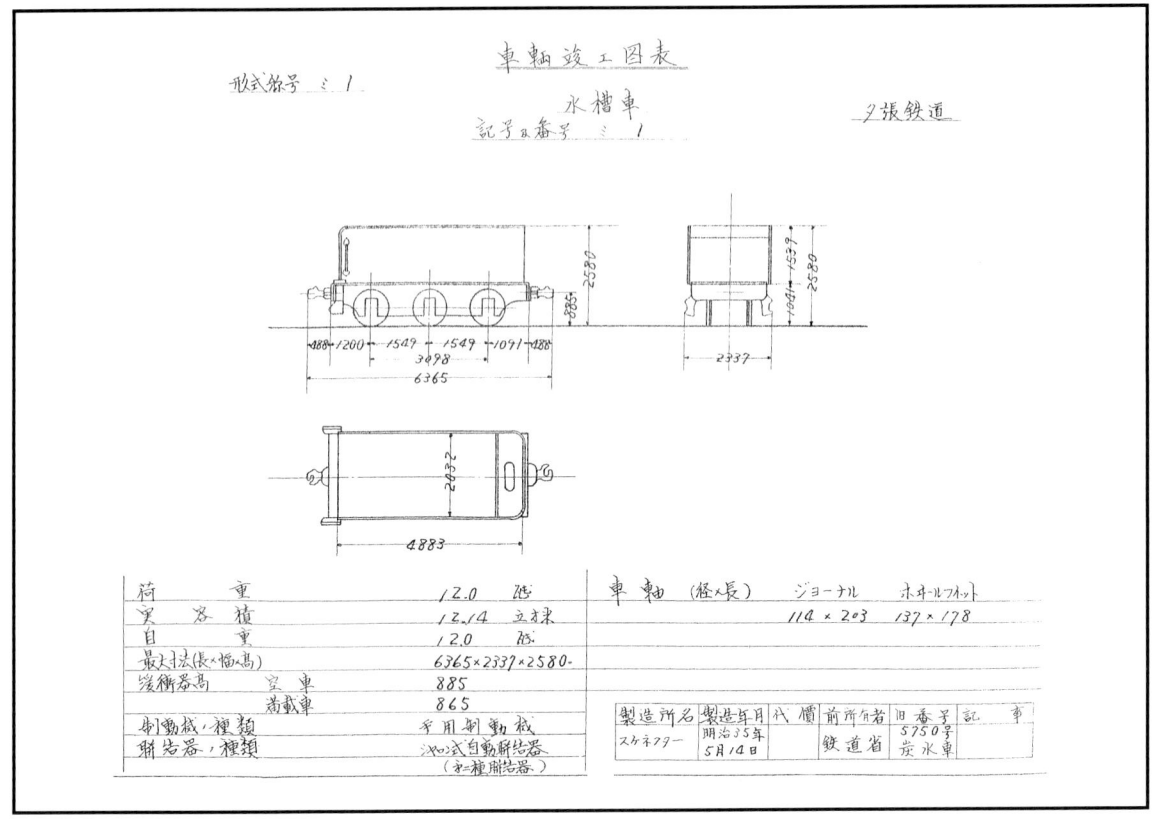

ミ1竣工図
国鉄5700形の炭水車は三種類あるが、本車は板台枠のグループ。図面は12t積に増積された昭和24年改造時のもの。
所蔵：国立公文書館

増積されている。セサ500・508～516・525～531は製造時より空気ブレーキ付である。昭和9年と戦時中に半数以上が除籍されるが、セサ526～530は戦後に再編入されている。**セラフ50形**はセラ500形の一端に車掌室を設けたもの。夕張鉄道編入後、通常の石炭車として使用されることが多かったことから車掌室を撤去のうえセラ500形に編入された。当初より空気ブレーキ付であった。この両形式については別途コラムも参照のこと。**ミ1形**は栗山の水質が悪かったため国鉄5750の炭水車のみ購入した三軸の9.5t積水運車。のち12t積になり、主に補助水槽車として使用される[63]。**キ1形**は国鉄キ1形と同型の木造ラッセル式除雪車で前頭部は流線型。当初は地方鉄道法における建築定規の関係から補助翼が省略されていたが昭和9年に設置。昭和25年に鋼体化されるが、その際、ジョルダン式兼用となり、空気溜容量を上げるため車体後半部を撤去し、国鉄キ100形とキ700形を掛け合わせたような形態となる。**ヤ1形**はホハフ10を改造した職用車。窓配置25D1で室内はカーペット敷きの会議室と流し台がある。要はインスペクションカーで、その形態から従来客車と思われてきたが[64]、実際は貨車籍であった。

■ **参考文献**

小熊米雄「夕張鉄道」『鉄道ピクトリアル』No212（1968-7増）
夕張鉄道『ゆうてつ50年のあゆみ』（1975）
湯口徹『北線路（上）』エリエイ出版部（1988）

---

57) 他にもシリンダー径が同一で車輪径も近い9200形の足に8620形の缶を組み合わせたと言う意見もあるが、右先行型でステーブンソン弁装置の9200形の走行装置が似ているとは言い難い。臼井茂信『機関車の系譜図3』交友社（1976.12）p352にあるように9600形の10％縮小版と言った方が11形の実態を反映しているのではなかろうか。
58) 小熊米雄「夕張鉄道」『鉄道ピクトリアル』No259（1971-12増）p17
59) ただし、昭和44年12月8日届で撤去されるまで運転室脇に3人掛けのロングシートがあった。流線型車体のため通常の車側面に沿うものでなく、センターに配席され外側に向かって座る珍しい配置であった。
60) 前掲（58）p17
61) 前掲（58）p20
62) 前掲（58）p22
63) この辺りの経緯は澤内一晃「私鉄貨車研究要説7」『RAILFAN』No.628（2005-2）p10を参照のこと。
64) 前掲（58）p22,23

編入前のセサ500形

セサ500形は梅鉢と日車で半数ずつ製作されたが、夕張鉄道編入前の履歴がやや複雑なので別記する。同形式は23t積と石炭車としてはいかにも中途半端な荷重だが、その源流は本文にも書いた通り北炭夕張砿の充填火山灰輸送用として設計された車である。当初、日車のみ火山灰21t積として設計したが、日車東京および梅鉢は側板を100mm嵩上げ23t積として登場させたことで劣勢に立たされ、大部分を23t積緩急車に改造することで付加価値を加える。これがオテセフ50形である。しかし、2両だけ21t積のまま出場した車があり、オテハ600形として区分のうえ昭和2年までそのまま使用されている。

ところで、夕張鉄道編入にあたり、大正15年に鉄道省が行った「空気制動設置勧奨」により形式全体の三分の二に空気ブレーキを設置する必要が生じたが、それには8両不足であったため日車東京のグループであるセサ517〜524に設置のうえで車籍編入がなされた。

セサ505（セサ500形）
大正15年梅鉢製の23t積石炭車。嵩上げ部分の仕上げが不細工なので加工部分が明瞭に分かる。台車はTR20。
昭和41.7.14　鹿ノ谷　阿久津浩

■表5　セサ500形北炭時代認可一覧

車番	内容 製造	空制有無	設計認可	23t積に設計変更	竣功届	改称 大15.11.10	23tに増積 昭2.3.31	空気制動設置
オテハ501	梅鉢	×	大15. 9.10		大15.10. 5	オテセ501		
オテハ502	梅鉢	×	大15. 9.10		大15.10. 5	オテセ502		
オテハ503	梅鉢	×	大15. 9.10		大15.10. 5	オテセ503		
オテハ504	梅鉢	×	大15. 9.10		大15.10. 5	オテセ504		
オテハ505	梅鉢	×	大15. 9.10		大15.10. 5	オテセ505		
オテハ506	梅鉢	×	大15. 9.10		大15.10. 5	オテセ506		
オテハ507	梅鉢	×	大15. 9.10		大15.10. 5	オテセ507		
オテハ508	梅鉢	×	大15. 9.10		大15.10. 5	オテセ508		
オテハ509	梅鉢	○	大15. 9.10		大15.10. 5	オテセ509		
オテハ510	梅鉢	○	大15. 9.10		大15.10. 5	オテセ510		
オテハ511	梅鉢	○	大15. 9.10		大15.10. 5	オテセ511		
オテハ512	梅鉢	○	大15. 9.10		大15.10. 5	オテセ512		
オテハ513	梅鉢	○	大15. 9.10		大15.10. 5	オテセ513		
オテハ514	梅鉢	○	大15. 9.10		大15.10. 5	オテセ514		
オテハ515	梅鉢	○	大15. 9.10		大15.10. 5	オテセ515		
オテハ517	日車東京	×	大15. 8.18		大15. 9.21	オテセ517		昭3. 5. 4
オテハ518	日車東京	×	大15. 8.18		大15. 9.21	オテセ518		昭3. 5. 4
オテハ519	日車東京	×	大15. 8.18		大15. 9.21	オテセ519		昭3. 5. 4
オテハ520	日車東京	×	大15. 8.18		大15. 9.21	オテセ520		昭3. 5. 4
オテハ521	日車東京	×	大15. 8.18		大15. 9.21	オテセ521		昭3. 5. 4
オテハ522	日車東京	×	大15. 8.18		大15. 9.21	オテセ522		昭3. 5. 4
オテハ523	日車東京	×	大15. 8.18		大15. 9.21	オテセ523		昭3. 5. 4
オテハ524	日車東京	×	大15. 8.18		大15. 9.21	オテセ524		昭3. 5. 4
オテハ525	日車	○	大14.12.23	大15. 9. 4	大15.11.13	オテセ525		
オテハ600	梅鉢		大15. 9.10		大15.10. 5	オテセ600	オテセ500	
オテハ601	日車	○	大14.12.23		大15.11.13	オテセ601	オテセ516	
フオテハ50	日車		大14.12.23	大15. 9. 4	大15.10.13	オテハフ50		
フオテハ51	日車		大14.12.23	大15. 9. 4	大15.10.13	オテハフ51		
フオテハ52	日車		大14.12.23	大15. 9. 4	大15.10.13	オテハフ52		
フオテハ53	日車		大14.12.23	大15. 9. 4	大15.10.13	オテハフ53		
フオテハ54	日車		大14.12.23	大15. 9. 4	大15.10.13	オテハフ54		
フオテハ55	日車		大14.12.23	大15. 9. 4	大15.10.13	オテハフ55		

出典：「鉄道省文書：北海道炭礦汽船」

ヤ1竣功図
客車改造の移動会議室。こう見えても貨車箱である。
所蔵：藤岡雄一

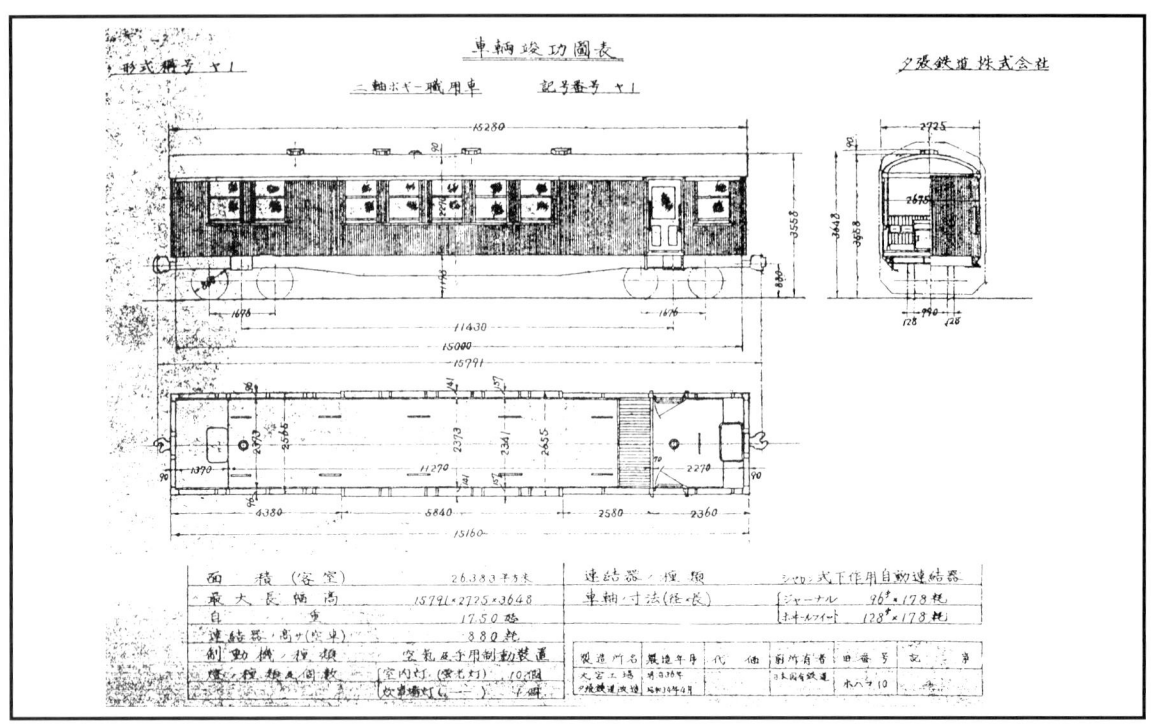

夕張鉄道→北海道炭礦汽船
【各車共通認可項目】北炭形客車電灯化、空気制動管設置…大15.9.6届、客車自連扛上…大15.9.9届

機関車

番号	製造・改造	出自	手続日 改番日	種別	竣功届	設計変更	設計変更	設計変更	用途廃止	異動先
1	大14.10	コッペル		大14.6.22	設	大15.8.26	昭2.2.16*			昭40.5.20	
2	大14.10	コッペル		大14.6.22	設	大15.8.26	昭5.9.3*			昭40.5.20	
6	明38	BLW	国鉄2613	大15.11.9	譲	昭2.2.9				昭39.5.6	
7	明34	ダブス	国鉄1113	昭15.4.12	譲	昭15.6.25				昭35.7.21	
9	大15.3	汽車	筑波鉄道9	昭14.2.22	譲	昭14.7.31	昭17.1.26*			昭17.4.18	天塩鉄道
11	大15.8	日立		大15.10.7	設	大15.10.9	昭9.10.10#	昭29.5.4$	昭31.12.25§	昭44.4.14	
12	大15.8	日立		大15.10.7	設	大15.10.9	昭9.10.10#		昭31.12.25§	昭50.4.1	
13	大15.8	日立		大15.10.7	設	大15.10.9	昭9.10.10#		昭31.12.25§	昭44.4.14	
14	昭2.3	日立		昭2.4.26	増		昭9.10.10#		昭31.12.25§	昭46.10.11	
21	昭16.9	川崎		昭15.1.18	設	昭16.9.30				昭50.4.1	
22※	大4.11	川崎	国鉄9682	昭23.8.11	譲	昭24.3.21				昭46.6.8	北炭真谷地専用鉄道
23※	大3.1	川崎	国鉄9614	昭31.1.5	譲	昭31.1.31				昭46.3.13	
24	大3.12	川崎	国鉄9645	昭35.10.19	設	昭35.11.21				昭44.5.7	北炭平和専用鉄道
25	大10.10	川崎	国鉄49694	昭36.8.8	設	昭36.9.28				昭50.4.1	
26	大8.3	川崎	国鉄29674	昭37.6.19	設	昭37.7.14				昭50.4.1	
27	大9	川崎	国鉄49636	昭38.6.17	設	昭38.8.1				昭50.4.1	
28	大9	川崎	国鉄49650	昭39.9.7	設	昭39.9.28				昭50.4.1	
DD1001	昭44.4	日立		昭44.3.31	設	昭44.4.7	昭44.10.28b			昭50.4.1	北炭若菜辺専用鉄道
DD1002	昭44.4	日立		昭44.3.31	設	昭44.4.7	昭44.10.28b			昭50.4.1	北炭真谷地専用鉄道

*…空気制動設置　#…空気溜移設　$…重油併燃化　b…ボンネットにツララ切り設置　§…蒸気制動撤去　※…竣功届と同時に社番号化

蒸気動車

番号	製造・改造	出自	手続日 改番日	種別	竣功届				用途廃止	異動先
キハニ1	明45.4	汽車	国鉄キハニ6453	昭16.6.23	譲	昭16.9.10				昭18.2.13	天塩鉄道

内燃動車（※ナハニフは改造時制御回路引通し設置のため気動付随車扱いとした）

番号	製造・改造	出自	手続日 改番日	種別	竣功届	設計変更 (構造面)	設計変更 (構造面)	車軸強化	用途廃止	異動先
キハ201	昭27	新潟		昭27.4.23	設	昭27.5.20	昭32.7.16*	昭35.3.24#	昭37.7.17	昭50.4.1	岩手開発鉄道

番号	製造・改造		出自	手続日 改番日	種別	竣功届	設計変更 (構造面)	設計変更 (構造面)	車軸強化	用途廃止	異動先
キハ202	昭27	新潟		昭27. 4.23	設	昭27. 5.20	昭32. 7.16*	昭35. 3.24#	昭37. 7.17	昭50. 4. 1	岩手開発鉄道
キハ251	昭28	新潟		昭28.11.13	設	昭28.12.10			昭37. 7.17	昭50. 4. 1	関東鉄道
キハ252	昭30	新潟		昭30. 9.12	設	昭30. 9.30	昭36. 3. 1♭	昭41. 2.11$	昭37. 7.17	昭46.11.15	水島臨海鉄道
キハ253	昭31	新潟		昭31.10. 8	設	昭31.11.12	昭37. 7.17♭	昭41. 2.11$	昭37. 7.17	昭46.11.15	水島臨海鉄道
キハ254	昭31	新潟		昭31.10. 8	設	昭31.11.12			昭37. 7.17	昭50. 4. 1	関東鉄道
キハ301	昭33	新潟		昭33. 8.14	設	昭33. 8.29				昭43. 7. 1	水島臨海鉄道
キハ302	昭33	新潟		昭33. 8.14	設	昭33. 8.29				昭43. 7. 1	水島臨海鉄道
ナハニフ100			ナハニ100	昭33.11.15	変	昭33.12.15				昭46.10.11	
ナハニフ150			ナハニ150	昭33.11.15	変	昭33.12.15				昭46.10.11	
ナハニフ151			ナハニ151	昭35.11.21	変	昭36. 4.19				昭46.10.11	
ナハニフ152			ナハニ152	昭33.11.15	変	昭33.12.15				昭46.10.11	
ナハニフ153			ナハニ153	昭33.11.15	変	昭33.12.15				昭43. 7. 1	水島臨海鉄道

*…流体継手設置　　#…二扉化　　♭…片側貫通化　　$…簡易運転台本設化

客 車

番号	製造・改造		出自	手続日 改番日	種別	竣功届	社番号化*	設計変更	改造改番・ 設計変更	用途廃止	異動先
コトク1	(→前掲)		コロ6	昭12. 1.15	称					昭32. 3.14	
コロ6	明26.5	手宮工	国鉄フコロ5671	大14.10.26	譲		大15.11. 8		昭12. 1.15		→コトク1
コロハ1	明31.5	手宮工	国鉄フコロハ5760	大14.10.26	譲		大15.11. 8	昭 6. 7.24#	昭10. 9. 2		→コハ1
コロハ2	明36.5	手宮工	国鉄フコロハ5981	大14.10.26	譲		大15.11. 5	昭 6. 7.24#	昭10. 9. 2		→コハ2
ナロハ100	昭4.6	日車東京		昭 4.4.15	設	昭 4. 6.22		昭 9. 9. 6$	昭10. 9. 2		→ナハ100
ハ20	大15.1	汽車東京	神中鉄道ハ20	昭13.10. 7	譲	昭14. 3.31				昭31. 8.25	
ハ21	大15.1	汽車東京	神中鉄道ハ21	昭13.10. 7	譲	昭14. 3.31				昭31. 8.25	
ハ22	大15.1	汽車東京	神中鉄道ハ22	昭13.10. 7	譲	昭14. 3.31				昭31. 8.25	
ハ23	大15.1	汽車東京	神中鉄道ハ23	昭13.10. 7	譲	昭14. 3.31				昭31. 8.25	
ハ60	大15.1	汽車東京	神中鉄道フハ51	昭13.10. 7	譲	昭14. 3.31				昭31. 8.25	
コハ1	(→前掲)		コロハ1	昭10. 9. 2	変				昭14. 3.31§	昭16. 9. 8	北炭真谷地専用鉄道
コハ2	(→前掲)		コロハ2	昭10. 9. 2	変				昭14. 3.31§	昭24. 2. 9	
コハ10	明34	手宮工	国鉄フコロ7970	大14.10.26	譲		大15.11. 8	昭 6. 7.24#	昭 7. 8.20♪	昭24. 2. 9	
コハ11	明37	岩見沢工	国鉄フコロ7976	大14.10.26	譲		大15.11. 8	昭 6. 7.24#	昭 8. 1.18♪	昭13. 9. 1	
コハ12	明32	手宮工	国鉄フコロハ7959	大14.10.26	譲		大15.11. 5	昭 6. 7.24#		昭13. 9. 1	
ナハ50	(→前掲)		ナハフ50	昭10. 4.25	変	昭10. 5. 7				昭38.11. 8	
ナハ51	(→前掲)		ナハフ51	昭10.11.12	変					昭38.11. 8	
ナハ52	大13.3	梅鉢	国鉄ナハフ24507	昭25. 6.23	譲	昭25. 6.30		昭25. 8.10	昭35.12.13♭	昭40. 5.20	
ナハ53	昭2.3	汽車東京	国鉄ナハ23879	昭25. 6.23	譲	昭25. 6.30		昭25. 8.10		昭40. 5.20	
ナハ100	(→前掲)		ナロハ100	昭10. 9. 2	変					昭31. 1.19	→ナハニ100
ナハ150	昭12.8	日車東京		昭12. 8.25	設	昭12. 9. 2				昭32. 2.15	→ナハニ150
ナハ151	昭12.8	日車東京		昭12. 8.25	設	昭12. 9. 2				昭35.11.21	→ナハニフ151
ナハ152	昭15.12	日車東京		昭15. 1.18	増	昭15. 2. 7				昭31. 1.19	→ナハニ152
ナハ153	昭15.12	日車東京		昭15. 1.18	増	昭15. 2. 7				昭31. 1.19	→ナハニ153
ホハフ10	明36.2	大宮工	国鉄ホハフ2630	昭27.11. 1	設	昭28. 1.10				昭32. 3.14	→(ヤ1)
ナハフ50	大15.9	梅鉢		大15. 9.23	設	大15. 9.28		昭 3. 7. 9Ω	昭 9. 9. 6$	昭10. 4.25	→ナハ50
ナハフ51	大15.9	梅鉢		大15. 9.23	設	大15. 9.28		昭 3. 7. 9Ω	昭 9. 9. 6$	昭10.11.12	→ナハ51
ナハニ100			ナハ100	昭31. 1.19	変	昭31. 2.29			昭33. 3.31†	昭33.11.15	→ナハニフ100
ナハニ150			ナハ150	昭32. 2.15	変	昭32. 3.14				昭33.11.15	→ナハニフ150
ナハニ152			ナハ152	昭31. 1.19	変	昭31. 2.29				昭33.11.15	→ナハニフ152
ナハニ153			ナハ153	昭31. 1.19	変	昭31. 2.29				昭33.11.15	→ナハニフ153

*…竣功時は国鉄番号のまま　　#…鋼木合造台枠化、デッキ改修、連結器交換　　♭…丸屋根化　　$…車軸発電機設置　　Ω…蓄電池設置　　§…区画壁撤去
♪…座布団変更　　†…自動塗油器設置

貨 車

番号	製造・改造		出自	手続日 改番日	種別	竣功届	改番届 昭3.9.4	設計変更	設計変更	用途廃止	異動先
【ワ50形】											
ワ50	大15	日車東京		大15. 7. 1	設	大15. 8.26				昭43. 4. 6	
ワ51	大15	日車東京		大15. 7. 1	設	大15. 8.26				昭43. 4. 6	
ワ52	大15	日車東京		大15. 7. 1	設	大15. 8.26				昭44. 6. 5	
ワ53	大15	日車東京		大15. 7. 1	設	大15. 8.26				昭43. 4. 6	
ワ54	大15	日車東京		大15. 7. 1	設	大15. 8.26				昭43. 4. 6	
ワ55(Ⅰ)	大15	日車東京		大15. 7. 1	設	大15. 8.26				昭 9. 2. 1	→ワフ7
ワ55(Ⅱ)			ワフ7	昭30. 7.22	変	昭30. 9. 5				昭41. 1.14	
ワ56(Ⅰ)	大15	日車東京		大15. 7. 1	設	大15. 8.26				昭 4. 4.23	→ワフ6
ワ56(Ⅱ)			ワフ6	昭30. 7.22	変	昭30. 9. 5				昭41. 1.14	
【ワ100形】											
ワ101	昭5.5	日車	国鉄ワ21621	昭28. 6.23	設	昭28. 8.31				昭43. 4. 6	
ワ102	昭5.5	田中	国鉄ワ21629	昭28. 6.23	設	昭28. 8.31				昭43. 4. 6	
【ワ400形】											

番号	製造・改造		出自	手続日 改番日	種別	竣功届	改番届 昭3.9.4	設計変更	設計変更	用途廃止	異動先
ワ401	大11.3	日車	国鉄ワ21401	昭28.6.23	設	昭28.8.5				昭41.5.27	
ワ402	大11.3	日車	国鉄ワ21408	昭28.6.23	設	昭28.8.5				昭41.1.14	
ワ403	大11.7	日車	国鉄ワ21418	昭28.6.23	設	昭28.8.5				昭41.5.27	
【ワフ1形】											
ワフ1	大15	日車東京		大15.7.1	設	大15.8.26		昭5.4.7Ω	昭35.12.13*	昭44.6.5	
ワフ2	大15	日車東京		大15.7.1	設	大15.8.26		昭5.4.7Ω	昭35.12.13*	昭44.6.5	
ワフ3	大15	日車東京		大15.7.1	設	大15.8.26		昭5.4.7Ω	昭35.12.13*	昭42.8.10	
ワフ4	大15	日車東京		大15.7.1	設	大15.8.26		昭5.4.7Ω	昭35.12.13*	昭50.4.1	
ワフ5	大15	日車東京		大15.7.1	設	大15.8.26		昭5.4.7Ω	昭35.12.13*	昭44.6.5	
ワフ6	昭4	苗穂工改	ワ56（Ⅰ）	昭4.4.23	変	昭4.5.10		昭5.4.7Ω	昭30.7.22		→ワ56（Ⅱ）
ワフ7	昭9	苗穂工改	ワ55（Ⅰ）	昭9.2.1	増				昭30.7.22		→ワ55（Ⅱ）
【フト1形→ト1形】											
フト1	大14	日車東京		大14.7.6	設	大14.11.25	ト1	昭2.12.7#	昭9.12.14ｂ	昭46.10.11	
フト2	大14	日車東京		大14.7.6	設	大14.11.25	ト2	昭2.12.7#	昭9.12.14ｂ	昭50.4.1	
フト3	大14	日車東京		大14.7.6	設	大14.11.25	ト3	昭2.12.7#	昭9.12.14ｂ	昭45.6.6	
フト4	大14	日車東京		大14.7.6	設	大14.11.25	ト4	昭2.12.7#	昭9.12.14ｂ	昭45.6.6	
フト5	大14	日車東京		大14.7.6	設	大14.11.25	ト5	昭2.12.7#	昭9.12.14ｂ	昭40.5.20	
フト6	大14	日車東京		大14.7.6	設	大14.11.25	ト6	昭2.12.7#	昭9.12.14ｂ	昭43.4.6	
フト7	大14	日車東京		大14.7.6	設	大14.11.25	ト7	昭2.12.7#	昭9.12.14ｂ	昭45.11.12	
フト8	大14	日車東京		大15.5.6	設	大15.8.26	ト8	昭2.12.7#	昭9.3.13ｂ	昭46.10.11	
フト9	大14	日車東京		大15.5.6	設	大15.8.26	ト9	昭2.12.7#	昭9.3.13ｂ	昭43.4.6	
フト10	大14	日車東京		大15.5.6	設	大15.8.26	ト10	昭2.12.7#	昭9.3.13ｂ	昭43.4.6	
フト11	大14	日車東京		大15.5.6	設	大15.8.26	ト11（Ⅰ）	昭2.12.7#		昭8.11.20	
ト11（Ⅱ）			ト101	昭34.4.22	変	昭34.9.3				昭46.7.1	
フト12	大14	日車東京		大15.5.6	設	大15.8.26	ト12	昭2.12.7#	昭9.3.13ｂ	昭45.11.12	
フト13			ト113	昭3.5.1	称		ト13		昭9.3.13ｂ	昭43.4.6	
フト14			ト111	昭3.5.1	称		ト14		昭9.12.14ｂ	昭45.11.12	
フト15			ト112	昭3.5.1	称		ト15（Ⅰ）			昭8.11.20	
ト15（Ⅱ）			ト106	昭33.9.24	変	昭33.11.18				昭50.4.1	
ト16			ト107	昭33.9.24	変	昭33.11.18				昭45.11.12	
ト17			ト108	昭33.9.24	変	昭33.11.18				昭43.4.6	
ト18			ト103	昭34.4.22	変	昭34.9.3				昭45.6.6	
ト19			ト104	昭34.4.22	変	昭34.9.3				昭45.6.6	
ト20			ト105	昭34.4.22	変	昭34.9.3				昭46.7.1	
【ト101形】											
ト101	大14	日車東京		大14.7.6	設	大14.11.25			昭34.4.22#		→ト11（Ⅱ）
ト102	大14	日車東京		大14.7.6	設	大14.11.25				昭8.11.20	
ト103	大14	日車東京		大14.7.6	設	大14.11.25			昭34.4.22#		→ト18
ト104	大14	日車東京		大14.7.6	設	大14.11.25			昭34.4.22#		→ト19
ト105	大14	日車東京		大14.7.6	設	大14.11.25			昭34.4.22#		→ト20
ト106	大14	日車東京		大14.7.6	設	大14.11.25			昭33.9.24#		→ト15（Ⅱ）
ト107	大14	日車東京		大14.7.6	設	大14.11.25			昭33.9.24#		→ト16
ト108	大14	日車東京		大14.7.6	設	大14.11.25			昭33.9.24#		→ト17
ト109	大14	日車東京		大14.7.6	設	大14.11.25			昭9.1.19		→チ1
ト110	大14	日車東京		大14.7.6	設	大14.11.25			昭9.1.19		→チ2
ト111	大14	日車東京		大14.7.6	設	大14.11.25		昭3.3.26#	昭3.5.1		→フト14
ト112	大14	日車東京		大14.7.6	設	大14.11.25		昭3.3.26#	昭3.5.1		→フト15
ト113	大14	日車東京		大14.7.6	設	大14.11.25		昭2.12.7#	昭3.5.1		→フト13
【チ1形】											
チ1	昭9	苗穂工改	ト109	昭9.1.19	変	昭9.1.29		昭34.6.4#		昭43.4.6	
チ2	昭9	苗穂工改	ト110	昭9.1.19	変	昭9.1.29		昭34.6.4#		昭43.4.6	
【オテセ500形→セラ500形】※北海道炭礦汽船私有車											
オテセ500	大15	梅鉢	北海道炭礦汽船	昭3.5.29	借		セラ500			昭8.12.16	→セサ500
オテセ501	大15	梅鉢	北海道炭礦汽船	昭3.5.29	借		セラ501			昭8.12.16	→セサ501
オテセ502	大15	梅鉢	北海道炭礦汽船	昭3.5.29	借		セラ502			昭8.12.16	→セサ502
オテセ503	大15	梅鉢	北海道炭礦汽船	昭3.5.29	借		セラ503			昭8.12.16	→セサ503
オテセ504	大15	梅鉢	北海道炭礦汽船	昭3.5.29	借		セラ504			昭8.12.16	→セサ504
オテセ505	大15	梅鉢	北海道炭礦汽船	昭3.5.29	借		セラ505			昭8.12.16	→セサ505
オテセ506	大15	梅鉢	北海道炭礦汽船	昭3.5.29	借		セラ506			昭8.12.16	→セサ506
オテセ507	大15	梅鉢	北海道炭礦汽船	昭3.5.29	借		セラ507			昭8.12.16	→セサ507
オテセ508	大15	梅鉢	北海道炭礦汽船	昭3.5.29	借		セラ508			昭8.12.16	→セサ508
オテセ509	大15	梅鉢	北海道炭礦汽船	昭3.5.29	借		セラ509			昭8.12.16	→セサ509
オテセ510	大15	梅鉢	北海道炭礦汽船	昭3.5.29	借		セラ510			昭8.12.16	→セサ510
オテセ511	大15	梅鉢	北海道炭礦汽船	昭3.5.29	借		セラ511			昭8.12.16	→セサ511
オテセ512	大15	梅鉢	北海道炭礦汽船	昭3.5.29	借		セラ512			昭8.12.16	→セサ512
オテセ513	大15	梅鉢	北海道炭礦汽船	昭3.5.29	借		セラ513			昭8.12.16	→セサ513
オテセ514	大15	梅鉢	北海道炭礦汽船	昭3.5.29	借		セラ514			昭8.12.16	→セサ514
オテセ515	大15	梅鉢	北海道炭礦汽船	昭3.5.29	借		セラ515			昭8.12.16	→セサ515

番号	製造・改造		出自	手続日 改番日	種別	竣功届	改番届 昭3.9.4	設計変更	設計変更	用途廃止	異動先
オテセ516	大15	日車	北海道炭礦汽船	昭 3. 5.29	借		セラ516		昭 8.12.16		→セサ516
オテセ517	大15	日車東京	北海道炭礦汽船	昭 3. 5.29	借		セラ517	昭 3. 5. 4#	昭 8.12.16		→セサ517
オテセ518	大15	日車東京	北海道炭礦汽船	昭 3. 5.29	借		セラ518	昭 3. 5. 4#	昭 8.12.16		→セサ518
オテセ519	大15	日車東京	北海道炭礦汽船	昭 3. 5.29	借		セラ519	昭 3. 5. 4#	昭 8.12.16		→セサ519
オテセ520	大15	日車東京	北海道炭礦汽船	昭 3. 5.29	借		セラ520	昭 3. 5. 4#	昭 8.12.16		→セサ520
オテセ521	大15	日車東京	北海道炭礦汽船	昭 3. 5.29	借		セラ521	昭 3. 5. 4#	昭 8.12.16		→セサ521
オテセ522	大15	日車東京	北海道炭礦汽船	昭 3. 5.29	借		セラ522	昭 3. 5. 4#	昭 8.12.16		→セサ522
オテセ523	大15	日車東京	北海道炭礦汽船	昭 3. 5.29	借		セラ523	昭 3. 5. 4#	昭 8.12.16		→セサ523
オテセ524	大15	日車東京	北海道炭礦汽船	昭 3. 5.29	借		セラ524	昭 3. 5. 4#	昭 8.12.16		→セサ524
オテセ525	大15	日車	北海道炭礦汽船	昭 3. 5.29	借		セラ525		昭 8.12.16		→セサ525
セラ526	(→前掲)		セラフ50	昭 8. 7.25	変				昭 8.12.16		→セサ526
セラ527	(→前掲)		セラフ51	昭 8. 7.25	変				昭 8.12.16		→セサ527
セラ528	(→前掲)		セラフ52	昭 8. 7.25	変				昭 8.12.16		→セサ528
セラ529	(→前掲)		セラフ53	昭 8. 7.25	変				昭 8.12.16		→セサ529
セラ530	(→前掲)		セラフ54	昭 8. 7.25	変				昭 8.12.16		→セサ530
セラ531	(→前掲)		セラフ55	昭 8. 7.25	変				昭 8.12.16		→セサ531
【セサ500形】※北海道炭礦汽船私有車											
セサ500	(→前掲)		セラ500	昭 8.12.16	変	昭 9. 4.13					
セサ501	(→前掲)		セラ501	昭 8.12.16	変	昭 9. 4.13		昭17.10. 8#			
セサ502	(→前掲)		セラ502	昭 8.12.16	変	昭 8. 3.22		昭17.10. 8#			
セサ503	(→前掲)		セラ503	昭 8.12.16	変	昭 8. 3.22		昭17.10. 8#			
セサ504	(→前掲)		セラ504	昭 8.12.16	変	昭 9. 4.13		昭17.10. 8#			
セサ505	(→前掲)		セラ505	昭 8.12.16	変	昭 8. 3.22		昭17.10. 8#			
セサ506	(→前掲)		セラ506	昭 8.12.16	変	昭 8. 3.22		昭17.10. 8#			
セサ507	(→前掲)		セラ507	昭 8.12.16	変	昭 8. 3.22		昭17.10. 8#			
セサ508	(→前掲)		セラ508	昭 8.12.16	変	昭 8. 3.22		昭17.10. 8#			
セサ509	(→前掲)		セラ509	昭 8.12.16	変	昭 8. 3.22					
セサ510	(→前掲)		セラ510	昭 8.12.16	変	昭 9. 4.13				昭17. 2.19	北炭(天塩鉄道)
セサ511	(→前掲)		セラ511	昭 8.12.16	変	昭 8. 3.22				昭17. 2.19	北炭(天塩鉄道)
セサ512	(→前掲)		セラ512	昭 8.12.16	変	昭 8. 3.22				昭17. 2.19	北炭(天塩鉄道)
セサ513	(→前掲)		セラ513	昭 8.12.16	変	昭 8. 3.22				昭17. 2.19	北炭(天塩鉄道)
セサ514	(→前掲)		セラ514	昭 8.12.16	変	昭 8. 3.22				昭17. 2.19	北炭(天塩鉄道)
セサ515	(→前掲)		セラ515	昭 8.12.16	変	昭 8. 3.22				昭17. 2.19	北炭(天塩鉄道)
セサ516	(→前掲)		セラ516	昭 8.12.16	変	昭 8. 3.22				昭17. 2.19	北炭(天塩鉄道)
セサ517	(→前掲)		セラ517	昭 8.12.16	変	昭 8. 3.22				昭17. 2.19	北炭(天塩鉄道)
セサ518	(→前掲)		セラ518	昭 8.12.16	変	昭 8. 3.22				昭17. 2.19	北炭(天塩鉄道)
セサ519	(→前掲)		セラ519	昭 8.12.16	変	昭 8. 3.22				昭17. 2.19	北炭(天塩鉄道)
セサ520	(→前掲)		セラ520	昭 8.12.16	変	昭 9. 4.13					北炭(天塩鉄道)
セサ521	(→前掲)		セラ521	昭 8.12.16	変	昭 9. 4.13					北炭(天塩鉄道)
セサ522	(→前掲)		セラ522	昭 8.12.16	変	昭 9. 4.13					北炭(天塩鉄道)
セサ523	(→前掲)		セラ523	昭 8.12.16	変	昭 9. 4.13					北炭(天塩鉄道)
セサ524	(→前掲)		セラ524	昭 8.12.16	変	昭 9. 4.13					北炭(天塩鉄道)
セサ525	(→前掲)		セラ525	昭 8.12.16	変	昭 9. 4.13					
セサ526a	(→前掲)		セラ526	昭 8.12.16	変	昭 9. 4.13				昭 9.11. 5	北海道炭礦汽船
セサ526b											
セサ527a	(→前掲)		セラ527	昭 8.12.16	変	昭 9. 4.13				昭 9.11. 5	北海道炭礦汽船
セサ527b											
セサ528a	(→前掲)		セラ528	昭 8.12.16	変	昭 9. 4.13				昭 9.11. 5	北海道炭礦汽船
セサ528b											
セサ529a	(→前掲)		セラ529	昭 8.12.16	変	昭 9. 4.13				昭 9.11. 5	北海道炭礦汽船
セサ529b											
セサ530a	(→前掲)		セラ530	昭 8.12.16	変	昭 9. 4.13				昭 9.11. 5	北海道炭礦汽船
セサ530b											
セサ531	(→前掲)		セラ531	昭 8.12.16	変	昭 9. 4.13				昭 9.11. 5	北海道炭礦汽船
【オテセフ50形→セラフ50形】※北海道炭礦汽船私有車											
オテセフ50	大15	日車	北海道炭礦汽船	昭 3. 5.29	借		セラフ50		昭 8. 7.25		→セラ526
オテセフ51	大15	日車	北海道炭礦汽船	昭 3. 5.29	借		セラフ51		昭 8. 7.25		→セラ527
オテセフ52	大15	日車	北海道炭礦汽船	昭 3. 5.29	借		セラフ52		昭 8. 7.25		→セラ528
オテセフ53	大15	日車	北海道炭礦汽船	昭 3. 5.29	借		セラフ53		昭 8. 7.25		→セラ529
オテセフ54	大15	日車	北海道炭礦汽船	昭 3. 5.29	借		セラフ54		昭 8. 7.25		→セラ530
オテセフ55	大15	日車	北海道炭礦汽船	昭 3. 5.29	借		セラフ55		昭 8. 7.25		→セラ531
【ミ1形】											
ミ1	明34	スケネクタディ	国鉄5750	昭 6.12.24	譲	昭 7. 3.31			昭24. 7.16$	昭39. 5. 6	
【ユキ1形→キ1形】											
ユキ1	大15	苗穂工		大15.11.17	設	昭 2. 1.18	キ1	昭 9.11. 5§	昭25. 6. 5∫	昭50. 4. 1	北炭真谷地専用鉄道
【ヤ1形】											
ヤ1	昭34. 4	自社改	(ホハフ10)	昭34. 3.10	設	昭34. 4.21				昭36.11.25	

*…連結器変更　 #…空気ブレーキ設置　 ŋ…手ブレーキを車側ブレーキに変更　 $…容積拡大　 §…補助翼設置　 ∫…鋼体化　 Ω…電灯化

109

渡島海岸鉄道

森－砂原
9.57km
軌間：1067mm
動力：蒸気・内燃

■ 沿革

噴火湾南部は駒ケ岳由来の火山灰土壌で農業には不適だが、ニシン・カレイ・スケトウダラの優れた漁場であり、大正9年には我国冷蔵倉庫のパイオニアである葛原冷蔵が森に進出するなど水産業が発達した。砂原も前近代より和人が移住した古い漁業集落で、森や鹿部とともに中心的な漁港として発達したが、海産物を鉄道利用で発送する場合、森まで送る必要があり鮮度維持に問題があった。そこで、これらを直接積み込むべく札幌電気軌道の助川貞二郎を中心に鉄道敷設が計画され、昭和2年12月25日に開業する。しかし、森駅の連絡設計に手間取り、昭和3年9月13日まで仮駅である東森を起点としている。さらに亀田半島縦貫鉄道を狙い昭和4年と6年に砂原－鹿部－臼尻間の免許を得たものの、駒ケ岳噴火で工事に着手できないまま自動車との競争にさらされ、昭和11年に免許失効した。

ところが、戦時中に勾配緩和目的で国鉄函館本線の砂原回り別線が建設されたため、昭和20年1月25日に補償的な意味合いで国鉄に買収されるが、路盤など施設は一切転用されていない。車両の引継ぎもなかったため、当社を買収私鉄の範疇に入れるか議論の分かれるところだが、むしろ戦後の宮崎交通や江若鉄道の処理の先駆例と評すべきであろう。

■ 機関車

1409・1420は国鉄1400形の払下機。うち1420は同形式では2両しか存在しない阪鶴鉄道出身機

渡島海岸鉄道

機関車

番号	製造・改造	出自	手続日 改番日	種別	竣功届	用途廃止	異動先
1409	明29　クラウス	国鉄1409	昭 2. 2.25	設	昭 3. 3.12	昭20. 1.25	釧路埠頭倉庫
1420	明30　クラウス	国鉄1420	昭 2. 2.25	設	昭 3. 3.12	昭20. 1.25	三井芦別鉄道

内燃動車

番号	製造・改造	出自	手続日 改番日	種別	竣功届	撒砂管 改造届	用途廃止	異動先
キハ101	昭11　日車東京		昭11. 5.20	設	昭11. 6. 1	昭12. 6.30	昭20. 1.25	釧路臨港鉄道

客車

番号	製造・改造	出自	手続日 改番日	種別	竣功届	手制設置	用途廃止	異動先
ハ1	昭2.12　岩崎レール		昭2.12. 8	設	昭 3. 3.12	昭17. 6.30	昭20. 1.25	三菱大夕張鉄道
ハ2	昭2.12　岩崎レール		昭2.12. 8	設	昭 3. 3.12	昭17. 6.30	昭20. 1.25	（三井芦別鉄道？）

貨車

番号	製造・改造	出自	手続日 改番日	種別	竣功届	改番届 昭3.9.3	車体補強	設計変更	用途廃止	異動先
【ワム1形】										
ワム1	昭2.12　岩崎レール		昭2.12. 8	設	昭 3. 3.12				昭20. 1.25	西武鉄道
ワム2	昭2.12　岩崎レール		昭2.12. 8	設	昭 3. 3.12		昭13. 7.30*		昭20. 1.25	西武鉄道
ワム3	昭2.12　岩崎レール		昭2.12. 8	設	昭 3. 3.12		昭12. 6.5*		昭20. 1.25	駿豆鉄道
【ワフ1形→ワブ1形】										
ワフ1	昭2.12　岩崎レール		昭2.12. 8	設	昭 3. 3.12	ワブ1	昭13. 7.30*	昭17. 7.24#	昭20. 1.25	羽幌炭礦鉄道
ワフ2	昭2.12　岩崎レール		昭2.12. 8	設	昭 3. 3.12	ワブ2			昭20. 1.25	三井芦別鉄道
【ト1形→トム1形】										
ト1	昭2.12　岩崎レール		昭2.12. 8	設	昭 3. 3.12	トム1			昭20. 1.25	駿豆鉄道
ト2	昭2.12　岩崎レール		昭2.12. 8	設	昭 3. 3.12	トム2			昭20. 1.25	駿豆鉄道
ト3	昭2.12　岩崎レール		昭2.12. 8	設	昭 3. 3.12	トム3			昭20. 1.25	駿豆鉄道
ト4	昭2.12　岩崎レール		昭2.12. 8	設	昭 3. 3.12	トム4			昭20. 1.25	駿豆鉄道
ト5	昭2.12　岩崎レール		昭2.12. 8	設	昭 3. 3.12	トム5			昭20. 1.25	西武鉄道
ト6	昭2.12　岩崎レール		昭2.12. 8	設	昭 3. 3.12	トム6			昭20. 1.25	西武鉄道

*…側板、妻に鋼製斜材取付、鋼製扉に交換　　#…車掌室拡張、車掌室妻扉設置

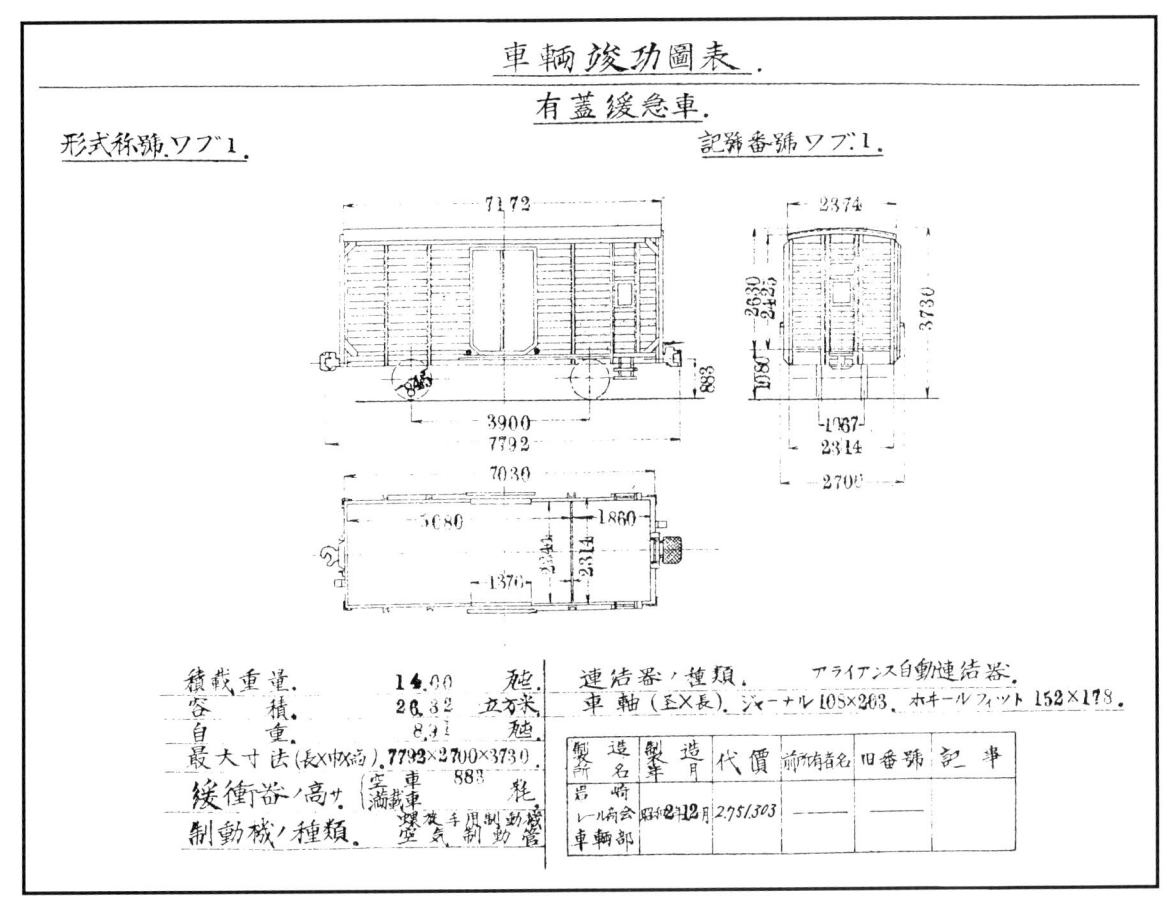

ワブ1竣功図
図面は昭和17年の車掌室拡張時のもの。
所蔵：国立公文書館

■ 内燃動車

　キハ101は窓配置1D5D1の二軸車で、エンジンはウォーケッシャ6-MS（41.7kW/1600rpm）と二軸車としては強力車の部類に入る[65]。車体についても湯口徹氏によるとボギー車と共通設計で幅広車体を採用した我国唯一の二軸車とのことで[66]、全体的に余裕のある設計がされた他例のない車である。

■ 客車

　ハ1・2は窓配置V12Vの木造二軸客車。当初はブレーキがなく常に有蓋緩急車と編成を組んで使用されたが、戦時中のガソリン消費規制でキハ101が使用出来なくなると、その運用を客車が肩代わりすることとなり、有蓋緩急車の整備に支障が生じたため、昭和17年に手ブレーキが設置されている。

■ 貨車

　ワム1形は国鉄ワム3500形同型の15t積有蓋車。ワム1以外は補強が行われ鋼製扉に交換された。**ワブ1形**はワム1形に車掌室を設置したもので、14t積のため本来ワムブと称すべき有蓋緩急車。ワブ1は補強により鋼製扉に交換された上、昭和17年には車掌室が拡張されている。**トム1形**は15t積五枚側の無蓋車。当初から側総アオリ戸式で製造された。

　なお、件名簿によると駿豆鉄道へ譲渡されたワム3・トム2・4については昭和22年6月2日廃車届との記録が残る。鉄道の実態がない中の廃車届は何かのミスと思われるが、参考までに車歴表とは別に本文に特記しておく。

---

[65] ウォーケッシャ6-MSを二軸車に採用した事例としては、他に東野鉄道キハ20、越生鉄道キハ3、流山鉄道キハ32が挙げられるが、基本的には軽便用ボギー車か1067mm用片ボギー車が使用する中型車用のエンジンである。
[66] 湯口徹『内燃動車発達史・上巻』ネコ・パブリッシング（2004）p23

胆振鉄道→
胆振縦貫鉄道

京極－喜茂別・西喜茂別－伊達紋別
70.17km
軌間：1067mm
動力：蒸気

■ 沿革

　昭和61年に廃止された国鉄胆振線（倶知安－伊達紋別間83.0km）には複雑な建設史がある。胆振線自体は鉄道敷設法予定線であったが、さしあたり脇方にあった日本製鋼所倶知安鉱山の鉄鉱石輸送を目的に、京極軽便線として大正8年11月に開通する。しかし、この地方の中心地はさらに南の喜茂別であり、改正鉄道敷設法に「胆振国京極ヨリ喜茂別、壮瞥ヲ経テ紋鼈ニ至ル鉄道」が挙げられたことを根拠にしばしば延伸陳情が行われたものの、建設に向けた鉄道省の動きは鈍かった。結局、喜茂別郵便局長の藤川俊治を中心とする地元有志で胆振鉄道を設立、沿線零細株主によるいわゆる「村ぐるみ半強制的出資割り当て」によって京極－喜茂別間を昭和3年10月21日に開業させる。

　これを伊達紋別まで延ばせば函館本線と室蘭本線のバイパスとなり、特に長万部経由だった倶知安鉱山の輸送距離をほぼ半分に短縮できるため、札幌や室蘭の資本家が建設を模索する。そこで昭和6年に清酒「北の誉」醸造元である小樽の野口喜一郎らを中心に胆振縦貫鉄道が免許を得た。ところが、昭和恐慌と凶作の影響で会社設立が難航し、昭和10年に札幌鉄道局長を辞めたばかりの瓜生卓爾を担ぎ出し、その人脈から根津嘉一郎の出資を引き出すことでようやく会社設立に至る。昭和15年12月15日に伊達紋別－徳舜別間を開業後、接続予定の胆振鉄道を昭和16年9月27日に合併することで運輸系統を整え、翌月10月12日に全通した。

　その後、戦況が悪化するにつれ資源地帯に敷設された当社の重要性が増し、改正鉄道敷設法公示区間と全線が重なっていたことを根拠に昭和19年7月1日に買収される。ただし、買収当時は昭和新山の造山活動による地殻変動に悩まされ度々不通になっており、復旧工事費が重くのしかかっていた事も、国有化が求められた一因であろう。

■ 機関車

　1は後に夕張鉄道が購入する筑波鉄道9の代金の一部として汽車が下取りした機関車を転売したもので、元の国鉄452。ブルックス製の36t1B1タンク機。入線にあたり汽車で整備され、外形面では砂箱が増設され罐上が「四つ瘤」になった点が目立つ。2は臼井茂信氏が「筑波形」と呼ぶ汽車会社標準設計の44t1C1タンク機。以上2両は胆振鉄道引継機。3は筑波鉄道5を購入したもので、若干の寸法差や形態差はあるが2とは同型機。国鉄買収時、2と共に日鉄鉱業移管を計画していたが運輸通信省に拒否され、在来型では唯一の買収物件になる。4は東武鉄道19を購入したもので、国鉄230形と同型の37t1B1タンク機。出自をただすと大阪高野鉄道7を振り出しに東上鉄道5を経て東武鉄道に入ったものである。胆振縦貫鉄道では最初に入籍した車両で、小熊米雄氏によると建設工事から使用されたと言う[67]。D5101～5105は76t1D1テンダ機関車。

尻別川沿いを行く胆振鉄道の混合列車。牽引機は昭和3年汽車製の44t1C1タンク機である2号機。
小樽市総合博物館蔵

**国鉄ハ1194
（国鉄1005形）**

買収前のフハ2。明治40年新橋工場製の国鉄フハ3418を胆振鉄道開業にあたり昭和3年に譲受したもの。
昭和31頃　苗穂工場
小熊米雄
（星良助蔵）

内地私鉄が投入した唯一のD51形で、標準型と同一形態であるが線路規格を考慮し国鉄機より自重が1t軽い。それでも運用にあたり33km/hの速度制限を受けていた。

他に小熊米雄氏は耶馬渓鉄道6（元国鉄622）を建設時に使用した可能性を指摘しているが[68]、本機使用の決定的証拠は現在のところ発見されていない。

■ **客車**

フロハ1は国鉄フロハ930形の払下車で窓配置O11O。窓6区画分がクロスシートの三等室で、5区画分がロングシートの二等室となる。**フハ1～3**は国鉄フハ3394形の払下車で窓配置O22222O。以上4両が胆振鉄道引継車。**ハ1・2**は富士身延鉄道ハ1・2を購入したもので窓配置O10O。**ハフ1・2→ハ3・4**は富士身延鉄道ハフ1・2を購入したもので窓配置D9D。ハ1～4は木製でクッションのない粗末なものとは言え、室内は転換クロスシートであった。**ユニ1・2**は極めて珍しい二軸制御車である富士身延鉄道クユニ1・2を購入したもので窓配置d2B5M。ただし元は客車で富士身延における旧番号はハユニ1・2であった。

他に慢性的な客車不足のため、昭和16年9月に定山渓鉄道コロ1、昭和18年12月に成田鉄道（二代目）ホハ1の譲受申請を行っているが、前者は豊羽鉱山の輸送問題から調整がつかず、後者は当社の買収が確定したことから何れも購入中止になっている。

**国鉄ワフ23200
（国鉄ワフ23200形）**

買収前のワフ1。昭和15年汽東京製。ワフ24000形（北海道鉄道ワフ2000形）に似た鋼製有蓋緩急車だが13t積。車掌室扉位置が異なるので53頁と比較されたい。
昭和38頃
鈴木靖人

113

■ 貨車

　ワム1形は15t有蓋車ということでまとめられているものの、胆振縦貫鉄道が新造したワム1・2が国鉄スム1形準拠の鋼製車であるのに対し、胆振鉄道引継のワム3は国鉄ワム1形相当の木造車。ワフ1形はワム1・2準拠の鋼製13t積有蓋緩急車。ワブ1形（胆振）→ワブ10形は胆振鉄道引継車でワム3準拠の木造13t積有蓋緩急車。ト1形は胆振鉄道引継車で10t積四枚側無蓋車。ト2には空気ブレーキがない。ト10形は国鉄ヨ1形を改造した10t積三枚側無蓋車。出自が二軸客車であるため軸距が3,800mmと、このクラスの貨車としては非常に長い。アオリ戸は二枚分割式。ト13形は国鉄ト6000形の払下車だが、入線にあたり三枚側に改造されている。アオリ戸は一枚物である。トム1形は国鉄トム1形と同型の五枚側観音開式無蓋車。胆振鉄道にも同型車がありトム33〜36として編入された。トム35・36には空気ブレーキがない。ト厶13形とト厶20形は国鉄トム19000形と同型の15t積鋼製無蓋車。形式区分の理由は空気ブレーキの有無で、持つのは前者。トム1形（胆振）→トム37形は材木車兼用の15t積四枚側無蓋車で、8本の側柱を持つ。チム1形は側柱8本を持つ二軸の15t積長物車。キ1形は三菱大夕張鉄道キ28を購入したものだが、元をただすと国鉄キ1形。以上の貨車の大部分は戦時増積がかかった状態で買収を迎えており、買収時の荷重については車歴表を参照していただきたい。

■ 参考文献

小熊米雄「胆振鉄道および胆振縦貫鉄道とその車両」『レイル』No.8（1978-11）

胆振鉄道〔→合併〕・胆振縦貫鉄道→（国鉄胆振線）

機関車

番号	製造・改造	出自	手続日 改番日	種別	竣功届	外部給水ポンプ設置	国鉄編入・用途廃止	異動先
1*	明30　ブルックス	汽車大阪工場3	昭 3. 9.19	設	昭 3.10. 1	昭 6. 7.30	昭19. 7.27	日鉄鉱業
2*	昭3　汽車		昭 3. 9.19	設	昭 3.10. 1	昭 6. 7.30	昭19. 7.27	日鉄鉱業
3	大12.2　汽車	筑波鉄道5	昭15.11.26	設	昭15.11.27		昭19. 7. 1	国鉄3425
4	明41　汽車	東武鉄道19	昭15. 2.16	譲	昭15.11. 9		昭18. 9.15	三菱重工水島
D5101	昭16.1　汽車		昭15. 5. 9	設	昭16. 2. 3		昭19. 7. 1	国鉄D51950
D5102	昭16.1　汽車		昭15. 5. 9	設	昭16. 2. 3		昭19. 7. 1	国鉄D51951
D5103	昭16.1　汽車		昭15. 5. 9	設	昭16. 2. 3		昭19. 7. 1	国鉄D51952
D5104	昭17.7　汽車		昭16. 7.30	増	昭17. 7.27		昭19. 7. 1	国鉄D51953
D5105	昭18.6　日立		昭18.12.15	増			昭19. 7. 1	国鉄D51954

*…胆振鉄道引継車

客車

番号	製造・改造	出自	手続日 改番日	種別	竣功届	改番不明	国鉄編入・用途廃止	異動先
フロハ1*	明36.6　東京車輌	国鉄フロハ930	昭 3. 8.31	譲	昭 3.10. 1		昭19. 9. 8	日鉄鉱業
ハ1	大2　天野	富士身延ハ1	昭15.11.27	設	昭15.11.27		昭19. 9. 8	日鉄鉱業
ハ2	大2　天野	富士身延ハ2	昭15.11.27	設	昭15.11.27		昭19. 9. 8	日鉄鉱業
フハ1*	明40　新橋工	国鉄フハ3416	昭 3. 8.31	譲	昭 3.10. 1		昭19. 7. 1	国鉄ハ1193
フハ2*	明40　新橋工	国鉄フハ3418	昭 3. 8.31	譲	昭 3.10. 1		昭19. 7. 1	国鉄ハ1194
フハ3*	明40　新橋工	国鉄フハ3428	昭 3. 8.31	譲	昭 3.10. 1		昭19. 7. 1	国鉄ハ1195
ハフ1	大元　天野	富士身延ハフ1	昭15.11.27	設	昭15.11.27	ハ3	昭19. 7. 1	国鉄ハ1191
ハフ2	大元　天野	富士身延ハフ2	昭15.11.27	設	昭15.11.27	ハ4	昭19. 7. 1	国鉄ハ1192
ユニ1	大10.4　日車東京	富士身延クユニ1	昭15.11.27	設	昭15.11.27		昭19. 7. 1	国鉄ニ4119
ユニ2	大10.4　日車東京	富士身延クユニ2	昭15.11.27	設	昭15.11.27		昭19. 9. 8	日鉄鉱業

*…胆振鉄道引継車

貨車

番号	製造・改造	出自	手続日 改番日	種別	竣功届	改番届 昭16.11.1	設計変更	戦時増積 昭18.7.12	国鉄編入	異動先
【ワム1形】										
ワム1	昭15.5　汽車東京		昭15. 5. 9	設	昭15.11. 9			荷15t→16t	昭19. 7. 1	国鉄スム3992
ワム2	昭15.5　汽車東京		昭15. 5. 9	設	昭15.11. 9			荷15t→16t	昭19. 7. 1	国鉄スム3993
ワム1*	昭3.7　日車東京		昭 3. 9.11	設	昭 3.10. 1	ワム3 #	昭 7. 2.29 b	荷15t→16t	昭19. 7. 1	国鉄ワム1770
【ワフ1形】										
ワフ1	昭15.5　汽車東京		昭15. 5. 9	設	昭15.11. 9				昭19. 7. 1	国鉄ワフ23200
ワフ2	昭15.5　汽車東京		昭15. 5. 9	設	昭15.11. 9				昭19. 7. 1	国鉄ワフ23201
ワフ3	昭15.5　汽車東京		昭15. 5. 9	設	昭15.11. 9				昭19. 7. 1	国鉄ワフ23202
【ワブ1形→ワブ10形】										
ワブ1*	昭3.6　日車東京		昭 3. 9.11	設	昭 3.10. 1	ワブ10	昭11. 9.28 S	荷13t→15t	昭19. 7. 1	国鉄ワフ9000
ワブ2*	昭3.6　日車東京		昭 3. 9.11	設	昭 3.10. 1	ワブ11	昭11. 9.28 S	荷13t→15t	昭19. 7. 1	国鉄ワフ9001

番号	製造・改造		出自	手続日 改番日	種別	竣功届	改番届 昭16.11.1	設計変更	戦時増積 昭18.7.12	国鉄編入	異動先
【ト1形】											
ト1*	昭4.8	日車東京		昭 4.10.12	設	昭 4.10.19		昭 7. 2.29 b	荷10t→12t	昭19. 7. 1	国鉄ト8931
ト2*	昭4.8	日車東京		昭 4.10.12	設	昭 4.10.19			荷10t→12t	昭19. 7. 1	国鉄ト8932
【ト10形】											
ト10	昭15.12	大宮工改	国鉄ヨ299	昭18.11.22	譲	昭19. 5. 9				昭19. 7. 1	国鉄リ1923
ト11	昭15.12	大宮工改	国鉄ヨ460	昭18.11.22	譲	昭19. 5. 9				昭19. 7. 1	国鉄リ1924
ト12	昭15.12	大宮工改	国鉄ヨ557	昭18.11.22	譲	昭19. 5. 9				昭19. 7. 1	国鉄リ1925
【ト13形】											
ト13	昭15.12	大宮工改	国鉄ト8865	昭18.11.22	譲	昭19. 5. 9				昭19. 7. 1	国鉄ト17044
【トム1形】											
トム1	昭15.5	汽車東京		昭15. 5. 9	設	昭15.11. 9			荷15t→17t	昭19. 7. 1	国鉄トム2348
トム2	昭15.5	汽車東京		昭15. 5. 9	設	昭15.11. 9			荷15t→17t	昭19. 7. 1	国鉄トム2349
トム3	昭15.5	汽車東京		昭15. 5. 9	設	昭15.11. 9			荷15t→17t	昭19. 7. 1	国鉄トム2350
トム4	昭15.5	汽車東京		昭15. 5. 9	設	昭15.11. 9			荷15t→17t	昭19. 7. 1	国鉄トム2351
トム5	昭15.5	汽車東京		昭15. 5. 9	設	昭15.11. 9			荷15t→17t	昭19. 7. 1	国鉄トム2352
トム6	昭15.5	汽車東京		昭15. 5. 9	設	昭15.11. 9			荷15t→17t	昭19. 7. 1	国鉄トム2353
トム7	昭15.5	汽車東京		昭15. 5. 9	設	昭15.11. 9			荷15t→17t	昭19. 7. 1	国鉄トム2354
トム8	昭15.5	汽車東京		昭15. 5. 9	設	昭15.11. 9			荷15t→17t	昭19. 7. 1	国鉄トム2355
トム9	昭15.5	汽車東京		昭15. 5. 9	設	昭15.11. 9			荷15t→17t	昭19. 7. 1	国鉄トム2356
トム10	昭15.5	汽車東京		昭15. 5. 9	設	昭15.11. 9			荷15t→17t	昭19. 7. 1	国鉄トム2357
トム11	昭15.5	汽車東京		昭15. 5. 9	設	昭15.11. 9			荷15t→17t	昭19. 7. 1	国鉄トム2358
トム12	昭15.5	汽車東京		昭15. 5. 9	設	昭15.11. 9			荷15t→17t	昭19. 7. 1	国鉄トム2359
トム1*	昭3.7	日車東京		昭 3. 9.11	設	昭 3.10. 1	トム33#	昭 7. 2.29 b	荷15t→17t	昭19. 7. 1	国鉄トム2360
トム2*	昭3.7	日車東京		昭 3. 9.11	設	昭 3.10. 1	トム34#	昭 7. 2.29 b	荷15t→17t	昭19. 7. 1	国鉄トム2361
トム3*	昭3.5	日車東京		昭 3. 9.11	設	昭 3.10. 1	トム35#		荷15t→17t	昭19. 7. 1	国鉄トム2362
トム4*	昭3.5	日車東京		昭 3. 9.11	設	昭 3.10. 1	トム36#		荷15t→17t	昭19. 7. 1	国鉄トム2363
【トム13形】											
トム13	昭15.8	梅鉢		昭15. 2.22	設	昭15.11. 9			荷15t→18t	昭19. 7. 1	国鉄トム24702
トム14	昭15.8	梅鉢		昭15. 2.22	設	昭15.11. 9			荷15t→18t	昭19. 7. 1	国鉄トム24703
トム15	昭15.8	梅鉢		昭15. 2.22	設	昭15.11. 9			荷15t→18t	昭19. 7. 1	国鉄トム24704
トム16	昭15.8	梅鉢		昭15. 2.22	設	昭15.11. 9			荷15t→18t	昭19. 7. 1	国鉄トム24705
トム17	昭15.8	梅鉢		昭15. 2.22	設	昭15.11. 9			荷15t→18t	昭19. 7. 1	国鉄トム24706
トム18	昭15.8	梅鉢		昭15. 2.22	設	昭15.11. 9			荷15t→18t	昭19. 7. 1	国鉄トム24707
トム19	昭15.8	梅鉢		昭15. 2.22	設	昭15.11. 9			荷15t→18t	昭19. 7. 1	国鉄トム24708
【トム20形】											
トム20	昭15.10	梅鉢		昭15. 2.22	設	昭15.11. 9			荷15t→18t	昭19. 7. 1	国鉄トム24709
トム21	昭15.10	梅鉢		昭15. 2.22	設	昭15.11. 9			荷15t→18t	昭19. 7. 1	国鉄トム24710
トム22	昭15.10	梅鉢		昭15. 2.22	設	昭15.11. 9			荷15t→18t	昭19. 7. 1	国鉄トム24711
トム23	昭15.11	梅鉢		昭15. 2.22	設	昭15.12. 1			荷15t→18t	昭19. 7. 1	国鉄トム24712
トム24	昭15.11	梅鉢		昭15. 2.22	設	昭15.12. 1			荷15t→18t	昭19. 7. 1	国鉄トム24713
トム25	昭15.11	梅鉢		昭15. 2.22	設	昭15.12. 1			荷15t→18t	昭19. 7. 1	国鉄トム24714
トム26	昭15.11	梅鉢		昭15. 2.22	設	昭15.12. 1			荷15t→18t	昭19. 7. 1	国鉄トム24715
トム27	昭15.11	梅鉢		昭15. 2.22	設	昭15.12. 1			荷15t→18t	昭19. 7. 1	国鉄トム24716
トム28	昭15.11	梅鉢		昭15. 2.22	設	昭15.12. 1			荷15t→18t	昭19. 7. 1	国鉄トム24717
トム29	昭15.11	梅鉢		昭15. 2.22	設	昭15.12. 1			荷15t→18t	昭19. 7. 1	国鉄トム24718
トム30	昭15.11	梅鉢		昭15. 2.22	設	昭15.12. 1			荷15t→18t	昭19. 7. 1	国鉄トム24719
トム31	昭15.11	梅鉢		昭15. 2.22	設	昭15.12. 1			荷15t→18t	昭19. 7. 1	国鉄トム24720
トム32	昭15.11	梅鉢		昭15. 2.22	設	昭15.12. 1			荷15t→18t	昭19. 7. 1	国鉄トム24721
【トム1形→トム37形】											
トム5*	昭3.10	日車東京		昭 3. 9.11	設	昭 3.11.28	トム37#	昭 7. 2.29 b	荷15t→17t	昭19. 7. 1	国鉄ト14737
トム6*	昭3.10	日車東京		昭 3. 9.11	設	昭 3.11.28	トム38#	昭 7. 2.29 b	荷15t→17t	昭19. 7. 1	国鉄ト14738
【チム1形】											
チム1	昭15.5	汽車東京		昭15. 5. 9		昭15.11. 9			荷15t→17t	昭19. 7. 1	国鉄チム50
チム2	昭15.5	汽車東京		昭15. 5. 9		昭15.11. 9			荷15t→17t	昭19. 7. 1	国鉄チム51
【キ1形】											
キ1	大元.11	札幌工	三菱大夕張キ28	昭16. 2.28	譲	昭17. 3.16				昭19. 7. 1	国鉄キ87

*…胆振鉄道引継車　　#…改番日は推定。「鉄道公報」連絡直通社車達では全車一括に改番　　b…三動弁吐出絞り栓設置　　$…車掌室妻扉設置

67) 小熊米雄「胆振鉄道および胆振縦貫鉄道とその車両」『レイル』No.8（1978-11）p 11
68) 前掲 (67) p 13

北海道拓殖鉄道

新得－上士幌
54.33km
軌間：1067mm
動力：蒸気・内燃

■ 沿革

　気宇壮大な名前の会社だが、後述する根室拓殖鉄道と異なり、実際に株式会社による開拓計画のために敷設された鉄道である。北十勝の開墾は交通の便の悪さから根室本線沿線か駅逓所周辺に限られ、大正期も多くの未開地が残されていた。そのような中、大正10年に雑穀相場で財をなした新得の商人である菊田豊之助を中心に、6,000戸約120万坪の入植事業を株式会社形態で進める計画が持ち上がり、用地買収と共に基幹交通機関として大正12年に新得－士幌－足寄間の免許を得る。国鉄士幌線はもちろん、石北本線もようやく着工されたばかりの状況下、全通すれば札幌から北見方面への短絡線となることから、厳しい経営が予想されるなかで道庁も建設に賛意を述べている。昭和3年12月15日の新得－鹿追間の開業を皮切りに昭和6年11月15日に上士幌まで到達するが、人口希薄地帯における経営条件の厳しさから、地価上昇を見越した土地経営で収益を上げる計画はままならず、当初より補助金に依存する状態もあって上士幌以遠の建設を断念する。

　経営の根幹は木材輸送で、戦時中は国鉄士幌線のバイパスとしても機能したが、戦後の木材輸送減少で士幌線と接続する意味がなくなると昭和24年9月1日に早くも上士幌－東瓜幕間が廃止となる。一時は電力開発の資材輸送で一息ついたが、昭和29年度をもって補助金が期限満了で打ち切られ、昭和37年8月に受けた台風被害の復旧で経営を圧迫される。主要貨物の木材も自動車に転移しつつあり存在意義が希薄になるなか、国鉄北十勝線[69]の工事線格上げに伴う買収に希望をつないで営業を継続していたが、最後は熊牛トンネルを中心とする施設の老朽化で改善通達を受けたことが引き金となり、昭和43年10月1日に廃止となる。

■ 機関車

　5704は上士幌延長に備えて払下を受けた国鉄5700形。3タイプある国鉄5700形のなかでは作業局出身のグループに属し、ワゴントップ形ボイラーと三軸固定の炭水車を持つ。8621・8622は国鉄8620形と同型機。先輪径および炭水車車輪径は970mmなので後期形のコピーである。除煙板は戦

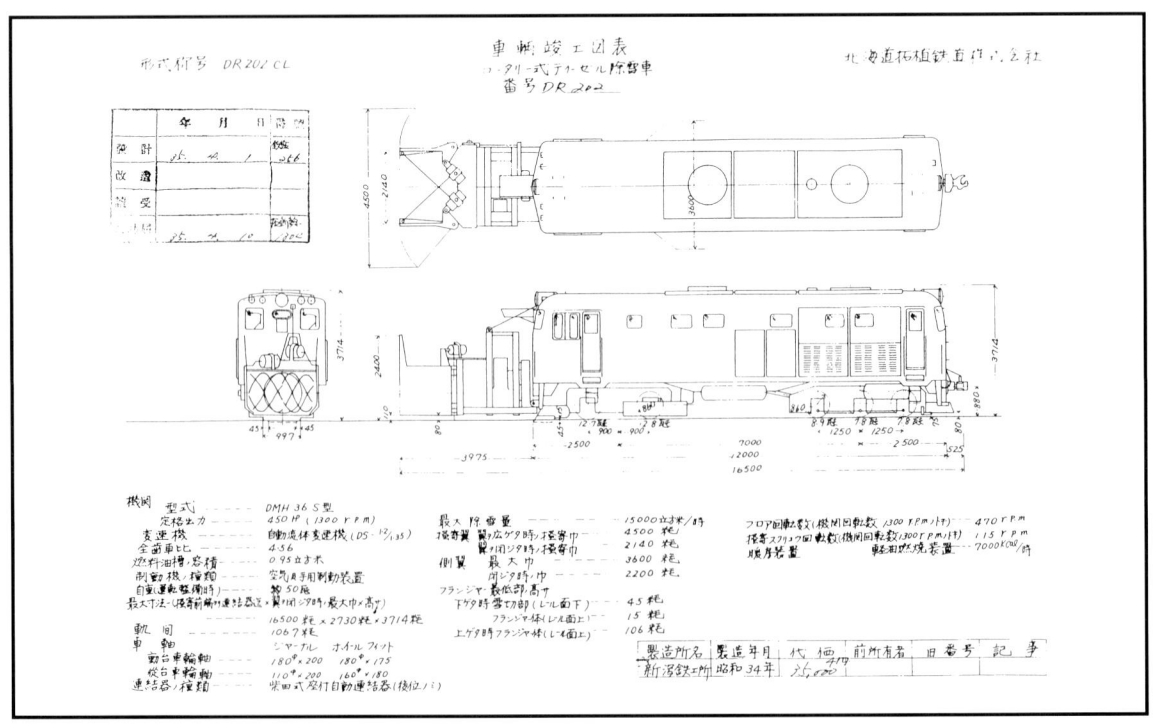

DR202CL（DR202CL形）竣工図
図面はロータリー除雪機を装備した冬姿。
所蔵：星良助

8621（8620形）
昭和3年汽車製の49t1Cテンダ機。国鉄8620形後期型の同型機。除煙板は戦後に設置。戦前の姿は94頁参照。
　　　　　　　　　　　　　　　昭和32.7.7　新得　星良助

キハ111（キハ111形）
昭和5年日車製の西武キハ111を購入したもの。元は佐久鉄道の買収気動車で、側窓配置を整えてから売却された。
　　　　　　　　　　　　　　　昭和34.7.15　東瓜幕　星良助

後の設置である。**8722**は国鉄8700形の払下機。**DR202CL**は軸配置2C、湘南形スタイルの45t箱型ディーゼル機関車。留萌鉄道DR101CLの実績をもとに改良したロータリー除雪車兼用機で、冬季は従台車側に可動式除雪翼とロータリーヘッドを設置するため自重は50tになる。エンジンは振興DMF36S（450PS/1300rpm）1機とDS1.2/1.35液体式変速機の組み合わせで、大柄な車体の割に非力[70]。動力伝達はロッド式で、従台車に可動翼が設置出来る構造になっている。**DD4501**は定山渓鉄道DD4501を購入したもので45t凸形ディーゼル機関車。詳細は定山渓鉄道の項を参照のこと。

■ 内燃動車
　キハ101・102は日車製の窓配置14D1の二軸のレールカー。キハ101と102は同型だが、湯口徹氏によるとキハ102の機関台枠保持が改良されているという[71]。車体からは釧路臨港鉄道キハ1と同型車と言えるが、前後妻に簡易折畳荷台を持つ。エンジンはフォードA（23.1kW/1500rpm）と非力だが、戦後、形式不明のいすゞ製エンジンに換装されている。酷寒地の鉄道だけに冬季の接客に問題があり、昭和8年にストーブを設置する。**キハ111・112**は西武鉄道キハ111・112を購入したもの。佐久鉄道キホハニ54・55の買収車である国鉄キハニ40704・40705が前身で、西武所沢で窓配置1D8D1に改造され見栄えについては改善されている。当初はウォーケッシャ6-SRL（58.5kW/1500rpm）を装備するガソリン動車のまま入線したが、直後に日野DS40-B（150PS/2400rpm）に換装された。**キハ301**はホハ502の台枠を利用して製作された気動車で、国鉄キハ22形に良く似ているが新造当時は二重窓でなく、車体も若干小型で屋根上に伸びる排気管がないなど正面造形以外にも細かい差異があり、台車もTR29を履く。DMH17C（180PS/1500rpm）とTC-2変速機を持つ液体式気動車である。気動車では本車のみがクロスシートだった。

キハ301（キハ301形）
昭和38年泰和車両製。国鉄キハ22形に似るがホハ502の台枠を流用しており、最大長が20mに僅かに満たない。台車は中古のTR29だが出所が判明していない。
　　　昭和39.9.4　南新得
　　　　　　　　　阿部一紀

ナハ501
国鉄オハ60形を17m級にしたような鋼製ボギー車。ホロハ1の事故復旧にあたり、昭和26年に泰和車両で鋼体化。
　　　　　　　　　　　昭和34.7.15　南新得　星良助

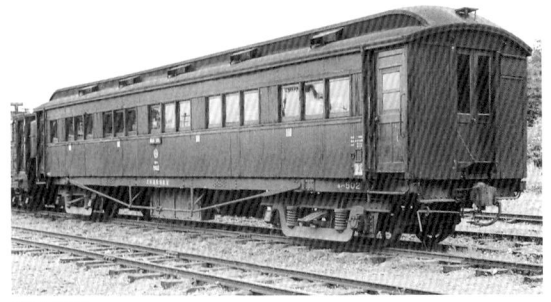

ホハ502
昭和3年汽車東京製の17m級木造ボギー車。国鉄ナハ12500形の類似車で、当初は二三等合造車だった。
　　　　　　　　　　　昭和34.7.15　南新得　星良助

■ 客車
　ホロハ1・2は国鉄中型木造ボギー客車と同型の窓配置D133333Dの木造車。ホロハ1は昭和25年に国鉄オハ60形類似の窓配置D33334D、切妻形の鋼製客車に改造され**ナハ501**に改番[72]、木造のまま残されたホロハ2も同時期に**ホハ502**に改番された。

■ 貨車
　ワ1形は10t積の木造有蓋車。ワム101形のスケールダウン版として追加製造された。**ワム101形**は国鉄ワム3500形と同型の15t積木造有蓋車だが、昭和32・35年に国鉄ワム20000形と同型に鋼体化される。**ワブ1形**はワ1形に車掌室を設置したような10t積有蓋緩急車。昭和7年と32年の二回車掌室が拡大されている。**ト1形**は10t積木造無蓋車。ト1～10は開業時に新造した三枚側車で手ブレーキ付。元は容積荷重9tであったが、戦前の不況期に自重増加工事を兼ねてト101形ともども容積8tに減少されている。ト11～20は国鉄からの払下車で、元形式がばらばらなので各車で形態が異なる。**ト101形**はト1～10を車側ブレーキにしたもの。特にト1～5と

本車は工事用に先行投入されたものを入籍したもので、空気ブレーキは昭和11年に連絡直通車とするために整備した際の設置である。この時、ト1形にしても車側ブレーキに改造されたため、両者の形式区分は有名無実化した。**トム201形**は15t積無蓋車で、トム201～208は国鉄トム1形と同型の五枚側観音開式無蓋車。トム209は相鉄買収車である国鉄トム13500形の払下車。トム210は新潟臨港鉄道買収車である国鉄トム18100形の払下車。**チム300形**は側柱12本を持つ二軸の15t積長物車。**チム310形**は北海道鉄道（二代目）チム350形買収車である国鉄チム1形の払下車。**チラ401形**は国鉄チラ1・30形の払下車で18t積の小型ボギー車。**チサ501形**は国鉄チサ100形の払下車で三軸車。**キ1形**は国鉄キ1形の払下車で木造ラッセル式除雪車。

■ 参考文献
関長臣「北海道拓殖鉄道」『鉄道ピクトリアル』私鉄車両めぐり別冊（1960-12増）
加田芳栄『十勝の國私鉄覚え書』（1984）近畿硬券部会
湯口徹『北線路（下）』エリエイ出版部（1988）

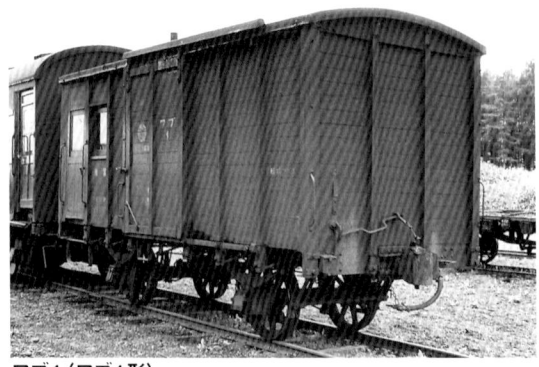

ワブ1（ワブ1形）
昭和3年汽車製の有蓋緩急車。昭和7年と32年に車掌室が拡張されたが、荷重は最後まで10tのままだった。
　　　　　　　　　　　昭和34.7.15　南新得　星良助

キ2（キ1形）
大正14年苗穂工場製のラッセル式除雪車で、国鉄キ82を昭和26年に譲受。前頭部は国鉄時代に流線型に改造。
　　　　　　　　　　　昭和34.7.15　南新得　星良助

北海道拓殖鉄道

機関車

番号	製造・改造		出自	手続日 改番日	種別	竣功届	空制設置		用途廃止	異動先
5704	明30	スケネクタディ	国鉄5704	昭 6. 7.18	譲	昭 6. 9.30			昭15. 1.27	山門炭礦
8621	昭3.9	汽車		昭 3.10.15	設	昭 4. 1.22	昭 4. 7.11		昭35. 7.	
8622	昭3.9	汽車		昭 3.10.15	設	昭 4. 1.22	昭 4. 7.11		昭39.11. 5	
8722	大2	汽車	国鉄8722	昭28. 6.23	設	昭29. 4.30			昭31. 7.	雄別鉄道
DR202CL	昭35.1	新潟		昭35. 4. 1	設	昭35. 4.10			昭43.10. 1	八戸通運
DD4501	昭32.3	日立	定山渓DD4501	昭39. 8. 8	設	昭39.11. 5			昭43.10. 1	旭川通運

内燃動車

番号	製造・改造		出自	手続日 改番日	種別	竣功届	設計変更	設計変更	用途廃止	異動先
キハ101	昭7	日車東京		昭 7. 7.20	設	昭 7. 9.24	昭 8. 8.22*	昭26.11. 9#	昭36.10.25	
キハ102	昭8	日車東京		昭 8. 7.17	増		昭 8. 8.22*	昭26.11. 9#	昭36.10.25	
キハ111	昭5	日車	西武鉄道キハ111	昭31. 8.21	設	昭32. 4.16	昭32. 7.25#		昭43.10. 1	
キハ112	昭5	日車	西武鉄道キハ112	昭32. 6.24	増	昭32. 7. 5	昭32. 7.25#		昭43.10. 1	
キハ301	昭38	泰和	(ホハ502)	昭38. 3.14	設	昭38. 5.28	昭41. 7.11♭		昭43.10. 1	

*…ストーブ設置　#…エンジン換装　♭…ドアエンジン設置、二重窓化

客車

番号	製造・改造		出自	手続日 改番日	種別	竣功届	空制管設置	貫通扉設置	改番を伴う 改造認可	用途廃止	異動先
ホロハ1	昭3.10	汽車東京		昭 3.10.15	設	昭 4. 1.22	昭 4.11. 7	昭 6. 2.23	昭26. 8. 8		→ナハ501
ホロハ2	昭3.10	汽車東京		昭 3.10.15	設	昭 4. 1.22	昭 4.11. 7	昭 6. 2.23			→ホハ502
ナハ501	昭26	泰和改	ホロハ1	昭26. 8. 8	変	昭29. 4.30				昭43.10. 1	
ホハ502			ホロハ2		称					昭36.10.25	→(キハ301)

貨車

番号	製造・改造		出自	手続日 改番日	種別	竣功届	設計変更	設計変更	設計変更	用途廃止	異動先
【ワ1形】											
ワ1	昭4.4	汽車東京		昭 4. 5.31	設	昭 4. 8. 2	昭 7. 9.29*			昭41. 9.28	
ワ2	昭4.4	汽車東京		昭 4. 5.31	設	昭 4. 8. 2	昭 7. 9.29*			昭 9. 2. 2	
【ワム101形】											
ワム101	昭3.9	汽車		昭 3.10.15	設	昭 4. 1.22	昭35.11.21#	昭38. 8.12♭		昭43.10. 1	
ワム102	昭3.9	汽車		昭 3.10.15	設	昭 4. 1.22	昭32.11.27#	昭38. 8.12♭		昭43.10. 1	
ワム103	昭4.4	汽車		昭 4. 5.31	設	昭 4. 8. 2	昭35.11.21#			昭43.10. 1	
ワム104	昭4.4	汽車		昭 4. 5.31	設	昭 4. 8. 2	昭35.11.21#			昭43.10. 1	
ワム105	昭4.4	汽車		昭 4. 5.31	設	昭 4. 8. 2	昭32.11.27#			昭43.10. 1	
【ワブ1形】											
ワブ1	昭3.10	汽車		昭 3.10.15	設	昭 4. 1.22	昭 4. 3. 5♭	昭 7.10. 6$	昭32.11.20$	昭41. 9.28	
ワブ2	昭3.10	汽車		昭 3.10.15	設	昭 4. 1.22	昭 4. 3. 5♭	昭 7.10. 6$	昭32.11.20$	昭36.10.25	
【ト1形】											
ト1	昭3.7	汽車		昭 4. 3. 5	設	昭 4. 3.18	昭11.12. 8§			昭39.11. 5	
ト2	昭3.7	汽車		昭 4. 3. 5	設	昭 4. 3.18	昭11.12. 8§			昭39.11. 5	
ト3	昭3.7	汽車		昭 4. 3. 5	設	昭 4. 3.18	昭11.12. 8§			昭39.11. 5	
ト4	昭3.7	汽車		昭 4. 3. 5	設	昭 4. 3.18	昭11.12. 8§			昭39.11. 5	
ト5	昭3.7	汽車		昭 4. 3. 5	設	昭 4. 3.18	昭11.12. 8§			昭39.11. 5	
ト6	昭3.7	汽車		昭 4. 5.31	設	昭 4. 8. 2	昭13. 1.14§			昭39.11. 5	
ト7	昭3.7	汽車		昭 4. 5.31	設	昭 4. 8. 2	昭13. 1.14§			昭39.11. 5	
ト8	昭3.7	汽車東京		昭 4. 5.31	設	昭 4. 8. 2				昭 9. 2. 2	
ト9	昭3.7	汽車東京		昭 4. 5.31	設	昭 4. 8. 2	昭13. 1.14§			昭39.11. 5	
ト10	昭3.7	汽車東京		昭 4. 5.31	設	昭 4. 8. 2	昭13. 1.14§			昭39.11. 5	
ト11	大11.5	梅鉢	国鉄ト14515	昭26.10.25	設						
ト12	明44.12	汽車	国鉄ト16006	昭26.10.25	設						
ト13	明41.2	札幌工作	国鉄ト4083	昭26.10.25	設						

69) 改正鉄道敷設法に公示された「新得ヨリ上士幌ヲ経テ足寄ニ至ル鉄道」で、当社の当初の免許区間とは完全に一致する。昭和37年に調査線、昭和39年に工事線昇格。日本鉄道建設公団の基本計画の一つとして組み込まれていた。

70) 最大牽引力は7,500kgしかなく、後に定山渓鉄道より転じて来るDD4501の11,250kgと比較してみると相当非力であることが分かる(なお8620は10,365kg)。さらに最高速度も45km/hと極めて鈍足で、関長臣「北海道拓殖鉄道」(『鉄道ピクトリアル』私鉄車両めぐり別冊1960-12増)によると登坂能力に問題があり、南新得−屈足間で貨物列車1往復の増発を余儀なくされたとある。

71) 湯口徹『内燃動車発達史・上巻』ネコ・パブリッシング(2004) p22

72) 加田芳栄『十勝の國私鉄覚え書』近畿硬券部会(1984) p80によると、昭和21年に転落事故を起こしたことが鋼体化の直接的な原因と言う。

番号	製造・改造	出自	手続日改番日	種別	竣功届	設計変更	設計変更	設計変更	用途廃止	異動先
ト14	明41.3 札幌工作	国鉄ト4171	昭26.10.25	設						
ト15	明38.5 大宮工	国鉄ト7223	昭26.10.25	設						
ト16	明38.12 盛岡工	国鉄ト7487	昭26.10.25	設						
ト17	明38.7 天野	国鉄ト1929	昭26.10.25	設						
ト18	明38.5 大宮工	国鉄ト7226	昭26.10.25	設						
ト19	明38.7 天野	国鉄ト2096	昭26.10.25	設						
ト20	明38.7 天野	国鉄ト1910	昭26.10.25	設						
【ト101形】										
ト101	昭3.7 汽車		昭 4. 3. 5	設	昭 4. 3.18	昭11.12. 8§			昭41. 9.28	
ト102	昭3.7 汽車		昭 4. 3. 5	設	昭 4. 3.18	昭11.12. 8§			昭41. 9.28	
ト103	昭3.7 汽車		昭 4. 3. 5	設	昭 4. 3.18	昭11.12. 8§			昭41. 9.28	
ト104	昭3.7 汽車		昭 4. 3. 5	設	昭 4. 3.18	昭11.12. 8§			昭41. 9.28	
ト105	昭3.7 汽車		昭 4. 3. 5	設	昭 4. 3.18	昭11.12. 8§			昭41. 9.28	
【トム201形】										
トム201	昭3.9 汽車		昭 3.10.15	設	昭 4. 1.22	昭37. 6.13∫			昭43.10. 1	
トム202	昭3.9 汽車		昭 3.10.15	設	昭 4. 1.22	昭37. 6.13∫			昭41. 9.28	
トム203	昭3.9 汽車		昭 3.10.15	設	昭 4. 1.22	昭37. 6.13∫			昭41. 9.28	
トム204	昭3.9 汽車		昭 3.10.15	設	昭 4. 1.22	昭37. 6.13∫			昭43.10. 1	
トム205	昭3.9 汽車		昭 3.10.15	設	昭 4. 1.22	昭37. 6.13∫			昭43.10. 1	
トム206	昭4.4 汽車		昭 4. 5.31	設	昭 4. 8. 2	昭37. 6.13∫			昭43.10. 1	
トム207	昭4.4 汽車		昭 4. 5.31	設	昭 4. 8. 2	昭37. 6.13∫			昭43.10. 1	
トム208	昭4.4 汽車		昭 4. 5.31	設	昭 4. 8. 2	昭37. 6.13∫			昭43.10. 1	
トム209	大15.4 汽車東京	国鉄トム13510	昭26.10.25	設	昭29. 4.30					
トム210	大15.4 日車	国鉄トム18102	昭26.10.25	設	昭29. 4.30				昭41. 9.28	
【チム300形】										
チム300	昭4.5 汽車東京		昭 4.10.22	設	昭 4.11. 8				昭36.10.25	
チム301	昭4.5 汽車東京		昭 4.10.22	設	昭 4.11. 8					
チム302	昭4.5 汽車東京		昭 4.10.22	設	昭 4.11. 8					
チム303	昭4.5 汽車東京		昭 4.10.22	設	昭 4.11. 8					
チム304	昭4.5 汽車東京		昭 4.10.22	設	昭 4.11. 8					
チム305	昭4.5 汽車東京		昭 4.10.22	設	昭 4.11. 8				昭 9. 2. 2	
チム306	昭4.5 汽車東京		昭 4.10.22	設	昭 4.11. 8					
チム307	昭4.5 汽車東京		昭 4.10.22	設	昭 4.11. 8				昭36.10.25	
チム308	昭4.5 汽車東京		昭 4.10.22	設	昭 4.11. 8					
チム309	昭4.5 汽車東京		昭 4.10.22	設	昭 4.11. 8					
【チム310形】										
チム310	大15.6 東洋	国鉄チム12	昭26.10.25	設	昭29. 4.30	昭38. 2. 1♭			昭43.10. 1	
チム311	大15.6 東洋	国鉄チム11	昭26.10.25	設	昭29. 4.30	昭38. 2. 1♭			昭43.10. 1	
チム312	大15.6 東洋	国鉄チム15	昭26.10.25	設	昭29. 4.30	昭38. 2. 1♭			昭43.10. 1	
【チラ401形】										
チラ401	明39 ミッドルタウン	国鉄チラ39	昭26.10.25	設					昭30. 9.21	
チラ402	明38 ミッドルタウン	国鉄チラ52	昭26.10.25	設					昭30. 9.21	
チラ403	明43 旭川工	国鉄チラ20	昭26.10.25	設					昭30. 9.21	
チラ404	明43 旭川工	国鉄チラ10	昭26.10.25	設					昭30. 9.21	
【チサ501形】										
チサ501	昭18.12 川崎	国鉄チサ1724	昭36. 5.29	設	昭36. 7.14				昭41. 9.28	
チサ502	昭19.11 川崎	国鉄チサ1605	昭36. 5.29	設	昭36. 7.14				昭41. 9.28	
チサ503	昭19.1 田中	国鉄チサ1722	昭36. 5.29	設	昭36. 7.14				昭41. 9.28	
【キ1形】										
キ1	大7.12 苗穂工	国鉄キ9	昭28. 6.23	設	昭29. 4.30				昭33. 7. 1	
キ2	大14.10 苗穂工	国鉄キ82	昭33. 5.19	設	昭33.10.21				昭39.11. 5	

*…荷扉上部雪覆設置　　＃…鋼体化　　♭…空気ブレーキ設置　　$…車掌室拡大
§…容積荷重9t→8tに縮小、自重増トン、空気ブレーキ設置　　∫…軸箱守を押箱型に変更

洞爺湖電気鉄道

虻田（現・洞爺）－湖畔
8.55km
軌間：1067mm
動力：電気

■ 沿革

今日では道南の代表的観光地となった洞爺湖に温泉が湧出したのは明治43年の有珠山噴火の副産物で、その発見も大正6年のことである。大正14年に国鉄長輪線が伊達紋別まで開業したのを機に温泉を核とした開発機運が生じ、札幌の土建業者である田辺義秋らが板谷商船取締役の板谷順助を担ぎ出し、虻田（現・洞爺）と洞爺湖畔を結ぶアクセス手段として昭和4年1月23日に開業する。そのため、貸住宅や遊園地経営、源泉供給事業を兼業したが、同時に洞爺湖温泉の対岸である向洞爺地区にあった久原鉱業洞爺鉱山の鉱石輸送も敷設目的の一つに据えており、洞爺湖駅からスイッチバックし、水陸連絡地点である湖畔貨物駅が終点になる。なお、等高線を縫うように勾配を克服する線形など線路条件が厳しいため、北海道の郊外鉄道では珍しく電化されていたが、昭和12年2月に変電所が故障し、国鉄から一時的に8110を借入れたことがある。

昭和2年に途中駅の見晴から留寿都経由で胆振線京極への延伸を企画する。沿線開発とともに小樽－室蘭間の短絡線を狙ったものだが、同じ頃に胆振縦貫鉄道の計画が持ち上がり、鉄道省としては沿線人口が少ないなかで当社の線形は悪く、両立不能と懐疑的な考えを持っていた。昭和6年に免許を得たものの、つなぎとして傍系の洞爺湖自動車で接続するうちに経営陣も不合理に気づき、昭和12年に免許を返上している。

さらに経営を支えていた向洞爺地区の鉱山が昭和14年に採掘を中止する。これにより主要貨物を失うなか、線路の偏磨など施設の老朽化で昭和16年5月29日に廃止された。

■ 電車

デハ1・2は窓配置D8Dの鋼製二軸電動車。モーターは日立HS-254-ABC（37.7kW/600V）×2で直接制御。集電装置は両端2本のポールによる。台車はこの手の車では一般的なブリル21Eではなく日立SOと称する国産品。急勾配を考慮し空気ブレーキ付であるが、当初は自車にしか作用せず、昭和8年に貫通ブレーキ改造が行われた。デワ11は新潟製の14t積木造二軸電動貨車。単純に言えば国鉄ワム3500形の台枠を前後に延長し運転台を付けたような車で、足回りも二軸気動車のように固定軸となっているのが特徴。ポールは中央1本のみ。なお、本車も昭和8年にデハ1・2とともに貫通ブレーキ化の認可を受けたが未施行に終わったため、車歴表には記載していない。

■ 客車

ハ31は国鉄ハ2353形の払下車。窓配置1D9D1、

デワ11
昭和3年新潟製。写真は竣功直後のもので、当初はデワ3と附番される計画だったことが分かる。走行部は二軸電動車が多用する単台車でなく、固定軸である。
昭和3．新潟鉄工所

ロングシートの中央通路式二軸客車に改造のうえ入籍した。ブレーキは手ブレーキを追加したのみで空気ブレーキはない。

■ 貨車

ワ51形は国鉄ワ1形の払下車。ト101形は国鉄ト1形の払下車で10t積三枚側。ト101は認可上、国鉄ト2281の払下とあるが、実際に入線したのはト2288であった。

■ 参考文献

小熊米雄「洞爺湖電気鉄道」『鉄道ピクトリアル』No.146（1963-6）

開業直後と思われる洞爺湖駅構内。ホームに停車中のデハ1と2に挟み込まれた客車は開業当初、随時借り入れていた国鉄フハ3401と考えられ、後のハ31とは関係がない。『洞爺湖電気鉄道開業記念』（写真帖）

洞爺湖電気鉄道

電車

番号	製造・改造	出自	手続日 改番日	種別	竣功届	設計変更		用途廃止	異動先
デハ1	昭3.12 蒲田		昭3.10.25	設	昭4.5.17	昭8.12.4*		昭16.5.29	(国外)
デハ2	昭3.12 蒲田		昭3.10.25	設	昭4.5.17	昭8.12.4*		昭16.5.29	(国外)
デワ11	昭3.12 新潟		昭3.10.25	設	昭4.5.17	昭5.10.28#		昭16.5.29	(国外)

*…空気ブレーキを貫通ブレーキ化　#…運転台拡大

客車

番号	製造・改造	出自	手続日 改番日	種別	竣功届	貫通式ロングシート化		用途廃止	異動先
ハ31	明30.3 三田	国鉄ハ2378	昭5.4.23	譲	昭5.6.30	昭5.11.8		昭16.5.29	

貨車

番号	製造・改造	出自	手続日 改番日	種別	竣功届			用途廃止	異動先
【ワ51形】									
ワ51	明39.2 日車	国鉄ワ3780	昭4.5.31	譲	昭4.8.22			昭16.5.29	
【ト101形】									
ト101	明23.5 大阪鉄道	国鉄ト2288	昭4.5.31	譲	昭4.4.18			昭16.5.29	
ト102	明23.5 大阪鉄道	国鉄ト2289	昭4.5.31	譲	昭4.4.18			昭16.5.29	

北見鉄道

(仮)止別－小清水
8.89km
軌間：1067mm
動力：蒸気・内燃

■ 沿革

知床半島の付け根にある藻琴平野の中心地、斜里と小清水はそれぞれ幕政期の斜里場所、明治期の小清水駅遞所に起源が求められ、規模的に互角の存在である。それぞれ海岸と内陸部にあり、釧網連絡ルートにおいて釧網本線は斜里、国道391号線は小清水を経由することからわかるように、両方は経由出来ない位置関係にある。北海道鉄道敷設法にある「石狩国旭川ヨリ十勝国十勝太及釧路国厚岸ヲ経テ北見国網走ニ至ル鉄道」は小清水経由を念頭に置いていたが、三井財閥が山林地主として背後についた斜里町が激しい誘致運動を行った結果、釧網本線は現在の斜里経由で開業する。

そこで網走の水産会長であった野坂良吉ら地元有志で釧網本線への連絡鉄道を計画し、昭和5年6月3日に開業する。しかし、局地的な需要に依存するため発展性に乏しく終始経営難で、起点である止別の本設計すらできない状態が続いた。この問題は昭和12年3月に地元の協力で道路を廃止し跡地に側線を引き込む形で国鉄駅前まで延伸したものの、仮駅の立場に変わりはないまま地方鉄道補助法による補助金が満了、将来的な見通しがたたないことから昭和14年8月25日に廃止となる。

■ 機関車

11は未成に終わった由仁軌道[73]が建設用に使用した機関車を購入したもので23tCタンク機。元国鉄1110で水戸鉄道から再買収され国鉄1681となったもの。国鉄1100形は多様なタイプが存在するが、本機は臼井氏の分類によると「ウエイブレス・タイプ」と呼ぶジョイ式応用型弁装置を持つグループに属する。1812は国鉄1800形の払下機だが、軸重超過で使用できず開業前に廃車となる。7211・7218は国鉄7200形の払下機。7211は原型キャブに丸型の正面ナンバープレートを残していたのに対し、7218は国鉄時代に背の高いキャブと交換されていた。

■ 内燃動車

キハ1は札幌郊外電気軌道キハ1を購入したもので窓配置1D5の鋼製二軸車。湯口徹氏によると汽車の試作レールカーとのことだが、奥村商会が債権を持ち札幌郊外電気軌道に貸し出していた車とのこ

北見鉄道
機関車

番号	製造・改造	出自	手続日 改番日	種別	竣功届				用途廃止	異動先
11	明28 ナスミス	由仁軌道	昭5.2.18	譲	昭5.6.27				昭10.7.24	
1812	明29 キットソン	国鉄1812	昭5.1.23	譲					昭5.3.10	
7211	明29 BLW	国鉄7211	昭8.8.23	増					昭14.8.25	(国外)
7218	明29 BLW	国鉄7218	昭5.3.27	譲	昭5.6.27				昭14.8.25	(国外)

内燃動車

番号	製造・改造	出自	手続日 改番日	種別	竣功届				用途廃止	異動先
キハ1	昭6.8 汽車東京	札幌温泉キハ1	昭12.6.25	設	昭12.8.21				昭14.8.25	小名浜臨港鉄道

客車

番号	製造・改造	出自	手続日 改番日	種別	竣功届	改造届			用途廃止	異動先
ハ20	明40.8 新橋工	定山渓鉄道ハ20	昭5.4.17	譲	昭5.6.27	昭10.5.10*			昭14.8.25	
ハ21	明40.8 新橋工	定山渓鉄道ハ21	昭5.4.17	譲	昭5.6.27				昭14.8.25	
ハ22	明40.8 新橋工	定山渓鉄道ハ22	昭5.4.17	譲	昭5.6.27	昭10.5.10*			昭14.8.25	

*…蓄電池増強

貨車

番号	製造・改造	出自	手続日 改番日	種別	竣功届				用途廃止	異動先
【ワ1形】										
ワ50	明28 新橋工	国鉄ワ7171	昭5.4.8	譲	昭5.6.27				昭14.8.25	小名浜臨港鉄道
【ト1形】										
ト30	明30 平岡	国鉄ト6230	昭5.4.8	譲	昭5.6.27				昭14.8.25	小名浜臨港鉄道
ト31	明29 総武鉄道	国鉄ト8737	昭5.4.8	譲	昭5.6.27				昭14.8.25	

とで[74]、その関係で公式書類では製造者が奥村商会となっている。入線にあたってエンジンをフォードV8（23kW/1500rpm）に換装、写真にもあるように簡易荷台も設置されている。

■ 客車

ハ20～22は定山渓鉄道ハ20～22を購入したもので窓配置O22222Oの二軸車。元をただすと国鉄ハ3384形。

■ 貨車

ワ1形は国鉄ワ1形の払下車。ト1形は国鉄ト6000形の払下車で10t積四枚側。ト30は三分割アオリ戸に対してト31は二分割アオリ戸である。ト30は公的書類では国鉄ト8736の払下とあるが、直前にト6230に振替えられていたことが判明している[75]。

■ 参考文献

澤内一晃「北見鉄道」『鉄道ピクトリアル』No.657（1998-8）

野坂に停車中の列車写真で、牽引機は明治28年ナスミスウィルソン製の11。客車は明治40年新橋工場製のハ20。定山渓鉄道から譲受したものだが、元は国鉄フハ3388。
昭和5頃　野坂
小清水町教育委員会蔵

キハ1購入直後の小清水構内車庫風景。キハ1の簡易荷台が確認できる。また、7211と7218のナンバープレートやキャブの違いにも注意されたい。
昭和12頃　小清水
小清水町教育委員会蔵

[73] 大正15年5月6日特許で由仁－長沼間に計画されていた1067mmの非電化軌道。土工まで終えたが、昭和恐慌下で資金が枯渇し、未開業のまま昭和11年に特許失効となる。
[74] 湯口徹『内燃動車発達史・上巻』ネコ・パブリッシング（2004）p24,25
[75] 澤内一晃「北見鉄道」『鉄道ピクトリアル』No.657（1998-8）p102。理由は空気ブレーキのない車が払下対象であったなか、ト8736には装備されていたため。

留萌鉄道

恵比島－昭和（炭礦線）17.61km
留萌－西留萌・北留萌・(仮)古丹浜（海岸線）3.35km
軌間：1067㎜
動力：蒸気・内燃

■ 沿革

留萌鉄道[76]は炭礦線が昭和40年代まで健在だったこともあり、従来まず炭礦線の計画ありきで理解されているが[77]、実態はその逆で海岸線の建設が主目的であり、しかも留萌町救済スキームがからんだ多分に政治的な要素を孕む。

留萌支庁沿岸は世界三大波濤の一つに数えられるほど時化が酷く、海運に依存した当時は冬季に孤立する状態であった。そのため、近代港湾の必要に迫られ明治24年以来、留萌築港を請願し続けるが、明治43年に国鉄留萌線[78]が留萌に達したことを機に築港作業を開始する。ところが、政府の財政難で工事が進まず、第一期工事の完了する大正15年になっても防波堤の一部と留萌川の付け替え工事が完成したに過ぎなかった。一方、留萌町でも完全港湾とすべく、大正10年に100万円の町債を起こして埠頭整備を企画するが、不況で償還が進まず大正14年にデフォルト（債務不履行）を起こしてしまう。この処理にあたり保険業界を中心とする債権者は北海道庁に斡旋を求め、道庁は財界の世話役であった郷誠之助を通じて雨龍炭田の鉱業権者に留萌埠頭と炭礦鉄道の建設を打診したのである。

ところで雨龍炭田は明治20年代の発見で、確認埋蔵量2億3,000万tと言われた有望炭田ながら全山が御料林内の未開地にかかり、輸送機関の不備により開発が遅れていた。大正6年2月には衆議院議員の木下成太郎を中心に、後の炭礦線の原型となる雨龍炭礦鉄道の免許を得たが、資金難で大正15年8月に失効してしまう。しかし、重役一同は再出願を計画しており、ここに留萌港の有望荷主として期待されたのである。雨龍炭礦鉄道の挫折原因であった資金面をクリアするため各炭礦会社と宮内省の折半出資で留萌鉄道を設立し、埠頭工事と炭礦線を同時に着手、昭和5年7月1日に炭礦線、同年12月1日に臨港部の南岸線、昭和7年12月1日に北岸線がそれぞれ開業したことでキセル状の路線が東西に離れて形成された。

以上のような生い立ちがあるため、開業以来国鉄が運転管理を行い、さらに海岸線は留萌駅改良工事に伴い昭和16年10月1日に国鉄に買収されるなど、その経営は優遇されていた。戦後、順次車両を整備し昭和35年11月に自主運転に切換え、昭和40年には過去最高の輸送量を記録したが、昭和43年度下半期に沿線炭礦がすべて閉山し存在意義をなくした。列車運行は昭和44年4月限りとなるが、国に対して補償買収を要求した関係上[79]、鉄道は休止にとどめられ、正式廃止となるのは昭和46年4月15日のことであった。

■ 機関車

15・17は東京横浜電鉄の建設に用いられたクラウス製の26tBタンク機で元国鉄10形。明治鉱業

15（10形）
明治22年クラウス製の25.5tBタンク機。明治鉱業の私有機で、昭和炭礦の入換専用機である。
昭和42.3.2　昭和
荻原俊夫

125

DR101CL（DR101CL形）
昭和33年新潟製の45t機。ロータリー除雪車兼用で、冬季はロータリーヘッドを装着するため50tになる。キャブ側が正位で、写真は背後から見ていることになる。
昭和37.4.15　恵比島　星良助

の私有機で、終点の昭和炭礦における入換機として使用されたが、同時に戦前期における唯一の所有車両でもあった。DR101CRは軸配置2C、45tの巨大なL形ディーゼル機関車。国鉄DD14形に先行するロータリー除雪車兼用機で、冬季はキャブ側に可動式除雪翼とロータリーヘッドを設置するため自重が50tに増加する。従台車側にあるキャブが正位で、室内は運転台とロータリー操縦席が正面向きで左右並列に並ぶ。要はボンネット側が先頭だとバック運転になる。除雪装置の構造は北海道拓殖鉄道DR202CRとほぼ同じだが、本機はさらに台車間にブルームを有する。エンジンは振興DMF36S（450PS/1300rpm）1機とDB138液体式変速機の組み合わせで、動力伝達方式はロッド式。当初は営業用にも用いられたが着脱の手間が嫌われ、DD202入線後は除雪専用機となる[80]。DD201〜203は45t凸形ディーゼル機関車で新潟の標準型。エンジンは新潟DMF17S（250PS/1500rpm）2機、TC2.5液体変速機の組み合わせ。動力伝達方式は一般的な歯車伝導である。従来2両と言われていたが、火災による代替新造が発生している。

■ 内燃動車
ケハ501[81]は国鉄キハ40000形類似の小型気動車。窓配置は1D10D1だが戸袋部の窓がやや小ぶり。陸軍相模造兵廠の戦車用ディーゼル機関（90PS/1300rpm）[82]を搭載する機械式気動車で、TR23を小型化したような軸バネ式台車を履く。国鉄雑型客車の台枠流用の可能性が指摘されているが詳細は不明。機関の老朽化ゆえに稼動した期間は短く、晩年はほぼ廃車に近い状態で放置されている。ケハ502[81]は国鉄ナハ10056の台車[83]、台枠を流用して製作されたとされる国鉄キハ04類似の機械式気動車だが、こちらは車体長約19mで1D20D1との窓配置から車体が長く見える車である。エンジンは開発されたばかりの振興DMH17（150PS/1500rpm）をいち早く採用した。これも液体式気動車の増備で昭和30年代中期以降運用に入

DD201（DD200形）
昭和35年新潟製の45t機。各地の専用線に供給された標準機。写真のDD201は昭和39年に焼失廃車となる。
昭和37.4.15　恵比島　星良助

ケハ501（ケハ500形）
昭和27年泰和車両製。国鉄キハ40000形類似の12m級の小型車だが、戸袋窓が狭く台車も異なる。
昭和37.4.15　恵比島　星良助

ケハ502（ケハ500形）
昭和27年泰和車両製。未竣功に終わったナハ10056の台枠を流用した19m級の機械式気動車。客車用の明治42年式台車を履く。
昭和42.8.22
恵比島
和久田康雄

らなくなるが、検査は鉄道休止まで受け続けている。
キハ1001・1002は窓配置dD181D1の湘南形の気動車で、その構造は国鉄キハ12形に準じる。台車は菱枠型だが登坂性能を重視し二軸駆動となる。外見上は路面電車のような正面窓下の前照灯が特徴だが、これは運転台にある手動レバーにより照射角を随意に変えることが出来る。2両とも同型だが、エンジンは1001が振興DMH17Bに対し、1002は新潟DMH17B-1（共に180PS/1500rpm）である。
キハ1103は窓配置d2D161D2dの湘南形の気動車。国鉄キハ20系に準じた設計でエンジンは振興DMH17C（180PS/1500rpm）を使用。台車は実質DT22A（DT51A）だが製造所独自形式のNP1（NP2）を名乗る。良く国鉄型との関連性を指摘される車だが窓配置など類似性が薄く、むしろ夕張鉄道キハ251から始まる新潟タイプとも言える湘南形気動車の発展系であり、そして津軽鉄道キハ24000形や雄別鉄道キハ100形につながる系譜の車とした方が上手く説明できよう。**キハ2004・2005**は国鉄キハ22形同型車だが便所を持たないうえに窓も一重窓。

■ 客車
ナハ10056は国鉄ナハ10000形の払下車。ただし認可は得たものの竣功届が確認されないばかりか、前述の通りケハ502の種車になった。**ホハフ2854**は国鉄ホハフ2850形の払下車。台車はTR10に換装されているが、車体は廃止時まで原型を保つ。**ホハニ201**は国鉄ホハ2200形の払下車。独特の魚腹台枠を持つ日鉄型客車だが、入線にあたり台枠にトラス棒が取り付けられ、時期は不明だが台車もコロ軸化されている。昭和29年に荷物室を設置し窓配置D2621B2Dの合造車となったのを機に社番号に変更、さらに昭和32年にD3333B1Dの切妻丸屋根車体に更新される。客車2両は昭和39年より休車であった。

キハ1001（キハ1000形）
昭和30年日立製。国鉄キハ12形に準じた設計だが前面は湘南形。照射角が変えられる腰部前照灯が大きな特徴。
昭和41.7.16　昭和　阿久津浩

キハ2004（キハ2000形）
昭和41年新潟製。国鉄キハ22形と同型だが便所がなく、汽笛位置も前照灯両脇にある。
昭和41.11.4　恵比島　伊藤昭

127

ホハニ201（ホハニ200形）
明治36年大宮工場製の国鉄ホハ2213を昭和27年に譲受。元は病客車で構造を生かした荷物室を持つ。昭和32年に旭鉄工機で切妻車体に更新された。
昭和33.7.22　恵比島　筏井満喜夫

ホハフ2854（2850形）
明治42年大宮工場製の国鉄ホハフ2854を昭和27年に譲受。日本鉄道を出自とする雑型客車で、台車がTR10に換装されたことを除けば原型を保つ。
昭和33.7.22
恵比島
筏井満喜夫

■ 貨車

ワフ3300形のうちワフ3301は国鉄ワフ3300形の払下車で側板は縦張の10t積。ワフ3302は国鉄ワム3500形の払下をうけて改造した9t積有蓋緩急車で側板は横張。**ト1形**は国鉄ワム3500形の払下をうけ改造した10t積無蓋車。**ト13500形**は相鉄買収車である国鉄トム13500形の払下車。積載比重の見直しで12t積として使用された。**トム1形**は国鉄トム1形の払下車だが、四枚側総アオリ戸式に改造され荷重は14t積となる。

■ 参考文献

青木栄一「留萌と羽幌」『鉄道ピクトリアル』No.50（1955-9）

小熊米雄「留萌鉄道」『鉄道ピクトリアル』No.160（1964-7増）

湯口徹『北線路（下）』エリエイ出版部（1988）

日本除雪機械製作所『創立50周年記念社史じょせつき』（2012）

---

76) 萌は萠の俗字であるが、留萠は長く留萠を正式名称としていた。地名は昭和22年の市制施行に際して正字の留萌に改めたが、鉄道関係の改称は遅れ、国鉄駅はJRになってからの平成9年、そして会社は俗字のまま終始している。そのため、本稿では地名は留萌、町名や鉄道関係は留萠として区別することとする。

77) たとえば小熊米雄「留萠鉄道」『鉄道ピクトリアル』No.160（1964-7増）など。ちなみに留萠鉄道の設立時は昭和恐慌の真っ只中であり、常識的に考えれば多額の資本投下を要する新規の鉱山開発など考えようもない経済状態にある。

78) 留萠本線となるのは昭和6年10月10日に留萠－古丹別間の支線部を羽幌線として分離した際の改称による。

79) 当社は他の炭礦鉄道と異なり独立企業のため補償関係において非常に不利な立場であり、国策で建設された経緯を元に国に補償買収を求めていた。詳細は澤内一晃「国策と炭砿鉄道」『鉄道ピクトリアル』No.843（2010-1）を参照のこと。

80) 前掲（77）p14

81) ケハ501・502については湯口徹『戦後生まれの私鉄機械式気動車・上巻』RM LIBRARY.87（ネコ・パブリッシング 2006-11）p12,13も参照のこと。

82) 湯口徹氏は前掲（81）p12でN-80型と推察されるが確定資料がなく不明。同機関と仮定した場合、圧縮比を上げることで標準より出力が10PS増強されていると言う。

83) 従来明治45年式と言われるが、種車ナハ10056の書類上の使用台車を根拠に写真をルーペで検証した湯口徹氏は明治42年式と主張する。ちなみに気動車化に伴いコロ軸化がなされている。

ワフ3301（ワフ3300形）
ワフ3300形は2種あるが、本車は明治44年土崎工場製の国鉄ワフ3489を昭和27年に譲受したもの。
昭和37.4.15　恵比島　星良助

ト13500（ト13500形）
昭和24年に国鉄トム13500形を譲受し12t積として使用。元は買収貨車で大正15年汽車東京製の相鉄トム126が出自。
昭和37.4.15　恵比島　星良助

留萠鉄道

機関車

番号	製造・改造		出自	手続日 改番日	種別	竣功届			用途廃止	異動先
15	明22.11	クラウス	東横電鉄15	昭 6. 4. 6	設	昭 6. 4. 6				
17	明22.12	クラウス	東横電鉄17	昭 6.11.21	増	昭 6.12.22				
DR101CR	昭33.12	新潟		昭34. 1. 8	設	昭34. 1.16			昭44.11.28	鹿瀬電工
DD201	昭35.9	新潟		昭35.10.10	設	昭35.10.26			昭39.12. 3	
DD202	昭38.9	新潟		昭38. 8. 9	増	昭38.12.24			昭44. 9.10	日本鋼管
DD203	昭40.	新潟		昭40. 4.16	増	昭40. 7.10			昭44. 9.10	日本鋼管

内燃動車

番号	製造・改造		出自	手続日 改番日	種別	竣功届	設計変更 内容不明	ATS設置	用途廃止	異動先
ケハ501	昭27.	泰和		昭27. 9.26	設	昭27.12. 5	昭30.11.24		昭44.11.12	
ケハ502	昭27.	泰和	（ナハ10056）	昭28. 2.19	設	昭28. 4. 2	昭30.11.24		昭44.11.12	
キハ1001	昭30.	日立		昭30.11.22	設	昭30.12.12		昭41. 3.23	昭44.12. 3	茨城交通
キハ1002	昭31.	日立		昭31. 9. 7	設	昭31.10.10		昭41. 3.23	昭44.11.12	茨城交通
キハ1103	昭34.	新潟		昭34. 3.19	設	昭34. 3.23		昭41. 3.23	昭44.11.12	茨城交通
キハ2004	昭41.	新潟		昭41.10. 7	設	昭41.10.14			昭44.11.12	茨城交通
キハ2005	昭41.	東急		昭41.10.20	増	昭42. 3.30			昭44.11.12	茨城交通

客車

番号	製造・改造		出自	手続日 改番日	種別	竣功届	社番化		用途廃止	異動先
ナハ10056	明44.3	神戸工	国鉄ナハ10056	昭27.10. 6	設					→（ケハ502）
ホハフ2854	明42.3	大宮工	国鉄ホハフ2854	昭27.10. 6	設	昭27.12. 5	昭29. 9.18		昭44. 9.20	
ホハニ201	明36.2	大宮工	国鉄ホハ2213	昭27.11.29	設	昭28. 3.19	昭29. 9.18		昭44. 9.20	

貨車

番号	製造・改造		出自	手続日 改番日	種別	竣功届		設置変更	用途廃止	異動先
【ワム3500形】										
ワム6231	大9.5	汽車東京	国鉄ワム6231	昭38. 8.12	設	昭38. 8.27			昭39. 7.21	→ワフ3302
ワム10758	大11.11	日車	国鉄ワム10758	昭38. 8.12	設	昭38. 8.27			昭39. 7.21	→ト1
ワム14039	大14.2	日車	国鉄ワム14039	昭38. 8.12	設	昭38. 8.27			昭39. 7.21	→ト2
【ワフ3300形】										
ワフ3301	明44.8	土崎工	国鉄ワフ3489	昭27.10. 6	設	昭27.12. 5			昭44.11.12	
ワフ3302			ワム6231	昭39. 7.21	変	昭39. 8.31			昭44.11.12	
【ト1形】										
ト1			ワム10758	昭39. 7.21	変	昭39. 8.31				
ト2			ワム14039	昭39. 7.21	変	昭39. 8.31				
【ト13500形】										
ト13500	大15.6	汽車東京	国鉄トム13570	昭24. 4. 2	譲	昭25. 5.13			昭38. 5. 2	
【トム1形】										
トム1	大15.3	鶴見木工	国鉄トム2227	昭24. 4. 2	譲	昭25. 5.13			昭44.11.12	

三菱鉱業→三菱大夕張炭礦→三菱石炭鉱業
【通称：三菱大夕張鉄道】

清水沢－大夕張炭山
17.2km
軌間：1067mm
動力：蒸気・内燃

■ 沿革

大夕張炭礦は明治39年に京都合資によって開坑されるが、国鉄夕張線から外れた谷あいのため搬出手段を確保する必要があり、明治40年に二股（南大夕張）まで762mm軌間の馬車鉄道が敷設される。ただし、これはあくまで一時的な措置であり、同時に工事を進めていた国鉄運転管理の専用鉄道が明治44年に完成したことをもって正史は起算されている。

大正5年に三菱鉱業に買収された際に美唄炭礦の支山とされたことから美唄鉄道との関わりが生じ、大正15年から開発が進められていた北部の大夕張砿の出炭開始にあわせ昭和4年6月1日に大夕張まで延伸したのを機に、美唄鉄道の援助のもと自主運転に切り替わる。三菱は二股砿を閉鎖し大夕張地区に人員や資材を移したが、同地域には並行道路がなく、さらに沿線に森林鉄道が順次建設されて木材輸送が始まるなど一般客荷の取扱を求められたことから、昭和14年4月20日に地方鉄道に改組された。なお、大夕張－大夕張炭山の末端1駅間は当初貨物線の扱いで、旅客営業開始は昭和28年12月25日となっている。

当線は三菱鉱業買収以来、直営で推移したが、三菱鉱業が昭和25年に美唄鉄道を吸収したことでその大夕張線となる。ただし、三菱鉱業の一事業所とされていた美唄線に対し、大夕張線は炭礦の付属物の扱いであったため、昭和44年に国の石炭政策のからみで一山一社体制が導入され、炭礦が独立会社になると鉄道も一緒に三菱鉱業から独立する。さらに余剰人員の融通や資金調達力強化のため、これら分離子会社の再編が続き鉄道も改称を繰り返すが[84]、最後は三菱石炭鉱業という名で落ち着いた。

大夕張砿が枯渇で閉山したため南大夕張以北が昭和48年12月16日に廃止となるが、ビルド砿として再開発された南大夕張砿の操業開始が功を奏し昭和50年代まで乗り切った。最後まで旅客営業を行った運炭私鉄であるが、合理化の一環として石炭の鉄道輸送が廃止されたため昭和62年7月22日に廃止となる。

ところで、当社の専用鉄道時代はセコハンを旧番号のまま使用しており、改番（時期は不明）後の番号体系は必ずしも入線順にならない点に注意を要する。また、客車の台車は諸説あるが、『北線路（上）』で車軸を根拠に解析した湯口徹氏の見解を正とした。

■ 機関車

No.2～8は国鉄9600形と同型機。No.1が存在しないのは後述の9200形が1・2号機に相当するため。それぞれ昭和期の私鉄向け追加製造機であるNo.2～4、標準型のNo.5・6、ランボードのSカーブが特徴である一次型のNo.7・8に分類できるが、仕様については炭水車を除き全機ほぼ統一されている。うち自社発注機のNo.3・4は国鉄C56形と同型の傾斜テンダを持つのが大きな特徴だが、9600形では大変珍しい日立製である点も注目できる[85]。9201・9237は「大コン」こと国鉄9200形だが、開業前に事務的な都合で一旦美唄鉄道の籍を得ている。C1101は国鉄C11形の同型機。戦時型のため砂箱が角型で当初はデフも木造。同じ三菱系列の雄別尺別専用鉄道より転じたものだが、未竣功機であったため帳簿上は大夕張の新造機とされる。

9201（9200形）
明治38年ボールドウィン製の47t1Dテンダ機。事務手続上、美唄鉄道を便宜置籍で経由し昭和4年に入籍。
昭和35.6.19　明石町　星良助

C1101（C11形）
昭和19年日車製の66t1C2タンク機。尺別専用鉄道の予定機を転用。国鉄C11形戦時型と同型で、除煙板や砂箱が簡略設計。
昭和36.4.13　大夕張炭山　星良助

**DL-55 No.1
（DL55形）**
昭和48年三菱製の55t機。国鉄DD13形と同型であるが、三菱独自設計の板台枠台車を履いている点に注意。
昭和62.3.　南大夕張
藤岡雄一

9600形の増備にともない徐々に予備機の扱いになる[86]。DL-55 No.1～3は国鉄DD13形と同型の55t凸形ディーゼル機関車だが三菱製の珍機[87]。エンジンはDMF31SB（500PS/1500rpm）×2、液体変速機はDS1.2/1.35の組み合わせと標準的な構成だが、軸受部をアングル材で固定する独特の板台枠台車が特徴。この台車は三菱の産業用機関車には一般的なものだが、DD13形類型機に採用されたのは唯一の事例である。

■ 客車

ハ1は渡島海岸鉄道の放出車両で当初は木造二軸客車。原型は渡島海岸鉄道の項目で述べた通りV12Vの木造車だが、昭和26年に鋼体化され窓配置D313Dとなる。室内はロングシート。フハ3391・3392・3399→ハ2～4は国鉄フハ3384形の払下車だが、最初の2両は書類上美唄鉄道から移籍。当初窓配置O22222Oの木造二軸車であったが、昭和26年に窓配置O5Oの鋼製客車となる。なおハ2は一時代理二等車となる。室内はいずれもロングシート。ホハ1・2は国鉄ホハユニ3850形を購入したもの。車体はもともと丸屋根であるが、入線にあたり更新が行われ窓配置は1D333D1となり台車もTR11に換装されている。一応木造だが腰板に鋼板が張られたニセスチール車である。室内はロングシート。ナハ1は三菱美唄ナハフ1～3類似の鋼製ボギー車だが窓配置はD332233D。台車は私鉄客車としては珍しいTR23で、当社のボギー客車で唯一トラス棒を持たない。室内は昭和31年にセミクロスシート化が行われており、クロスシートは中央部7区画、両端の窓3個分がロングシート。昭和42年に片側のロングシート部を車掌室に改造しナハフ1となる。廃止時まで残った1両だが、晩年は予備車扱いであった。ナハ2は国鉄から旧番不明のナハニを購入したもので[88]、昭和28の鋼体化後の姿は国鉄オハ60形を17m級にしたような二軸ボギー車。窓配置はD33433D。昭和31年にセミクロスシート化が行われ、クロスシートは中央部7区画、両端の窓3

ハ1（ハ1形）
昭和3年岩崎レール製の渡島海岸鉄道ハ1を昭和22年に譲受。昭和26年に井出組で鋼体化された。
昭和35.6.19　大夕張炭山　星良助

ハ2（ハ10形）
国鉄フハ3391の譲受車で昭和26年に井出組で鋼体化。原型は113頁の国鉄ハ1194と同様で、窓を拡幅した以外の変化は小さい。
昭和35.6.19　大夕張炭山　星良助

131

個分がロングシートとなる。昭和42年にナハ1と同様に片側のロングシート部を車掌室に改造しナハフ2となる。ナハ3・4は国鉄ナル17600形を三等客車に復元した木造ボギー車で窓配置は121D1222222D。室内はドア間にクロス5組を持つセミクロスシート車。さらに車端部に側通路式のコンパートメントがあり、重役用として平時は鎖錠されていた[89]。昭和40年にコンパートメントを車掌室に変更しナハフ3・4となる。ナハ5は国鉄ナル17600形を切棲形の鋼製客車に改造のうえ購入したもの。窓配置はD411114Dでノーシルノーヘッダーの車体を持つ。室内はセミクロスシートでクロスシートは中央部4区画、両端の窓4個分がロングシート。オハ1・2はそれぞれ国鉄オハフ8850形およびホハ2400形の台車をTR10に換装し鋼体化したもので、国鉄オハ60形とほぼ同型の二軸ボギー車。窓配置D3333331Dで室内はクロスシート。スハニ6は三菱美唄スハニ6を購入したもの。当初は車掌室と荷物室が客室を挟みこむ美唄時代の姿のままで使用されていたが、昭和46年に荷物室が車掌室側に移され、さらに昭和51年に荷扉を再設置したことで窓配置1DB10Dとなる。室内はクロスシートで、改造後は元の荷扉部を含めた窓8区画分が客室であった。台車はTR70で定期運用された我国最後の三軸ボギー客車として知られる。ニ1は国鉄ニ4344形の払下車。書類上美唄鉄道から移籍したことになっている。

■ 貨車

ワ1形は基本的には国鉄ワ1形の払下車だが、ワ4は芸備鉄道の買収貨車である国鉄ワ25形の払下車で8t積。またワ6はワフ4の改造車。**ワ22000形（ワ5）**は実質昭和33年製の10t積鋼製有蓋車。『山史』によると三菱油戸のワ1701を泰和で鋼体化したものとあるが詳細は不明。ワフ1形は6t積有蓋緩急車。出自はバラバラだが、いずれも昭和25～30年にかけて鋼体化され形態は同一。**ト1形**は10t積三枚側無蓋車。**ト20000形（ト3）**は国鉄ト20000形の払下車。トム1形は国鉄トム1形の払下車。**トム18000形（トム8）**は三菱美唄トム18009が転入したもので、国鉄トム50000形と同型の15t積四枚側無蓋車。トラ6000形（トラ1）は国鉄トラ6000形の払下車。トラ20000形（トラ2）は国鉄トラ20000形の払下車だが、この形式は国鉄トム11000形を戦時増積したものであるため、まもなくアオリ戸上部1枚を撤去し原型に復元、トム11000形（トム7）となる。トキ900形（トキ1）は国鉄トキ900形の払下車で三軸車。チ1形は10t積長物車。ト1形の改造車だが、最終的には無蓋車に復元された。チサ100形（チサ1）は国鉄チサ100形の払下車で三軸車。チキ300形（チキ1）は国鉄チキ300形の払下車でボギー車。セキ1形・セキ1000形（セキ2）は旭川電気軌道経由で購入した国鉄セキ1形とセキ1000形。用途は専ら保線用であった。キ1形は国鉄キ1形。認可はキ100形より後だが、実際には昭和11年7月には入線していたと言う[90]。キ100形は国鉄キ100形と同型のラッセル式除雪車。前頭部は流線型。申請書によると従前は必要の都度、夕張鉄道キ1を借り入れていたが、そもそも大夕張で必要な時には夕張でも入用のため、円滑な借入が出来ないことに堪り兼ねて新造したものとある。ただし、実際にはキ28と入替わりで入線していることが『山史』で明らかになっており、夕張鉄道云々は資材割当を得るための後付の理屈であろう。

他に昭和27年に国鉄より15t積有蓋車を購入しているが（仮にワム1・2としておく）、直後に廃車になったらしく詳細は不明である。

ナハ3（ナハ10形）
明治45年製の国鉄ナル17612を昭和34年に譲受し客用にしたもの。種車の窓配置を生かしたコンパートメントを持つ。
　　　　　　　　　　　　　昭和35.6.19　清水沢　星良助

ナハ5（ナハ10形→ナハ1形）
昭和35年に泰和車両で鋼体化した17m級の鋼製ボギー車。窓配置とノーシルノーヘッダーが特徴。
　　　　　　　　　　　　　昭和35.6.19　清水沢　星良助

ホハ1（ホハ1形）
明治43旭川工場製の14m級木造ボギー車。国鉄ホハユニ3850を昭和26年に譲受したものだが、窓配置が大幅に変更され、通勤型とも言えるものに更新されている。
昭和35.6.19　大夕張
星良助

ナハフ2（ナハフ1形）
国鉄オハ60形を17m級にしたような鋼製ボギー車。昭和23年に番号不明の国鉄ナハニを購入し、昭和26年に井出組で鋼体化。昭和42年に車掌室を設置。
昭和43.5.26
清水沢
平井宏司

オハ1（オハ1形）
20m級の鋼製ボギー車。昭和26年に国鉄オハフ8857を譲受し、北海陸運工業で鋼体化したもので、国鉄オハ60形とほぼ同型。
昭和62.3. 南大夕張
藤岡雄一

スハニ6（スハニ1形）
20m級の鋼製三軸ボギー客車。28頁の三菱美唄鉄道スハニ6が昭和42年に転じたものだが、荷物室が移設されている点に注意。
昭和59.8.30
南大夕張
服部朗宏

ワフ2（ワフ1形）
6t積の有蓋緩急車。本車は昭和7年に国鉄ワフ8102を譲受したもので、昭和27年に鋼体化された。
昭和35.6.19　大夕張炭山　星良助

チキ1（チキ300形）
25t積のボギー長物車。大正8年汽車東京製の国鉄チキ323を昭和26年に譲受したもの。
昭和36.6.22（推定）　遠幌　星良助

■ 参考文献

星良助「三菱鉱業大夕張鉄道」『鉄道ピクトリアル』No.128（1962-3増）

三菱鉱業大夕張炭礦『山史』私家版（1964）／

今井静也「三菱大夕張炭礦大夕張線」『鉄道ピクトリアル』No259（1971-12増）

井上弘和・高橋摂『日本の私鉄17　北関東東北北海道』

保育社カラーブックスNo.574（1982）

湯口徹『北線路（上）』エリエイ出版部（1988）

奥山道紀・赤城英昭『三菱鉱業大夕張鉄道』RM LIBRARY.47ネコ・パブリッシング（2003-6）

---

84) この組織改変はややこしいので別途説明が必要であろう。昭和40年時点において、三菱鉱業は美唄、大夕張、高島、端島（軍艦島）、鯰田の5砿と南大夕張開発事務所（後の南大夕張砿）、美唄鉄道事務所の2現業機関を有していた。まず昭和40年6月に陰りが見え始めた美唄砿が美唄炭礦として独立、昭和44年10月には国の石炭政策のからみで、累積赤字解消と諸手当削減のため、大夕張砿と南大夕張砿が三菱大夕張炭礦、九州3砿が三菱高島炭礦として分離する。
ところが、美唄社は昭和45年7月の事故で常盤坑LIが廃坑となり、余剰人員を南大夕張砿に移動させるため、翌年7月に大夕張社を吸収のうえ、三菱大夕張炭礦（二代目）に即日改称するが、直後に美唄砿と大夕張砿が閉山になる。一方、九州地区も昭和45年6月に鯰田砿が閉山し端島砿の閉山も決定したので、財務体質を強化するため昭和48年12月に大夕張社と高島社が合併して出来たのが三菱石炭鉱業である。そのため、大夕張砿は最後まで美唄砿との親子関係を脱することは出来なかったことになる。
85) 国鉄の9600形で日立製は樺太庁鉄道引継機である79671たった1両しか存在しない。私鉄等を含めても日立製は他に大夕張の2両と台湾総督府816-820・834・835があるのみ。蛇足だが、三菱製はさらに珍品で台湾総督府836-838の3両だけであり、当時の三菱が民需を嫌う体質があったとは言え、この9600形に対する実績の乏しさが資本系列を超えて日立に発注した要因の一つになったのではなかろうか。
86) 奥山道紀・赤城英昭『三菱鉱業大夕張鉄道』RM LIBRARY.47（ネコ・パブリッシング2003-6）p30,32
87) 総生産数416両（DD15形を含めると466両）の国鉄DD13形であるが、三菱製は13・224〜227・259〜263・303〜305・338・339およびDD1533・34の17両しか存在しない。私鉄向けはこの3両が唯一の存在であるが、同一資本系列と言うことで三菱製を採用したことは容易に推察できよう。
88) 『山史』には大正9年日本車両製とあり、そこから判断すると国鉄ナハニ15800形あたりであろうか。
89) 星良助「三菱鉱業大夕張鉄道」『鉄道ピクトリアル』No.128（1962-3増）p12。ただし、多客時には解放することもあった。
90) 三菱鉱業大夕張炭礦『山史』（1964）p27

キ1（キ100形）

昭和15年苗穂工場製のラッセル式除雪車。国鉄キ100形中期型と同型で、V字形の操作室前面窓や流線型ブラウを備える。

昭和48.9.23　南大夕張
白石良裕

（三菱鉱業専用鉄道）→三菱鉱業→三菱大夕張炭礦→三菱石炭鉱業【通称：三菱大夕張鉄道】

機関車

番号	製造・改造	出自	手続日改番日	種別	竣功届	重油併燃認可	用途廃止	異動先
No.2	昭16.2　川崎	三菱美唄5	昭44.6.30	設			昭49.1.15	
No.3	昭12.8　日立		昭12.10.2	設	昭12.10.7	昭30.7.20	昭49.3.30	
No.4	昭16.1　日立		昭13.10.4	増	昭16.3.31	昭29.9.3	昭49.1.15	
No.5	大9.3　川崎	国鉄39695	昭26.4.18	譲	昭26.5.23	昭29.9.3	昭49.3.30	
No.6	大10.10　川崎	三菱芦別3	昭37.12.28	設			昭49.3.30	
No.7	大3　川崎	三菱芦別9613	昭37.12.28	設			昭48.10.20	
No.8	大3　川崎	三菱美唄7	昭46.7.1	設			昭48.10.20	
9201	明38.8　BLW	三菱美唄9201	昭4.5.15	譲			昭38.1.23	三菱芦別専用鉄道
9237	明38.11　BLW	三菱美唄9237	昭4.5.15	譲			昭37.9.26	三菱芦別専用鉄道
C1101	昭19.7　日車		昭20.7.30	譲	昭21.2.2		昭47.9.30	
DL-55 No.1	昭48.11　三菱		昭48.10.31	設	昭48.11.26		昭62.7.22	
DL-55 No.2	昭48.11　三菱		昭48.10.31	設	昭48.11.26		昭62.7.22	
DL-55 No.3	昭48.11　三菱		昭48.10.31	設	昭48.11.26		昭62.7.22	

客車

番号	製造・改造	出自	手続日改番日	種別	竣功届	設計変更	設計変更	ナハフ化	用途廃止	異動先
ハ1	昭3.2　岩崎レール	渡島海岸ハ1	昭22.7.4	設		昭26.12.13#				
ハ2*	明40.8　新橋工	三菱美唄フハ3391	昭4.6.7	譲		昭26.12.13#			昭35.6.12	三菱美唄鉄道
ハ3	明40.8　新橋工	三菱美唄フハ3392	昭4.6.7	譲		昭26.12.13#			昭38.8.23	
ハ4	明40.8　新橋工	国鉄フハ3399	昭5.8.14	譲		昭26.12.13#			昭38.8.23	
ホハ1	明43.3　旭川工	国鉄ホハユニ3850	昭26.6.19	設	昭26.7.14	昭26.11.8♭			昭40.11.15	
ホハ2	明43.3　旭川工	国鉄ホハユニ3851	昭26.6.19	設	昭26.7.14	昭26.11.8♭			昭33.10.27	三菱芦別専用鉄道
ナハ1	昭12　日車		昭12.9.1	設	昭12.9.3	昭31.9.7$		昭42.6.25	昭62.7.22	
ナハ2	昭23　鉄道車両工業	国鉄ナハニ	昭23.7.22	譲		昭28.12.15$	昭31.9.7$	昭42.6.25	昭46.10.1	
ナハ3	明45.4　旭川・札幌工	国鉄ナル17612	昭32.10.9	設	昭32.11.25			昭40.9.20	昭42.8.10	
ナハ4	明45.4　旭川・札幌工	国鉄ナル17613	昭32.10.9	設	昭32.11.25			昭40.9.20	昭42.8.10	
ナハ5	昭35.5　泰和改	国鉄ナル17702	昭34.3.17	設	昭35.5.15	昭35.3.17#			昭57.7.1	
オハ1	昭26.12　北海陸運改	国鉄オハフ8857	昭27.2.28	設	昭27.4.29	昭27.9.26#			昭62.7.22	
オハ2	昭28.3　北海陸運改	国鉄ホハ2401	昭29.2.25	設	昭29.4.8	昭29.6.3#			昭49.1.31	
スハニ6	昭29　協和工業改	三菱美唄スハニ6	昭42.12.13	設		昭46.10.16§	昭51.9.27∫		昭62.7.22	
ニ1	明39　神戸工	三菱美唄ニ4383	昭4.6.7	譲		昭28.2.17				→ワフ5

*…昭16.3.3苗穂工改造（認可は不明）で称号そのままで特別車に変更。昭和26.12.13の認可時に復元　　#…鋼体化
♭…台枠中梁鋼製化　　$…セミクロスシート化　　§…荷物室移設　　∫…荷物室扉設置

135

貨車

番号	製造・改造		出自	手続日 改番日	種別	竣功届	改番 不明	設計変更	改番を伴う 設計変更	用途廃止	異動先
【ワ1形】											
ワ2	明26.11	参宮鉄道	国鉄ワ6011	昭24. 4.26	譲	昭25. 4.25				昭38. 8.28	
ワ3	明33.4	平岡	国鉄ワ7471	昭24. 4.26	譲	昭25. 4.25				昭42. 8.10	
ワ4	大7.12	芸備鉄道	国鉄(芸備)ワ25	昭18. 5. 3	譲					昭42. 8.10	
ワ6				昭37.						昭46. 4. 5	
ワ4636	明27	神戸工	国鉄ワ4636	昭14.11.24	譲		ワ1				
【ワ22000形】											
ワ5	昭33	泰和改	三菱油戸	昭33.12. 3	設	昭34. 1.29				昭46. 4. 5	
【形式不明】											
ワム1			国鉄	昭27.12. 3	譲						
ワム2			国鉄	昭27.12. 3	譲						
【ワフ1形】											
ワフ1	大1.11	汽車	国鉄ワフ40	昭18. 5. 3	譲			昭28. 8.25*		昭46. 9.30	
ワフ3	大1.12	汽車	国鉄ワフ89	昭26. 5.25	設	昭26. 7.19		昭26.12.13*		昭40.11.15	
ワフ4	大1.11	汽車	国鉄ワフ50	昭26. 5.25	設	昭26. 7.19		昭26.12.13*	昭37.		→ワ6
ワフ5			ニ1	昭28. 2.17	変	昭28. 3.10				昭42. 8.10	
ワフ6			ト1	昭30. 5.22	変					昭38. 9. 6	
ワフ8102	明39.3	山陽鉄道	国鉄ワフ8102	昭 7. 3.30	譲	昭 7. 4.28	ワフ2	昭27. 8.3*		昭40.11.15	
【ト1形】											
ト2	明39.8	メトロポリタン	国鉄ト16497	昭26. 5.25	設	昭26. 7.19					
ト4			チ1	昭28.11.20	変	昭29. 1.11				昭38. 8.26	
ト5			チ2	昭28.11.20	変	昭29. 1.11					
ト6291	明30.6	大宮工	国鉄ト6291	昭 7. 3.30	譲	昭 7. 4.28					→チ2
ト18009	明27.7	山陽鉄道	三菱美唄ト18009	昭 4. 5.15	譲		ト1		昭30. 5.22		→ワフ6
ト18010	明27.7	山陽鉄道	三菱美唄ト18010	昭 4. 5.15	譲						→チ1
【ト20000形】											
ト3	昭14.8	日車東京	国鉄ト26698	昭26. 5.25	設	昭26. 7.19		昭29. 6. 2?		昭49. 1.31	
【トム1形】											
トム1	大4.3	天野	国鉄トム199	昭24. 4.26	譲	昭25. 4.25					
トム2	大4.10	汽車	国鉄トム814	昭24. 4.26	譲	昭25. 4.25				昭49. 1.31	
トム3	大13.10	日車	国鉄トム2180	昭24. 4.26	譲	昭25. 4.25				昭49. 1.31	
トム4	大13.10	日車	国鉄トム2196	昭24. 4.26	譲	昭25. 4.25		昭29. 2.19?		昭49. 1.31	
トム5	大13.10	日車	国鉄トム2318	昭24. 4.26	譲	昭25. 4.25				昭49. 1.31	
トム6	大4.3	汽車	国鉄トム457	昭26. 5.25	設	昭26. 7.19				昭49. 1.31	
【トム11000形】											
トム7			トラ2	昭26.12.13	変	昭27. 1.27				昭49. 1.31	
【トム18000形】											
トム8	昭19.8	木南	三菱美唄トム18009	昭48. 2. 5	設					昭49. 9.30	
【トラ6000形】											
トラ1	昭18.8	日車	国鉄トラ10480	昭26. 5.25	設	昭26. 7.19				昭49. 9.30	
【トラ20000形】											
トラ2	昭16.10	川崎	国鉄トラ44941	昭26. 5.25	設	昭26. 7.19			昭26.12.13		→トム7
【トキ900形】											
トキ1	昭19.4	田中	国鉄トキ5279	昭26. 5.25	設	昭26. 7.19				昭35. 1.22	
【チ1形】											
チ1			ト18010						昭28.11.20		→ト4
チ2			ト6291						昭28.11.20		→ト5
【チサ100形】											
チサ1	大13.11	川崎	国鉄チサ275	昭26. 5.25	設	昭26. 7.19				昭40.11.15	
【チキ300形】											
チキ1	大8.12	汽車東京	国鉄チキ323	昭26. 5.25	設	昭26. 7.19				昭46. 4. 5	
【セキ1形】											
セキ1	明45.7	汽車	旭川電軌セキ1	昭29. 8.24	設	昭29. 9.23				昭62. 7.22	
【セキ1000形】											
セキ2	昭9.10	汽車東京	旭川電軌セキ1001	昭29. 8.24	設	昭29. 9.23				昭62. 7.22	
【キ100形】											
キ1	昭15	苗穂工		昭14.10. 4	設	昭17. 4. 9				昭62. 7.22	
【キ1形】											
キ28	大元.11	札幌工	国鉄キ28	昭15. 2.22	譲	昭15. 3.12				昭16. 2. 6	胆振縦貫鉄道

*…鋼体化　?…改造内容不明

羽幌炭礦鉄道

築別－築別炭礦 17.12km（他に曙
－三毛別 3.8kmを国鉄より借用）
軌間：1067mm
動力：蒸気・内燃

■ 沿革

　羽幌炭田は交通の便の悪さと、鉱業権を有していた鈴木商店が昭和恐慌で破綻したことにより開発が遅れていたが、鉱区を引き継いだ傍系会社の太陽産業が昭和6年以来探鉱を進めた結果、可採埋蔵量1億5,000万トンで灰分・硫黄分が非常に少ない不粘結炭であることが判明した。そのため優秀な燃料炭と評価され、準戦時体制下で炭価が上がったところで開発を開始する。太陽産業は石炭および林産資源の運搬手段として羽幌鉄道を設立するが、昭和15年に太陽産業羽幌礦業所を吸収し羽幌炭礦鉄道が成立、炭礦と鉄道を兼営する独立企業となった。以上の成り立ちから財閥を背景としておらず、分類上は中小炭礦とされる。

　昭和16年12月14日に鉄道が開業したことで築別坑から稼動を開始するが、羽幌本坑および上羽幌坑への支線については免許申請時に国鉄名羽線とのからみで却下された。戦後、改めて両坑の開発に着手することとなり、昭和23年4月20日に曙－三毛別間4kmの敷設を申請、翌年3月17日に構外側線として敷設認可を得たものの、ドッジ・ラインの影響で建設中止に追い込まれた。三度目の正直になったのは昭和36年の名羽線着工で、三毛別まで3.8kmを優先的に建設してもらい、昭和37年12月25日よりこれを借り受け運行する異例の措置を採った。

　機械化を進めた国内有数の優良ビルド砿で、昭和43年に最大産出量である年113万tを記録するが、その後の転落は急だった。昭和44年に築別東坑が大断層にぶつかり閉鎖を余儀なくされたことがケチのつけ始めで、羽幌本坑および上羽幌坑に集約したところ、この両坑も断層が発見され一時操業を中断する。しかも取引会社が倒産し4,000万円の不渡手形を掴んだことから当座の運転資金を失ってしまい、資金繰りが急激に悪化する。

　ただし、羽幌炭自体は道内燃料炭の約三分の一のシェアを誇っており、債務を整理し断層を突破さえすれば会社再建は可能と考え、昭和45年9月に会社更生法を申請する。しかし、この2年間で従業員に動揺が広がり、一社一山企業の先行きを悲観して離山者が後を絶たない状況に陥っていた。残る従業員は石炭鉱業臨時措置法による特別閉山を求め、労組が10月25日に閉山決議をしてしまう。これにより従業員の協力が得られないと判断し、11月に企業ぐるみ閉山に切り替えたことで、鉄道も昭和45年12月15日に廃止された。

■ 機関車

　1159は国鉄1150形の払下機。形態は「ネルソン」に模した米国製のタンク機で、テンダ機を軸配置2B1のタンク機に改造したものである。**5861**はブルックス製の2Bテンダ機で、下バネ式の動輪バネと軸箱を結ぶ馬蹄型ハンガーという独特の機構を持つ。

8110（8100形）
明治30年ボールドウィン製の41.5t1Cテンダ機。国鉄8110を昭和25年に譲受。羽幌炭礦鉄道は煙突の回転式火の粉止めが標準装備であった。
昭和33.7.16
築別炭礦
星良助

8653（8620形）
大正3年汽車製の49t1Cテンダ機。国鉄8653を昭和33年に譲受。密閉キャブに改造されて入線した。
昭和42.8.22　築別　和久田康雄

キハ223（キハ22形）
昭和41年富士重製。国鉄キハ22形200番台と同型。旋回窓は羽幌炭礦鉄道の特徴である。
昭和41.11.6　築別　伊藤昭

要は官鉄D11形こと国鉄5160形と同型機だが、本機は阪鶴鉄道出身でシリンダ径と動輪径がやや大きい。一応国鉄から払下げられたことになっているが、現車は大正12年に廃車済で、長く北大工学部が教材として保管していたもの。近年の復活蒸機とは異なる静態保存機の復活例である。**8110・8114**は国鉄8100形の払下機。**8653・58629**は国鉄8620形の払下機。密閉キャブに改造の上、主力機として使用される。うち8653は一次型で、ランボードのSカーブこそ国鉄時代に失われているが、炭櫃を継ぎ足した2700ガロン形テンダがその証である。**9042**は「小コン」こと国鉄9040形の払下機。**C111**は三岐鉄道C111を購入したもので国鉄C11形と同型機。戦時型で溶接缶であったことから、入線時に一悶着あったとされる[91]。**DD1301**は夕張鉄道DD1001と同型の55t凸形ディーゼル機関車。

■ **内燃動車**
キハ11[92]は富士重製のレールバス。単純に言えば富士重工U9ボディ[93]を架装した日野ブルーリボンバス（コラム参照）を両運転台にしてタイヤを車輪に代えたもの。エンジンは日野DS22で機械式。有名な南部縦貫鉄道キハ101・102は同型の後輩にあたる。**キハ221〜3**は国鉄キハ22形と同型だが、運転台の旋回窓[94]やバッテリー箱の暖房など耐寒性能が強化されているのが特徴。製造年次の違いから1と2・3で仕様が異なり、1は0番台相当で室内は白熱灯。汽笛は前照灯脇にある。2と3は汽笛位置を含めて車体は200番台に相当するが、台車はDT22AおよびTR51Aを履く折衷型とも言えるもので国鉄には無いタイプ。いずれもエンジンはDMH17C（180PS/1500rpm）で変速機は振興TC2。**キハ42015**は国鉄キハ42000形の払下車。名義上はガソリン動車として認可を受けたが、現車は当初からエンジンがなく、ホハフ5と標記され客車として使用されていた。昭和33年にDMH17B（160PS/1500rpm）と振興TC2変速機を搭載する液体式気動車に改造され**キハ1001**となるが、昭和37年に失火で全焼し廃車となる。

キハ1001（キハ1000形）
昭和33年にホハフ5を釧路製作所で気動車に復旧。液体式だがジャンパ栓が見当たらないことから推測できるように、総括制御は不可能だった。
昭和35.3.20　築別
湯口徹

キハ11（キハ10形）
富士重が開発した昭和34年製のレールバス。下記コラムのようにバス側の発想で開発されたもので、車体は当時量産していた9形ボディがベース。
昭和41.11.6　築別炭礦
伊藤昭

日野ブルーリボン

　鉄道とは直接関係がないバスの話で恐縮だが、昭和30年代のレールバスは、この車なくして理解することはできない。

　バスの場合、自動車メーカーが製造するのはシャーシだけで、車体は別途コーチビルダーと呼ばれる車体メーカーが架装する。昭和30年代はメーカーとコーチビルダーの関係が今ほど結びついておらず、需要者の好みで自由に組み合わせることが出来た。ところで、富士重はスバルブランドで知られる自動車メーカーでもあるが、その源流は航空機製造技術であるモノコック工法を民需転換したコーチビルダーから発展したもので、平成15年までバス車体製造を行っていたことでも知られている。しかし、バスは鉄道車両と正反対にシャーシメーカーが表に出るため、富士重で車体を製造しても車検証に名前は出ない。

　ところで、バスの世界では戦後間もない頃よりデッドスペースとなるボンネットをいかに無くすかが模索されており、答の一つがキャブオーバー車であったが、室内にエンジンルームが食い込む構造から根本的な解決策にはなりえなかった。そのため、エンジンの配置と小型化をめぐって各メーカーで開発競争を繰り広げたが、他社がリアエンジン・リアドライブに流れる中、日野自動車は昭和28年にセンタアンダフロアエンジン・リアドライブのバスを開発し、ブルーリボンと名づけて商品化する。

　これを単純に言ってしまうと、それまで直立配置のシリンダを横に寝かせることでエンジン高を抑え、ホイルベース間に格納することで床面積の最大化を図ったものであり、構造としては鉄道車両のそれに近い。そのため、この日野DS20系のエンジンは床下に格納可能な小型エンジンとして鉄道業界からも注目され、国鉄のレールバスや軽便鉄道・殖民軌道など広く応用されたが、富士重は同時に鉄道車両メーカーでもあり、ブルーリボンのタイヤを車輪に代えれば安価な鉄道車両になると着想したのはある意味自然な流れであった。そのため、マニュアルトランスミッションである商用自動車の駆動システムをそのまま流用することが大前提であり、もとよりレールバスに総括制御など出来る訳がないのである。

　しかし、センタアンダフロアバスそのものは自動車として保守に難があり、昭和40年代にリアエンジンバスによって淘汰されてしまう。なお、日野ブルーリボンの名は昭和57年にスケルトン車体の大型路線バスとして復活するが、往年のセンタアンダフロアバスとの関連性はない。

センタアンダフロアエンジン・リアドライブの日野BT51。
平成19.1.12　澤内一晃

リアエンジンでない証とも言える後部非常口。
平成19.1.12　澤内一晃

139

ハフ1（ハフ1形）
昭和17年の開業にあたりメトロポリタン製の国鉄ハフ2835を譲受したもの。細かく不揃いな窓割りは区分式の名残。
　　　　　　　　　昭和32.8.23　築別炭礦　湯口徹

ハフ1（ハフ1形）
昭和32年に旭鉄工機で切妻・中央扉に更新。176頁掲載の雄別鉄道の更新車と共通する設計である。
　　　　　　昭和35.8.18　築別炭礦　堀越和正（川崎哲也蔵）

■ **客車**

　ハフ1・2は国鉄ハフ2788形の払下車で窓配置V11V。当初はフハニ101に続いてハ2・3と附番される予定であった。原型は区分式だが国鉄土崎工場で貫通式ロングシート車に改造し、空気ブレーキを装着して入線している。その後、昭和32年にハフ1が窓配置21D22の切妻車体に更新、ハフ2も更新済のハ3414と現車振替を行うことで同型に揃えられているが、これらの更新は無届であったらしく、札幌陸運局文書には記載されていない。ハ3414は国鉄ハ3394形の払下車で窓配置O22222O。室内はクロスシート。昭和32年にハフ1と同型に更新されるが間もなく廃車となり、現車はハフ2と振替えられる。なお、本車も更新の記録がない。フハニ101は書類によると国鉄旭川工場製の新車だが、新造認可だと資材割当の審査に時間がかかるため、無籍車を譲受した形を取っている。形態は有蓋緩急車然とした窓配置B4Dの二軸車だが、実際、「四輪有蓋手荷物緩急車」とどちらにも取れる形で申請したことから、省は客車か貨車の何れかに決定するよう指導を行っている。昭和28年に窓3つを塞いで荷物車ニ1となり、さらに昭和37年に貨車籍となる。ホハフ5はキハ42015でも記載した通り、長く現車に振られていた番号であるが、書類上はキハ1001への改造直前に辻褄を合わせるため1ヶ月間だけ名乗った番号に過ぎない。なお、客車時代にすでに中央扉が閉鎖されていたことが確認されている[95]。スハニ19108は三軸ボギー車である国鉄スハニ19100形を購入したものだが、入線後に認可を得ずして荷物室にロングシートを設置し全室三等車化され、現車もオハフ19108と記載されて使用した。鋼体化の計画もあったようだが[96]、客貨分離で余剰化したことで早々に廃車されている。

■ **貨車**

　ワム200形は国鉄ワム1形と同型の15t積有蓋車。

ホハフ5（キハ42000形）
昭和27年に国鉄キハ42015を譲受。車籍上は気動車だが、運輸工業で客車として復旧。通説と異なり中央扉が埋められている点に注目。詳細は注釈(95)を参照されたい。昭和32.8.24　築別炭礦　湯口徹

オハフ19108（スハニ19100形）
大正8年大井工場製の20m級木造三軸ボギー車で昭和31年に譲受。認可上は荷物合造車であるスハニだが、荷物室を客室化し、現車表記もオハフ19108として使用された。
昭和33.7.16　築別炭礦　星良助

国鉄苗穂工場製で後述のト501ともども部品は国鉄中古品の寄せ集めであった。**ワフ1形**は、ワフ1は渡島海岸鉄道の放出車両で14t積の有蓋緩急車。当初はワブを名乗っていたが、空気ブレーキの設置に伴いいつしか改称されている。**ワフ2（初代）**はニ1を貨車籍にしたもので1t積。出自が客車らしく側板は縦張。**ワフ2（二代目）**はワム201を鋼体化したもので5t積有蓋緩急車。側窓がバス窓と貨車としては珍しい構造になっている。**ト500形**はト501のみ新造車で10t積三枚側。ト502以降はト1形を中心とする国鉄払下車で基本は10t積三枚側。ただしト505は北海道鉄道（二代目）買収車のト3600の払下で9t積、ト508・513は国鉄ト6000形の払下車で四枚側、ト509・510は国鉄ト1形ながら8t積。ト514・515は青梅電鉄買収車のト9500形で本来ならトムを称するべき14t積の五枚側観音開戸式。そのため入籍時に運輸省から照会が来るが「払下当時より貨車標記通りに付」と回答している。これらは払下

当初は築別－留萌間で一時限り直通車として運用された[97]。**トム10形**は国鉄トム16000形の払下車で当初は旧番のまま使用。**トラ50形**は天塩炭礦鉄道トラ51～53を購入したもので、国鉄トラ6000形と同型の17t積四枚側無蓋車。**キ1形**は国鉄キ1形の払下車。プラウは国鉄時代に流線型に改造済。**キ100形**は三井芦別キ100を購入したもので、国鉄キ100形と同型の鋼製ラッセル式除雪車。プラウは直線型。入線にあたって操縦室がV形4枚窓から平妻2枚窓に改造されている。

■ **参考文献**

青木栄一「留萌と羽幌」『鉄道ピクトリアル』No.50（1955-9）

小熊米雄「羽幌炭礦鉄道」『鉄道ピクトリアル』No.145（1963-5増）

湯口徹『北線路（下）』エリエイ出版部（1988）

ニ1（ニ1形）
昭和17年旭川工場製の二軸荷物車。有蓋緩急車のように見えるが、内引の荷扉が客車らしい部分である。
昭和32.9.1　築別炭礦　湯口徹

ワム201（ワム200形）
昭和17年苗穂工場製の15t積木造有蓋車。車軸が短軸のため国鉄ワム1形と同型と言える。
昭和33.7.16　築別炭礦　星良助

ワフ2（ワフ1形）
写真は昭和39年にワム201を鋼体化した二代目。側窓が貨車には珍しいバス窓である。
　　　　　　　　　　昭和42.8.22　築別炭礦　和久田康雄

トム15（トム10形）
15t積の無蓋車。大正15年日車製の国鉄トム17642を昭和33年に譲受したもので、当初から総アオリ戸だった。
　　　　　　　　　　昭和44.8.24　築別炭礦　堀井純一

キ11（キ1形）
大正6年苗穂工場製のラッセル式除雪車で、国鉄キ11を昭和17年に譲受。前頭部を流線型に改造した跡に注意。
　　　　　　　　　　昭和33.7.16　築別炭礦　星良助

キ111（キ100形）
昭和40年に三井芦別鉄道より譲受した国鉄キ100形同型のフッセル式除雪車。入線時に操作室前面窓を平妻に改造した。
　　　　　　　　　　昭和45.8.22　築別炭礦　堀井純一

羽幌炭礦鉄道
機関車

番号	製造・改造		出自	手続日改番日	種別	竣功届	用途廃止	異動先
1159	明41	アルコ	国鉄1159	昭16.11.26	譲	昭17.2.27	昭29.3.25	
5861	明31	ブルックス	国鉄5861	昭16.11.26	譲	昭17.2.27	昭26.4.30	
8110	明30.9	BLW	国鉄8110	昭25.12.26	譲	昭26.1.15	昭34.8.26	
8114	明30.9	BLW	国鉄8114	昭24.4.14	譲	昭24.10.12	昭34.8.26	
8653	大3.12	汽車	国鉄8653	昭33.3.14	設	昭33.6.9	昭45.6.6	
58629	大11.2	日立	国鉄58629	昭34.10.22	設	昭34.12.10	昭45.12.15	
9042	明26.11	BLW	国鉄9042	昭19.7.22	譲	昭19.8.7	昭33.2.20	
C111	昭19.12	日立	三岐鉄道C111	昭30.6.29	設	昭30.8.1	昭45.12.15	
DD1301	昭45.2	日立		昭45.1.20	設	昭45.5.14	昭45.10.9	日本製鋼所室蘭

91) 小熊米雄「羽幌炭礦鉄道」『鉄道ピクトリアル』No.145（1963-5増）p11. 具体的に述べると札幌労働基準局が戦時設計の溶接ボイラーであることを問題視し材質検査を要求したというもの。
92) 湯口徹『戦後生まれの私鉄機械式気動車・上巻』RM LIBRARY.87 ネコ・パブリッシング（2006-11）p14,15も参照のこと。
93) バスのコーチビルダーとしての富士重の車体形式。頭の記号はエンジン配置を示し、Uはアンダーフロアの意味。なお一般的なリアエンジンの場合はRとなる。当時の富士重は7型と呼ばれる、国鉄101系電車などのように正面が凹んだ箱型車体を架装していたが、昭和29年にフロントガラスの傾斜にあわせて流線型に整形し、正面窓のセンターピラーを廃した9型にモデルチェンジされた。さらに並行生産を続けていた7型を廃止するため、これを量産適応させたのが11型であるが、センタアンダフロアバスは特殊車であるためU9型が継続架装されている。詳細については『富士重工業のバス事業』ぽると出版（2003）を参照されたい。
94) ただし、キハ221は登場時、通常のワイパーを使用していた。
95) 従来、気動車復元時と同時施工とされているが、湯口徹氏は140頁の通り客車時代の昭和32年8月時点ですでに閉鎖されている写真を撮影されている。一方、青木栄一氏は『昭和29年夏 北海道私鉄めぐり（上）』RM LIBRARY.58 ネコ・パブリッシング（2004.6）p22にあるように昭和29年時点では3扉であることを確認されている。このことからすると、認可外で昭和31年頃に改造したものではないだろうか。
96) 湯口徹『北線路（下）』エリエイ出版部（1988）p14
97) 正規の直通車は歴代でもワム201とト501のみである。

内燃動車

番号	製造・改造	出自	手続日 改番日	種別	竣功届	ATS設置	改番を伴う 設計変更	用途廃止	異動先
キハ11	昭34 富士重		昭34. 3.25	設	昭34. 3.30			昭44.11.15	
キハ221	昭35.7 富士重		昭35. 7. 8	設	昭35. 7.18	昭41. 8.18		昭45.12.15	茨城交通
キハ222	昭37.8 富士重		昭37. 8.20	増	昭37.10. 3	昭41. 8.18		昭45.12.15	茨城交通
キハ223	昭41.11 富士重		昭42. 2.17	増	昭42. 5. 2			昭45.12.15	茨城交通
キハ1001	昭33 釧路製作所改	ホハフ5	昭33. 7.28	変	昭33. 7.30			昭37. 2.23	
キハ42015	昭11.3 日車	国鉄キハ42015	昭27. 6.24	設	昭27.11.15		昭33. 7. 1		→ホハフ5

客　車

番号	製造・改造	出自	手続日 改番日	種別	竣功届	設計変更	振替	改番を伴う 設計変更	用途廃止	異動先
ハフ1	メトロポリタン	国鉄ハフ2835	昭17. 9. 1	譲	昭19. 3.15	昭18. 4.30*			昭44. 3.30	
ハフ2	明23 メトロポリタン	国鉄ハフ2839	昭17. 9. 1	譲	昭19. 3.15	昭18. 4.30*	(昭34)		昭41. 6.25	
ハ3414	明40 新橋工	国鉄ハ3414	昭18.12. 2	譲	昭19. 2.15				昭34. 8.26	→ハフ2に振替
ホハフ5	昭27 運輸工業改	キハ42015	昭33. 7. 1	変	昭33. 7. 7			昭33. 7.28		→キハ1001
フハニ101	昭17 旭川工		昭18.10. 5	譲				昭28. 2. 9		→ニ1
スハニ19108	大8 大井工	国鉄スハニ19108	昭31.10.23	設	昭32.12.28				昭34. 8.26	
ニ1		フハニ101	昭28. 2. 9	変	昭28. 3.31			昭37. 2. 8		→ワフ2（Ⅰ）

*…貫通化、空気ブレーキ設置。社番号化を兼ねる。

貨　車

番号	製造・改造	出自	手続日 改番日	種別	竣功届	社番号化 昭36.12.2	改番を伴う 設計変更	用途廃止	異動先
【ワム200形】									
ワム201	昭17.3 苗穂工		昭18.10.13	設	昭18.11. 3			昭38.10. 2	→ワフ2（Ⅱ）
【ワフ1形】									
ワブ1	昭2.12 岩崎レール	渡島海岸ワブ1	昭21.11.19	設	昭21.11.19			昭44. 3.30	
ワフ2（Ⅰ）		ニ1	昭37. 2. 8	変	昭37. 3. 3			昭38. 9. 4	
ワフ2（Ⅱ）	昭39	ワム201	昭38.10. 2	変	昭39. 6.10			昭45.12.15	
【ト500形】									
ト501	昭17.7 苗穂工		昭18.10.13	設	昭18.11. 3			昭38. 9. 4	
ト502	明37.11 神戸工	国鉄ト1741	昭19. 2.15	譲	昭19. 4. 8			昭29. 3.25	
ト503		国鉄	昭19. 2.15	譲	昭19. 4. 8			昭33. 8.18	
ト504	明36 神戸工	国鉄ト1600	昭19. 2.15	譲	昭19. 4. 8			昭29. 3.25	
ト505	明29.8 福岡	国鉄ト3600	昭20. 6.24	譲				昭29. 3.25	
ト506	明38.7 日車	国鉄ト1168	昭24. 8.12	譲	昭24.10.12			昭31. 5.欠	
ト507	明38.7 日車	国鉄ト2376	昭24. 8.12	譲	昭24.10.12			昭31. 5.欠	
ト508	明39.10 大宮工	国鉄ト8167	昭24. 8.12	譲	昭24.10.12			昭37. 2.13	
ト509	明39.8 メトロポリタン	国鉄ト16497	昭24. 8.12	譲	昭24.10.12			昭29. 3.25	
ト510	明38.12 メトロポリタン	国鉄ト16430	昭24. 8.12	譲	昭24.10.12			昭33. 8.18	
ト511	明37.10 天野	国鉄ト4310	昭24. 8.12	譲	昭24.10.12			昭33. 8.18	
ト512	明24 新橋工	国鉄ト5291	昭24. 8.12	譲	昭24.10.12			昭33. 8.18	
ト513	明36 大宮工	国鉄ト7759	昭24. 8.12	譲	昭24.10.12			昭37. 2.13	
ト514	明40 天野	国鉄ト9503	昭24. 8.12	譲	昭24.10.12			昭33. 8.18	
ト515	明40 天野	国鉄ト9526	昭24. 8.12	譲	昭24.10.12			昭38. 9. 4	
【トム16000形→トム10形】									
トム16678	大15.2 川崎	国鉄トム16678	昭33. 8.14	設	昭35. 3. 5	トム11		昭44. 3.30	
トム16722	大15 九州車輛合同	国鉄トム16722	昭32.10.19	設	昭32.12.28	トム12		昭44. 3.30	
トム16888	大15.3 川崎	国鉄トム16888	昭33. 8.14	設	昭35. 3. 5	トム13		昭44. 3.30	
トム17220	大15.8 日車	国鉄トム17220	昭32.10.19	設	昭32.12.28	トム14		昭44. 3.30	
トム17642	大15.11 日車	国鉄トム17642	昭33. 8.14	設	昭35. 3. 5	トム15		昭44. 3.30	
【トラ50形】									
トラ51	昭16.12 汽車東京	天塩鉄道トラ51	昭44. 4. 9	設	昭44. 7.25			昭45.12.15	
トラ52	昭16.12 汽車東京	天塩鉄道トラ52	昭44. 4. 9	設	昭44. 7.25			昭45.12.15	
トラ53	昭16.12 汽車東京	天塩鉄道トラ53	昭44. 4. 9	設	昭44. 7.25			昭45.12.15	
【キ1形】									
キ11	大6.12 苗穂工	国鉄キ11	昭17.11.27	譲	昭18. 2.20			昭41. 6.25	
【キ100形】									
キ111	昭29.10 三井芦別改	三井芦別キ100	昭40. 6.10	設	昭40. 7.19			昭45.12.15	

天塩鉄道→
天塩炭礦鉄道

留萠－達布
25.44km
軌間：1067mm
動力：蒸気

■ 沿革

石油資源に乏しい我国は、準戦時体制に入った昭和12年に人造石油製造事業法を制定、ドイツから技術を得て研究に着手する。うちフィッシャー法[98]を採用した北海道人造石油は深川と留萠に工場建設を決定するが、原料となる石炭の調達先が課題となる。同社は北炭の傍系会社で、滝川工場は歌志内の北炭空知礦から供給されるが、留萠工場は周囲に北炭の炭礦が存在せず、年35万tと見積もられた原料炭の確保が課題とされた。

ところで、北炭も天塩炭田に着目して小平蘂川流域に鉱区を確保しており、ここに開発理由が生じた格好になった。同時に帝室林野庁でも御料林の伐採計画を立て小平から森林鉄道の建設を計画していたが、並行することから留萠鉄道同様に折半出資での鉄道建設を決定する。以上からこの鉄道は国策的な意図で開業を急ぐ必要があり、昭和16年12月18日に開通するも、天塩本郷－達布間は諸設備が未成のまま車扱貨物（石炭）に限定した仮開業という慌しさであった。なお、末端区間の本開業は昭和17年6月29日、旅客営業開始は同年8月11日までずれこんだ。

しかし、北海道人造石油の留萠プラントは研究所のまま本工場建設に到らず、また天塩炭礦も断層地帯で、当初計画である年45万tの十分の一程度しか出炭できない不採算礦のため北炭が撤退してしまう。しかし、それは主要貨物を失い死活問題につながるため、昭和26年4月に鉱区を借り入れ炭礦を直営化、昭和34年5月30日には社名も天塩炭礦鉄道に変更する。その頃になると生産量が上がり、鉄道の赤字を炭礦がカバーするまでに回復するが、それでも年産20万tに達しない零細礦のため、エネルギー革命に対する抵抗力には乏しかった。

昭和35年以降、全社単位では赤字に戻り、石炭の売れ行きも悪化するなかで徐々に負債が増加する。断層に悩まされた住吉礦の露天掘削化と、達布の日新礦拡張で再建を目論むも結果が芳しくなく、昭和42年早々に破産寸前に追い詰められる。そのため、両礦とも石炭鉱業合理化事業団にスクラップ礦として売却したため、存在意義を無くして昭和42年8月1日に廃止された。

■ 機関車

1・2は国鉄C58形の同型機だが、補修上の手間を嫌って煙突前の給水暖め器を持たない。認可上は入線後の撤去となっているが、製造時から省略の可能性が高い。いわゆる戦前形（ないしは樺太形）と呼ばれるグループだが、臼井氏によると国鉄の見込生産から割譲された公算が強いとされる[99]。この鉄道の国策的な意図を考えれば、それは充分ありうる話であろう。3は初代と二代目があるが共に国鉄9600形の払下機。うち二代目はランボードのSカー

2（C58形）
昭和16年汽車製の58t1C1テンダ機。国鉄C58形戦前形と同型だが、樺太庁鉄道納入機同様に本来煙突前に付いている給水温め器が省略されている。
昭和35.3.20　留萠
湯口徹

9（9形）
大正15年汽車製の44t1C1タンク機。昭和17年に夕張鉄道から譲受。空気制動は入線直前に夕張鉄道が施工。炭庫嵩上げは天塩で実施。
昭和33.7.15　沖内
星良助

ブが特徴の一次型。9は筑波鉄道出自の夕張鉄道9を購入したもので、臼井氏が「筑波形」と呼ぶ汽車会社標準設計の44t1C1タンク機。開業時より借り入れていたものを正式に譲受したものである。

■ 蒸気動車
　キハニ1は夕張鉄道キハニ1を購入したもので汽車製の工藤式蒸気動車。元は国鉄キハニ6450形。客車数を揃えることを目的とした購入で、もとより蒸気動車として使用する意思はなく、機関は早々に撤去された。

■ 客車
　ハ1は新宮鉄道の買収客車で窓配置V10Vの二軸車。明治32年南海天下茶屋工場製とされるが、新宮鉄道では購入してしばらくたった大正15年に入籍したため車籍がつながっておらず、南海時代の出自は不明。室内はロングシートだが、片側末端1区画のみクロスシートがある。ハ2は新宮鉄道の買収客車で窓配置V12Vの二軸車。南海の喫茶室付特等客車ろ21の成れの果て。室内はロングシート。ハ3は新宮鉄道の買収客車で窓配置O10Oの二軸客車。片側一面クロスシート、反対側一面がロングシートの混合座席配置である。二軸車は何れも入線時に自連化を行った関係で、台枠補強が行われている。ナハ101はキハニ1を客車化したものだが、現車は種車の面影を全く感じない窓配置D133333Dの国鉄中型ボギー客車であった。そのため現車振替は明

ハ2（ハ1形）
明治32年南海天下茶屋工場製で、昭和18年に新宮鉄道買収車である国鉄ロ1を譲受。往時の喫茶室付特等車であるが、新宮時代の更新によりその面影はない。
昭和41.11.5　留萌
伊藤昭

ナハ101（ナハ100形）
名義上は昭和18年に夕張鉄道から譲受した蒸気動車であるキハニ1を客車化したものだが、現車は国鉄中型ボギー客車と振替がなされている。
昭和41.11.5　達布
伊藤昭

らかだが、その時期をめぐって諸説存在する[100]。ナハ102・103は国鉄ナハフ14100形の払下車。当初は便所付であったが、それぞれ昭和32年と31年に撤去。103は昭和39年に車掌室を設置し**ナハフ103**となる。**ナハフ104**は窓配置D33333D1の切妻丸屋根の木造ボギー客車で、国鉄ナル17633を旭鉄工機で更新したうえで購入した。なお、以上のボギー車はすべてクロスシートである。

■ 貨車
　ワ11形は国鉄ワム3500形をダウンサイジングしたような10t積有蓋車。当時私鉄向けに盛んに製作された標準的なものの一つ。**ワ100形**は篠山鉄道ワ1・2及び伊那電買収車の国鉄ワ102を購入したもの。ワ101と102は8t積でワ103は7t積であるが、晩年撮影されたワ101の写真によると荷重は10tで鉄扉を持つ当社ワ11形同形車となっており、本来設置されていない空気ブレーキも装備していたことから現車振替を行っているものと考えられる。**ワフ1形**は鋼製有蓋緩急車で、外見上は胆振縦貫鉄道ワフ1～3と同型だが、容積の取り方が異なり10t積。昭和17年に車掌室を拡大し9t積に減積となる。**ワフ3形**は成田鉄道（二代目）ワフ3を車掌室拡大のうえで購入したもので8t積の木造有蓋緩急車。**ト21形**は国鉄ト20000形の木体化版と言える10t積三枚側無蓋車。**ト14700形（ト23）**は小倉鉄道買収車である国鉄ト14700形の払下車で12t積四枚側無蓋車。**ト10300形（ト24）**は国鉄ト10300形の払下車で10t積四枚

ナハフ103（ナハフ100形）
明治43年日車製の国鉄ナハフ14390を昭和29年に譲受。入籍にあたり車掌室を撤去したが、昭和39年に奥側3連窓部に再設置された。
昭和41.11.5　天塩住吉
伊藤昭

ワ101（ワ100形）
昭和20年に篠山鉄道ワ1を譲受。本来は8t積の小型車だが、写真では荷重10tとあり床下の空気制動も確認できる。明治29年製にしては車体構造が妙に新しく、現車振替の可能性がある。
　　　　　昭和41.11.5　達布
　　　　　　　　　伊藤昭

側無蓋車。ト6000形（ト25・26）は国鉄ト6000形の払下車で10t積四枚側無蓋車。後年まで残ったト26は山形妻に改造されている。**ト1形（ト27～32）**は国鉄ト1形の払下車で10t積三枚側無蓋車。**トラ51形**は17t積四枚側無蓋車。国鉄トラ1形と同型として申請されたが、トラ6000形同形車として竣功する。**チ200形**は購入時腐朽が甚だしかったワ103の車体を撤去して製作した二軸の8t積長物車。側柱8本を持つ。**チラ1形**は国鉄チラ1形の払下車で18t積の小型ボギー車。国鉄形式のままなので形式と番号は一致しない。**セサ500形**は夕張鉄道に編入されていた23t積の小型ボギー石炭車、セサ500形が転入したもので当初は北炭の私有車。昭和34年に購入し正式に天塩鉄道の車両となる。**セキ1形**は国鉄セキ1形の払下車。**キ1形**は国鉄キ1トップナンバーの払下で、公式には手宮工場製とされているが実際には米国・ラッセル社から輸入車。現車にある手宮工場の銘板は組立か更新の際に取り付けたものと推察できる。国鉄時代に前頭部を流線型に改造済。

■ **参考文献**
星良助「天塩炭礦鉄道」『鉄道ピクトリアル』私鉄車両めぐり別冊（1960-12増）
湯口徹『北線路（下）』エリエイ出版部（1988）

ワフ1（ワフ1形）
昭和16年汽車東京製の鋼製緩急車。胆振縦貫鉄道ワフ1形は同型につき、113頁と比較されたい。
　　　　　昭和33.7.15　沖内　星良助

セサ517（セサ500形）
大正15年日車東京製の23t積石炭車。夕張鉄道から転じた北炭の私有車だったが、昭和34年に自社所有になる。
　　　　　昭和41.11.5　達布　伊藤昭

セキ1（セキ1形）
明治45年汽車製30t積ボギー石炭車で、国鉄セキ3を昭和28年に譲受したもの。
　　　　　昭和42.8.22　留萠　和久田康雄

147

トラ53（トラ51形）
昭和16年汽車東京製の17t積無蓋車。国鉄トラ6000形の同型車である。
昭和42.8.22　留萠　和久田康雄

キ1（キ1形）
昭和17年に国鉄キ1を譲受したもの。手宮工場の銘板があるが、実際はラッセル社からの輸入車。前頭部は流線型に改造済。
昭和42.8.22　留萠　和久田康雄

天塩鉄道→天塩炭礦鉄道

機関車

番号	製造・改造	出自	手続日 改番日	種別	竣功届	給水温器 撤去認可		用途廃止	異動先
1	昭16. 汽車		昭15. 3. 4	設	昭16.11.19	昭16.12.26		昭42. 8. 1	
2	昭16. 汽車		昭15. 3. 4	設	昭16.11.19	昭16.12.26		昭42. 8. 1	
3（Ⅰ）	大10.10 川崎	国鉄49695	昭24. 4.20	譲	昭24. 3.29			昭25. 3. 8	三菱芦別専用鉄道
3（Ⅱ）	大3.2 川崎	国鉄9617	昭34. 9.30	設	昭34.10.17			昭42. 8. 1	
9	大15.3 汽車	夕張鉄道9	昭17. 3.23	譲	昭17. 3.31			昭40. 1.14	

蒸気動車

番号	製造・改造	出自	手続日 改番日	種別	竣功届		改番を伴う 設計変更	用途廃止	異動先
キハニ1	明45.4 汽車	夕張鉄道キハニ1	昭18. 2.15	譲	昭18. 3.31		昭19. 7.31		→ナハ101

客車

番号	製造・改造	出自	手続日 改番日	種別	竣功届	社番化	設計変更	車掌室設置 昭39.8.21	用途廃止	異動先
ハ1	明32.3 南海鉄道	国鉄（新宮）ロ2	昭18. 3.26	譲	昭18. 3.31		昭31. 7.26*		昭42. 8. 1	
ハ2	明32.3 南海鉄道	国鉄（新宮）ロ1	昭18. 3.26	譲	昭18. 3.31		昭31. 7.26*		昭42. 8. 1	
ハ3	大元.10 新宮鉄道	国鉄（新宮）ハ15	昭18. 3.26	譲	昭18. 3.31		昭31. 7.26*		昭42. 8. 1	
ナハ101	昭19 旭川工改	キハニ1	昭19. 7.31	変	昭19. 9.30				昭42. 8. 1	
ナハ102	明43.7 日車	国鉄ナハフ14389	昭27. 5.27	設	昭27. 7. 4	昭27. 8.14	昭32. 8.23ｂ		昭42. 8. 1	
ナハ103	明43.7 日車	国鉄ナハフ14390	昭29.10.26	設			昭31. 5.25ｂ	ナハフ103	昭42. 8. 1	
ナハフ104	明44.3 神戸工	国鉄ナル17633	昭32.12.22	設	昭33. 1.17				昭42. 8. 1	

＊…空気ブレーキ設置　　ｂ…便所撤去

[98)] 戦前に確立されていた石炭液化技術は三種類存在する。何れにしても石炭を高温高圧下で化学的に組み替え、石油状の液化燃料を得るものであるが、触媒の入手難や当時の日本の技術力の限界から、戦局に寄与するほどの成果は得られていない。
まず、石炭液化法は少量のタールに微粉炭を混ぜ、高温高圧下で水素と反応させ原油を得る。日本では徳山の海軍燃料廠や満鉄が研究を進めていた。
次に低温乾留法は、揮発成分が抜けないよう石炭を600℃程度で乾留することで得た重油状のタールに水素を添加し軽質油にするもので、石炭の大部分がコーライトとして残るのが欠点だったが、方法としては最も簡易であった。日本では三菱財閥による樺太での実験後、標準方式として全国に普及する。
最後のフィッシャー法（合成法とも言う）は決定版とされた技術で、コークスに水をかけ蒸し焼きにすることで得た水素ガスに触媒を通して液化するもので、直接ガソリンを生産できる。三井財閥がパテントを得ており、三池や北海道で開発を進めていた。

[99)] 臼井茂信『日本蒸気機関車形式図集成2』誠文堂新光社（1969）p455

[100)] 星良助氏は「天塩炭礦鉄道」『鉄道ピクトリアル』私鉄車両めぐり別冊（1960-12増）p22にて昭和19年の客車化時に振り替えたものと見るのに対し、湯口徹氏は『日本の蒸気動車（下）』RM LIBRARY.104ネコ・パブリッシング（2008-4）p45で「国鉄が戦時中に中型車を譲渡した例は乏しい」として戦後の振替を主張する。いずれにしても一次資料に現れない性格の話につき、今となってはほぼ解明不能と思われる。

貨　車

番号	製造・改造		出自	手続日 改番日	種別	竣功届	私有車譲受	設計変更	改番を伴う設計変更	用途廃止	異動先
【ワ11形】											
ワ11	昭16.12	汽車東京		昭16.9.9	設	昭17.1.23				昭42.8.1	
ワ12	昭16.12	汽車東京		昭16.9.9	設	昭17.1.23				昭42.8.1	
【ワ100形】											
ワ101	明29.11	平岡	篠山鉄道ワ1	昭20.11.20	譲	昭20.12.13				昭42.8.1	
ワ102	大8.7	日車	国鉄(伊那電)ワ102	昭20.11.20	譲	昭20.12.13				昭42.8.1	
ワ103	明31.5	ＶＺ	篠山鉄道ワ2	昭20.11.20	譲	昭20.12.13		昭21.11.1			→チ201
【ワフ1形】											
ワフ1	昭16.10	汽車東京		昭16.3.24	設	昭16.11.19		昭17.10.1*		昭42.8.1	
ワフ2	昭16.10	汽車東京		昭16.3.24	設	昭16.11.19		昭17.10.1*		昭42.8.1	
【ワフ3形】											
ワフ3	大14.10	汽車東京	成田鉄道ワフ3	昭20.3.30	譲	昭20.9.30				昭42.8.1	
【ト21形】											
ト21	昭16.12	汽車東京		昭16.9.9	設	昭17.1.23				昭42.8.1	
ト22	昭16.12	汽車東京		昭16.9.9	設	昭17.1.23				昭42.8.1	
【ト14700形】											
ト23	昭16.6	木南	国鉄ト14708	昭24.4.2	譲	昭23.8.20				昭42.8.1	
【ト10300形】											
ト24	明38	汽車	国鉄ト10441	昭24.4.2	譲	昭23.8.20				昭29.2.20	
【ト6000形】											
ト25	明38.5	盛岡工	国鉄ト7171	昭24.4.2	譲	昭23.8.20				昭29.2.20	
ト26	昭10.4	日車東京	国鉄ト8895	昭24.4.2	譲	昭23.8.20				昭42.8.1	
【ト1形】											
ト27	明36	神戸工	国鉄ト1606	昭24.4.2	譲	昭23.8.20				昭42.8.1	
ト28	明40.11	メトロポリタン	国鉄ト2963	昭24.4.2	譲	昭23.8.20				昭39.4.24	
ト29	明38	メトロポリタン	国鉄ト16682	昭24.4.2	譲	昭23.8.20				昭42.8.1	
ト30	明34.11	汽車	国鉄ト595	昭24.4.2	譲	昭23.8.20				昭42.8.1	
ト31	明38.12	メトロポリタン	国鉄ト16509	昭24.4.2	譲	昭23.8.20				昭42.8.1	
ト32	明38.12	メトロポリタン	国鉄ト16563	昭24.4.2	譲	昭23.8.20				昭42.8.1	
【トラ51形】											
トラ51	昭16.12	汽車東京		昭16.9.9	設	昭17.1.23		昭17.5.25ｐ		昭42.8.1	羽幌炭礦鉄道
トラ52	昭16.12	汽車東京		昭16.9.9	設	昭17.1.23		昭17.5.25ｐ		昭42.8.1	羽幌炭礦鉄道
トラ53	昭16.12	汽車東京		昭16.9.9	設	昭17.1.23		昭17.5.25ｐ		昭42.8.1	羽幌炭礦鉄道
トラ54	昭16.12	汽車東京		昭16.9.9	設	昭17.1.23		昭17.5.25ｐ		昭42.8.1	
【チ200形】											
チ201			ワ103	昭21.11.1	変	昭21.12.14				昭42.8.1	
【チラ1形】											
チラ301	明43	旭川工	国鉄チラ13	昭24.4.2	譲	昭23.8.20				昭42.8.1	
チラ302	明43	旭川工	国鉄チラ18	昭24.4.2	譲	昭23.8.20				昭29.2.20	
チラ303	明43	旭川工	国鉄チラ22	昭24.4.2	譲	昭23.8.20				昭42.8.1	
【セサ500形】※北海道炭礦汽船私有車											
セサ510	大15	梅鉢	北炭(夕張)セサ510	昭16.12.5	借		昭34.2.24			昭42.8.1	
セサ511	大15	梅鉢	北炭(夕張)セサ511	昭16.12.5	借		昭34.2.24			昭42.8.1	
セサ512	大15	梅鉢	北炭(夕張)セサ512	昭16.12.5	借		昭34.2.24			昭42.8.1	
セサ513	大15	梅鉢	北炭(夕張)セサ513	昭16.12.5	借		昭34.2.24			昭42.8.1	
セサ514	大15	梅鉢	北炭(夕張)セサ514	昭16.12.5	借		昭34.2.24			昭42.8.1	
セサ515	大15	梅鉢	北炭(夕張)セサ515	昭16.12.5	借		昭34.2.24			昭42.8.1	
セサ516	大15	日車	北炭(夕張)セサ516	昭16.12.5	借		昭34.2.24			昭42.8.1	
セサ517	大15	日車東京	北炭(夕張)セサ517	昭16.12.5	借		昭34.2.24			昭42.8.1	
セサ518	大15	日車東京	北炭(夕張)セサ518	昭16.12.5	借		昭34.2.24			昭42.8.1	
セサ519	大15	日車東京	北炭(夕張)セサ519	昭16.12.5	借		昭34.2.24			昭42.8.1	
セサ520	大15	日車東京	北炭(夕張)セサ520	昭16.12.5	借		昭34.2.24			昭42.8.1	
セサ521	大15	日車東京	北炭(夕張)セサ521	昭16.12.5	借		昭34.2.24			昭42.8.1	
セサ522	大15	日車東京	北炭(夕張)セサ522	昭16.12.5	借		昭34.2.24			昭42.8.1	
セサ523	大15	日車東京	北炭(夕張)セサ523	昭16.12.5	借		昭34.2.24			昭42.8.1	
セサ524	大15	日車東京	北炭(夕張)セサ524	昭16.12.5	借		昭34.2.24			昭42.8.1	
【セキ1形】											
セキ1	明45.3	汽車	国鉄セキ3	昭28.11.4	設	昭29.9.8				昭42.8.1	
セキ2	明45.3	汽車	国鉄セキ21	昭28.11.4	設	昭29.9.8				昭42.8.1	
セキ3	明45.4	汽車	国鉄セキ26	昭28.11.4	設	昭29.9.8				昭42.8.1	
セキ4	明45.4	汽車	国鉄セキ43	昭28.11.4	設	昭29.9.8				昭42.8.1	
セキ5	大2.7	汽車	国鉄セキ250	昭28.11.4	設	昭29.9.8				昭42.8.1	
【キ1形】											
キ1	明44	ラッセル	国鉄キ1	昭17.1.15	譲	昭17.1.28				昭42.8.1	

*…車掌室拡大など　　ｐ…国鉄トラ6000形相当に訂正

早来軌道〔鉄道〕・厚真軌道

早来ー幌内
19.13km
軌間：762mm
動力：内燃・馬力

■ 沿革

　厚真村は地味肥沃な農耕地として早くから開拓が進んだ地域であるが、特に知決辺（厚真）は木材集散地としての顔も持っていた。ただし、製材搬出のため早来駅まで丘陵地帯を越える必要があり、当時の道路状況が極めて悪かったことから、製材業を営む小田良治が明治37年12月に762mm軌間の専用馬車軌道を敷設する。地元民はこの軌道の一般開放を望んだことから明治39年9月8日に営業軌道としての特許を得るが、当時は収支の見通しが立たずに翌年12月に起業廃止となり、軌道自体も明治41年2月に三井物産、大正2年9月に樋口左文、同3年8月には黒田四郎と人手を渡り続けた。

　大正8年6月に永谷仙松[101]が軌道を買収するが、厚真村は北海道鉱業鉄道金山線の計画変更で鉄道から取り残され、軌道の一般開放が再検討された。この頃になると知決辺の人口や特産物の木炭の生産量が増加し、採算が取れると判断され、大正11年1月18日に早来軌道として再出発することになった。また、永谷は知決辺から油田地帯の幌内に至る木材搬出軌道も保有しており、奥地開発促進のため昭和2年2月12日に厚真軌道として開放する。以上の経緯から両社は同一経営陣によって経営されており、分営は不合理であることから昭和4年5月20日に合併する。

　永谷の逝去後、会社は村会議員の志賀智に引き継がれ1067mmの蒸気軌道への改築と村営化が企画されるが、厚真村には経営能力はなく、改築資金も得られなかったことから、昭和4年11月28日に内燃動力を導入するにとどまる。知決辺以遠の動力化はさらに遅れ、昭和11年4月6日の実施である。

　戦中の行政簡易化で昭和19年12月23日に地方鉄道に転換するが、昭和22年12月22日に車庫が火災に遭い動力車をほとんど失ったことは極めて深刻な打撃となった。主要貨物の石油が枯渇し経営困難に陥っていた厚真以遠はただちに運休され昭和23年9月1日に廃止となる。残存区間も昭和21年に拓殖鉄道補助が打ち切られて補修費に事欠き危険な状態であることから、昭和24年4月2日に旅客営業を廃止、残る貨物輸送も世相の落ち着きとともに出荷が増加したものの、設備が追いつかなくなったため昭和26年4月1日付で全廃となる。

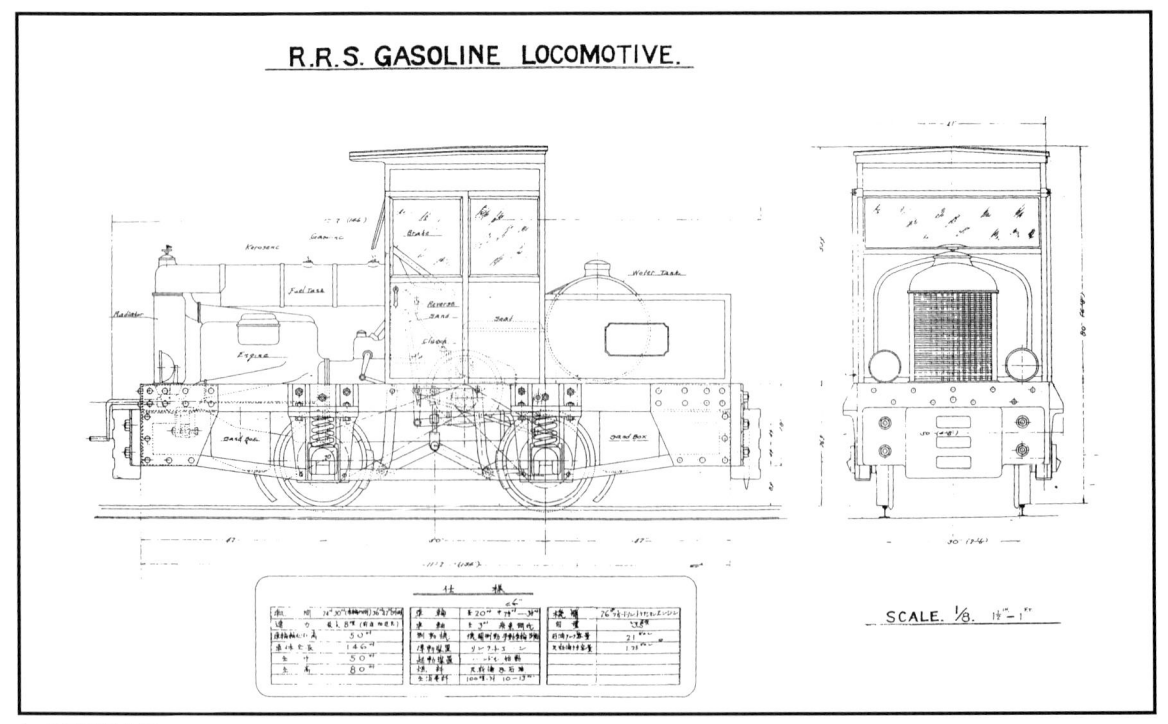

1・2号機組立図
表題のR.R.Sは碌々商店を意味する。荷台のタンクは死重となる水タンク。
所蔵：国立公文書館

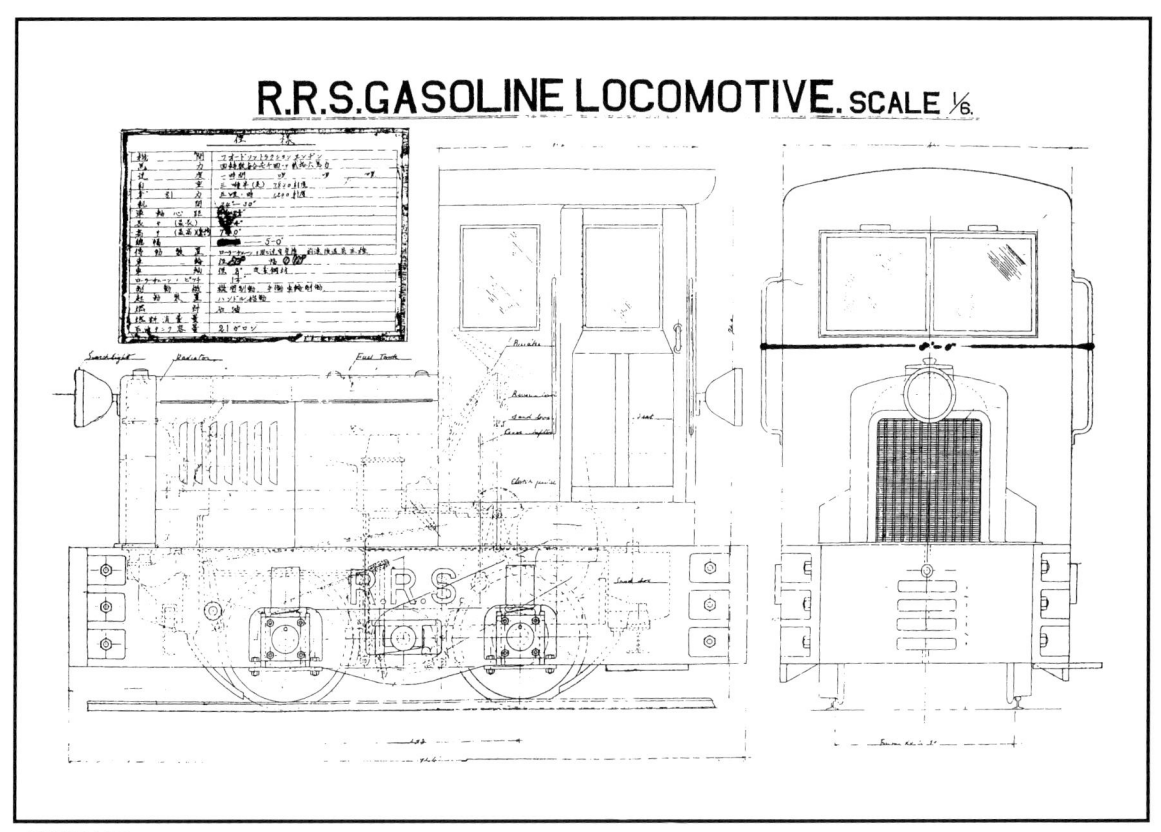

3号機組立図
3号機は許認可上は増加届だが、似ても似つかぬL形機になった。
所蔵：国立公文書館

早来軌道車両数変遷

車種 年度	機関車 内燃	客車	貨車 無蓋	車種 年度	機関車 内燃	客車	貨車 無蓋
大正11		6	20	昭和10	3	4	40
大正12		6	20	昭和11	3	4	40
大正13		6	20	昭和12	4	4	40
大正14		6	20	昭和13	4	4	40
昭和元		3	20	昭和14	4	4	40
昭和2		3	20	昭和15	4	4	40
昭和3		3	20	昭和16	4	4	40
昭和4	3	5	40	昭和17	3	3	40
昭和5	3	5	40	昭和18	3	3	40
昭和6	3	7	40	昭和21	3	3	40
昭和7	3	4	40	昭和22	3	3	40
昭和8	3	4	40	昭和23	2	3	40
昭和9	3	4	40	昭和24	2	2	20

出典：「鉄道統計資料」

厚真軌道車両数変遷

車種 年度	客車	貨車 無蓋
昭和2	2	20
昭和3	2	20

出典：「鉄道統計資料」

なお、本鉄道は最も文書記録が残りにくい馬車軌道を起点とするため、地方鉄道法準拠にもかかわらず東京や札幌の公文書を用いても車両の全貌がつかめず、よって本稿では判明している部分のみ記載することをご了承願いたい。

■ 機関車

1・2は札幌の礫々商店が道内各地の軌道に納入したトラック形の3.5tガソリン機関車。エンジンはフォードソン・トラクター（20HP/1000rpm）。ファイナルギアから直接チェーンで二軸を別個に駆動する。荷台部分にはバランスウェイトとして水タンクを備える。なお、申請にあたって使用された罫紙には知野機械製作所と記載された便箋を用いており、今井理氏によれば同社が実際の製造を担当した可能性があるとする[102]。3は書類上は増備機で、提出された図面には1・2と同一のものもある。だが、今井理氏の発掘した竣功図によると機関車らしいL形機となっている[103]。また、駆動システムも一般的な方式に改善が認められる。以上の機関車には連結器弾機を持たない。4・5は加藤の

151

標準的な産業型で3.62tL形ガソリン機関車。書類によれば製造時のエンジンはハーキュレスOOC（26.856kW/1400rpm）とあるが、戦時中にそれぞれフォードYといすゞ（形式不明）に換装されたようである。

　籍を得たのはこの5両のみだが、戦時中ないしは戦後間もなく胆振支庁より5t機の20482と7t機である20386・21107・21108の4両を無償で譲り受けた。認可申請中に車庫火災ですべて焼失したが、軽症だった7t機1両を復旧し廃止時まで使用する。ただし、この7t機は審査にあたって軸重超過を指摘され、そのままでは認可が得られない代物であり、最後まで無籍のままで終わっている。

■ 客車

　馬車鉄道時代は窓配置O4Oの12人乗客車を使用。統計から判断すると当初6両が存在したようだが、動力化にあたって改修されたのは3両のみ。厚真軌道から引き継いだ2両は形態が不明だが、やはり12人乗りであることから実質同型と思われる。昭和6年に製造された2両は窓配置D6Dの丸屋根二段窓の20人乗二軸客車。

■ 貨車

　貨車は手ブレーキ付の平台車を早来、厚真両社で20両づつ製作し、動力化後も連結器を設置し使用し続けた。どちらも同型で、荷重は工事方法書や統計を見る限り1.5t積だが、動力化の際に提出された工事方法書では2t積とされ、廃止申請書類には3t積とある。統計では昭和24年に半数が廃車されたようだが、廃止申請書類には最後まで40両を保有している旨が記されており、履歴詳細は一切不明。

■ 参考文献

今井理「黎明期の国産瓦斯倫機関車」『トワイライトゾーンMANUAL 14』ネコ・パブリッシング（2005-12）
湯口徹「戦前地方鉄道/軌道の内燃機関車（XI）」『鉄道史料』No.143（2015.1）

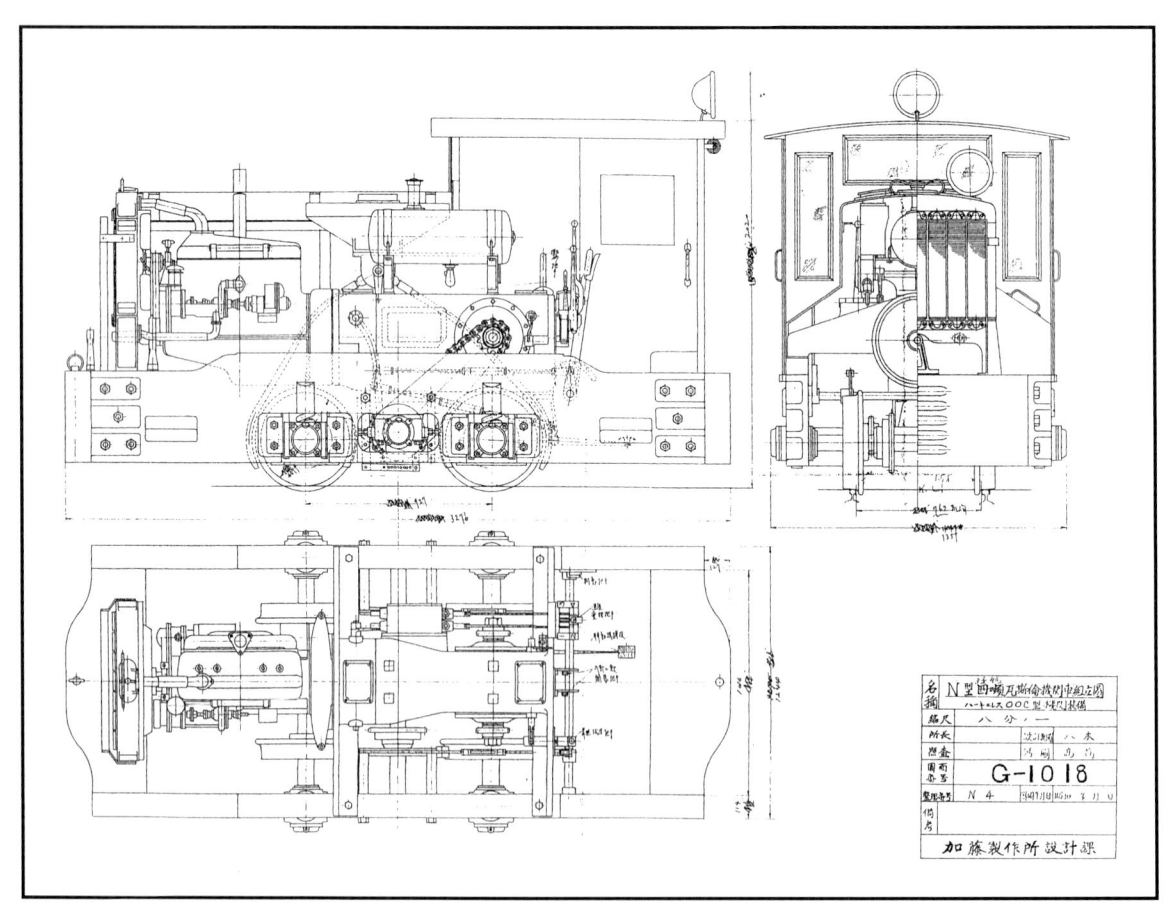

4・5号機組立図
各地で見られた加藤製作所の標準設計機の一つ。
所蔵：国立公文書館

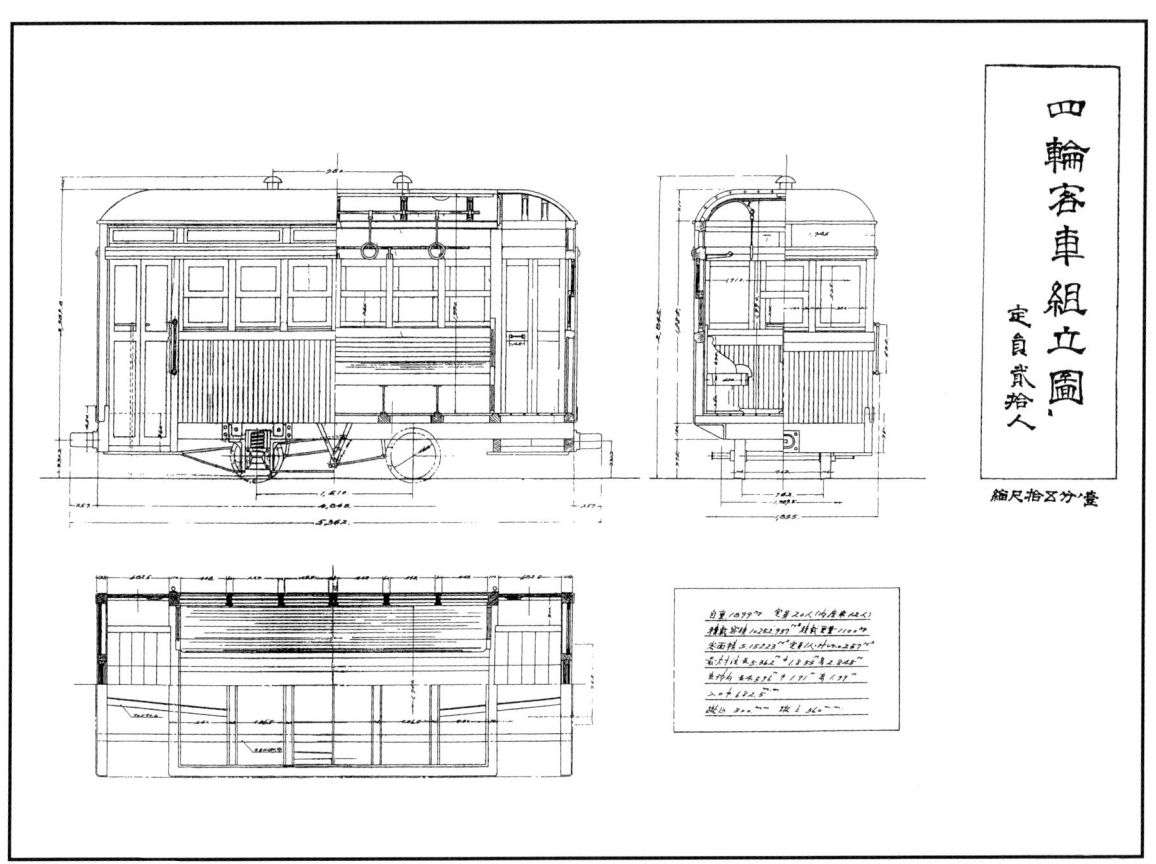

20人客車組立図
昭和6年の増備車。扉は二枚折戸。
所蔵：国立公文書館

■表6　昭和22年11月25日早来鉄道焼失機関車一覧

対応車両	自重	機関	状態	復旧見込	その後
2？	3t	フォードA	全焼	修理見込なし	
3？	3t	フォードA	全焼	修理見込なし	
4？	3.5t	フォードY	機関焼失	修理見込あり	
5？	3.5t	いすゞ	機関焼失	運転中	廃止まで使用
元胆振支庁	5t	ハーキュレス	機関部分損害	他機関取付運転中	
元胆振支庁	7t	ブダ	全焼	修理見込なし	
元胆振支庁	7t	ブダ	機関焼失	運転中	廃止まで使用
元胆振支庁	7t	ブダ	機関焼失	修理見込あり	

出典：「運輸省文書」厚真幌内間運輸営業廃止申請書類

早来軌道（厚真軌道併合）→早来鉄道
機関車

番号	製造・改造		出自	手続日 改番日	種別	竣功届		用途廃止	異動先
1	昭4	礫々商店		昭4.11.1	設			昭17.6.25	
2	昭4	礫々商店		昭4.11.1	設				
3	昭4	礫々商店		昭4.12.15	増				
4	昭12	加藤		昭12.3.18	設				
5	昭14	加藤		昭16.9.8	増	昭17.2.24			

[101] 永谷は愛知県出身の木材商で、明治37年に入植して永谷木材を設立、満州への枕木納入で富を築いた。厚真軌道の開業を見ずして昭和2年11月8日死去。
[102] 今井理「黎明期の国産瓦斯倫機関車」『トワイライトゾ〜ンMANUAL14』ネコ・パブリッシング（2005）p233
[103] 前掲（102）p234

客 車

番号	製造・改造	出自	手続日 改番日	種別	竣功届	合併引継		用途廃止	異動先
			大10. 9.29	施	大10.12.26				
			大10. 9.29	施	大10.12.26				
			大10. 9.29	施	大10.12.26				
			大10. 9.29	施	大10.12.26			昭 7.11.30	
			大10. 9.29	施	大10.12.26			昭 7.11.30	
			大10. 9.29	施	大10.12.26			昭 7.11.30	
		厚真軌道	昭 2. 1.14	施		昭 4. 5.20			
		厚真軌道	昭 2. 1.14	施		昭 4. 5.20			
			昭 6.11.26	設					
			昭 6.11.26	設					

貨 車

番号	製造・改造	出自	手続日 改番日	種別	竣功届	合併引継		用途廃止	異動先
			大10. 9.29	施	大10.12.26				
			大10. 9.29	施	大10.12.26				
			大10. 9.29	施	大10.12.26				
			大10. 9.29	施	大10.12.26				
			大10. 9.29	施	大10.12.26				
			大10. 9.29	施	大10.12.26				
			大10. 9.29	施	大10.12.26				
			大10. 9.29	施	大10.12.26				
			大10. 9.29	施	大10.12.26				
			大10. 9.29	施	大10.12.26				
			大10. 9.29	施	大10.12.26				
			大10. 9.29	施	大10.12.26				
			大10. 9.29	施	大10.12.26				
			大10. 9.29	施	大10.12.26				
			大10. 9.29	施	大10.12.26				
			大10. 9.29	施	大10.12.26				
		厚真軌道	昭 2. 1.14	施		昭 4. 5.20			
		厚真軌道	昭 2. 1.14	施		昭 4. 5.20			
		厚真軌道	昭 2. 1.14	施		昭 4. 5.20			
		厚真軌道	昭 2. 1.14	施		昭 4. 5.20			
		厚真軌道	昭 2. 1.14	施		昭 4. 5.20			
		厚真軌道	昭 2. 1.14	施		昭 4. 5.20			
		厚真軌道	昭 2. 1.14	施		昭 4. 5.20			
		厚真軌道	昭 2. 1.14	施		昭 4. 5.20			
		厚真軌道	昭 2. 1.14	施		昭 4. 5.20			
		厚真軌道	昭 2. 1.14	施		昭 4. 5.20			
		厚真軌道	昭 2. 1.14	施		昭 4. 5.20			
		厚真軌道	昭 2. 1.14	施		昭 4. 5.20			
		厚真軌道	昭 2. 1.14	施		昭 4. 5.20			
		厚真軌道	昭 2. 1.14	施		昭 4. 5.20			
		厚真軌道	昭 2. 1.14	施		昭 4. 5.20			
		厚真軌道	昭 2. 1.14	施		昭 4. 5.20			

沙流軌道〔鉄道〕

富川－平取
13.1km
軌間：762mm
動力：蒸気

■ 沿革

平取は二風谷のアイヌ集落が有名なことからも分かるとおり、北海道では歴史の古い町の一つで、古くから日高地方の有力な物資集散地であった。大正7年の苫小牧軽便鉄道岩知志延伸計画は免許が得られなかったが、沙流川上流の森林伐採に鉄道の必要性が認められ、工藤梯三や安田権兵衛ら地元戸長は後に日高拓殖鉄道の社長になる小樽の実業家、板谷順吉に援助を請い、佐瑠太に接続する馬車軌道の特許を大正9年4月30日に得る。ただ、もともと苫小牧軽便鉄道との連絡を目的とするため、編成ごと乗り入れた方が合理的であり車両も不要になる。そこで、同社に運転管理を依頼し蒸気軌道に変更の上、大正11年8月21日に開業する。

こうした経緯から苫小牧軽便鉄道の延長線的な性格があり、国鉄買収時の買収対象から外されたものの国鉄が運転管理を引き継いだところなど、豊川・鳳来寺鉄道と田口鉄道の関係に似たところがある。しかし、昭和6年の国鉄日高本線改軌で車両直通が出来なくなったことで自主運転に切り替えざるを得なくなり、ここではじめて車両を保有することになる。

戦中の行政簡易化で昭和20年2月21日に地方鉄道に切換えられたが、戦後になると木材輸送が消滅する。それでも振内、日高と言った沙流川上流部の集落[104]からの乗継客が存在し若干の黒字を計上したが、沙流鉄道は国鉄日高本線の全列車と接続していた訳でなかった。そのため、フィーダー輸送を担当していた道南自動車は昭和25年5月20日に平取－富川間の路線免許を申請するが、これが認められると総旅客数の65％を失う見通しとなった。会社には自動車兼営の投下資金はなく、既に施設も老朽化していたことから将来に見切りをつけて昭和26年12月11日に廃止された。

■ 機関車

ケ501・503は国鉄ケ500形払下でポーター製の9tCテンダ機。元苫小牧軽便2・4である。なお、昭和11・12年にテンダが橋本鉄工場製の新品に交換されている。

沙流軌道車両数変遷

車種年度	機関車蒸気	客車	貨車有蓋	貨車無蓋	備考	車種年度	機関車蒸気	客車	貨車有蓋	貨車無蓋	備考
大正11					苫小牧軽便鉄道運転管理	昭和10	2	3	2	40	
大正12					苫小牧軽便鉄道運転管理	昭和11	2	3	2	40	
大正13					苫小牧軽便鉄道運転管理	昭和12	2	3	2	40	
大正14					苫小牧軽便鉄道運転管理	昭和13	2	3	2	40	
昭和元					苫小牧軽便鉄道運転管理	昭和14	2	3	2	40	
昭和2					鉄道省運転管理	昭和15	2	3	2	40	
昭和3					鉄道省運転管理	昭和16	2	3	2	40	
昭和4					鉄道省運転管理	昭和17	2	3	2	40	
昭和5					鉄道省運転管理	昭和18	2	3	2	40	
昭和6	2	2		30		昭和21	2	3	2	40	
昭和7	2	2		30		昭和22	2	3	2	40	
昭和8	2	3	1	30		昭和23	2	3	2	40	
昭和9	2	3	1	30		昭和24	2	3	2	40	
昭和10	2	3	2	40		昭和25	2	3	2	40	

出典：「鉄道統計資料」
※大正11～昭和元年度　苫小牧軽便鉄道運転管理
※昭和2～5年度　鉄道省運転管理

沙流軌道はその設立経緯から苫小牧軽便鉄道および日高拓殖鉄道の車両で運行された。機関車に続くのはハ3、ハ2とケワフ1ないしは3。

平取町蔵

ケ503（ケ500形）
明治42年ポーター製の9tCテンダ機。国鉄ケ503を昭和6年に譲受。昭和12年にテンダを更新。続く貨車はム形長物車。
平取　平取町蔵

■ 客車

ハ1は国鉄ケホロ150形の払下車。元苫小牧軽便ロ1だが払下当初より三等車として使用した。ハ2は国鉄ケホハ430形の払下車。前歴は苫小牧軽便ハ2（二代目）。ハ3は国鉄ケホハ440形の払下車。前歴は日高拓殖ハ6。いずれも詳細は苫小牧軽便鉄道および日高拓殖鉄道の項を参照されたい。

■ 貨車

ワフ形は国鉄ケワフ1形の払下車で6t積のボギー有蓋緩急車。ワフ1の前歴は日高拓殖ワフ1。ワフ2は昭和10年に名義上、廃材より再生したことになっているものの同型で、日高拓殖ワフ2が出自。当初はケワフを名乗ったが、時期不明で改称されている。ム形は国鉄ケチ1形の払下車で8本の側柱を持つ6t積ボギー長物車。ム30までは払下車ですべて苫小牧軽便の出身。ム31～40はワフ2同様、名義上、廃材より再生したことになっているため旧番は不明。これも当初はケチを名乗るが、後年ムに改称。

■ 参考文献

小熊米雄「沙流鉄道」『ロマンスカー』No.20（1952）（1983 アテネ書房復刻）

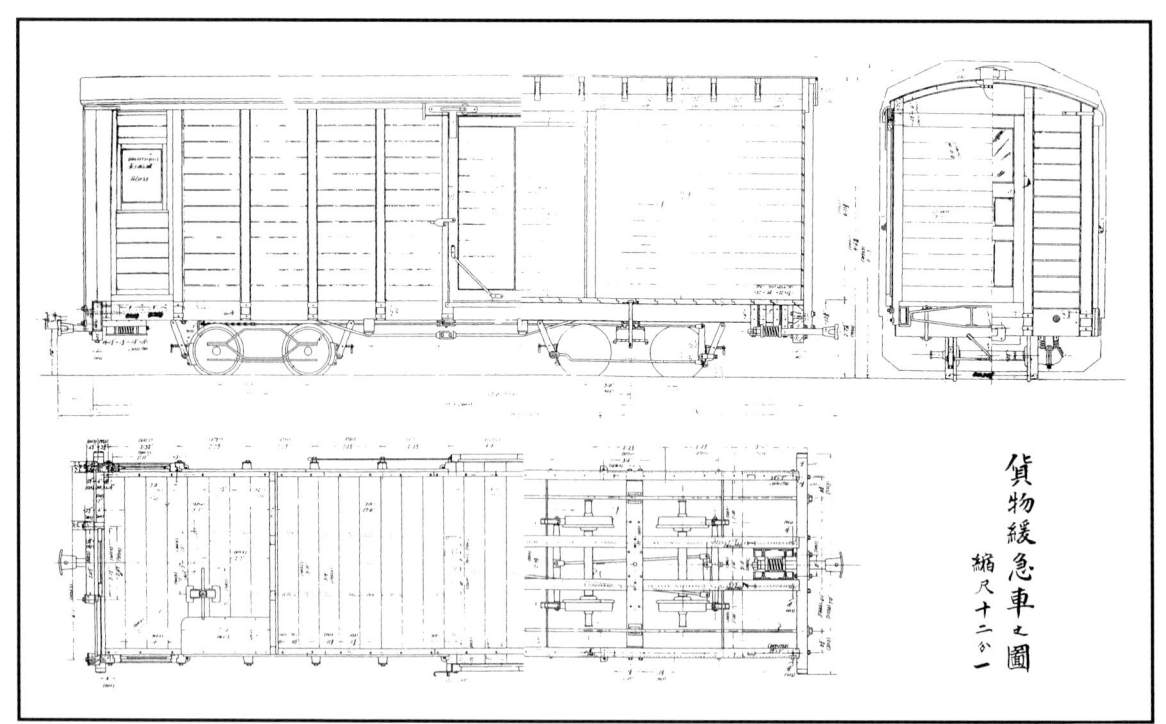

ケワフ1組立図
日高拓殖鉄道ワフ2を出自とする7m級の有蓋緩急車。
所蔵：国立公文書館

---

[104] 本来、鵡川流域に路線を延ばしてきた国鉄富内線が、日振トンネルを抜けて沙流川流域の振内に達したのは昭和33年11月15日のことである。

沙流軌道→沙流鉄道

機関車

番号	製造・改造		出自	手続日 改番日	種別	竣功届			用途廃止	異動先
ケ501	明39	ポーター	国鉄ケ501	昭 6. 6. 5	譲				昭26.12.11	
ケ503	明42	ポーター	国鉄ケ503	昭 6. 1.17	譲				昭26.12.11	

客　車

番号	製造・改造		出自	手続日 改番日	種別	竣功届			用途廃止	異動先
ハ1	明44.7	岩見沢工	国鉄ケホロ150	昭 6. 1.17	譲				昭26.12.11	
ハ2	大11	苫小牧軽便	国鉄ケホハ430	昭 6. 1.17	譲				昭26.12.11	
ハ3	昭2	苫小牧軽便	国鉄ケホハ442	昭 8. 2. 6	譲				昭26.12.11	

貨　車

番号	製造・改造		出自	手続日 改番日	種別	竣功届	改称 不明		用途廃止	異動先
【ワフ形】										
ケワフ1	大15.3	苫小牧軽便	(国鉄ケワフ4)	昭10. 5.21	設	昭10. 7. 3	ワフ2		昭26.12.11	
ケワフ3	大15.3	苫小牧軽便	国鉄ケワフ3	昭 8. 2. 6	譲		ワフ1		昭26.12.11	
【ム形】										
ケチ1	明41.11	天野	国鉄ケチ3	昭 6. 1.17	譲		ム1		昭26.12.11	
ケチ2	明41.11	天野	国鉄ケチ4	昭 6. 1.17	譲		ム2		昭26.12.11	
ケチ3	明41.11	天野	国鉄ケチ5	昭 6. 1.17	譲		ム3		昭26.12.11	
ケチ4	明41.11	天野	国鉄ケチ6	昭 6. 1.17	譲		ム4		昭26.12.11	
ケチ5	明41.11	天野	国鉄ケチ7	昭 6. 1.17	譲		ム5		昭26.12.11	
ケチ6	明41.11	天野	国鉄ケチ8	昭 6. 1.17	譲		ム6		昭26.12.11	
ケチ7	明41.11	天野	国鉄ケチ10	昭 6. 1.17	譲		ム7		昭26.12.11	
ケチ8	明41.11	天野	国鉄ケチ11	昭 6. 1.17	譲		ム8		昭26.12.11	
ケチ9	明41.11	天野	国鉄ケチ12	昭 6. 1.17	譲		ム9		昭26.12.11	
ケチ10	明41.11	天野	国鉄ケチ13	昭 6. 1.17	譲		ム10		昭26.12.11	
ケチ11	明41.11	天野	国鉄ケチ14	昭 6. 1.17	譲		ム11		昭26.12.11	
ケチ12	明41.11	天野	国鉄ケチ18	昭 6. 1.17	譲		ム12		昭26.12.11	
ケチ13	明41.11	天野	国鉄ケチ20	昭 6. 1.17	譲		ム13		昭26.12.11	
ケチ14	明41.11	天野	国鉄ケチ21	昭 6. 1.17	譲		ム14		昭26.12.11	
ケチ15	明41.11	天野	国鉄ケチ22	昭 6. 1.17	譲		ム15		昭26.12.11	
ケチ16	明41.11	天野	国鉄ケチ23	昭 6. 1.17	譲		ム16		昭26.12.11	
ケチ17	明41.11	天野	国鉄ケチ26	昭 6. 1.17	譲		ム17		昭26.12.11	
ケチ18	明41.11	天野	国鉄ケチ30	昭 6. 1.17	譲		ム18		昭26.12.11	
ケチ19	明41.11	天野	国鉄ケチ42	昭 6. 1.17	譲		ム19		昭26.12.11	
ケチ20	明41.11	天野	国鉄ケチ43	昭 6. 1.17	譲		ム20		昭26.12.11	
ケチ21	明41.11	天野	国鉄ケチ24	昭 6. 6. 5	譲		ム21		昭26.12.11	
ケチ22	明41.11	天野	国鉄ケチ27	昭 6. 6. 5	譲		ム22		昭26.12.11	
ケチ23	明41.11	天野	国鉄ケチ28	昭 6. 6. 5	譲		ム23		昭26.12.11	
ケチ24	明41.11	天野	国鉄ケチ45	昭 6. 6. 5	譲		ム24		昭26.12.11	
ケチ25	明41.11	天野	国鉄ケチ46	昭 6. 6. 5	譲		ム25		昭26.12.11	
ケチ26	明41.11	天野	国鉄ケチ50	昭 6. 6. 5	譲		ム26		昭26.12.11	
ケチ27	明41.11	天野	国鉄ケチ51	昭 6. 6. 5	譲		ム27		昭26.12.11	
ケチ28	明41.11	天野	国鉄ケチ52	昭 6. 6. 5	譲		ム28		昭26.12.11	
ケチ29	明41.11	天野	国鉄ケチ53	昭 6. 6. 5	譲		ム29		昭26.12.11	
ケチ30	大2.6	苫小牧軽便	国鉄ケチ55	昭 6. 6. 5	譲		ム30		昭26.12.11	
ケチ31			(国鉄ケチ1形)	昭10. 5.21	設	昭10. 7. 3	ム31		昭26.12.11	
ケチ32			(国鉄ケチ1形)	昭10. 5.21	設	昭10. 7. 3	ム32		昭26.12.11	
ケチ33			(国鉄ケチ1形)	昭10. 5.21	設	昭10. 7. 3	ム33		昭26.12.11	
ケチ34			(国鉄ケチ1形)	昭10. 5.21	設	昭10. 7. 3	ム34		昭26.12.11	
ケチ35			(国鉄ケチ1形)	昭10. 5.21	設	昭10. 7. 3	ム35		昭26.12.11	
ケチ36			(国鉄ケチ1形)	昭10. 5.21	設	昭10. 7. 3	ム36		昭26.12.11	
ケチ37			(国鉄ケチ1形)	昭10. 5.21	設	昭10. 7. 3	ム37		昭26.12.11	
ケチ38			(国鉄ケチ1形)	昭10. 5.21	設	昭10. 7. 3	ム38		昭26.12.11	
ケチ39			(国鉄ケチ1形)	昭10. 5.21	設	昭10. 7. 3	ム39		昭26.12.11	
ケチ40			(国鉄ケチ1形)	昭10. 5.21	設	昭10. 7. 3	ム40		昭26.12.11	

根室拓殖軌道〔鉄道〕

根室－歯舞
15.53km
軌間：762mm
動力：蒸気・内燃

■ 沿革

　戦前の根室はオホーツクの豊富な水産資源を背景とした漁業都市として栄えていた。ところが、足元の根室半島は昆布生産が盛んであるにも関わらず港湾条件に恵まれなかったため陸運に依存していたが、その道路もまた悪路であった。特に冬季の物資輸送に問題があったことから、北海道参事会員の伊藤八郎をはじめとする地元政財界の有志で鉄道敷設を企画、昭和4年10月17日に婦羅理まで762mm軌間の軌道として開業する。目的地の歯舞に達したのはその年の12月27日だが、レールが足らずに町外れに建設され、昭和7年になって市街地に引き込まれた[105]。さらに昭和7年6月20日に納沙布岬に程近い鳥戸石までの特許を得るが、着工に至ることなく昭和20年に失効、これに前後し戦中の行政簡易化で昭和20年4月1日に地方鉄道に転換する。

　戦後は事実上の歯舞村営となり、根室交通との間でバス路線免許をめぐる鞘当が続き、沿線住民や関係町村も老朽化した鉄道の廃止を強く求めた。鉄道を改修する体力がなかった会社は、施設更新とあわせ悲願とされた納沙布岬への延伸を図る意味合いからバス転換を図り、昭和34年6月20日に運休、同年9月21日に廃止された。

■ 機関車

　1は小島栄次郎より購入した雨宮の中古機で、臼井茂信氏の分類によると「旧系列B6トン」とされるもの。前歴についてはつまびらかではないが、このタイプで根室拓殖軌道開業前に廃車になったものを洗い出すと、赤見鉄道1・2、信達軌道27・28、流山鉄道3、登別温泉軌道3の6両がある。これらを表7に挙げて検討すると火床・総伝熱面積が一致する流山3か登別3のどちらかになるが、購入に際して煙突と連結器以外、手を加えていないと仮定すると、炭庫容量が一致する後者である可能性が高い。牽引力が弱く予備機であったとされる[106]。2は会社資料にはポーター製とあるが、実車は臼井氏が「坊っちゃん形」と呼ぶクラウス製の8tB形機。これも小島栄次郎から購入した中古機で、出自については青梅鉄道3とする説と上野鉄道（上信電鉄）6とする説とが存在する。ただ、本機の軸距は1,500mmと「坊っちゃん形」でも後期に入った長軸距の系列で、青梅3だと軸距1,100mmとなるので答えは自ずから明らかになる。5は日鉄釜石の9tC形機、C92を購入したもので日本では貴重なバークレー製の機関車。6は青梅鉄道を振り出しに各地を流浪したバグナル製の9tC形機。アウトサイドフレームが大きな特徴だった。

■ 内燃動車

　ジ3→ジ1は日車が各地に供給した単端式気動車だが、唯一の東京支店製で見込み生産品でもあった。エンジンはフォードA（23.1kW/1500rpm）。右側運転台が大きな特徴だが、これは湯口徹氏によれば変速機にフォードAAを採用したことが関係

根室拓殖軌道車両数変遷

年度	機関車 蒸気	動車 内燃	客車	貨車 有蓋	貨車 無蓋	年度	機関車 蒸気	動車 内燃	客車	貨車 有蓋	貨車 無蓋
昭和4	2		2	2	5	昭和18	2	1	2		16
昭和5	2		2	2	5	昭和21	2	1	2		16
昭和6	2		2	2	5	昭和22	4	1	2		15
昭和7	2	1	2	2	6	昭和23	4		3		16
昭和8	2	1	2	2	6	昭和24	4	2	2	1	11
昭和9	2	1	2	2	6	昭和25	4	1	2	1	9
昭和10	2		2	2	11	昭和26	4		3		9
昭和11	2		2	2	12	昭和27			3		9
昭和12	2		2	2	16	昭和28			3		9
昭和13	2		2	2	16	昭和29			3		7
昭和14	2		2	2	16	昭和30			3		7
昭和15	2		2	2	16	昭和31			3		7
昭和16	2		2	2	16	昭和32			3		7
昭和17	2		2	2	16	昭和33			3		7

出典：「鉄道統計資料」

表7 雨宮製「旧系列B6トン」比較

要目		赤見1,2	信達27,28	流山3	登別4	根室1
最大長	mm	4,737	4,734	4,728	4,582	4,912
最大幅	mm	1,651	1,829	1,676	1,676	1,676
最大高	mm	2,895	2,622	2,768	2,679	2,768
軸距	mm	1,067	1,219	1,219	1,219	1,219
動輪径	mm	559	559	559	559	559
シリンダ径×長	mm	178×254	152×254	152×254	152×254	152×254
火床面積	㎡	0.37	0.37	0.25	0.25	0.25
総伝熱面積	㎡	10.82	11.52	7.99	7.99	7.99
実用気圧	ポンド	140	160	160	160	160
水槽容量	㎡	0.53	0.77	0.73	0.73	0.73
炭庫容量	㎡	0.20	0.34	0.28	0.23	0.23

出典：「鉄道省文書」各社より作成。太字は一致点。

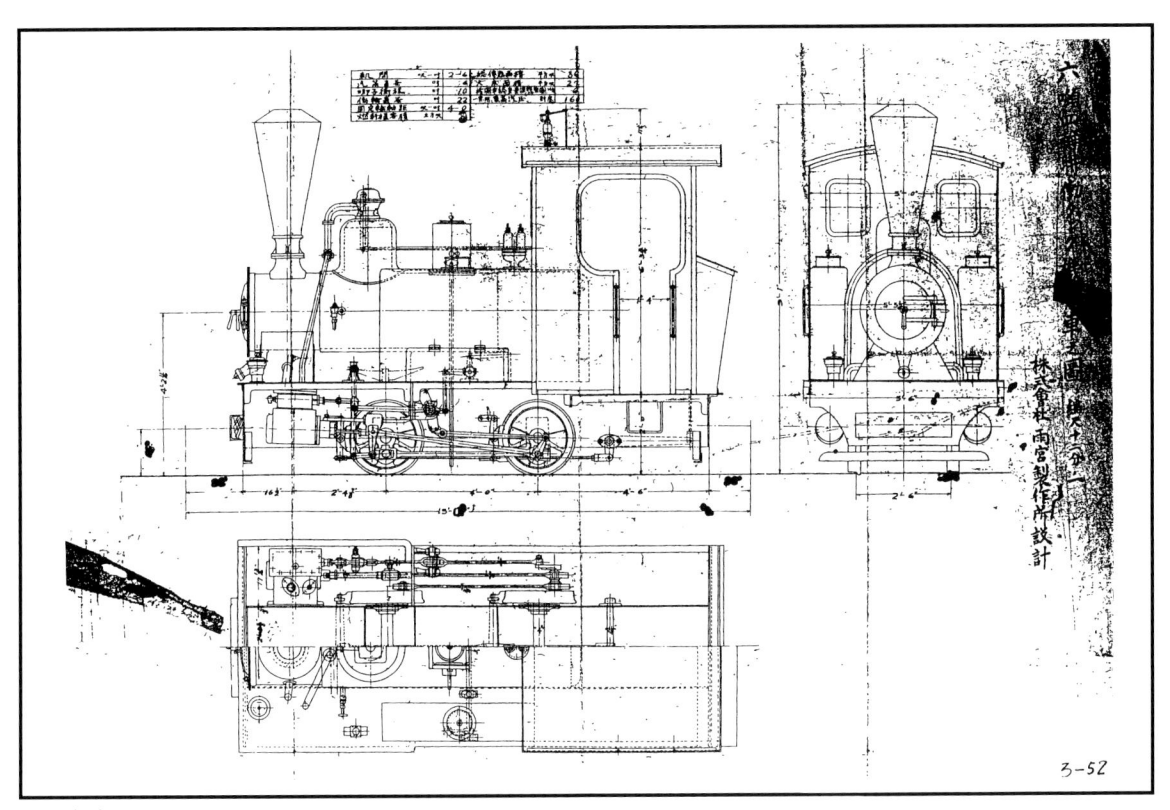

1号機組立図
雨宮製の6tBタンク機。登別温泉軌道3を前身とする中古機の可能性が高い。
所蔵：国立公文書館

するものとする[107]。戦後は「ちどり」と名づけられ、エンジンを日産180（85PS/3300rpm）に換装、さらに単端式ながら逆転機も増設され実用速度でのバック運転も可能になった。製造時の室内はクロスシートだったが、戦後はロングシートになる。キハ2はまたの名を「かもめ」と言う窓配置1D3D3の二軸気動車。ジュラルミン車体のキャブオーバーバスのタイ

ヤを車輪に置き換えたような車で、代燃炉を備えていた名残でリア部にデッキがある。エンジンは日産180。単端式であるがこれも逆転機を持つ。製造当初はチェーン駆動であったが、強度に問題があったことからベベルギア駆動に改造されている[108]。室内はロングシート。キ1は「銀竜」を名乗る5t積[109]の二軸無蓋貨物気動車。キャブオーバーの無蓋トラッ

ジ1「ちどり」
昭和7年日車東京製の単端式気動車。右側運転台でワイパー位置に注意。エンジンは日産180形トラックのものに換装済。
昭和32.8.31　根室
湯口徹

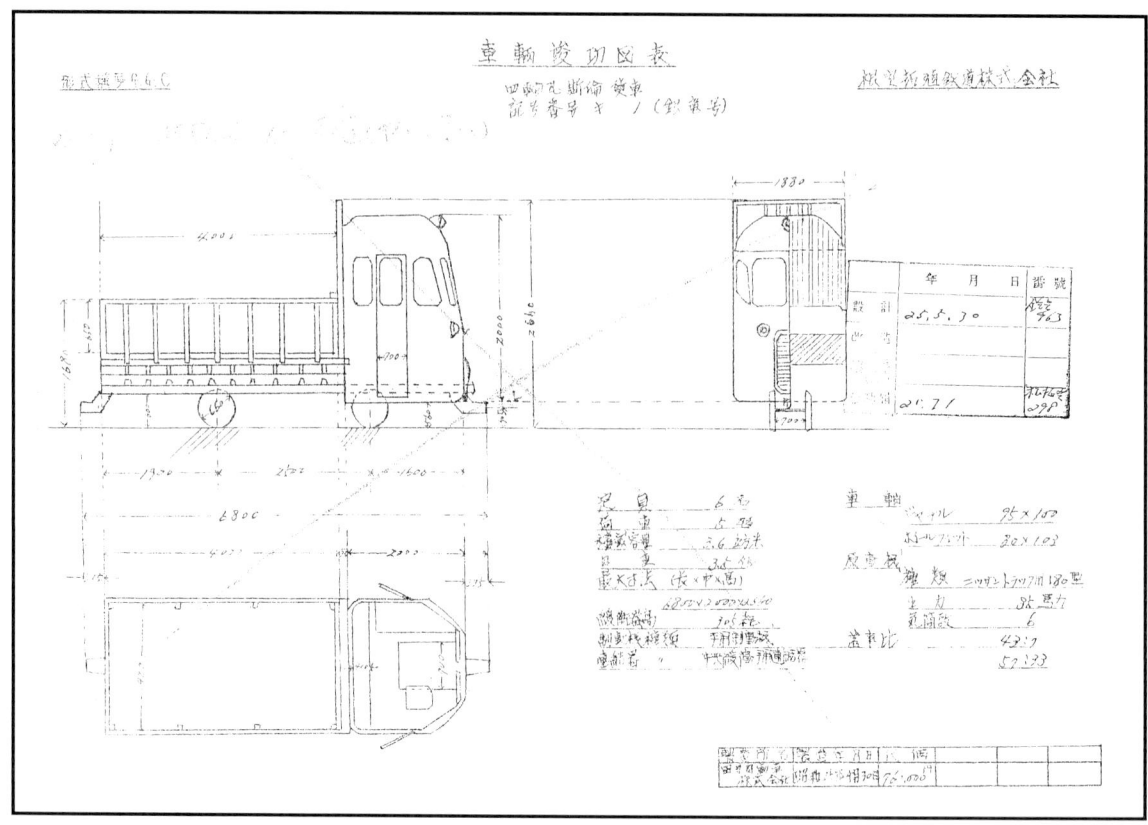

キ1（G.G.C形）竣功図
「銀竜」の貨物気動車時代の姿。エンジンはキャブオーバーである。現車に存在した代燃炉は描かれていない。
所蔵：星良助

クのタイヤをそのまま車輪に置き換えたような車で、ジュラルミン製のキャブの一端を切り欠き代燃炉を備え[110]、室内は運転席とは別にシートを用意し6名の定員が設定されている。エンジンや駆動装置は改造後のキハ2と同一。しかし貨物気動車の試みは失敗に終わり、昭和28年にキハ3と改称の上、荷台部分に窓配置1D4の木造車体を設置し40人乗気動車に改造される。この際、エンジン配置をキャブオーバーからボンネットに変更したことで、米国リオグランデ・サザン鉄道の自動車改造気動車、「ギャロッピング・グース」を連想する衝撃的な気動車に仕上がり、巷間「和製グース」と呼ばれる著名な存在になった。

キハ2「かもめ」（T.G.C形）
昭和25年田井自動車工業製の単端式気動車。車体後部に瓦斯発生炉搭載用デッキのフレームが確認できるが、許認可上は代用燃料使用について言及されていない。
昭和32.8.31　根室
湯口徹

**キハ3「銀竜」
（キハ3形）**

昭和28年に客車化されるが、客室は荷台に別置され、あわせてボンネットが延長された。その姿は米国の「ギャロッピング・グース」を彷彿させる。
　　昭和34.6.20　根室
　　　　　　　星良助

■ 客車

　ハフホ1・2は小島栄次郎より購入した中古のボギー客車で窓配置○9○。大正12年雨宮製とされるが、古めかしいモニタルーフ車で実車はもっと古いものであろう。出自として考えられるのは遠州電気鉄道で、同社の中古車である西遠軌道[111]ホ1の組立図と比較すると細部寸法まで完全一致する。遠鉄の改軌は大正12年であり、製造年は小島が引き取った年とすれば、すべて辻褄があう。

■ 貨車

　ワブホ形は4t積のボギー有蓋車。一端に手ブレーキ操作用のデッキを持つ。外板は横羽目。客車同様に西遠ウ4、5の組立図と同一寸法で、遠州電鉄

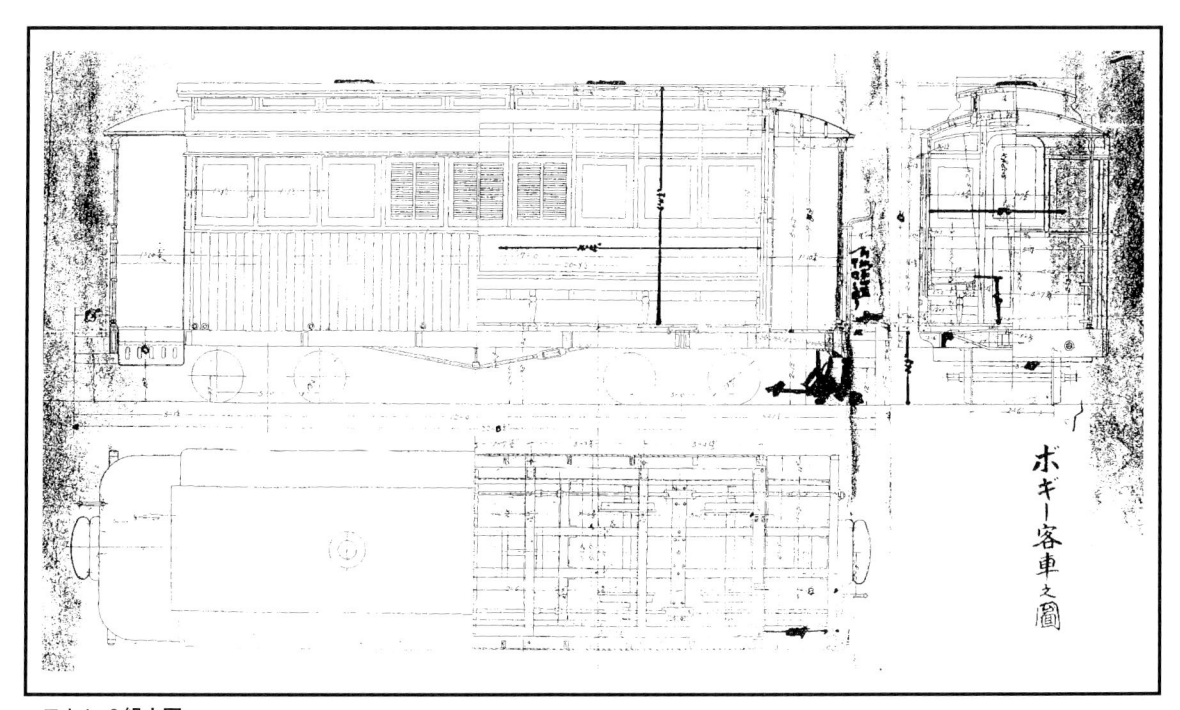

ハフホ1・2組立図
名義上は大正12年雨宮製だが、明治末から大正初期のような古めかしい設計である。
所蔵：国立公文書館

ト形0番台
昭和10年自社製の1.5t積無蓋車。軸箱はバネを介さず直接固定する。
　　　　　　　　　　　　　　　昭和32.8.31　根室　湯口徹

ト形10番台
昭和10年に自社でチ形を改造した1.5t積無蓋車。軸箱は軸箱守を介して装着する。
　　　　　　　　　　　　　　　昭和32.8.31　根室　湯口徹

の中古と考えられる。統計から判断すると昭和16年に廃車されたようだが、なぜか昭和24年に再び1両が現れ、件名簿でも昭和26年にワブホ2の廃車が記録されている。**チ形**は4t積一枚側のボギー無蓋車。竣功図には昭和4年7月雨宮製とあるが、旧所有者小島栄次郎の中古車との記載もあり、軌道財団目録では大正13年製と記録されている。やはり西遠ト1の図面と同一で、一枚側との特異な形態から考えれば遠州電鉄の中古と思われる。主要貨物である昆布の輸送には大きすぎ、小型車を多数揃える方針のもと、昭和9年に4両が解体され車輪・車軸および軸箱を利用し二軸無蓋車ト11～18に改造された。**コ形**はジ3購入時に小口扱貨物用の牽引車として同時購入された2t積三枚側の二軸無蓋車。車輪は気動車に合わせ径610mmと、他の貨車と比較するとやや大きい。また、車軸は製造時よりコロ軸であった。**ト形**はコ形が当社の輸送単位に合致して使い勝手が良かったことから、模して製作された1.5t積一枚側の二軸無蓋車。0番台は自社製の新造車で軸箱はバネを介さず台枠に直接固定するのに対し、10番台はチ形から転用された軸箱を軸箱守に装着する。ただし、当初は台車自体を転用する計画だったが、不安定なので固定軸に変更になったとの経緯がある。コ形もト形も最終的には手ブレーキを撤去し三枚側に改造されるが、現車に番号標記がないため区別がつかず現車と廃車が一致していない可能性が高い。事実、昭和32年になっても全滅したはずのト形0番台が確認されている。

他に昭和10年頃に製作されたラッセル車があったが、車籍がないため省略した。

■ 参考文献
青木栄一「根室拓殖鉄道」『鉄道ピクトリアル』No.61（1956-8）
湯口徹『簡易軌道見聞録』エリエイ出版部（1979）
高橋渉・加田芳英『根室拓殖鉄道』加田芳英（1997）

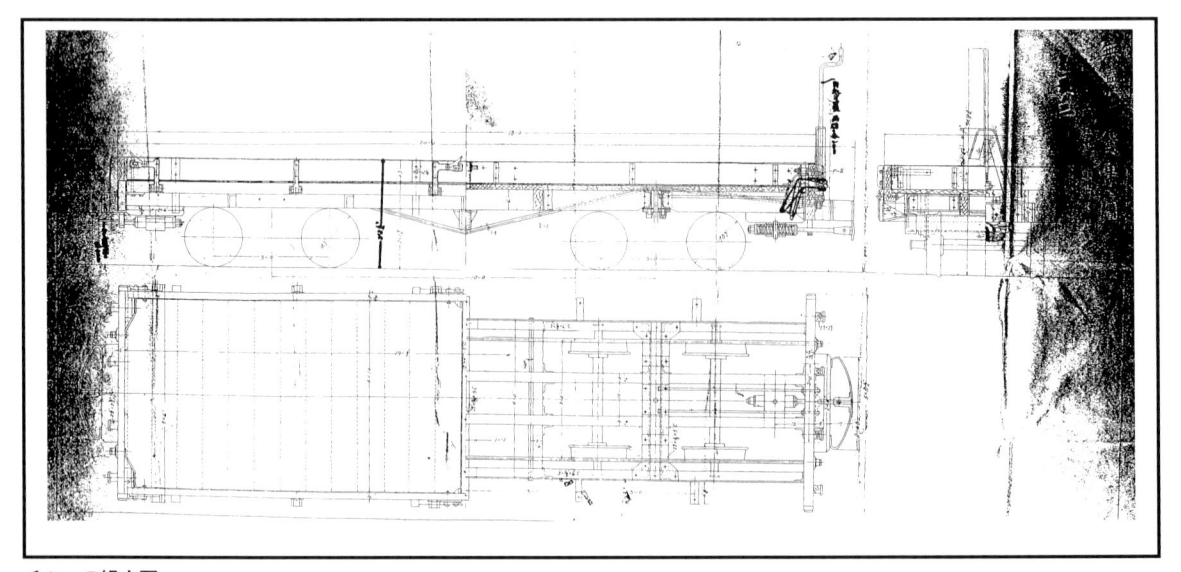

チ1～5組立図
一枚側ながらアオリ戸があるので、一応無蓋車の扱いである。
所蔵：国立公文書館

根室拓殖軌道→根室拓殖鉄道

機関車

番号	製造・改造	出自	手続日 改番日	種別	竣功届			用途廃止	異動先
1		雨宮	(小島栄次郎) #	昭 4. 7.27	設			昭27. 8. 5	
2		クラウス	(小島栄次郎) b	昭 4. 7.27	設			昭27. 8. 5	
5	明44	バークレー	日鉄釜石C92	昭25. 8. 4	譲	昭26. 4.10		昭27. 8. 5	
6	明27	バグナル	日鉄釜石C91	昭25. 8. 4	譲	昭26. 4.10		昭27. 5.12	

#…登別3と推定。その場合、大正7年製。b…上信6と推定。その場合、明治33年製。

内燃動車

番号	製造・改造	出自	手続日 改番日	種別	竣功届	改番 昭24？	改番を伴う 設計変更	用途廃止	異動先
ジ3	昭7	日車東京		昭 7. 8.25	設	昭 7.12. 1	ジ1（ちどり）		昭34. 9.21	
キハ2（かもめ）	昭25	田井自動車		昭25. 5.30	設	昭25. 7. 1			昭34. 9.21	
キハ3（銀竜）	昭28	自社改	キ1	昭28. 2. 9	変	昭28. 3.22			昭34. 9.21	
キ1（銀竜）	昭25	田井自動車		昭25. 5.30	設	昭25. 7. 1		昭28. 2. 9		→キハ3（銀竜）

客　車

番号	製造・改造	出自	手続日 改番日	種別	竣功届			用途廃止	異動先
ハブホ1	大12	雨宮	(小島栄次郎)	昭 4. 7.27	設			昭26. 3.30	
ハブホ2	大12	雨宮	(小島栄次郎)	昭 4. 7.27	設			昭26. 3.30	

注）実車は遠州電鉄の中古と推定。西遠軌道の同型車は大正5年5月雨宮製とあり。

貨　車

番号	製造・改造	出自	手続日 改番日	種別	竣功届		設計変更 改番日	用途廃止	異動先
【ワブホ形】									
ワブホ1	大8	雨宮	(小島栄次郎) #	昭 4. 7.27	設				
ワブホ2	大8	雨宮	(小島栄次郎) #	昭 4. 7.27	設			昭26. 3.30	
【チ形】									
チ1	大13	雨宮	(小島栄次郎) #	昭 4. 7.27	設			昭34. 9.21	
チ2	大13	雨宮	(小島栄次郎) #	昭 4. 7.27	設		昭 9.11.28		→ト11, 12
チ3	大13	雨宮	(小島栄次郎) #	昭 4. 7.27	設		昭 9.11.28		→ト13, 14
チ4	大13	雨宮	(小島栄次郎) #	昭 4. 7.27	設		昭 9.11.28		→ト15, 16
チ5	大13	雨宮	(小島栄次郎) #	昭 4. 7.27	設		昭 9.11.28		→ト17, 18
【コ形】									
コ1	昭7.9	日車東京		昭 7. 9. 9	設			昭34. 9.21	
【ト形】									
ト1	昭10	自社		昭 9.11.28	設			昭25. 1. 6	
ト2	昭10	自社		昭 9.11.28	設			昭25. 1. 6	
ト3	昭10	自社		昭 9.11.28	設			昭25. 1. 6	
ト4	昭10	自社		昭 9.11.28	設			昭25. 1. 6	
ト5	昭10	自社		昭 9.11.28	設			昭26. 3.30	
ト6	昭10	自社		昭 9.11.28	設			昭26. 3.30	
ト11	昭10	自社改	チ1	昭 9.11.28	設			昭26. 3.30	
ト12	昭10	自社改	チ1	昭 9.11.28	設			昭34. 9.21	
ト13	昭10	自社改	チ2	昭 9.11.28	設			昭34. 9.21	
ト14	昭10	自社改	チ2	昭 9.11.28	設			昭34. 9.21	
ト15	昭10	自社改	チ3	昭 9.11.28	設			昭34. 9.21	
ト16	昭10	自社改	チ3	昭 9.11.28	設			昭29. 8.25	
ト17	昭10	自社改	チ4	昭 9.11.28	設			昭34. 9.21	
ト18	昭10	自社改	チ4	昭 9.11.28	設			昭29. 8.25	

#…実車は遠州電鉄の中古と推定

---

105) 高橋渉・加田芳英『根室拓殖鉄道』加田芳英（1997）p97
106) 前掲（105）p63
107) 湯口徹『内燃動車発達史・上巻』ネコ・パブリッシング（2004）p30
108) 前掲（105）p75
109) 高橋・加田両氏や湯口氏は0.5t積とするが、許認可書類も竣功図も荷重5tとある。
110) ただし、「かもめ」も「銀竜」も認可上代燃炉は搭載していないことになっており、竣功図にもそれらしきものは描かれていない。
111) 遠州鉄道の貴布弥（現・浜北）と天竜浜名湖鉄道の宮口を結んだ4.28kmの軽便鉄道で、大正13年7月1日に軌道法準拠で開業。昭和3年に鉄道転換ののち昭和12年10月6日廃止。開業にあたっては遠鉄の改軌で不要となった中古車で揃えた。

大沼電鉄

大沼公園（復活後は新銚子口）－鹿部
17.18km（復活後は11.3km）
軌間：1067mm
動力：電気

■ 沿革

　鹿部は明治期に水力発電所が設置されたことを機に人口集積が進み、何らかの陸上交通機関が望まれた。そこで、鹿部で石材採掘を営んでいた山林地主の伊藤源吉は、自身の託送貨物である石材と鹿部漁港の鮮魚輸送を目的に、大正11年12月27日に軍川（現・大沼）－鹿部間を結ぶ渡島軌道の特許を得るが、関東大震災の影響による資材難やその後の不況で工事は中断された。昭和2年に資金問題を打開して工事が再開されたが、762mm軌間の馬車鉄道では時代遅れであったため、大沼電鉄に改称して1067mm軌間の電気軌道とし、周遊客の獲得を狙い大沼（現・大沼公園）駅接続に変更された。こうして軌道法に準拠し昭和4年1月5日に開業するが、戦時中に国鉄函館本線の砂原別線が建設された際、不要不急線に指定されて昭和20年5月31日に一旦廃止された。

　ところが当社の代替とされた鹿部駅と鹿部市街地は直線距離にして7km離れ、特に冬季は厳しい駒ヶ岳おろしのため連絡困難に陥った。一方、大沼電鉄自体は敷地を保有したまま会社組織が存続し、資材も青函連絡船の壊滅で移送できなかったため、再開を強く望んだ町民が増資に応じるなどの協力体制を敷いた。資材は産業設備営団に売却済で富山地方鉄道高岡軌道線（現・万葉線）の建設資材として転

大沼電鉄車両数変遷

車種	動車	客車	貨車		車種	動車	客車	貨車	
年度	内燃		有蓋	無蓋	年度	内燃		有蓋	無蓋
昭和3	2	2	2	2	昭和14	2	1	2	2
昭和4	2	2	2	2	昭和15	2	1	2	2
昭和5	2	2	2	2	昭和16	2	1	2	2
昭和6	2	2	2	2	昭和17	3	2	2	2
昭和7	2	2	2	2	昭和18	3	2	2	2
昭和8	2	2	2	2					
昭和9	2	2	2	2	昭和22	2	2	2	2
昭和10	2	2	2	2	昭和23	2	2	2	2
昭和11	2	2	2	2	昭和24	2	2	2	2
昭和12	2	2	1	2	昭和25	2	2	8	12
昭和13	2	2	2	2	昭和26	2	2	8	12

出典：「鉄道統計資料」

大沼電鉄

電車

番号	製造・改造	出自	手続日改番日	種別	竣功届	改造認可	自動廃車昭20.5.31	復活設計昭22.6.24	用途廃止	異動先
デ1	昭3.11	日車東京		昭3.12.26	設		昭12.6.25*	軌道廃止	復籍	昭27.12.25	茨城交通
デ2	昭3.11	日車東京		昭3.12.26	設			軌道廃止	復籍	昭27.12.25	茨城交通
デ3	大2.6	名古屋電車	富山電鉄デ11	昭17.8.11	譲			軌道廃止		昭22.7.16	富山地方鉄道
フ1	昭3.11	日車東京		昭3.12.26	設	昭9.12.8#	軌道廃止	復籍	昭27.12.25	茨城交通
フ2（Ⅰ）	昭3.11	日車東京		昭3.12.26	設	昭9.12.8#			昭12.7.10	→（デ1）
フ2（Ⅱ）	昭18.12	日鉄自		昭19.3.18	設			軌道廃止	復籍	昭27.12.25	茨城交通

*…火災で焼失。フ2の車体を転用して復旧　　#…電気暖房設置

貨車

番号	製造・改造	出自	手続日改番日	種別	竣功届	自動廃車昭20.5.31	復活設計昭22.6.24	改造認可改番日	用途廃止	異動先
【ワ200形】									
ワ201	明45	土崎工	国鉄ワ18381	昭25.4.12	譲	昭25.5.29			昭27.12.25	
ワ202	大2.2	汽車東京	国鉄ワ18452	昭25.4.12	譲	昭25.5.29			昭27.12.25	
ワ203			ワフ203	昭25.8.24	変	昭25.9.26			昭27.12.25	
ワ204			ワフ204	昭25.8.24	変	昭25.9.26			昭27.12.25	
ワ205			ワフ205	昭25.8.24	変	昭25.9.26			昭27.12.25	
【ワフ1形】									
ワフ1	昭3.11	日車東京		昭3.12.26	設	軌道廃止	復籍		昭27.12.25	
ワフ2	昭3.11	日車東京		昭3.12.26	設	軌道廃止	復籍		昭27.12.25	
【ワフ200形】									
ワフ203	大1.12	神戸工	国鉄ワフ184	昭25.4.12	譲	昭25.5.29		昭25.8.24		→ワ203
ワフ204	大2	神戸工	国鉄ワフ239	昭25.4.12	譲	昭25.5.29		昭25.8.24		→ワ204
ワフ205	明45	土崎工	国鉄ワフ1595	昭25.4.12	譲	昭25.5.29		昭25.8.24		→ワ205
【レ200形】									
レ201	大3.10	日車	国鉄レ1522	昭25.4.12	譲	昭25.5.29			昭27.12.25	
【ト101形】									
ト101	昭3.11	日車東京		昭3.12.26	設	軌道廃止	復籍	昭26.11.28*	昭27.12.25	
ト102	昭3.11	日車東京		昭3.12.26	設	軌道廃止	復籍	昭26.11.28*	昭27.12.25	

*…四枚側→三枚側に更新、手制動を車側制動に変更。

用される計画であり、同社はその供給を強く求めたが、日本鉄道会を通じた交渉の結果、無償回収に成功する。接続駅を旧線と国鉄が交差する新銚子口に変更のうえ、昭和23年1月16日に地方鉄道法の下、不要不急線として撤去された民営鉄道としては異例の復活を果す。

　復活当初は多少の黒字を計上し、昭和17年にあらかた土工を終えていた国鉄戸井線(五稜郭-戸井間約26km)を開業させ内燃動力で引き受ける計画すら立てていた。ところが、昭和25年6月に函館バスが南茅部経由鹿部-函館間の路線を再開したことで旅客転移が発生、さらに鹿部-軍川間の路線も申請したため、当社も企業防衛上、バス路線を開設したところ乗客が二分され、鉄道の存在意義があやふやになる。主要貨物も輸送量が不安定な海産物であることから多くを望めず、北海道拓殖鉄道補助も僅少なことから赤字が補填できなくなったため、昭和27年12月25日に再度廃止された。

■ 電車

　デ1・2は窓配置D2222Dの木造二軸電車。モーターは三菱製(37.3kW/600V)[112]を2個装備し、貨車牽引を考慮して空気ブレーキ付で製造されている。台車は標準的なブリル21E。旅客車は軌道法時代からすべて特にステップを持たない高床車であった。デ1は昭和12年に電気暖房の過熱で焼失しており、フ2の車体を利用して復旧されている。デ3は富山電鉄デ11を購入したもので窓配置D9D、10m超の大柄な木造二軸電車。元愛電の電2形でマウンテンギブソン・ワーナー台車[113]を履く。モーターはBWE-22(37.3kW/600V)×2。入線にあたり日鉄自で更新され、貨車牽引のため空気ブレーキが設置される。戦後の復活にあたり、前述の通り資材をめぐって富山地方鉄道とさや当てが起こるが、全線が復活した訳ではないので余剰分も発生した筈であり、これらについては計画通り富山地鉄に引き渡された可能性が高い。本車が昭和22年に第二の故郷に帰るような格好で譲渡された裏事情としては、この資材差配が関係している可能性が濃厚である。フ1・2(初代)はデ1・2と同一車体の二軸附随車。ただし足回りは固定軸である。電車と違って電気暖房がな

く、冬季の接客に問題が生じたため昭和9年に追設。フ2は前述の通り昭和12年にデ1が焼失した際、車体を提供し廃車。フ2(二代目)は窓配置1D6D1の鋼製二軸附随車。室内はロングシートであるが、時節柄、窓3個分点対称になるよう座席を半分撤去して製造されており、座席定員は10名しかない。

■ 貨車

　ワ200形は国鉄ワ17000形払下及びワフ200形改造の10t積木造有蓋車。側板は縦張。連絡直通車として使用された。ワフ1形は9t積木造有蓋緩急車。ワフ200形は国鉄ワフ1形及びワフ600形の払下車で8t積木造有蓋緩急車。もとより有蓋車への改造種車として払下られたため、入籍後ただちにワ200形に改造されている。レ200形は12t積の木造冷蔵車で国鉄レ1300形の払下車。氷槽付で半氷槽式[114]であった。本車も連絡直通車として使用されている。私鉄の冷蔵車は極めて珍しく、他には有田鉄道レ1・2が存在するのみ。ト101形は10t積無蓋車。当初は四枚側で手ブレーキ付だったが昭和26年に三枚側山形妻に更新され、ブレーキも車側ブレーキに改造された。

■ 参考文献

小熊米雄・星良助・堀淳一「大沼電鉄」『鉄道ピクトリアル』No.168,169(1965-3,4)

和久田康雄『日本の市内電車-1895-1945-』成山堂書店(2009)

茨城交通デハ3
昭和3年日東東京製。大沼電鉄は軌道として開業したが、高床式の郊外電車である。写真は元のデ1で茨城交通売却後。
　　　　　　　　　　　　　　昭和34.11.22　上水戸　千代村資夫

---

[112] 三菱製で出力37.3kW(50HP)とすれば、恐らくMB-82-Lと思われるが決定的な資料が発見出来ず不確定。なお、小熊米雄・星良助・堀淳一「大沼電鉄」『鉄道ピクトリアル』No.168(1965-3) p64ではMT-15とあるが、これはポールの形式である。

[113] 小熊米雄・星良助・堀淳一「大沼電鉄」『鉄道ピクトリアル』No.168(1965-3) p63ではブリル21Eに換装とあるが、本稿は一次資料(『内務省文書』)に従った。

[114] 冷蔵車は冷却装置である氷槽の設置方法によって大きく分類されるが、その構造概念については渡辺一策『国鉄冷蔵車の歴史・上巻』RM LIBRARY.27ネコ・パブリッシング(2001-10) p6～8を参照のこと。

165

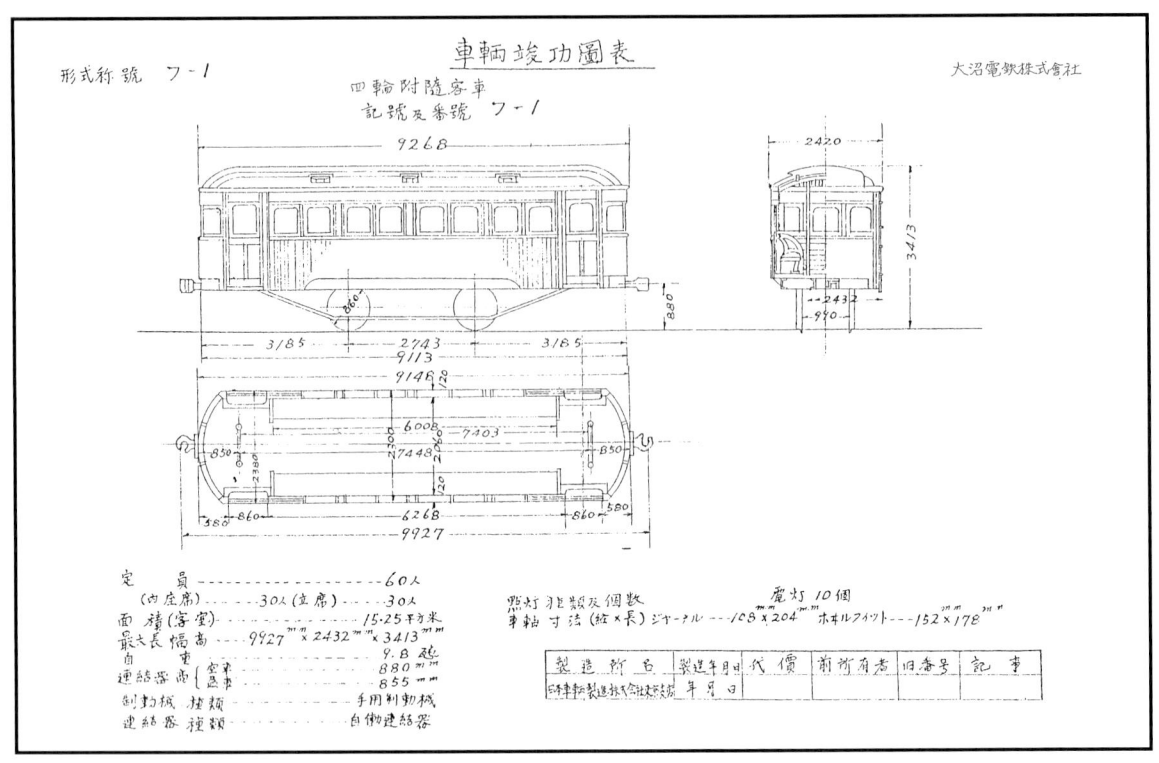

フ1竣功図
デ1・2と同型車体の附随車。
所蔵：星良助

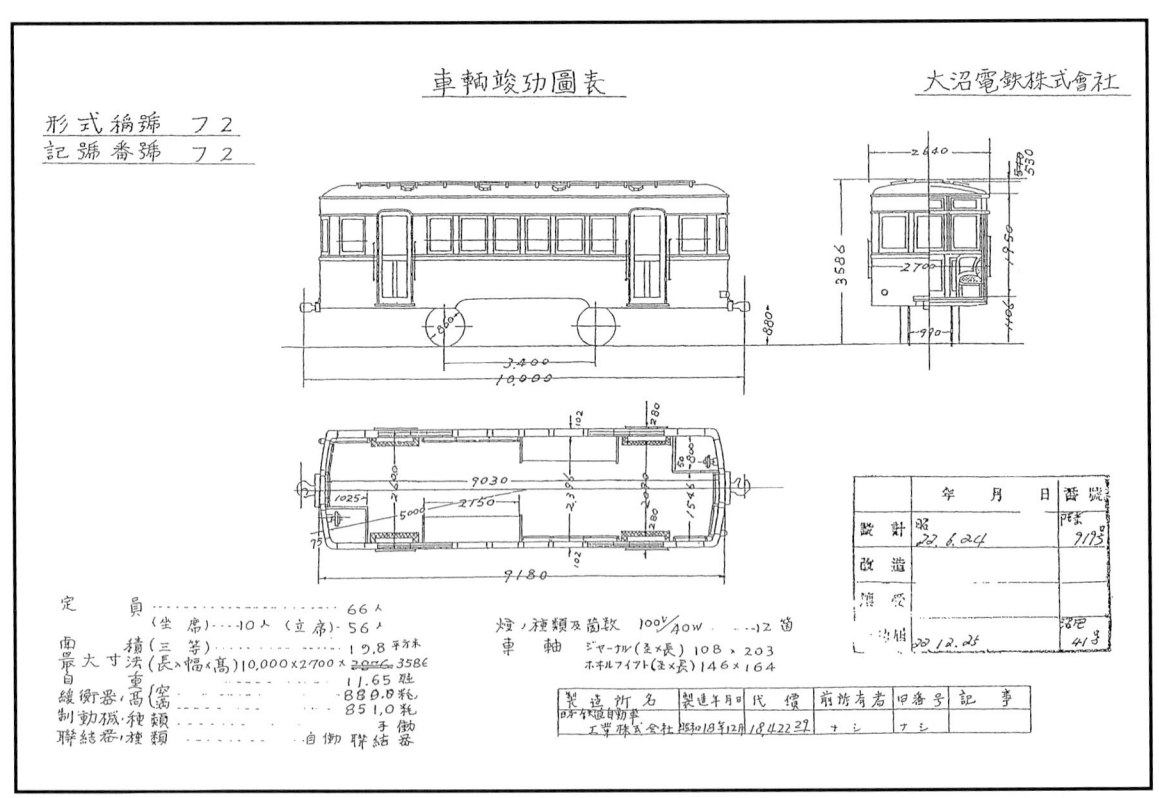

フ2（二代目）竣功図
大沼電鉄では唯一の鋼製車。座席配置に注意。
所蔵：星良助

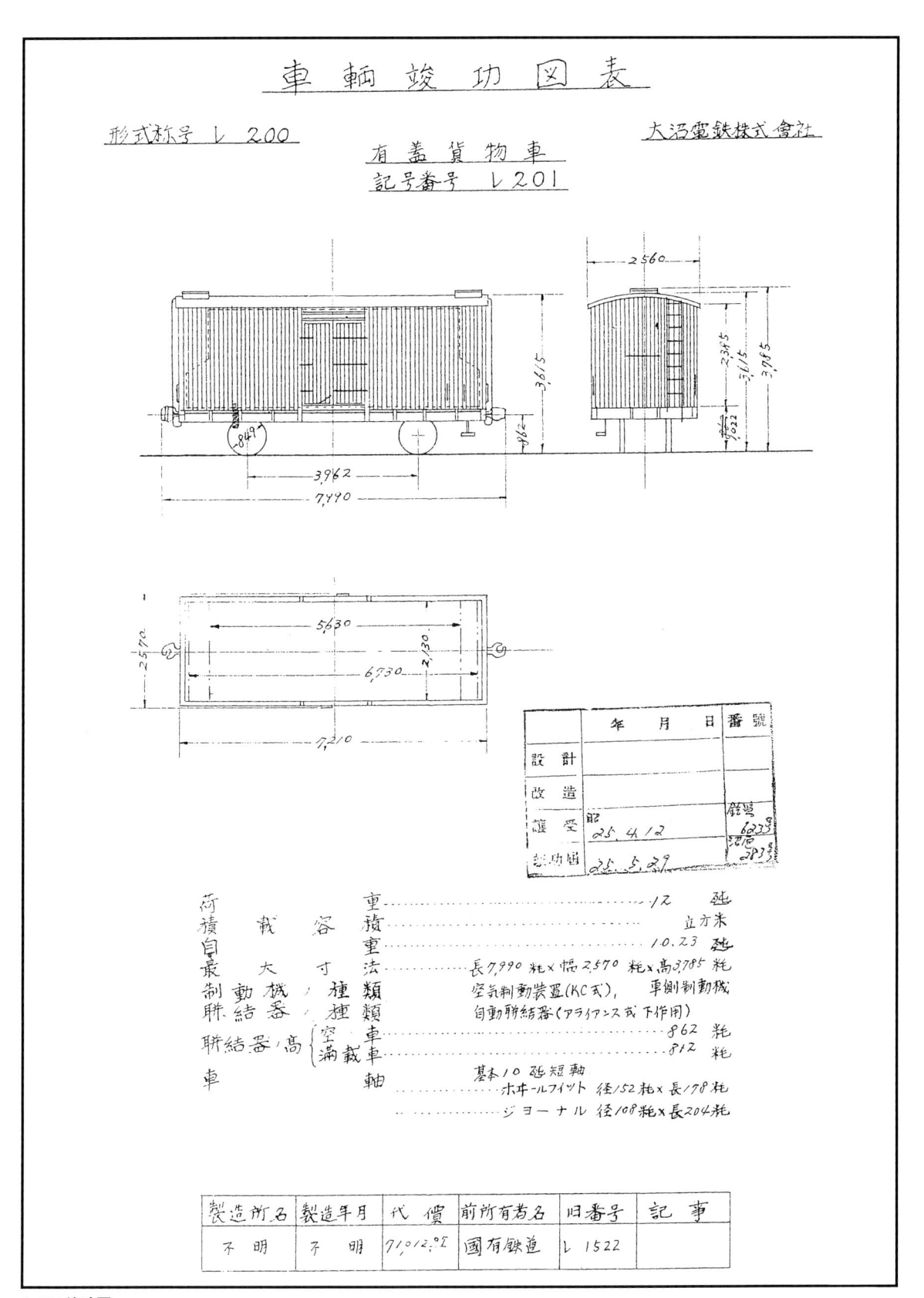

レ201竣功図

私鉄では希少な冷蔵車。車端部の点線は内部氷槽で、上半分しかない半氷槽式を表す。
所蔵：星良助

三井鉱山→三井芦別鉄道

芦別－頼城
9.1km
軌間：1067mm
動力：蒸気・内燃

■ 沿革

　三井財閥が芦別の鉱区を得たのは明治40年のことで、炭質は北海道炭としては中位レベルだが原料炭向きで推定埋蔵量2,500万tとの調査結果が得られた。しかし、奥地ゆえ交通インフラの整備が不可欠で、炭価や需要動向から開発時期を慎重に探った結果、製鉄炭の供給不足となった昭和14年まで持ち越される。昭和16年の出炭開始にあわせ同年12月8日に第一坑最寄の三井芦別まで専用鉄道が開通するが、昭和19年には小規模砿である傍系の太平洋炭礦上尾幌砿の人員や設備を転用し第二坑を開設したため、昭和20年12月15日に頼城まで延伸する。戦後も輸送需要は衰えず、特に荷物輸送や連帯貨物輸送の必要が高まったことから昭和24年1月20日に地方鉄道への転換が図られる。この際、戦時中の車両不足で国鉄に貨物列車の運転を依託していたものが自主経営を求められ[115]、あわてて車両を手配した裏話も存在する。

　ところで、当初は三井鉱山直営であったが、昭和30年代に入ると炭礦不況に伴う出炭減少が影響し、三井鉱山全体で見ると鉄道部門は赤字となっていた。しかし、芦別砿は出炭好調で線区としては黒字であったこと、そして鉄道従業員の待遇改善を図る意図から、昭和35年10月1日に三井芦別鉄道として独立会社に移行した。昭和40年代に入ると炭礦の機械化が進められ離山者が増加したため、沿線の過疎化が進行する。平行道路の整備も進み、特に炭礦が通勤バスの運行を開始した昭和45年以降、旅客が急減し、昭和47年6月1日に旅客営業を廃止する。三井芦別砿自体はビルド砿として存続したため貨物鉄道として長く営業を続けるが、閉山に先立つ合理化のため、平成元年3月26日に廃止された。

■ 機関車

　1→2は江若鉄道出身の元国鉄600形。認可上は江若鉄道4の払下[116]であるが、現車は江若9に振替えられている[117]。当初は本機が1号機とされたが、まもなく認可順に改番されたようである。3は渡島海岸鉄道経由で入った国鉄1400形。戦時中に入線したが、昭和18年11月16日に受けた鉄軌統制会の移動許可を譲受認可と勘違いしたため、正式な入籍手続きは戦後に行われている。5542→1は元国鉄の5500形。昭和14年に三井三池用として払下を受けたものだが、三池の籍には入らず建設時より使用されている。9600-1・2は国鉄9600形の払下機。1は早期に廃車されるが、2のボイラーと組み合わせ1台にまとめる「共食い」を実施した[118]。C11-1～3は国鉄C11形と同型機。高木宏之氏によると、昭和21年度に国鉄が発注した60両中、年度内に落成せずキャンセルになったものと言う[119]。C58-1・2は国鉄C58形の同型機。船底テンダの戦後型で、煙突前の給水暖め器がないのが特徴。DD501・2は

C58-1（C58形）
昭和24年汽車製の58t1C1テンダ機。国鉄C58形戦後型と同型のため船底テンダである。本機も天塩鉄道同様、給水温め器を省略する。
昭和35.3.30
三井芦別
湯口徹

DD503（50DL-T1形）
昭和61年新潟製の56t機。国鉄DD13形亜流機だがキャブの造形が異なる。4灯式の前照灯は三井芦別鉄道独特の装備だった。
昭和63.5. 頼城
大幡哲海

　富士重製の50t凸形ディーゼル機関車。エンジンはDMF31SB（500PS/1500rpm）×2、液体変速機は新潟DBG138の組み合わせ。広義に言うと国鉄DD13形同型だが、縦2灯2組の前照灯が特徴でキャブも側面傾斜がなく側扉がある。DD503はDD501・502とは同型だが自重が56tに増加し、これにより最大牽引力が12,500kgから16,800kgに引き上げられている。

■ 内燃動車
　キハ101～103は夕張鉄道キハ251と同型の湘南形の気動車。エンジンは新潟DMH17BX（180PS/1500rpm）で変速機は新潟DF115。窓配置はd2D7D2dで中央3区画がクロスシートになっ

ている。ホハ10・ナハニ1～3は客車籍だが制御引通を持ち、実質的にはキサハとされるべき存在。詳細は客車の項で述べる。

■ 客車
　ハ2→ハフ2は開業時に飯山鉄道ハ51を購入したもので窓配置D10Dの二軸車。室内はロングシート。その出自は東武鉄道開業期の三等客車ハ29だが、大正5年以降は東上鉄道に移籍していた。フハ3は胆振縦貫鉄道フハ3を購入したもので二軸客車。入線にあたり更新が行われており窓配置はO8O。室内はロングシート。昭和19年4月20日付で購入したが認可申請を怠り、車籍を得たのは昭和24年。そのため、書類上は国鉄ハ1195の払下とも言えるが、

キハ102（キハ100形）
昭和33年新潟製。夕張鉄道キハ251と同型だが、ガーランドベンチレーターに対し、本車は押し込み形通風器を使用する点に違いがある。
昭和35.3.30　三井芦別　湯口徹

169

ホハ10（ホハ10形）
15m級の鋼製ボギー車。昭和16年に飯山鉄道から譲受したホハフ1を昭和31年に自社で鋼体化した。気動附随車として使用。
昭和35.3.30　三井芦別　湯口徹

ナハフ1（ナハフ1形）
明治44年大宮工場製の国鉄ナハフ14405を昭和30年に譲受。出自がホロフ11200形の格下車で2連窓の異端車だった。
昭和32.9.1　三井芦別　湯口徹

現車は国鉄で使用されていないため履歴としては抹殺されている。昭和26年に窓配置O5B、片デッキ構造の3t積荷物車**ニ1**に改造。昭和30年に国鉄ワフ29500形を参考にしたかのような窓配置O111Bの車体に鋼体化され、荷重も4tに増積された。**フホハ1→ホハフ1**は開業時に飯山鉄道フホハ2を購入したもの。国鉄中型ボギー客車の類型車で窓配置はD33333D。室内はクロスシート。昭和31年に窓配置3D2222D3、ロングシートの鋼製車**ホハ10**に改造され、併せて制御引通を設置し実質的にキサハとなる。**ナハ1**は国鉄ナユニ5360形を三等客車に復元したもので窓配置D212332221D（公式側）の木造ボギー車。室内はロングシート。**ナハフ1**は国鉄ナハフ14400形の払下車。室内はクロスシート。**スハ1**は国鉄マユニ29000形を三等客車にしたもので窓配置D2113333211Dの木造三軸ボギー車。室内はロングシート。**スハ2**は国鉄オル19950形を客用に復元したもので、窓配置D11122221221Dの木造三軸ボギー客車。丸屋根が特徴。室内はロングシート。**サハ1～3**は形式をモハ300と言い17m電の戦災復旧車。種車はモハ31形で窓配置2D22D22D2に面影が残るが、端面はモハ63形のような切妻になる。昭和32年に後部扉以降車端部を区画し荷重1.3tの荷物室を設置、あわせて制御引通を設置し気動附随化されたが、あべこべに**ナハニ1～3**に改称されてしまう。元が電車なので床底面が高く、陸運局から再三の是正勧告を受けた結果[120]、昭和35年に中央扉のみステップを設置する。**ニ2**はワフ7を

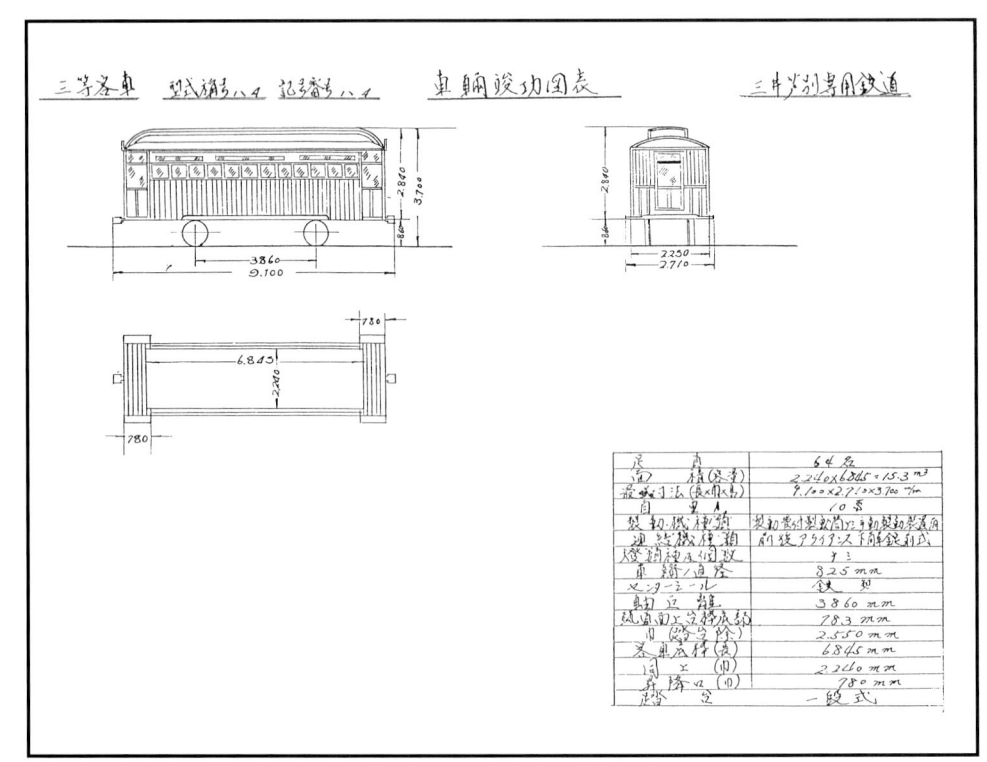

フハ4竣功図
ポンチ絵のレベルだが、131頁と比較すると雰囲気は掴めよう。竣功図は「ハ4」とあるが、本文は廃車届に従った。
所蔵：藤岡雄一

スハ1（スハ1形）
大正10年日車製の20m級三軸ボギー車である国鉄マユニ29003を昭和25年に譲受し客用としたもの。
　　　　　　　　　　　　　昭和32.9.1　三井芦別　湯口徹

スハ2（スハ1形）
大正9年日車製の国鉄オル19957を昭和31年に譲受。荷扉の跡が明瞭。出自がスロネフ17553のため元々丸屋根だった。
　　　　　　　　　　　　　昭和32.9.1　三井芦別　湯口徹

鋼体化しニ1と同型としたものだが、種車の関係から車体長がやや短い。

　他に無籍車としてフハ4と言う出自不明の窓配置D12Dの二軸客車が存在した。形態は渡島海岸鉄道ハ1・2そっくりで、同社1420やワブ2を購入した事実をあわせて考えると、放出車両中で唯一行方が判っていないハ2である可能性が極めて高い[121]。ただし、国鉄旭川工場に依託修理中の昭和22年5月4日に焼失してしまい、無認可のまま昭和22年7月18日に廃車届だけが提出された。

■ **貨車**

　ワ150形は開業にあたり三河鉄道より購入した8t積有蓋車。元をたどると院の中古車で、竣功図では旧番のまま使用されたことになっているが、三河鉄道にこの番号の車はない。種車は昭和15年7月5日届で廃車されたワ156〜158以外に考えられないが、うち2両が三井三池に譲渡されているものの、同社も旧番号に離齬があり旧番は不明である。昭和23年の地方鉄道化時点ではワム1となっていたため、恐らくどこかの時点で現車振替がなされたと思われる。**ワム1形**は国鉄ワム1形の払下車だが、ワム1のみワ150の編入車。**ワム3500形**は国鉄ワム3500形の払下車。**ワフ600形（ワフ1）**は国鉄ワフ600形の払下車。**ワフ1形**は国鉄ワフ1形の払下車で縦羽目の8t積車だが、ワフ3のみ渡島海岸鉄道の放出車両。国鉄ワム3500形に車掌室を付けたような14t積の有蓋緩急車。実車は戦時中に入線していたが3号機と同様の理由で昭和24年入籍のため、ワム1（ワ150）、トム2（ト118）の続番となる。入籍直後に代用ラッセル車に改造されたが、荷重や形態が著しく異なるためワフ100形に変更される。**ワフ100形**はワム5の緩急車改造車およびワフ1形の異端車ワフ3を形式区分したもの。荷重10tで側板横張。**ト20000形（ト1）**は国鉄ト20000形の払下車。本来鋼製のはずで竣功図もそのように描かれているが、木製とする文献もある[122]。**ト80形（ト118）**は開業にあたり三河鉄道より購入した三枚側の9t積無蓋車。元をたどると院の中古車で、竣功図では旧番のまま使用されたことになっているが、これも三河鉄道の番号体系には合致しない。種車は昭和15年7月5日届で廃車されたト83か84だが、三井三池に譲渡された僚車の番号にも離齬がある。ところで、昭和23年の地方鉄道化時点では現車はトム2となっていたようで、さらに製造年も大

ナハニ3（ナハニ1形）
国鉄モハ31形を種車とする戦災復旧国電。昭和32年に気動附随車として整備され、荷物室が設置された。
　　　　　　　　　　　　　昭和35.3.30　三井芦別　湯口徹

ニ1（ニ1形）
昭和26年にフハ3から改造された荷物車。昭和31年に自社で貨車のような姿に鋼体化された。
　　　　　　　　　　　　　昭和35.3.30　三井芦別　湯口徹

171

正2年製とされていることから、戦時中に国鉄トム1形に現車振替がなされたようである。トム1形は15t積五枚側観音開式無蓋車。トム1・3が国鉄トム1形の払下で、トム2は前述の理由で編入されたもの。昭和27年に改造されたトム6～9も観音開式である。**トム5000形（トム4）**は国鉄トム5000形の払下車。**トム19000形（トム5）**は国鉄トム19000形の払下車。本来鋼製車だが、後年四枚側に木体化されている。**トラ1形**は国鉄トラ1形の払下車。**トラ6000形**のうちトラ5～7は国鉄トラ6000形の払下車。トラ9はトムフ1の改造車だが、国鉄でも同様の改造が行われているため形式区分としては正しい処置である。**トラ20000形**は国鉄トラ20000形の払下車。**トキ900形**は国鉄トキ900形の払下車で三軸車。昭和33年に減積が行われ五枚側の17t積車**トラ10形**となる。

トムフ1形は国鉄トムフ1形の払下車。**リ10形**はナハ1を改造した自動車輸送用のフラットカー。称号的には土運車だが形態は長物車そのもので、さらに竣功図には無蓋車とある。**リ2500形**は国鉄リ2500形の払下車。**チキ3000形**は国鉄チキ3000形の払下車。**キ1形**は国鉄キ1形の払下車。前頭部は国鉄時代に流線型に改造済。昭和29年に鋼体化され直線型プラウの**キ100形**となる。

■ **参考文献**
小熊米雄「三井芦別鉄道」『鉄道ピクトリアル』No.186（1966-7増）
後藤宏志「三井芦別鉄道」『鉄道ピクトリアル』No.259（1971-12増）
湯口徹『北線路（下）』エリエイ出版部（1988）

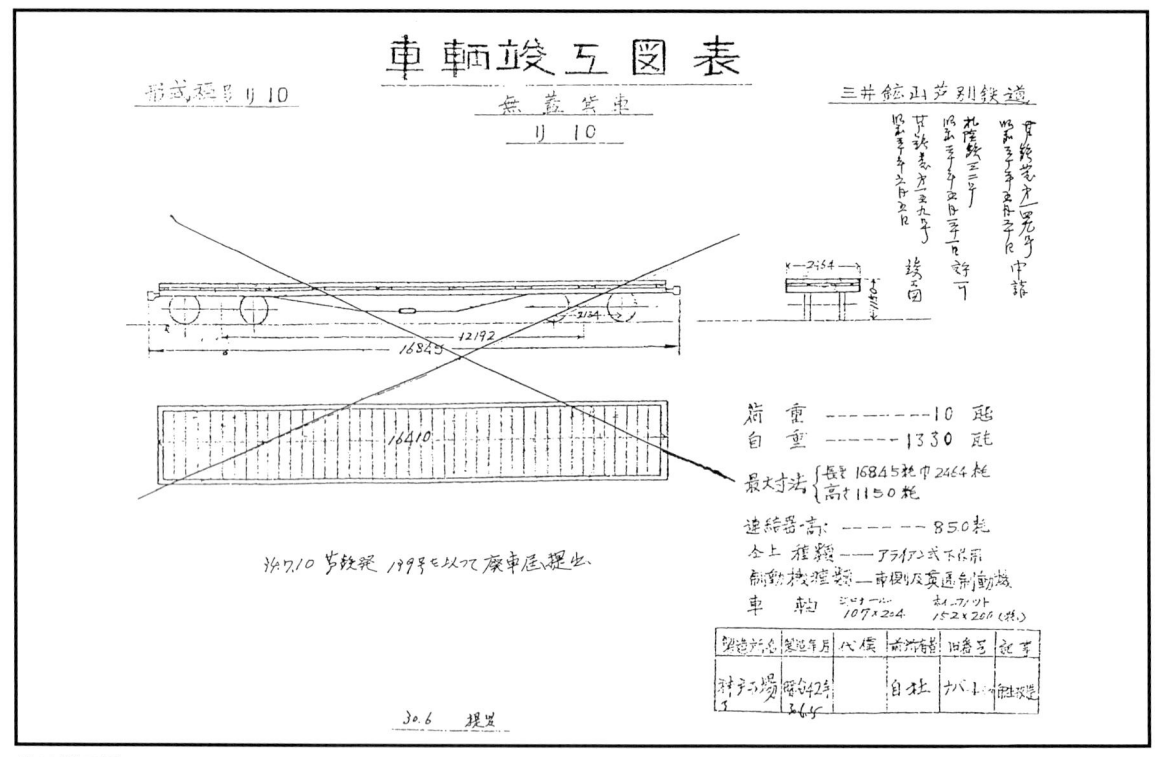

リ10竣工図
本来は長物車になるべき車だが車種記号は土運車。竣工図には無蓋貨車とある。
所蔵：藤岡雄一

---

[115] 旅客は当初より自主運転。要は適当な動力車が手配出来なかったことによる。
[116] 小熊米雄「三井芦別鉄道」『鉄道ピクトリアル』No.186（1966-7増）p14によれば「売却される前に四日市附近で使用されたともいわれている」が、認可書類にも江若より四日市の東邦重工業へ移り、さらに東京の鈴木機械商店へ転売された旨が記載されている。但し、東邦重工業が機関車として使用したのか、あるいは単なるブローカーにすぎないのかは明らかでない。
[117] 竣功図としては珍しく製造番号No.475と記載されており、そこから辿ると書類からも江若9となることが判明する。江若側の資料から見ても、昭和14年6月12日廃車で商社に売却したことが明記されている9号機に対し、4号機は気動車の増備で昭和10年9月30日に早々と廃車となっており、当時の時代背景からすれば時期的間隔が開きすぎている。
[118] 湯口徹『北線路（下）』エリエイ出版部（1988）p51
[119] 高木宏之『国鉄蒸気機関車史』ネコ・パブリッシング（2015）p107
[120] 前掲（118）p53
[121] さらに状況証拠ではあるが、フハ3の申請書の旧所有者を渡島海岸鉄道から胆振縦貫鉄道に訂正した痕が見られることも、この仮説を補強する。
[122] 前掲（116）p18

（三井鉱山専用鉄道）→三井鉱山→三井芦別鉄道

機関車

番号	製造・改造	出自	手続日 改番日	種別	竣功届	改番 不明	設計変更 内容不明	設計変更 内容不明	用途廃止	異動先
1	明21 ナスミス	江若鉄道4 #	昭17. 2.13	設	昭17. 7.12	2			昭28. 9.29	
3	明30 クラウス	渡島海岸1420	昭24. 1. 8	設	昭24. 2.18				昭27. 6.24	
5542	明22 ピーコック	国鉄5542	昭16. 9.22	譲	昭17. 4.15	1			昭34. 3.30	
9600-1	大9.3 川崎	国鉄39674	昭25.12.26	譲	昭26. 1.16				昭35. 8. 3	
9600-2	大10.12 川崎	国鉄59616	昭27. 5.17	設	昭27. 5.22				昭40. 5.18	
C11-1	昭22.4 日車		昭23. 4.15	設	昭24. 2.18				昭33. 9. 6	三井奈井江専用鉄道
C11-2	昭22.4 日車		昭23. 4.15	設	昭24. 2.18				昭33. 9. 6	三井奈井江専用鉄道
C11-3	昭22.4 日車		昭23. 4.15	設	昭24. 2.18				昭25. 8. 1	三井奈井江専用鉄道
C58-1	昭24.11 汽車		昭25. 5.22	設	昭25. 6.16				昭42. 3. 5	
C58-2	昭24.11 汽車		昭25. 5.22	設	昭25. 6.16				昭46. 3.31	
DD501	昭39.10 富士重		昭39.12.22	設	昭40. 1.20		昭41. 7.16		昭44.11.13	昭63. 2. 1
DD502	昭41.10 富士重		昭41.10.13	設	昭41.11. 5			昭44.11.13	平元. 3.25	
DD503	昭61.4 新潟		昭60. 9.24	設	昭61. 7. 1				平元. 3.25	京葉臨海鉄道

#…現車は江若9と振替

内燃動車（※ホハ・ナハニは改造時制御回路引通し設置のため気動付随車扱いとした）

番号	製造・改造	出自	手続日 改番日	種別	竣功届	中央扉 ステップ設置	用途廃止	異動先
キハ101	昭32 新潟		昭33. 1. 8	設	昭33. 1.16		昭47. 6. 1	関東鉄道
キハ102	昭32 新潟		昭33. 1. 8	設	昭33. 1.16		昭47. 6. 1	関東鉄道
キハ103	昭32 新潟		昭33. 1. 8	設	昭33. 1.16		昭47. 6. 1	関東鉄道
ホハ10	昭32.5 自社改	ホハフ1	昭31. 1.24	変	昭32. 5.10		昭46. 3.31	
ナハニ1	昭32.12 自社改	サハ1	昭32.12. 6	変	昭33. 4.18	昭35. 3. 1	昭45. 3.30	
ナハニ2	昭32.12 自社改	サハ2	昭32.12. 6	変	昭33. 4.18	昭35. 3. 1	昭46. 1.30	
ナハニ3	昭32.12 自社改	サハ3	昭32.12. 6	変	昭33. 4.18	昭35. 3. 1	昭39. 9.30	

客車

番号	製造・改造	出自	手続日 改番日	種別	竣功届	改番 不明	設計変更	改番を伴う 設計変更	用途廃止	異動先
ハ2	明35.10 東京車輛	飯山ハ51	昭16. 9.11	譲	昭17. 4.15	ハフ2			昭25. 2.15	
フハ3	明40 新橋工	胆振縦貫フハ3	昭24. 4.26	設	昭24. 7.15		昭26. 5. 8			→ニ1
フホハ1	大10.9 日車	飯山フホハ2	昭16. 9.11	譲	昭17. 4.15	ホハフ1		昭31. 1.24		→ホハ10
ナハ1	明42.3 神戸工	国鉄ナユニ5363	昭25.12.26	譲	昭26. 2.26		昭26. 5. 8#	昭30. 5.31		→リ10
ナハフ1	明44.3 大宮工	国鉄ナハフ14405	昭30. 8. 1	譲	昭30. 8.22				昭33. 7.12	三井奈井江専用鉄道
スハ1	大10.12 大井工	国鉄マユニ29003	昭25.12.26	譲	昭26. 1.25		昭26. 5. 8#		昭33. 7.12	三井奈井江専用鉄道
スハ2	大9.3 大井工	国鉄オル19957	昭31.12.24	譲	昭32.12.11				昭33. 7.12	三井奈井江専用鉄道
サハ1	昭23.6 日鉄自	（国鉄サハ31036）	昭24. 4.26	設	昭24. 7.15			昭32.12. 6		→ナハニ1
サハ2	昭23.6 日鉄自	（国鉄サハ31070）	昭24. 4.26	設	昭24. 7.15			昭32.12. 6		→ナハニ2
サハ3	昭23.8 日鉄自	（国鉄サハ31104）	昭24. 4.26	設	昭24. 7.15			昭32.12. 6		→ナハニ3
ニ1	昭31.5 自社改	フハ3	昭26. 5. 8	変	昭26. 5.21		昭30. 3.18 b		昭36.10.17	
ニ2	昭30.11 自社改	ワフ7	昭30. 4.20	変	昭30.12. 8				昭36.10.17	

#…旅客車に改造のうえ社番化　　b…鋼体化

貨車

番号	製造・改造	出自	手続日 改番日	種別	竣功届	簡易 除雪車化	改番を伴う 設計変更	用途廃止	異動先
【ワ150形】									
ワ150	明35.5 日車	三河鉄道*	昭17. 6.22	設	昭17. 7. 1			昭28. 2. 4	→ワム1
【ワム1形】									
ワム1			ワ150	昭28. 2. 4	変	昭28. 2.10			昭37. 3.10	
ワム2	大9.12 日車	国鉄ワム1725	昭24. 1. 8	譲	昭24. 2.18			昭37. 3.10	
ワム3	大9.12 日車	国鉄ワム1727	昭24. 1. 8	譲	昭24. 2.18			昭37. 3.10	
【ワム3500形】									
ワム4	大15.3 新潟	国鉄ワム15241	昭24. 1. 8	譲	昭24. 2.18			昭37. 3.10	
ワム5	昭15.6 日車東京	国鉄ワム15258	昭24. 1. 8	譲	昭24. 2.18		昭26. 2.26		→ワフ6
ワム6	昭15.10 日車東京	国鉄ワム15261	昭24. 1. 8	譲	昭24. 2.18			昭37. 3.10	
ワム7	大7.3 小倉工	国鉄ワム4756	昭25.12.26	譲	昭26. 2.26			昭42. 3.25	
ワム8	大7.9 日車	国鉄ワム4887	昭25.12.26	譲	昭26. 2.26			昭37. 3.10	
【ワフ600形】									
ワフ1	明45 土崎工	国鉄ワフ1265	昭25.12.26	譲	昭26. 2.26			昭27.12.12	→トム6
【ワフ1形】									
ワフ2	大1.11 汽車	国鉄ワフ46	昭25.12.26	譲	昭26. 2.26			昭27.12.12	→トム7
ワフ3	昭2.12 岩崎レール	渡島海岸ワブ2	昭24. 1.14	設	昭24. 7.25	昭24. 7. 9		昭27.12.24	→ワフ7

173

番号	製造・改造		出自	手続日 改番日	種別	竣功届	簡易除雪車化	改番を伴う設計変更	用途廃止	異動先
ワフ4	大1.12	神戸工	国鉄ワフ152	昭25.12.26	譲	昭26.2.26			昭27.12.12	→トム8
ワフ5	大1.12	神戸工	国鉄ワフ167	昭25.12.26	譲	昭26.2.26			昭27.12.12	→トム9
【ワフ100形】										
ワフ6			ワム5	昭26.7.25	譲	昭26.8.2			昭37.3.10	
ワフ7			ワフ3	昭27.11.24	変	昭27.12.11			昭30.4.20	→ニ2
【ト20000形】										
ト1	昭10.11	汽車東京	国鉄ト21786	昭25.12.26	譲	昭26.2.26			昭42.3.25	
【ト80形】										
ト118	明35.1	汽車	三河鉄道 #	昭17.6.22	設	昭17.7.1			昭28.2.4	→トム2
【トム1形】										
トム1	大5.12	天野	国鉄トム1815	昭24.1.8	譲	昭24.2.18			昭39.6.20	
トム2			ト118	昭28.2.4	変	昭28.2.10			昭39.6.20	
トム3	大5.12	川崎	国鉄トム1695	昭24.1.8	譲	昭24.2.18			昭39.6.20	
トム6	昭27	鉄道同志社改	ワフ1	昭27.12.12	変	昭27.12.22			昭37.11.7	
トム7	昭27	鉄道同志社改	ワフ2	昭27.12.12	変	昭27.12.22			昭37.11.7	
トム8	昭27	鉄道同志社改	ワフ4	昭27.12.12	変	昭27.12.22			昭27.12.30	
トム9	昭27	鉄道同志社改	ワフ5	昭27.12.12	変	昭27.12.22			昭27.12.30	
【トム5000形】										
トム4	大8.9	日車	国鉄トム7575	昭24.1.8	譲	昭24.2.18			昭33.7.30	三井奈井江専用鉄道
【トム19000形】										
トム5	昭13.8	田中	国鉄トム19149	昭25.12.26	譲	昭26.2.26			昭42.3.25	
【トラ1形】										
トラ1	昭3.3	川崎	国鉄トラ777	昭25.12.26	譲	昭26.2.26			昭39.10.1	
トラ2	昭4.2	汽車東京	国鉄トラ1478	昭25.12.26	譲	昭26.2.26			昭39.10.1	
トラ3	昭4.2	川崎	国鉄トラ1955	昭25.12.26	譲	昭26.2.26			昭28.9.29	
トラ4	昭4.9	汽車東京	国鉄トラ2272	昭25.12.26	譲	昭26.2.26			昭39.10.1	
【トラ6000形】										
トラ5	昭17.11	日車	国鉄トラ6790	昭25.12.26	譲	昭26.2.26			昭42.9.15	
トラ6	昭17.10	汽車東京	国鉄トラ8741	昭25.12.26	譲	昭26.2.26			昭43.4.15	
トラ7	昭18.7	日車	国鉄トラ10406	昭25.12.26	譲	昭26.2.26			昭43.4.15	
【トラ20000形】										
トラ8	昭17.1	日車	国鉄トラ44809	昭25.12.26	譲	昭26.2.26			昭42.9.15	
【トラ6000形】										
トラ9	昭26	自社改	トムフ1	昭26.6.20	変	昭26.6.27			昭42.3.25	
【トラ10形】										
トラ10	昭33	自社改	トキ1	昭33.6.23	変	昭33.10.13			昭39.10.1	
【トキ900形】										
トキ1	昭20.1	釧路工	国鉄トキ6882	昭25.12.26	譲	昭26.2.26		昭33.6.23		→トラ10
【トムフ1形】										
トムフ1	昭19.8	帝車	国鉄トムフ211	昭25.12.26	譲	昭26.2.26		昭26.6.20		→トラ9
【リ10形】										
リ10	昭30	自社改	ナハ1	昭30.5.31	変	昭30.6.5			昭34.7.10	
【リ2500形】										
リ2585	大4.3	旭川工	国鉄リ2585	昭32.9.6	設	昭32.11.21			昭34.7.10	
リ2586	大15.3	川崎	国鉄リ2586	昭32.9.6	設	昭32.11.21			昭37.3.10	
リ2600	大13.1	日車	国鉄リ2600	昭32.9.6	設	昭32.11.21			昭37.11.7	
リ2609	大7.6	汽車東京	国鉄リ2609	昭32.9.6	設	昭32.11.21			昭33.7.30	三井奈井江専用鉄道
リ2610	大10.4	日車東京	国鉄リ2610	昭32.9.6	設	昭32.11.21			昭33.7.30	三井奈井江専用鉄道
リ2614	大7年度		国鉄リ2614	昭32.9.6	設	昭32.11.21			昭37.3.10	
リ2619	大8.9	天野	国鉄リ2619	昭32.9.6	設	昭32.11.21			昭37.11.7	
リ2626	大13.3	川崎	国鉄リ2626	昭32.9.6	設	昭32.11.21			昭37.11.7	
リ2642	大7年度		国鉄リ2642	昭32.9.6	設	昭32.11.21			昭37.3.10	
【チキ3000形】										
チキ1	昭19.5	川崎	国鉄チキ3483	昭25.12.26	譲	昭26.2.26			昭45.3.30	
【キ1形】										
キ1	大7.1	苗穂工	国鉄キ12	昭27.4.17	設	昭27.5.22		昭30.1.14		→キ100
【キ100形】										
キ100	昭29.10	自社改	キ1	昭30.1.14	変	昭30.1.25			昭39.11.13	羽幌炭礦鉄道

*…三河ワ156〜158（元院ワ7569,7570,14385）のいずれか　　#…三河ト83,84（元院ト15647,15653）のいずれか

雄別炭礦尺別鉄道

尺別－尺別炭山
10.8km
軌間：1067mm
動力：蒸気

■ 沿革

　尺別炭礦は大正7年に藤田組系列の北日本鉱業により開発された炭礦で、昭和3年に雄別炭礦に譲渡されたものである。運搬施設として炭山から尺別まで762mm軌間の軽便鉄道が存在したが、これは商工省管轄の構外軌道の扱いで正式な鉄道とは言えない性格のものであり、輸送能力も小さなものであった。

　一方、山の向かい側には大阪の大和鉱業が開発した浦幌砿が存在し、浦幌駅まで商工省管轄による762mm軌間の馬車軌道が敷設されていた。同社は昭和8年12月20日に免許を得て下浦幌（現在の常豊信号所附近）まで1067mm軌間の専用鉄道を着工するが、翌年10月の水害で土工が破壊され、昭和11年10月に未成のまま炭礦ごと身売りする。その際、専用鉄道の免許も引き継がれたが[123]、通洞を開削のうえ浦幌砿の石炭も尺別側から搬出することとなり、昭和14年6月20日に起業廃止の手続きが取られた。そして尺別砿に両砿を統合する総合選炭所が建設されたのを機に構外軌道が改軌され、昭和17年11月3日に専用鉄道として開業する。

　ところで、道東の開発も進み炭礦以外の一般輸送が増加したため、昭和31年以降、地方鉄道転換が検討される。特に専用鉄道では認められない国鉄尺別駅の共同使用駅化よる合理化のメリットがあることから[124]昭和37年1月1日に晴れて地方鉄道に転換するが、その頃には大部分の旅客輸送がバスに転換されたため共同駅化は実現せず、最後まで全国版の時刻表に掲載されることもなかった。閉山に伴い昭和46年4月16日に廃止となる。

　なお、本稿では1067mm軌間改軌に起点を求めることとし軽便鉄道時代は触れないが、この軽便鉄道は商工省管轄の鉱山施設扱いで車両も許認可の枠外のものであることから、詳細についてあまりよく判っていない。また、炭礦直営だが雄別鉄道とは兄弟会社とされており、本表に掲載した以外にも雄別鉄道からの借入車が多数存在する。

■ 機関車

　11は雄別鉄道11が転属したもので、臼井茂信氏の分類によると「C・1800ミリ」とされるコッペル製の16tCタンク機。27は道内の森林鉄道で多用された中山機械製の16tCタンク機。軽便鉄道唯一の生き残りで、最も大型につき機関車不足解消のため改軌したもの。番号は軽便鉄道時代のままであるが、偶然雄別鉄道の番号体系に合致した。改軌後は雄別籍の借入機となったが[125]、雄別鉄道本線での使用歴がないので特に本稿で取り上げた。101は日本冶金大江山鉱山（加悦鉄道）101を購入したもので立山製の40tC1タンク機。臼井茂信氏が「C1・40t」と分類した立山では珍しいオーダーメイド機。立山製最大の機関車でもあった。1311は国鉄1310

C1296（C12形）
昭和9年三菱製の50t1C1タンク機。国鉄より昭和35年に譲受。
昭和37.7.15　新尺別
星良助

175

ハフ1（ハフ1形）
明治27年三田製の西武ハフ1を昭和24年に譲受。原型はいわゆるマッチ箱だが、昭和18年に大野組で窓の大きな丸屋根の車体に更新されている。
昭和37.7.15　新尺別
星良助

形の払下機で元北海道鉄道（二代目）4号機。詳細は北海道鉄道の項を参照のこと。**2196**は国鉄2120形の払下機。**2411**は国鉄2400形の払下機。尺別のB6は共に後方視界確保のため、部分的な炭庫嵩上げを施工した。**7212**は雄別鉄道7212が転属したもので元国鉄7200形。**C12001・56・96**はそれぞれ出自が異なるものの国鉄C12形の一族で、基本的には同型だがC1256は転属当初は除煙板があった。C12001は当初から私鉄向けとして新造されたもので、水槽や炭庫容量が若干大きい。

他に改軌時に国鉄C11形と同型機の**C1101**が投入される予定であったが、認可前に戦時休山となり、現車は三菱大夕張へ送られた。

■ 客車
ハフ1・2・ハ3～5は西武鉄道から購入した木造二軸客車。いずれも戦時中に西武の手で窓配置1D4D1の丸屋根車体に更新されている。室内はロングシートだがハ5のみ座席が整備されており、重役用の代理二等車であった。ハ11・12・13（二代目）は雄別鉄道ハ1～3が転じたもので、雄別時代に窓配置22D22の切妻車体に更新済。室内はロングシート。昭和39年に空気ブレーキが追加されるが、ハ11はこれに加えて手ブレーキハンドルも室内に設置しハフ11となる。ハ13（初代）は三菱美唄ハ13を購入したもので窓配置はO8Oに更新されていた。室内は中央部を除きクロスシート。ハ17は三菱美唄ハ17を購入したもの。当初窓配置O8Oのクロスシート車であったが、昭和29年時点においてはデッキが廃され窓配置1D6D1に改造されている[126]。この2両は昭和31年にハフ1・2などと同一の窓配置1D4D1の丸屋根車体に更新され、ハ6・7となる。ハ14は

ハ11（ハ10形）
雄別鉄道ハ1が昭和33年に転属したもの。昭和31年に旭鉄工機で更新されている。扉は中央より若干ずれた位置にあるが、図面を見て初めて気づく程度である。
昭和37.7.15　新尺別
星良助

ワ14（ワ11形）
名義上は昭和24年に国鉄ワ5433を譲受したことになっているが、通風車のすかし張羽目板を埋めた跡が明瞭。現車は戦後、行方不明になった名鉄ツ608の可能性が高い。
昭和37.7.15　新尺別
星良助

雄別鉄道ハ4が転属したもので窓配置はV11V。**ハフ15**は雄別鉄道フハ5が転属したもので窓配置はV55V。**ハフ16**は雄別鉄道フハ7が転属したもので窓配置V10V。以上3両の室内はクロスシート。

他に雄別鉄道ナハ13・14を借入れ末期の主力となるが、車籍がないので省略する。

■ 貨車

ワ11形は国鉄ワ1形の払下車。トップナンバーがワ14となるのは雄別鉄道ワ11形の続番のため。なお、簡易雪掻車に改造されたワ14は公式には国鉄ワ5433の払下車だが、現車は名鉄ツ608が紛れ込んだものだった[127]。**ワフ1形**は国鉄ワフ1形とワフ3300形の払下車。車掌室を拡大のうえ側窓を設置し、あたかも二軸客車のような形態となる。主に管理職の通勤専用車であったとされる[128]。**ト200形**は雄別鉄道ト200形が転属したもので10t積三枚側。**トム1形**はトム1〜5は国鉄トム1形の払下車だが、入籍直後に四枚側アオリ戸式に改造。トム6〜8はトム80形の編入車。トム6と7は編入に際して四枚側アオリ戸式に改造されたが、トム8のみ廃止まで五枚側観音開式のままであった。**トム80形**は雄別鉄道トム80形が転属したもので、国鉄トム5000形と同型の15t積五枚側観音開式無蓋車。**トム100形**は国鉄トム50000形と同型の15t積四枚側無蓋車。尺別では唯一の新造車だった。**チ1形**はワ11形の車体を撤去した側柱8本を持つ10t積二軸長物車。**チム20形**はトム80形を改造した側柱8本を持つ15t積二軸長物車。

■ 参考文献

小熊米雄「尺別鉄道」『鉄道ピクトリアル』No.173（1965-7増）

大谷正春『尺別鉄道50年の軌跡』（1984）ケーエス興産

ワフ1（ワフ1形）
8t積の有蓋緩急車。大正2年神戸工場製の国鉄ワフ206を昭和28年に譲受。窓2枚を増設して代用客車として使用。
昭和37.7.15　新尺別　星良助

ワフ2（ワフ1形）
10t積の有蓋緩急車。明治44年大宮工場製の国鉄ワフ3343を譲受。本車も代用客車だが、車長があるため増設窓は3枚。
昭和37.7.15　新尺別　星良助

トム4（トム1形）
15t積の無蓋車。大正5年川崎製の国鉄トム1666を昭和29年にアオリ戸式に改造のうえで譲受したもの。
昭和37.7.15　尺別炭山　星良助

チム22（チム20形）
15t積の長物車。昭和32年に観音開式無蓋車であるトム91を改造。
昭和37.7.15　尺別炭山　星良助

（雄別炭礦尺別専用鉄道）→雄別炭礦尺別鉄道

機関車

番号	製造・改造	出自	手続日 改番日	種別	竣功届			用途廃止	異動先
11	大12.7　コッペル	雄別鉄道11	昭24.8.6	譲				昭25.3	雄別炭礦茂尻
27	昭14.1　中山		昭19.3					昭25.3	雄別炭礦茂尻
101	昭17　立山	日本冶金大江山101	昭25.4.12	譲	昭25.12.27			昭39.8.28	
1311	大11　BLW	国鉄1311	昭27.4.23	設	昭27.5.26			昭32.4.5	
2196	明36　NBS	国鉄2196	昭27.4.23	設	昭27.5.26			昭34.10.1	
2411	明37　ベルリーナ	国鉄2411	昭25.6.23	譲	昭25.12.27			昭33.5.20	
7212	明29　BLW	雄別鉄道7212	昭24.8.6	譲				昭25.12.5	
C12001	昭23.1　日車	土佐電鉄C12001	昭28.2.19	設	昭32.4.5			昭45.4.16	
C1256	昭8.12　汽車	雄別鉄道C1256	昭33.6.24	譲	昭33.7.26			昭45.4.16	
C1296	昭9.11　三菱	国鉄C1296	昭35.2.11	設	昭35.3.10			昭45.4.16	

客車

番号	製造・改造	出自	手続日 改番日	種別	竣功届	ハ→ハフ 改造	空気ブレーキ設置	改番を伴う設計変更	用途廃止	異動先
ハフ1	明27.5　三田	西武ハフ1	昭24.4.11	譲	昭24.10.20				昭40.3.12	
ハフ2	明27.5　三田	西武ハフ2	昭24.4.11	譲	昭24.10.20				昭40.3.12	
ハ3	明27.9　三田	西武ハフ3	昭24.4.11	譲	昭24.10.20				昭40.3.12	
ハ4	明27.12　平岡	西武ハフ4	昭24.4.11	譲	昭24.10.20				昭40.3.12	
ハ5	明27.12　平岡	西武ハフ4	昭26.10.16	設	昭28.5.7				昭40.3.12	
ハ6	昭31　自社改	ハ13	昭31.3.22	変	昭32.4.17				昭40.3.12	
ハ7	昭31　自社改	ハ17	昭31.3.22	変	昭32.4.17				昭40.3.12	
ハ11	大11.12　日車東京	雄別鉄道ハ1	昭33.5.19	設	昭33.6.25	昭39.1.7			昭45.4.16	
ハ12	大11.12　日車東京	雄別鉄道ハ2	昭33.5.19	設	昭33.6.25		昭39.12.22		昭45.4.16	
ハ13（I）		三菱美唄ハ13	昭25.4.12	譲	昭25.12.27			昭31.3.22		→ハ6
ハ13（II）	大11.12　日車東京	雄別鉄道ハ3	昭33.5.19	設	昭33.6.25		昭39.12.22		昭45.4.16	
ハ14		雄別鉄道ハ4	昭32.10.15	設					昭35.4.20	
ハフ15		雄別鉄道フハ5	昭32.10.15	設						
ハフ16		雄別鉄道フハ7	昭32.10.15	設					昭35.4.20	
ハ17		三菱美唄ハ17	昭25.4.12	譲	昭25.12.27			昭31.3.22		→ハ7

123) 実は建設および開業後に備え、前もって国鉄払下機である7200形3両を保有していた。これらも免許とともに引き継がれ、雄別鉄道本線で使用されることになる。
124) 大谷正春『尺別鉄道50年の軌跡』(1984)ケーエス興産 p 45に本件に関する原資料が掲載されている。
125) 前掲 (124) p 79
126) この改造は無認可で行ったらしく時期は不明。青木栄一氏が昭和29年8月17日に撮影された写真（小熊米雄「尺別鉄道」『鉄道ピクトリアル』No.173 (1965-7増) p 16掲載）によるとドア式に改造済。
127) 従来、名鉄ツ80と言われているが、名鉄の10t積通風車の番号は一貫して600番台であり、風化した番号を小熊米雄氏が読み間違えて伝わった。本件は澤内一晃「私鉄貨車研究要説4」『RAILFAN』No.623 (2004-9) p 11も参照のこと。
128) 前掲 (124) p 135

貨車

番号	製造・改造	出自	手続日 改番日	種別	竣功届	アオリ戸改造	空気ブレーキ設置	改造認可改番日	用途廃止	異動先
【ワ11形】										
ワ14	明33.9　平岡	国鉄ワ5433*	昭24.4.11	譲	昭24.10.20				昭45.4.16	
ワ15	明40.7　大宮工	国鉄ワ1197	昭24.4.11	譲	昭24.10.20			昭33.9.30		→チ2
ワ16	大2.10　汽車	国鉄ワ9513	昭24.4.11	譲	昭24.10.20				昭45.4.16	
ワ17	明30.3　日車	国鉄ワ2353	昭28.9.1	設	昭28.10.17			昭33.9.30		→チ1
ワ18	明38　汽車	国鉄ワ2473	昭28.9.1	設	昭28.10.17				昭45.4.16	
【ワフ1形】										
ワフ1	大2.6　神戸工	国鉄ワフ206	昭28.9.1	設	昭28.10.17				昭39.4.14	
ワフ2	明44.5　大宮工	国鉄ワフ3343	昭28.9.1	設	昭28.10.17				昭42.11.27	
【ト200形】										
ト201	明39-40　ブレスド	雄別鉄道ト201	昭26.6.19	設	昭26.7.23				昭39.6.18	
ト202	明39-40　ブレスド	雄別鉄道ト202	昭26.6.19	設	昭26.7.23				昭31.1.11	
ト204	明39-40　ブレスド	雄別鉄道ト204	昭26.6.19	設	昭26.7.23				昭39.6.18	
ト206	明39-40　ブレスド	雄別鉄道ト206	昭26.6.19	設	昭26.7.23				昭32.4.5	
ト207	明39-40　ブレスド	雄別鉄道ト207	昭26.6.19	設	昭26.7.23				昭39.6.18	
ト208	明39-40　ブレスド	雄別鉄道ト208	昭26.6.19	設	昭26.7.23				昭32.4.5	
ト210	明39-40　ブレスド	雄別鉄道ト210	昭26.6.19	設	昭26.7.23				昭39.6.18	
ト212	明39-40　ブレスド	雄別鉄道ト212	昭26.6.19	設	昭26.7.23				昭39.6.18	
ト214	明39-40　ブレスド	雄別鉄道ト214	昭26.6.19	設	昭26.7.23				昭31.1.11	
ト215	明39-40　ブレスド	雄別鉄道ト215	昭26.6.19	設	昭26.7.23				昭39.6.18	
ト217	明39-40　ブレスド	雄別鉄道ト217	昭26.6.19	設	昭26.7.23				昭31.1.11	
ト218	明39-40　ブレスド	雄別鉄道ト218	昭26.6.19	設	昭26.7.23				昭39.6.18	
ト219	明39-40　ブレスド	雄別鉄道ト219	昭26.6.19	設	昭26.7.23				昭39.6.18	
ト221	明39-40　ブレスド	雄別鉄道ト221	昭26.6.19	設	昭26.7.23				昭31.1.11	
ト222	明39-40　ブレスド	雄別鉄道ト222	昭26.6.19	設	昭26.7.23				昭31.1.11	
【トム1形】										
トム1	大4.1　日車	国鉄トム23	昭29.3.24	設	昭29.9.18	昭29.8.17			昭42.11.27	
トム2	大4.7　日車	国鉄トム1070	昭29.3.24	設	昭29.9.18	昭29.8.17			昭42.11.27	
トム3	大4.8　日車	国鉄トム1185	昭29.3.24	設	昭29.9.18	昭29.8.17			昭42.11.27	
トム4	大5.12　川崎	国鉄トム1666	昭29.3.24	設	昭29.9.18	昭29.8.17			昭42.11.27	
トム5	大4.3　日車	国鉄トム2053	昭29.3.24	設	昭29.9.18	昭29.8.17			昭42.11.27	
トム6	大15.7　東洋	トム86	昭33.12.22	変	昭34.1.15		昭39.8.26		昭45.4.16	
トム7	大15.5　日車	トム87	昭33.12.22	変	昭34.1.15		昭39.8.26		昭45.4.16	
トム8	大15.7　東洋	トム88	昭34.1.15	称			昭39.8.26		昭45.4.16	
【トム80形】										
トム84	大15.7　東洋	雄別鉄道トム84	昭26.6.19	設	昭26.7.23			昭32.10.15		→チム21
トム86	大15.7　東洋	雄別鉄道トム86	昭26.6.19	設	昭26.7.23			昭33.12.22		→トム6
トム87	大15.5　日車	雄別鉄道トム87	昭26.6.19	設	昭26.7.23			昭33.12.22		→トム7
トム88	大15.7　東洋	雄別鉄道トム88	昭26.6.19	設	昭26.7.23			昭34.1.15		→トム8
トム91	大15.7　東洋	雄別鉄道トム91	昭26.6.19	設	昭26.7.23			昭32.10.15		→チム22
【トム100形】										
トム101	昭19.8　木南		昭18.5.31	設					昭45.4.16	
トム102	昭19.8　木南		昭18.5.31	設					昭45.4.16	
トム103	昭19.8　木南		昭18.5.31	設					昭45.4.16	
トム104	昭19.8　木南		昭18.5.31	設					昭45.4.16	
トム105	昭19.8　木南		昭18.5.31	設					昭45.4.16	
【チ1形】										
チ1	明40.7　大宮工	ワ17	昭33.9.30	変	昭33.10.20				昭42.11.27	
チ2	明30.3　日車	ワ15	昭33.9.30	変	昭33.10.20				昭42.11.27	
【チム20形】										
チム21	大15.7　東洋	トム84	昭32.10.15	変	昭32.11.6				昭39.4.14	
チム22	大15.7　東洋	トム91	昭32.10.15	変	昭32.11.6				昭39.4.14	

*…現車は名鉄ツ608と振替

苫小牧港開発

新苫小牧－石油埠頭
10.2km
軌間：1067mm
動力：内燃

■ 沿革

　大正後期より度々、北海道庁による苫小牧築港計画が俎上に上るが、遠浅で潮流の激しい海域ということから失敗続きだった。しかし、昭和10年の試験工事で突堤が築かれており、昭和24年の港湾法設定に際して地方港湾の一つに認定される。これを足がかりに取扱能力が限界に達しつつあった室蘭や小樽の補助港としての価値を認めた国の手で、昭和26年より我国初の内陸掘り込み港である苫小牧港が着工されることになる。

　これに伴い埠頭整備と開港後の石炭積出作業請負を目的に、北海道東北開発公庫と苫小牧市および炭礦各社の出資で苫小牧港開発が設立される。しかし、昭和30年代に入ると石炭産業斜陽化の兆しが見え始め、開港直前の昭和37年に策定された第一次全国総合開発計画において、苫小牧を道央新産業都市に指定し工業港へ方向転換が図られた。以後、当社は工業団地の造成と誘致を進めるが、石油ターミナルの誘致に成功した際、交換条件として臨海鉄道の敷設を求められた。そこで工業団地内の輸送体系を確立し、さらなる企業誘致を図るべく昭和43年12月3日に鉄道を開業、次いで苫小牧市埠頭線の運転管理も受託する。しかし、昭和50年代以降の鉄道貨物の衰退により平成11年4月1日に休止となり、次いで平成13年3月31日に廃止となる。

■ 機関車

　D3501～3503は苫小牧市埠頭線より受託したもので、日立製の35t凸形ロッド式ディーゼル機関車。エンジンは日立V4VL4/14T（350PS/2000rpm）×1、液体変速機は新潟DBS115の組み合わせで重連総括制御が可能であった。主に新苫小牧ヤードの入替用として使用。D5501・5502も苫小牧市埠頭線受託機で汽車製の55tセミセンターキャブ凸形ディーゼル機関車。エンジンはDMF31SB（500PS/1500rpm）×1、液体変速機はDS1.2/1.35の組み合わせ。簡略な台車を履く腰高な形態の機関車で、我国に同型車は存在しないが輸出機関車にいくつか仲間と思われるものが散見される。主に石炭埠頭で使用された。D5601～5606は56t凸形ディーゼル機関車。エンジンはDMF31SB（500PS/1500rpm）×2、液体変速機はDS1.2/1.35の組み合わせ。国鉄DD13形の亜流機だが正面出入口が2ヶ所少なく、厳密に言えば同和小坂DD130形が同型となる。D5603以降はラジエターが大型のものに変更され車体長が伸びた。終始本線運用の主力であった。

■ 貨車

　ワフ22000形（ワフ1）は国鉄ワフ122000形の払下車で2t積鋼製有蓋緩急車。要は国鉄ワフ22000形が一段リンクのまま取り残された形式である。

■ 参考文献

牧野田知「苫小牧港開発」『鉄道ピクトリアル』No.259（1971-12増）

苫小牧港開発『苫小牧港開発株式会社二十年史』(1980)

今井理・河野哲也「北海道の専用鉄道、専用線」『鉄道ピクトリアル』No541（1991-3増）

D3503（HRA-35BB形）
昭和38年日立製の35t機。同形式同士で総括制御が可能で、端梁連結器両脇のジャンパ栓に注意。
昭和45.8.18　新苫小牧
堀井純一

D5501（55BB形）
昭和41年汽車製の55t機。ボンネットに埋め込まれた1灯式前照灯やキャブ形状などは、輸出機に類例がある。
昭和45.8.18　新苫小牧　堀井純一

D5601（D5600形）
昭和43年汽車製の56t機。D5601と5602は国鉄DD13形と同型だが、正面扉は片側のみとなっている。
平成2.5.　新苫小牧　大幡哲海

ワフ1（ワフ22000形）
2t積の有蓋緩急車。昭和23年木南製の国鉄ワフ122884を譲受。本車は一段リンク式のまま残されたグループである。
昭和45.8.18　新苫小牧　堀井純一

D5603（D5600形）
昭和47年川崎製。D5600形の増備機はラジエターが大型化したことから、車体長が若干長い。
平成2.5.　新苫小牧　大幡哲海

1031（苫小牧市専用側線）→苫小牧港開発
機関車

番号	製造・改造		出自	手続日 改番日	種別	竣功届			用途廃止	異動先
D3501	昭38.1	日立	苫小牧市埠頭						昭53.8.31	
D3502	昭38.1	日立	苫小牧市埠頭						昭53.8.31	
D3503	昭38.1	日立	苫小牧市埠頭						昭52.3.14	
D5501	昭41.12	汽車	苫小牧市埠頭						昭59.4.18	
D5502	昭41.12	汽車	苫小牧市埠頭						昭59.4.18	
D5601	昭43.11	汽車		昭43.11.21	設	昭43.12.			平11.4.1	
D5602	昭43.11	汽車		昭43.11.21	設	昭43.12.			平元.3.31	
D5603	昭47	川崎				昭47.11.			平8.5.30	旭川通運
D5604	昭47	川崎				昭47.11.			平11.4.1	名古屋臨海鉄道
D5605	昭47	川崎				昭47.11.			平11.4.1	名古屋臨海鉄道
D5606	昭52	川崎				昭52.10.			平11.4.1	十勝鉄道芽室側線

貨車

番号	製造・改造		出自	手続日 改番日	種別	竣功届			用途廃止	異動先
【ワフ22000形】										
ワフ1	昭23.11	木南	国鉄ワフ122884	昭44.10.20	設	昭44.12.19			昭57.11.15	

札幌市営地下鉄

麻生－真駒内（南北線）	14.3km
宮の沢－新札幌（東西線）	20.1km
福住－栄町（東豊線）	13.6km
軌間：案内軌条式	
動力：電気	

■ 沿革

　札幌市は戦後、道都として膨張を続けるが、積雪やモータリゼーションの進展で軌道やバスの表定速度が落ち、交通確保が困難になりつつあった。そこで昭和41年8月に高速軌道等調査専門委員会が設置され、翌年7月に昭和60年度までに茨戸－藤の沢と発寒勤労者団地（現・宮の沢）－ひばりが丘間に地下鉄を整備するのが適当との答申がまとめられた。おりしも昭和47年の冬季オリンピック開催が決まり、メイン会場となる真駒内へのアクセスとなる南北線を急ぎ整備する必要に迫られた。そこで各方面から廃止要請が出ていた定山渓鉄道の路盤を買収し、昭和46年12月16日に開業後、これを麻生に延伸する。昭和50年代は新興住宅地の西区・白石区と都心を結ぶ東西線を建設し、平成11年2月25日の宮の沢開通で計画区間を全通させた。さらに昭和63年12月2日には東区・豊平区と都心を結ぶ東豊線が開通するが、同線の建設は採算性とは別の観点から各区均衡に路線網を形成せざるを得ない公営企業体としての事情もからんでいると思われる。

　ところで、札幌市の地下鉄は世界的に珍しい中央案内軌条式ゴムタイヤ軌道である。特殊な方式に固執した理由は加減速性能確保との技術的課題と、郊外区間は高架線で建設する方針から騒音防止に配慮する必要があったためである。当時としては特異な乗り物だったが、今日的視点から考えれば「新交通システム」の元祖と言えなくもない。なお、集電方式は南北線が第三軌条方式であるのに対し、東西線と東豊線は一般的な架空電車線方式になっている。

■ 電車

　上記のように札幌市営地下鉄は特殊方式につき、車両はシステムを開発した川崎の随意契約で納入されている。さらに軽量化のため歴代全車がアルミ合金製で、閉鎖環境を生かして車体幅も3m超と、国鉄の建設規定すら上回る独自規格になっている。一方でモーターや制御器は競争入札を前提とする公営事業体との事情から各メーカー入り乱れているため、本稿は出力と制御方式を記載するにとどめることとした。附番基準は昭和50年代以降、千位が系列、百位が連結位置[129]、十位以下が編成番号を示すものになっており、本局のみ車歴表を編成順配列としたほか、解説も系列単位で行うこととする。

　1000・2000系は南北線開通時に投入された北欧調デザインの13m級連接車。MM'ユニット編成で窓配置は先頭車がd2D3D1、中間車が3D3D1。軸配置は両端と連接部にある1軸の操向台車と車体直下のボギー動台車から構成される特殊な7輪構成になっている。モーター出力は90kW×2で駆動方式は車体装架直角カルダン式、制御方式は電動カム軸式の抵抗制御で偶数号車に主制御器を持

1002+1001
（1000形）

昭和45年川崎製。独特な7輪構成の連接車で、車体中央のボギーが動台車。写真は試作車で当初はすべての窓が固定式だった。昭和53年に2420+2320に改番。
昭和45．川崎重工
（札幌市交通局蔵）

182

札幌市営地下鉄2000系編成別改番対照図

Mc1	M2	M1	M2	M1	M2	M1	Mc2
2101	2201	2301	2401	2501	2601	2701	2801
2102	2202	2302	2402	2502	2602	2702	2802
2103	2203	2303	2403	2503	2603	2703	2803
2104	2204	2304	2404	2504	2604	2704	2804
1017→2105	2205	2305	2405	2505	2605	2705	1018→2805
1019→2106	2206	2306	2406	2506	2606	2706	1020→2806
2029→2107	2030→2207	2307	2407	2507	2607	2031→2707	2032→2807
2033→2108	2034→2208	2308	2408	2508	2608	2035→2708	2036→2808
1011→2109	2209	2309	2409	2509	2609	2709	1012→2809
1015→2110	2210	2310	2410	2510	2610	2710	1016→2810
1013→2111	2211	2311	2411	2511	2611	2711	1014→2811
1009→2112	2212	2312	2412	2512	2612	2712	1010→2812
2009→2113	2010→2213	2053→2313	2054→2413	2055→2513	2056→2613	2011→2713	2012→2813
1021→2037→2114	2038→2214	2057→2314	2058→2414	2059→2514	2060→2614	2039→2714	1022→2040→2814
1027→2049→2115	2050→2215	2061→2315	2062→2415	2063→2515	2064→2615	2051→2715	1028→2052→2815

Mc1	M2	M1	Mc2	Mc1	M2	M1	Mc2
2005→2116	2006→2216	2007→2316	2008→2416	2013→2516	2014→2616	2015→2716	2016→2816
2021→2117	2022→2217	2023→2317	2024→2417	2025→2517	2026→2617	2027→2717	2028→2817
1023→2041→2118	2042→2218	2043→2318	1024→2044→2418	1025→2045→2518	2046→2618	2047→2718	1026→2048→2818

Mc1	M2	M1	M2	M1	Mc2	Mc1	Mc2
1007→2119	2002→2219	2019→2319	2018→2419	2003→2519	2004→2619	2001→2719	1008→2819

Mc1	Mc2	Mc1	Mc2	Mc1	Mc2	Mc1	Mc2
1005→2120	1004→2220	1001→2320	1002→2420	1003→2520	1006→2620	2017→2720	2020→2780

つ。1000系と2000系の違いは編成両数の差でしかなく、昭和51～53年にかけて現行の編成配列別附番を導入するにあたり複雑な改番を行って統合された。**3000系**[130]は6000系をベースに南北線用に設計された13m級連接車。ボギー台車による一般的な連接構造に改められたがMM'ユニット編成は継承されている。窓配置は先頭車が1d1D3D1、中間車が3D3D1。モーター出力は110kW×2で制御方式は回生ブレーキ付の電機子チョッパ制御。編成構成は3100・3600形にCP、3200・3600形に主制御器、3400・3800形にSIVを配する。**5000系**[131]は南北線用の18m車で通常のボギー車となる。窓配置は先頭車がdD1D1D1D1、中間車が1D1D1D1D1。モーター出力は150kW×4で制御方式はIGBT-VVVFインバーター制御。1M方式で編成構成は5200・5300・5500形が電動車。5400形にCP、5100・5600形にSIVを配する。**6000系**は東西線用の18m車で窓配置は先頭車が1dD3D3D1、中間車が1D3D3D1。ただし試作車である6101Fのみ先頭形状が異なるためdD3D3D1である。一般的なボギー車とするにあたりタイヤ1個につき1つのモーターを配するモノモーター方式四輪独立懸架台車を開発し、札幌市営地下鉄の基本形を確立した。モーター出力は70kW×8で制御方式は回生ブレーキ付の電機子チョッパ制御。編成構成は6100・6400・6900形が電動車、主制御器を6200・6600形、CPを6300形、SIVを6300・6600形に配す。**7000系**[132]は東豊線用の18m車で窓配置は先頭車が1dD3D3D1、中間車が1D3D3D1。基本的には6000系をベースとするが、モーター出力は75kW×8に増強された。両端先頭車が電動車で、7200形に主制御器、7300形にCPとSIVを配する。

3101（3100形）
昭和53年川崎製の南北線用車で、常識的な連接構造になった。登場時の短期間のみ施された正面塗装に注意。
　　　　　昭和53．川崎重工（札幌市交通局蔵）

8000系[133]は東西線用の18m車で窓配置は先頭車がdD3D3D1、中間車が1D3D3D1。モーター出力は70kW×8で制御方式はIGBT-VVVFインバーター制御。1M方式で8200・8300・8800形が電動車。8400形にCP、8100・8900形にSIVを配する。なお8300形の大部分は東西線7連化にあたり当初6000系の増結中間車として使用されていた。

■ **参考文献**
米沢和夫「札幌市高速鉄道計画と案内軌条式車両」『鉄道ピクトリアル』No.240（1970-8）
札幌市交通局「札幌市地下鉄東西線の建設」『鉄道ピクトリアル』No.294（1974-6）
奥野和弘「札幌市地下鉄東西線いよいよ開通」『鉄道ファン』No.184（1976.8）
「札幌市営地下鉄」『鉄道ピクトリアル』No.525（1990.3増）
近藤貴文「札幌市営地下鉄　その歴史、路線、車両」『鉄道ピクトリアル』No.733（2003-7）

5101ほか（5100形）
平成7年川崎製の南北線用車。ラッシュ時の輸送力増強のため、ボギー構造による18m級4扉車となる。
　　　　　平成7．川崎重工（札幌市交通局蔵）

6101ほか（6100形）

昭和50年川崎製の東西線用車。18m級3扉車で、一般的なボギー構造になった。写真は試作車で丸みを帯びた正面デザインが特徴。
　　昭和50．川崎重工
　　　（札幌市交通局蔵）

6102ほか（6100形）

昭和51年川崎製。6000系の量産車で、直線的な正面デザインになり、塗装で分かりづらいが腰部側帯の上から2段目に補強リブが1本追加されている。
　　昭和51．川崎重工
　　　（札幌市交通局蔵）

6201（6200形）

昭和50年川崎製。2両目に連結される主制御器搭載の附随車。写真は試作車で、補強リブがなく扉窓が若干大きい。
　　昭和50．川崎重工（札幌市交通局蔵）

6302（6300形）

昭和51年川崎製。3両目に連結される附随車でSIVとCPを搭載する。両車端部屋根上にパンタグラフがある。
　　昭和51．川崎重工（札幌市交通局蔵）

---

[129] 最終的に東西線は9両編成、東豊線は8両編成となる計画で建設されているため、平成26年時点において東西線の5、7号車と東豊線の4～7号車が欠番になっている。
[130] 奥野和弘「札幌地下鉄にニューフェース3000系登場」『鉄道ファン』No.212（1978.12）も参照のこと。
[131] 『鉄道ピクトリアル・新車年鑑1996年版』No.628（1996.10増）p106-107も参照のこと。
[132] 『鉄道ピクトリアル・新車年鑑1988年版』No.496（1988.5増）p134-135も参照のこと。
[133] 『鉄道ピクトリアル・新車年鑑1999年版』No.676（1999.10増）p108-110も参照のこと。

札幌市営地下鉄
電車

番号	製造・改造		出自	手続日 改番日	種別	竣功届	改番 昭53.2.24	8000系 編入工事	ATO ワンマン化	用途廃止 又は改番	異動先
1001	昭45	川崎		昭44. 6. 3	設	昭45.11.19	2320			昭60. 3.29	
1002	昭45	川崎		昭44. 6. 3	設	昭45.11.19	2420			昭60. 3.29	
1003	昭46	川崎		昭46.12.22	増		2520			昭60. 3.29	
1004	昭46	川崎		昭46.12.22	増		2220			昭60. 3.29	
1005	昭46	川崎		昭46.12.22	増		2120			昭60. 3.29	
1006	昭46	川崎		昭46.12.22	増		2620			昭60. 3.29	
1007	昭46	川崎		昭46.12.22	増		2119			昭60. 6. 5	
1008	昭46	川崎		昭46.12.22	増		2819			昭60. 6. 5	
1009	昭46	川崎		昭46.12.22	増		2112			平10. 2. 9	
1010	昭46	川崎		昭46.12.22	増		2812			平10. 2. 9	
1011	昭46	川崎		昭46.12.22	増					昭53. 1.12	→2109
1012	昭46	川崎		昭46.12.22	増					昭53. 1.12	→2809
1013	昭46	川崎		昭46.12.22	増					昭53. 1.12	→2111
1014	昭46	川崎		昭46.12.22	増					昭53. 1.12	→2811
1015	昭46	川崎		昭46.12.22	増					昭53. 1.12	→2110
1016	昭46	川崎		昭46.12.22	増					昭53. 1.12	→2810
1017	昭46	川崎		昭46.12.22	増					昭51.10.13	→2105
1018	昭46	川崎		昭46.12.22	増					昭51.10.13	→2805
1019	昭46	川崎		昭46.12.22	増					昭51.10.13	→2106
1020	昭46	川崎		昭46.12.22	増					昭51.10.13	→2806
1021	昭46	川崎		昭46.12.22	増					昭47.12. 8	→2037
1022	昭46	川崎		昭46.12.22	増					昭47.12. 8	→2040
1023	昭46	川崎		昭46.12.22	増					昭47.12. 8	→2041
1024	昭46	川崎		昭46.12.22	増					昭47.12. 8	→2044
1025	昭46	川崎		昭46.12.22	増					昭47.12. 8	→2045
1026	昭46	川崎		昭46.12.22	増					昭47.12. 8	→2048
1027	昭46	川崎		昭46.12.22	増					昭47.12. 8	→2049
1028	昭46	川崎		昭46.12.22	増					昭47.12. 8	→2052
2001	昭46	川崎		昭45.11. 9	設	昭46.11.27	2719			昭60. 6. 5	
2002	昭46	川崎		昭45.11. 9	設	昭46.11.27	2219			昭60. 6. 5	
2003	昭46	川崎		昭45.11. 9	設	昭46.11.27	2519			昭60. 6. 5	
2004	昭46	川崎		昭45.11. 9	設	昭46.11.27	2619			昭60. 6. 5	
2005	昭46	川崎		昭45.11. 9	設	昭46.11.27	2116			平 7.10.14	
2006	昭46	川崎		昭45.11. 9	設	昭46.11.27	2216			平 7.10.14	
2007	昭46	川崎		昭45.11. 9	設	昭46.11.27	2316			平 7.10.14	
2008	昭46	川崎		昭45.11. 9	設	昭46.11.27	2416			平 7.10.14	
2009	昭46	川崎		昭45.11. 9	設	昭46.12.22	2113			平10. 8. 7	
2010	昭46	川崎		昭45.11. 9	設	昭46.12.22	2213			平10. 8. 7	
2011	昭46	川崎		昭45.11. 9	設	昭46.12.22	2713			平10. 8. 7	
2012	昭46	川崎		昭45.11. 9	設	昭46.12.22	2813			平10. 8. 7	
2013	昭46	川崎		昭45.11. 9	設	昭46.11.27	2516			平 7.10.14	
2014	昭46	川崎		昭45.11. 9	設	昭46.11.27	2616			平 7.10.14	
2015	昭46	川崎		昭45.11. 9	設	昭46.11.27	2716			平 7.10.14	
2016	昭46	川崎		昭45.11. 9	設	昭46.11.27	2816			平 7.10.14	
2017	昭46	川崎		昭45.11. 9	設	昭46.11.27	2720			昭60. 3.29	
2018	昭46	川崎		昭45.11. 9	設	昭46.11.27	2419			昭60. 6. 5	
2019	昭46	川崎		昭45.11. 9	設	昭46.11.27	2319			昭60. 6. 5	
2020	昭46	川崎		昭45.11. 9	設	昭46.11.27	2820			昭60. 3.29	
2021	昭46	川崎		昭45.11. 9	設	昭46.11.27	2117			平 9. 3. 1	
2022	昭46	川崎		昭45.11. 9	設	昭46.11.27	2217			平 9. 3. 1	
2023	昭46	川崎		昭45.11. 9	設	昭46.11.27	2317			平 9. 3. 1	
2024	昭46	川崎		昭45.11. 9	設	昭46.11.27	2417			平 9. 3. 1	
2025	昭46	川崎		昭45.11. 9	設	昭46.11.27	2517			平 9. 3. 1	
2026	昭46	川崎		昭45.11. 9	設	昭46.11.27	2617			平 9. 3. 1	
2027	昭46	川崎		昭45.11. 9	設	昭46.11.27	2717			平 9. 3. 1	
2028	昭46	川崎		昭45.11. 9	設	昭46.11.27	2817			平 9. 3. 1	
2029	昭47	川崎		昭47. 6.13	増					昭51.10.13	→2107
2030	昭47	川崎		昭47. 6.13	増					昭51.10.13	→2207
2031	昭47	川崎		昭47. 6.13	増					昭51.10.13	→2707
2032	昭47	川崎		昭47. 6.13	増					昭51.10.13	→2807
2033	昭47	川崎		昭47. 6.13	増					昭51.10.13	→2108
2034	昭47	川崎		昭47. 6.13	増					昭51.10.13	→2208
2035	昭47	川崎		昭47. 6.13	増					昭51.10.13	→2708
2036	昭47	川崎		昭47. 6.13	増					昭51.10.13	→2808
2037	昭46	川崎	1021	昭47.12. 8	称		2114			平11. 5.14	

番号	製造・改造		出自	手続日 改番日	種別	竣功届	改番 昭53.2.24	8000系 編入工事	ATO ワンマン化	用途廃止 又は改番	異動先
2038	昭47	川崎		昭47. 9.26	増		2214			平11. 5.14	
2039	昭47	川崎		昭47. 9.26	増		2714			平11. 5.14	
2040	昭46	川崎	1022	昭47.12. 8	称		2814			平11. 5.14	
2041	昭46	川崎	1023	昭47.12. 8	称		2118			平 2. 3.31	
2042	昭47	川崎		昭47. 9.26	増		2218			平 2. 3.31	
2043	昭47	川崎		昭47. 9.26	増		2318			平 2. 3.31	
2044	昭46	川崎	1024	昭47.12. 8	称		2418			平 2. 3.31	
2045	昭46	川崎	1025	昭47.12. 8	称		2518			平 2. 3.31	
2046	昭47	川崎		昭47. 9.26	増		2618			平 2. 3.31	
2047	昭47	川崎		昭47. 9.26	増		2718			平 2. 3.31	
2048	昭46	川崎	1026	昭47.12. 8	称		2818			平 2. 3.31	
2049	昭46	川崎	1027	昭47.12. 8	称		2115			平10. 8.10	
2050	昭47	川崎		昭47. 9.26	増		2215			平10. 8.10	
2051	昭47	川崎		昭47. 9.26	増		2715			平10. 8.10	
2052	昭46	川崎	1028	昭47.12. 8	称		2815			平10. 8.10	
2053	昭49	川崎		昭49. 8. 3	増		2313			平10. 8. 7	
2054	昭49	川崎		昭49. 8. 3	増		2413			平10. 8. 7	
2055	昭49	川崎		昭49. 8. 3	増		2513			平10. 8. 7	
2056	昭49	川崎		昭49. 8. 3	増		2613			平10. 8. 7	
2057	昭49	川崎		昭49. 7.11	増		2314			平11. 5.14	
2058	昭49	川崎		昭49. 7.11	増		2414			平11. 5.14	
2059	昭49	川崎		昭49. 7.11	増		2514			平11. 5.14	
2060	昭49	川崎		昭49. 7.11	増		2614			平11. 5.14	
2061	昭49	川崎		昭49. 7.11	増		2315			平10. 8.10	
2062	昭49	川崎		昭49. 7.11	増		2415			平10. 8.10	
2063	昭49	川崎		昭49. 8. 3	増		2515			平10. 8.10	
2064	昭49	川崎		昭49. 8. 3	増		2615			平10. 8.10	
2101	昭50	川崎		昭50. 1.28	増					平10.11.18	
2201	昭50	川崎		昭50. 1.28	増					平10.11.18	
2301	昭50	川崎		昭50. 1.28	増					平10.11.18	
2401	昭50	川崎		昭50. 1.28	増					平10.11.18	
2501	昭53	川崎		昭53. 3.13	増					平10.11.18	
2601	昭53	川崎		昭53. 3.13	増					平10.11.18	
2701	昭50	川崎		昭50. 1.28	増					平10.11.18	
2801	昭50	川崎		昭50. 1.28	増					平10.11.18	
2102	昭50	川崎		昭50. 2.18	増					平 9.11.20	
2202	昭50	川崎		昭50. 2.18	増					平 9.11.20	
2302	昭50	川崎		昭50. 2.18	増					平 9.11.20	
2402	昭50	川崎		昭50. 2.18	増					平 9.11.20	
2502	昭53	川崎		昭53. 3.13	増					平 9.11.20	
2602	昭53	川崎		昭53. 3.13	増					平 9.11.20	
2702	昭50	川崎		昭50. 2.18	増					平 9.11.20	
2802	昭50	川崎		昭50. 2.18	増					平 9.11.20	
2103	昭50	川崎		昭50. 3.31	増					平 8.12.10	
2203	昭50	川崎		昭50. 3.31	増					平 8.12.10	
2303	昭50	川崎		昭50. 3.31	増					平 8.12.10	
2403	昭50	川崎		昭50. 3.31	増					平 8.12.10	
2503	昭53	川崎		昭53. 3.13	増					平 8.12.10	
2603	昭53	川崎		昭53. 3.13	増					平 8.12.10	
2703	昭50	川崎		昭50. 3.31	増					平 8.12.10	
2803	昭50	川崎		昭50. 3.31	増					平 8.12.10	
2104	昭50	川崎		昭50. 3.31	増					平 9.12. 8	
2204	昭50	川崎		昭50. 3.31	増					平 9.12. 8	
2304	昭50	川崎		昭50. 3.31	増					平 9.12. 8	
2404	昭50	川崎		昭50. 3.31	増					平 9.12. 8	
2504	昭53	川崎		昭53. 3.13	増					平 9.12. 8	
2604	昭53	川崎		昭53. 3.13	増					平 9.12. 8	
2704	昭50	川崎		昭50. 3.31	増					平 9.12. 8	
2804	昭50	川崎		昭50. 3.31	増					平 9.12. 8	
2105	昭46	川崎	1017	昭51.10.13	称					平 9. 3.21	
2205	昭51	川崎		昭51.10.13	増					平 9. 3.21	
2305	昭51	川崎		昭51.10.13	増					平 9. 3.21	
2405	昭51	川崎		昭51.10.13	増					平 9. 3.21	
2505	昭53	川崎		昭53. 3.13	増					平 9. 3.21	
2605	昭53	川崎		昭53. 3.13	増					平 9. 3.21	
2705	昭51	川崎		昭51.10.13	増					平 9. 3.21	
2805	昭46	川崎	1018	昭51.10.13	称					平 9. 3.21	
2106	昭46	川崎	1019	昭51.10.13	称					平11. 6.25	

番号	製造・改造		出自	手続日 改番日	種別	竣功届	改番 昭53.2.24	8000系 編入工事	ATO ワンマン化	用途廃止 又は改番	異動先
2206	昭51	川崎		昭51.10.13	増					平11. 6.25	
2306	昭51	川崎		昭51.10.13	増					平11. 6.25	
2406	昭51	川崎		昭51.10.13	増					平11. 6.25	
2506	昭53	川崎		昭53. 3.13	増					平11. 6.25	
2606	昭53	川崎		昭53. 3.13	増					平11. 6.25	
2706	昭51	川崎		昭51.10.13	増					平11. 6.25	
2806	昭46	川崎	1020	昭51.10.13	称					平11. 6.25	
2107	昭47	川崎	2029	昭51.10.13	称					平10.10.26	
2207	昭47	川崎	2030	昭51.10.13	称					平10.10.26	
2307	昭51	川崎		昭51.10.13	増					平10.10.26	
2407	昭51	川崎		昭51.10.13	増					平10.10.26	
2507	昭53	川崎		昭53. 3.13	増					平10.10.26	
2607	昭53	川崎		昭53. 3.13	増					平10.10.26	
2707	昭47	川崎	2031	昭51.10.13	称					平10.10.26	
2807	昭47	川崎	2032	昭51.10.13	称					平10.10.26	
2108	昭47	川崎	2033	昭51.10.13	称					平 9. 3.31	
2208	昭47	川崎	2034	昭51.10.13	称					平 9. 3.31	
2308	昭51	川崎		昭51.10.13	増					平 9. 3.31	
2408	昭51	川崎		昭51.10.13	増					平 9. 3.31	
2508	昭53	川崎		昭53. 3.13	増					平 9. 3.31	
2608	昭53	川崎		昭53. 3.13	増					平 9. 3.31	
2708	昭47	川崎	2035	昭51.10.13	称					平 9. 3.31	
2808	昭47	川崎	2036	昭51.10.13	称					平 9. 3.31	
2109	昭46	川崎	1011	昭53. 1.12	称					平 9. 1.18	
2209	昭53	川崎		昭53. 1.12	増					平 9. 1.18	
2309	昭53	川崎		昭53. 1.12	増					平 9. 1.18	
2409	昭53	川崎		昭53. 1.12	増					平 9. 1.18	
2509	昭53	川崎		昭53. 1.12	増					平 9. 1.18	
2609	昭53	川崎		昭53. 1.12	増					平 9. 1.18	
2709	昭53	川崎		昭53. 1.12	増					平 9. 1.18	
2809	昭46	川崎	1012	昭53. 1.12	称					平 9. 1.18	
2110	昭46	川崎	1015	昭53. 1.12	称					平 8.11.25	
2210	昭53	川崎		昭53. 1.12	増					平 8.11.25	
2310	昭53	川崎		昭53. 1.12	増					平 8.11.25	
2410	昭53	川崎		昭53. 1.12	増					平 8.11.25	
2510	昭53	川崎		昭53. 1.12	増					平 8.11.25	
2610	昭53	川崎		昭53. 1.12	増					平 8.11.25	
2710	昭53	川崎		昭53. 1.12	増					平 8.11.25	
2810	昭46	川崎	1016	昭53. 1.12	称					平 8.11.25	
2111	昭46	川崎	1013	昭53. 1.12	称					平10. 1. 7	
2211	昭53	川崎		昭53. 1.12	増					平10. 1. 7	
2311	昭53	川崎		昭53. 1.12	増					平10. 1. 7	
2411	昭53	川崎		昭53. 1.12	増					平10. 1. 7	
2511	昭53	川崎		昭53. 1.12	増					平10. 1. 7	
2611	昭53	川崎		昭53. 1.12	増					平10. 1. 7	
2711	昭53	川崎		昭53. 1.12	増					平10. 1. 7	
2811	昭46	川崎	1014	昭53. 1.12	称					平10. 1. 7	
2212	昭53	川崎		昭53. 3.13	増					平10. 2. 9	
2312	昭53	川崎		昭53. 3.13	増					平10. 2. 9	
2412	昭53	川崎		昭53. 3.13	増					平10. 2. 9	
2512	昭53	川崎		昭53. 3.13	増					平10. 2. 9	
2612	昭53	川崎		昭53. 3.13	増					平10. 2. 9	
2712	昭53	川崎		昭53. 3.13	増					平10. 2. 9	
3101	昭53	川崎		昭53. 7.24	設	昭53. 9.29				平16. 3.14	
3201	昭53	川崎		昭53. 7.24	設	昭53. 9.29				平16. 3.14	
3301	昭53	川崎		昭53. 7.24	設	昭53. 9.29				平16. 3.14	
3401	昭53	川崎		昭53. 7.24	設	昭53. 9.29				平16. 3.14	
3501	昭53	川崎		昭53. 7.24	設	昭53. 9.29				平16. 3.14	
3601	昭53	川崎		昭53. 7.24	設	昭53. 9.29				平16. 3.14	
3701	昭53	川崎		昭53. 7.24	設	昭53. 9.29				平16. 3.14	
3801	昭53	川崎		昭53. 7.24	設	昭53. 9.29				平16. 3.14	
3102	昭57	川崎		昭57. 2.12	増	昭57. 4. 1				平23. 3.31	
3202	昭57	川崎		昭57. 2.12	増	昭57. 4. 1				平23. 3.31	
3302	昭57	川崎		昭57. 2.12	増	昭57. 4. 1				平23. 3.31	
3402	昭57	川崎		昭57. 2.12	増	昭57. 4. 1				平23. 3.31	
3502	昭57	川崎		昭57. 2.12	増	昭57. 4. 1				平23. 3.31	
3602	昭57	川崎		昭57. 2.12	増	昭57. 4. 1				平23. 3.31	
3702	昭57	川崎		昭57. 2.12	増	昭57. 4. 1				平23. 3.31	

番号	製造・改造		出自	手続日 改番日	種別	竣功届	改番 昭53.2.24	8000系 編入工事	ATO ワンマン化	用途廃止 又は改番	異動先
3802	昭57	川崎		昭57.2.12	増	昭57.4.1				平23.3.31	
3103	昭60	川崎		昭59.9.19	増	昭60.3.29				平22.2.22	
3203	昭60	川崎		昭59.9.19	増	昭60.3.29				平22.2.22	
3303	昭60	川崎		昭59.9.19	増	昭60.3.29				平22.2.22	
3403	昭60	川崎		昭59.9.19	増	昭60.3.29				平22.2.22	
3503	昭60	川崎		昭59.9.19	増	昭60.3.29				平22.2.22	
3603	昭60	川崎		昭59.9.19	増	昭60.3.29				平22.2.22	
3703	昭60	川崎		昭59.9.19	増	昭60.3.29				平22.2.22	
3803	昭60	川崎		昭59.9.19	増	昭60.3.29				平22.2.22	
3104	昭60	川崎		昭53.7.24	設	昭60.6.5				平24.3.31	
3204	昭60	川崎		昭53.7.24	設	昭60.6.5				平24.3.31	
3304	昭60	川崎		昭53.7.24	設	昭60.6.5				平24.3.31	
3404	昭60	川崎		昭53.7.24	設	昭60.6.5				平24.3.31	
3504	昭60	川崎		昭53.7.24	設	昭60.6.5				平24.3.31	
3604	昭60	川崎		昭53.7.24	設	昭60.6.5				平24.3.31	
3704	昭60	川崎		昭53.7.24	設	昭60.6.5				平24.3.31	
3804	昭60	川崎		昭53.7.24	設	昭60.6.5				平24.3.31	
3105	平2	川崎		昭53.7.24	設	平2.4.1				平24.3.31	
3205	平2	川崎		昭53.7.24	設	平2.4.1				平24.3.31	
3305	平2	川崎		昭53.7.24	設	平2.4.1				平24.3.31	
3405	平2	川崎		昭53.7.24	設	平2.4.1				平24.3.31	
3505	平2	川崎		昭53.7.24	設	平2.4.1				平24.3.31	
3605	平2	川崎		昭53.7.24	設	平2.4.1				平24.3.31	
3705	平2	川崎		昭53.7.24	設	平2.4.1				平24.3.31	
3805	平2	川崎		昭53.7.24	設	平2.4.1				平24.3.31	
5101	平7	川崎		平7.4.14	確	平7.10.14			平24.10.24	(在籍)	
5201	平7	川崎		平7.4.14	確	平7.10.14			平24.10.24	(在籍)	
5301	平7	川崎		平7.4.14	確	平7.10.14			平24.10.24	(在籍)	
5401	平7	川崎		平7.4.14	確	平7.10.14			平24.10.24	(在籍)	
5501	平7	川崎		平7.4.14	確	平7.10.14			平24.10.24	(在籍)	
5601	平7	川崎		平7.4.14	確	平7.10.14			平24.10.24	(在籍)	
5102	平8	川崎		平7.4.14	確	平8.11.22			平22.12.4	(在籍)	
5202	平8	川崎		平7.4.14	確	平8.11.22			平22.12.4	(在籍)	
5302	平8	川崎		平7.4.14	確	平8.11.22			平22.12.4	(在籍)	
5402	平8	川崎		平7.4.14	確	平8.11.22			平22.12.4	(在籍)	
5502	平8	川崎		平7.4.14	確	平8.11.22			平22.12.4	(在籍)	
5602	平8	川崎		平7.4.14	確	平8.11.22			平22.12.4	(在籍)	
5103	平8	川崎		平7.4.14	確	平8.12.10			平22.1.23	(在籍)	
5203	平8	川崎		平7.4.14	確	平8.12.10			平22.1.23	(在籍)	
5303	平8	川崎		平7.4.14	確	平8.12.10			平22.1.23	(在籍)	
5403	平8	川崎		平7.4.14	確	平8.12.10			平22.1.23	(在籍)	
5503	平8	川崎		平7.4.14	確	平8.12.10			平22.1.23	(在籍)	
5603	平8	川崎		平7.4.14	確	平8.12.10			平22.1.23	(在籍)	
5104	平9	川崎		平7.4.14	確	平9.1.18			平23.1.14	(在籍)	
5204	平9	川崎		平7.4.14	確	平9.1.18			平23.1.14	(在籍)	
5304	平9	川崎		平7.4.14	確	平9.1.18			平23.1.14	(在籍)	
5404	平9	川崎		平7.4.14	確	平9.1.18			平23.1.14	(在籍)	
5504	平9	川崎		平7.4.14	確	平9.1.18			平23.1.14	(在籍)	
5604	平9	川崎		平7.4.14	確	平9.1.18			平23.1.14	(在籍)	
5105	平9	川崎		平7.4.14	確	平9.2.20			平22.8.5	(在籍)	
5205	平9	川崎		平7.4.14	確	平9.2.20			平22.8.5	(在籍)	
5305	平9	川崎		平7.4.14	確	平9.2.20			平22.8.5	(在籍)	
5405	平9	川崎		平7.4.14	確	平9.2.20			平22.8.5	(在籍)	
5505	平9	川崎		平7.4.14	確	平9.2.20			平22.8.5	(在籍)	
5605	平9	川崎		平7.4.14	確	平9.2.20			平22.8.5	(在籍)	
5106	平9	川崎		平7.4.14	確	平9.3.21			平23.4.24	(在籍)	
5206	平9	川崎		平7.4.14	確	平9.3.21			平23.4.24	(在籍)	
5306	平9	川崎		平7.4.14	確	平9.3.21			平23.4.24	(在籍)	
5406	平9	川崎		平7.4.14	確	平9.3.21			平23.4.24	(在籍)	
5506	平9	川崎		平7.4.14	確	平9.3.21			平23.4.24	(在籍)	
5606	平9	川崎		平7.4.14	確	平9.3.21			平23.4.24	(在籍)	
5107	平9	川崎		平7.4.14	確	平9.3.31			平23.7.25	(在籍)	
5207	平9	川崎		平7.4.14	確	平9.3.31			平23.7.25	(在籍)	
5307	平9	川崎		平7.4.14	確	平9.3.31			平23.7.25	(在籍)	
5407	平9	川崎		平7.4.14	確	平9.3.31			平23.7.25	(在籍)	
5507	平9	川崎		平7.4.14	確	平9.3.31			平23.7.25	(在籍)	
5607	平9	川崎		平7.4.14	確	平9.3.31			平23.7.25	(在籍)	
5108	平9	川崎		平7.4.14	確	平9.11.17			平23.8.24	(在籍)	

番号	製造・改造		出自	手続日 改番日	種別	竣功届	改番 昭53.2.24	8000系 編入工事	ATO ワンマン化	用途廃止 又は改番	異動先
5208	平9	川崎		平 7. 4.14	確	平 9.11.17			平23. 8.24	(在籍)	
5308	平9	川崎		平 7. 4.14	確	平 9.11.17			平23. 8.24	(在籍)	
5408	平9	川崎		平 7. 4.14	確	平 9.11.17			平23. 8.24	(在籍)	
5508	平9	川崎		平 7. 4.14	確	平 9.11.17			平23. 8.24	(在籍)	
5608	平9	川崎		平 7. 4.14	確	平 9.11.17			平23. 8.24	(在籍)	
5109	平9	川崎		平 7. 4.14	確	平 9.12. 8			平22. 5.13	(在籍)	
5209	平9	川崎		平 7. 4.14	確	平 9.12. 8			平22. 5.13	(在籍)	
5309	平9	川崎		平 7. 4.14	確	平 9.12. 8			平22. 5.13	(在籍)	
5409	平9	川崎		平 7. 4.14	確	平 9.12. 8			平22. 5.13	(在籍)	
5509	平9	川崎		平 7. 4.14	確	平 9.12. 8			平22. 5.13	(在籍)	
5609	平9	川崎		平 7. 4.14	確	平 9.12. 8			平22. 5.13	(在籍)	
5110	平10	川崎		平 7. 4.14	確	平10. 1. 7			平23.12.26	(在籍)	
5210	平10	川崎		平 7. 4.14	確	平10. 1. 7			平23.12.26	(在籍)	
5310	平10	川崎		平 7. 4.14	確	平10. 1. 7			平23.12.26	(在籍)	
5410	平10	川崎		平 7. 4.14	確	平10. 1. 7			平23.12.26	(在籍)	
5510	平10	川崎		平 7. 4.14	確	平10. 1. 7			平23.12.26	(在籍)	
5610	平10	川崎		平 7. 4.14	確	平10. 1. 7			平23.12.26	(在籍)	
5111	平10	川崎		平 7. 4.14	確	平10. 2. 9			平22. 3. 6	(在籍)	
5211	平10	川崎		平 7. 4.14	確	平10. 2. 9			平22. 3. 6	(在籍)	
5311	平10	川崎		平 7. 4.14	確	平10. 2. 9			平22. 3. 6	(在籍)	
5411	平10	川崎		平 7. 4.14	確	平10. 2. 9			平22. 3. 6	(在籍)	
5511	平10	川崎		平 7. 4.14	確	平10. 2. 9			平22. 3. 6	(在籍)	
5611	平10	川崎		平 7. 4.14	確	平10. 2. 9			平22. 3. 6	(在籍)	
5112	平10	川崎		平 7. 4.14	確	平10. 8. 7			平21. 8.21	(在籍)	
5212	平10	川崎		平 7. 4.14	確	平10. 8. 7			平21. 8.21	(在籍)	
5312	平10	川崎		平 7. 4.14	確	平10. 8. 7			平21. 8.21	(在籍)	
5412	平10	川崎		平 7. 4.14	確	平10. 8. 7			平21. 8.21	(在籍)	
5512	平10	川崎		平 7. 4.14	確	平10. 8. 7			平21. 8.21	(在籍)	
5612	平10	川崎		平 7. 4.14	確	平10. 8. 7			平21. 8.21	(在籍)	
5113	平10	川崎		平 7. 4.14	確	平10. 8.10			平21. 9.29	(在籍)	
5213	平10	川崎		平 7. 4.14	確	平10. 8.10			平21. 9.29	(在籍)	
5313	平10	川崎		平 7. 4.14	確	平10. 8.10			平21. 9.29	(在籍)	
5413	平10	川崎		平 7. 4.14	確	平10. 8.10			平21. 9.29	(在籍)	
5513	平10	川崎		平 7. 4.14	確	平10. 8.10			平21. 9.29	(在籍)	
5613	平10	川崎		平 7. 4.14	確	平10. 8.10			平21. 9.29	(在籍)	
5114	平10	川崎		平 7. 4.14	確	平10.10.26			平23. 3.19	(在籍)	
5214	平10	川崎		平 7. 4.14	確	平10.10.26			平23. 3.19	(在籍)	
5314	平10	川崎		平 7. 4.14	確	平10.10.26			平23. 3.19	(在籍)	
5414	平10	川崎		平 7. 4.14	確	平10.10.26			平23. 3.19	(在籍)	
5514	平10	川崎		平 7. 4.14	確	平10.10.26			平23. 3.19	(在籍)	
5614	平10	川崎		平 7. 4.14	確	平10.10.26			平23. 3.19	(在籍)	
5115	平10	川崎		平 7. 4.14	確	平10.11.18			平21.12.12	(在籍)	
5215	平10	川崎		平 7. 4.14	確	平10.11.18			平21.12.12	(在籍)	
5315	平10	川崎		平 7. 4.14	確	平10.11.18			平21.12.12	(在籍)	
5415	平10	川崎		平 7. 4.14	確	平10.11.18			平21.12.12	(在籍)	
5515	平10	川崎		平 7. 4.14	確	平10.11.18			平21.12.12	(在籍)	
5615	平10	川崎		平 7. 4.14	確	平10.11.18			平21.12.12	(在籍)	
5116	平11	川崎		平 7. 4.14	確	平11. 5.14			平24. 4.28	(在籍)	
5216	平11	川崎		平 7. 4.14	確	平11. 5.14			平24. 4.28	(在籍)	
5316	平11	川崎		平 7. 4.14	確	平11. 5.14			平24. 4.28	(在籍)	
5416	平11	川崎		平 7. 4.14	確	平11. 5.14			平24. 4.28	(在籍)	
5516	平11	川崎		平 7. 4.14	確	平11. 5.14			平24. 4.28	(在籍)	
5616	平11	川崎		平 7. 4.14	確	平11. 5.14			平24. 4.28	(在籍)	
5117	平11	川崎		平 7. 4.14	確	平11. 6.28			平24. 2. 3	(在籍)	
5217	平11	川崎		平 7. 4.14	確	平11. 6.28			平24. 2. 3	(在籍)	
5317	平11	川崎		平 7. 4.14	確	平11. 6.28			平24. 2. 3	(在籍)	
5417	平11	川崎		平 7. 4.14	確	平11. 6.28			平24. 2. 3	(在籍)	
5517	平11	川崎		平 7. 4.14	確	平11. 6.28			平24. 2. 3	(在籍)	
5617	平11	川崎		平 7. 4.14	確	平11. 6.28			平24. 2. 3	(在籍)	
5118	平21	川崎		平21. 8.27	確	平21.11.20				(在籍)	
5218	平21	川崎		平21. 8.27	確	平21.11.20				(在籍)	
5318	平21	川崎		平21. 8.27	確	平21.11.20				(在籍)	
5418	平21	川崎		平21. 8.27	確	平21.11.20				(在籍)	
5518	平21	川崎		平21. 8.27	確	平21.11.20				(在籍)	
5618	平21	川崎		平21. 8.27	確	平21.11.20				(在籍)	
5119	平22	川崎		平21. 8.27	確	平22.11.15				(在籍)	
5219	平22	川崎		平21. 8.27	確	平22.11.15				(在籍)	
5319	平22	川崎		平21. 8.27	確	平22.11.15				(在籍)	

番号	製造・改造		出自	手続日 改番日	種別	竣功届	改番 昭53.2.24	8000系 編入工事	ATO ワンマン化	用途廃止 又は改番	異動先
5419	平22	川崎		平21. 8.27	確	平22.11.15				(在籍)	
5519	平22	川崎		平21. 8.27	確	平22.11.15				(在籍)	
5619	平22	川崎		平21. 8.27	確	平22.11.15				(在籍)	
5120	平23	川崎		平21. 8.27	確	平23.11.28				(在籍)	
5220	平23	川崎		平21. 8.27	確	平23.11.28				(在籍)	
5320	平23	川崎		平21. 8.27	確	平23.11.28				(在籍)	
5420	平23	川崎		平21. 8.27	確	平23.11.28				(在籍)	
5520	平23	川崎		平21. 8.27	確	平23.11.28				(在籍)	
5620	平23	川崎		平21. 8.27	確	平23.11.28				(在籍)	
6101	昭50	川崎		昭49.12.12	設	昭51. 4.28				平19.11.20	
6201	昭50	川崎		昭49.12.12	設	昭51. 4.28				平19.11.20	
6301	昭50	川崎		昭49.12.12	設	昭51. 4.28				平19.11.20	
6401	昭56	川崎		昭55. 3. 3	設	昭56. 8. 5				平19.11.20	
6601	昭56	川崎		昭55. 3. 3	設	昭56. 8. 5				平19.11.20	
6901	昭50	川崎		昭49.12.12	設	昭51. 4.28				平19.11.20	
6102	昭51	川崎		昭49.12.12	設	昭51. 4.28				平17. 9. 2	
6202	昭51	川崎		昭49.12.12	設	昭51. 4.28				平17. 9. 2	
6302	昭51	川崎		昭49.12.12	設	昭51. 4.28				平17. 9. 2	
6402	昭56	川崎		昭55. 3. 3	設	昭56. 8. 5				平17. 9. 2	
6602	昭56	川崎		昭55. 3. 3	設	昭56. 8. 5				平17. 9. 2	
6902	昭51	川崎		昭49.12.12	設	昭51. 4.28				平17. 9. 2	
6103	昭51	川崎		昭49.12.12	設	昭51. 4.28				平20. 2.26	
6203	昭51	川崎		昭49.12.12	設	昭51. 4.28				平20. 2.26	
6303	昭51	川崎		昭49.12.12	設	昭51. 4.28				平20. 2.26	
6403	昭56	川崎		昭55. 3. 3	設	昭56. 8. 5				平20. 2.26	
6603	昭56	川崎		昭55. 3. 3	設	昭56. 8. 5				平20. 2.26	
6903	昭51	川崎		昭49.12.12	設	昭51. 4.28				平20. 2.26	
6104	昭51	川崎		昭49.12.12	設	昭51. 4.28				平18. 7.28	
6204	昭51	川崎		昭49.12.12	設	昭51. 4.28				平18. 7.28	
6304	昭51	川崎		昭49.12.12	設	昭51. 4.28				平18. 7.28	
6404	昭56	川崎		昭55. 3. 3	設	昭56. 9.30				平18. 7.28	
6604	昭56	川崎		昭55. 3. 3	設	昭56. 9.30				平18. 7.28	
6904	昭51	川崎		昭49.12.12	設	昭51. 4.28				平18. 7.28	
6105	昭51	川崎		昭49.12.12	設	昭51. 4.28				平20. 6.13	
6205	昭51	川崎		昭49.12.12	設	昭51. 4.28				平20. 6.13	
6305	昭51	川崎		昭49.12.12	設	昭51. 4.28				平20. 6.13	
6405	昭56	川崎		昭55. 3. 3	設	昭56. 9.30				平20. 6.13	
6605	昭56	川崎		昭55. 3. 3	設	昭56. 9.30				平20. 6.13	
6905	昭51	川崎		昭49.12.12	設	昭51. 4.28				平20. 6.13	
6106	昭51	川崎		昭49.12.12	設	昭51. 4.28				平14. 7. 5	
6206	昭51	川崎		昭49.12.12	設	昭51. 4.28				平14. 7. 5	
6306	昭51	川崎		昭49.12.12	設	昭51. 4.28				平14. 7. 5	
6406	昭56	川崎		昭55. 3. 3	設	昭56. 9.30				平14. 7. 5	
6606	昭56	川崎		昭55. 3. 3	設	昭56. 9.30				平14. 7. 5	
6906	昭51	川崎		昭49.12.12	設	昭51. 4.28				平14. 7. 5	
6107	昭51	川崎		昭49.12.12	設	昭51. 4.28				平18.11.30	
6207	昭51	川崎		昭49.12.12	設	昭51. 4.28				平18.11.30	
6307	昭51	川崎		昭49.12.12	設	昭51. 4.28				平18.11.30	
6407	昭56	川崎		昭55. 3. 3	設	昭56. 9.30				平18.11.30	
6607	昭56	川崎		昭55. 3. 3	設	昭56. 9.30				平18.11.30	
6907	昭51	川崎		昭49.12.12	設	昭51. 4.28				平18.11.30	
6108	昭51	川崎		昭49.12.12	設	昭51. 4.28				平20. 6.13	
6208	昭51	川崎		昭49.12.12	設	昭51. 4.28				平20. 6.13	
6308	昭51	川崎		昭49.12.12	設	昭51. 4.28				平20. 6.13	
6408	昭56	川崎		昭55. 3. 3	設	昭56.10.29				平20. 6.13	
6608	昭56	川崎		昭55. 3. 3	設	昭56.10.29				平20. 6.13	
6908	昭51	川崎		昭49.12.12	設	昭51. 4.28				平20. 6.13	
6109	昭51	川崎		昭49.12.12	設	昭51. 4.28				平14. 9.20	
6209	昭51	川崎		昭49.12.12	設	昭51. 4.28				平14. 9.20	
6309	昭51	川崎		昭49.12.12	設	昭51. 4.28				平14. 9.20	
6409	昭56	川崎		昭55. 3. 3	設	昭56.12. 7				平14. 9.20	
6609	昭56	川崎		昭55. 3. 3	設	昭56.12. 7				平14. 9.20	
6909	昭51	川崎		昭49.12.12	設	昭51. 4.28				平14. 9.20	
6110	昭51	川崎		昭49.12.12	設	昭51. 4.28				平16. 9.24	
6210	昭51	川崎		昭49.12.12	設	昭51. 4.28				平16. 9.24	
6310	昭51	川崎		昭49.12.12	設	昭51. 4.28				平16. 9.24	
6410	昭56	川崎		昭55. 3. 3	設	昭56.12. 7				平16. 9.24	
6610	昭56	川崎		昭55. 3. 3	設	昭56.12. 7				平16. 9.24	

番号	製造・改造		出自	手続日 改番日	種別	竣功届	改番 昭53.2.24	8000系 編入工事	ATO ワンマン化	用途廃止 又は改番	異動先
6910	昭51	川崎		昭49.12.12	設	昭51. 4.28				平16. 9.24	
6111	昭51	川崎		昭49.12.12	設	昭51. 4.28				平15. 7. 4	
6211	昭51	川崎		昭49.12.12	設	昭51. 4.28				平15. 7. 4	
6311	昭51	川崎		昭49.12.12	設	昭51. 4.28				平15. 7. 4	
6411	昭57	川崎		昭55. 3. 3	設	昭57. 1.29				平15. 7. 4	
6611	昭57	川崎		昭55. 3. 3	設	昭57. 1.29				平15. 7. 4	
6911	昭51	川崎		昭49.12.12	設	昭51. 4.28				平15. 7. 4	
6112	昭51	川崎		昭49.12.12	設	昭51. 4.28				平15. 9.22	
6212	昭51	川崎		昭49.12.12	設	昭51. 4.28				平15. 9.22	
6312	昭51	川崎		昭49.12.12	設	昭51. 4.28				平15. 9.22	
6412	昭55	川崎		昭55. 3. 3	設	昭55. 6.18				平15. 9.22	
6612	昭55	川崎		昭55. 3. 3	設	昭55. 6.18				平15. 9.22	
6912	昭51	川崎		昭49.12.12	設	昭51. 4.28				平15. 9.22	
6113	昭51	川崎		昭49.12.12	設	昭51. 4.28				平14.12. 5	
6213	昭51	川崎		昭49.12.12	設	昭51. 4.28				平14.12. 5	
6313	昭51	川崎		昭49.12.12	設	昭51. 4.28				平14.12. 5	
6413	昭56	川崎		昭55. 3. 3	設	昭56.12. 7				平14.12. 5	
6613	昭56	川崎		昭55. 3. 3	設	昭56.12. 7				平14.12. 5	
6913	昭51	川崎		昭49.12.12	設	昭51. 4.28				平14.12. 5	
6114	昭51	川崎		昭49.12.12	設	昭51. 4.28				平15.12. 9	
6214	昭51	川崎		昭49.12.12	設	昭51. 4.28				平15.12. 9	
6314	昭51	川崎		昭49.12.12	設	昭51. 4.28				平15.12. 9	
6414	昭56	川崎		昭55. 3. 3	設	昭56.12.24				平15.12. 9	
6614	昭56	川崎		昭55. 3. 3	設	昭56.12.24				平15.12. 9	
6914	昭51	川崎		昭49.12.12	設	昭51. 4.28				平15.12. 9	
6115	昭51	川崎		昭49.12.12	設	昭51. 4.28				平20. 8.28	
6215	昭51	川崎		昭49.12.12	設	昭51. 4.28				平20. 8.28	
6315	昭51	川崎		昭49.12.12	設	昭51. 4.28				平20. 8.28	
6415	昭56	川崎		昭55. 3. 3	設	昭56. 8. 5				平20. 8.28	
6615	昭56	川崎		昭55. 3. 3	設	昭56. 8. 5				平20. 8.28	
6915	昭51	川崎		昭49.12.12	設	昭51. 4.28				平20. 8.28	
6116	昭51	川崎		昭49.12.12	設	昭51. 4.28				平20.10.10	
6216	昭51	川崎		昭49.12.12	設	昭51. 4.28				平20.10.10	
6316	昭51	川崎		昭49.12.12	設	昭51. 4.28				平20.10.10	
6416	昭56	川崎		昭55. 3. 3	設	昭56. 8. 5				平20.10.10	
6616	昭56	川崎		昭55. 3. 3	設	昭56. 8. 5				平20.10.10	
6916	昭51	川崎		昭49.12.12	設	昭51. 4.28				平20.10.10	
6117	昭51	川崎		昭49.12.12	設	昭51. 4.28				平19. 5.17	
6217	昭51	川崎		昭49.12.12	設	昭51. 4.28				平19. 5.17	
6317	昭51	川崎		昭49.12.12	設	昭51. 4.28				平19. 5.17	
6417	昭56	川崎		昭55. 3. 3	設	昭56. 8. 5				平19. 5.17	
6617	昭56	川崎		昭55. 3. 3	設	昭56. 8. 5				平19. 5.17	
6917	昭51	川崎		昭49.12.12	設	昭51. 4.28				平19. 5.17	
6118	昭51	川崎		昭49.12.12	設	昭51. 4.28				平20.10.10	
6218	昭51	川崎		昭49.12.12	設	昭51. 4.28				平20.10.10	
6318	昭51	川崎		昭49.12.12	設	昭51. 4.28				平20.10.10	
6418	昭56	川崎		昭55. 3. 3	設	昭56. 8. 5				平20.10.10	
6618	昭56	川崎		昭55. 3. 3	設	昭56. 8. 5				平20.10.10	
6918	昭51	川崎		昭49.12.12	設	昭51. 4.28				平20.10.10	
6119	昭51	川崎		昭49.12.12	設	昭51. 4.28				平19.12.10	
6219	昭51	川崎		昭49.12.12	設	昭51. 4.28				平19.12.10	
6319	昭51	川崎		昭49.12.12	設	昭51. 4.28				平19.12.10	
6419	昭56	川崎		昭55. 3. 3	設	昭56. 8. 5				平19.12.10	
6619	昭56	川崎		昭55. 3. 3	設	昭56. 8. 5				平19.12.10	
6919	昭51	川崎		昭49.12.12	設	昭51. 4.28				平19.12.10	
6120	昭51	川崎		昭49.12.12	設	昭51. 4.28				平19. 7. 7	
6220	昭51	川崎		昭49.12.12	設	昭51. 4.28				平19. 7. 7	
6320	昭51	川崎		昭49.12.12	設	昭51. 4.28				平19. 7. 7	
6420	昭56	川崎		昭55. 3. 3	設	昭56. 8. 5				平19. 7. 7	
6620	昭56	川崎		昭55. 3. 3	設	昭56. 8. 5				平19. 7. 7	
6920	昭51	川崎		昭49.12.12	設	昭51. 4.28				平19. 7. 7	
6121	昭56	川崎		昭56. 8. 6	増	昭56. 8.29				平19. 2.22	
6221	昭56	川崎		昭56. 8. 6	増	昭56. 8.29				平19. 2.22	
6321	昭56	川崎		昭56. 8. 6	増	昭56. 8.29				平19. 2.22	
6421	昭56	川崎		昭56. 8. 6	増	昭56. 8.29				平19. 2.22	
6621	昭56	川崎		昭56. 8. 6	増	昭56. 8.29				平19. 2.22	
6921	昭56	川崎		昭56. 8. 6	増	昭56. 8.29				平19. 2.22	
6122	昭56	川崎		昭56. 8. 6	増	昭56.11.27				平19. 9.20	

番号	製造・改造		出自	手続日 改番日	種別	竣功届	改番 昭53.2.24	8000系 編入工事	ATO ワンマン化	用途廃止 又は改番	異動先
6222	昭56	川崎		昭56.8.6	増	昭56.11.27				平19.9.20	
6322	昭56	川崎		昭56.8.6	増	昭56.11.27				平19.9.20	
6422	昭56	川崎		昭56.8.6	増	昭56.11.27				平19.9.20	
6622	昭56	川崎		昭56.8.6	増	昭56.11.27				平19.9.20	
6922	昭56	川崎		昭56.8.6	増	昭56.11.27				平19.9.20	
6123	昭56	川崎		昭56.8.6	増	昭56.11.27				平17.6.19	
6223	昭56	川崎		昭56.8.6	増	昭56.11.27				平17.6.19	
6323	昭56	川崎		昭56.8.6	増	昭56.11.27				平17.6.19	
6423	昭56	川崎		昭56.8.6	増	昭56.11.27				平17.6.19	
6623	昭56	川崎		昭56.8.6	増	昭56.11.27				平17.6.19	
6923	昭56	川崎		昭56.8.6	増	昭56.11.27				平17.6.19	
6124	昭57	川崎		昭56.8.6	増	昭57.1.29				平18.10.18	
6224	昭57	川崎		昭56.8.6	増	昭57.1.29				平18.10.18	
6324	昭57	川崎		昭56.8.6	増	昭57.1.29				平18.10.18	
6424	昭57	川崎		昭56.8.6	増	昭57.1.29				平18.10.18	
6624	昭57	川崎		昭56.8.6	増	昭57.1.29				平18.10.18	
6924	昭57	川崎		昭56.8.6	増	昭57.1.29				平18.10.18	
7101	昭63	川崎		昭61.11.27	設	昭63.12.1				(在籍)	
7201	昭63	川崎		昭61.11.27	設	昭63.12.1				(在籍)	
7301	昭63	川崎		昭61.11.27	設	昭63.12.1				(在籍)	
7801	昭63	川崎		昭61.11.27	設	昭63.12.1				(在籍)	
7102	昭63	川崎		昭61.11.27	設	昭63.12.1				(在籍)	
7202	昭63	川崎		昭61.11.27	設	昭63.12.1				(在籍)	
7302	昭63	川崎		昭61.11.27	設	昭63.12.1				(在籍)	
7802	昭63	川崎		昭61.11.27	設	昭63.12.1				(在籍)	
7103	昭63	川崎		昭61.11.27	設	昭63.12.1				(在籍)	
7203	昭63	川崎		昭61.11.27	設	昭63.12.1				(在籍)	
7303	昭63	川崎		昭61.11.27	設	昭63.12.1				(在籍)	
7803	昭63	川崎		昭61.11.27	設	昭63.12.1				(在籍)	
7104	昭63	川崎		昭61.11.27	設	昭63.12.1				(在籍)	
7204	昭63	川崎		昭61.11.27	設	昭63.12.1				(在籍)	
7304	昭63	川崎		昭61.11.27	設	昭63.12.1				(在籍)	
7804	昭63	川崎		昭61.11.27	設	昭63.12.1				(在籍)	
7105	昭63	川崎		昭61.11.27	設	昭63.12.1				(在籍)	
7205	昭63	川崎		昭61.11.27	設	昭63.12.1				(在籍)	
7305	昭63	川崎		昭61.11.27	設	昭63.12.1				(在籍)	
7805	昭63	川崎		昭61.11.27	設	昭63.12.1				(在籍)	
7106	昭63	川崎		昭61.11.27	設	昭63.12.1				(在籍)	
7206	昭63	川崎		昭61.11.27	設	昭63.12.1				(在籍)	
7306	昭63	川崎		昭61.11.27	設	昭63.12.1				(在籍)	
7806	昭63	川崎		昭61.11.27	設	昭63.12.1				(在籍)	
7107	昭63	川崎		昭61.11.27	設	昭63.12.1				(在籍)	
7207	昭63	川崎		昭61.11.27	設	昭63.12.1				(在籍)	
7307	昭63	川崎		昭61.11.27	設	昭63.12.1				(在籍)	
7807	昭63	川崎		昭61.11.27	設	昭63.12.1				(在籍)	
7108	昭63	川崎		昭61.11.27	設	昭63.12.1				(在籍)	
7208	昭63	川崎		昭61.11.27	設	昭63.12.1				(在籍)	
7308	昭63	川崎		昭61.11.27	設	昭63.12.1				(在籍)	
7808	昭63	川崎		昭61.11.27	設	昭63.12.1				(在籍)	
7109	昭63	川崎		昭61.11.27	設	昭63.12.1				(在籍)	
7209	昭63	川崎		昭61.11.27	設	昭63.12.1				(在籍)	
7309	昭63	川崎		昭61.11.27	設	昭63.12.1				(在籍)	
7809	昭63	川崎		昭61.11.27	設	昭63.12.1				(在籍)	
7110	昭63	川崎		昭61.11.27	設	昭63.12.1				(在籍)	
7210	昭63	川崎		昭61.11.27	設	昭63.12.1				(在籍)	
7310	昭63	川崎		昭61.11.27	設	昭63.12.1				(在籍)	
7810	昭63	川崎		昭61.11.27	設	昭63.12.1				(在籍)	
7111	昭63	川崎		昭61.11.27	設	昭63.12.1				(在籍)	
7211	昭63	川崎		昭61.11.27	設	昭63.12.1				(在籍)	
7311	昭63	川崎		昭61.11.27	設	昭63.12.1				(在籍)	
7811	昭63	川崎		昭61.11.27	設	昭63.12.1				(在籍)	
7112	昭63	川崎		昭61.11.27	設	昭63.12.1				(在籍)	
7212	昭63	川崎		昭61.11.27	設	昭63.12.1				(在籍)	
7312	昭63	川崎		昭61.11.27	設	昭63.12.1				(在籍)	
7812	昭63	川崎		昭61.11.27	設	昭63.12.1				(在籍)	
7113	昭63	川崎		昭61.11.27	設	昭63.12.1				(在籍)	
7213	昭63	川崎		昭61.11.27	設	昭63.12.1				(在籍)	
7313	昭63	川崎		昭61.11.27	設	昭63.12.1				(在籍)	

番号	製造・改造		出自	手続日 改番日	種別	竣功届	改番 昭53.2.24	8000系 編入工事	ATO ワンマン化	用途廃止 又は改番	異動先
7813	昭63	川崎		昭61.11.27	設	昭63.12. 1				(在籍)	
7114	昭63	川崎		昭61.11.27	設	昭63.12. 1				(在籍)	
7214	昭63	川崎		昭61.11.27	設	昭63.12. 1				(在籍)	
7314	昭63	川崎		昭61.11.27	設	昭63.12. 1				(在籍)	
7814	昭63	川崎		昭61.11.27	設	昭63.12. 1				(在籍)	
7115	昭63	川崎		昭61.11.27	設	昭63.12. 1				(在籍)	
7215	昭63	川崎		昭61.11.27	設	昭63.12. 1				(在籍)	
7315	昭63	川崎		昭61.11.27	設	昭63.12. 1				(在籍)	
7815	昭63	川崎		昭61.11.27	設	昭63.12. 1				(在籍)	
7116	平6	川崎		平 5.11.25	確	平 6. 4.26				(在籍)	
7216	平6	川崎		平 5.11.25	確	平 6. 4.26				(在籍)	
7316	平6	川崎		平 5.11.25	確	平 6. 4.26				(在籍)	
7816	平6	川崎		平 5.11.25	確	平 6. 4.26				(在籍)	
7117	平6	川崎		平 5.11.25	確	平 6. 4.26				(在籍)	
7217	平6	川崎		平 5.11.25	確	平 6. 4.26				(在籍)	
7317	平6	川崎		平 5.11.25	確	平 6. 4.26				(在籍)	
7817	平6	川崎		平 5.11.25	確	平 6. 4.26				(在籍)	
7118	平6	川崎		平 5.11.25	確	平 6. 8.31				(在籍)	
7218	平6	川崎		平 5.11.25	確	平 6. 8.31				(在籍)	
7318	平6	川崎		平 5.11.25	確	平 6. 8.31				(在籍)	
7818	平6	川崎		平 5.11.25	確	平 6. 8.31				(在籍)	
7119	平6	川崎		平 5.11.25	確	平 6. 8.16				(在籍)	
7219	平6	川崎		平 5.11.25	確	平 6. 8.16				(在籍)	
7319	平6	川崎		平 5.11.25	確	平 6. 8.16				(在籍)	
7819	平6	川崎		平 5.11.25	確	平 6. 8.16				(在籍)	
7120	平6	川崎		平 5.11.25	確	平 6. 8.27				(在籍)	
7220	平6	川崎		平 5.11.25	確	平 6. 8.27				(在籍)	
7320	平6	川崎		平 5.11.25	確	平 6. 8.27				(在籍)	
7820	平6	川崎		平 5.11.25	確	平 6. 8.27				(在籍)	
8101	平19	川崎		平10. 3.23	確	平19.11.21				(在籍)	
8201	平19	川崎		平10. 3.23	確	平19.11.21				(在籍)	
8301	平11	川崎		平10. 3.23	確	平11. 2.22		平19.11.21		(在籍)	
8401	平19	川崎		平10. 3.23	確	平19.11.21				(在籍)	
8601	平19	川崎		平10. 3.23	確	平19.11.21				(在籍)	
8801	平19	川崎		平10. 3.23	確	平19.11.21				(在籍)	
8901	平19	川崎		平10. 3.23	確	平19.11.21				(在籍)	
8102	平17	川崎		平10. 3.23	確	平17. 9. 3				(在籍)	
8202	平17	川崎		平10. 3.23	確	平17. 9. 3				(在籍)	
8302	平10	川崎		平10. 3.23	確	平10.12. 2		平17. 9. 3		(在籍)	
8402	平17	川崎		平10. 3.23	確	平17. 9. 3				(在籍)	
8602	平17	川崎		平10. 3.23	確	平17. 9. 3				(在籍)	
8802	平17	川崎		平10. 3.23	確	平17. 9. 3				(在籍)	
8902	平17	川崎		平10. 3.23	確	平17. 9. 3				(在籍)	
8103	平20	川崎		平10. 3.23	確	平20. 2.27				(在籍)	
8203	平20	川崎		平10. 3.23	確	平20. 2.27				(在籍)	
8303	平11	川崎		平10. 3.23	確	平11. 2. 4		平20. 2.27		(在籍)	
8403	平20	川崎		平10. 3.23	確	平20. 2.27				(在籍)	
8603	平20	川崎		平10. 3.23	確	平20. 2.27				(在籍)	
8803	平20	川崎		平10. 3.23	確	平20. 2.27				(在籍)	
8903	平20	川崎		平10. 3.23	確	平20. 2.27				(在籍)	
8104	平18	川崎		平10. 3.23	確	平18. 7.29				(在籍)	
8204	平18	川崎		平10. 3.23	確	平18. 7.29				(在籍)	
8304	平10	川崎		平10. 3.23	確	平10.11.16		平18. 7.29		(在籍)	
8404	平18	川崎		平10. 3.23	確	平18. 7.29				(在籍)	
8604	平18	川崎		平10. 3.23	確	平18. 7.29				(在籍)	
8804	平18	川崎		平10. 3.23	確	平18. 7.29				(在籍)	
8904	平18	川崎		平10. 3.23	確	平18. 7.29				(在籍)	
8305	平10	川崎		平10. 3.23	確	平10. 7.10				平20. 5.28	→8808
8106	平14	川崎		平10. 3.23	確	平14. 7. 6				(在籍)	
8206	平14	川崎		平10. 3.23	確	平14. 7. 6				(在籍)	
8306	平10	川崎		平10. 3.23	確	平10. 7.28		平14. 7. 6		(在籍)	
8406	平14	川崎		平10. 3.23	確	平14. 7. 6				(在籍)	
8606	平14	川崎		平10. 3.23	確	平14. 7. 6				(在籍)	
8806	平14	川崎		平10. 3.23	確	平14. 7. 6				(在籍)	
8906	平14	川崎		平10. 3.23	確	平14. 7. 6				(在籍)	
8107	平18	川崎		平10. 3.23	確	平18.12. 1				(在籍)	
8207	平18	川崎		平10. 3.23	確	平18.12. 1				(在籍)	
8307	平10	川崎		平10. 3.23	確	平10.12.28		平18.12. 1		(在籍)	

番号	製造・改造		出自	手続日 改番日	種別	竣功届	改番 昭53.2.24	8000系 編入工事	ATO ワンマン化	用途廃止 又は改番	異動先
8407	平18	川崎		平10.3.23	確	平18.12.1				(在籍)	
8607	平18	川崎		平10.3.23	確	平18.12.1				(在籍)	
8807	平18	川崎		平10.3.23	確	平18.12.1				(在籍)	
8907	平18	川崎		平10.3.23	確	平18.12.1				(在籍)	
8108	平20	川崎		平10.3.23	確	平20.6.14				(在籍)	
8208	平20	川崎		平10.3.23	確	平20.6.14				(在籍)	
8308	平10	川崎		平10.3.23	確	平10.10.12		平20.6.14		(在籍)	
8408	平20	川崎		平10.3.23	確	平20.6.14				(在籍)	
8608	平20	川崎		平10.3.23	確	平20.6.14				(在籍)	
8808	平10	川崎	8305	平20.5.28	称			平20.6.14		(在籍)	
8908	平20	川崎		平10.3.23	確	平20.6.14				(在籍)	
8109	平14	川崎		平10.3.23	確	平14.9.21				(在籍)	
8209	平14	川崎		平10.3.23	確	平14.9.21				(在籍)	
8309	平10	川崎		平10.3.23	確	平10.10.28		平14.9.21		(在籍)	
8409	平14	川崎		平10.3.23	確	平14.9.21				(在籍)	
8609	平14	川崎		平10.3.23	確	平14.9.21				(在籍)	
8809	平14	川崎		平10.3.23	確	平14.9.21				(在籍)	
8909	平14	川崎		平10.3.23	確	平14.9.21				(在籍)	
8110	平16	川崎		平10.3.23	確	平16.9.25				(在籍)	
8210	平16	川崎		平10.3.23	確	平16.9.25				(在籍)	
8310	平11	川崎		平10.3.23	確	平11.1.28		平16.9.25		(在籍)	
8410	平16	川崎		平10.3.23	確	平16.9.25				(在籍)	
8610	平16	川崎		平10.3.23	確	平16.9.25				(在籍)	
8810	平16	川崎		平10.3.23	確	平16.9.25				(在籍)	
8910	平16	川崎		平10.3.23	確	平16.9.25				(在籍)	
8111	平15	川崎		平10.3.23	確	平15.7.5				(在籍)	
8211	平15	川崎		平10.3.23	確	平15.7.5				(在籍)	
8311	平10	川崎		平10.3.23	確	平10.11.9		平15.7.5		(在籍)	
8411	平15	川崎		平10.3.23	確	平15.7.5				(在籍)	
8611	平15	川崎		平10.3.23	確	平15.7.5				(在籍)	
8811	平15	川崎		平10.3.23	確	平15.7.5				(在籍)	
8911	平15	川崎		平10.3.23	確	平15.7.5				(在籍)	
8112	平15	川崎		平10.3.23	確	平15.9.24				(在籍)	
8212	平15	川崎		平10.3.23	確	平15.9.24				(在籍)	
8312	平10	川崎		平10.3.23	確	平10.8.31		平15.9.24		(在籍)	
8412	平15	川崎		平10.3.23	確	平15.9.24				(在籍)	
8612	平15	川崎		平10.3.23	確	平15.9.24				(在籍)	
8812	平15	川崎		平10.3.23	確	平15.9.24				(在籍)	
8912	平15	川崎		平10.3.23	確	平15.9.24				(在籍)	
8113	平14	川崎		平10.3.23	確	平14.12.6				(在籍)	
8213	平14	川崎		平10.3.23	確	平14.12.6				(在籍)	
8313	平10	川崎		平10.3.23	確	平10.9.16		平14.12.6		(在籍)	
8413	平14	川崎		平10.3.23	確	平14.12.6				(在籍)	
8613	平14	川崎		平10.3.23	確	平14.12.6				(在籍)	
8813	平14	川崎		平10.3.23	確	平14.12.6				(在籍)	
8913	平14	川崎		平10.3.23	確	平14.12.6				(在籍)	
8114	平15	川崎		平10.3.23	確	平15.12.10				(在籍)	
8214	平15	川崎		平10.3.23	確	平15.12.10				(在籍)	
8314	平10	川崎		平10.3.23	確	平10.9.16		平15.12.10		(在籍)	
8414	平15	川崎		平10.3.23	確	平15.12.10				(在籍)	
8614	平15	川崎		平10.3.23	確	平15.12.10				(在籍)	
8814	平15	川崎		平10.3.23	確	平15.12.10				(在籍)	
8914	平15	川崎		平10.3.23	確	平15.12.10				(在籍)	
8115	平20	川崎		平10.3.23	確	平20.8.29				(在籍)	
8215	平20	川崎		平10.3.23	確	平20.8.29				(在籍)	
8315	平11	川崎		平10.3.23	確	平11.2.15		平20.8.29		(在籍)	
8415	平20	川崎		平10.3.23	確	平20.8.29				(在籍)	
8615	平20	川崎		平10.3.23	確	平20.8.29				(在籍)	
8815	平20	川崎		平10.3.23	確	平20.8.29				(在籍)	
8915	平20	川崎		平10.3.23	確	平20.8.29				(在籍)	
8116	平20	川崎		平10.3.23	確	平20.10.11				(在籍)	
8216	平20	川崎		平10.3.23	確	平20.10.11				(在籍)	
8316	平10	川崎		平10.3.23	確	平10.12.11		平20.10.11		(在籍)	
8416	平20	川崎		平10.3.23	確	平20.10.11				(在籍)	
8616	平20	川崎		平10.3.23	確	平20.10.11				(在籍)	
8816	平11	川崎	8318	平20.5.28	称			平20.10.11		(在籍)	
8916	平20	川崎		平10.3.23	確	平20.10.11				(在籍)	
8117	平19	川崎		平10.3.23	確	平19.5.18				(在籍)	

番号	製造・改造		出自	手続日 改番日	種別	竣功届	改番 昭53.2.24	8000系 編入工事	ATO ワンマン化	用途廃止 又は改番	異動先
8217	平19	川崎		平10.3.23	確	平19.5.18				(在籍)	
8317	平10	川崎		平10.3.23	確	平10.12.18		平19.5.18		(在籍)	
8417	平19	川崎		平10.3.23	確	平19.5.18				(在籍)	
8617	平19	川崎		平10.3.23	確	平19.5.18				(在籍)	
8817	平19	川崎		平10.3.23	確	平19.5.18				(在籍)	
8917	平19	川崎		平10.3.23	確	平19.5.18				(在籍)	
8318	平11	川崎		平10.3.23	確	平11.1.19				平20.5.28	→8816
8119	平16	川崎		平10.3.23	確	平16.12.12				(在籍)	
8219	平16	川崎		平10.3.23	確	平16.12.12				(在籍)	
8319	平10	川崎		平10.3.23	確	平10.6.16		平16.12.12		(在籍)	
8419	平16	川崎		平10.3.23	確	平16.12.12				(在籍)	
8619	平16	川崎		平10.3.23	確	平16.12.12				(在籍)	
8819	平10	川崎	8320(Ⅰ)	平16.3.23	称			平16.7.8		(在籍)	
8919	平16	川崎		平10.3.23	確	平16.12.12				(在籍)	
8120	平16	川崎		平10.3.23	確	平16.7.8				(在籍)	
8220	平16	川崎		平10.3.23	確	平16.7.8				(在籍)	
8320(Ⅰ)	平10	川崎		平10.3.23	確	平10.3.23				平16.3.23	→8819
8320(Ⅱ)	平16	川崎		平10.3.23	確	平16.7.8				(在籍)	
8420	平16	川崎		平10.3.23	確	平16.7.8				(在籍)	
8620	平16	川崎		平10.3.23	確	平16.7.8				(在籍)	
8820	平16	川崎		平10.3.23	確	平16.7.8				(在籍)	
8920	平16	川崎		平10.3.23	確	平16.7.8				(在籍)	
8121	平19	川崎		平10.3.23	確	平19.2.23				(在籍)	
8221	平19	川崎		平10.3.23	確	平19.2.23				(在籍)	
8321	平10	川崎		平10.3.23	確	平10.9.7		平19.2.23		(在籍)	
8421	平19	川崎		平10.3.23	確	平19.2.23				(在籍)	
8621	平19	川崎		平10.3.23	確	平19.2.23				(在籍)	
8821	平19	川崎		平10.3.23	確	平19.2.23				(在籍)	
8921	平19	川崎		平10.3.23	確	平19.2.23				(在籍)	
8122	平19	川崎		平10.3.23	確	平19.7.31				(在籍)	
8222	平19	川崎		平10.3.23	確	平19.7.31				(在籍)	
8322	平10	川崎		平10.3.23	確	平10.11.25		平19.7.31		(在籍)	
8422	平19	川崎		平10.3.23	確	平19.7.31				(在籍)	
8622	平19	川崎		平10.3.23	確	平19.7.31				(在籍)	
8822	平19	川崎		平10.3.23	確	平19.7.31				(在籍)	
8922	平19	川崎		平10.3.23	確	平19.7.31				(在籍)	
8123	平17	川崎		平10.3.23	確	平17.6.21				(在籍)	
8223	平17	川崎		平10.3.23	確	平17.6.21				(在籍)	
8323	平10	川崎		平10.3.23	確	平10.8.13		平17.6.21		(在籍)	
8423	平17	川崎		平10.3.23	確	平17.6.21				(在籍)	
8623	平17	川崎		平10.3.23	確	平17.6.21				(在籍)	
8823	平17	川崎		平10.3.23	確	平17.6.21				(在籍)	
8923	平17	川崎		平10.3.23	確	平17.6.21				(在籍)	
8124	平18	川崎		平10.3.23	確	平18.10.23				(在籍)	
8224	平18	川崎		平10.3.23	確	平18.10.23				(在籍)	
8324	平10	川崎		平10.3.23	確	平10.10.21		平18.10.23		(在籍)	
8424	平18	川崎		平10.3.23	確	平18.10.23				(在籍)	
8624	平18	川崎		平10.3.23	確	平18.10.23				(在籍)	
8824	平18	川崎		平10.3.23	確	平18.10.23				(在籍)	
8924	平18	川崎		平10.3.23	確	平18.10.23				(在籍)	
8125	平10	川崎		平10.3.23	確	平10.7.13				(在籍)	
8225	平10	川崎		平10.3.23	確	平10.7.13				(在籍)	
8325	平10	川崎		平10.3.23	確	平10.7.13				(在籍)	
8425	平10	川崎		平10.3.23	確	平10.7.13				(在籍)	
8625	平10	川崎		平10.3.23	確	平10.7.13				(在籍)	
8825	平10	川崎		平10.3.23	確	平10.7.13				(在籍)	
8925	平10	川崎		平10.3.23	確	平10.7.13				(在籍)	
8126	平10	川崎		平10.3.23	確	平10.8.19				(在籍)	
8226	平10	川崎		平10.3.23	確	平10.8.19				(在籍)	
8326	平10	川崎		平10.3.23	確	平10.8.19				(在籍)	
8426	平10	川崎		平10.3.23	確	平10.8.19				(在籍)	
8626	平10	川崎		平10.3.23	確	平10.8.19				(在籍)	
8826	平10	川崎		平10.3.23	確	平10.8.19				(在籍)	
8926	平10	川崎		平10.3.23	確	平10.8.19				(在籍)	

北海道ちほく高原鉄道

池田－北見
140.0km
軌間：1067mm
動力：内燃

　当社は昭和55年に公布された国鉄再建法に基づき、昭和57年11月に第二次特定地方交通線に指定された元の国鉄池北線である。国鉄末期の特定地方交通線処理問題において、指定線は沿線自治体に対し経営分離かバス転換を選択させたが、池北線は全長100kmを超え冬季の代替輸送に問題がある「長大4線」[134]の一つとして一旦廃止が保留された。しかし、調査の結果、昭和60年に廃止妥当の答申が出され平成元年の廃止が決定する。

　ところで、北海道の特定地方交通線は各線とも輸送需要において厳しい見通しが示され、ほぼ全てが存続をあきらめたが、「長大4線」では最も輸送密度の高かった池北線は経営安定化基金の運用益で赤字補填の目処がつくとされたため、道内で唯一、第三セクター鉄道に転換されることとなり、平成元年6月4日に経営分離される。ところが、沿線人口の流出と、これに伴う経営悪化に歯止めがかからず、第二次ベビーブーム世代が学齢期を過ぎると通学輸送機関としての存在価値も失う。さらに、低金利政策下で転換交付金は運用益を生み出すこともないまま平成15年度で使い果たしてしまう。同年、最大株主の北海道を中心に協議会を開くが、沿線自治体に求めた資金協力を陸別町以外拒否されたことを機に平成18年4月21日に廃止される。

■ 内燃動車[135]

　CR70-1～8はいわゆる新潟NDCの一族だが、一見すると富士重のLE-DCのような正面デザインを持つ窓配置dD51D（公式側）の軽快気動車。エンジンは直噴式のDMF13HS（250PS/2000rpm）で変速機はDBR115。二軸駆動の空気バネ台車を履く。室内は中央4区画がクロスシート。JR北海道キハ130形と同型で国鉄型在来気動車と総括制御も可能[136]。CR75-1～3はCR70形に飲料自販機を設置したもの。CR75-101はCR75形のイベント対応車でAVデッキを備えており、室内にテーブルが置けるよう車端1区画以外はロングシートになっている。

■ 参考文献

伊東祐二「北海道ちほく高原鉄道の開業」『鉄道ピクトリアル』No.516（1989-9）
小熊米雄「すこやかに育て北海道ちほく高原鉄道」『鉄道ピクトリアル』No.541（1991-3増）
斎藤幹雄「終焉迫る北海道ちほく高原鉄道の近況」『鉄道ピクトリアル』No.775（2006-5）

（国鉄〔北海道旅客鉄道〕池北線）→北海道ちほく高原鉄道

内燃動車

番号	製造・改造	出自	手続日 改番日	種別	列車無線	非常停止 回路設置	後部扉締切 スイッチ設置	用途廃止	異動先
CR70-1	平元 新潟		平元.5.29	確	平3.8.28	平4.8.24	平12.2.14	平18.4.21	(国外)
CR70-2	平元 新潟		平元.5.29	確	平3.8.28	平4.8.24	平12.2.14	平18.4.21	(国外)
CR70-3	平元 新潟		平元.5.29	確	平3.8.28	平4.8.24	平12.2.14	平18.4.21	(国外)
CR70-4	平元 新潟		平元.5.29	確	平3.8.28	平4.8.24	平12.2.14	平12.3.31	
CR70-5	平元 新潟		平元.5.29	確	平3.8.28	平4.8.24	平12.2.14	平12.9.30	
CR70-6	平元 新潟		平元.5.29	確	平3.8.28	平4.8.24	平12.2.14	平18.4.21	
CR70-7	平元 新潟		平元.5.29	確	平3.8.28	平4.8.24	平12.2.14	平18.4.21	
CR70-8	平元 新潟		平元.5.29	確	平3.8.28	平4.8.24	平12.2.14	平18.4.21	
CR75-1	平元 新潟		平元.5.29	確	平3.8.28	平4.8.24	平12.2.14	平18.4.21	
CR75-2	平元 新潟		平元.5.29	確	平3.8.28	平4.8.24	平12.2.14	平18.4.21	
CR75-3	平元 新潟		平元.5.29	確	平3.8.28	平4.8.24	平12.2.14	平18.4.21	
CR75-101	平2 新潟		平2.6.1	確	平3.8.28	平4.8.24	平12.2.14	平18.4.21	

---

[134] 他は名寄本線、天北線、標津線。
[135] 『鉄道ピクトリアル・新車年鑑1990年版』No.534（1990-10増）p198も参照のこと。
[136] ただし、帯広乗入にあたっては必ず国鉄型在来気動車の後部に連結した。これは車体重量が軽すぎてJR線内での踏切回路構成に支障が生じたためである。

CR70-5（CR70形）

平成元年新潟製。16m級のNDCだが、一見すると富士重のLE-DCに見える。JR北海道キハ130形は同型車。沿線は全国有数の酷寒地だが、構造上、汎用車と変わらない。
　　　平成11.9.　池田
　　　　　　藤岡雄一

CR75-3（CR75形）

平成元年新潟製。CR70形に飲料自販機を設置したもので、定員が2名減の100名になった。写真は屋根回りが赤帯で処理される旧塗装時代。
　　　平成2.5.　池田
　　　　　　大幡哲海

CR75-101（CR75形）

平成2年新潟製。CR75形の増備車だが、イベント対応でテーブルを設置できるよう、車端寄り1ボックスを除いてロングシートだった。
　　　平成11.9.　北見
　　　　　　藤岡雄一

亀函馬車鉄道→函館馬車鉄道→函館水電→帝国電力→大日本電力→道南電気軌道→函館市電

谷地頭－湯の川ほか
17.9km
軌間：1372mm
動力：馬力→電気

■ 沿革

　湯の川温泉は藩政期より存在を知られ、箱館戦争の際も「蝦夷共和国」総裁、榎本武揚が傷病兵治療に利用した歴史を持つ。当時の湯量は少なかったが、榎本は掘り下げれば多量の湯が沸くことを把握しており、明治19年になってその助言に従いボーリングをした所、豊富な源泉を掘り当てる。ただし交通の便が問題だったため、明治23年に湯川村の米穀商、佐藤祐知を中心に亀函馬車鉄道が設立される。紆余曲折の末、東京馬車鉄道の指導を受けて明治30年12月12日に東雲町－弁天町（現・函館どっく前）間に1372mm軌間の馬車軌道を開業、翌年目的地である湯の川温泉に乗り入れた。

　以後、市内区間の延長や複線化、路線再編を進めるが、明治44年に余剰電力の供給先を求めた函館水電に買収されて大正2年に電化される。大正3年1月19日に函館区[137]との間に報償契約を結び電柱類や軌道敷地の無償使用が認められるが、これには満了日に会社の営業権と施設を買収できるとの条項が書き加えられていた。やがて、市内交通公営化論が盛んになるにつれ市有化の機運が高まり、大正15年1月20日の車庫火災も手伝って同年12月に1,400円で買収契約仮調印に至るが、市議会が値引きを要求し破談となる。さらに昭和6年11月に報償契約が切れたのを期に、市と函館水電との間で電灯事業もあわせた事業譲渡交渉が始まるが、交渉が難航した挙句、昭和9年3月21日の函館大火で市の財政が逼迫し再び市営化に失敗する。三度目の正直は函館水電の継承会社である大日本電力が戦時中の配電統制令により解散し、独立を余儀なくされた道南電気軌道と市との力関係が逆転したことで、昭和18年11月1日付で買収された。

　馬車鉄道時代に市街地区間や湯の川までの路線敷設をあらかた終え、電力会社兼営時代に開業したのは海岸町－亀田（ガス会社前）間に過ぎない。これを五稜郭公園に結ぶ宮前線や上磯方面への延伸も予定したが、市の都市計画との折り合いが悪く、五稜郭地区への延伸は市営化後となる。昭和34年に一時撤去されていた湯の川温泉－湯の川間が復旧し路線網が完成するが、やがてドーナツ化現象やモータリゼーションの進展などの構造的要因から事業不振に陥り、昭和49年に交通事業財政再建団体に指定され路線縮小が続けられる。平成26年度末現在で10.9kmが健在だが、市営化後に整備された区間は全廃されている。

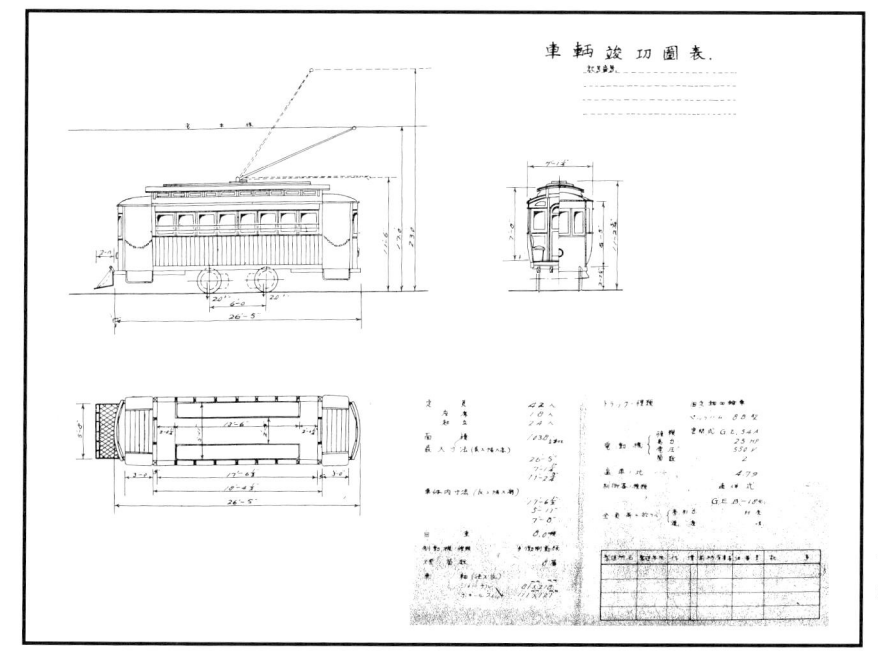

113〜133竣功図
昭和2年の入籍にあわせて調整された竣功図。

所蔵：国立公文書館

■ 馬車鉄道時代

　馬車鉄道時代の車両について統計から推察すると、客車の定員は32名で、残された写真によると窓配置O5Oのモニタルーフで二頭牽であった。内務省土木局統計（第11回・明治35年3月）による要目は長15尺4寸×幅6尺3寸とある。また、年によって貨車2輛が計上されているが、有蓋と無蓋の区別がつかない。土木統計の要目は長13尺9寸×幅6尺1寸であり、明治41年時点は1.5t積であったが、明治44年以降4t積で計上されている。なお、明治43年の統計には工事材料運搬車と但し書きがある。

■ 電車

　1～25は電化と共に投入された窓配置V8Vの木造二軸車。台車は一般的なブリル21EでモーターはGE-54A（18.4kW/550V）×2。この時代の車としては先進的な丸屋根が特徴だが、車体は二段絞りで製作されている。改修により一般的な縦羽目となり二枚折戸も設置されたが、その時期については不明である。車庫火災や函館大火で相当数が廃車となるが、6両が戦後まで使用された。26～30は窓配置O8Oのモニタルーフ車。元は九州水力電気の開業時に川崎で製作されたものだが、過剰投入で放出されたものの一部を購入した[138]。このグループは淘汰が早く詳細不明な部分が多い。使用機器は不明だが、モーターは20.68kW×2。31～35は東京市電の「ヨト」1形を購入したもの。大正15年の車庫火災で全滅したため詳細は不明な部分が多いが、ベスビチュール化のみで使用されたと仮定すれば窓配置V10Vのモニタルーフ車で、台車はペックハム、モーターはDK25（18.7kW/550V）×2となる。36～40は過剰投入であった成宗軌道デハ1形を購入したもので窓配置V242Vのモニタルーフ車。台車は購入時マウンテンギブソン21EMであったが、のちブリル21Eに換装。モーターは18.4kW（600V）×2だが形式は不明。車庫火災も函館大火も潜り抜けた39は昭和12年に除雪車に改造されたが、平成5年に市制70周年記念事業として客車に復帰し現存する[139]。復元にあたり法的な問題をクリアするため、車体を鋼製で再製作した上に栖材を張り付け、モーターも除雪車時代に神鋼鳥羽MT-60（37.3kW/600V）に換装され空気ブレーキも設置されるなど手が加えられており、実態はもはや別の車と言っても過言でない。41～46は実質1～25と同型車だが、当初は附随車として製作されている。台車は丹羽式で、バーサスペンションを取り付ければ簡単にモーターが設置出来る構造だった。電装時期は不明であるが、和久田康雄氏はボギー車が登場した大正10年頃と推測されている[140]。のち100形に編入。47～52→50～53は窓配置V2222222Vで飾り窓を持つ丸屋根高床の木造ボギー車。台車はブリル76-E1を履きモーターはGE-231（37.3kW/600V）×2。路面電車としては珍しい特並等合造車として製作され、窓4個分が定員12名の特等室として区画されていたが、利用率から大正13年に全室三等に格下げられる。54・55は車庫火災で焼失した48と52の補充として製作されたもので窓配置V464V、丸屋根の木造ボギー車。飾り窓はない。機器や台車は47～52とほぼ同一のため、焼失品を再利用したものであろう。いずれのボギー車も当時の道路事情から運用は大門前（現・松風町）以北に制限されていたが、函館大火で焼失する。

　101～140は100形のくくりでまとめられているが、いくつかのグループに分けられる。101～107は大正15年の車庫火災の補充として41～46と同型の窓配置V8Vの車体を梅鉢に発注したもので、その緊急性から製造年月と入籍年月日に開きがある。モーターはGE-54A（18.4kW/550V）×2、制御器はGE-B18で台車はブリル21Eだが、いずれも焼失車からの流用と思われる。109～112は41～

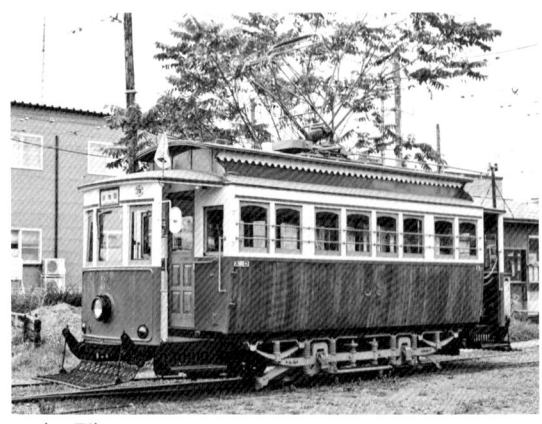

39（30形）
平成5年に排2を往時の姿に復元。車体は鋼製で難燃処理した木材を張り付けている。施工は札幌交通機械。
　　　　　　　　　　平成21.9.　駒場車庫　関根雅人

306（300形）
昭和11年函館船渠製。国産品にこだわって製造された鋼製低床二軸車。
　　　　　　　　　　昭和34.8.16　十字街　星良助

200

404（400形）
大正11年枝光製の京王40を昭和17年に譲受。11m級の木造高床式ボギー車。車内ステップ化は戦後の改造である。
昭和31.1.15　函館駅前　平井宏司

506（500形）
昭和23年日車製の13m級3扉車。写真はワンマン化前の原型の姿で、中扉は2枚引戸だった。
昭和33.9.3　函館駅前　伊藤威信

604（600形）
昭和29年新潟製の13m級3扉車。流線型で左右非対称の正面2枚窓が特徴。写真はワンマン化前。
昭和33.9.3　函館駅前　伊藤威信

501（500形）
505を種車に昭和62年に五稜郭工場で車体更新したもの。平成8年に貸切専用として整備された。
平成21.9.　駒場車庫　関根雅人

46のうち焼失を免れた4両を編入したもの。113～130・132・133は東京市電の「ヨシ」251形を購入したもの。「ヨシ」自体は大正14年6月4日の増加届で7両を購入し53～59として使用したとも言われるが[141]、いずれも入籍前に焼失しており改めて購入された。モーターはGE-54A（18.4kW／550V）×2、制御器はDK-DBIで台車はペックハム8B。当初は窓配置V8V、裾絞りのあるモニタルーフ車であったが、のちに他車と同一の丸屋根車体に更新されている。108・131・134～140は昭和7年の増備車で車体その他は101～107と同一だが、モーターが日立HS-301（18.65kW／600V）×2となった。函館大火で焼け残った8両は番号を詰め二枚折のドアも設置、昭和24年にモーターを三菱MB172-NR（37.3kW／600V）×2に換装した。

　201～245は函館大火にともない緊急購入された東京市電の「ヨヘロ」1形。のち二枚折のドアを設置。後に201～204は日立HS-301B（26.1kW／550V）、210・211は三菱MB172-NR（37.3kW／600V）にモーターを換装。301～315は神戸市電400形に良く似た窓配置1D7D1の低床式鋼製二軸車。モーターは日立HS-301B（26.1kW／600V）×2、制御器は日立DRBC-447で台車はブリル79Eの模造品である住友KH20Lを履く。401～406は京王23形で窓配置1D22222D1、ダブルルーフの高床式木造ボギー車。元来インターアーバンの電車なのでアウトサイドステップであったが、乗降に不便を来たし、昭和23年にデッキ部を拡張の上インサイドステップ化された。501～530は窓配置1D5D5D1の大型鋼製ボギー車で、戦後の規格型電車の一つ。モーターは三菱MB172-NR（37.3kW／600V）×2、制御器はKR-8となっており、この組み合わせが706まで続く。台車は日車製の形鋼組立台車であるK-10。501～510は昭和42年に一旦中央扉を閉鎖し座席まで設置されたが、昭和44年のワンマン化にあたって前中扉に変更となり、中央扉を一枚引戸に改造の上で復活、後部扉は埋め込んだ。長く函館市電の代表車であったが

706（700形）
昭和39年新潟製。12m級2扉車で、800形前期型の車体に事故廃車となった518の台車と電装品を組み合わせた異端車。一枚引戸と台車に注意。
昭和40.11.2
函館駅前
伊藤昭

老朽化で淘汰が進み、平成26年末時点で原型車は1両を残すのみ。また505は昭和62年に窓配置2D5D32の軽量角型車体に更新し501に改番されるが、平成8年以降は貸切専用のカラオケ電車になる。**601～605**は窓配置1D4D4D1の大型鋼製ボギー車。流線形の車体を持ち、正面は非対称の二枚窓で側窓はバス窓。台車は住友KS-40J。昭和44年にワンマン化が行われた際に後部扉は埋め込まれた。**701～705**は600形に準じた形体の窓配置1D4D31の中型鋼製ボギー車。台車は住友FS77となり弾性車輪を使用する。また本形式よりZパンタが採用された。**706**は事故廃車となった518の下回りに800形の車体[142]を組み合わせて復旧した異端車。**711～724**は都電8000系をベースに丸みを付けたデザインの窓配置1D5D31の中型鋼製ボギー車。モーターは日車NE-50B（50kW/600V）×2、制御器はカム軸式の永久並列間接自動制御器である日車NC395-A。台車は住友FS77Aである。**711**は昭和60年に窓配置2D5D32の軽量角型車体に更新されたが要目に変わりなかったので認可対象になっていない。**801～812**は加減速時の応答性を改善するため710形の制御器を電磁単位スイッチ式の永久並列間接非自動制御器である日車NC-193に変更したもの。車体は710形に準ずるが、810までの前期形は前扉が一枚引戸である。**1001～1010**は元都電7000形。当初は300形もワンマン化を予定していたが、小型老朽車のため現実的でないことから置換用として購入された。昭和46年のワンマン

717（710形）
昭和35年新潟製の12m級2扉車。前扉は二枚引戸。制御器が異なる800形も後期型は二枚引戸で、外形は全く同一である。
昭和40.11.2
函館駅前
伊藤昭

1007（1000形）
昭和30年日車製の都電7034を昭和45年に譲受。昭和46年のワンマン化にあたり正面が左右非対称2枚窓に改造されている。
平成2.5. 末広町
大幡哲海

化の際に運転台側の正面窓を拡大の上、モーターを日車ND-52（52kW/600V）から日車ND-60A（60kW/600V）に換装した。2001・2002[143]は窓配置1D5D31の軽量角型車体を持つGTO-VVVFインバータ制御車。モーターは三相かご形誘導電動機である東洋TDK6302-A（60kW/440V）×2でTDカルダン駆動、制御器は回生ブレーキ付の東洋ATR-M260-RG629C。台車は住友FS92である。集電装置もシングルアーム式パンタグラフを使用する。2001は側窓が二段窓。3001～3004[135]は2000形の冷房付版。8001～8010[144]は800形を窓配置1D5D31の軽量角型車体に更新したもの。8101[145]も800形の更新車だが、超低床車に対する時代的要求から中央扉部分がノンステップ化された部分低床車。窓配置1D11D111だが、前後扉直後の窓は大型の逆T字窓となった。超低床化の代償として艤装スペースが厳しくなり、主抵抗器が屋根上に設置された。そのため、見た目と異なり冷房はない。9601～9603[146]は連接構造の100％低床車。アルナの「リトルダンサー・タイプC2」である。窓配置は1D3＋D211。モーターは三相かご形誘導電動機である東洋TDK6407-B（85kW）×2で直角カルダン駆動、制御器は回生ブレーキ付のIGBT-VVVF方式の東芝SVF087-A0。台車は住友SS-05。冷房も持つ。8101と共に一般車とは別運用を組む。

301（**電動貨車**）は3t積の電動有蓋車。車体は縦羽目の木造で、両開戸と三角屋根が特徴。モーターはGE-54A（18.4kW/550V）×2、制御器はGE-

3001（3000形）
平成5年アルナ工機製の12m級VVVFインバータ制御車。2000形は冷房がなく、2001のみ側窓が二段窓であることを除くと同型である。
平成6.8. 函館駅前
関根雅人

203

8008（8000形）
800形の車体更新車で、本車は809を種車に平成9年にアルナ工機で改造。8003までの前期型には側面方向幕がなく、平成24年改造の8009以降は灯具が丸型になる。
平成9.9.16
市役所前
澤内一晃

B18で台車はブリル21E。**304（電動貨車）**は3t積の電動無蓋車。アオリ戸は二枚側で両端に幅の狭い運転台が突き出る。機器は焼失車の再用で、モーターはGE-54A（18.4kW/550V）×2、制御器はDK-DB1、台車はペックハム8B。電動貨車はいずれも大門前（現・松風町）－湯の川で使用されたが、他にも統計から判断する限り、大正9年以来電動有蓋車1両、電動無蓋車3両が存在し、軌道条例時代に認可を受けた（が故に認可記録が残らず詳細不明な）電動無蓋車の302と303が存在していたことがほぼ確実である。**排1～6**は29、39と200形を種車に改造された木造のブルーム式除雪車だが、認可上、排1～4は新造扱となる。車体は窓7個分を残しベスビチュールを撤去し、片サイドに窓2個分の外吊戸を設け機器室としている。改造時のモーターはブルーム動力用の1台と共に日立HS301-B（18.7kW/600V）、制御器はKR-7。走行用モーターは昭和16年に芝浦SE116-A（26.1kW/600V）に換装を計画するも挫折、昭和46年の空気ブレーキ設置にあわせ神鋼鳥羽MT-60（37.3kW/600V）への交換が実現した。**装1～3**は300形、**装104～106**は100形の車体を撤去した花電車用の台車。

8101（8100形）
807を平成14年にアルナ工機で車体更新したもの。中央扉付近をノンステップ化した部分低床車となる。屋根上は主抵抗器。
平成19.12. 宝来町
西口秀樹

9601（9600形）
平成19年アルナ車両製の超低床車。2車体連接構造で、リトルダンサー・タイプC2に分類される規格型。
平成19.12. 駒場車庫前
西口秀樹

排4
木造ブルーム式除雪車。本車は昭和12年に245を種車に改造されたが、認可上は新造扱とされる。
平成21.9. 駒場車庫 関根雅人

装2
昭和46年に300形を種車に改造された花電車用の装飾車。電動無蓋車の一種である。
平成21.9. 駒場車庫 関根雅人

■ **参考文献**

川上幸義「函館市電」『もはゆに』No.7（1948.12）（1983 アテネ書房復刻）

川上幸義「函館市電」『鉄道ピクトリアル』No.32（1954-3）

函館市交通局『市電50年のあゆみ』（1964）

奥野和弘「函館市交通局」『鉄道ピクトリアル』No.223（1969-4増）

大西清友「函館市交通局」『鉄道ピクトリアル』No.259（1971-12増）

沼尻利之「函館市交通局」『鉄道ピクトリアル』No.319（1976-4増）

奥野和弘「函館市交通局」『鉄道ピクトリアル』No.384（1980-12増）

横山真吾「函館市交通局」『鉄道ピクトリアル』No.509（1989-3増）

楠居利彦・結解学「日本の路面電車（終）札幌市交・函館市交」『鉄道ダイヤ情報』No.130（1993.12）

早川淳一「函館市交通局」『鉄道ピクトリアル』No.593（1994-7増）

早川淳一「函館市交通局」『鉄道ピクトリアル』No.688（2000-7増）

和久田康雄『日本の市内電車－1895-1945－』成山堂書店（2009）

函館市企業局交通部『函館の路面電車100年』北海道新聞社（2013）

[137] 北海道については半植民地的な位置づけから当初、市制が施行されておらず、自治権の弱い北海道区制による区（現在の特定市における区制とは異なる）が最大の自治単位であった。大正11年に市制に移行。
[138] 旧番号は不明。当初45両が存在した九州水力電気であるが、11両の減車時に何号車が廃車になったのかからして記録が残されていない。
[139] 『鉄道ピクトリアル・新車年鑑1994年版』No.597（1994.10増）p96も参照のこと。
[140] 和久田康雄『日本の市内電車－1895-1945－』成山堂書店（2009.3）p84
[141] 前掲（140）
[142] 800形の車体は二種類あるが、本車は前期形と同一の前扉が一枚引戸。
[143] 『鉄道ピクトリアル・新車年鑑1993年版』No.582（1993.10増）p111,112も参照のこと。
[144] 『鉄道ピクトリアル・新車年鑑1990年版』No.534（1990.10増）p199も参照のこと。
[145] 『鉄道ピクトリアル・鉄道車両年鑑2002年版』No.723（2002.10増）p121,122も参照のこと。
[146] 『鉄道ピクトリアル・鉄道車両年鑑2007年版』No.795（2007.10増）p142-144も参照のこと。

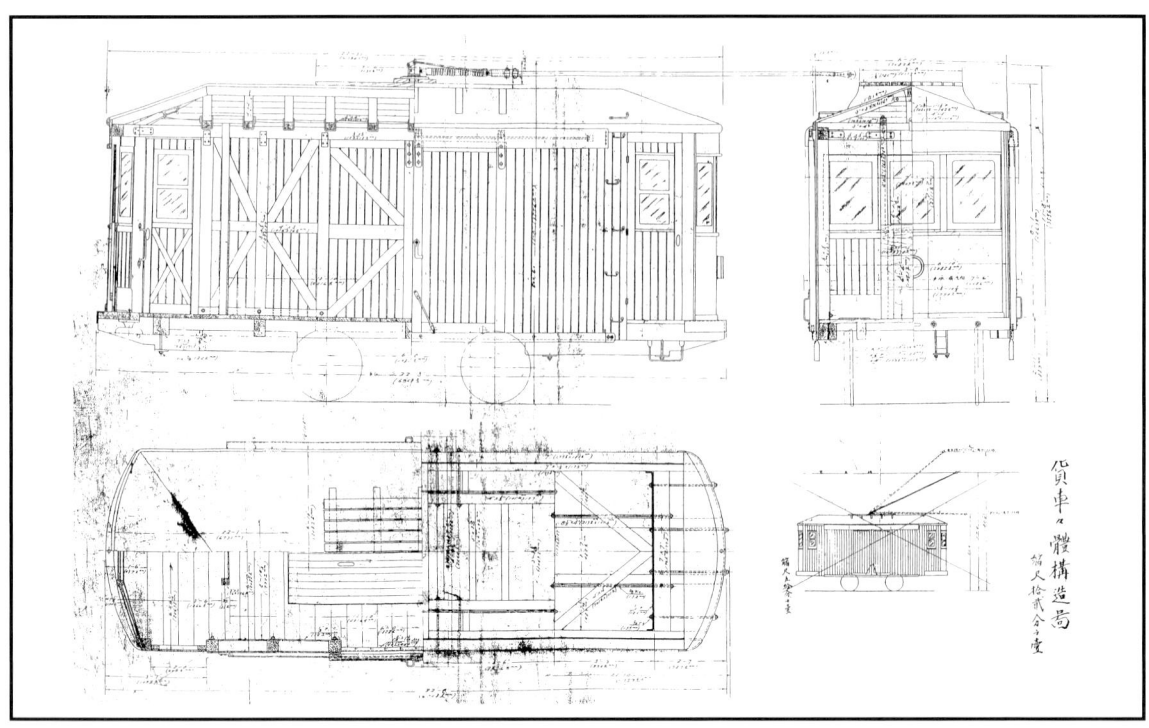

301（電動貨車）組立図
あまり例を見ない構造の三角屋根が特徴である。
所蔵：国立公文書館

亀函馬車鉄道→函館馬車鉄道→函館水電→帝国電力→大日本電力→道南電気軌道→函館市電

【各車種共通認可項目】ビューゲル化…昭24.6.27、救助網→ロックフェンダー化…昭24.9.27、ロックフェン
（日付は全て認可）　　　ダー→固定式化…昭34.11.10、アルカリ蓄電池設置…昭和40.7.5（300形、500形在籍全車、601-604、701-705）

電車

番号	製造・改造	出自	手続日 改番日	種別	竣功届	設計変更	設計変更	ワンマン化	用途廃止 および改番	異動先
1	大2　梅鉢		大2.6.17	施					大15.4.10	
2	大2　梅鉢		大2.6.17	施					大15.4.10	
3	大2　梅鉢		大2.6.17	施					昭16.8.12	→11（Ⅲ）
4	大2　梅鉢		大2.6.17	施					昭9.4.12	
5	大2　梅鉢		大2.6.17	施					昭9.4.12	
6	大2　梅鉢		大2.6.17	施					昭9.4.12	
7（Ⅰ）	大2　梅鉢		大2.6.17	施					大15.4.10	
7（Ⅱ）	（→前掲）	21？		称					昭16.8.12	→14（Ⅱ）
8	大2　梅鉢		大2.6.17	施					昭9.4.12	
9（Ⅰ）	大2　梅鉢		大2.6.17	施					大15.4.10	
9（Ⅱ）	（→前掲）	22？		称					昭16.8.12	→16（Ⅱ）
10	大2　梅鉢		大2.6.17	施					昭9.4.12	
11（Ⅰ）	大2　梅鉢		大2.6.17	施					大15.4.10	
11（Ⅱ）	（→前掲）	23？		称					昭9.4.12	
11（Ⅲ）	（→前掲）	3	昭16.8.12	称					昭29.12.23	
12（Ⅰ）	大2　梅鉢		大2.6.17	施					大15.4.10	
12（Ⅱ）	（→前掲）	24？		称					昭29.12.23	
13	大2　梅鉢		大2.6.17	施					昭25.12.1	
14（Ⅰ）	大2　梅鉢		大2.6.17	施					昭9.4.12	
14（Ⅱ）	（→前掲）	7	昭16.8.12	称					昭25.12.1	
15	大2　梅鉢		大2.6.17	施					昭25.1.21	
16（Ⅰ）	大2　梅鉢		大2.6.17	施					昭9.4.12	
16（Ⅱ）	（→前掲）	9	昭16.8.12	称					昭25.1.21	
17	大2　梅鉢		大2.6.17	施					昭9.4.12	
18	大2　梅鉢		大2.6.17	施					昭9.4.12	
19	大2　梅鉢		大2.6.17	施					昭9.4.12	

番号	製造・改造		出自	手続日 改番日	種別	竣功届	設計変更	設計変更	ワンマン化	用途廃止 および改番	異動先
20	大2	梅鉢		大 2. 6.17	施					大15. 4.10	
21	大2	梅鉢		大 2. 6.17	施						→7（Ⅱ）？
22	大2	梅鉢		大 2. 6.17	施						→9（Ⅱ）？
23	大2	梅鉢		大 2. 6.17	施						→11（Ⅱ）？
24	大2	梅鉢		大 2. 6.17	施						→12（Ⅱ）？
25	大2	梅鉢		大 2. 6.17	施					大15. 4.10	
26	明44	川崎	九州水電	大 4.11.12	設					大15. 4.10	
27	明44	川崎	九州水電	大 4.11.12	設					大15. 4.10	
28	明44	川崎	九州水電	大 4.11.12	設					大15. 4.10	
29	明44	川崎	九州水電	大 4.11.12	設					昭12. 4.10	→（排1）
30	明44	川崎	九州水電	大 4.11.12	設					昭 9. 4.12	
31			東京市ヨト246	大 6.10.26	増					大15. 4.10	
32			東京市ヨト247	大 6.10.26	増					大15. 4.10	
33			東京市ヨト248	大 6.10.26	増					大15. 4.10	
34			東京市ヨト249	大 6.10.26	増					大15. 4.10	
35			東京市ヨト250	大 6.10.26	増					大15. 4.10	
36	明43	天野	成宗軌道	大 7. 5. 2	増					昭 9. 4.12	
37	明43	天野	成宗軌道	大 7. 5. 2	増					大15. 4.10	
38	明43	天野	成宗軌道	大 7. 5. 2	増					昭 9. 4.12	
39（Ⅰ）	明43	天野	成宗軌道	大 7. 5. 2	増					昭12. 4.10	→（排2）
39（Ⅱ）	平5.5	札幌交機改	排2	平 5. 3.31	変					（在籍）	
40	明43	天野	成宗軌道	大 7. 5. 2	増					大15. 4.10	
41	大8	梅鉢		大 8.11.19	設						→109
42	大8	梅鉢		大 8.11.19	設						→110
43	大8	梅鉢		大 8.11.19	設						→111
44	大8	梅鉢		大 8.11.19	設					大15. 4.10	
45	大8	梅鉢		大 8.11.19	設					大15. 4.10	
46	大8	梅鉢		大 8.11.19	設						→112
47	大10	梅鉢		大10.12.27	設		大13. 8. 6*				→52（Ⅱ）
48	大10	梅鉢		大10.12.27	設		大13. 8. 6*			大15. 4.10	
49	大10	梅鉢		大10.12.27	設		大13. 8. 6*				→53
50	大10	梅鉢		大10.12.27	設		大13. 8. 6*			昭 9. 4.12	
51	大10	梅鉢		大10.12.27	設		大13. 8. 6*			昭 9. 4.12	
52（Ⅰ）	大10	梅鉢		大10.12.27	設		大13. 8. 6*			大15. 4.10	
52（Ⅱ）	（→前掲）		47		称					昭 9. 4.12	
53	（→前掲）		49		称					昭 9. 4.12	
54				昭 4. 1.19	設					昭 9. 4.12	
55				昭 4. 1.19	設					昭 9. 4.12	
101（Ⅰ）	大15.5	梅鉢		昭 3. 1.16	設					昭 9. 4.12	
102（Ⅰ）	大15.5	梅鉢		昭 3. 1.16	設					昭 9. 4.12	
103（Ⅰ）	大15.5	梅鉢		昭 3. 1.16	設					昭 9. 4.12	
104（Ⅰ）	大15.5	梅鉢		昭 3. 1.16	設					昭16. 8.12	→101（Ⅱ）
105（Ⅰ）	大15.5	梅鉢		昭 3. 1.16	設					昭16. 8.12	→102（Ⅱ）
106（Ⅰ）	大15.5	梅鉢		昭 3. 1.16	設					昭 9. 4.12	
107（Ⅰ）	大15.5	梅鉢		昭 3. 1.16	設					昭 9. 4.12	
108（Ⅰ）	昭7	自社		昭 7.10. 1	増					昭 9. 4.12	
109	（→前掲）		41		変					昭 9. 4.12	
110	（→前掲）		42		変					昭 9. 4.12	
111	（→前掲）		43		変					昭 9. 4.12	
112	（→前掲）		46		変					昭 9. 4.12	
113			東京市電ヨシ320	昭 2. 6.18	設					昭 9. 4.12	
114	明37.9		東京市電ヨシ388	昭 2. 6.18	設					昭 9. 4.12	
115	明38.6		東京市電ヨシ351	昭 2. 6.18	設					昭 9. 4.12	
116	明37.1		東京市電ヨシ703	昭 2. 6.18	設					昭 9. 4.12	
117	明38.5		東京市電ヨシ290	昭 2. 6.18	設					昭 9. 4.12	
118			東京市電ヨシ354	昭 2. 6.18	設					昭16. 8.12	→103（Ⅱ）
119	明37.12		東京市電ヨシ393	昭 2. 6.18	設					昭 9. 4.12	
120			東京市電ヨシ394	昭 2. 6.18	設					昭16. 8.12	→104（Ⅱ）
121			東京市電ヨシ674	昭 2. 6.18	設					昭 9. 4.12	
122			東京市電ヨシ681	昭 2. 6.18	設					昭 9. 4.12	
123			東京市電ヨシ663	昭 2. 6.18	設					昭16. 8.12	→105（Ⅱ）
124			東京市電ヨシ742	昭 2. 6.18	設					昭 9. 4.12	
125	明38.3		東京市電ヨシ316	昭 2. 6.18	設					昭 9. 4.12	
126	明38.6		東京市電ヨシ334	昭 2. 6.18	設					昭 9. 4.12	
127			東京市電ヨシ746	昭 2. 6.18	設					昭 9. 4.12	
128			東京市電ヨシ687	昭 2. 6.18	設					昭16. 8.12	→106（Ⅱ）
129	明37.12		東京市電ヨシ256	昭 2. 6.18	設					昭 9. 4.12	
130	明38.6		東京市電ヨシ335	昭 2. 6.18	設					昭 9. 4.12	

番号	製造・改造		出自	手続日 改番日	種別	竣功届	設計変更	設計変更	ワンマン化	用途廃止 および改番	異動先
131	昭7	自社		昭 7.10. 1	増					昭 9. 4.12	
132			東京市電ヨシ329	昭 2. 6.18	設					昭16. 8.12	→107（Ⅱ）
133	明37.8		東京市電ヨシ363	昭 2. 6.18	設					昭 9. 4.12	
134	昭7	自社		昭 7. 4. 6	設					昭 9. 4.12	
135	昭7	自社		昭 7. 4. 6	設					昭 9. 4.12	
136	昭7	自社		昭 7. 4. 6	設					昭 9. 4.12	
137	昭7	自社		昭 7. 4. 6	設					昭 9. 4.12	
138	昭7	自社		昭 7. 4. 6	設					昭 9. 4.12	
139	昭7	自社		昭 7. 4. 6	設					昭 9. 4.12	
140	昭7	自社		昭 7. 4. 6	設					昭16. 8.12	→108（Ⅱ）
101（Ⅱ）	（→前掲）		104（Ⅰ）	昭16. 8.12	称		昭24. 9.29#			昭29.12.23	
102（Ⅱ）	（→前掲）		105（Ⅰ）	昭16. 8.12	称		昭24. 9.29#			昭34. 7.14	
103（Ⅱ）	（→前掲）		118	昭16. 8.12	称		昭24. 9.29#			昭34. 7.14	
104（Ⅱ）	（→前掲）		120	昭16. 8.12	称		昭24. 9.29#	昭34.11.23			→装104
105（Ⅱ）	（→前掲）		123	昭16. 8.12	称		昭24. 9.29#	昭34.11.23			→装105
106（Ⅱ）	（→前掲）		128	昭16. 8.12	称		昭24. 9.29#	昭34.11.23			→装106
107（Ⅱ）	（→前掲）		132	昭16. 8.12	称		昭24. 9.29#			昭29.12.23	
108（Ⅱ）	（→前掲）		140	昭16. 8.12	称		昭24. 9.29#			昭32. 7.17	
201	大11.11	田中	東京市電52	昭10. 3. 7	譲		昭13. 7.29#			昭24. 6.16	
202	大11.11	田中	東京市電56	昭10. 3. 7	譲		昭13. 7.29#			昭25. 1.21	
203	大11.11	田中	東京市電58	昭10. 3. 7	譲		昭13. 7.29#			昭23.12.20	
204	大11.11	田中	東京市電60	昭10. 3. 7	譲		昭13. 7.29#			昭25. 1.21	
205	大11.12	田中	東京市電63	昭10. 3. 7	譲					昭23.12.20	
206	大11.12	田中	東京市電64	昭10. 3. 7	譲					昭23. 9.30	
207	大11.12	田中	東京市電65	昭10. 3. 7	譲					昭25. 2.28	
208	大11.12	田中	東京市電74	昭10. 3. 7	譲					昭25. 2.28	
209	大11.12	田中	東京市電76	昭10. 3. 7	譲					昭23. 9.30	
210	大11.12	雨宮	東京市電79	昭10. 3. 7	譲		昭24. 9.29#			昭25. 6.30	→213（Ⅱ）
211	大11.12	雨宮	東京市電80	昭10. 3. 7	譲		昭24. 9.29#			昭32. 7.17	
212	大11.12	雨宮	東京市電81	昭10. 3. 7	譲					昭32. 7.17	
213（Ⅰ）	大11.12	雨宮	東京市電83	昭10. 3. 7	譲					昭25. 6.30	
213（Ⅱ）	（→前掲）		210	昭25. 6.30	称					昭32. 7.17	
214（Ⅰ）	大12.3	雨宮	東京市電86	昭10. 3. 7	譲					昭25. 6.30	
214（Ⅱ）	（→前掲）		220	昭25. 6.30	称					昭32. 7.17	
215（Ⅰ）	大12.3	雨宮	東京市電87	昭10. 3. 7	譲					昭25. 6.30	
215（Ⅱ）	（→前掲）		221	昭25. 6.30	称					昭29.12.23	
216（Ⅰ）	大11	雨宮	東京市電90	昭10. 3. 7	譲					昭25. 6.30	
216（Ⅱ）	（→前掲）		222	昭25. 6.30	称					昭25.12. 1	
217	大11	雨宮	東京市電91	昭10. 3. 7	譲					昭25.12. 1	
218	大11	雨宮	東京市電92	昭10. 3. 7	譲					昭25.12. 1	
219	大11	雨宮	東京市電93	昭10. 3. 7	譲					昭24. 6.16	
220	大12	雨宮	東京市電95	昭10. 3. 7	譲					昭25. 6.30	→214（Ⅱ）
221	大12	雨宮	東京市電96	昭10. 3. 7	譲					昭25. 6.30	→215（Ⅱ）
222	大12	雨宮	東京市電97	昭10. 3. 7	譲					昭25. 6.30	→216（Ⅱ）
223	大12	雨宮	東京市電101	昭10. 3. 7	譲					昭24. 6.16	
224	大12	雨宮	東京市電102	昭10. 3. 7	譲					昭25. 6.30	
225	大11	雨宮	東京市電103	昭10. 3. 7	譲					昭25. 1.21	
226	大9	梅鉢	東京市電37	昭11.12.15	増					昭23.12.20	
227	大9	梅鉢	東京市電40	昭11.12.15	増					昭23.12.20	
228	大9	梅鉢	東京市電41	昭11.12.15	増					昭23. 9.30	
229	大9	梅鉢	東京市電44	昭11.12.15	増					昭23. 9.30	
230	大11	田中	東京市電45	昭11.12.15	増					昭23.12.20	
231	大11	田中	東京市電48	昭11.12.15	増					昭23. 9.30	
232	大11	田中	東京市電49	昭11.12.15	増					昭24. 6.16	
233	大11	田中	東京市電50	昭11.12.15	増					昭23.12.20	
234	大12	雨宮	東京市電84	昭11.12.15	増					昭25. 2.28	
235	大12	雨宮	東京市電94	昭11.12.15	増					昭25. 2.28	
236	大9	梅鉢	東京市電33	昭10. 6.20	増					昭25. 2.28	
237	大9	梅鉢	東京市電34	昭10. 6.20	増					昭24. 6.16	
238	大9	梅鉢	東京市電36	昭10. 6.20	増					昭23. 9.30	
239	大9	梅鉢	東京市電27	昭10. 6.20	増					昭24. 6.16	
240	大9	梅鉢	東京市電38	昭10. 6.20	増					昭24. 6.16	
241	大9	東京市電工場	東京市電4	昭10. 7.24	増					昭23. 9.30	
242	大9	東京市電工場	東京市電12	昭10. 7.24	増					昭14.12. 1	→排5
243	大9	梅鉢	東京市電32	昭10. 7.24	増					昭14.12. 1	→排6
244	大9	梅鉢	東京市電35	昭10. 7.24	増					昭12. 4.12	→（排3）
245	大9	東京市電工場	東京市電11	昭10. 7.24	増					昭12. 4.12	→（排4）
301	昭11.3	函館船渠		昭11. 7.22	設		昭25. 3.30b			*昭46. 8.20*	

番号	製造・改造		出自	手続日 改番日	種別	竣功届	設計変更	設計変更	ワンマン化	用途廃止 および改番	異動先
302	昭11.3	函館船渠		昭11. 7.22	設		昭25. 3.30♭			昭46. 8. 2	→装1
303	昭11.3	函館船渠		昭11. 7.22	設		昭25. 3.30♭			昭46. 8. 2	→装2
304	昭11.3	函館船渠		昭11. 7.22	設		昭25. 3.30♭			昭46. 8. 2	→装3
305	昭11.3	函館船渠		昭11. 7.22	設		昭25. 3.30♭			昭46. 8.20	
306	昭11.3	函館船渠		昭11. 7.22	設		昭25. 3.30♭			昭46. 8.20	
307	昭11.3	函館船渠		昭11. 7.22	設		昭25. 3.30♭			昭46. 8.20	
308	昭11.3	函館船渠		昭11. 7.22	設		昭25. 3.30♭			昭46. 8.20	
309	昭11.3	函館船渠		昭11. 7.22	設		昭25. 3.30♭			昭45. 5.20	
310	昭11.3	函館船渠		昭11. 7.22	設		昭25. 3.30♭			昭45. 5.20	
311	昭11.3	函館船渠		昭11. 7.22	設		昭25. 3.30♭			昭45. 5.20	
312	昭11.3	函館船渠		昭11. 7.22	設		昭25. 3.30♭			昭45. 5.20	
313	昭11.3	函館船渠		昭11. 7.22	設		昭25. 3.30♭			昭45. 5.20	
314	昭11.3	函館船渠		昭11. 7.22	設		昭25. 3.30♭			昭45. 5.20	
315	昭11.3	函館船渠		昭11. 7.22	設		昭25. 3.30♭			昭45. 5.20	
401	大12.2	枝光	京王47	昭17.10.28	譲		昭23. 8.30§	昭35. 5. 7♩		昭36. 8.15	
402	大13.6	日車東京	京王52	昭17.10.28	譲		昭23. 8.30§	昭35. 5. 7♩		昭36. 8.15	
403	大14.5	雨宮	京王59	昭17.10.28	譲		昭23. 8.30§	昭35. 5. 7♩		昭36. 8.15	
404	大11.2	枝光	京王40	昭17.10.28	譲		昭23. 8.30§	昭35. 5. 7♩		昭36. 8.15	
405	大12.2	枝光	京王45	昭17.10.28	譲		昭23. 8.30§	昭35. 5. 7♩		昭37.10.15	
406	大13.6	日車東京	京王53	昭17.10.28	譲		昭23. 8.30§	昭35. 5. 7♩		昭37.10.15	
501(Ⅰ)	昭23	日車		昭24. 9.28	設	昭24.11.16	昭38. 8.28Z	昭42. 3. 2‡	昭44. 2.26	昭48.10. 1	
501(Ⅱ)	昭62	五稜郭工改	505	昭61. 9.18	設	昭62. 1.10	平 7. 8.31♪			(在籍)	
502	昭23	日車		昭24. 9.28	設	昭24.11.16	昭38. 8.28Z	昭42. 3. 2‡	昭44. 2.26	昭48.10. 1	
503	昭23	日車		昭24. 9.28	設	昭24.11.16	昭38. 8.28Z	昭42. 3. 2‡	昭44. 2.26	昭60. 5. 1	
504	昭23	日車		昭24. 9.28	設	昭24.11.16	昭38. 8.28Z	昭42. 3. 2‡	昭44. 2.26	昭60. 5. 1	
505	昭23	日車		昭24. 9.28	設	昭24.11.16	昭38. 8.28Z	昭42. 3. 2‡	昭44. 2.26	昭61. 9.18	→501〔Ⅱ〕
506	昭23	日車		昭24. 9.28	設	昭24.11.16	昭38. 8.28Z	昭42. 3. 2‡	昭44. 2.26	昭60. 5. 1	
507	昭23	日車		昭24. 9.28	設	昭24.11.16	昭38. 8.28Z	昭42. 3. 2‡	昭44. 2.26	昭61.11. 1	
508	昭23	日車		昭24. 9.28	設	昭24.11.16	昭38. 8.28Z	昭42. 3. 2‡	昭44. 2.26	昭61.11. 1	
509	昭23	日車		昭24. 9.28	設	昭24.11.16	昭38. 8.28Z	昭42. 3. 2‡	昭44. 2.26	平 7. 7.20	
510	昭23	日車		昭24. 9.28	設	昭24.11.16	昭38. 8.28Z	昭42. 3. 2‡	昭44. 2.26	平 3. 4.30	
511	昭23	日車		昭24. 9.28	設	昭24.11.16	昭38. 8.28Z		昭44. 2.26	平 3. 4.30	
512	昭23	日車		昭24. 9.28	設	昭24.11.16	昭38. 8.28Z		昭44. 2.26	平 3. 4.30	
513	昭23	日車		昭24. 9.28	設	昭24.11.16	昭38. 8.28Z		昭44. 2.26	平 4. 9.30	
514	昭23	日車		昭24. 9.28	設	昭24.11.16	昭38. 8.28Z		昭44. 2.26	平 4. 9.30	
515	昭23	日車		昭24. 9.28	設	昭24.11.16	昭38. 8.28Z		昭44. 2.26	平 4. 9.30	
516	昭24	日車		昭25. 9.30	増	昭25.12.22	昭38. 8.28Z		昭44. 2.26	平 5. 4. 1	
517	昭24	日車		昭25. 9.30	増	昭25.12.22	昭38. 8.28Z		昭44. 2.26	平 5. 4. 1	
518	昭24	日車		昭25. 9.30	増	昭25.12.22	昭38. 8.28Z			昭39. 1.10	→ (706)
519	昭24	日車		昭25. 9.30	増	昭25.12.22	昭38. 8.28Z		昭44. 2.26	平 5. 4. 1	
520	昭24	日車		昭25. 9.30	増	昭25.12.22	昭38. 8.28Z		昭44. 2.26	平 5. 4. 1	
521	昭26.3	日車		昭26. 3. 6	増	昭26. 5.18	昭38. 8.28Z		昭44. 2.26	平 5. 4. 1	
522	昭26.3	日車		昭26. 3. 6	増	昭26. 5.18	昭38. 8.28Z		昭44. 2.26	平 5. 5.15	
523	昭26.3	日車		昭26. 3. 6	増	昭26. 5.18	昭38. 8.28Z		昭44. 2.26	平 5. 5.15	
524	昭26.3	日車		昭26. 3. 6	増	昭26. 5.18	昭38. 8.28Z		昭44. 2.26	昭54. 3.31	
525	昭26.3	日車		昭26. 3. 6	増	昭26. 5.18	昭38. 8.28Z		昭44. 2.26	平 6. 3.31	
526	昭26.3	日車		昭26. 3. 6	増	昭26. 5.18	昭38. 8.28Z		昭44. 2.26	平 7. 3.31	
527	昭26.3	日車		昭26. 3. 6	増	昭26. 5.18	昭38. 8.28Z		昭44. 2.26	平 7. 3.31	
528	昭26.3	日車		昭26. 3. 6	増	昭26. 5.18	昭38. 8.28Z		昭44. 2.26	平 9. 3.26	
529	昭26.3	日車		昭26. 3. 6	増	昭26. 5.18	昭38. 8.28Z		昭44. 2.26	平19. 3.30	
530	昭26.3	日車		昭26. 3. 6	増	昭26. 5.18	昭38. 8.28Z		昭44. 2.26	(在籍)	
601	昭29.5	新潟		昭29.10.15	設	昭29.12.23	昭38. 8.28Z		昭44. 2.26	昭48.10. 1	
602	昭29.5	新潟		昭29.10.15	設	昭29.12.23	昭38. 8.28Z		昭44. 2.26	昭48.10. 1	
603	昭29.5	新潟		昭29.10.15	設	昭29.12.23	昭38. 8.28Z		昭44. 2.26	昭48.10. 1	
604	昭29.5	新潟		昭29.10.15	設	昭29.12.23	昭38. 8.28Z		昭44. 2.26	昭48.10. 1	
605	昭29.5	新潟		昭29.10.15	設	昭29.12.23	昭38. 8.28Z		昭44. 2.26	昭48.10. 1	
701	昭32.3	新潟		昭32. 5.23	設	昭32. 7. 5			昭44. 2.26	昭48.10. 1	
702	昭32.3	新潟		昭32. 5.23	設	昭32. 7. 5			昭44. 2.26	昭48.10. 1	
703	昭32.3	新潟		昭32. 5.23	設	昭32. 7. 5			昭44. 2.26	昭48.10. 1	
704	昭32.3	新潟		昭32. 5.23	設	昭32. 7. 5			昭44. 2.26	昭48.10. 1	
705	昭32.3	新潟		昭32. 5.23	設	昭32. 7. 5			昭44. 2.26	昭48.10. 1	
706	昭39.6	新潟	(518)	昭39. 8.27	設	昭39.10.21			昭44. 2.26	昭54. 3.31	
711	昭34.5	新潟		昭34. 6.26	設	昭34. 8. 7	(昭60. $)		昭43. 9.18	平22. 3.31	
712	昭34.5	新潟		昭34. 6.26	設	昭34. 8. 7			昭43. 9.18	平 6. 3.31	
713	昭34.5	新潟		昭34. 6.26	設	昭34. 8. 7			昭43. 9.18	昭60. 5. 1	
714	昭34.5	新潟		昭34. 6.26	設	昭34. 8. 7			昭43. 9.18	昭54. 3.31	
715	昭35.5	新潟		昭35. 5.25	設	昭35. 6.17			昭43. 9.18	(在籍)	
716	昭35.5	新潟		昭35. 5.25	設	昭35. 6.17			昭43. 9.18	(在籍)	

番号	製造・改造		出自	手続日 改番日	種別	竣功届	設計変更	設計変更	ワンマン化	用途廃止 および改番	異動先
717	昭35.5	新潟		昭35. 5.25	設	昭35. 6.17			昭43. 9.18	昭48.10. 1	
718	昭35.5	新潟		昭35. 5.25	設	昭35. 6.17			昭43. 9.18	(在籍)	
719	昭35.5	新潟		昭35. 5.25	設	昭35. 6.17			昭43. 9.18	(在籍)	
720	昭35.5	新潟		昭35. 5.25	設	昭35. 6.17			昭43. 9.18	(在籍)	
721	昭36.10	新潟		昭36. 7.10	増	昭36.10.26			昭43. 9.18	(在籍)	
722	昭36.10	新潟		昭36. 7.10	増	昭36.10.26			昭43. 9.18	平26. 3.31	
723	昭36.10	新潟		昭36. 7.10	増	昭36.10.26			昭43. 9.18	(在籍)	
724	昭36.10	新潟		昭36. 7.10	増	昭36.10.26			昭43. 9.18	(在籍)	
801	昭37.8	新潟		昭37. 8. 1	設	昭37. 9. 5	平 5. 1.14$		昭43. 4.30		→8004
802	昭37.8	新潟		昭37. 8. 1	設	昭37. 9. 5	平 6. 3.31$		昭43. 4.30		→8005
803	昭37.8	新潟		昭37. 8. 1	設	昭37. 9. 5	平 2. 3.30$		昭43. 4.30		→8001
804	昭37.8	新潟		昭37. 8. 1	設	昭37. 9. 5	平 4. 2.14$		昭43. 4.30		→8003
805	昭37.8	新潟		昭37. 8. 1	設	昭37. 9. 5	平 7. 3.31$		昭43. 4.30		→8006
806	昭38.4	新潟		昭38. 3. 1	増	昭38. 5. 4	平 9. 3.26$		昭43. 4.30		→8007
807	昭38.4	新潟		昭38. 3. 1	増	昭38. 5. 4	平13.12. 5$		昭43. 4.30		→8101
808	昭38.4	新潟		昭38. 3. 1	増	昭38. 5. 4	平 2.12.22$		昭43. 4.30		→8002
809	昭38.4	新潟		昭38. 3. 1	増	昭38. 5. 4	平 9. 3.26$		昭43. 4.30		→8008
810	昭39.6	新潟		昭39. 7. 3	増	昭39.10.21	平24. 3.14$		昭43. 4.30		→8009
811	昭40.12	新潟		昭40.12.30	増	昭40.12.30	平25. 1.11$		昭43. 4.30		→8010
812	昭40.12	新潟		昭40.12.30	増				昭43. 4.30	(在籍)	
1001	昭30.7	日車東京	東京都電7039	昭45. 3. 9	譲				昭46. 2. 6	昭48.10. 1	
1002	昭30.7	日車東京	東京都電7042	昭45. 3. 9	譲				昭46. 2. 6	昭48.10. 1	
1003	昭30.7	日車東京	東京都電7040	昭45. 3. 9	譲				昭46. 2. 6	昭48.10. 1	
1004	昭30.7	日車	東京都電7036	昭45. 3. 9	譲				昭46. 2. 6	昭54. 3.31	
1005	昭30.7	日車東京	東京都電7041	昭45. 3. 9	譲				昭46. 2. 6	昭60. 5. 1	
1006	昭30.6	日車	東京都電7033	昭45. 3. 9	譲				昭46. 2. 6	平22. 3.31	
1007	昭30.6	日車	東京都電7034	昭45. 3. 9	譲				昭46. 2. 6	平19. 3.30	
1008	昭30.6	日車	東京都電7037	昭45. 3. 9	譲				昭46. 2. 6	平19. 3.30	
1009	昭30.6	日車	東京都電7032	昭45. 3. 9	譲				昭46. 2. 6	昭48.10. 1	
1010	昭30.7	日車	東京都電7038	昭45. 3. 9	譲				昭46. 2. 6	昭48.10. 1	
2001	平5.3	アルナ		平 5. 3.26	設	平 5. 3.31				(在籍)	
2002	平6.3	アルナ		平 5. 3.26	設	平 6. 3.31				(在籍)	
3001	平5.3	アルナ		平 5. 3.26	設	平 5. 3.31				(在籍)	
3002	平6.3	アルナ		平 5. 3.26	設	平 6. 3.31				(在籍)	
3003	平7.3	アルナ		平 5. 3.26	設	平 7. 3.31				(在籍)	
3004	平8.3	アルナ		平 5. 3.26	設	平 8. 3.28				(在籍)	
8001	平2.3	アルナ改	803	平 2. 3.30	変	平 2. 3.31				(在籍)	
8002	平2.12	アルナ改	808	平 2. 3.30	変	平 2.12.22				(在籍)	
8003	平4.2	アルナ改	804	平 2. 3.30	変	平 4. 2.14				(在籍)	
8004	平5.1	アルナ改	801	平 2. 3.30	変	平 5. 1.14				(在籍)	
8005	平6.3	アルナ改	802	平 2. 3.30	変	平 6. 3.31				(在籍)	
8006	平7.3	アルナ改	805	平 2. 3.30	変	平 7. 3.31				(在籍)	
8007	平9.3	アルナ改	806	平 2. 3.30	変	平 9. 3.26				(在籍)	
8008	平9.3	アルナ改	809	平 2. 3.30	変	平 9. 3.26				(在籍)	
8009	平24.3	アルナ改	810	平24. 3.14	変	平24. 3.31				(在籍)	
8010	平25.1	アルナ改	811	平24. 3.14	変	平25. 1.11				(在籍)	
8101	平14.3	アルナ	807	平13.12. 5	変	平14. 3.31				(在籍)	
9601	平19.3	アルナ		平19. 1.24	設	平19. 3.20				(在籍)	
9602	平22.1	アルナ		平19. 1.24	設	平22. 3.22				(在籍)	
9603	平26.1	アルナ		平19. 1.24	設	平26. 1.24				(在籍)	
排1	昭12	自社	(29)	昭12. 3. 8	設		昭46.12. 7&			平 9. 3.26	
排2	昭12	自社	(39〔Ⅰ〕)	昭12. 3. 8	設		昭46.12. 7&			平 5. 3.31	→39〔Ⅱ〕
排3	昭12	自社	(244)	昭12. 4.12	増		昭46.12. 7&			(在籍)	
排4	昭12	自社	(245)	昭12. 4.12	増		昭46.12. 7&			(在籍)	
排5	昭14	自社改	242	昭14.12. 1	増		昭46.12. 7&			平15. 3. 5	
排6	昭14	自社改	243	昭14.12. 1	増		昭46.12. 7&			平 9. 3.26	
301(貨車)				昭 2. 1.16	設					昭 9. 4.12	
304(貨車)	大15.9	自社		昭 3. 1.25	設					昭 9. 4.12	
装1	昭46.3	自局改	302	昭46. 8. 2	変					(在籍)	
装2	昭46.3	自局改	303	昭46. 8. 2	変					(在籍)	
装3	昭46.3	自局改	304	昭46. 8. 2	変					(在籍)	
装104	昭34	自局改	104	昭34.11.23	変						
装105	昭34	自局改	105	昭34.11.23	変						
装106	昭34	自局改	106	昭34.11.23	変						

*…特等廃止、#…モーター換装、b…手制動撤去、§…デッキ拡張、｢…車輪径変更、Z…Zパンタ化、
‡…中央扉閉鎖・前後扉化(ワンマン化時に前中扉式にするため中扉復活)、$…車体新造、&…空気制動設置、♪…定員変更・貸切車化

車両数変遷

年度 車種	電車 電動	客車	電動貨車 有蓋	電動貨車 無蓋	貨車 有蓋	貨車 無蓋	特殊	年度 車種	電車 電動	客車	電動貨車 有蓋	電動貨車 無蓋	貨車 有蓋	貨車 無蓋	特殊
明治35		38				2		昭和28	66						6
明治36		38				2		昭和29	60						6
明治37		38						昭和30	66						6
明治38		38						昭和31	66						6
明治39		38						昭和32	66						6
明治40		38						昭和33	66						6
明治41		40				2		昭和34	65						9
明治42		40				2		昭和35	71						9
明治43		40				(2)		昭和36	71						9
明治44		40				2		昭和37	74						9
大正元		40				2		昭和38	77						9
大正2		65						昭和39	79						9
大正3	30							昭和40	79						9
大正4	30							昭和41	81						9
大正5	30							昭和42	81						9
大正6	30							昭和43	81						9
大正7	40							昭和44	81						9
大正8	40							昭和45	84						9
大正9	46				1	2		昭和46	75						9
大正10	46				1	2		昭和47	75						9
大正11	52				1	2		昭和48	58						9
大正12	52				1	2		昭和49	58						9
大正13	52				1	2		昭和50	58						9
大正14	59				1	2		昭和51	58						9
昭和元	60				1	3		昭和52	58						9
昭和2	61				1	3		昭和53	54			3			6
昭和3	61				1	3		昭和54	54			3			6
昭和4	61		1	3				昭和55	54			3			6
昭和5	64		1	3				昭和56	54			3			6
昭和6	68		1	3				昭和57	54			3			6
昭和7	68		1	3				昭和58	54			3			6
昭和8	68		1	1				昭和59	54						9
昭和9	51							昭和60	49						9
昭和10	61							昭和61	47			3			6
昭和11	74							昭和62	47						9
昭和12	72							昭和63	47						9
昭和13	72							平成元	47						9
昭和14	72							平成2	47						9
昭和15	70							平成3	44						9
昭和16	70							平成4	43						9
昭和17	76							平成5	37						8
昭和18	76							平成6	36						8
昭和21	76							平成7	35						8
昭和22	76							平成8	35						6
昭和23	71							平成9	35						6
昭和24	66							平成10	35						6
昭和25	66							平成11	35						6
昭和26	66							平成12	35						6
昭和27	66						6	平成13	35						6

出典:「内務省土木統計」(明治40年まで)
　　　「鉄道統計資料」(明治41年以降)
注)明治34年以前統計なし。平成14年度以後は省略

江別村営軌道→
江別町営軌道

> 江別－江別川堤防・石狩川堤防
> 0.64km
> 軌間：1067mm
> 動力：人力

■ 沿革

　北海道唯一の人車軌道かつ我国唯一の1067mm軌間の人車軌道であるが、その実態はかつて普遍的に見られた手押入換の貨物引込線と代わりない。逆に言えば、このような専用側線で済む路線をなぜ一般営業軌道として運営したのかが不思議な存在でもある。しかも全線0.64kmしかない割に江別川線と石狩川線の2線を有するが[147]、その位置関係はあまりに局地的なため添付の地図を参照されたい。

　陸上交通を河川舟運に依存していた時代、石狩川と千歳川の合流点となる江別は物資の集散点であった。鉄道開通後も水陸交通の結節点であるのに代わりはなかったが、千歳川の河港である江別港は駅から500mほど離れているのが難点で、回漕業者である福山米吉が明治35年3月18日に軌道条例に基づく引込線の特許を受ける。これを有望な事業とみた江別村は、鉄道事業の専有は町村発展を阻害するとの論理で翌年11月18日に特許権を買収し、明治38年1月1日に江別川線が開業する。

　一方、流送材の荷揚地であった石狩川河岸には木工所が立地しており、明治43年時点では年間の流送材は50万尺〆に及んでいた。加工した木材は小樽から各地へと積み出されるが、ここから江別駅まで川を越えねばならないのがネックで、往々にして小運送の不備から商機を逃す事態になっていた。そのため、明治44年1月25日に特許を受け石狩川線を建設する。ところが、鉄道網の発達や伐採事情の変化で流送材が減少したことから石狩川線の利用価値が低下した上、河川改修に伴う工事用軌道として石狩川治水事務所がこれを求めたことから、大正11年10月21日に譲渡のために廃止される。

　大正14年に国鉄は江別駅全体に2尺（約76cm）ほどの盛土を行うが、軌道も取付の関係上、盛土を行わざるを得なかった。時を同じくして江別橋の架け替えも行われていたが、橋を軌道に支障しないようにすると勾配がきつくなり、市街地の道路としては不適当と考えられた。こうして従来通りの勾配で橋を架け替えた結果、貨車が橋をくぐれなくなり昭和3年4月11日に江別川線の江別橋以遠を廃止するが、全長わずか0.1kmとなった軌道は著しく利用価値を損なった。統計上は昭和6年度以降休止とあるが、実態は江別信用販売購買利用組合に路線ごと貸し出されており、昭和15年には国鉄の専用側線への転換をもくろむが町議会がこれを否決する。しかし、昭和19年度に不要不急線に指定され昭和20年3月1日に廃止となった。

■ 車両

　前述のように実態は国鉄に接続する臨港貨物側線のようなもので、統計にも「線路使用料収入ヲ目的」とあるように車両については国鉄の貨車がそのまま直通していた。そのことから考えれば本来車両は存在しないし、また「鉄道省文書」や「内務省文書」のような一次資料にも車両の記録はないが、統計には昭和3年から13年にかけ4両の貨車が計上されている。その総容積噸数は4噸とあるので、各車1t積ということになる。これらの車籍の有無は不明だが、恐らく江別信用販売購買利用組合の倉庫で用いた平台車が計上されたのではなかろうか。

■ 参考文献

信賀喜代治「幻の江別町営人力鉄道」『北海道史研究』No.40（1988）
江別市『えべつ昭和史』（1995）

■江別地区鉄道概略図

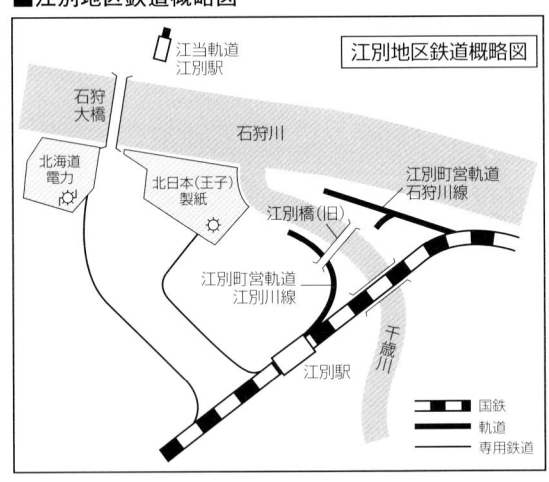

[147] 路線名は当事者である『新江別市史』等に拠るので、当時の認識はともかく、現在では一応公式の名称と言える。

岩内馬車鉄道

| 岩内－小沢
| 10m65c
| 軌間：762mm
| 動力：馬力

■ 沿革

　岩内はニシン漁を背景に天保年間より和人の移住が進んだ歴史の古い港町であり、また道内最古の炭礦である茅沼炭礦に隣接する恵まれた立地から、早い時点で人口1万人を超えた。これを受け、明治30年に支庁制度が導入された際、当初19ヶ所設置された支庁の1つに岩内が選定されるなど、後志地方において小樽と互角の存在だった。

　ところが、海運に恵まれていたことから北海道鉄道（初代）はニセコ越えを行う内陸ルートを選定する。この結果、従来、倶知安方面への出入港だった岩内の立場が危うくなり、岩内郵便局長の築瀬真精ら地元財界の有志で連絡線建設を企画、明治38年3月14日[148]に762mm軌間の馬車軌道を開通させる。

　開業当時は日露戦争の影響でそれなりの輸送があり経営的に黒字に終始しているが、実際には借入金の返済に追われており[149]、さらに冬季は除雪費を投じても収支が償わないため運休した。明治44年に国鉄岩内軽便線の建設が決定すると、岩内町は鉄道速成を図るべく、馬車鉄道を買収して軌道敷を無償提供することにしたため、明治45年5月11日に廃止された。

■ 車両

　軌道条例時代の馬車鉄道ゆえ資料に乏しく、車両については統計から判断するしかないが、開業時に用意された客車は8両で、うち6両は東京馬車鉄道（元品川馬車鉄道）の中古であったとされる。定員は16名で、残された写真によると窓配置O4Oのモニタルーフで一頭牽。明治41年に増備された3両は定員20名になったとある[150]。貨車はすべて無蓋車で両数は年による変動がある。総容積噸数から判断すると各車1.7t積であったようである。

■ 参考文献
渡辺真吾「岩内馬車鉄道」『鉄道ピクトリアル』No.696（2001-1）

岩内馬車鉄道車両数変遷

年度＼車種	客車	貨車	年度＼車種	客車	貨車
明治38	8	27	明治42	13	27
明治39	10	31	明治43	13	27
明治40	10	29	明治44	13	27
明治41	13	28	大正元	13	27

出典：「内務省土木統計」（明治40年まで）
　　　「鉄道統計資料」（明治41年以降）

江別村営軌道→江別町営軌道 車両数変遷

年度	車種 貨車 無蓋	備考	年度	車種 貨車 無蓋	備考	年度	車種 貨車 無蓋	備考
明治40		「線路使用料収入ヲ目的」	大正8		「線路使用料収入ヲ目的」	昭和6	4	営業休止
明治41		「線路使用料収入ヲ目的」	大正9		「線路使用料収入ヲ目的」	昭和7	4	営業休止
明治42		「線路使用料収入ヲ目的」	大正10		「線路使用料収入ヲ目的」	昭和8	4	営業休止
明治43		「線路使用料収入ヲ目的」	大正11		「線路使用料収入ヲ目的」	昭和9	4	営業休止
明治44		「線路使用料収入ヲ目的」	大正12		「線路使用料収入ヲ目的」	昭和10	4	営業休止
大正元		「線路使用料収入ヲ目的」	大正13		「線路使用料収入ヲ目的」	昭和11	4	営業休止
大正2		「線路使用料収入ヲ目的」	大正14		「線路使用料収入ヲ目的」	昭和12	4	営業休止
大正3		「線路使用料収入ヲ目的」	昭和元		「線路使用料収入ヲ目的」	昭和13	4	営業休止
大正4		「線路使用料収入ヲ目的」	昭和2		「線路使用料収入ヲ目的」	昭和14		営業休止
大正5		「線路使用料収入ヲ目的」	昭和3	4	「線路使用料収入ヲ目的」	昭和15		営業休止
大正6		「線路使用料収入ヲ目的」	昭和4	4	「線路使用料収入ヲ目的」	昭和16		営業休止
大正7		「線路使用料収入ヲ目的」	昭和5	4	「線路使用料収入ヲ目的」	昭和17		営業休止

出典：「鉄道統計資料」

---

[148] 渡辺真吾「岩内馬車鉄道」『鉄道ピクトリアル』No.696（2001-1）p131-132によると、試運転名義で明治37年10月25日に運行を開始していたとされる。
[149] 前掲（148）p136
[150] 前掲（148）p137

写真から一頭曳であることがわかる。客車は半分しか写っていないが、岩内馬車鉄道の現存写真では足回りが最も鮮明に写る。屋根はモニタルーフ。
　　壁坂十字路　岩内町郷土館蔵

岩内馬車鉄道には岩内市街にいくつか支線があった。分岐する客車は三角屋根である。
　　御鉾内町　岩内町郷土館蔵

この客車も三角屋根に見える。開業時の客車は6両が東京馬車鉄道の中古、2両が自社製とされる。
　　波止場通　岩内町郷土館蔵

上川馬車鉄道

旭川ー鷹栖ほか
5m28c
軌間：762mm
動力：馬力

■ 沿革

　旭川は屯田兵村として開拓が始まるが、明治中期の北海道道庁長官、永山武四郎は内陸部の開拓促進を狙って上川離宮の建設を計画する。明治22年に閣議決定となり神楽岡一帯が御料地に編入されるが、同時に丘の麓に将来の道都となる「京」の建設が開始され、都市としての将来性を評価した入植者が殺到したことで急激な都市化が起こった[151]。これが現在の旭川中心部である石狩川左岸地区である。

　一方、明治29年に屯田兵を母体に陸軍第七師団が編成されるが、明治32年に四単位師団のうち三連隊が旭川に移営する。その立地は近文で、単純計算で平時約1万人が石狩川右岸に駐屯することとなる[152]。この結果、石狩川を挟んだ両地を結ぶ交通機関が必要になり、旭川に醸造場[153]を持つ東京の洋酒業者、神谷伝兵衛を中心に1372mm軌間の複線馬車鉄道が企画される。しかし資金調達に難航し762mm軌間の単線に変更のうえ明治39年5月19日に近文本社前まで開通、大正2年5月29日までに師団支線と鷹栖までを全通させる。大正6年に旭橋を除く旭川ー近文本社前間の複線化の認可を得たが、後述の事情から着工には至らなかった。

　開業後の営業成績は若干の黒字が出たとは言え軍の動向に左右されるところがあり、さらに第一次大戦期の物価騰貴は馬糧や人件費など経営コストを上昇させた。この結果、給与遅配などで従業員が減少し、しかも大正6年に第七師団が満州防衛のため出征すると旅客需要が激減する。そのため会社は当時の鉄材暴騰に乗じてレールを転売することで深手を負わぬうちの事業撤退を図り、大正7年7月26日に廃止されてしまう[154]。

■ 車両

　車両については岩内馬車鉄道同様、やはり資料の制約により統計から判断する以外の手立てがない。開業時に用意された10両の客車は東京馬車鉄道の中古であったとされる[155]。最終的には20両まで増加するが、統計にある総定員で割ると定員はいずれも16名であったようである。残された写真によると窓配置O4Oのモニタルーフで一頭牽。貨車についてはすべて無蓋車で総容積噸数から判断すると1.5t積となる。

■ 参考文献

谷口良忠「上川馬車鉄道沿革史」『鉄道ピクトリアル』No.526・530（1990-4.7）

上川馬車鉄道車両数変遷

年度	車種 客車	客車 無蓋	年度	車種 客車	客車 無蓋
明治39	10		大正元	20	4
明治40	10		大正2	20	4
明治41	15	2	大正3	20	4
明治42	15	2	大正4	20	4
明治43	15	4	大正5	20	4
明治44	20	4	大正6	20	4

出典：「内務省土木統計」（明治40年まで）
「鉄道統計資料」（明治41年以降）

一頭曳の客車は東京馬車鉄道の中古にしては小型に見える。併呑された品川馬車鉄道の車であろう。

旭川市立博物館蔵

---

[151] 上川離宮は明治15年に北海道の中心にあたる上川に御所を誘致し京都・奈良・東京に匹敵する「北京」を建設する構想を元とする。「北京」自体は政府部内の反発で退けられるが、離宮建設は正式な決定を見た。もともと何もない原野だった旭川の開拓は離宮構想が起爆剤になったが、肝心の離宮は経済的中心地の地位を奪われかねない札幌・小樽の反発や日清日露戦争に伴う財政難で造営に到らず、御料地も上川神社の移転と引き換えに登録解除となってしまう。
[152] 日本陸軍における部隊単位として、師団は歩兵にして平時12,000人、戦時25,000人で編成されていた。そして、師団は4連隊（2連隊だと旅団となる）を単位とするので、歩兵第25～28連隊を配下とする第七師団については、平時は札幌の歩兵第25連隊を除く3連隊が旭川を所在地にしたため平時9,000人が旭川駐屯となる。他に騎兵、工兵、輜重兵なども存在するので、実態は1万人程度が居た計算になる。
[153] のちの合同酒精旭川工場。蛇足だが神谷は東京・浅草の神谷バーの創業者でもある。
[154] 公式には大正8年3月20日特許失効をもって廃止とする。
[155] 宮田憲誠『遠い日の鉄道風景』径草社（2001）p17

札幌石材馬車鉄道→札幌市街鉄道→札幌市街軌道→札幌電気鉄道→札幌電気軌道→札幌市電

札幌市内
23.80 km
軌間：762→1067 mm
動力：馬力→電気・内燃

■ 沿革

　札幌や小樽には多くの石造建築物が現存するが、これらの建材は札幌軟石と言う支笏カルデラ起源の凝灰岩で、大谷石のように耐火性に優れた建材として賞用されていた。採掘場は札幌南郊の石山にあり、明治40年代に入ると切出量は40万切の大台に乗るようになる。一方で当時の道路状況は悪く、特に融雪期の輸送杜絶が問題となっていたことから、札幌区会議員の助川貞二郎[156]らにより札幌石材馬車鉄道が設立される。明治43年5月1日に石山から山鼻まで762 mm軌間の馬車軌道が開業するが、当時の山鼻は札幌郊外で、翌年より需要地である市街地や札幌駅への連絡のため市内区間の建設を開始する。

　明治44年1月に社名を札幌市街鉄道に改めたことからも判るように、市内線は都市交通機関として順調に発展し、大正2年以降複線化が進められるが、しかし、札幌区役所は市内線建設にあたり大正8年までに電化することを条件に付した。特に大正7年夏の開道五十年記念博覧会[157]に間に合わせることが強く求められ、突貫工事で1067 mm軌間への改軌と電化が行われる。一方で母胎となった石山線は工事対象から外され、定山渓鉄道の開通により同年12月12日限りで休止、翌年12月2日に廃止されている。

　市内交通公営化論の影響を受けた札幌市会は大正13年に札幌電気軌道の買収を決議し、翌年から買収交渉が持たれる。しかし、価格をめぐって協議は難航し、政財界の仲介により300万円で妥結した。買収後も昭和7年まで積極的な路線整備が行われて路線網がほぼ固まった。戦時中も豊平線の月寒延長が検討されたが、北海道中央バスとの補償交渉がまとまらず挫折した。戦後は支線の整理が行われ、市営バスと併行する中島線が昭和23年8月23日に廃止、桑園線も国鉄駅の設備改良のあおりを受け昭和35年6月1日に廃止となる。

　一方、郊外の宅地開発とともに鉄北線が延伸されるが、当初、北26条以北を非電化としたのが注目される。札幌市電は我国唯一の路面気動車を採用したことで知られるが、導入時の調書によると、新造費は割高でも電気設備が節約できるので1 kmあたり建設費が2,465万円割安となり、電力による運行制約も受けないとのメリットを謳っていた。しかし、整備性の悪さはもとより、麻生に建設したバスターミナルでの乗換客が激増すると、両数が限定される気動車だけではさばききれなくなって昭和42年11月に電化されるので、現在ではこの試みはおおむね中途半端なものに終わったと評価せざるを得ない。

　モータリゼーションの進展により道路事情が悪化するなか、札幌オリンピックの開催が決定すると、路面電車では輸送に耐え切れないとして地下鉄建設が本格化する。あわせてドーナツ化現象に伴う乗客

■ 表8　昭和17.9.15認可モーター換装一覧

番号	形式	出力	歯車比
41, 42	芝浦SE116-C	26.11 kW/600 V	13:87
43, 44	日立HS301-G	22.38 kW/600 V	13:86
45～56	芝浦SE116-C	22.38 kW/550 V	13:87
57～66	WH-508-C	17.2 kW/550 V	13:97
67, 68	GE-264-B	17.2 kW/550 V	13:100
120, 121	芝浦SE103	18.65 kW/600 V	13:74

出典：「鉄道省文書」

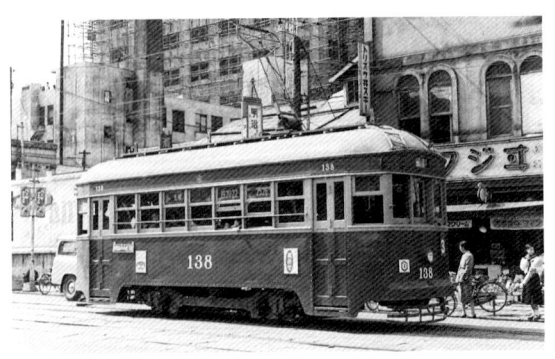

110（110形）
昭和2年田中製のダブルルーフの木造二軸車。100形を低床車にしたものである。
昭和31.9.22　三越前　久保敏

138（130形）
昭和6年日車製。丸屋根の木造車である120形をベースとする鋼製二軸車。
昭和31.9.22　三越前　久保敏

246（240形）
昭和35年に二軸車の電装品を利用して製造。写真は前照灯位置変更など正面形態が変化した平成の車体改修後の姿。
　　　　　　　平成26.9.22　中央図書館前　澤内一晃

253（250形）
昭和36年に500形の電気品を利用して製造。13.1mと240形等に比べて600mm長く、運転台や扉脇の柱が太い。
　　　　　　　平成2.5.　西屯田通　大幡哲海

減少で不採算化も進行し、地下鉄南北線の開業前後から昭和49年にかけ大半の路線が廃止になるが、都電荒川線と似たような事情で山鼻線だけ廃止を免れ現在に到る。また、近年の路面電車再評価の中、平成27年度に西四丁目－すすきのの間をつないで環状線にする工事が行なわれた。

■ 馬車軌道時代

例により馬車軌道時代については明確な資料が残されていないが、幸いにして「鉄道省文書」所収の石山線の工事方法書に定員12名で窓配置はO3Oと記載があり、さらに市内線の工事方法書には長7尺×幅5尺と記されている。しかし、残された写真は窓配置O4Oの一頭曳モニタルーフ車ばかりであり、定員や形態が異なる複数種が在籍していた可能性もある。貨車は各車2t積で工事方法書によると長9尺×幅4尺5寸の平台車だが、大正3年の統計には有蓋車も2両計上されている。

■ 電車

11～37は電化にあわせ名古屋電気鉄道より購入した窓配置V7Vの木造二軸車。旧番は不詳であるが、名古屋電鉄開業時の「七つ窓」と呼ばれる旧型車は37両が在籍しており、末尾番号などを考えれば改番を行わずに使用した可能性も考えられる。車体はベスチビュール化と一般的な縦羽目に改造済。台車はペックハム7、モーターはGE-800かウォーカー（いずれも18.4 kW／550V）×1、制御器はウォーカーD1またはD2およびGE-R11のいずれかの組み合わせであったが、WH-508-C（17.25 kW／550V）とWH-B18-L制御器に統一が図られる。29は廃車後も保管され戦後は円山公園で保存されたが、昭和36年に22（二代目）に改番のうえ動態保存車として復帰する。当初は客扱を行う予定で申請されたが防火上認められず、非営業車とせざるを得なかった。さらに空気ブレーキがないため昭和52年7月を最後に運転されなくなり、平成5年度に除籍され正式に

332（330形）
昭和33年日立製。流線型モノコック車体や正面1枚窓など、その後に続く「札幌市電形」を確立した。
平成2.5.　西屯田通
大幡哲海

217

325（320形）
昭和32年ナニワ工機製。中央窓を大きく取った前面形態は大阪市電を意識したと思われる。軸バネのない台車が特徴だが、写真の時点で早くも下天秤が追加されている。
昭和33.9.2　道庁前
伊藤威信

静態保存に戻された。

41〜68は窓配置1D8D1、ダブルルーフの木造二軸車。側扉はあるがデッキと客室の間に段があり室内構造はオープンデッキと大差ない。モーターは東洋TDK13-B（22.38kW／550V）×2、制御器は東洋TDK-B1-K4を採用したが、戦時中に表8の通り大規模な交換が行われ、最終的には各車各様になっている。台車はブリル21Eであるが、46〜53についてはブリル79E1の類似品である住友S-20を使用する。また、59以降は出入口際両端窓1個分の座席がなくなり座席定員が18名となる。101〜109は40形を鉄骨木造車体の二段ステップにして室内の段差を解消したもので、あわせて前後ポールに変更される。モーターはGE-246-B（17.2kW／550V）×2、制御器はB18-Lで台車はブリル21E。110〜114は100形の車輪を660mmとし空気ブレーキを設置したもの。従来、札幌電気軌道は降雪を考慮し高床車を使用していたが、除雪の充実で低床車の導入に踏み切った。モーターは芝浦SE-103（18.64kW／600V）×2、制御器は芝浦RB-200で台車も住友S-20と純国産化が図られた。120〜127は窓配置1D7D1、深い丸屋根の木造二軸車。室内寸法がやや狭く座席定員は16名となる。モーターは日立HS301-C（18.64kW／600V）×2、制御器は日立DRBC-447で、台車はブリル79E1の類似品である住友96-Y27N。130〜138・151〜161・171〜175も同型だが鋼製車体となり、モーターは芝浦SE-116（22.38kW／550V）×2、制御

■表9　200〜250形実製造所

番号	車体	台車	番号	車体	台車	番号	車体	台車
201	運輸工業	運輸工業	222	泰和車輛	苗穂工業	241	泰和車輛	豊平製鋼
202	泰和車輛	泰和車輛	223	泰和車輛	苗穂工業	242	泰和車輛	豊平製鋼
203	泰和車輛	泰和車輛	224	運輸工業	茶臼山鉄工所	243	泰和車輛	豊平製鋼
204	泰和車輛	泰和車輛	225	藤屋鉄工	茶臼山鉄工所	244	藤屋鉄工	豊平製鋼
205	運輸工業	運輸工業	226	運輸工業	茶臼山鉄工所	245	藤屋鉄工	豊平製鋼
206	運輸工業	運輸工業	227	藤屋鉄工	茶臼山鉄工所	246	藤屋鉄工	豊平製鋼
207	藤屋鉄工	藤屋鉄工	228	苗穂工業	茶臼山鉄工所	247	苗穂工業	豊平製鋼
208	苗穂工業	苗穂工業	231	泰和車輛	豊平製鋼	248	苗穂工業	豊平製鋼
211	運輸工業	苗穂工業	232	泰和車輛	豊平製鋼	251	苗穂工業	藤屋鉄工
212	泰和車輛	苗穂工業	233	藤屋鉄工	豊平製鋼	252	泰和車輛	藤屋鉄工
213	藤屋鉄工	苗穂工業	234	藤屋鉄工	豊平製鋼	253	泰和車輛	藤屋鉄工
214	運輸工業	苗穂工業	235	藤屋鉄工	豊平製鋼	254	苗穂工業	藤屋鉄工
215	泰和車輛	苗穂工業	236	苗穂工業	豊平製鋼	255	苗穂工業	藤屋鉄工
216	藤屋鉄工	苗穂工業	237	苗穂工業	豊平製鋼			
221	泰和車輛	苗穂工業	238	運輸工業	豊平製鋼			

出典：小熊米雄「札幌市交通局」『鉄道ピクトリアル』No.135（1962-8増）

器は芝浦RB-200を使用する。台車は130形の新潟製に対し150・170形は日車製だが、いずれもブリル79E1の類似品であることに変りない。また、座席定員は130形が16名に対し150・170形は18名。

　201〜208は320形類似の窓配置1D5D131の中型鋼製ボギー車。二軸車の置換に地元メーカーの共同受注で製作した車で、実際の製造は表9の通り。モーターは新品の三菱MB172-NR（37.3kW/600V）×2だが、制御器は二軸電車の芝浦RB-200を転用している。台車は250形に至るまで近代的なプレス組立台車を用いるが、いずれも形式を持たない。211〜216・221〜228・231〜238・241〜248も同様の経緯で製作されたものだが認可上は330形の増備扱。車体は「札幌市電型」で製作年度によって4形式に分かれるが、竣功届は2回にまとめられている。210形と220形は全くの同型車だが、230形はコロ軸台車となり、さらに240形は製造時から日車NC-350制御器を使用する間接非自動制御車になった。ワンマン化に際し都電8000形の日車NC-193または600形のNC-350を用いて間接非自動制御化が行われたが全車に及ばず、直接制御のまま残された車は路線整理とともに廃車。さらに昭和63年以降に実施された車体改修で大幅な形態変化が生じている。251〜255は500形の代替新造車だが、内容は240形と同一のため流用部品はごくわずか。ただし車体はD1000形類似のため若干大型になり、定員110名と240形以前と比べ10名多い。本形式も平成3〜5年にかけ車体更新が行われ形態に変化が生じた。321〜327は大阪市電3001形をスリムにしたような窓配置1D5D131の中型ボギー車。東急TS-305という枕バネをエリゴとし、軸バネを省いた独特な台車が特徴。しかし走行性能が芳しくなく、後に軸に下天秤となる板バネを追加したほか、一部は弾性車輪と交換している[158]。モーターは神鋼TB-28Aか日車SN-50N（38kW/600V）×2で直接制御。ワンマン化に際し都電8000形の日車NC-193と交換して間接非自動制御化。331〜335は窓配置1D5D131の中型ボギー車。北海道大博覧会の観客輸送用に投入された車で、正面1枚窓とタマゴ断面モノコックの思い切った流線型デザインを採用して「札幌市電形」を確立する。モーターは日車NE-40（40kW/600V）×2で制御器は直接式の日車NC-103であるが、ワンマン化に際し都電8000形の日車NC-193と交換し間接非自動制御化。台車は一般的な構造の東急TS-309で製造時は弾性車輪であった。

　501〜505は窓配置1D7D1の小型ボギー車で、両端が絞られていることを除けば都電800形と同型。モーターはMT-60（37.3 kW/600V）×2、制御器はDBI-K4で、台車は形鋼組立台車のD-14。551〜560は窓配置1D4D31の小型ボギー車で正面二枚窓が特徴。モーターは三菱MB172-NR（37.3kW/600V）×2で制御器は神鋼TD-1または三菱KR-8。台車は住友KS-40。561〜574は550形の端面に後退角をつけ前照灯を屋根上に移設したもの。車体も若干大型の全金属製となり、定員は10名増加し90名になった。また、571〜574は側面窓が「バス窓」になる。575は電磁ドラムブレーキと間接自動制御の試作車で、制御器は三菱AB-52-6MDB、台車は住友FS-64となる。冬季

505（500形）
昭和23年日本鉄道自動車製。札幌市電初のボギー車。10.5mの小型車で、都電800形はほぼ同設計である。
昭和31.9.22
三越前
久保敏

219

555（550形）
昭和28年汽車東京製。湘南形の影響を受けた正面2枚窓だが、落とし窓のため端面は垂直。側出入口は前中2扉になる。写真は小型方向幕時代。
昭和31.9.22
三越前
久保敏

の圧縮空気凍結による制動障害対策として試用したもので、基本的には電気ブレーキで減速しドラムで停止させる。しかし一般的な空気ブレーキより制動力が劣ったため運用制限を受けた[159]。**576～580**は571～574をもとに前照灯位置を窓下に戻し、台車をエリゴバネの住友FS-71としたもの。車輪も弾性車輪を使用する。**581～584**も同型だがモーターと制御器が日立HS313-B-15（37.3kW/600V）×2と東洋DBI-K24となる。さらに**585**は台車が日車N-101となり、あわせて蛍光灯試用車となる。**601～620**は窓配置1D11D1の大型ボギー車。函館市電500形など戦後の規格型の一つに位置づけられるが、それらの中では最も小型かつ二扉で製造されるなど、独自な部分が多い。モーターは三菱MB172-NR（37.3kW/600V）×2、制御器は三菱KR-8。台車は扶桑ブリル76E。昭和36年に道路事情の悪化から視野拡大のため「札幌市電型」にあわせた一枚固定窓に改造。さらに昭和37年に窓配置1D31D11411の前中扉に改造される。あわせて601・602・611・612は制御器を日車NC-350に交換し間接非自動制御化。なお、この4両はワンマン化認可も受けたが施行されることなく廃車された。**701～704**は新造名義でD1001・1010番代を電装したもの。電装品と台車は555～558から流用しており当初は直接制御であったが、ワンマン化に際し制御器を都電8000形の日車NC-193と交換し間接非自動制御化。**711～713**はD1020番代の電装車。モーターと台車は559～561から流用したが制御器は日車NC-350Aを新調しており、当初から間接非自動制御で登場している。**721**はD1030形の電装車。前2形式が鉄北線電化に伴う電装に対し、本車は事故で大破した245の復旧が目的である。そのため台車はプレス組立で、登場時から間接非自動制御のワンマン車であった。**3301～3305**[160]は330形を窓配置1D21D21の軽量角型車体に更新したもの。窓は大型の逆T字窓で換気のためラインデリアを持

572（570形）
昭和29年汽車東京製。端面を傾斜し前照灯位置を変更。また、このロットから側窓が上段固定のバス窓になる。
昭和31.9.22　札幌駅前－道庁前　久保敏

583（580形）
昭和31年汽車製。窓下前照灯と新型台車を装備する576～580と同型だが、Zパンタに変更された。
昭和31.9.22　市役所前－三越前　久保敏

608（600形）
昭和24年日車製。戦後の規格型電車の一つで、201頁の函館市電500形と共通性が高い設計である。写真は正面3枚窓・両端扉の原型時代。
昭和31.9.22
札幌駅前
久保敏

601（600形）
600形は数次にわたる改造で大きく姿を変えるが、写真は正面1枚窓・前中扉の最終形態。過渡期には正面1枚窓・前後扉の時代もあり、7頁カラーグラフもあわせて参照されたい。
昭和43.6.8
札幌駅前
矢崎康雄

つ。8501・8502[161]は窓配置D5D3の軽量角型車体を持つRCT-VVVFインバータ制御車。モーターは三相かご形誘導電動機である三菱MB5016-A（60kW/440V）×2でWNカルダン駆動、制御器は三菱SIV-V324-M。台車は川崎KW57で弾性車輪を使用する。集電装置もシングルアーム式パンタグラフを使用する。8511・8512・8521・8522[162]は8500形の改良版で、車体前頭部窓1個分からの二段絞り前頭となり、台車は普通車輪の川崎KW59に変更、あわせて電気ブレーキを追加し空気ブレーキ構造も変更されている。

M101とTc1は窓配置1D3D1131（M101の場合。Tc1は連結面の出入口省略）の中型ボギー車。連結運転を前提に製作された車両だが、M101は単独運転も可能。車体は「札幌市電型」を日車でアレンジしたもので、屋根上の補助前照灯を廃し窓下に2灯を並べるデザインとなる。モーターは日車NE-40（37.3kW/600V）でMは2個、Tcは1個を搭載する。制御器は日車NC-350Aで台車は日車N-104。Tc1は片運転台で本来なら制御車のため電装不要なところ、鉄北線の跨線橋を通過するため1位側台車を電装せざるを得なかった。また、当初は集電機能を持つビューゲルもあり、それから考えればTcの標記はおかしいが、一端全電力をM101に送電し、改めて制御電源一切を供給される配線となっており単独運転が出来ない。しかし、各種の欠点からほぼ固定編成で使用され[163]、ワンマン化で両車の命運が分かれた。昭和54年にブレーキを単独運転

221

702（700形）
昭和42年に苗穂工業でD1012を電装。車体は250形に準ずるが、台車と電装は550形の転用品。正面バンパー下のルーバーは気動車時代の名残である。
昭和60.3.
教育大学前
服部朗宏

専用に改造。将来的には3300形に更新されることになっているが、現時点では中断されたままである。A801～806は窓配置1D21D12＋211D131（製造時）の連接車。M101の流れを組むデザインだが前照灯は1灯で、側窓が引違式であるのが特徴。モーターは日車NE-40（40 kW／600V）×3、制御器は日車NC-350A。台車は両端が日車N-104Aで中間は日車N-106。M101＋Tc1の欠点とされた乗務員の多さを解決するため、パッセンジャーフロー方式[64]を採用すべく製造されたが、当初の後乗前降を逆にした関係で翌年運転台右側に出入口を増設。A811～814は窓配置D11D12＋21D11Dの連接車。使用機器はA800形と同一だが側面見付が変わり、特に幅1,810mmの巨大な片開扉が大きな特徴。A821～824は窓配置D31D11＋21D12Dの連接車。モーターは東洋TDK532/5-B1（45 kW／600V）×3、制御器は東洋ES-48A。台車は両端が東急TS-119、中間は東急TS-120。A831～842はA820形をベースに側面をD2D13＋211D3としたもので、中央扉は両開戸から二枚引戸に変更されている。また、制御器は日車NC-350A、台車も日車製のA831～836は両端が日車N-108、中間は日車N-119となる。以上両形式は「札幌市電型」をさらに発展させた北欧調の優美なデザインに進化した。A851～860は570・580形の更新にあたり永久連結車に改造したものだが書類上は新造扱。窓配置は1D21D121＋121D12D1。改造にあたり制御器を東洋ES-48に交換し間接非自動制御化が図

3305（3300形）
330形の車体更新車で、本車は331を種車に平成13年にアルナ工機で改造。屋根上はインバータであり、冷房ではない。
平成20.1.11
中央図書館前
服部朗宏

8502（8500形）
昭和60年川崎製の13m車。VVVFインバータ制御や電気指令ブレーキなど数々の新機軸を採用した。写真は旧塗装時代。
　　　　　　　　　　平成2.5.　西屯田通　大幡哲海

8521（8520形）
昭和63年川崎製。方向幕上の通風器が大型化され、写真では分かりづらいが二段絞り前頭になる。8510形も同型。
　　　　　　　　　　平成16.1.26　ロープウェイ入口　服部朗宏

られている。A871～874はD1030形を永久連結車として電装したもので、車体長24,900mmと極めて長大な車である。窓配置は1D41D121＋1311D131。モーターと台車は562～565より流用したが、連結には間接制御が必須なため、制御器は東洋ES-48Aを新調している。**A1201～1203**[165]は連接構造の100％低床車。アルナの「リトルダンサー・タイプUa」である。窓配置は1D2＋1D1＋31。モーターは三相かご形誘導電動機である東洋TDK6408-C（85kW）×2で直角カルダン駆動、制御器は回生ブレーキ付のIGBT-VVVF方式の東芝SVF087-B0。台車は住友SS-12。札幌市電初の冷房車でもある。

雪1～5は木造のブルーム式除雪車。雪1～5は名義上昭和9年の新造扱だが、実際は大正14年から昭和6年にかけ10形をベースに改造されたもの。車体はベスビチュールを撤去し側出入口を設置したものでデッキには当初何もなかった。入籍時のモーターはブルーム動力用の1台と共にWH-508C（18.64kW／600V）、制御器はB-18Lで台車はブリル21Eにそれぞれ換装。昭和25年にほぼ新造に近い更新が行われ、台枠の鋼体化と車体の小型化で窓配置が3D2となり、あわせてデッキにカバーが設置される。モーターはMT-60（37.3kW／600V）に換装、台車もブリル79Eを改造したごついものと交換する。同設計の**雪6～8**も増備されるが、いずれも空気ブレーキの設置は昭和40年。さらに雪8以外は窓配置1D21に鋼体化。**雪11（初代）・12**は木造のプラウ式除雪車。除雪装置をスノープラウにした以外は車体構造や台車・機器は雪1～5と同一。実際の改造は昭和3年と5年であった。昭和33年に更新が行われプラウの小型化と翼の設置、モーターは芝浦SE-116C（26.1kW／600V）へ換装されているが認可関係は不明。**雪13**も木造のプラウ式除雪車。昭和24年に40形を種車に試作されたアイスカッター車にスノープラウと翼を設置して入籍したもので窓配置は3D3。雪11・12とは前後両翼構造である点が

M101＋Tc1（M100形＋Tc1形）
昭和36年日車製。連結運転を前提に1編成試作された「親子電車」で、使用区間の制約からTc1もモーターを1台搭載する。Mc101は前後とも連結可能で、前頭部のジャンパ栓に注意。なおTc1のビューゲルは撤去済。
昭和40.5.9
三越前　星良助

223

**A805＋A806
（A800形）**

昭和38年日車製。親子電車の欠点解消のため連接車となったものだが、非常に絞られた前頭部のため前照灯は1灯。昭和39年に運転台右側扉を増設するが、写真は改造前の姿。

昭和39.9.6
幌北車庫
星良助

異なる。モーターは芝浦SE-116C（26.1kW／600V）×2、制御器はB-18Lで台車はブリル21E。**雪11（二代目）**[166] は老朽化した雪1形の置換用に製作された窓配置111D111のブルーム式除雪車。電装品は雪1形より転用したが、台車はボギー車用をベースに軸距を拡大したコロ軸の二軸台車を新造した。またササラは油圧駆動になり横動も可能な構造となった。**水1（初代）** は6.5t積、**水2（初代）** は5.81t積、**水1・2（二代目）・3・4** は5.6t積の散水車で、いずれもベスビチュールを持たないオープンデッキ構造。モーターはWH-508-C（17.16 kW／550V）×2、台車はブリル21E。制御器は戦前のものはWH-B18-Lで戦後はB18-F。**貨1・2（初代）** は水1・2（初代）のタンクを撤去した無蓋電動貨車。**貨2（二代目）〜6** は6t積の電動無蓋車でアオリ戸は三枚側。モーターはWH-508-C（17.16 kW／550V）×2、制御器はB-18Lで台車はブリル21E。用途は保線と車庫間資材輸送用だが、花電車にも使用することも考慮した設計であった。

なお、除雪車は無籍の時代、ロータリー除雪車や雪捨無蓋車も存在したようだが詳細不明。また、平成19〜20年にかけハイブリッド路面電車の試験車である鉄道総研Hi-tram LH02や川崎SWIMO-Xが冬季のバッテリー耐久試験のためメーカーの要請に応じて借入られたが、いずれも籍が無いので省略する。

**A814＋A813
（A810形）**

昭和39年日車製の連接車。A800形の改良版で、前頭部や側面見付が見直された。中央扉は一見すると両開式に見えるが、扉2枚を溶接して製作された1枚引戸である。

昭和40.5.9　三越前
星良助

**A837＋838
（A830形）**

昭和40年東急製の連接車。A820形の側面見付を変更したもので、運転台右側扉が廃止されている。北欧調の優美なデザインは評価が高く、昭和41年にはローレル賞を受賞した。
昭和40.11.6
幌北車庫
伊藤昭

■ 内燃動車[167)]

D1001・1011〜1013・1021〜1023は窓配置1D5D131の「札幌市電型」の車体を持つ低床気動車。エンジンはバス用の日野DS40（120PS）で変速機は新潟DBR90。低床の厳しい条件ながら二軸駆動台車を持つ。投入年度により番台区分されているが、D1020のオイルタンクが若干大型であることを除けば同一設計で、形式もD1000形でまとめられている。また、いずれもトロリーコンダクター作動のためビューゲルが設置されたことになっているが、実際は試運転以外では装着していない。D1031〜1037は窓配置1D41D131の気動車。D1000形の改良型で中央扉が両開となり、エンジンも日野DS60（130PS/2200rpm）に強化。D1041・1042は窓配置D41D13の気動車で、車体がA820・830形と同型の優美なものへと進化した。DSB1〜3はdD1のブルーム式除雪気動車。エンジンはいすゞDA640TRC（115PS/2200rpm）で機械式。他にブルーム動力用にいすゞDA220（43.5PS）を搭載する。台車は電車用をベースに設計された二軸台車である。将来の非電化区間に備えた車でもあるが、走行抵抗のかかる電動除雪車の消費電力が想像以上に大きく、電力負荷の軽減で投入する意図が主眼である。また、認可上トロリーコンダクター作動用のビューゲルが装備されていることになっているが、実際に装着されたことはない。

**A854＋A853
（A850形）**

昭和40年に札幌綜合鉄工協同組合で製作された永久連結車。実際は570・580形の更新にあたり片運転台に改造したものである。
昭和40.5.9 三越前
星良助

225

A1201（A1200形）
平成25年アルナ車両製の超低床車。3車体連接構造で、リトルダンサー・タイプUaに分類される規格型。室内は台車上のA車とB車がクロスシート、中間のC車はロングシート。
平成26.11.26　中央図書館前　服部朗宏

■ 参照文献

小熊米雄「札幌電車物語」『鉄道ピクトリアル』No.13（1952-8）

札幌市交通局『札幌市交通事業三十年史』（1957）

小熊米雄「札幌市交通局」『鉄道ピクトリアル』No.135（1962-8増）

小熊米雄「札幌市交通局」『鉄道ピクトリアル』No.223（1969-4増）

牧野田知「札幌市交通局補遺」『鉄道ピクトリアル』No.259（1971-12増）

丸野清「札幌市交通局」『鉄道ピクトリアル』No.319（1976-4増）

早川淳一「札幌市交通局」『鉄道ピクトリアル』No.509（1989-3増）

楠居利彦・結解学「日本の路面電車（終）札幌市交・函館市交」

『鉄道ダイヤ情報』No.130（1993.12）

早川淳一「札幌市交通局」『鉄道ピクトリアル』No.593（1994-7増）

札幌市交通局『市電70年のあゆみ』（1997）

早川淳一「札幌市交通局」『鉄道ピクトリアル』No.688（2000-7増）

札幌LRTの会『札幌市電が走った街 今昔』JTBパブリッシング（2003）

和久田康雄『日本の市内電車－1895-1945－』成山堂書店（2009）

雪1（雪形）
10形を改造したブルーム式除雪車。認可は昭和9年だが、実際は大正期の改造。写真は木造時代で、当時はパンタグラフ集電だった。
昭和43.6.8　南車庫　矢崎康雄

貨1
6t積の無蓋電動貨車。昭和5年製の散水車を昭和19年に改造したもの。
昭和31.9.22　札幌駅前－道庁前　久保敏

D1012（D1000形）

昭和34年東急製の路面気動車。試作のD1001との差異は認められない。写真は登場翌年で、バンパー下のグリルは未設置だが、部分的にスカートが切り欠かれている。
昭和35.8.10
交通局前
堀越和正
（川崎哲也蔵）

D1042（D1040形）

昭和39年東急製。前年に製作されたD1030形の増備車で、駆動装置は同一だが車体がA820形同様の北欧調の優美なものになる。
昭和44.8.
札幌駅前
杉崎憲生

DSB2（DSB形）

昭和38年に札幌綜合鉄工協同組合で製作されたブルーム式除雪気動車。車体は平行四辺形の台枠に乗っており、写真の逆側から見ると非常にバランスが悪いスタイルになる。
昭和39.9.6
幌北車庫
星良助

札幌石材馬車鉄道→札幌市街鉄道→札幌市街軌道→札幌電気鉄道→札幌電気軌道→札幌市電

【各車種共通認可項目】救助網を固定フェンダー化…昭27.12.25、ビューゲル又はパンタ化…昭28.10.6、
（日付はすべて認可）　方向幕大型化…昭36.4.24、ワンマン車乗降口を前後入換…昭46.8.6

電車

番号	製造・改造	出自	手続日改番日	種別	竣功届	設計変更	設計変更	ワンマン化	用途廃止	異動先
11	明31	名古屋電車（名古屋電鉄11?）	大 7.7.15	施					昭11.4.2	
12	明31	名古屋電車（名古屋電鉄12?）	大 7.7.15	施					昭 9.3.31	→(排雪車)
14	明32	名古屋電車（名古屋電鉄14?）	大 7.7.15	施					昭11.8.14	
15	明33	名古屋電車（名古屋電鉄15?）	大 7.7.15	施					昭11.8.14	
16	明33	名古屋電車（名古屋電鉄16?）	大 7.7.15	施					昭11.4.2	
17	明34	名古屋電車（名古屋電鉄17?）	大 7.7.15	施					昭 9.3.31	→(排雪車)
18	明34	名古屋電車（名古屋電鉄18?）	大 7.7.15	施					昭11.4.2	
19	明34	名古屋電車（名古屋電鉄19?）	大 7.7.15	施					昭11.8.14	
20	明34	名古屋電車（名古屋電鉄20?）	大 7.7.15	施					昭 9.3.31	→(排雪車)
21	明34	名古屋電車（名古屋電鉄21?）	大 7.7.15	施					大12.	
22(Ⅰ)	明34	名古屋電車（名古屋電鉄22?）	大 7.7.15	施					昭11.8.14	
22(Ⅱ)	昭35.6	自局修繕（29廃車復活）	昭36.5.17	設					平 5.	
24	明34	名古屋電車（名古屋電鉄24?）	大 7.7.15	施					昭 9.3.31	→(排雪車)
25	明34	名古屋電車（名古屋電鉄25?）	大 7.7.15	施					昭 5.7.2	
26	明34	名古屋電車（名古屋電鉄26?）	大 7.7.15	施					昭 5.7.2	
27	明34	名古屋電車（名古屋電鉄27?）	大 7.7.15	施					昭 9.3.31	→(排雪車)
28	明36	名古屋電車（名古屋電鉄28?）	大 7.7.15	施					昭 9.3.31	→(排雪車)
29	明36	名古屋電車（名古屋電鉄29?）	大 7.7.15	施					昭11.8.14	→(22(Ⅱ))
30	明36	名古屋電車（名古屋電鉄30?）	大 7.7.15	施					昭 9.3.31	→(排雪車)
31	明36	名古屋電車（名古屋電鉄31?）	大 7.7.15	施					昭11.4.2	
32	明36	名古屋電車（名古屋電鉄32?）	大 7.7.15	施					大12.	
34	明38	名古屋電車（名古屋電鉄34?）	大 7.7.15	施					昭11.4.2	
35	明40	名古屋電車（名古屋電鉄35?）	大 7.7.15	施					昭 5.7.2	
36	明40	名古屋電車（名古屋電鉄36?）	大 7.7.15	施					昭11.8.14	
37	明40	名古屋電車（名古屋電鉄37?）	大 7.7.15	施					昭 5.7.2	
41	大10.10	枝光	大10.10.1	設	大10.10.12	昭17.9.15#			昭23.8.20	
42	大10.10	枝光			大10.10.12	昭17.9.15#			昭24.1.4	
43	大10.10	枝光		設	大10.10.12	昭17.9.15#			昭27.7.4	
44	大10.10	枝光			大10.10.12	昭17.9.15#			昭24.1.4	
45	大10.10	枝光	大10.10.1	設	大10.10.12	昭17.9.15#			昭24.1.4	
46	大11.8	枝光				昭17.9.15#			昭25.8.31	
47	大11.8	枝光				昭17.9.15#			昭23.8.20	
48	大11.8	枝光				昭17.9.15#			昭24.1.4	
49	大11.8	枝光				昭17.9.15#			昭27.7.4	
50	大11.8	枝光				昭17.9.15#			昭23.8.20	
51	大11.8	枝光				昭17.9.15#			昭23.8.20	
52	大11.8	枝光				昭17.9.15#			昭24.1.4	
53	大11.8	枝光				昭17.9.15#			昭24.1.4	
54	大12.8	東洋	大13.8.14	増		昭17.9.15#			昭25.8.31	
55	大12.8	東洋	大13.8.14	増		昭17.9.15#			昭27.8.30	
56	大12.8	東洋	大13.8.14	増		昭17.9.15#			昭24.1.4	
57	大12.8	東洋	大13.8.14	増		昭17.9.15#			昭27.8.30	
58	大12.8	東洋	大13.8.14	増		昭17.9.15#			昭24.1.4	

(156) 長男の助川貞利も札幌電気軌道の技師長となり、ブルーム式除雪車の開発者として名を残す。
(157) 大正7年が開拓使設置および蝦夷地の北海道改称から50周年にあたることを記念して、8月1日から9月10日まで中島公園を主会場に開催された地方博覧会。当時空前の142万人を動員し、道内は博覧会景気に沸いた。
(158) 牧野田知「札幌市交通局補遺」『鉄道ピクトリアル』No.259 (1971-12増) p72。うち弾性車輪使用車は321・324・325。
(159) 小熊米雄「札幌市交通局」『鉄道ピクトリアル』No.135 (1962-8増) p12。弱い制動力から乗務員の不評を買ったうえ、勾配区間を避けるため半ば一条線に専用されていた。
(160) 『鉄道ピクトリアル新車年鑑1998年版』No.660 (1998.10増) p101も参照のこと。
(161) 『鉄道ピクトリアル新車年鑑1986年版』No.464 (1986.5増) p97も参照のこと。
(162) 『鉄道ピクトリアル新車年鑑1988年版』No.496 (1988.5増) p136も参照のこと。
(163) M101とTc1とは10本ほどのジャンパやエアホースを接続する必要があったうえ、非貫通のため車掌も2名必要となるなどの欠点があった。そのため前掲(158) p73によるとワンマン化以前はほとんど編成を解くことはなく、2系統（北24条−札幌駅前−すすきの−教育大学前〔現：中央図書館前〕）を1往復するだけだったとされる。
(164) 前後いずれかで指定されている入口から乗車し、乗客は乗車中に貫通路を通って下車指定の車両に移動する。運賃は通路の車掌台で支払うので車掌は1名勤務で済む。
(165) 『鉄道ピクトリアル鉄道車両年鑑2013年版』No.881 (2013.10増) p134-136も参照のこと。
(166) 『鉄道ピクトリアル新車年鑑1998年版』No.660 (1998.10増) p102も参照のこと。
(167) DSB以外の内燃動車については湯口徹「札幌市の路面ディーゼルカー」『鉄道史料』No.123 (2010冬) p1-14も参照のこと。

番号	製造・改造		出自	手続日 改番日	種別	竣功届	設計変更	設計変更	ワンマン化	用途廃止	異動先
59	大13.8	名古屋電車				昭17. 9.15#				昭25. 8.31	
60	大13.8	名古屋電車				昭17. 9.15#				昭25. 8.31	
61	大13.8	名古屋電車				昭17. 9.15#				昭27. 8.30	
62	大13.8	名古屋電車		大14. 5.15	増	昭17. 9.15#				昭27. 8.30	
63	大13.8	名古屋電車		大14. 5.15	増	昭17. 9.15#				昭27. 7. 4	
64	大13.9	名古屋電車		大13. 9.27	増	昭17. 9.15#				昭23. 8.20	
65	大13.9	名古屋電車		大13. 9.27	増	昭17. 9.15#				昭24. 1. 4	
66	大13.9	名古屋電車		大13. 9.27	増	昭17. 9.15#				昭27. 8.30	
67	大13.9	名古屋電車		大13. 9.27	増	昭17. 9.15#				昭27. 7. 4	
68	大13.9	名古屋電車		大13. 9.27	増	昭17. 9.15#				昭27. 7. 4	
101	大14.8	瓦斯電		大14. 8.14	設					昭29.12. 9	
102	大14.8	瓦斯電		大14. 8.14	設					昭23. 8.20	
103	大14.8	瓦斯電		大14. 8.14	設					昭29.12. 9	
104	大14.8	瓦斯電		大14. 8.14	設					昭29.12. 9	
105	大15.8	田中		大15. 8. 2	増					昭29.12. 9	
106	大15.8	田中		大15. 8. 2	増					昭29.12. 9	
107	大15.8	田中		大15. 8. 2	増					昭29.12. 9	
108	大15.8	田中		大15. 8. 2	増					昭25. 8.31	
109	大15.8	田中		大15. 8. 2	増					昭29.12. 9	
110	昭2.6	田中		昭 2. 7. 1	設					昭34.10.15	
111	昭2.6	田中		昭 2. 7. 1	設					昭34.10.15	
112	昭2.6	田中		昭 2. 7. 1	設					昭34.10.15	
113	昭2.6	田中		昭 2. 7. 1	設					昭34.10.15	
114	昭2.6	田中		昭 2. 7. 1	設					昭34.10.15	
120	昭4.12	日車		昭 4.12.23	設	昭 4.12.28	昭17. 3.12*	昭17. 9.15#		昭34.10.15	
121	昭4.12	日車		昭 4.12.23	設	昭 4.12.28	昭17. 3.12*	昭17. 9.15#		昭34.10.15	
122	昭4.12	日車		昭 4.12.23	設	昭 4.12.28	昭17. 3.12*			昭34.10.15	
123	昭4.12	日車		昭 4.12.23	設	昭 5. 1.31	昭17. 3.12*			昭34.10.15	
124	昭4.12	日車		昭 4.12.23	設	昭 5. 1.31	昭17. 3.12*			昭34.10.15	
125	昭4.12	日車		昭 4.12.23	設	昭 5. 1.31	昭17. 3.12*			昭34.10.15	
126	昭4.12	日車		昭 4.12.23	設	昭 5. 1.31	昭17. 3.12*			昭34.10.15	
127	昭4.12	日車		昭 4.12.23	設	昭 5. 1.31	昭17. 3.12*			昭34.10.15	
130	昭6.12	日車		昭 6.12.26	増		昭17. 3.12*	昭17.10.12♭		昭34.10.15	
131	昭6.12	日車		昭 6.12.26	増		昭17. 3.12*	昭17.10.12♭		昭34.10.15	
132	昭6.12	日車		昭 6.12.26	増		昭17. 3.12*	昭17.10.12♭		昭34.10.15	
133	昭6.12	日車		昭 6.12.26	増		昭17. 3.12*	昭17.10.12♭		昭34.10.15	
134	昭6.12	日車		昭 7. 1.27	増		昭17. 3.12*	昭17.10.12♭		昭34.10.15	
135	昭6.12	日車		昭 7. 1.27	増		昭17. 3.12*	昭17.10.12♭		昭34.10.15	
136	昭6.12	日車		昭 7. 1.27	増		昭17. 3.12*	昭17.10.12♭		昭34.10.15	
137	昭6.12	日車		昭 7. 1.27	増		昭17. 3.12*	昭17.10.12♭		昭34.10.15	
138	昭6.12	日車		昭 7. 1.27	増		昭17. 3.12*	昭17.10.12♭		昭34.10.15	
151	昭11.3	梅鉢		昭11. 9.26	設		昭17. 3.12*	昭16. 7.23♭		昭35. 4.27	
152	昭11.3	梅鉢		昭11. 9.26	設		昭17. 3.12*	昭16. 7.23♭		昭35. 4.27	
153	昭11.3	梅鉢		昭11. 9.26	設		昭17. 3.12*	昭16. 7.23♭		昭37. 6. 6	
154	昭11.3	梅鉢		昭11. 9.26	設		昭17. 3.12*	昭16. 7.23♭		昭35. 4.27	
155	昭11.3	梅鉢		昭11. 9.26	設		昭17. 3.12*	昭16. 7.23♭		昭35. 4.27	
156	昭11.3	梅鉢		昭11. 9.26	設		昭17. 3.12*	昭16. 7.23♭		昭35. 4.27	
157	昭11.3	梅鉢		昭11. 9.26	設		昭17. 3.12*	昭16. 7.23♭		昭35. 4.27	
158	昭11.3	梅鉢		昭11. 9.26	設		昭17. 3.12*	昭16. 7.23♭		昭37. 6. 6	
159	昭11.3	梅鉢		昭11. 9.26	設		昭17. 3.12*	昭16. 7.23♭		昭33. 6. 2	
160	昭11.3	梅鉢		昭11. 9.26	設		昭17. 3.12*	昭16. 7.23♭		昭33. 6. 2	
161	昭11.3	梅鉢		昭11. 9.26	設		昭17. 3.12*	昭16. 7.23♭		昭33. 6. 2	
171	昭12.4	梅鉢		昭12. 5.10	増		昭17. 3.12*	昭17.10.12♭		昭33. 6. 2	
172	昭12.4	梅鉢		昭12. 5.10	増		昭17. 3.12*	昭17.10.12♭		昭33. 6. 2	
173	昭12.4	梅鉢		昭12. 5.10	増		昭17. 3.12*	昭17.10.12♭		昭33. 6. 2	
174	昭12.4	梅鉢		昭12. 5.10	増		昭17. 3.12*	昭17.10.12♭		昭33. 6. 2	
175	昭12.4	梅鉢		昭12. 5.10	増		昭17. 3.12*	昭17.10.12♭		昭33. 6. 2	
201	昭32.12	札鉄工組合		昭33. 4.12	設	昭33. 7. 4	昭36. 1.25§			昭46.10. 1	
202	昭32.12	札鉄工組合		昭33. 4.12	設	昭33. 7. 4	昭36. 1.25§			昭46.10. 1	
203	昭32.12	札鉄工組合		昭33. 4.12	設	昭33. 7. 4	昭36. 1.25§			昭46.10. 1	
204	昭32.12	札鉄工組合		昭33. 4.12	設	昭33. 7. 4	昭36. 1.25§			昭46.10. 1	
205	昭32.12	札鉄工組合		昭33. 4.12	設	昭33. 7. 4	昭36. 1.25§			昭46.10. 1	
206	昭32.12	札鉄工組合		昭33. 4.12	設	昭33. 7. 4	昭36. 1.25§			昭46.10. 1	
207	昭32.12	札鉄工組合		昭33. 4.12	設	昭33. 7. 4	昭36. 1.25§			昭46.10. 1	
208	昭32.12	札鉄工組合		昭33. 4.12	設	昭33. 7. 4	昭36. 1.25§			昭46.10. 1	
211	昭33.12	札鉄工組合		昭33.12.12	増	昭34. 7. 6	昭36. 1.25♭		昭44. 9. 9	(在籍)	
212	昭33.12	札鉄工組合		昭33.12.12	増	昭34. 7. 6	昭36. 1.25♭		昭44. 9. 9	(在籍)	
213	昭33.12	札鉄工組合		昭33.12.12	増	昭34. 7. 6	昭36. 1.25♭		昭44. 9. 9	(在籍)	

番号	製造・改造		出自	手続日 改番日	種別	竣功届	設計変更	設計変更	ワンマン化	用途廃止	異動先
214	昭33.12	札鉄工組合		昭33.12.12	増	昭34. 7. 6	昭36. 1.25b		昭44. 9. 9	(在籍)	
215	昭33.12	札鉄工組合		昭33.12.12	増	昭34. 7. 6	昭36. 1.25b		昭44. 9. 9	平元. 5.17	
216	昭33.12	札鉄工組合		昭33.12.12	増	昭34. 7. 6	昭36. 1.25b		昭44. 9. 9	平元. 6. 2	
221	昭34.4	札鉄工組合		昭33.12.12	増	昭34. 7. 6	昭36. 1.25b		昭44. 9. 9	(在籍)	
222	昭34.4	札鉄工組合		昭33.12.12	増	昭34. 7. 6	昭36. 1.25b		昭44. 9. 9	(在籍)	
223	昭34.4	札鉄工組合		昭33.12.12	増	昭34. 7. 6	昭36. 1.25b		昭44. 9. 9	昭51. 3.31	
224	昭34.4	札鉄工組合		昭33.12.12	増	昭34. 7. 6	昭36. 1.25b		昭44. 9. 9	昭51. 3.31	
225	昭34.4	札鉄工組合		昭33.12.12	増	昭34. 7. 6	昭36. 1.25b		昭44. 9. 9	昭51. 3.31	
226	昭34.4	札鉄工組合		昭33.12.12	増	昭34. 7. 6	昭36. 1.25b		昭44. 9. 9	昭51. 3.31	
227	昭34.4	札鉄工組合		昭33.12.12	増	昭34. 7. 6	昭36. 1.25b		昭44. 9. 9	昭51. 3.31	
228	昭34.4	札鉄工組合		昭33.12.12	増	昭34. 7. 6	昭36. 1.25b		昭44. 9. 9	昭51. 3.31	
231	昭34.9	札鉄工組合		昭33.12.12	増	昭34.10.15	昭36. 1.25b		昭44. 9. 9	昭51. 3.31	
232	昭34.9	札鉄工組合		昭33.12.12	増	昭34.10.15	昭36. 1.25b		昭44. 9. 9	昭51. 3.31	
233	昭34.9	札鉄工組合		昭33.12.12	増	昭34.10.15	昭36. 1.25b		昭44. 9. 9	昭51. 3.31	
234	昭34.9	札鉄工組合		昭33.12.12	増	昭34.10.15	昭36. 1.25b		昭44. 9. 9	昭51. 3.31	
235	昭34.9	札鉄工組合		昭33.12.12	増	昭34.10.15	昭36. 1.25b		昭44. 9. 9	昭51. 3.31	
236	昭34.9	札鉄工組合		昭33.12.12	増	昭34.10.15	昭36. 1.25b		昭44. 9. 9	昭51. 3.31	
237	昭34.9	札鉄工組合		昭33.12.12	増	昭34.10.15	昭36. 1.25b		昭44. 9. 9	昭51. 3.31	
238	昭34.9	札鉄工組合		昭33.12.12	増	昭34.10.15	昭36. 1.25b		昭44. 9. 9	昭51. 3.31	
241	昭35.4	札鉄工組合		昭33.12.12	増	昭35. 3. 5	昭36. 1.25b		昭44. 9. 9	(在籍)	
242	昭35.4	札鉄工組合		昭33.12.12	増	昭35. 4.15	昭36. 1.25b		昭44. 9. 9	(在籍)	
243	昭35.4	札鉄工組合		昭33.12.12	増	昭35. 4.15	昭36. 1.25b		昭44. 9. 9	(在籍)	
244	昭35.4	札鉄工組合		昭33.12.12	増	昭35. 3. 5	昭36. 1.25b		昭44. 9. 9	(在籍)	
245	昭35.4	札鉄工組合		昭33.12.12	増	昭35. 4.15	昭36. 1.25b		昭44. 9. 9	昭45. 9.10	
246	昭35.4	札鉄工組合		昭33.12.12	増	昭35. 4.15	昭36. 1.25b		昭44. 9. 9	(在籍)	
247	昭35.4	札鉄工組合		昭33.12.12	増	昭35. 4.15	昭36. 1.25b		昭44. 9. 9	(在籍)	
248	昭35.4	札鉄工組合		昭33.12.12	増	昭35. 4.15	昭36. 1.25b		昭44. 9. 9	(在籍)	
251	昭36.7	札鉄工組合		昭36. 7.10	設	昭36. 8.28			昭45. 7.31	(在籍)	
252	昭36.7	札鉄工組合		昭36. 7.10	設	昭36. 8.28			昭45. 7.31	(在籍)	
253	昭36.7	札鉄工組合		昭36. 7.10	設	昭36. 8.28			昭45. 7.31	(在籍)	
254	昭36.7	札鉄工組合		昭36. 7.10	設	昭36. 8.28			昭45. 7.31	(在籍)	
255	昭36.7	札鉄工組合		昭36. 7.10	設	昭36. 8.28			昭45. 7.31	(在籍)	
321	昭32.5	ナニワ		昭32. 6.13	設	昭32. 8.12	昭36. 1.25§	昭44. 1.20?	昭46. 1.14	昭48. 4. 2	
322	昭32.5	ナニワ		昭32. 6.13	設	昭32. 8.12	昭36. 1.25§	昭44. 1.20?	昭46. 1.14	昭48. 4. 2	
323	昭32.5	ナニワ		昭32. 6.13	設	昭32. 8.12	昭36. 1.25§	昭44. 1.20?	昭46. 1.14	昭48. 4. 2	
324	昭32.5	ナニワ		昭32. 6.13	設	昭32. 8.12	昭36. 1.25§	昭44. 1.20?	昭46. 1.14	昭48. 4. 2	
325	昭32.5	ナニワ		昭32. 6.13	設	昭32. 8.12	昭36. 1.25§	昭44. 1.20?	昭46. 1.14	昭48. 4. 2	
326	昭32.5	ナニワ		昭32. 6.13	設	昭32. 8.12	昭36. 1.25§	昭44. 1.20?	昭46. 1.14	昭48. 4. 2	
327	昭32.5	ナニワ		昭32. 6.13	設	昭32. 8.12	昭36. 1.25§	昭44. 1.20?	昭46. 1.14	昭48. 4. 2	
331	昭33.4	日立		昭33. 4.23	設	昭33. 7. 4			昭46. 1.14	平13.11.26	→3305
332	昭33.4	日立		昭33. 4.23	設	昭33. 7. 4			昭46. 1.14	平11.12.28	→3303
333	昭33.4	日立		昭33. 4.23	設	昭33. 7. 4			昭46. 1.14	平11. 3.25	→3302
334	昭33.4	日立		昭33. 4.23	設	昭33. 7. 4			昭46. 1.14	平10. 1.27	→3301
335	昭33.4	日立		昭33. 4.23	設	昭33. 7. 4			昭46. 1.14	平12.11.24	→3304
501	昭23.9	日鉄自		昭24. 6.13	設	昭24. 6.13				昭36. 8.19	
502	昭23.9	日鉄自		昭24. 6.13	設	昭24. 6.13				昭36. 8.19	
503	昭23.9	日鉄自		昭24. 6.13	設	昭24. 6.13				昭36. 8.19	
504	昭23.9	日鉄自		昭24. 6.13	設	昭24. 6.13				昭36. 8.19	
505	昭23.9	日鉄自		昭24. 6.13	設	昭24. 6.13				昭36. 8.19	
551	昭27.5	汽車東京		昭27.11.20	設	昭28. 1.15	昭36. 1.25§			昭46.12.16	
552	昭27.5	汽車東京		昭27.11.20	設	昭28. 1.15	昭36. 1.25§			昭46.12.16	
553	昭27.5	汽車東京		昭27.11.20	設	昭28. 1.15	昭36. 1.25§			昭46.12.16	
554	昭27.5	汽車東京		昭27.11.20	設	昭28. 1.15	昭36. 1.25§			昭46.12.16	
555	昭27.5	汽車東京		昭27.11.20	設	昭28. 1.15	昭36. 1.25§			昭42.12.11	
556	昭27.7	汽車東京		昭27.11.20	設	昭28. 1.15	昭36. 1.25§			昭42.12.11	
557	昭27.7	汽車東京		昭27.11.20	設	昭28. 1.15	昭36. 1.25§			昭42.12.11	
558	昭27.7	汽車東京		昭27.11.20	設	昭28. 1.15	昭36. 1.25§			昭42.12.11	
559	昭27.7	汽車東京		昭27.11.20	設	昭28. 1.15	昭36. 1.25§			昭43.10. 8	
560	昭27.7	汽車東京		昭27.11.20	設	昭28. 1.15	昭36. 1.25§			昭43.10. 8	
561	昭28.10	汽車東京		昭28.10. 5	設	昭28.12. 5	昭36. 1.25§			昭43.10. 8	
562	昭28.10	汽車東京		昭28.10. 5	設	昭28.12. 5	昭36. 1.25§			昭44.12. 9	
563	昭28.10	汽車東京		昭28.10. 5	設	昭28.12. 5	昭36. 1.25§			昭44.12. 9	
564	昭28.10	汽車東京		昭28.10. 5	設	昭28.12. 5	昭36. 1.25§			昭44.12. 9	
565	昭28.10	汽車東京		昭28.10. 5	設	昭28.12. 5	昭36. 1.25§			昭44.12. 9	
566	昭28.12	汽車東京		昭28.10. 5	設	昭28.12. 5	昭36. 1.25§			昭46.10. 1	
567	昭28.12	汽車東京		昭28.10. 5	設	昭28.12. 5	昭36. 1.25§			昭46.10. 1	
568	昭28.12	汽車東京		昭28.10. 5	設	昭28.12. 5	昭36. 1.25§			昭46.10. 1	
569	昭28.12	汽車東京		昭28.10. 5	設	昭28.12. 5	昭36. 1.25§			昭46.10. 1	

番号	製造・改造		出自	手続日 改番日	種別	竣功届	設計変更	設計変更	ワンマン化	用途廃止	異動先
570	昭28.12	汽車東京		昭28.10. 5	設	昭28.12. 5	昭36. 1.25§			昭46.10. 1	
571	昭29.8	汽車東京		昭29. 9.15	増	昭29.11.24	昭36. 1.25§			昭40. 5. 1	→（A851）
572	昭29.8	汽車東京		昭29. 9.15	増	昭29.11.24	昭36. 1.25§			昭40. 5. 1	→（A852）
573	昭29.8	汽車東京		昭29. 9.15	増	昭29.11.24	昭36. 1.25§			昭40. 5. 1	→（A854）
574	昭29.8	汽車東京		昭29. 9.15	増	昭29.11.24	昭36. 1.25§			昭40. 5. 1	→（A853）
575	昭29.8	汽車東京		昭29. 9.15	設	昭29.11.24	昭36. 1.25§			昭46.12.16	
576	昭30.5	ナニワ		昭30.10.26	設	昭30.11.17	昭36. 1.25§			昭40. 5.10	→（A855）
577	昭30.5	ナニワ		昭30.10.26	設	昭30.11.17	昭36. 1.25§			昭40. 5.10	→（A858）
578	昭30.5	ナニワ		昭30.10.26	設	昭30.11.17	昭36. 1.25§			昭40. 5.10	→（A859）
579	昭30.5	ナニワ		昭30.10.26	設	昭30.11.17	昭36. 1.25§			昭40. 5.10	→（A860）
580	昭30.5	ナニワ		昭30.10.26	設	昭30.11.17	昭36. 1.25§			昭40. 5.10	→（A857）
581	昭31.5	汽車		昭32. 2.13	設	昭32. 4. 1	昭36. 1.25§			昭40. 5.10	→（A856）
582	昭31.5	汽車		昭32. 2.13	設	昭32. 4. 1	昭36. 1.25§			昭46.12.16	
583	昭31.5	汽車		昭32. 2.13	設	昭32. 4. 1	昭36. 1.25§			昭46.12.16	
584	昭31.5	汽車		昭32. 2.13	設	昭32. 4. 1	昭36. 1.25§			昭46.12.16	
585	昭31.5	汽車		昭32. 2.13	設	昭32. 4. 1	昭36. 1.25§			昭46.12.16	
601	昭24.6	日車		昭26. 8.29	設	昭26.10.27	昭36. 1.25♩	昭37. 9.13$	昭45. 7.31	昭46.12.16	
602	昭24.6	日車		昭26. 8.29	設	昭26.10.27	昭36. 1.25♩	昭37. 9.13$	昭45. 7.31	昭46.12.16	
603	昭24.6	日車		昭26. 8.29	設	昭26.10.27	昭36. 1.25♩	昭37. 9.13$		昭46.12.16	
604	昭24.6	日車		昭26. 8.29	設	昭26.10.27	昭36. 1.25♩	昭37. 9.13$		昭46.12.16	
605	昭24.6	日車		昭26. 8.29	設	昭26.10.27	昭36. 1.25♩	昭37. 9.13$		昭46.12.16	
606	昭24.6	日車		昭26. 8.29	設	昭26.10.27	昭36. 1.25♩	昭37. 9.13$		昭46.12.16	
607	昭24.6	日車		昭26. 8.29	設	昭26.10.27	昭36. 1.25♩	昭37. 9.13$		昭46.12.16	
608	昭24.6	日車		昭26. 8.29	設	昭26.10.27	昭36. 1.25♩	昭37. 9.13$		昭46.12.16	
609	昭24.6	日車		昭26. 8.29	設	昭26.10.27	昭36. 1.25♩	昭37. 9.13$		昭46.12.16	
610	昭24.6	日車		昭26. 8.29	設	昭26.10.27	昭36. 1.25♩	昭37. 9.13$		昭46.12.16	
611	昭25.4	日車		昭26. 8.29	設	昭26.10.27	昭36. 1.25♩	昭37. 9.13$	昭45. 7.31	昭46.12.16	
612	昭25.4	日車		昭26. 8.29	設	昭26.10.27	昭36. 1.25♩	昭37. 9.13$	昭45. 7.31	昭46.12.16	
613	昭25.4	日車		昭26. 8.29	設	昭26.10.27	昭36. 1.25♩	昭37. 9.13$		昭46.12.16	
614	昭25.4	日車		昭26. 8.29	設	昭26.10.27	昭36. 1.25♩	昭37. 9.13$		昭46.12.16	
615	昭25.4	日車		昭26. 8.29	設	昭26.10.27	昭36. 1.25♩	昭37. 9.13$		昭46.12.16	
616	昭26.4	日鉄自		昭27. 2. 8	増	昭27. 5.12	昭36. 1.25♩	昭37. 9.13$		昭46.12.16	
617	昭26.4	汽車東京		昭27. 2. 8	増	昭27. 5.12	昭36. 1.25♩	昭37. 9.13$		昭46.12.16	
618	昭26.4	汽車東京		昭27. 2. 8	増	昭27. 5.12	昭36. 1.25♩	昭37. 9.13$		昭46.12.16	
619	昭26.4	汽車東京		昭27. 2. 8	増	昭27. 5.12	昭36. 1.25♩	昭37. 9.13$		昭46.12.16	
620	昭26.4	汽車東京		昭27. 2. 8	増	昭27. 5.12	昭36. 1.25♩	昭37. 9.13$		昭46.12.16	
701	昭42.8	苗穂工業	(D1013)	昭42. 8. 1	設	昭42.12. 9			昭46. 1.14	昭48. 4. 2	
702	昭42.9	苗穂工業	(D1012)	昭42. 8. 1	設	昭42.12. 9			昭46. 1.14	昭60.10.31	
703	昭42.10	苗穂工業	(D1001)	昭42. 8. 1	設	昭42.12. 9			昭46. 1.14	昭60.10.31	
704	昭42.12	苗穂工業	(D1011)	昭42. 8. 1	設	昭42.12. 9			昭46. 1.14	昭62. 7. 1	
711	昭43.8	泰和	(D1021)	昭43. 7.30	設	昭43. 8.26			昭45. 7.31	昭48. 4. 2	
712	昭43.9	泰和	(D1022)	昭43. 7.30	設	昭43. 9.13			昭45. 7.31	昭48. 4. 2	
713	昭43.10	泰和	(D1023)	昭43. 7.30	設	昭43.10. 8			昭45. 7.31	昭62. 7. 1	
721	昭45.8	泰和	(D1037)	昭45. 7.31	設	昭45. 9. 9				昭49. 5. 1	
3301	平10.3	アルナ	334	平10. 1.27	変	平10. 3.27				（在籍）	
3302	平11.3	アルナ	333	平10. 1.27	変	平11. 3.25				（在籍）	
3303	平11.12	アルナ	332	平10. 1.27	変	平11.12.28				（在籍）	
3304	平12.11	アルナ	335	平10. 1.27	変	平12.11.24				（在籍）	
3305	平13.11	アルナ	331	平10. 1.27	変	平13.11.26				（在籍）	
8501	昭60.3	川崎		昭60. 1.28	設	昭60. 3.29				（在籍）	
8502	昭60.3	川崎		昭60. 1.28	設	昭60. 3.29				（在籍）	
8511	昭62.3	川崎		昭62. 3. 5	設	昭62. 7. 2				（在籍）	
8512	昭62.3	川崎		昭62. 3. 5	設	昭62. 7. 2				（在籍）	
8521	昭63.3	川崎		昭63. 7.12	増					（在籍）	
8522	昭63.3	川崎		昭63. 7.12	増					（在籍）	
M101	昭36.7	日車		昭36. 7.13	設	昭36. 8.26		昭54. 2.28♪	昭45. 7.31	（在籍）	
Tc1	昭36.7	日車		昭36. 7.13	設	昭36. 8.26				昭46.10. 1	
A801＋802	昭38.5	日車		昭38. 5. 4	設	昭38. 5.31	昭39.11.17¥			昭51. 6.10	
A803＋804	昭38.5	日車		昭38. 5. 4	設	昭38. 5.31	昭39.11.17¥			昭51. 6.10	
A805＋806	昭38.5	日車		昭38. 5. 4	設	昭38. 5.31	昭39.11.17¥			昭51. 6.10	
A811＋812	昭39.9	日車		昭39. 9.28	設	昭39.10.14				昭51. 6.10	
A813＋814	昭39.9	日車		昭39. 9.28	設	昭39.10.14				昭51. 6.10	
A821＋822	昭39.12	東急		昭39.12. 5	設	昭40. 1. 4				昭51. 6.10	
A823＋824	昭39.12	東急		昭39.12. 5	設	昭40. 1. 4				昭51. 6.10	
A831＋832	昭40.10	日車		昭40.10.18	設	昭40.11. 5				昭59.12. 1	
A833＋834	昭40.10	日車		昭40.10.18	設	昭40.11. 5				昭59.12. 1	
A835＋836	昭40.10	日車		昭40.10.18	設	昭40.11. 5				昭59.12. 1	
A837＋838	昭40.10	東急		昭40.10.18	設	昭40.11. 5				昭51. 6.10	名古屋鉄道

番号	製造・改造		出自	手続日 改番日	種別	竣功届	設計変更	設計変更	設計変更	用途廃止	異動先
A839+840	昭40.10	東急		昭40.10.18	設	昭40.11. 5				昭51. 6.10	名古屋鉄道
A841+842	昭40.10	東急		昭40.10.18	設	昭40.11. 5				昭51. 6.10	名古屋鉄道
A851+852	昭40.5	札鉄工組合	(571+572)	昭39.12.16	設	昭40. 5.17				昭49. 5. 1	
A853+854	昭40.5	札鉄工組合	(574+573)	昭39.12.16	設	昭40. 5.17				昭49. 5. 1	
A855+856	昭40.5	札鉄工組合	(576+581)	昭39.12.16	設	昭40. 5.17				昭49. 5. 1	
A857+858	昭40.5	札鉄工組合	(580+577)	昭39.12.16	設	昭40. 5.17				昭49. 5. 1	
A859+860	昭40.5	札鉄工組合	(578+579)	昭39.12.16	設	昭40. 5.17				昭49. 5. 1	
A871+872	昭44.10	札幌交機	(D1031+D1034)	昭44. 9. 6	設	昭44.10.23				昭49. 5. 1	
A873+874	昭44.11	札幌交機	(D1032+D1033)	昭44. 9. 6	設	昭44.10.23				昭49. 5. 1	
A1201	平25	アルナ			設	平25. 3.29				(在籍)	
A1202	平25	アルナ			設	平26. 3.28				(在籍)	
A1203	平26	アルナ			設	平26. 5. 6				(在籍)	
雪1	大14	自局改	(10形)	昭 9.12. 6	設	昭 9.12.27	昭25.11.20†	昭40. 3.31&	昭44. 8.26†	(在籍)	
雪2	大15	自局改	(10形)	昭 9.12. 6	設	昭 9.12.27	昭25.11.20†	昭40. 3.31&	昭44. 8.26†	(在籍)	
雪3	昭4	自局改	(10形)	昭 9.12. 6	設	昭 9.12.27	昭25.11.20†	昭40. 3.31&	昭44. 8.26†	(在籍)	
雪4	昭5	自局改	(10形)	昭 9.12. 6	設	昭 9.12.27	昭25.11.20†	昭40. 3.31&	昭44.11. 5†	平10. 2.24	→雪11(Ⅱ)
雪5	昭6	自局改	(10形)	昭 9.12. 6	設	昭 9.12.27	昭25.11.20†	昭40. 3.31&	昭44.11. 5†	昭51.10.20	
雪6	昭23	自局		昭26. 8.22	設	昭26.12. 1		昭40. 3.31&	昭44.11. 5†	昭49. 5. 1	
雪7	昭23	自局		昭26. 8.22	設	昭26.12. 1		昭40. 3.31&	昭45. 4. 9†	昭49. 5. 1	
雪8	昭26.11	自局		昭26. 8.22	設	昭26.12. 1		昭40. 3.31&		昭46.10. 1	
雪11(Ⅰ)	昭3	自局改	(10形)	昭 9.12. 6	設	昭 9.12.27				昭49. 5. 1	
雪12	昭5	自局改	(10形)	昭 9.12. 6	設	昭10. 1. 9				昭59.12. 1	
雪13	昭24.11	伊藤組	(40形)	昭33. 3.20	設	昭33. 7. 4		昭40. 3.31&		昭46.10. 1	
雪11(Ⅱ)	平10	札幌交機	雪4	平10. 2.24	変	平10. 3.31				(在籍)	
水1(Ⅰ)	昭5.	自局		昭 5. 6.18	設					昭19. 8.11	→貨1
水1(Ⅱ)	昭27.	伊藤組		昭27. 4. 4	設	昭27. 5.31				昭37. 8.29	
水2(Ⅰ)	昭6.	自局		昭 6. 7.13	設					昭19. 8.11	→貨2(Ⅰ)
水2(Ⅱ)	昭27.	伊藤組		昭27. 4. 4	設	昭27. 5.31				昭37. 8.29	
水3	昭29.10	自局		昭31. 1.25	増					昭37. 8.29	
水4	昭29.10	自局		昭31. 1.25	増					昭41. 4. 7	
貨1	昭19	自局改	水1(Ⅰ)	昭19. 8.11	変					昭25.11.28	
貨2(Ⅰ)	昭19	自局改	水2(Ⅰ)	昭19. 8.11	変					昭25.11.28	
貨2(Ⅱ)	昭31.8	自局		昭32. 2.13	設	昭32. 4. 1				昭41. 4. 7	
貨3	昭31.8	自局		昭32. 2.13	設	昭32. 4. 1				昭41. 4. 7	
貨4	昭31.8	自局		昭32. 2.13	設	昭32. 4. 1				昭41. 4. 7	
貨5	昭31.8	自局		昭32. 2.13	設	昭32. 4. 1				昭41. 4. 7	
貨6	昭31.8	自局		昭32. 2.13	設	昭32. 4. 1				昭41. 4. 7	

*…手制動撤去、#…モーター換装、♭…一部座席撤去し定員増加、§…方向幕拡大、♪…正面窓一枚化・方向幕拡大および一部座席撤去、¥…扉増設、
$…前中扉式化(601,602,611,612は間接制御化併施)、†…車体更新(含鋼体化)、&…空気制動設置、♪…空気制動を非常直通式→直通式に変更
?…改造内容不明

内燃動車

番号	製造・改造		出自	手続日 改番日	種別	竣功届	設計変更	ワンマン化	用途廃止	異動先
D1001	昭33.7	東急		昭33. 7.21	設	昭33.10. 3	昭35. 7.9*		昭42.12.11	→(703)
D1011	昭34.6	東急		昭34. 6. 2	増	昭34. 7. 1	昭35. 7.9*		昭42.12.11	→(704)
D1012	昭34.6	東急		昭34. 6. 2	増	昭34. 7. 1	昭35. 7.9*		昭42.12.11	→(702)
D1013	昭34.6	東急		昭34. 6. 2	増	昭34. 7. 1	昭35. 7.9*		昭42.12.11	→(701)
D1021	昭35.6	東急		昭35. 6. 2	設	昭35. 7.12			昭43.10. 8	→(711)
D1022	昭35.6	東急		昭35. 6. 2	設	昭35. 7.12			昭43.10. 8	→(712)
D1023	昭35.6	東急		昭35. 6. 2	設	昭35. 7.12			昭43.10. 8	→(713)
D1031	昭38.9	東急		昭38. 9.18	設	昭38.12. 3			昭44.12. 9	→(A871)
D1032	昭38.9	東急		昭38. 9.18	設	昭38.12. 3			昭44.12. 9	→(A873)
D1033	昭38.9	東急		昭38. 9.18	設	昭38.12. 3			昭44.12. 9	→(A874)
D1034	昭38.10	東急		昭38. 9.18	設	昭38.12. 3			昭44.12. 9	→(A872)
D1035	昭38.10	東急		昭38. 9.18	設	昭38.12. 3			昭46.10. 1	
D1036	昭38.10	東急		昭38. 9.18	設	昭38.12. 3			昭46.10. 1	
D1037	昭38.10	東急		昭38. 9.18	設	昭38.12. 3			昭45. 9.10	→(721)
D1041	昭39.11	東急		昭39.11.17	設	昭39.12.16			昭46.10. 1	
D1042	昭39.11	東急		昭39.11.17	設	昭39.12.16			昭46.10. 1	
DSB1	昭36.2	札鉄工組合		昭36. 3. 1	設	昭36. 4.20	昭40. 3.31#		昭46.10. 1	
DSB2	昭38.12	札鉄工組合		昭38.10.10	増	昭38.12.18	昭40. 3.31#		昭46.10. 1	
DSB3	昭39.12	札鉄工組合		昭39. 9.25	増	昭39.12.21	昭40. 3.31#		昭46.10. 1	

*…ビューゲル設置、#…ビューゲル撤去

車両数変遷

年度	電動	制御	付随	内燃	客車	電動貨車 有蓋	電動貨車 無蓋	貨車 有蓋	貨車 無蓋	特殊	年度	電動	制御	付随	内燃	客車	電動貨車 有蓋	電動貨車 無蓋	貨車 有蓋	貨車 無蓋	特殊
明治43					2				46		昭和32	105					5				14
明治44					2				46		昭和33	110					5				15
大正元					32				73		昭和34	110			4		5				15
大正2					32				63		昭和35	112			7		5				16
大正3					41			2	56		昭和36	114			7		5				17
大正4					41				56		昭和37	113			7		5				13
大正5					41				56		昭和38	116		2	14					5	15
大正6					41				56		昭和39	111	14	2	16		5				15
大正7	24				30				24		昭和40	101	36	2	16		5				15
大正8	24										昭和41	101	36	2	16						14
大正9	24										昭和42	101	36	2	12						14
大正10	28										昭和43	139			9						14
大正11	32										昭和44	139			5						14
大正12	35										昭和45	139			4						14
大正13	45										昭和46	95									10
大正14	54										昭和47	95									10
昭和元	59										昭和48	85									10
昭和2	63										昭和49	57									6
昭和3	63										昭和50	56									7
昭和4	71										昭和51	37									5
昭和5	68										昭和52	36									6
昭和6	77										昭和53	36									5
昭和7	77										昭和54	36									5
昭和8	70										昭和55	36									5
昭和9	70										昭和56	36									5
昭和10	70										昭和57	36									5
昭和11	70										昭和58	36									5
昭和12	75										昭和59	32									5
昭和13	75										昭和60	30									5
昭和14	75										昭和61	32									5
昭和15	75										昭和62	32									4
昭和16	75										昭和63	32									4
昭和17	75										平成元	30									4
昭和18	75										平成2	30									4
昭和21	75								2		平成3	30									5
昭和22	75								2		平成4	30									4
昭和23	65								2		平成5	30									4
昭和24	75								2		平成6	30									4
昭和25	75								2		平成7	30									4
昭和26	80										平成8	30									4
昭和27	80				1					12	平成9	30									4
昭和28	80				1					12	平成10	30									4
昭和29	88				1					12	平成11	30									4
昭和30	93				1					14	平成12	30									4
昭和31	98				6					14	平成13	30									4

出典:「鉄道統計資料」
注) 過誤が認められる年度は修正
平成14年度以後地下鉄と合算のため省略

札北馬車鉄道→札幌軌道

札幌－茨戸
11.34km
軌間：1067mm
動力：内燃・馬力

■ 沿革

開拓期の札幌近郊の道路整備は東西方向が中心で、前近代の主要港湾である石狩と結ぶ道は1本しかなかった。当時は河川舟運の時代で両地の往来は茨戸を経由していたため地方費支弁で道路が整備されたが、春の融雪期などにまとまった水を受けると泥濘地と化し通行どころではなくなった。

しかし、明治40年の調査によると、茨戸と札幌とを結ぶ貨物需要は燕麦中心に雑穀50万俵が記録されており、安定的な輸送機関が求められていた。そこで安達力三郎ら北炭関係者を中心に鉄道敷設が企画され、明治44年6月11日に1067mm軌間の馬車軌道を開通させる。これにより石狩川下流域から茨戸に集散する貨物が激増し、茨戸太駅構内が手狭になったため、線路補修用の砂利採取側線を営業線に転用することで大正5年9月4日に茨戸まで延伸し、水陸連絡の円滑化が図られた。

ところで、札幌軌道の主な輸送目的は燕麦と帝国製麻工場の亜麻輸送にあるが、これらは収穫期である8～11月に集中するため、ピーク時の馬と御者は非正規雇用でまかなった。しかし、これらの雇用コストが割高なうえ、12～4月の積雪期は運転休止となり正規雇用者が職にあぶれるアンバランスが生じていた。そこで、連結や排雪運転で問題を解決すべく大正11年に内燃動力に転換するが、昭和9年の国鉄札沼線開通で打撃を蒙り、翌年3月15日に補償を受けて廃止された。

■ 機関車[168]

機関車は営業報告書で見る限り1～6が確認できる。うち1・2は札幌車輌の製作したトラック形の1.8tガソリン機関車で「後部重量積載室ニハ旅客手荷物積載ノ目的ニシテ積量ヲ五分ノ一噸トス」とあるように荷重の設定もされている。駆動方式はチェーン駆動で、残された写真からは軸配置1Aのシングルドライバー機に見える。後年増備された2.5t機は後述の江当軌道に同型機が存在する奇妙な形態のL形機。車両毎の対照は一切不明。さらに営業報告書では昭和7年に1両、シボレー形機関車購入とある。シボレーの8号機が最も調子が良かったとの証言もあり[169]、営業期間中、何台か入れ替わったことは疑いない。

■ 客車

客車は営業報告書によると1～7と確認でき、いずれも開業時の馬車軌道時代の客車を機関車牽引用に改造したもの。窓配置O6Oの二軸客車。

■ 貨車

貨車は統計上、無蓋車が33両存在したことになっているが、許認可関係は不明。荷重は0.8t積であった。いずれも手ブレーキの操作台を持つ平台車。

■ 参考文献

浜田啓一「札幌軌道」『鉄道ピクトリアル』No.508（1989-3）

今井理「黎明期の国産瓦斯倫機関車」『トワイライトゾーンMANUAL14』ネコ・パブリッシング（2005-12）

湯口徹「戦前地方鉄道／軌道の内燃機関車（XII）」『鉄道史料』No.142（2014.10）

札幌車両工務所製の機関車。トラクターをそのまま機関車にしたような車で、後輪台枠外側にかかるチェーンに注意。
札幌　濱田富士子蔵

札幌軌道車両数変遷

年度	機関車 内燃	客車	貨車 無蓋	年度	機関車 内燃	客車	貨車 無蓋	年度	機関車 内燃	客車	貨車 無蓋	年度	機関車 内燃	客車	貨車 無蓋
明治44		7	18	大正6		7	33	大正12	3	7	33	昭和4	5	7	33
大正元		7	31	大正7		7	33	大正13	3	7	33	昭和5	5	7	33
大正2		7	33	大正8		7	33	大正14	3	6	25	昭和6	5	7	33
大正3		7	33	大正9		7	33	昭和元	3	6	25	昭和7	5	7	33
大正4		7	33	大正10		7	33	昭和2	5	7	33	昭和8	5	7	33
大正5		7	33	大正11	2	7	23	昭和3	5	7	33	昭和9	5	7	33

出典：「鉄道統計資料」

札北馬車鉄道→札幌軌道

機関車

番号	製造・改造	出自	手続日 改番日	種別	竣功届			用途廃止	異動先
1	大11　札幌車輛		大11. 8. 5	施					
2	大11　札幌車輛		大11. 8. 5	施					
3									
4									
5									
6									

客車

番号	製造・改造	出自	手続日 改番日	種別	竣功届			用途廃止	異動先
1	明43　月島		明43.10. 1	施				昭10. 3.15	
2	明43　月島		明43.10. 1	施				昭10. 3.15	
3	明43　月島		明43.10. 1	施				昭10. 3.15	
4	明43　月島		明43.10. 1	施				昭10. 3.15	
5	明43　月島		明43.10. 1	施				昭10. 3.15	
6	明43　月島							昭10. 3.15	
7	明43　月島							昭10. 3.15	

貨車

番号	製造・改造	出自	手続日 改番日	種別	竣功届			用途廃止	異動先
無蓋車	明43　札幌工作		明43.10. 1	施				昭10. 3.15	
無蓋車	明43　札幌工作		明43.10. 1	施				昭10. 3.15	
無蓋車	明43　札幌工作		明43.10. 1	施				昭10. 3.15	
無蓋車	明43　札幌工作		明43.10. 1	施				昭10. 3.15	
無蓋車	明43　札幌工作		明43.10. 1	施				昭10. 3.15	
無蓋車	明43　札幌工作		明43.10. 1	施				昭10. 3.15	
無蓋車	明43　札幌工作		明43.10. 1	施				昭10. 3.15	
無蓋車	明43　札幌工作		明43.10. 1	施				昭10. 3.15	
無蓋車	明43　札幌工作		明43.10. 1	施				昭10. 3.15	
無蓋車	明43　札幌工作		明43.10. 1	施				昭10. 3.15	
無蓋車	明43　札幌工作		明43.10. 1	施				昭10. 3.15	
無蓋車	明43　札幌工作		明43.10. 1	施				昭10. 3.15	
無蓋車	明43　札幌工作		明43.10. 1	施				昭10. 3.15	
無蓋車	明43　札幌工作		明43.10. 1	施				昭10. 3.15	
無蓋車	明43　札幌工作		明43.10. 1	施				昭10. 3.15	
無蓋車	明43　札幌工作		明43.10. 1	施				昭10. 3.15	
無蓋車	明43　札幌工作		明43.10. 1	施				昭10. 3.15	
無蓋車								昭10. 3.15	
無蓋車								昭10. 3.15	
無蓋車								昭10. 3.15	
無蓋車								昭10. 3.15	
無蓋車								昭10. 3.15	
無蓋車								昭10. 3.15	
無蓋車								昭10. 3.15	
無蓋車								昭10. 3.15	
無蓋車								昭10. 3.15	
無蓋車								昭10. 3.15	
無蓋車								昭10. 3.15	

---

168) 今井理「黎明期の国産瓦斯倫機関車」『トワイライトゾ〜ンMANUAL 14』ネコ・パブリッシング（2005-12）p224〜226も参照のこと。
169) 浜田啓一「札幌軌道」『鉄道ピクトリアル』No.508（1989-3）p100

登別温泉軌道→登別温泉

登別駅前－登別温泉場
8.71km
軌間：762mm→1067mm
動力：蒸気・電気・馬力

■ 沿革

登別温泉の豊富な湯量と風情の良さは、前近代において最上徳内や松浦武四郎らによって紹介されており、海外でも明治期にはベデカー[170]の日本案内版で特筆されるなど、今も昔も北海道の代表的観光地である。日露戦時に第七師団の傷病兵療養所が開設されたのを期に本格的な開発が始まるが、しかし、倶多楽火山の中腹で、登別駅からの道路条件は非常に悪かった。特に融雪期は往々にして馬車の転覆事故が発生しており、その危険性から婦女子からは敬遠されていた。

こうした交通機関の問題さえ解決すれば、単純に考えても訪問客を倍にすることが出来る。そこで室蘭の海運業者である栗林五朔を中心に馬車軌道が企画され、大正4年12月1日に762mm軌間の馬車軌道が開業する。狙いは的中したが、しかし馬車軌道の輸送力や登坂能力に多くの問題を抱えており、団体客に対する車馬の手配が困難であったうえ、悪天候時には運行に2時間も要した。この解決のため大正7年に蒸気動力に変更したが、国鉄との接続にはなお不十分で、大正14年11月10日に1067mm軌間への改軌と電化が行われる。

ところが、昭和恐慌に見舞われると旅行客が激減し、支出を極度に切り詰め運行した結果、保守が行き届かなくなり、補修が一時に集中する事態に陥った。一方で乗客は一層の運転時間短縮を要求するが、地勢の関係から曲線が多く、多額の資本投下を行ったところでそれに見合うだけの収入が得られる見通しが経たなかった。さらに、動力として建設した水力発電所も、温泉街の電力需要増加に伴い電車運行に回す分が不足するようになったため、自動車に転換し電力供給を強化することで経営改善を図った方が得策と判断されて昭和8年10月15日に廃止となる。

■ 762mm用機関車

1・2は魚沼鉄道1・2を購入したもので雨宮製の5.5tBサドルタンク機関車。グーチ式弁装置が特徴で、臼井茂信氏の分類によると「旧系列B 5.5t」とされる1910・11年に集中的に製造された創成期雨宮の習作機。登別では新造扱のため前歴は記載されていない。3は臼井茂信氏の分類によると「旧系列B 6t」とされる雨宮製のBタンク機。

■ 762mm用客車

客車の番号は判明していないが、いずれも馬車軌道時代から使用されたもので、定員10名、窓配置O4Oの二軸客車。蒸気機関車導入後も連結器を設置し継続使用している。

■ 762mm用貨車

貨車はいずれも2t積の平台車。番号は判明して

登別温泉軌道は馬車鉄道として開業した。客車は一頭曳で定員10名。蒸気機関車に置き換え後も使用を継続している。写真は装飾から開業当日の記念写真か。

大正4.12.1（推定）　登別市郷土資料館蔵

いない。馬車軌道以来のもので蒸気機関車導入後も連結器を設置し継続的に使用している。

■ 1067mm用電車
　1～3(電車)は窓配置1D7D1、丸屋根の木造二軸電車。車体最大幅2mにも満たず1067mm軌間用としては極端に細身。台車は路線条件から欠かせない空気ブレーキの設置が容易なブリル79-EXを使用する。モーターはシーメンス製39HP×2個だが形式は不明。制御器はシーメンスOW。なお、地下埋設物に気を使う必要がない地方線区ながら複線架空式となっているのは、冬季の線路凍結に伴う絶縁不良を恐れたことによる。5・6(附随車)は電車に準じた形態の窓配置D5Dの木造二軸附随車。固定軸だがイコライザーを持ち、また空気ブレーキも装備する。

■ 1067mm用貨車
　1～3(無蓋車)は3t積二枚側の二軸無蓋車。軸受バネは貨車に一般的な担バネによるものではなく客車的なウイングバネ。また、手ブレーキは両端に有す。1(有蓋車)は2t積の木造有蓋車で、外板は縦羽目。軸受バネは担バネ式。補助ブレーキは手ブレーキだが操作用のデッキがなく、車体部に一部食い込んだハンドルを長200mmのステップに乗って操作す

勾配対策として大正7年に蒸気動力化。写真は明治43年雨宮製のB5.5tサドルタンク機である1号または2号機。
登別市郷土資料館蔵

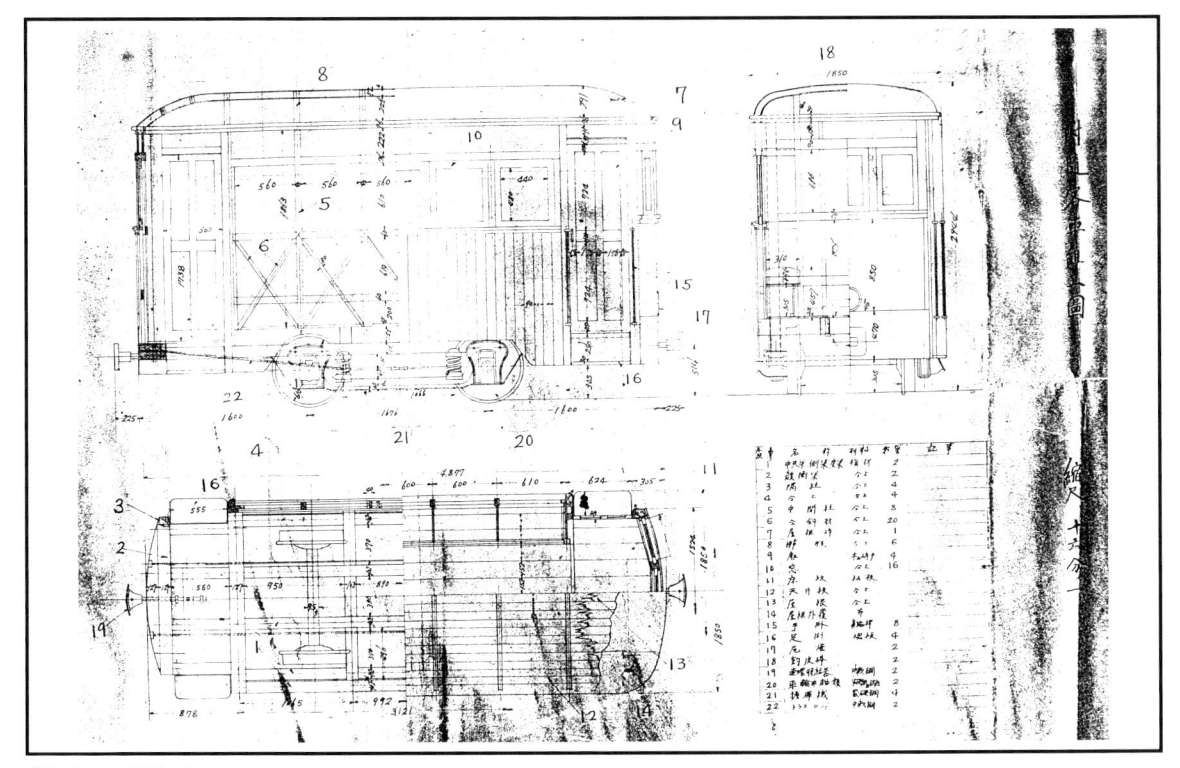

附随車5・6組立図
改軌後に使用された附随客車。台車に注意。
所蔵：国立公文書館

2
改軌後に使用された木造二軸電車で大正14年京浜電気工業製。都市部でないにも関わらずダブルポールだが、これは冬季の絶縁不良を恐れたことによる。
登別温泉場
『写真で見る登別温泉史』

る、かなり無理がある設計になっている。これは製作段階ではハンドルを室内容積を稼ぐため屋根上に設置したためだが、位置不適当として急遽修正を迫られた経緯があることによる。

■ **参考文献**
宮田憲誠『遠い日の鉄道風景』径草社（2001）
和久田康雄『日本の市内電車－1895-1945－』成山堂書店（2009）

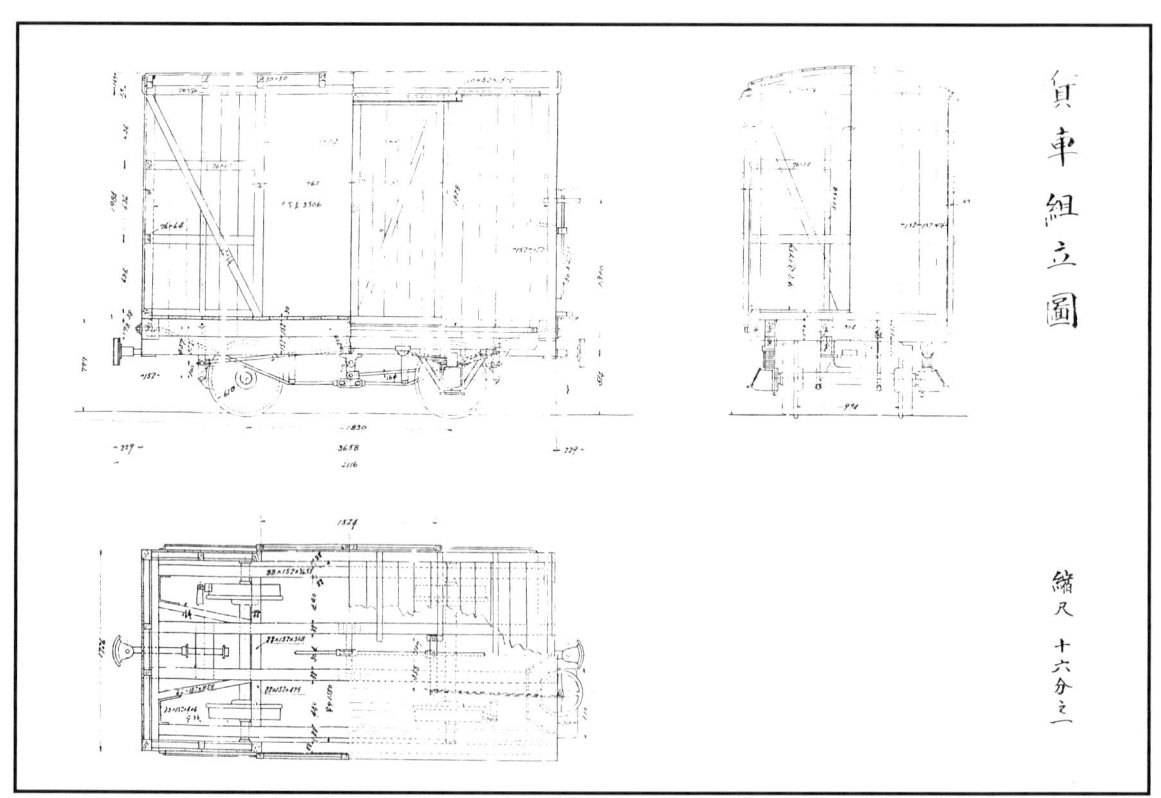

有蓋車1組立図
問題の手ブレーキハンドルは左端面にあり、200mmしかないデッキから操作する。
所蔵：国立公文書館

[170] ハンドブック形態を取る近代的旅行案内の先駆けの一つ。その全盛期は19世紀から第一次世界大戦前にかけてであり、当時の欧州ではガイドブックの代名詞であった。本社はドイツ。

登別温泉軌道→登別温泉

762mm軌間用機関車

番号	製造・改造	出自	手続日 改番日	種別	竣功届			用途廃止	異動先
1	明43 雨宮	魚沼鉄道1	大7.3.8	施				大14.	
2	明43 雨宮	魚沼鉄道2	大7.3.8	施				大14.	
3	大7 雨宮		大9.10.22	設				大14.	(根室拓殖軌道?)

762mm軌間用客車

番号	製造・改造	出自	手続日 改番日	種別	竣功届	設計変更 改番日		用途廃止	異動先
			大4.9.27	施		大7.3.8*		大14.	
			大4.9.27	施		大7.3.8*		大14.	
			大4.9.27	施		大7.3.8*		大14.	
			大4.9.27	施		大7.3.8*		大14.	
			大4.9.27	施		大7.3.8*		大14.	
			大4.9.27	施		大7.3.8*		大14.	
			大4.9.27	施		大7.3.8*		大14.	
			大4.9.27	施		大7.3.8*		大14.	

*…動力車牽引化改造

762mm軌間用貨車

番号	製造・改造	出自	手続日 改番日	種別	竣功届	設計変更 改番日		用途廃止	異動先
無蓋車			大4.9.27	施		大7.3.8*		大14.	
無蓋車			大4.9.27	施		大7.3.8*		大14.	
無蓋車			大4.9.27	施		大7.3.8*		大14.	
無蓋車			大4.9.27	施		大7.3.8*		大14.	
無蓋車			大4.9.27	施		大7.3.8*		大14.	
無蓋車			大4.9.27	施		大7.3.8*		大14.	
無蓋車			大4.9.27	施		大7.3.8*		大14.	
無蓋車			大4.9.27	施		大7.3.8*		大14.	

*…動力車牽引化改造

1067mm軌間用電車

番号	製造・改造	出自	手続日 改番日	種別	竣功届	設計変更		用途廃止	異動先
電車1	大14 京浜電気		大14.8.6	施		大14.10.9*		昭8.10.15	旭川市街軌道
電車2	大14 京浜電気		大14.8.6	施		大14.10.9*		昭8.10.15	旭川市街軌道
電車3	大14 京浜電気		大14.8.6	施		大14.10.9*		昭8.10.15	旭川市街軌道
付随車5	昭3 札幌工業所		昭2.8.30	設				昭8.10.15	
付随車6	昭3 札幌工業所		昭2.8.30	設				昭8.10.15	

*…吊革増設による立席定員増加

1067mm軌間用貨車

番号	製造・改造	出自	手続日 改番日	種別	竣功届			用途廃止	異動先
無蓋車1	大15 苗穂工		大14.12.2	設				昭8.10.15	
無蓋車2	大15 苗穂工		大14.12.2	設				昭8.10.15	
無蓋車3	大15 苗穂工		大14.12.2	設				昭7.9.13	
有蓋車1			昭6.12.26	設				昭8.10.15	

登別温泉軌道車両数変遷

年度	機関車 蒸気	電車 電動	客車	貨車 有蓋	貨車 無蓋	年度	機関車 蒸気	電車 電動	客車	貨車 有蓋	貨車 無蓋	年度	機関車 蒸気	電車 電動	客車	貨車 有蓋	貨車 無蓋
大正4			12		8	大正10	3		12		8	昭和2	3				3
大正5			12		8	大正11	3		12		8	昭和3	3	2			3
大正6			12		8	大正12	3		12		8	昭和4	3	2			3
大正7	3		12		8	大正13	3		12		8	昭和5	3	2			3
大正8	3		12		8	大正14		3			3	昭和6	3	2			3
大正9	3		12		8	昭和元		3			3	昭和7	3	2		1	2

出典:「鉄道統計資料」

士別軌道

士別－奥士別
22.13 km
軌間：762㎜
動力：蒸気・内燃・馬力

■ 沿革

　士別は最後の屯田兵村であるが、地味肥沃で澱粉製造が発達し順調に開拓が進んだ。大正2年には上士別村が分村するが、同地は名寄本線全通前は滝ノ上など渚滑川上流部との中継地点としても重要だった。しかし、士別中心地と離れており、当時の悪路では農産物の出荷にあたって商機を逃すなどの問題を抱えていた。そこで、地元有志で士別と上士別を結ぶ762㎜軌間の馬車軌道が企画され、大正9年6月1日に開業する。

　ところが開業したのは村の入口までに過ぎず、集荷圏の狭さから拓殖鉄道補助金でようやく経営を継続する有様であった。一方で奥地御料林からの流送材による農業被害が相次ぎ、農繁期の木材搬出が禁じられるが、年8万石（約2万t）が見込まれるこれらを誘致し起死回生を図ることとなり、王子製紙の助力を受けて大正14年6月6日に奥士別に延伸する。この結果、たちまち輸送力不足に陥り昭和3年に蒸気動力に変更される。昭和9年に帝室林野局の奥士別森林鉄道が敷設されると宮内省が殆どの株を譲り受け、相互直通運転を開始するなど、軌道の性格は民営の森林鉄道のようなものへと変化することになる。

　戦後は道路整備にともない統計上、昭和30年度を最後に旅客輸送がバスに切り替えられ、そして森林鉄道の廃止で貨物も失って営業継続が不可能になり昭和34年10月1日に廃止となる。

■ 機関車

　1～4は臼井茂信氏の分類によると「新系列B5t」とされる雨宮のBタンク機。ワルシャート式弁装置に固執した雨宮としては珍しくコッペル式弁装置を採用したが、あくまでメーカーの試作にすぎないとされる[171]。5は立山製の8tBタンク機。立山が珍しくオーダーメイドに応じた戦前唯一の8t機で、戦後、静岡鉄道などに仕向けられた規格型8t機のベースになる機関車である。なお、申請書類には東亜金属工業の製造となっており、あるいは下請などの事情が隠れている可能性もある。6・7は栗原鉄道B51・52を購入したもので臼井茂信氏の分類によると「旧系列B 4～5t」とされる雨宮のBタンク機。D1～3は5tL形ディーゼル機関車でB形機。3両とも軸距940㎜、動輪径460㎜でエンジンは新三菱KE5（40PS/1300rpm）で揃えられていることから、書類上協三製の同一設計機とされているが、現車でこれに該当するものはD2のみ。D1は奥士別森林鉄道所属の加藤製ガソリン機関車を機関換装の上で払下を受けたもの。D3は中古の酒井製ガソリン機関車を協三で機関換装の上で納入されている。現車の受領はD1が昭和27年、D2とD3が昭和29年とのことで、書類よりも数年早く使用開始されたという[172]。

馬車鉄道時代の客車は一頭曳で定員12名。写真は遠景かつ角度が悪くて見えないが、モニタルーフで4つ窓である。
士別市立博物館蔵

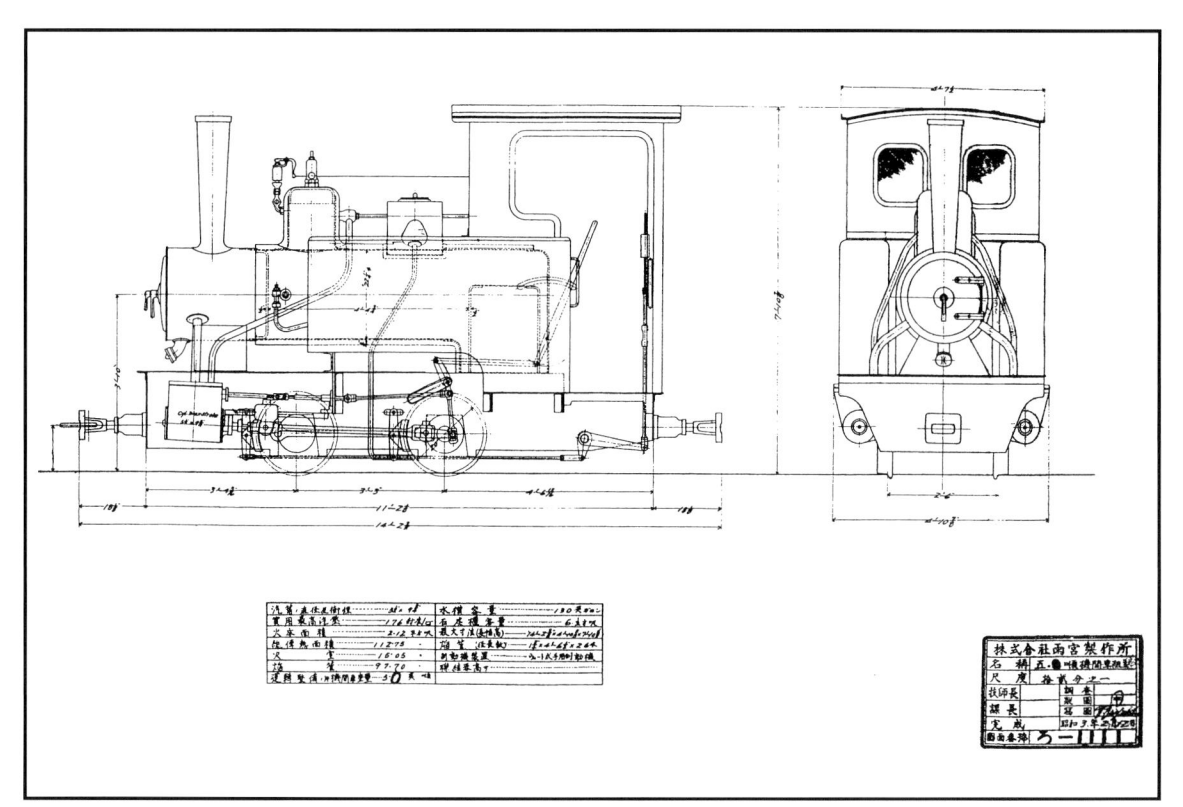

1〜3号機組立図
雨宮製としては異例のコッペル式弁装置に注目されたい。
所蔵：国立公文書館

■ **客車**

　馬車軌道時代の客車は12名乗で窓配置はO4O
であった。動力化後の客車である1〜4は窓配置
O6O、丸屋根の木造二軸客車。

■ **貨車**

　雑貨車は一端に手ブレーキを持つ2t積二枚側無
蓋車。竣功図によると動力化にあわせ札幌の鷲田
製作所で製作されたように読み取れるが、認可書類
には馬車軌道時代の貨車の改造である旨が明記さ
れており、また車軸も連結器も弾機を持たない構造

5
昭和17年立山製の8t機。オーダーメイド機だが、斜めに切り
落とした水タンクなど、一見して立山製と分かる。
士別市立博物館蔵

6
栗原軌道B51を昭和19年に譲受。大正8年雨宮製で、ドーム
にあるタワシ状のスライド弁はメーカーの流儀である。
士別市立博物館蔵

[171] 臼井茂信『機関車の系譜図3』(1976) 交友社 p368
[172] 小熊米雄「北海道における森林鉄道ジーゼル機関車について」『北海道大学演習林研究報告』20巻1号 (1959.7) p387-388

D1
昭和30年認可で奥士別森林鉄道より購入した加藤製作所製の5t機。購入にあたりディーゼル機関に換装。ただし、書類上は昭和29年協三製として届けられている。
昭和32.8.27　士別
湯口徹

であることもあわせれば、馬車軌道時代の1t積平台車に側板をつけたのが実情であろう。なお、本表は動力化時の設計認可を挙げたが、その際に認可を得たのは90両であるのに対し、統計は96両になっている。**木材車**は雑貨車の走行装置を利用して製造された二軸の2t積長物車で、後に75両が新造車として追加されている。森林鉄道によく見られる回転枕木を持つ運材台車で、貨物である材木を渡して2両1セットで用いる。

なお、機関車と貨車は奥士別森林鉄道と相互乗入を行っており、湯口徹『北線路』下（エリエイ出版部、1988）p49にある緩急車の写真は恐らく奥士別森林鉄道のものと思われる。

■ **参考文献**
湯口徹『北線路（下）』エリエイ出版部（1988）
湯口徹「戦前地方鉄道／軌道の内燃機関車（ⅩⅡ）」『鉄道史料』No.142（2014.10）

2
昭和3年日車東京製。動力化にあたり購入されたもので、5m級の丸屋根の二軸車。
昭和32.8.27　士別
湯口徹

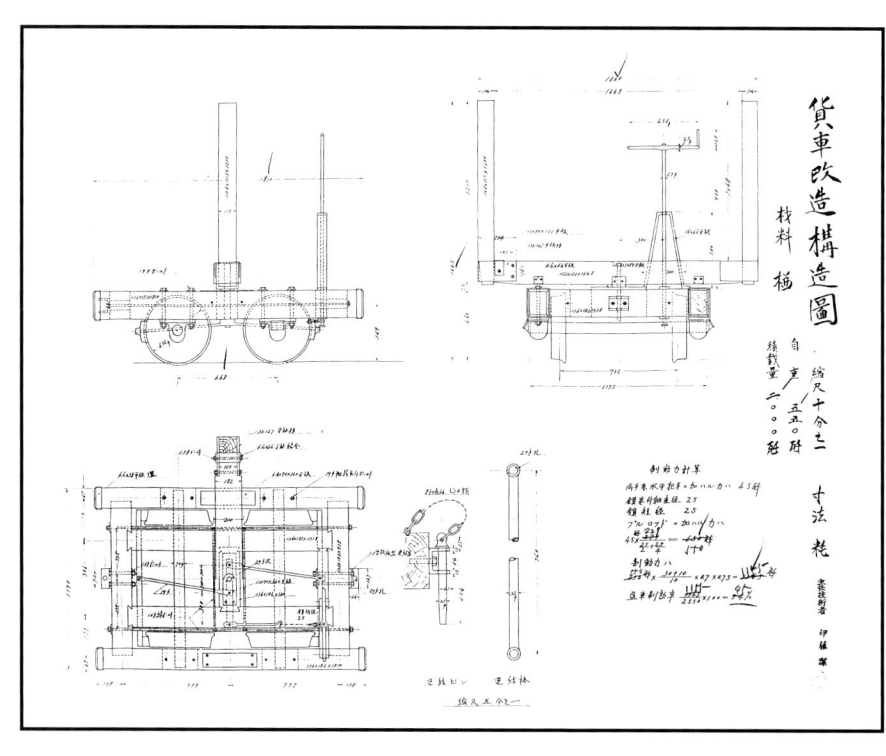

キ1～75改造構造図
実態は森林鉄道の運材台車。材木を渡して2両1組で使用される。

所蔵：国立公文書館

士別軌道車両数変遷

車種 年度	機関車 蒸気	機関車 内燃	客車	貨車 無蓋	車種 年度	機関車 蒸気	機関車 内燃	客車	貨車 無蓋	車種 年度	機関車 蒸気	機関車 内燃	客車	貨車 無蓋	車種 年度	機関車 蒸気	機関車 内燃	客車	貨車 無蓋
大正9			10	36	昭和4	4		3	96	昭和13	4		4	96	昭和24	7		4	171
大正10			10	36	昭和5	4		4	96	昭和14	4		4	96	昭和25	7		4	171
大正11			10	36	昭和6	4		4	96	昭和15	4		4	96	昭和26	7		4	171
大正12			10	36	昭和7	4		4	96	昭和16	4		4	96	昭和27	7		4	171
大正13			10	36	昭和8	4		4	96	昭和17	4		4	96	昭和28	7		4	171
大正14			10	96	昭和9	4		4	96	昭和18	5		4	171	昭和29	4		4	171
昭和元			10	96	昭和10	4		4	96	昭和21	7		4	171	昭和30	4	1	4	171
昭和2			10	96	昭和11	4		4	96	昭和22	7		4	171	昭和31	4	3	4	171
昭和3	3		12	96	昭和12	4		4	96	昭和23	7		4	171	昭和32	4	3	4	171

出典：「鉄道統計資料」

士別軌道
機関車

番号	製造・改造	出自	手続日 改番日	種別	竣功届	用途廃止	異動先
1	昭3	雨宮	昭3.6.11	設		昭29.3.18	
2	昭3	雨宮	昭3.6.11	設		昭29.3.18	
3	昭3	雨宮	昭3.6.11	設		昭34.10.1	
4	昭4	雨宮	昭4.4.28	増		昭29.3.18	
5	昭17	立山	昭16.11.21	設		昭34.10.1	
6	大8.10	雨宮	栗原軌道B51	昭19.		昭34.10.1	
7	大8.10	雨宮	栗原軌道B52	昭19.		昭34.10.1	
D1	昭22	加藤	奥士別森林鉄道	昭30.12.22	設	昭31.2.14	昭34.10.1
D2	昭29	協三		昭31.10.9	増	昭31.11.5	
D3		酒井		昭31.10.9	増	昭31.11.5	昭34.10.1

客　車

番号	製造・改造	出自	手続日 改番日	種別	竣功届	用途廃止	異動先
【馬車鉄道用】							
			大8.10.3	施		昭4.	
			大8.10.3	施		昭4.	
			大8.10.3	施		昭4.	
			大8.10.3	施		昭4.	
			大8.10.3	施		昭4.	

番号	製造・改造	出自	手続日 改番日	種別	竣功届			用途廃止	異動先
			大 8.10. 3	施				昭 4.	
			大 8.10. 3	施				昭 4.	
			大 8.10. 3	施				昭 4.	
			大 8.10. 3	施				昭 4.	
			大 8.10. 3	施				昭 4.	
【動力機牽引用】									
1	昭3.6	日車東京	昭 3. 6.11	設				昭34.10. 1	
2	昭3.6	日車東京	昭 3. 6.11	設				昭34.10. 1	
3	昭4.3	日車東京	昭 4. 4.28	増				昭34.10. 1	
4	昭5.3	日車東京	昭 5. 3.22	増				昭34.10. 1	

貨 車

番号	製造・改造	出自	手続日 改番日	種別	設計変更	木材車改造 昭17.9.14	改番 時期不明	用途廃止	異動先
【雑貨車】									
1	昭3.4	鷲田製作所	昭 3. 6.11	設			ト1	昭34.10. 1	
2	昭3.4	鷲田製作所	昭 3. 6.11	設			ト2	昭34.10. 1	
3	昭3.4	鷲田製作所	昭 3. 6.11	設			ト3	昭34.10. 1	
4	昭3.4	鷲田製作所	昭 3. 6.11	設			ト4	昭34.10. 1	
5	昭3.4	鷲田製作所	昭 3. 6.11	設			ト5	昭34.10. 1	
6	昭3.4	鷲田製作所	昭 3. 6.11	設			ト6	昭34.10. 1	
7	昭3.4	鷲田製作所	昭 3. 6.11	設			ト7	昭34.10. 1	
8	昭3.4	鷲田製作所	昭 3. 6.11	設			ト8	昭34.10. 1	
9	昭3.4	鷲田製作所	昭 3. 6.11	設			ト9	昭34.10. 1	
10	昭3.4	鷲田製作所	昭 3. 6.11	設			ト10	昭34.10. 1	
11	昭3.4	鷲田製作所	昭 3. 6.11	設			ト11	昭34.10. 1	
12	昭3.4	鷲田製作所	昭 3. 6.11	設			ト12	昭34.10. 1	
13	昭3.4	鷲田製作所	昭 3. 6.11	設			ト13	昭34.10. 1	
14	昭3.4	鷲田製作所	昭 3. 6.11	設			ト14	昭34.10. 1	
15	昭3.4	鷲田製作所	昭 3. 6.11	設			ト15	昭34.10. 1	
16	昭3.4	鷲田製作所	昭 3. 6.11	設			ト16	昭34.10. 1	
17	昭3.4	鷲田製作所	昭 3. 6.11	設			ト17	昭34.10. 1	
18	昭3.4	鷲田製作所	昭 3. 6.11	設			ト18	昭34.10. 1	
19	昭3.4	鷲田製作所	昭 3. 6.11	設			ト19	昭34.10. 1	
20	昭3.4	鷲田製作所	昭 3. 6.11	設			ト20	昭34.10. 1	
21	昭3.4	鷲田製作所	昭 3. 6.11	設			ト21	昭34.10. 1	
22	昭3.4	鷲田製作所	昭 3. 6.11	設		キ1		昭34.10. 1	
23	昭3.4	鷲田製作所	昭 3. 6.11	設		キ2		昭34.10. 1	
24	昭3.4	鷲田製作所	昭 3. 6.11	設		キ3		昭34.10. 1	
25	昭3.4	鷲田製作所	昭 3. 6.11	設		キ4		昭34.10. 1	
26	昭3.4	鷲田製作所	昭 3. 6.11	設		キ5		昭34.10. 1	
27	昭3.4	鷲田製作所	昭 3. 6.11	設		キ6		昭34.10. 1	
28	昭3.4	鷲田製作所	昭 3. 6.11	設		キ7		昭34.10. 1	
29	昭3.4	鷲田製作所	昭 3. 6.11	設		キ8		昭34.10. 1	
30	昭3.4	鷲田製作所	昭 3. 6.11	設		キ9		昭34.10. 1	
31	昭3.4	鷲田製作所	昭 3. 6.11	設		キ10		昭34.10. 1	
32	昭3.4	鷲田製作所	昭 3. 6.11	設		キ11		昭34.10. 1	
33	昭3.4	鷲田製作所	昭 3. 6.11	設		キ12		昭34.10. 1	
34	昭3.4	鷲田製作所	昭 3. 6.11	設		キ13		昭34.10. 1	
35	昭3.4	鷲田製作所	昭 3. 6.11	設		キ14		昭34.10. 1	
36	昭3.4	鷲田製作所	昭 3. 6.11	設		キ15		昭34.10. 1	
37	昭3.4	鷲田製作所	昭 3. 6.11	設		キ16		昭34.10. 1	
38	昭3.4	鷲田製作所	昭 3. 6.11	設		キ17		昭34.10. 1	
39	昭3.4	鷲田製作所	昭 3. 6.11	設		キ18		昭34.10. 1	
40	昭3.4	鷲田製作所	昭 3. 6.11	設		キ19		昭34.10. 1	
41	昭3.4	鷲田製作所	昭 3. 6.11	設		キ20		昭34.10. 1	
42	昭3.4	鷲田製作所	昭 3. 6.11	設		キ21		昭34.10. 1	
43	昭3.4	鷲田製作所	昭 3. 6.11	設		キ22		昭34.10. 1	
44	昭3.4	鷲田製作所	昭 3. 6.11	設		キ23		昭34.10. 1	
45	昭3.4	鷲田製作所	昭 3. 6.11	設		キ24		昭34.10. 1	
46	昭3.4	鷲田製作所	昭 3. 6.11	設		キ25		昭34.10. 1	
47	昭3.4	鷲田製作所	昭 3. 6.11	設		キ26		昭34.10. 1	
48	昭3.4	鷲田製作所	昭 3. 6.11	設		キ27		昭34.10. 1	
49	昭3.4	鷲田製作所	昭 3. 6.11	設		キ28		昭34.10. 1	
50	昭3.4	鷲田製作所	昭 3. 6.11	設		キ29		昭34.10. 1	
51	昭3.4	鷲田製作所	昭 3. 6.11	設		キ30		昭34.10. 1	
52	昭3.4	鷲田製作所	昭 3. 6.11	設		キ31		昭34.10. 1	

番号	製造・改造	出自	手続日改番日	種別	設計変更	木材車改造 昭17.9.14	改番 時期不明	用途廃止	異動先
53	昭3.4 鷲田製作所		昭 3. 6.11	設		キ32		昭34.10. 1	
54	昭3.4 鷲田製作所		昭 3. 6.11	設		キ33		昭34.10. 1	
55	昭3.4 鷲田製作所		昭 3. 6.11	設		キ34		昭34.10. 1	
56	昭3.4 鷲田製作所		昭 3. 6.11	設		キ35		昭34.10. 1	
57	昭3.4 鷲田製作所		昭 3. 6.11	設		キ36		昭34.10. 1	
58	昭3.4 鷲田製作所		昭 3. 6.11	設		キ37		昭34.10. 1	
59	昭3.4 鷲田製作所		昭 3. 6.11	設		キ38		昭34.10. 1	
60	昭3.4 鷲田製作所		昭 3. 6.11	設		キ39		昭34.10. 1	
61	昭3.4 鷲田製作所		昭 3. 6.11	設		キ40		昭34.10. 1	
62	昭3.4 鷲田製作所		昭 3. 6.11	設		キ41		昭34.10. 1	
63	昭3.4 鷲田製作所		昭 3. 6.11	設		キ42		昭34.10. 1	
64	昭3.4 鷲田製作所		昭 3. 6.11	設		キ43		昭34.10. 1	
65	昭3.4 鷲田製作所		昭 3. 6.11	設		キ44		昭34.10. 1	
66	昭3.4 鷲田製作所		昭 3. 6.11	設		キ45		昭34.10. 1	
67	昭3.4 鷲田製作所		昭 3. 6.11	設		キ46		昭34.10. 1	
68	昭3.4 鷲田製作所		昭 3. 6.11	設		キ47		昭34.10. 1	
69	昭3.4 鷲田製作所		昭 3. 6.11	設		キ48		昭34.10. 1	
70	昭3.4 鷲田製作所		昭 3. 6.11	設		キ49		昭34.10. 1	
71	昭3.4 鷲田製作所		昭 3. 6.11	設		キ50		昭34.10. 1	
72	昭3.4 鷲田製作所		昭 3. 6.11	設		キ51		昭34.10. 1	
73	昭3.4 鷲田製作所		昭 3. 6.11	設		キ52		昭34.10. 1	
74	昭3.4 鷲田製作所		昭 3. 6.11	設		キ53		昭34.10. 1	
75	昭3.4 鷲田製作所		昭 3. 6.11	設		キ54		昭34.10. 1	
76	昭3.4 鷲田製作所		昭 3. 6.11	設		キ55		昭34.10. 1	
77	昭3.4 鷲田製作所		昭 3. 6.11	設		キ56		昭34.10. 1	
78	昭3.4 鷲田製作所		昭 3. 6.11	設		キ57		昭34.10. 1	
79	昭3.4 鷲田製作所		昭 3. 6.11	設		キ58		昭34.10. 1	
80	昭3.4 鷲田製作所		昭 3. 6.11	設		キ59		昭34.10. 1	
81	昭3.4 鷲田製作所		昭 3. 6.11	設		キ60		昭34.10. 1	
82	昭3.4 鷲田製作所		昭 3. 6.11	設		キ61		昭34.10. 1	
83	昭3.4 鷲田製作所		昭 3. 6.11	設		キ62		昭34.10. 1	
84	昭3.4 鷲田製作所		昭 3. 6.11	設		キ63		昭34.10. 1	
85	昭3.4 鷲田製作所		昭 3. 6.11	設		キ64		昭34.10. 1	
86	昭3.4 鷲田製作所		昭 3. 6.11	設		キ65		昭34.10. 1	
87	昭3.4 鷲田製作所		昭 3. 6.11	設		キ66		昭34.10. 1	
88	昭3.4 鷲田製作所		昭 3. 6.11	設		キ67		昭34.10. 1	
89	昭3.4 鷲田製作所		昭 3. 6.11	設		キ68		昭34.10. 1	
90	昭3.4 鷲田製作所		昭 3. 6.11	設		キ69		昭34.10. 1	
91						キ70		昭34.10. 1	
92						キ71		昭34.10. 1	
93						キ72		昭34.10. 1	
94						キ73		昭34.10. 1	
95						キ74		昭34.10. 1	
96						キ75		昭34.10. 1	
【木材車】									
キ76	昭17.10 自社		昭18. 4.16	設				昭34.10. 1	
キ77	昭17.10 自社		昭18. 4.16	設				昭34.10. 1	
キ78	昭17.10 自社		昭18. 4.16	設				昭34.10. 1	
キ79	昭17.10 自社		昭18. 4.16	設				昭34.10. 1	
キ80	昭17.10 自社		昭18. 4.16	設				昭34.10. 1	
キ81	昭17.10 自社		昭18. 4.16	設				昭34.10. 1	
キ82	昭17.10 自社		昭18. 4.16	設				昭34.10. 1	
キ83	昭17.10 自社		昭18. 4.16	設				昭34.10. 1	
キ84	昭17.10 自社		昭18. 4.16	設				昭34.10. 1	
キ85	昭17.10 自社		昭18. 4.16	設				昭34.10. 1	
キ86	昭17.10 自社		昭18. 4.16	設				昭34.10. 1	
キ87	昭17.10 自社		昭18. 4.16	設				昭34.10. 1	
キ88	昭17.10 自社		昭18. 4.16	設				昭34.10. 1	
キ89	昭17.10 自社		昭18. 4.16	設				昭34.10. 1	
キ90	昭17.10 自社		昭18. 4.16	設				昭34.10. 1	
キ91	昭17.10 自社		昭18. 4.16	設				昭34.10. 1	
キ92	昭17.10 自社		昭18. 4.16	設				昭34.10. 1	
キ93	昭17.10 自社		昭18. 4.16	設				昭34.10. 1	
キ94	昭17.10 自社		昭18. 4.16	設				昭34.10. 1	
キ95	昭17.10 自社		昭18. 4.16	設				昭34.10. 1	
キ96	昭17.10 自社		昭18. 4.16	設				昭34.10. 1	
キ97	昭17.10 自社		昭18. 4.16	設				昭34.10. 1	
キ98	昭17.10 自社		昭18. 4.16	設				昭34.10. 1	

番号	製造・改造	出自	手続日 改番日	種別	設計変更	木材車改造 昭17.9.14	改番 時期不明	用途廃止	異動先
キ99	昭17.10　自社		昭18. 4.16	設				昭34.10. 1	
キ100	昭17.10　自社		昭18. 4.16	設				昭34.10. 1	
キ101	昭17.10　自社		昭18. 4.16	設				昭34.10. 1	
キ102	昭17.10　自社		昭18. 4.16	設				昭34.10. 1	
キ103	昭17.10　自社		昭18. 4.16	設				昭34.10. 1	
キ104	昭17.10　自社		昭18. 4.16	設				昭34.10. 1	
キ105	昭17.10　自社		昭18. 4.16	設				昭34.10. 1	
キ106	昭17.10　自社		昭18. 4.16	設				昭34.10. 1	
キ107	昭17.10　自社		昭18. 4.16	設				昭34.10. 1	
キ108	昭17.10　自社		昭18. 4.16	設				昭34.10. 1	
キ109	昭17.10　自社		昭18. 4.16	設				昭34.10. 1	
キ110	昭17.10　自社		昭18. 4.16	設				昭34.10. 1	
キ111	昭17.10　自社		昭18. 4.16	設				昭34.10. 1	
キ112	昭17.10　自社		昭18. 4.16	設				昭34.10. 1	
キ113	昭17.10　自社		昭18. 4.16	設				昭34.10. 1	
キ114	昭17.10　自社		昭18. 4.16	設				昭34.10. 1	
キ115	昭17.10　自社		昭18. 4.16	設				昭34.10. 1	
キ116	昭17.10　自社		昭18. 4.16	設				昭34.10. 1	
キ117	昭17.10　自社		昭18. 4.16	設				昭34.10. 1	
キ118	昭17.10　自社		昭18. 4.16	設				昭34.10. 1	
キ119	昭17.10　自社		昭18. 4.16	設				昭34.10. 1	
キ120	昭17.10　自社		昭18. 4.16	設				昭34.10. 1	
キ121	昭17.10　自社		昭18. 4.16	設				昭34.10. 1	
キ122	昭17.10　自社		昭18. 4.16	設				昭34.10. 1	
キ123	昭17.10　自社		昭18. 4.16	設				昭34.10. 1	
キ124	昭17.10　自社		昭18. 4.16	設				昭34.10. 1	
キ125	昭17.10　自社		昭18. 4.16	設				昭34.10. 1	
キ126	昭17.10　自社		昭18. 4.16	設				昭34.10. 1	
キ127	昭17.10　自社		昭18. 4.16	設				昭34.10. 1	
キ128	昭17.10　自社		昭18. 4.16	設				昭34.10. 1	
キ129	昭17.10　自社		昭18. 4.16	設				昭34.10. 1	
キ130	昭17.10　自社		昭18. 4.16	設				昭34.10. 1	
キ131	昭17.10　自社		昭18. 4.16	設				昭34.10. 1	
キ132	昭17.10　自社		昭18. 4.16	設				昭34.10. 1	
キ133	昭17.10　自社		昭18. 4.16	設				昭34.10. 1	
キ134	昭17.10　自社		昭18. 4.16	設				昭34.10. 1	
キ135	昭17.10　自社		昭18. 4.16	設				昭34.10. 1	
キ136	昭17.10　自社		昭18. 4.16	設				昭34.10. 1	
キ137	昭17.10　自社		昭18. 4.16	設				昭34.10. 1	
キ138	昭17.10　自社		昭18. 4.16	設				昭34.10. 1	
キ139	昭17.10　自社		昭18. 4.16	設				昭34.10. 1	
キ140	昭17.10　自社		昭18. 4.16	設				昭34.10. 1	
キ141	昭17.10　自社		昭18. 4.16	設				昭34.10. 1	
キ142	昭17.10　自社		昭18. 4.16	設				昭34.10. 1	
キ143	昭17.10　自社		昭18. 4.16	設				昭34.10. 1	
キ144	昭17.10　自社		昭18. 4.16	設				昭34.10. 1	
キ145	昭17.10　自社		昭18. 4.16	設				昭34.10. 1	
キ146	昭17.10　自社		昭18. 4.16	設				昭34.10. 1	
キ147	昭17.10　自社		昭18. 4.16	設				昭34.10. 1	
キ148	昭17.10　自社		昭18. 4.16	設				昭34.10. 1	
キ149	昭17.10　自社		昭18. 4.16	設				昭34.10. 1	
キ150	昭17.10　自社		昭18. 4.16	設				昭34.10. 1	

軽石軌道

軽川（現・手稲）－花畔
8.21km
軌間：762㎜
動力：馬力

■ 沿革

　軽川（現手稲）は明治14年の駅開設により石狩への表玄関となり、市街地が形成される。特に明治45年に石狩油田の原油精製のため日本石油北海道製油所が設置されたことは、この両地の関係を物語る。しかし、石狩道路の整備状況が悪く砂地での車馬使用は困難だったが、石油輸送はもとより大正8年時点で陸軍糧秣廠札幌支廠納入の燕麦が30万俵見込まれるなど、両地を結ぶ貨物需要から、手稲村農会長の近藤新太郎を中心に軌道の建設が計画される。

　予算の都合上、建設は中間点の花畔を境に二期に分けることとなり、大正11年10月28日に762㎜軌間の馬車軌道が軽川－花畔間に開業する。だが、道庁は糧秣廠の買取時期が積雪期であることや、豊凶に左右されがちな農作物と時限的な石狩川治水材料輸送に依拠する経営に対して懐疑的な視点を持っていた。昭和3年5月20日に特許を得て第二期線を着工するが、こうした危惧は半ば当ってしまい、昭和恐慌や凶作などで資金が枯渇し土工が8割まで進んだ所で放棄される。この時期になると道路改修も進み札幌軌道の兼営バスに圧迫され、対抗上、昭和5年以来、内燃機関車の導入を目論んだものの果たせず[173]、施設の老朽化が深刻になった昭和12年9月15日に廃止を申請する。

　実はこの時点で手続きなく運転休止され、レールも一部無断で撤去されていた。これに気付いた道庁

軽石軌道車両数変遷

車種 年度	客車	貨車 無蓋	備考	車種 年度	客車	貨車 無蓋	備考
大正11	3	12		昭和6	3	12	
大正12	3	12		昭和7	3	12	
大正13	3	12		昭和8	3	12	
大正14	3	12		昭和9	3	12	
昭和元	3	12		昭和10	1	6	
昭和2	3	12		昭和11	1	6	
昭和3	3	12		昭和12			報告未着
昭和4	3	12		昭和13			報告未着
昭和5	3	12					

出典：「鉄道統計資料」

軽石軌道

客　車

番号	製造・改造	出自	手続日 改番日	種別	竣功届			用途廃止	異動先
1	札幌工作	札幌市街軌道	大11. 2.15	施				昭11. 5.26	
2	札幌工作	札幌市街軌道	大11. 2.15	施				昭11. 5.26	
3	札幌工作	札幌市街軌道	大11. 2.15	施				昭14.10.31	

貨　車

番号	製造・改造	出自	手続日 改番日	種別	竣功届			用途廃止	異動先
1	札幌工作	札幌市街軌道	大11. 2.15	施				昭11. 5.26	
2	札幌工作	札幌市街軌道	大11. 2.15	施				昭11. 5.26	
3	札幌工作	札幌市街軌道	大11. 2.15	施				昭11. 5.26	
4	札幌工作	札幌市街軌道	大11. 2.15	施				昭11. 5.26	
5	札幌工作	札幌市街軌道	大11. 2.15	施				昭11. 5.26	
6	札幌工作	札幌市街軌道	大11. 2.15	施				昭11. 5.26	
7	札幌工作	札幌市街軌道	大11. 2.15	施				昭14.10.31	
8	札幌工作	札幌市街軌道	大11. 2.15	施				昭14.10.31	
9	札幌工作	札幌市街軌道	大11. 2.15	施				昭14.10.31	
10	札幌工作	札幌市街軌道	大11. 2.15	施				昭14.10.31	
11	札幌工作	札幌市街軌道	大11. 2.15	施				昭14.10.31	
12	札幌工作	札幌市街軌道	大11. 2.15	施				昭14.10.31	

は10月9日付で監督官庁に特許取消を要求するが、わずかの差で会社の申請が早く不名誉な最後は免れる。書類上の廃止は昭和15年10月23日だが、会社提出書類による廃止実施は昭和14年10月31日付になっている。

■ 客車

1〜3は窓配置O4O、定員12名の木造二軸客車。書類上は大正11年札幌工作製とあるが、札幌市街軌道（後の札幌市電）が改軌電化した際の余剰車を購入したとの説もある[174]。昭和11年に2両の廃車届を提出した結果、予備車がなくなるため鉄道省は廃車に難色を示したが、「本年度ヨリバス運輸兼業ノタメ乗客ハ専ラ自動車ヲ利用」と回答して廃車を強行したところを見ると、この段階ですでに旅客営業は行っていなかった可能性が高い。

■ 貨車

1〜12は2t積の平台車。これも書類上は大正11年札幌工作製とあるが、札幌市街軌道の余剰車を購入したものとされる[174]。

■ 参考文献

浜田啓一「軽石軌道」『鉄道ピクトリアル』No 444（1985-3）

今井理「黎明期の国産瓦斯倫機関車」『トワイライトゾ〜ンMANUAL14』ネコ・パブリッシング（2005-12）

背後の客車は大正11年札幌工作製とされるが、札幌市街軌道の中古との説もある。モニタルーフで古臭く見えることから、判断を難しくしている部分もあろう。

小樽市総合博物館蔵

---

[173] この辺りの経緯と挫折は今井理「黎明期の国産瓦斯倫機関車」『トワイライトゾ〜ンMANUAL14』ネコ・パブリッシング（2005-12）p240-241を参照のこと。
[174] 浜田啓一「軽石軌道」『鉄道ピクトリアル』No 444（1985-3）p106

旭川電気軌道

旭川－東川・旭山公園
22.2km
軌間：1067mm
動力：電気

■ 沿革

　旭川を中心とする上川盆地は、北海道には珍しい泥炭の少ない農耕適地であったことから、冷涼な気候を創意と工夫で克服し、大正13年度において東川村は年10万石を産する主要米産地となる。農産物や肥料の搬出入を馬車に依存することに限界を感じた東川村長の下田常蔵を中心とする村の公職者らと、白荘丹製薬支配人であった岩崎清一により、集散地となる旭川市街地を結ぶ1067mm軌間の蒸気軌道が企画される。

　しかし、大正末になると旭川市内は人家が連続するようになり、市街地での運行に蒸気機関車は不適と判断されて、大正15年に電気軌道に計画を変更、さらに国鉄との連絡直通運輸を図るため起点を旭川四条から国鉄旭川駅構内に変更する。こうして昭和2年2月15日に旭川追分－十号を皮切りに順次東川線が開通するが、国鉄との交渉時に旭川駅構内の構内事情から同駅での客扱が認められず、旅客は旭川一条打ち切りとなった。

　続いて東旭川村も軌道建設を要望した。同村は旭川の近郊集落のため道路条件が良く、石北線も存在するなど交通の便に恵まれていたが、当時の鉄道中心の貨物輸送体系において軌道の存在は小運送が省略できるメリットがあった。また、昭和2年は稀に見る大豊作で移出米が多く[175]、早急な交通緩和策が求められた。こうして昭和4年12月30日に東旭川線が開業し、翌年12月26日に旭山公園まで全通したところで路線整備が完了する。

　その後は旭川のメインストリートである旭川四条がターミナル化したため、昭和12年12月11日に旭川四条－旭川一条の旅客営業を廃止したことを除けば変化のないまま戦後を迎える。昭和40年代に入ると道路事情の悪化で定時性が保てなくなり、また沿線住民が市内中心部に直通可能なバス転換を求めるようになる。さらに昭和46年に道庁が宗谷本線高架化に伴う敷地として連絡貨物線の撤去を要請するが、軌道の本質的な意義が貨物輸送にあるため、一時は国鉄東旭川と東旭川線二丁目を結ぶ連絡線の建設が真剣に検討された。しかし、この時点で5期連続赤字を計上しており、費用対効果を考えると将来性に乏しいと判断されたことから、昭和48年1月1日に廃止となる。

■ 電車

　旭川電軌の電車全体に言えることとして、開業以来ステップなしの高床車を使用する郊外電鉄的な存在であったことと、昭和29年のパンタ化後も入庫用にポールを残していたことが特徴だった[176]。

　6・8・10は窓配置D9Dの木造二軸電車。モーターは日立HS-252（26.25kW/600V）×2、制御器は東洋DBI-K4で台車はブリル21Eのコピーである梅鉢Sを履く。昭和24年3月27日の車庫火災で全車罹災。程度の軽い8と10は直ちに復旧されたが、国鉄旭川工で施工された8は丸屋根化された。12・14・16は東旭川線開業用に名鉄デシ500形を購入したもので、窓配置D8D、全長10m級と大型の木造二軸電車。モーターはWH-EC221（37.3kW/500V）×2、制御器はWH-T-1-Cで台車はワーナーのラジアル台車を履く[177]。14は戦時中、電気機関車への改造に着手されるが、終戦となり未竣功のまま放棄

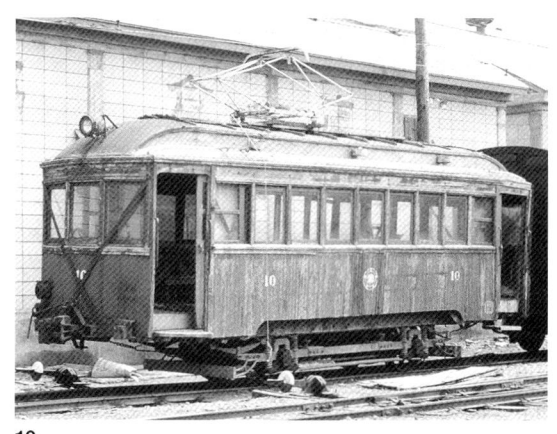

10
大正15年梅鉢製の木造二軸車。昭和24年に焼失したが、本車は原型のダブルルーフで復旧。
昭和45.8.4　東川　矢崎康雄

20
昭和5年日車東京製の鋼製二軸車。火災を免れ、末期は屋根に作業台を設置し、工事用車として使用。
昭和41.1.3　旭川追分　高井薫平

モハ103（モハ100形）
昭和24年日車東京製の12m級ボギー車。Rをつけた前頭部や棒台枠ウイングばね台車は当時の日車東京が好んだ設計。後位側に旭川電軌の特徴である併設ポールがある。
昭和43.9.19
旭川四条
平井宏司

される。16は昭和24年の車庫火災後に電装解除されるが、実際には単車2両をつなげた台枠に国鉄ナハ10084の車体を乗せ、総コイルバネの板台枠台車を履く木造ボギー客車にその名義を譲っている[178]。**18・20**は窓配置D7Dの鋼製二軸電車。定員は56名。モーターは東洋TDK525（36.8kW/600V）×2、制御器は東洋DBI-K4で台車はブリル21Eのコピーである日車Sを使用。製造時から空気ブレーキを持つ。増備車である**22・24**も同型車だが定員50名と若干小型で、制御器も東洋DSIに変更されている。**モハ101〜103**は火災で焼失した18・22・24の復旧名義で製造された窓配置D10Dの鋼製ボギー電車。制御器は直接式の東洋Q2-Dで日車の棒台枠ウイングバネ台車を履く点は共通だが、モーターが異なり101が神鋼TB28-A（37.3kW/600V）×4に対して102・103は東洋TDK525/2-A(37.3kW/600V)×4を使用する。**モハ501**は定山渓鉄道モ100形の廃棄車体を使用して製造された窓配置2D13D2の鋼製ボギー電車。側面は原型のままだが、正面はモハ1001に準じた半流線形に整形されている。モーターは東洋TDK532/4-A（37kW/600V）×4、制御器は直接式の東洋QB2-LCAで、台車はウイングバネ式の日車NA5を履く。**モハ1001**は窓配置d2D6D2dの全金属製ボギー電車。モーターは東洋TDK515-A（60kW/600V）×4、制御器は間接非自動式の東洋ES538-Aで、台車はウイングバネ式の日車NA5を履く。なお手ブレーキもあるが艤装の都合で片台車のみの装備になっている。**コハ**

モハ501（モハ500形）
昭和31年日車東京製の15m級ボギー車。定山渓鉄道モ100形の廃棄車体を流用し、正面をモハ1001に準じて整形した。種車については不詳である。
昭和43.9.19
旭川四条
平井宏司

キハ051（キハ05形）
昭和11年小倉工場製の国鉄キハ0516を昭和42年に譲受。認可上は気動車として購入したが、写真のようにエンジンを撤去し客車として使用。昭和45年に正式に附随車化。
昭和43.9.19
旭川四条
平井宏司

051はキハ051を客車化したもの。室内はクロスシートを保つ。**排雪車**は旭川市街軌道排1を購入した窓配置4dのブルーム式除雪車。特に番号を持たないが籍はある。モーターは走行用が日立HS306-A-16（37.3kW/600V）×2、ブルーム動力用が日立HS301-D-13（22.4kW/600V）×1、制御器は日立DRBC-447で台車はブリル21E。

■ 内燃動車
　キハ051は国鉄キハ05の払下車。当初は日野DA58（100PS/1700rpm）をつけたまま竣功した。このことから当初は気動車としての使用も考慮していたようであるが、結局、内燃動力併用認可を得ずに終わったことから、附随車としてのみ使用されたものと思われる。エンジンの老朽化により[179]昭和45年に正式に客車化。

■ 貨車
　ワ20形→ワ1形は院ワ50000形（のちの国鉄ワ1形）の払下車で10t積有蓋車。**ワフ40形**はワ20形と同時に購入した院ワ50000形を緩急車にしたもの。昭和13年に迎車の困難により連絡直通車とするため台枠強化を中心とする補強更新を行っている。この改造は本来ワ20形全車が対象で特に改番の予定はなかったが、ワ24のみ空気ブレーキの設置を行わなかった。一方で「鉄道公報」における直通車の公示によると、昭和13年9月14日の達709にワ101～104として計上されており、このことから空気ブレー

排雪車
昭和6年汽車東京製のブルーム式除雪車で、昭和33年に旭川市街軌道排1を購入したもの。車籍はあるが、特に番号は付与されなかった。
昭和42.10.3
旭川追分
諸河久

キを持つものは100番台に改番されたことが判る。空気ブレーキのないワ24がその後も改番されないまま残されていることから考えると、ワフ41もワ104として改造されたと理解できる。**ト30形→ト1形**は院ト13782形（のちの国鉄ト1形）の払下車で9t積三枚側無蓋車。なおト32の出元である国鉄ト14302は国鉄側資料によれば「昭和の大改番」でト951に改番されており、現車振替されたことになる。**トム50000形**は国鉄トム50000形の払下車。走り装置は「ヨンサントウ」前の購入のため1段リンク式のまま。**セキ1形・セキ1000形**はそれぞれ国鉄セキ1形・セキ1000形の払下車。入線中に事故を起こし責任を取り引き取ったと言われているが[180]、営業報告書に添えられている運転事故報告に事故記録がないので真偽については不明である。

　他に昭和25年に古貨車を利用し簡易なロータリー式除雪車を製作しているが、車籍はなかった。

■ **参考文献**

小熊米雄「旭川の電車」『鉄道ピクトリアル』No.58（1956-5）

星良助「旭川電気軌道」『鉄道ピクトリアル』No.223（1969-4増）

西川喜隆・千葉譲「旭川電気軌道」『鉄道ピクトリアル』No.259（1971-12増）

宮崎光雄「消えた最北の電車旭川電気軌道」『鉄道ファン』No.144（1973-4）

和久田康雄『日本の市内電車−1895-1945−』成山堂書店（2009）

ワ101（ワ1形）
10t積の有蓋車で昭和2年に国鉄ワ52436を譲受。当初はワ21を名乗る。昭和13年に国鉄直通認可を得るにあたり再整備が行われ、ワ101に改番。
昭和37.7.16
旭川追分
星良助

[175] それは同時に農産物価格の下落を招き、「豊作飢饉」と呼ばれるほど農業経営を圧迫する。この傾向は昭和5年頃まで続き、折からの恐慌とあいまって各農村は危機の時代を迎えることとなる。
[176] 車庫に架設されたオーバーヘッドクレーンを避けるため、庫内の架線が部分的に高く張ってあった。ただし、ポールは必要に応じて取り外ししており、必ずしも常に併設していたとは限らない。
[177] 以上は認可書類によるが、吉雄永春「ファンの目で見た台車のはなしⅦ」『レイル』No.27（1990-4）p76には日車Sとある。あるいは履き替えた可能性もあるが、確定には写真の発掘を待ちたい。
[178] 青木栄一『昭和29年夏北海道私鉄めぐり上』ネコ・パブリッシング（2004.6）p31。種車のナハ10084はナロハ11600形を出自とする大正8年日車製の国鉄中型ボギー客車。
[179] 西川喜隆・千葉譲「旭川電気軌道」『鉄道ピクトリアル』No.259（1971-12増）p107。
[180] 小熊米雄「旭川の電車」『鉄道ピクトリアル』No.58（1956-5）p18

旭川電気軌道

電車

番号	製造・改造	出自	手続日改番日	種別	竣功届	動力撤去	パンタ増設	改番を伴う設計変更	用途廃止	異動先
6	大15.12 梅鉢		大15.10.16	施					昭24.7.1	
8	大15.12 梅鉢		大15.10.16	施			昭29.7.2		昭44.6.28	
10	大15.12 梅鉢		大15.10.16	施			昭29.7.2		昭48.1.1	
12	明45 梅鉢	名鉄デシ501	昭5.12.4	設					昭24.7.1	
14	明45 梅鉢	名鉄デシ507	昭5.12.4	設					昭24.7.1	
16	明45 梅鉢	名鉄デシ508	昭5.12.4	設		昭25.3.16				
18	昭5 日車東京		昭6.9.28	設				昭25.3.16		→モハ101
20	昭5 日車東京		昭6.9.28	設			昭29.7.2		昭48.1.1	
22	昭7 日車東京		昭7.5.11	設				昭25.3.16		→モハ102
24	昭7 日車東京		昭7.5.11	設				昭25.3.16		→モハ103
モハ101	昭24 日車東京	18	昭25.3.16	変	昭25.4.24		昭29.7.2		昭48.1.1	
モハ102	昭24 日車東京	22	昭25.3.16	変	昭25.4.24		昭29.7.2		昭48.1.1	
モハ103	昭24 日車東京	24	昭25.3.16	変	昭25.4.24		昭29.7.2		昭48.1.1	
モハ501	昭31.5 日車東京	(定山渓モ100形)	昭33.4.12	設	昭33.6.1				昭48.1.1	
モハ1001	昭30 日車東京		昭30.9.9	設	昭30.11.8				昭48.1.1	
コハ051		キハ051	昭45.3.27	変					昭48.1.1	
排雪車	昭6 汽車東京	旭川市街 排1	昭33.9.16	設					昭48.1.1	

内燃動車

番号	製造・改造	出自	手続日改番日	種別	竣功届	改番を伴う設計変更	用途廃止	異動先
キハ051	昭11 小倉工	国鉄キハ0516	昭42.1.19	設		昭45.3.27		→コハ051

貨車

番号	製造・改造	出自	手続日改番日	種別	竣功届	改番社番化	直通化更新 昭13.2.5	用途廃止	異動先
ワ21	明39.6 神戸工*	院ワ52436	昭2.6.30	譲		昭3.11.30	ワ101	昭48.1.1	
ワ22	明38 汽車	院ワ53044	昭2.6.30	譲		昭3.11.30	ワ102	昭48.1.1	
ワ23	明38 汽車	院ワ53036	昭2.6.30	譲		昭3.11.30	ワ103	昭48.1.1	
ワ24	明22 神戸工	院ワ54945	昭2.6.30	譲		昭3.11.30		昭33.6.14	
ワブ41	明38.10 日車	院ワ53652	昭2.6.30	譲		昭3.11.30	ワ104	昭42.12.7	
ト31	明38.10 神戸工	院ト14344	昭2.6.30	譲		昭3.11.30		昭44.6.30	
ト32	明38.10 神戸工#	院ト14302	昭2.6.30	譲		昭3.11.30		昭40.10.5	
ト33	明37-38 神戸工	院ト14253	昭2.6.30	譲		昭3.11.30		昭44.6.30	
トム50001	昭17.1 日車	国鉄トム54747	昭41.12.16	設				昭48.1.1	
セキ1	明45.7 汽車	国鉄セキ118	昭26.11.19	設				昭29.8.24	三菱大夕張鉄道
セキ1001	昭9.10 汽車東京	国鉄セキ1217	昭26.11.19	設				昭29.8.24	三菱大夕張鉄道

*…明38.6 日車の可能性もあり　#…国鉄台帳では現車は「昭和の大改番」で国鉄ト951に改番されており、振替払下の可能性大
注）ワ21～24、ト31～33の省社番号対照は推定。

旭川電気軌道車両数変遷

車種年度	電車電動	電車付随	貨車有蓋	貨車無蓋	特殊	車種年度	電車電動	電車付随	貨車有蓋	貨車無蓋	特殊	車種年度	電車電動	電車付随	貨車有蓋	貨車無蓋	特殊
昭和2	3		5	3		昭和17	10		5	3		昭和34	8		4	3	1
昭和3	3		5	3		昭和18	10		5	3		昭和35	8		4	3	1
昭和4	6		5	3		昭和21	7	1	5	3		昭和36	8		4	3	1
昭和5	8		5	3		昭和22	7	1	5	3		昭和37	8		4	3	1
昭和6	8		5	3		昭和23	2	1	5	3		昭和38	8		4	3	1
昭和7	10		5	3		昭和24	6	1	5	3		昭和39	8		4	3	1
昭和8	10		5	3		昭和25	6	1	5	3		昭和40	8		4	2	1
昭和9	10		5	3		昭和26	6	1	5	3		昭和41	8		4	3	1
昭和10	10		5	3		昭和27	6	1	5	3		昭和42	8		3	3	1
昭和11	10		5	3		昭和28	6	1	5	5		昭和43	8		3	3	1
昭和12	10		5	3		昭和29	6	1	5	2		昭和44	7		3	1	1
昭和13	10		5	3		昭和30	7		5	3		昭和45	8		3	1	1
昭和14	10		5	3		昭和31	7		5	3	1	昭和46	7	1	3	1	1
昭和15	10		5	3		昭和32	7		5	3	1						
昭和16	10		5	3		昭和33	8		4	3	1						

出典：「鉄道統計資料」

江当軌道

江別ー当別
11.27km
軌間：762mm
動力：蒸気・内燃

■ 沿革

伊達家の士族開拓で知られる当別は石狩平野のなかでも農業的に成功した集落で、大正期になると水田が2,000町歩、畑は12,000町歩を擁する大農村になった。さらに増毛山地より当別川を下ってくる流送材や薪炭の集散地としての機能もあったが、出荷にあたって道路事情が悪く、特に農産物搬出期の道路破壊でしばしば陸上交通が杜絶した。大正6年には札幌軌道の延伸構想が持ち上がるなど、国鉄と結ぶ軌道の建設が望まれた。

そこで、札幌在住の弁護士である高野精一を中心に江別と結ぶ762mm軌間の馬車軌道が計画される。この時、江別を目指したのは統計上6割の貨物が江別経由であるなど当時の交通体系と、当別川から流送される富士製紙江別工場向けの木材運輸を見込んだことにある。だが、札幌軌道でも述べたように、貨物が一時に集中する収穫期の馬及び御者の雇用コストから直前になって動力化を行い、昭和2年8月18日に開業する。この関係で開業時の車両認可はすべて設計変更認可で処理されている。

ところで、道庁は終点の江別が石狩川を挟んだ対岸にあることを問題視し、国鉄と接続しない限り効用を発揮しないことを危惧していた。そのため、会社に石狩川を渡るよう指導したが、単独で橋を架ける余力はなく、当時の石狩大橋も木鉄混合橋で併用橋とするには幅員が不足した。結局、立地条件に問題が残ったまま自動車で接続を図るが、昭和9年11月20日に国鉄札沼南線が石狩当別まで開業すると輸送量が9割以上も減少する打撃を蒙り、補償を受けて昭和11年4月30日に廃止となった。

■ 機関車

1は我国に2両しか輸入例のない英国・ローカ製の7tBタンク機。構造的にもアラン式弁装置のギミックや弁室の位置、蒸気ドーム内部など特徴が多いとされる珍機[181]。2は臼井茂信氏の分類によると「新系列C 5t」とされる雨宮製のCタンク機。**内燃機関車**は2両あるがいずれも番号不明のB形機で、昭和4年碌々商店製機は、荷台部分にバランスウェイトとして水タンクを備えるトラック形の3tガソリン機関車で、早来鉄道1・2と同型機。ただしエンジンであるフォードソン・トラクターのトルクを高め26HP（1200rpm）として認可を得ている。昭和7年札幌車輌製機は札幌軌道にも同型機が存在する車体後部がオープンキャブの2.5tL形機関車。動力は後部ジャック軸からチェーンで後輪に伝わり、さらに外輪に露出したチェーンで前輪に伝導される。エンジンは1921年ハドソン製の中古（29HP/1000rpm）で

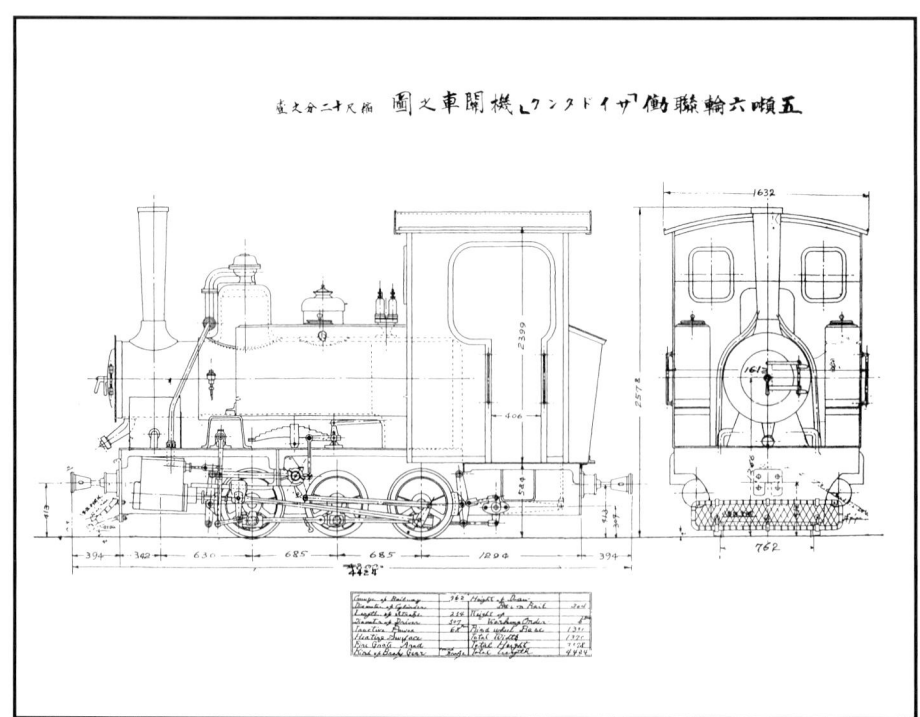

2号機形式図
蒸気溜上の加減弁とフランジのない第2動輪に注意。
所蔵：国立公文書館

開業当時の当別駅。
機関車と客車はともに
2号。平台車も3両目
が2と読める。
当別
濱田富士子蔵

国鉄札幌鉄道局の自動車が出所との説がある[182]。

■ 客車

1・2は現在の日野自動車にあたる東京瓦斯電気工業製で、窓配置O6Oの木造二軸客車。3は札幌大館工場で製作された窓配置D6D、ダブルルーフの木造二軸客車。

■ 貨車

1～20は側板のないトロッコ然とした手ブレーキ付2t積平台車。21～31は2t積の手ブレーキ付二枚側無蓋車で連結器バネが省略されている。軌道財団目録には保線器具として無籍の二枚側土運車10両が計上されており、これらを追って入籍させたものと考えられる。

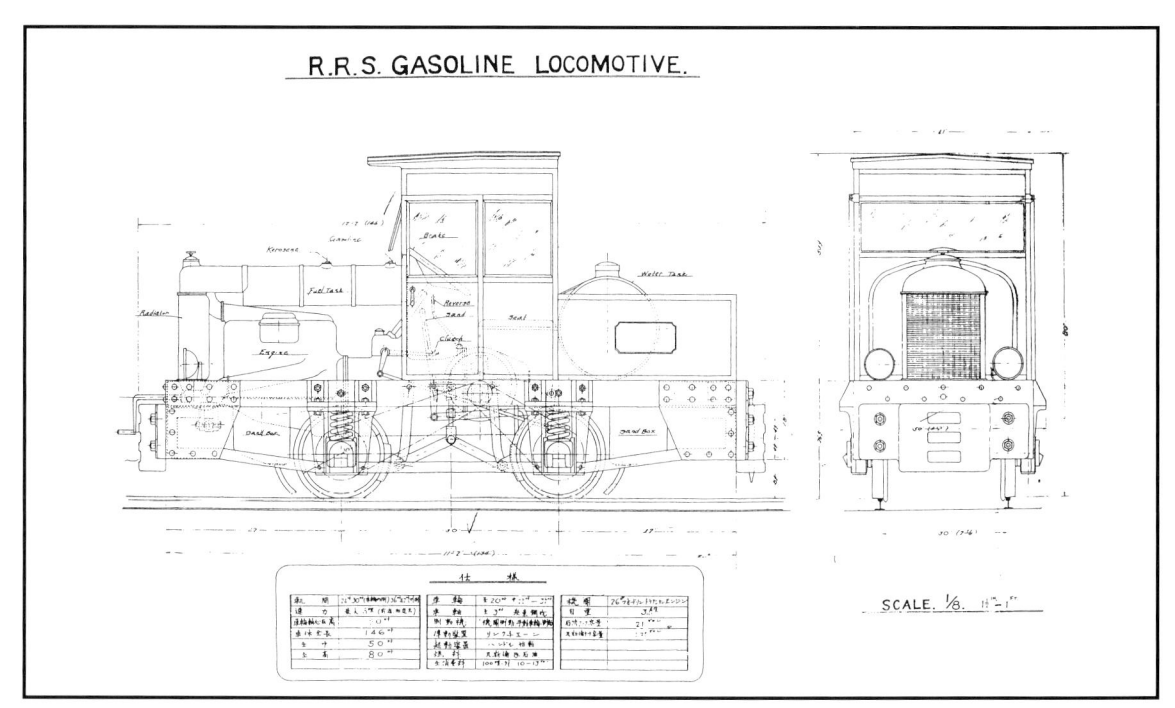

碌々商店製3t内燃機関車組立図

昭和4年碌々商店製機の図面。150頁の早来軌道機と同一図面である。
所蔵：国立公文書館

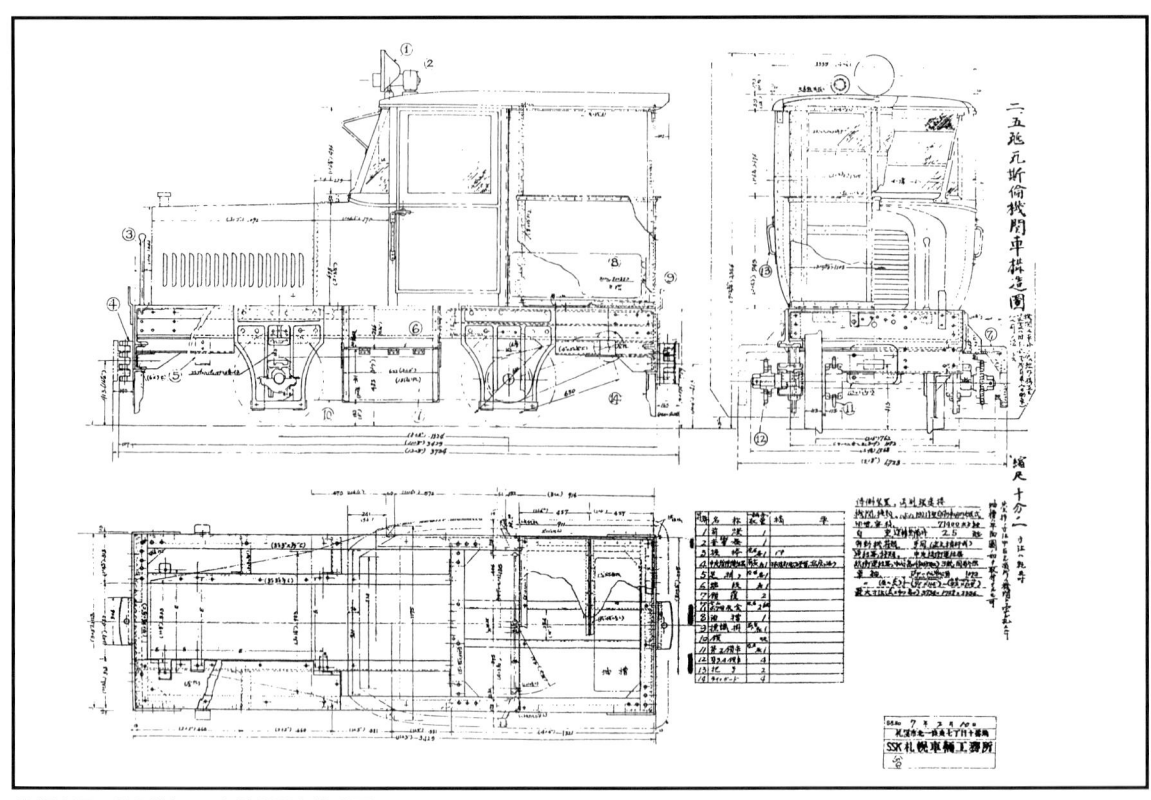

札幌車両工務所製2.5t内燃機関車構造図
正面図を見ると動力伝達用のチェーンが台枠外側に露出していることが見て取れる。
所蔵：国立公文書館

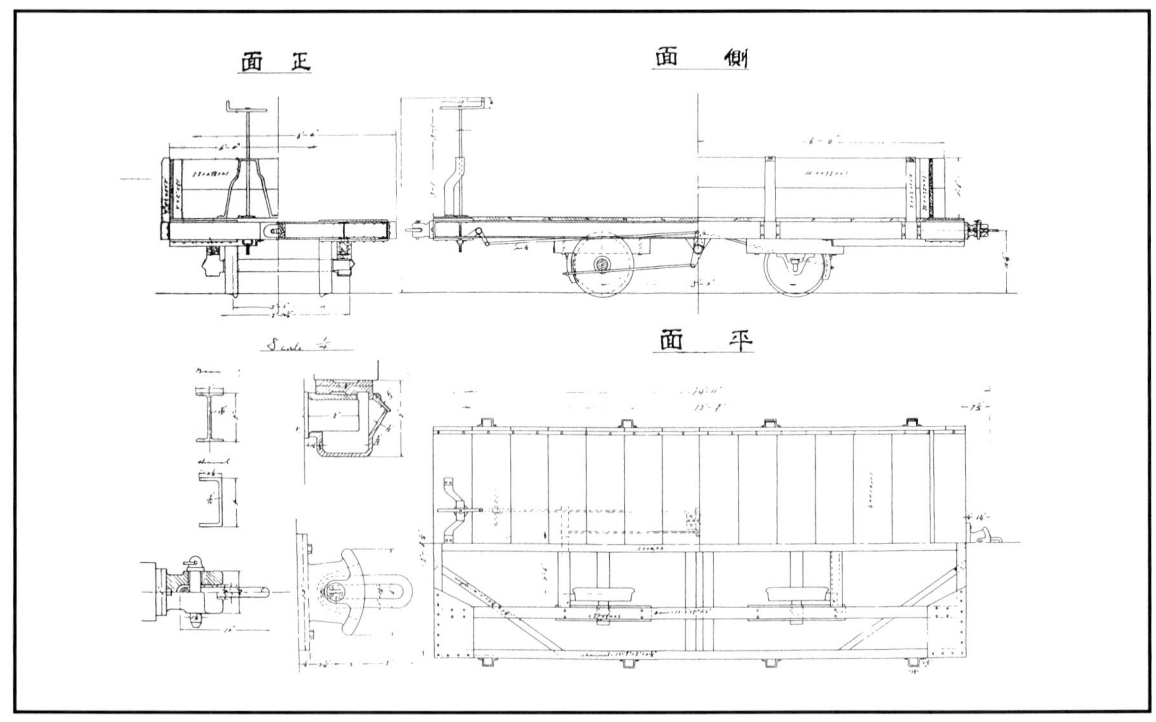

21〜31設計図
昭和5年に入籍した11両は側板を有する通常の無蓋車である。
所蔵：国立公文書館

■ 参考文献

濱田啓一・廣政幸生・渡辺真吾「江當軌道」『鉄道ピクトリアル』No.411（1982-12）

今井理「黎明期の国産瓦斯倫機関車」『トワイライトゾーンMANUAL14』ネコ・パブリッシング（2005-12）

湯口徹「戦前地方鉄道/軌道の内燃機関車（XI）」『鉄道史料』No.143（2015.1）

江当軌道車両数変遷

車種\年度	機関車 蒸気	機関車 内燃	客車	貨車 無蓋	車種\年度	機関車 蒸気	機関車 内燃	客車	貨車 無蓋
昭和3	2		2	20	昭和8	2	1	3	31
昭和4	2		2	20	昭和9	2	2	3	31
昭和5	2	1	2	31	昭和10	2	2	3	31
昭和6	2	1	3	31	昭和11	2	2	3	31
昭和7	2	1	3	31					

出典：「鉄道統計資料」

江当軌道

機関車

番号	製造・改造	出自	手続日/改番日	種別	竣功届	用途廃止	異動先
1	明28	ローカ	浜松鉄道4 昭2.7.5	変		昭11.4.30	
2	大11	雨宮	昭2.7.5	変		昭11.4.30	
内燃機関車	昭4	碌々商店	昭4.10.12	設		昭11.4.30	
内燃機関車	昭7	札幌車輌	昭8.6.14	設		昭11.4.30	

客車

番号	製造・改造	出自	手続日/改番日	種別	竣功届	用途廃止	異動先
1	大15	瓦斯電	昭2.7.5	変		昭11.4.30	
2	大15	瓦斯電	昭2.7.5	変		昭11.4.30	
3	昭5	札幌大館工場	昭5.10.29	設		昭11.4.30	

貨車

番号	製造・改造	出自	手続日/改番日	種別	竣功届	用途廃止	異動先
1	大15	自社	昭2.7.5	変		昭11.4.30	
2	大15	自社	昭2.7.5	変		昭11.4.30	
3	大15	自社	昭2.7.5	変		昭11.4.30	
4	大15	自社	昭2.7.5	変		昭11.4.30	
5	大15	自社	昭2.7.5	変		昭11.4.30	
6	大15	自社	昭2.7.5	変		昭11.4.30	
7	大15	自社	昭2.7.5	変		昭11.4.30	
8	大15	自社	昭2.7.5	変		昭11.4.30	
9	大15	自社	昭2.7.5	変		昭11.4.30	
10	大15	自社	昭2.7.5	変		昭11.4.30	
11	大15	自社	昭2.7.5	変		昭11.4.30	
12	大15	自社	昭2.7.5	変		昭11.4.30	
13	大15	自社	昭2.7.5	変		昭11.4.30	
14	大15	自社	昭2.7.5	変		昭11.4.30	
15	大15	自社	昭2.7.5	変		昭11.4.30	
16	大15	自社	昭2.7.5	変		昭11.4.30	
17	大15	自社	昭2.7.5	変		昭11.4.30	
18	大15	自社	昭2.7.5	変		昭11.4.30	
19	大15	自社	昭2.7.5	変		昭11.4.30	
20	大15	自社	昭2.7.5	変		昭11.4.30	
21	昭4		昭5.4.30	設		昭11.4.30	
22	昭4		昭5.4.30	設		昭11.4.30	
23	昭4		昭5.4.30	設		昭11.4.30	
24	昭4		昭5.4.30	設		昭11.4.30	
25	昭4		昭5.4.30	設		昭11.4.30	
26	昭4		昭5.4.30	設		昭11.4.30	
27	昭4		昭5.4.30	設		昭11.4.30	
28	昭4		昭5.4.30	設		昭11.4.30	
29	昭4		昭5.4.30	設		昭11.4.30	
30	昭4		昭5.4.30	設		昭11.4.30	
31	昭4		昭5.4.30	設		昭11.4.30	

[181] 臼井茂信『機関車の系譜図1』（1972）交友社 p86
[182] 今井理「黎明期の国産瓦斯倫機関車」『トワイライトゾーンMANUAL14』ネコ・パブリッシング（2005-12）p 236,240

札幌温泉電気軌道→
札幌郊外電気軌道

南一条－温泉下
1.83km
軌間：1067mm
動力：電気・内燃

■ 沿革

　札幌温泉は、定山渓から藻岩山中腹に引湯した温泉と附近の宅地開発を主眼に、道会議員の伊藤八郎らにより設立された。温泉は大正15年5月にオープンするが、当時の藻岩山周辺は札幌市街地とは言えない郊外で、交通の便も悪かったことから、とりあえずバス2台を保有し遊覧客の送迎を行っていた。温泉場の興隆には交通機関の完備が必要であり、さらに土地分譲においても有利と考え、昭和4年6月30日に札幌市電の円山三丁目電停に接続する南一条から札幌温泉まで1067mm軌間の電気軌道を開業する。

　ところが翌年8月31日に変電所が焼失する。修繕に手間取った会社は11月20日まで札幌市電から電力供給を仰ぐが、復旧資金もなければ市電にしても供給余力がなく、契約延長を断られてしまう。他方で昭和5年10月3日に南一条－琴似駅間の特許を取得、さらに円山南七条－山鼻や円山北五条－桑園駅間の申請をするなど郊外電鉄への脱皮を模索する。変電所は新線開業時に復旧すると届け出て昭和6年

札幌温泉軌道車両数変遷

車種 年度	電車 電動	動車 内燃	備考	車種 年度	電車 電動	動車 内燃	備考
昭和4	2			昭和8	2	1	
昭和5	2			昭和9	2	1	営業休止
昭和6	2	1		昭和10	2	1	営業休止
昭和7	2	1		昭和11	2	1	営業休止

出典：「鉄道統計資料」

■表10　札幌郊外軌道運転休止記録

休止許可日	休止期間	主な理由
昭 6. 7. 3	昭 5.11.21～昭 6. 5.30	電力供給不能
昭 6. 9.22	昭 6. 5.31～昭 6. 8.24	変電所復旧困難
昭 7. 7.20	昭 7. 1. 1～昭 7. 2.29	ガソリン動車改造のため
昭 8. 3.16	昭 7. 3. 1～昭 8. 4.15	変電所復旧未定 （主務官庁は手続き漏れと認識）
	昭 8. 4.16～昭 8.12.21	
昭 9. 1.19	昭 8.12.21～昭 9. 4.30	降雪期運転困難
昭10. 2.26	昭 9. 5. 1～昭 9. 8.31	経営困難のため
申請中	昭 9. 9. 1～昭10. 4.30	藻岩村舗装工事につき線路埋没のため
申請中	昭10. 5. 1～昭10.10.31	琴似線開通と同時に再開予定につき
申請中	昭10.11. 1～昭11. 4.30	琴似線特許取消で対策考究中のため

出典：「鉄道省文書」

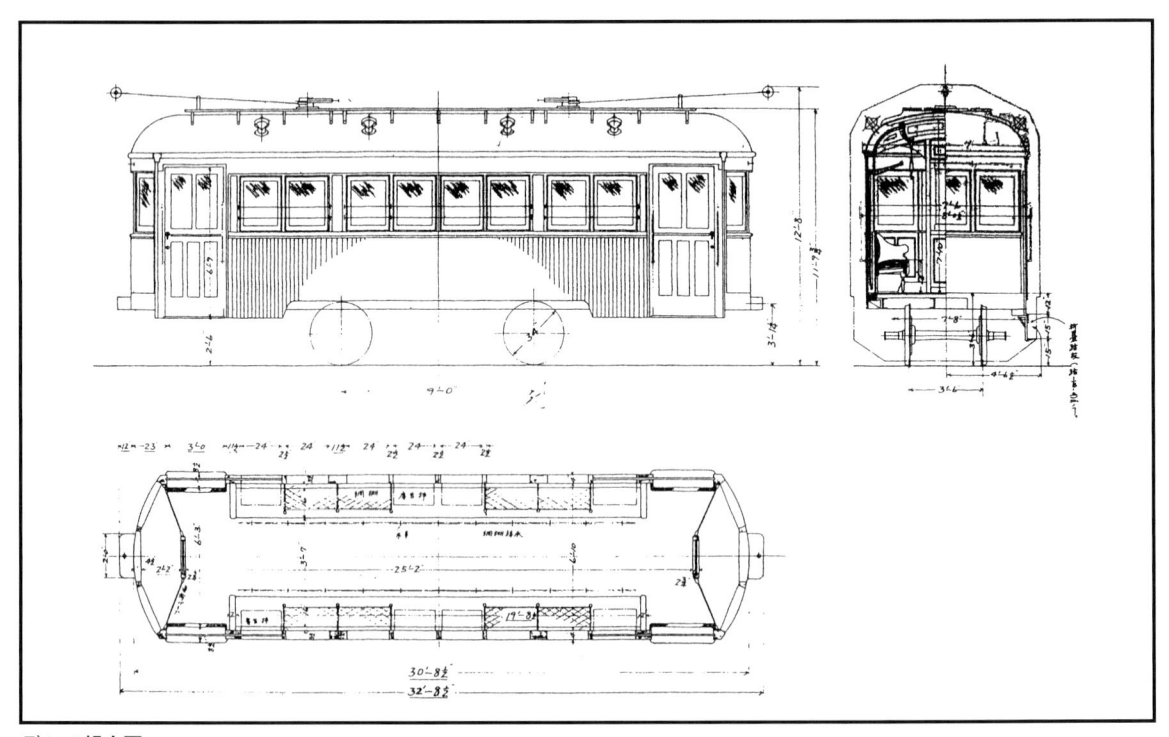

デ1・2組立図
連結器がないことを除けば、高床の郊外電車と変わらない。
所蔵：国立公文書館

はガソリン動車の運転で凌ぐが、その頃になると本業の温泉は失敗に終わり、恐慌下で資金繰りに窮した会社法人もブローカーに渡るなど、もはや投機的な存在と化していた。

　昭和7年以降は表10の通り営業休止届を繰り返し、新線着工の気配も見せず「軌道内ニ雑草繁茂シボールトナット等脱落セルモノ多ク枕木ハ殆ト腐朽シ使用ニ堪ヘズ踏切道ノ如キハ道路改修ノ結果軌道ハ地下ニ埋没」「トロリー線及電柱ハ許可ヲ得ズシテ全部撤去」[183]されている有様であった。そのため道庁は昭和10年以降、休止申請が出されるたびに廃止が妥当と副添書を提出し、内務・鉄道両省の再三の問い合わせにもあいまいな回答を繰り返したことから復活の可能性なしと判断され、昭和12年3月8日に特許取消となった。

■ 電車

　デ1・2は窓配置D242D丸屋根の木造二軸電車。制御器は不明だが、モーターは芝浦SE116-C（26.25kW/600V）×2で台車はブリル79EXを履く。汽車東京が製造した定員50名のマスプロ電車

■表11　デ1,2と相武電鉄昭和2年9月14日認可車の比較

項目	単位	デ1、2	相武車
自重	t	7.8	7.5
定員	名	50 (28)	50 (28)
最大寸法	mm	9970×2450×3861	10149×2540×3861
客室寸法	mm	7671×2083×2388	7671×2083×2388
軸距	mm	2743	2743
車輪径	mm	864	864
電動機出力		35HP/600V	35HP/600V
歯車比		14：86	14：86
ブレーキ		手・電・空	手・電・空

出典：「鉄道省文書・札幌郊外電気軌道、相武電気鉄道」より計算

で、浅野川電気鉄道カ1～3（→北陸鉄道モハ571～573）など各地に同型車があるが、本車については木造車としては不可解な昭和4年に製作されている。

　ところで、神奈川県に開業直前まで工事を終えつつ恐慌で頓挫した相武電気鉄道[184]という未開業鉄道が存在する。同社は昭和2年9月14日で3両の二軸電車の設計認可を受けたが、要目がほぼ一致しており、この注文流れの可能性が指摘できる。当社が昭和4年6月15日に工事施行認可を受けるにあたって提出した工事方法書には当初、定員42名で25馬力モーター2個の電車3両を購入する予定が二重線訂正されたところを見ても、急遽注文流れを引き取った可能性を匂わせる。

■ 気動車

　キハ1は窓配置1D5の鋼製二軸気動車。湯口徹氏によると汽車東京の試作レールカーで、奥村商会が債権を持ち札幌郊外電気軌道に貸し出した車と言う[185]。エンジンはフォードAA（21.8kW/1200rpm）。変電所焼失後、窮余の策で持ち込まれたものだが、急勾配に対応できないため南九条までの運用制限を付し、三ヶ月以内の変電所復旧かエンジン換装を義務付けられて認可を得ている。また、書類上はステップを設置したことになっているが、現車にそのような痕跡は全くない。

■ 参考文献

濱田啓一・渡辺真吾「札幌温泉電気軌道」『鉄道ピクトリアル』No.426（1984-1）
和久田康雄『日本の市内電車−1895-1945−』成山堂書店（2009）

札幌温泉電気軌道→札幌郊外電気軌道

電車

番号	製造・改造	出自	手続日 改番日	種別	竣功届			用途廃止	異動先
デ1	昭4.3　汽車東京		昭4.6.22	設				昭12.3.8	
デ2	昭4.3　汽車東京		昭4.6.22	設				昭12.3.8	

内燃動車

番号	製造・改造	出自	手続日 改番日	種別	竣功届			用途廃止	異動先
キハ1	昭6.8　汽車東京		昭6.8.22	設				昭12.3.8	北見鉄道

[183] 鉄道省文書「札幌郊外電気軌道」所収、道庁長官発内務・鉄道両大臣宛「札幌郊外電気軌道運輸営業休止ニ関スル件」昭和10年6月11日
[184] 東京と神奈川県津久井郡愛川町を結ぶことを究極目標にしていた1067mm軌間の電気鉄道で、第一期線として大正14年9月25日に淵野辺−上溝−田名間9.2kmの免許を受ける。昭和2年にはレールが敷設され実際に無蓋車が入線するなどしていたが、直後に恐慌で資金が枯渇し工事中断、昭和11年3月3日に免許取消となっている。
[185] 湯口徹『内燃動車発達史・上巻』ネコ・パブリッシング（2004）p28

旭川市街軌道

旭川駅前ーー線六号ほか
12.6km
軌間：1067mm
動力：電気

■ 沿革

上川馬車鉄道廃止後の旭川は、再び中心部と駐屯地の連絡が困難になり、数次に渡り市内軌道の再建設計画が持ち上がる。その際、市営か民営かで意見が対立し、大正15年8月には旭川市、旭川電気軌道、旭川自動車（出願後に旭川電車に改称）、旭川電力軌道、旭川市街軌道の5社が競願する事態となった。これに対し内務・鉄道両省は旭川市に各社と協約を結ぶよう働きかけた。市も起債許可を待つより民営で建設させ、適当な時期に買収した方が速やかに開通させられると判断してこれに同意、各社と交渉を開始した結果、強硬な態度を示した旭川市街軌道以外の3社が合同して旭川市街電鉄が設立される。なお、社名は昭和3年12月に旭川市街軌道に改称されているが、合同交渉が決裂した相手とは無関係である。

昭和4年11月3日の市内区間を手始めに1067mm軌間の電気軌道が順次開通する。本線となる師団線は陸軍の反対で練兵場を避ける線形になったと言われるが、兵舎へ迂回しない限り客が見込めないので、むしろ経営判断と考えるべきであろう。戦中まで経営は順調であったが、軍が解体されると乗客が激減、インフレもあり戦後は経営難に陥った。さらに戦中酷使された軌道の補修に550万円が必要になり、資金工面のため昭和23年4月7日に中心部の一条・四条線を廃止して資材を売却する。

一方で旧師団兵舎が学校や官舎に転用されたため、終点や鷹栖村からの利用客は増加傾向にあった。しかし、昭和19年に春光台以北が単線化されたことから末端部が30分ヘッドになっており、昭和25年7月5日に北海道神社前－競馬場北口間の短絡線を開業させて運行の適正化を図った。だが、さらなる施設の老朽化に対して新車購入や枕木・軌条の交換、道路舗装などの更新費用が工面できず、昭和31年6月9日に廃止となった。

■ 電車

1～20は窓配置1D6D1の低床式鋼製二軸電車。モーターは川崎K6-253-B（22.4kW/600V）×2、制御器は川崎Kで台車はブリル21Eを川崎でコピーしたものを履く。当初ドアは二枚引戸であったが、戦時中の補修簡易化のため一枚引戸に改造されている。戦後一部はモーターを三菱MB172-NR（37.3kW/600V）に換装して出力強化を計った。この認可は昭和29年に得ているが、同じ頃、未届で更新年の西暦下一桁を百番台に加える改番も行って

写真は昭和25年に建設された平和塔をくぐる319。行く手に旭橋が見えるが、その旭橋を名乗る停留所は平和塔の直下にある。
昭和29.7.18　旭橋
和久田康雄

109
昭和4年川崎製。9号車として登場するが、戦後、モーターを換装。100位が更新年の西暦下一桁とされるので、昭和26年の改造と言う事になる。
昭和29.7.18
北海道神社前
和久田康雄

いる。これに従うと100番台が昭和26年更新となるので、換装自体はもっと早い可能性が高い。なお事故が多発した6は昭和11年頃に31に改番するが、これに伴い21以下全車の番号が1つ繰り上げ改番となった。21～26→22～27は前頭台枠の張出距離が若干長いことを除けば同型。ただしモーターは日立HS301-A（22.4kW/600V）×2、制御器は日立DRBC-447で台車は純正のブリル21E。27～29→28～30は登別温泉軌道1～3を購入したもので窓配置1D7D1の高床式木造二軸車。モーターはシーメンス製39HP×2。制御器はシーメンスOWで台車はブリル79-EX。空気ブレーキ機器が車端部にあるためロックフェンダーが設置できず、後期まで救助網を維持した。残された28はプラウ式雪掻車に改造、除籍後も無番号車として使用された[186]。排1は機関車のような形態の窓配置4dのブルーム式除雪車。モーターは走行用が日立HS306-A-16（37.3kW/600V）×2、ブルーム動力用が日立HS301-D-13（22.4kW/600V）×1、制御器は日立DRBC-447で台車はブリル21E。ブルームの張り出しが2,700mmあるため、当初は招魂社前以北に使用区間が限定されていた。排2はブルームの張り出しを2,430mmに押さえた増備車で、当初より全線で使用可能だった。また、走行用モーターが日立製の29.84kW（600V）に変更されているが、形式については判明しない。

■ 貨車

入籍はしなかったので表には掲載しなかったが、登別温泉軌道から電車を購入した際、附随車および有蓋車・無蓋車も購入を予定していた。しかし、認可申請中に購入が中止となり、幻の存在に終わっている。

■ 参考文献

小熊米雄「旭川の電車」『鉄道ピクトリアル』No.58（1956-5）

和久田康雄『日本の市内電車−1895-1945−』成山堂書店（2009）

旭川市街軌道車両数変遷

年度 車種	電車 電動	特殊	年度 車種	電車 電動	特殊	年度 車種	電車 電動	特殊	年度 車種	電車 電動	特殊	年度 車種	電車 電動	特殊
昭和4	20		昭和9	29		昭和14	29		昭和21	29		昭和26	17	
昭和5	26		昭和10	29		昭和15	29		昭和22	27		昭和27	17	2
昭和6	26		昭和11	29		昭和16	29		昭和23	17		昭和28	17	2
昭和7	26		昭和12	29		昭和17	29		昭和24	17		昭和29	16	2
昭和8	26		昭和13	29		昭和18	29		昭和25	17		昭和30	16	2

出典：「鉄道統計資料」

---

[186] 小熊米雄「旭川の電車」『鉄道ピクトリアル』No.58（1956-5）p16。添付の要目表では昭和27年改造とある。

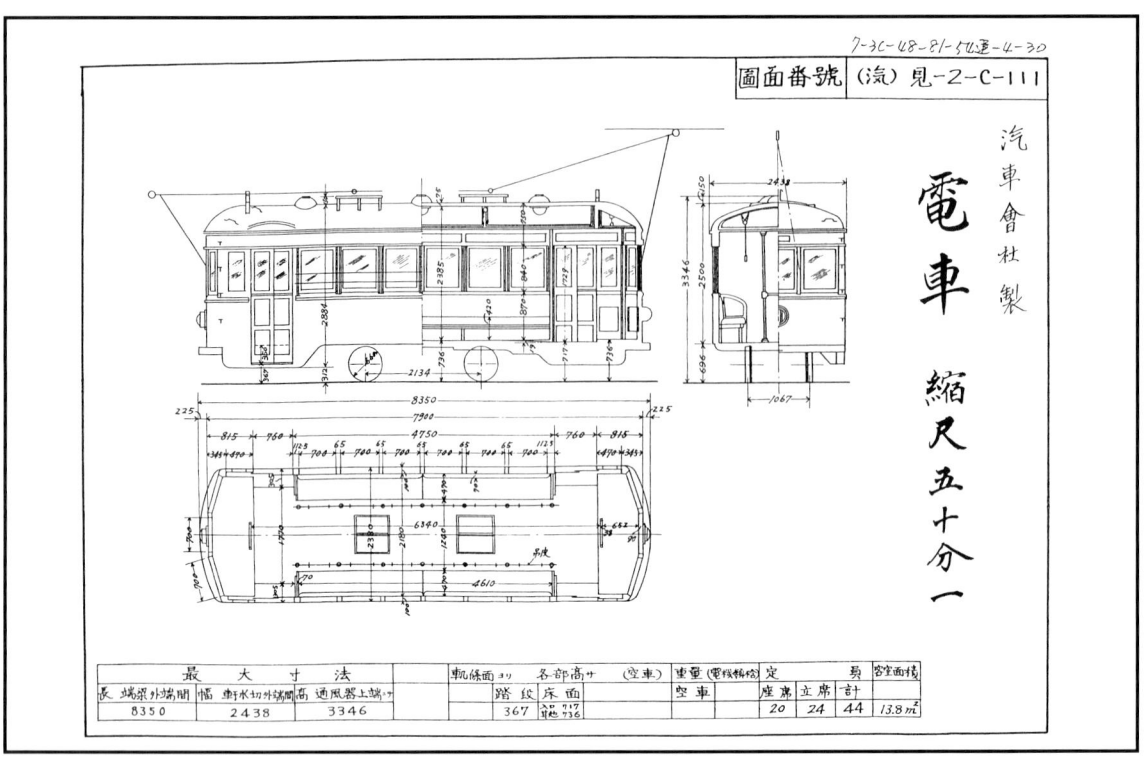

22～27　組立図
昭和5年汽車東京製のグループだが、川崎製とほぼ同型。
所蔵：国立公文書館

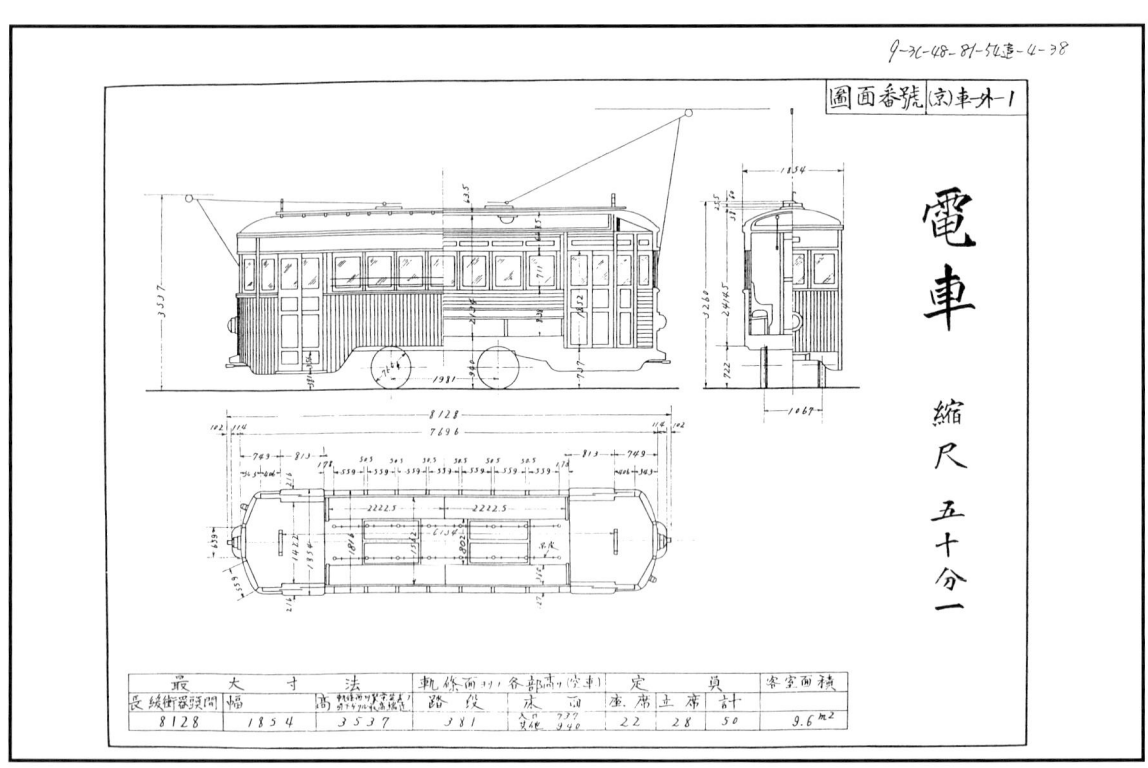

28～30　組立図
238頁の写真も参照。図面で見ると車幅の狭さが際立つ。
所蔵：国立公文書館

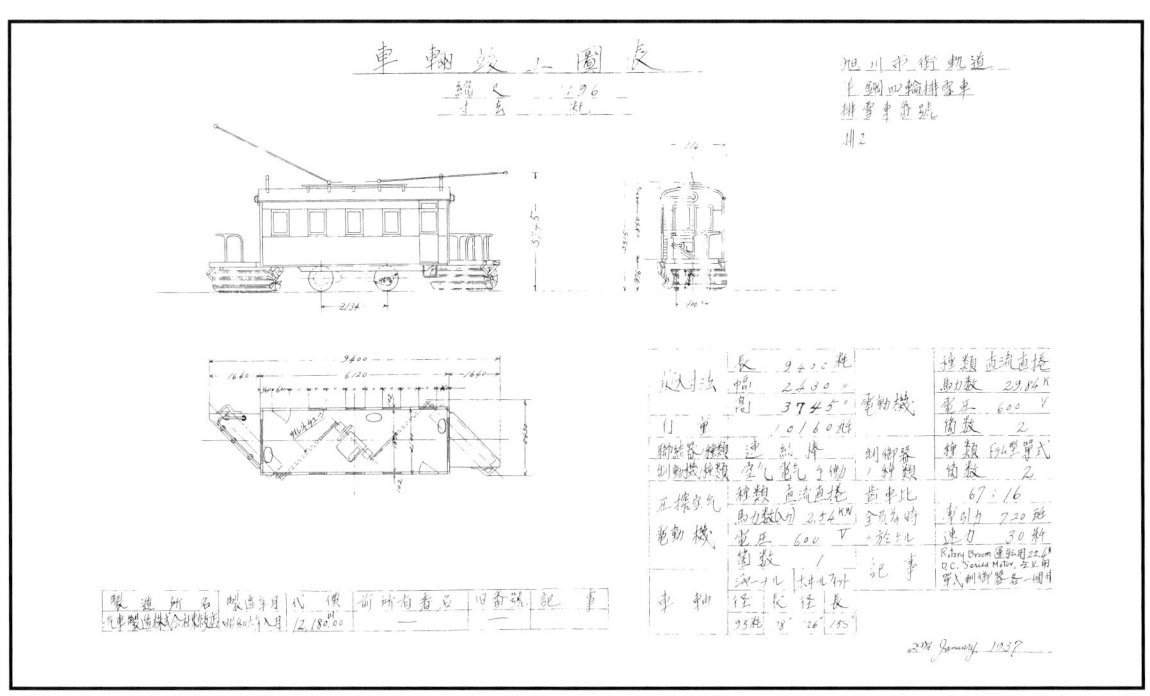

排2竣工図
排1に対してブルーム幅が狭いが、車体は同型。
所蔵：星良助

旭川市街軌道
【各車種共通認可項目】座半改造…昭18.4.7認可、出入口一枚引戸化（除28～30）…昭18.5.15認可
電　車

番号	製造・改造		出自	手続日 改番日	種別	竣功届	改番1 昭11頃？	モーター 換装	改番2 昭29頃？	用途廃止	異動先
1	昭4	川崎		昭4.10.4	設	昭10.10.1		昭29.5.13	101	昭31.6.9	
2	昭4	川崎		昭4.10.4	設	昭10.10.1			102	昭31.6.9	
3	昭4	川崎		昭4.10.4	設	昭10.10.1				昭23.6.18	北炭角田砿
4	昭4	川崎		昭4.10.4	設	昭10.10.1			204	昭31.6.9	
5	昭4	川崎		昭4.10.4	設	昭10.10.1			105	昭31.6.9	
6	昭4	川崎		昭4.10.4	設	昭10.10.1	31	昭29.5.13	231	昭31.6.9	
7	昭4	川崎		昭4.10.4	設	昭10.10.1		昭29.5.13	107	昭31.6.9	
8	昭4	川崎		昭4.10.4	設	昭10.10.1		昭29.5.13	208	昭31.6.9	
9	昭4	川崎		昭4.10.4	設	昭10.10.1		昭29.5.13	109	昭31.6.9	
10	昭4	川崎		昭4.10.4	設	昭10.10.1			210	昭31.6.9	
11	昭4	川崎		昭4.10.4	設	昭10.10.1			311	昭31.6.9	
12	昭4	川崎		昭4.10.4	設	昭10.10.1				昭23.6.18	豊橋電気軌道
13	昭4	川崎		昭4.10.4	設	昭10.10.1				昭23.6.18	豊橋電気軌道
14	昭4	川崎		昭4.10.4	設	昭10.10.1			314	昭31.6.9	
15	昭4	川崎		昭4.10.4	設	昭10.10.1		昭29.5.13	315	昭31.6.9	
16	昭4	川崎		昭4.10.4	設	昭10.10.1		昭29.5.13	416	昭31.6.9	
17	昭4	川崎		昭4.10.4	設	昭10.10.1		昭29.5.13	217	昭31.6.9	
18	昭4	川崎		昭4.10.4	設	昭10.10.1		昭29.5.13	118	昭31.6.9	
19	昭4	川崎		昭4.10.4	設	昭10.10.1		昭29.5.13	319	昭31.6.9	
20	昭4	川崎		昭4.10.4	設	昭10.10.1				昭23.6.18	北炭角田砿
21	昭5	汽車東京		昭5.10.25	設	昭10.10.1	22			昭23.6.18	秋田市電
22	昭5	汽車東京		昭5.10.25	設	昭10.10.1	23			昭23.6.18	秋田市電
23	昭5	汽車東京		昭5.10.25	設	昭10.10.1	24			昭23.6.18	豊橋電気軌道
24	昭5	汽車東京		昭5.10.25	設	昭10.10.1	25			昭23.6.18	秋田市電
25	昭5	汽車東京		昭5.10.25	設	昭10.10.1	26			昭23.6.18	秋田市電
26	昭5	汽車東京		昭5.10.25	設	昭10.10.1	27			昭23.6.18	豊橋電気軌道
27	大14	京浜電気	登別温泉軌道3	昭9.3.22	設		28			昭29.11.18	
28	大14	京浜電気	登別温泉軌道2	昭9.3.22	設		29			昭23.6.18	北炭夕張砿
29	大14	京浜電気	登別温泉軌道1	昭9.3.22	設		30			昭23.6.18	北炭夕張砿
排1	昭6	汽車東京		昭7.1.22	設					昭31.6.9	旭川電気軌道
排2	昭6	汽車東京		昭7.2.27	設					昭31.6.9	

263

湧別軌道

湧別－丁寧
6.20km
軌間：762mm
動力：内燃

■ 沿革

鉄道開通前のサロマ湖は舟運が盛んであったが、国鉄湧別軽便線が開業すると輸送体系が変化し始める。大正11年には下湧別（のちの湧別）駅とサロマ湖を結ぶ運河開鑿計画が内務省より免許されたが、ほとんど工事がされない状況であったため、網走農会長の喜多山寛を中心に下湧別駅と湖岸の丁寧を結ぶ貨物軌道が計画される。その建設意図は単なる水陸連絡だけでなく、舟運と結んでサロマ湖一帯の農業開拓を図ることにあった。

計画時より内燃動力で企画され、申請直前に旅客営業も追加したうえで特許を得、昭和5年2月12日に762mm軌間のガソリン動力軌道として開業させる。しかし、統計から概算すると一日平均乗客3～4人程度、貨物も4tとあまりに局地的な輸送実績しかない状況で、北海道拓殖鉄道補助を申請しても支給されることはなかった。そのため輸送量増加を狙って昭和5年に計呂地、昭和9年には上芭露への延伸を申請したものの、国鉄湧網線の建設と競合することを理由にいずれも却下されてしまう。

その後も海産物輸送の増加をはかるべくカニ漁を兼営するなど、なりふり構わぬ延命策を行う一方で国鉄湧網線開業に伴う補償を求めたが、審査の結果、開業前後の営業成績に変化が認められず取り下げを迫られる。しかも「全ク交通機関トシテ価値ナシ」[187]と認識されて補助が得られないため、軌道や車両の補修もままならず、拓銀も軌道財団の強制執行準備を開始する。保証人である各取締役は差押えを受けるなど運転資金が枯渇し、最後は廃止して財団を拠出する以外の手がなくなったことから、昭和14年8月31日官報掲載により翌日付で営業を終了した。

■ 機関車

A1・2はホイットコムの規格型4.5tB形機で形態はL形。エンジンはコンチネンタルS4（37HP/1400rpm）、変速機はフラーGU-12でチェーン駆動。軌道財団目録に残された製造年は大正11年とあり、どこかの中古機を購入したものと考えられる。

湧別軌道車両数変遷

車種 年度	機関車 内燃	客車	貨車 無蓋	備考
昭和4	2	1	7	
昭和5	2	1	7	
昭和6	2	1	7	
昭和7	2	1	7	
昭和8	2	1	7	
昭和9	2	1	7	
昭和10	2	1	7	
昭和11	2	1	7	
昭和12	2	1	7	
昭和13				報告未着

出典：「鉄道統計資料」

湧別軌道

機関車

番号	製造・改造	出自	手続日 改番日	種別	竣功届			用途廃止	異動先
A1	大11 ホイットコム		昭4.12.10	設				昭14.9.1	
A2	大11 ホイットコム		昭4.12.10	設				昭14.9.1	

客車

番号	製造・改造	出自	手続日 改番日	種別	竣功届			用途廃止	異動先
い1	大13 小島工業所改		昭4.12.10	設				昭14.9.1	
い2	大13 小島工業所改		昭4.12.10	設				昭14.9.1	

貨車

番号	製造・改造	出自	手続日 改番日	種別	竣功届			用途廃止	異動先
ト1	昭4 赤星鉄工場		昭4.12.10	設				昭14.9.1	
ト2	昭4 赤星鉄工場		昭4.12.10	設				昭14.9.1	
ト3	昭4 赤星鉄工場		昭4.12.10	設				昭14.9.1	
ト4	昭4 赤星鉄工場		昭4.12.10	設				昭14.9.1	
ト5	昭4 赤星鉄工場		昭4.12.10	設				昭14.9.1	

[187] 鉄道省文書「湧別軌道」所収、廃止認可書添付の監督局審査概要書類による

■ 客車

　い1・2は窓配置O6V1Bのボギー客車で定員24（14）名、荷重は1t。書類上は小島工業所が改造したものとあり、客室部分は丸屋根の鋼板張車体に対し、荷物室部分は貨車然とした木造横羽目板で切妻構造になっている。認可は2両だが統計には1両しか現れない。

■ 貨車

　ト1～5は2t積二枚側の二軸無蓋車で手ブレーキ付。認可資料には既成とあり連結器バネが省略されている。認可両数は5両だが統計上は7両在籍したことになっている。

■ 参考文献

湯口徹「戦前地方鉄道／軌道の内燃機関車（XII）」『鉄道史料』No.144（2015.4）

駅に機関車とい1の編成が停車中。遠景だが、い1の客室部分が鋼製であることが分かる。
北海道大学附属図書館蔵

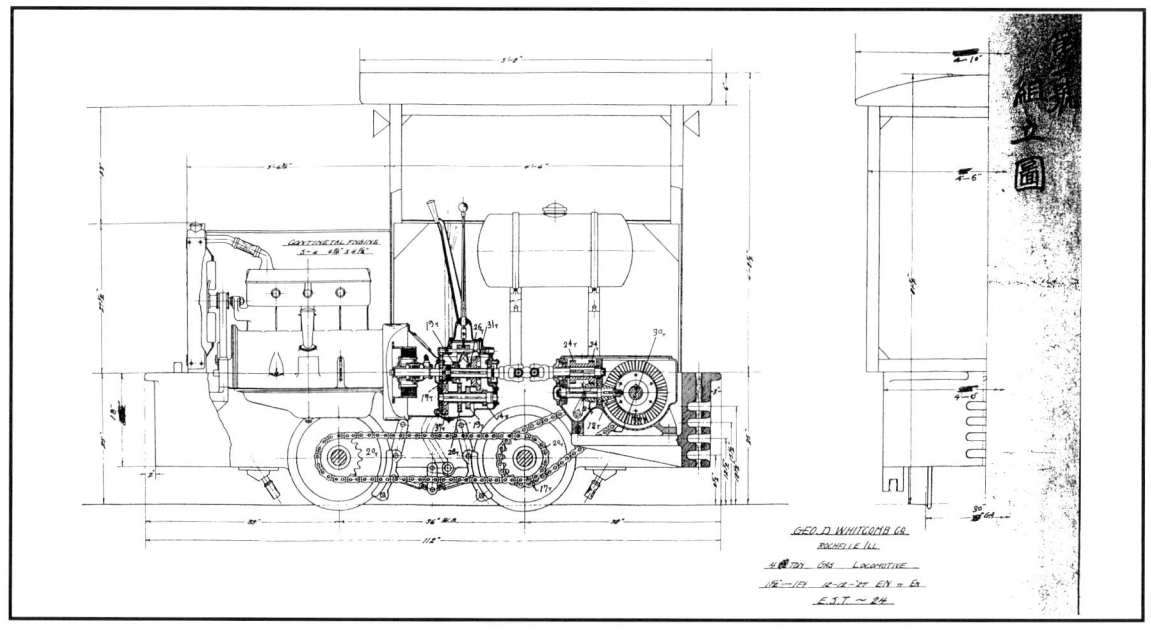

A1・2組立図
ホイットコムの規格型。キャブ内にガソリンタンクがある。
所蔵：国立公文書館

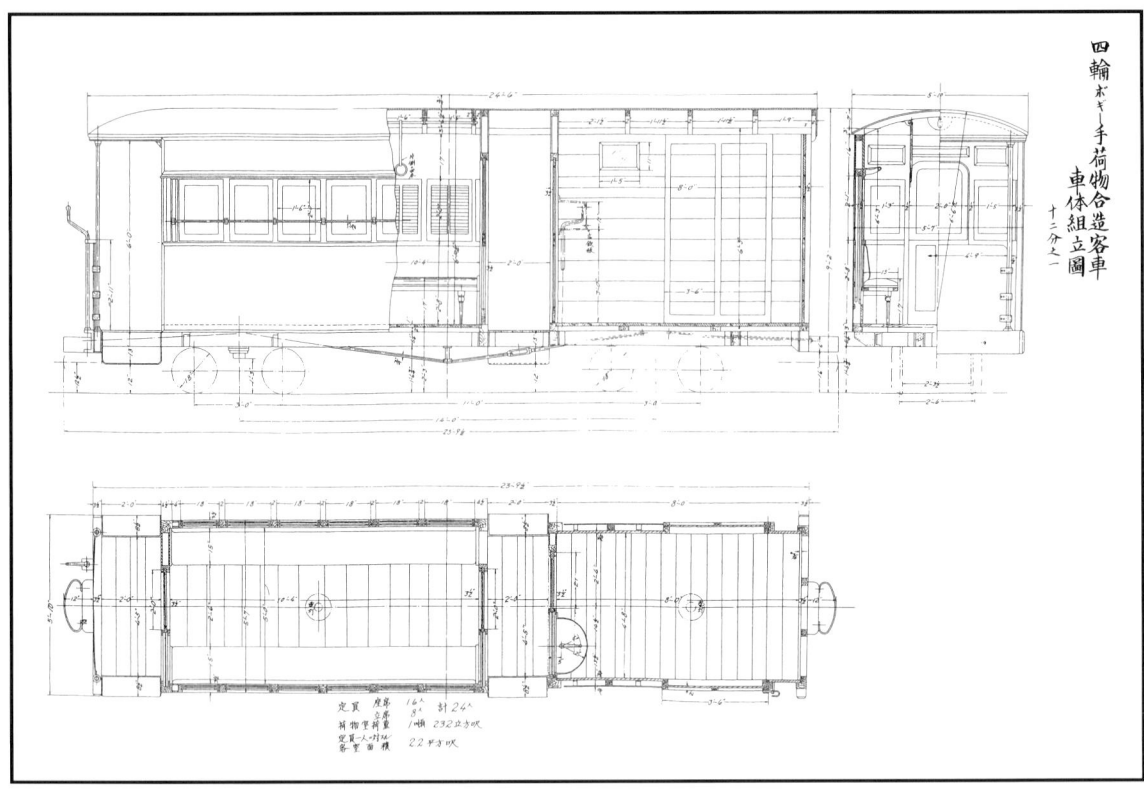

い1組立図
丸屋根の鋼製客車と切妻の木造有蓋車を強引に掛け合わせたような構造である。
所蔵：国立公文書館

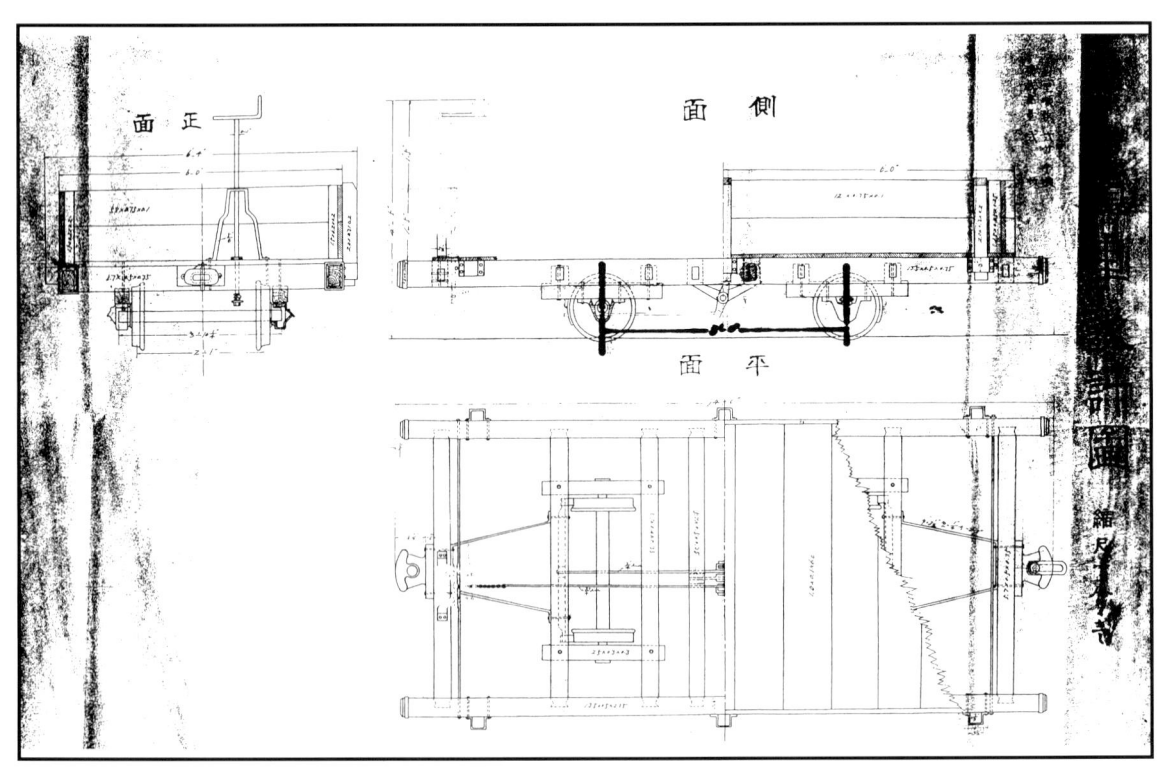

ト1～5組立図
図面の通り弾機がなく、特別設計許可対象となった。
所蔵：国立公文書館

余市臨港軌道

余市－浜余市
2.75km
軌間：1067mm
動力：蒸気・内燃

■ 沿革

余市は享保年間以来、漁港として発展し、湾に面した沢町を中心に市街地が形成されていたが、北海道鉄道（初代）が開通した際、線形の関係から余市川沿いの黒川町に駅が設置され、新市街が形成されていく。やがて新旧市街地の往来が盛んになるが、両地は約2km離れており、特に冬季の馬ソリによる連絡に不便を感じていた。

そのため、北海土地会社の社長であった平山午介を中心に自動車会社が設立されるが、余市町会は電気軌道の敷設を強く希望した。平山はもともと東京市電気局でキャリアを積んでおり、さらに札幌電気軌道創立者の一人である藪惣七など軌道事業に縁のある人物が発起人に名を連ねていたことから、要望を受け入れ1067mm軌間の電気軌道に計画が変更される。これに対し、内務省は余市の現状からすれば過ぎた設備と反対するが、会社は軌道による低運賃のメリットを唱えて押し切った。ところが、会社が設立された頃には恐慌が深刻化して株式払込が進まず、会社法人は鉄道ブローカーの小島豊三の手に渡った。

小島系となった軌道は、昭和8年5月10日にとりあえず非電化で開業させる。しかし、連絡線の限られた需要に対して除雪費用が割にあわないことから降雪期は運休したうえ、ニシンの不漁で貨物輸送も不調であった。そのため昭和12年6月24日認可で電化を正式に断念し、翌年には市場側線を敷設して積丹半島からの貨物誘致を図ったが、成績向上につながらなかった。軌道の将来性は乏しいと判断した会社は冬季限定で営業していたバスを通年運行とすることで再生を図ることとし、昭和15年7月25日に廃止された。

■ 機関車

1は小島工業所製の10tL形ガソリン機関車でB形機。ただし組立図の一部に松井製作所の記載があり、ここから当時小島に差し押さえられていた松井がホイットコムの中古機を再生したものと考えられる。エンジンは十勝10と同型のキャタピラー（元のホルト）竪形4サイクル（72kW/1200rpm）を搭載し、ボンネット上に蒸気機関車の煙突然とした排気口と砂箱が立つのが特徴。昭和9年にキャブ高さを拡大したが、これは新造時の認可寸法に誤りがあり、訂正のために得た認可にすぎない。

他に貨物輻輳時の予備として昭和8年に蒸気機関車の購入申請を行っているが、工事方法書によれば26tCタンク機であり、重量オーバーで余市橋が渡れないことが判明したため購入を断念している。細部

余市臨港軌道車両数変遷

車種	機関車	動車		貨車	車種	機関車	動車		貨車
年度	内燃	蒸気	内燃	有蓋	年度	内燃	蒸気	内燃	無蓋
昭和8	1		2		昭和12	1	1	2	1
昭和9	1		2		昭和13	1		2	1
昭和10	1	1	2	1	昭和14	1		2	1
昭和11	1		2						

出典：「鉄道統計資料」

余市臨港軌道

機関車

番号	製造・改造	出自	手続日 改番日	種別	竣功届	キャブ改造	用途廃止	異動先
1	昭8.4 小島工業所		昭8.3.23	設		昭9.11.28	昭15.7.25	

蒸気動車

番号	製造・改造	出自	手続日 改番日	種別	竣功届			用途廃止	異動先
キハ1	明42.12 汽車	大阪電軌1	昭10.11.29					昭14.6.7	小湊鉄道

内燃動車

番号	製造・改造	出自	手続日 改番日	種別	竣功届	機関換装	用途廃止	異動先
キハ101	昭8.4 小島工業所		昭8.3.23	設		昭12.8.24	昭15.7.25	北陸鉄道
キハ102	昭8.4 小島工業所		昭8.3.23	設		昭12.8.24	昭15.7.25	北陸鉄道

貨車

番号	製造・改造	出自	手続日 改番日	種別	竣功届			用途廃止	異動先
ワフ1	大3 天野	富南鉄道ワフ1	昭10.3.20	譲				昭15.7.25	明治鉱業庶路

1
昭和10年小島工業所製とされる10t機だが、実際は松井車両製作所の再生車。ボンネット内のキャタピラー（ホルト）製エンジンも見える。

平石四三二蔵（犀良助提供）

寸法などが判明しないため機関車の出所は推定できないが、小島がどこかの鉄道から引き取った中古と考えた方が良いだろう。

■ 電車

　幻の存在だが現車は完成しており、あえて記載する。電気軌道として開業を予定していた昭和5年に汽車東京に二軸電車3両と電動貨車1両を発注したが、非電化で開業したため電化までストックされる事になった。しかし、当てのないままメーカーで10年以上眠り続けた末、電動貨車は余市臨港軌道廃止後の昭和16年10月9日認可で西鉄築港線1014（→803）として陽の目を見る。電車3両については明確な記録は残されていないが、静岡鉄道清水軌

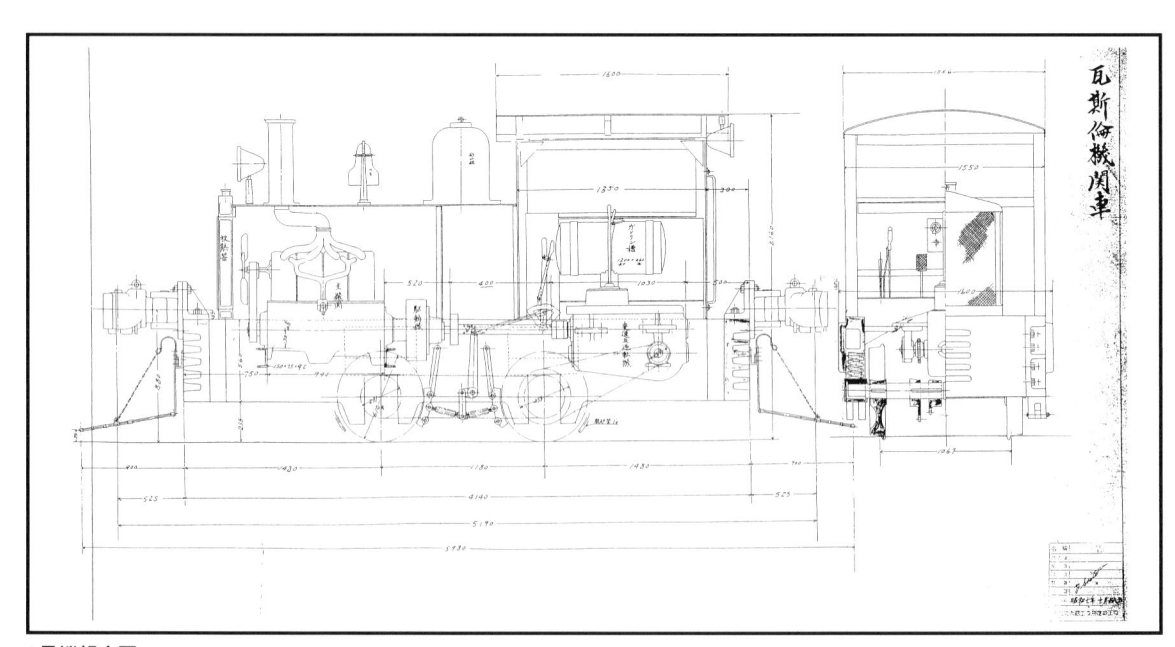

1号機組立図
申請図はキャブが開放構造。窓隅の三角板から種車がホイットコムと分かる。
所蔵：国立公文書館

キハ101（キハ101形）
書類上は昭和10年小島工業所製だが、実車は松井車輌製作所製。アングル材でトラスを組む足回りは昭和10年製としては保守的な設計である。

平石四三二蔵（星良助提供）

道線が笠商会経由で購入した、昭和5年8月汽車製の半鋼製二軸電車15～17の認可を昭和15年7月12日に受けており、おそらくこれが該当するのではないかと考えられる[188]。

■ 蒸気動車・内燃動車
キハ1は大阪電気軌道長谷線の1を購入したもので、汽車製の工藤式蒸気動車。窓配置2d6D6dの切妻形のボギー車。入線にあたり機関側台枠が延長され外部ステップも拡張されたが、余市駅の省社連絡ホームでは二段目からの乗降となり、審査時にホーム擁壁との間隔が問題視されたものの、うやむやのまま認可を受けた。本車で通年運行を目論むが、故障や脱線でまともに使えなかったとされる[189]。キハ101・102は窓配置D6の鋼製二軸気動車で一端に鮮魚台を持つ。名義は小島工業所製として届けられているが実車は松井製[190]。高床式だが軌道用なので折畳踏段と救助網を持つ。エンジンは中古のベルセーム（26.856kW/1500rpm）で登場したが、保守困難で昭和12年に同一出力のブダKTU（26.856kW/1500rpm）に換装された。

■ 貨車
ワフ1は高山本線開業に伴う路線廃止で大量の放出車両の出た富南鉄道から購入した7t積木造有蓋緩急車。譲受認可は昭和10年であるが、富南鉄道は昭和8年7月7日に譲渡届を提出しており、実際には認可の1年以上前から使用していた可能性が高い。主に小口扱貨物用に使用された。

■ 参考文献
星良助「余市臨港軌道」『鉄道ピクトリアル』No.138（1962-11）

湯口徹「戦前地方鉄道/軌道の内燃機関車（Ⅹ）」『鉄道史料』No.142（2014.10）

---

[188] 和久田康雄『日本の市内電車−1895-1945−』成山堂書店（2009）p 188
[189] 星良助「余市臨港軌道」『鉄道ピクトリアル』No.138（1962-11）p 30
[190] 湯口徹『内燃動車発達史・上巻』ネコ・パブリッシング（2004）p 29

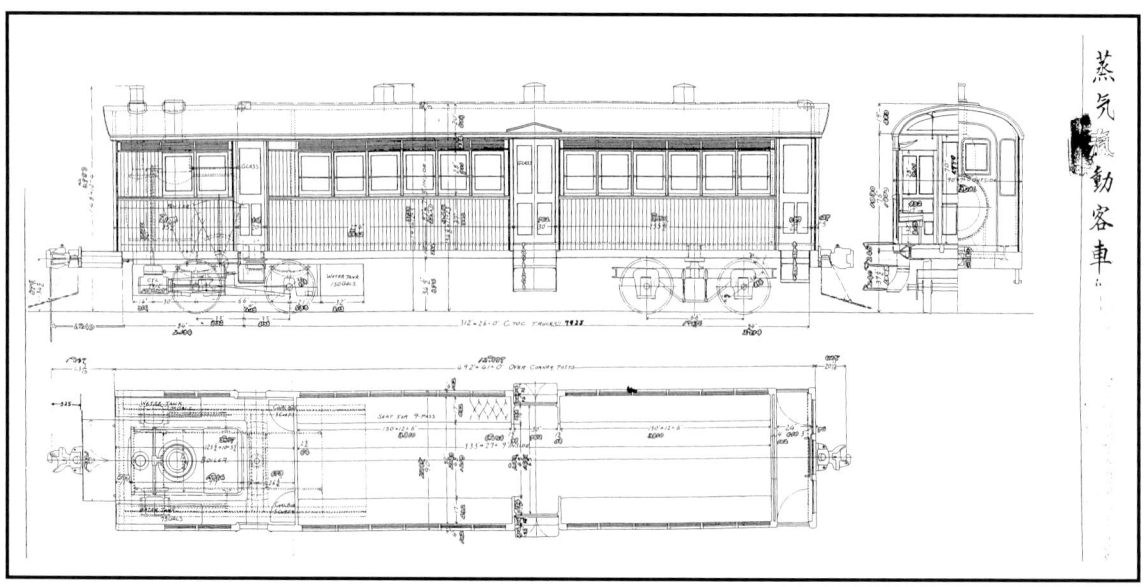

キハ1組立図
救助器設置やステップ拡張のほか、なぜか機関側台枠も延長されている。
所蔵：国立公文書館

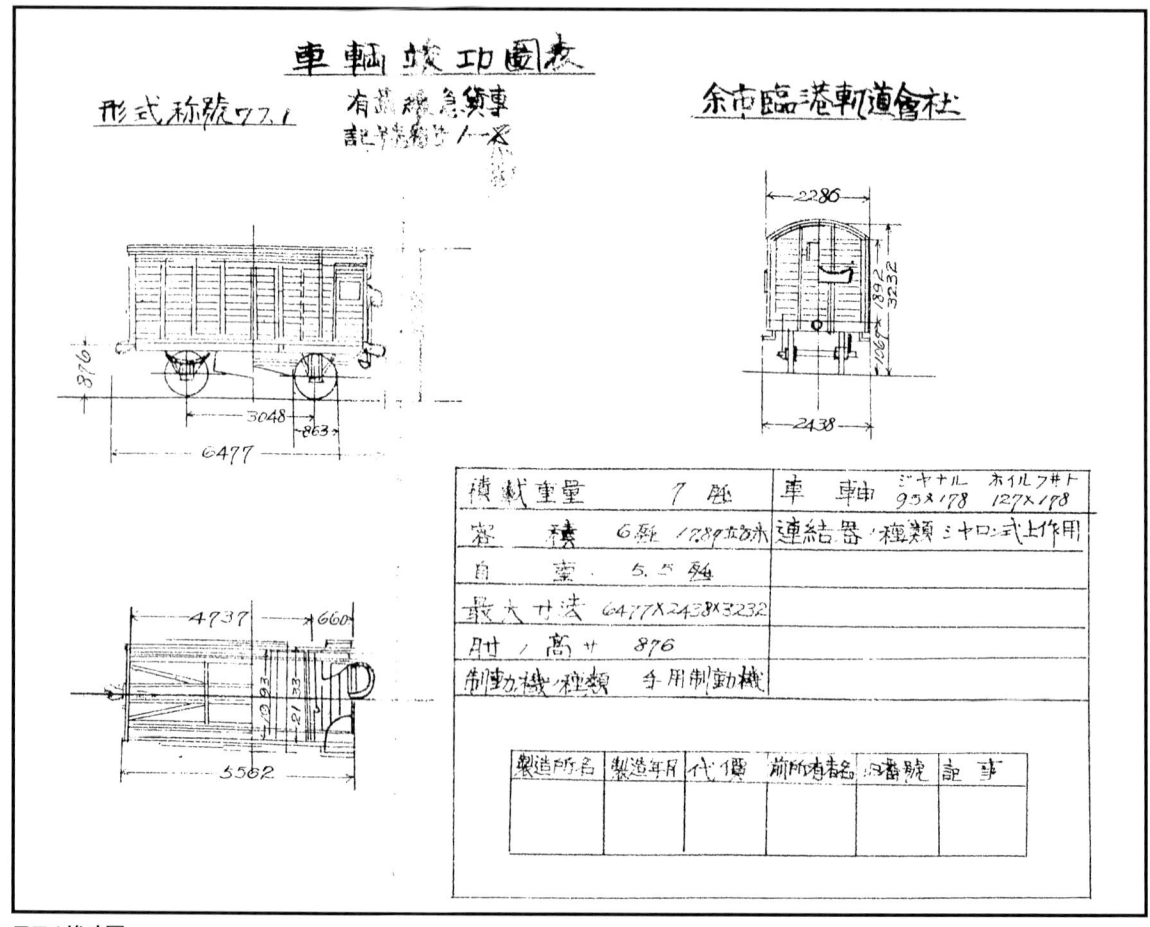

ワフ1竣功図
足回りや台枠を描き込んだ特徴的な竣功図。ワフ2を消した跡から富南鉄道の原図を複写したものか。
所蔵：国立公文書館

おわりに

　本書は鉄道友の会機関誌『RAILFAN』No.658（2007.8）～No.712（2012.6）の足かけ5年にわたって連載したものを単行本化したものである。連載終了後の平成25年度に島秀雄記念優秀著作賞の誉に預かり、北海道新聞社から単行本化のお話をいただいたことをまずはお礼申し上げる。ただ、長期連載のため時期により解説の精粗が目立つうえ、事実誤認や新事実判明など修正点も多岐にわたった。そこで単行本化にあたり、1年かけて推敲のうえ、新聞社の取材力で資料を入手した札幌市営地下鉄も書き下ろし、名実ともにJR以外の北海道の私鉄を揃えることができた。

　今日、鉄道趣味は多様化していると言われるが、歴史的に見ると車両に対する興味から始まった趣味であり、伝統的に車両研究がコアな層を形成してきた。車両研究とは要するにカード集めと同じで、知識の収集を楽しむ知的なゲームといえる。

　特に「なにが・いつ・どれだけ」と言った車歴調査は車両研究の基礎である。一般に私鉄車両は戦後よりも戦前の調査が難しいと思われているようだが、実は正反対で、特に昭和40年代の車両の動きこそ未解明要素が多い。これは基礎資料となる許認可監督文書の保管状況の差によるもので、国が一元管理していた戦前の車歴は、時間と労力、そして気力さえ惜しまなければ国立公文書館でたやすく解明できるが、戦後は認可権限の多くが各陸運局に移管されたため、結果的にブラックボックス化してしまった。

　これら陸運局文書は、戦後の許認可監督行政の地方移管に伴い「鉄道省文書」と同等の重要性を持つにも関わらず、保全処置がされなかったことから各陸運局で廃棄されてしまった。幸い札幌陸運局については近年までよく保全されており、星が丹念に調査を続けていたことから本書が陽の目を見た次第で、何かを調べ解明すると言う鉄道趣味の原点かつ醍醐味の一端を、本書から味わっていただければ幸いである。なお、姉妹編となる専用鉄道編は『鉄道史料』120号（2008夏）で発表しており、あわせてご参照いただきたい。

　最後に末筆ながら、車歴表作成や解説執筆にあたりご協力いただいた、大幡哲海、岡田誠一、奥野和弘、小松重次、服部朗宏、藤岡雄一、湯口徹、和久田康雄の各氏と札幌市交通局、太平洋石炭販売輸送、苫小牧港開発、北海道ちほく高原鉄道、および澤内が学生時代に資料蒐集にお邪魔した十勝鉄道など各社各機関、写真をご提供いただいた各氏、そして単行本化にあたり窓口になっていただいた北海道新聞社出版センターの五十嵐裕揮氏にお礼申し上げ、結びに代えさせていただく。

残雪の中を行く寿都鉄道の貨物列車。索引機はDC512。

昭和32.4.14　黒松内－中の川　星良助

著者略歴

澤内　一晃（さわうち　かずあき）

昭和47年8月、東京都品川区生まれ。神奈川県内の自治体文書館に史料専門員として勤務する傍ら、一次資料を基に歴史学の手法を援用する私鉄史、車両史、貨物輸送史などの鉄道研究で知られ、特に私鉄貨車の研究に定評がある。主な著作に「私鉄貨車研究要説」RAILFAN 620～634号（平成16年6月～平成17年8月）鉄道友の会、「東京市の静脈物流と私有貨車」鉄道ピクトリアル799号（平成20年1月増刊）、「「東芝戦時型」機関車の導入課程」同841・842・844号（平成22年11月～平成23年2月）電気車研究会、『横浜市電』上下（平成21年）ネコ・パブリッシングなど。

星　良助（ほし　りょうすけ）

昭和10年1月、東京市神田区生まれ。疎開を機に小樽に定住し、印刷業界に勤める。昭和29年11月の鉄道友の会北海道支部創設メンバーの一人で、道内私鉄や古典客車の研究で知られる。主な著作に「北海道内客車のうごき」鉄道ピクトリアル384号（昭和55年12月増刊）電気車研究会、「北海道炭礦鉄道の運転時刻」小樽市博物館紀要7・9・13号（平成6～11年）、『北国の汽笛』1～4（平成12～15年）ないねん出版、「小樽の機関車メーカーものがたり」鉄道ファン499・501号（平成14年11月・平成15年1月）交友社など。

北海道の私鉄車両

2016年3月15日初版第1刷発行

著　者　澤内一晃・星良助
発行者　松田敏一
発行所　北海道新聞社
　　　　〒060-8711　札幌市中央区大通西3丁目6
　　　　出版センター　（編集）011-210-5742
　　　　　　　　　　　（営業）011-210-5744
印　刷　札幌大同印刷株式会社
ISBN 978-4-89453-814-6